国家林业和草原局普通高等教育"十四五"规划教材

菌物分类学

田呈明　曹支敏　梁英梅　范鑫磊　赵长林　编

中国林业出版社
China Forestry Publishing House

图书在版编目（CIP）数据

菌物分类学／田呈明等编. —北京：中国林业出
版社，2025.8
国家林业和草原局普通高等教育"十四五"规划教材
ISBN 978-7-5219-2552-4

Ⅰ. ①菌⋯　Ⅱ. ①田⋯　Ⅲ. ①菌类植物-植物分类学
-高等学校-教材 Ⅳ. ①Q949.3

中国国家版本馆 CIP 数据核字（2024）第 018756 号

策划、责任编辑：范立鹏
封面设计：周周设计局

出版发行　中国林业出版社
　　　　　（100009，北京市西城区刘海胡同 7 号，电话 010-83143626）
电子邮箱　jiaocaipublic@163.com
网　　址　https：//www.cfph.net
印　　刷　北京中科印刷有限公司
版　　次　2025 年 8 月第 1 版
印　　次　2025 年 8 月第 1 次印刷
开　　本　787mm×1092mm　1/16
印　　张　29.5
字　　数　700 千字
定　　价　85.00 元

前　言

菌物作为生物界中重要的分解者，在保护生态环境、维护生态系统稳定中具有不可替代的作用。许多菌物类群也是人类生活不可缺少的生物资源，已得到广泛应用，如酿造业中的酵母菌、大型的食药用菌，以及现代生物技术中的生物工程菌等。也有一些菌物会给农作物、蔬菜、果树、林木，以及动物带来各种疾病，影响其生长发育、健康及产量和品质。因此，准确认识、辨别各种菌物类群，了解其生物学、生态学特性，是关乎合理利用菌物资源、有效治理菌物所致各种疾病的重要基础。

1980 年，《真菌分类学》(油印版)开始在我国农林院校试用，1984 年，该教材由中国林业出版社正式出版。该教材分类体系系统、真菌类群丰富、教材特色鲜明，在我国农林院校得到了广泛应用。随着菌物学研究的不断发展，该教材的分类体系等方面已不适于目前的教学要求，迫切需要编写一本能够将菌物经典分类学与现代系统分类学相结合，以分类为核心，体现当前菌物分类学发展现状与水平的教材，使其在专业人才培养、科学研究和生产实践中发挥支撑作用，有利于读者以全新的视角去观察、认识、了解和利用菌物。

2005 年，中国林业出版社组织专家学者着手《菌物分类学》的编写工作，经过广泛讨论，初步形成了编写大纲，但由于菌物分类学及其分子系统学研究的进展较快，编写工作进展相对缓慢。此后，北京林业大学沈瑞祥教授鼓励我牵头组织编写菌物分类学教材，他从菌物分类学家、专业教师和教材编者的角度给予了我们很多建设性的编写意见和建议。2017 年，我们组织人员开始了《菌物分类学》的编写工作。在编写中，我们紧跟菌物学研究发展步伐，在充分吸收菌物学最新研究成果的基础上，不断修改完善，历时六年多时间完成了书稿。

本教材采用的菌物分类体系以《菌物词典》第 10 版为基础，结合分类学与分子系统发育学的最新研究进展，系统介绍了原生动物界、藻物界、真菌界的相关类群，对目以上类群的介绍采用形态学与分子系统学相结合的形式，科及以下分类单元以形态分类介绍为主，适当列出了一些动植物病原菌的种类。本教材尽可能保留了《真菌分类学》述及的农林植物常见病原菌的属级菌物类群，并补充了一些重要的新类群；对于原"半知菌类"中的种类均归入其对应的有性型的类群单元；对分类地位发生变化的重要属都在相应的分类单元进行了说明；很多没有中文名的种类，按照其发表时的词源给出了相应的中文名称，一些使用较为广泛的名称保留了俗名。如炭疽菌属 *Colletotrichum* 因其在科学研究及实践生产中应用广泛，也特指一类典型的病害，其属名源于希腊语"kolletos"(胶着的)+"thrix"(丝状)，因此也没有译为"胶丝盘属"或"刺盘孢属"，仍保留炭疽菌属的名称。

本教材以介绍如何认识鉴定菌物为核心，从菌物形态、系统发育和分类入手，较为详细地介绍了菌物的一般特征、进化特点、基本类群、分类体系，以及分类学的基本概念、基本理论和基本技术，体现了菌物分类学教学和研究的特点，希望能够更好地服务于森林保护、林学、园林、园艺等专业的教学和科研。本教材也适合作为植物保护、生物学、微生物学、食品科学、环境科学等专业的教材，还可供农林、生物等从事菌物学相关工作的专业技术人员参考使用。

本教材由多位长期从事菌物分类教学和科研工作的学者共同编写，编写分工如下：第1章由北京林业大学田呈明编写；第2章至第5章由西北农林科技大学曹支敏编写；第6章由北京林业大学田呈明和范鑫磊编写；第7章伞菌亚门由北京林业大学梁英梅编写，担子菌门概述、柄锈菌亚门和黑粉菌亚门由西南林业大学赵长林编写。全书最后由田呈明负责统稿、定稿。

在教材编写过程中，北京林业大学沈瑞祥教授、崔宝凯教授，内蒙古农业大学尚衍重教授，中国科学院微生物研究所庄剑云研究员，吉林农业大学王琦教授，日本筑波大学柿嶋眞教授等专家学者给予了支持，提出了宝贵的建议，姜宁博士、刘云博士协助搜集和整理了部分资料，林露和万倩绘制了部分插图，在此表示诚挚的谢意。

鉴于作者水平有限，本书可能存在很多错漏和不足之处，敬请广大读者批评指正。

田呈明

2024 年 12 月

目　录

第 1 章

菌物概论

1.1　菌物的概念

1.1.1　菌物的定义

　　什么是菌物？植物学家常用"没有根、茎、叶和叶绿素的低等植物"来定义菌物，但这个定义包含了细菌、黏菌等生物。现代植物学者和菌物学者把菌物解释为"有真正细胞核、无叶绿体，能进行有性和无性繁殖并产生孢子，营养体通常是单细胞或丝状且有分枝的管状结构，细胞壁主要成分多为几丁质、少数具有纤维素或 β-葡聚糖等常进行吸收营养的生物"。然而很多菌物并没有丝状菌丝结构，而有些藻类没有叶绿素，也不是菌物。因此，自 20 世纪 90 年代以来，传统概念上的菌物及其分类地位发生了很大变化。

　　按现代分类学理论，菌物（fungi）涉及原生动物界（Protozoa）、藻物界（也称假菌界，Chromista）和真菌界（Fungi）三大类，包括了黏菌、卵菌、壶菌、接合菌、子囊菌和担子菌等异养生物类群。而真菌界仅包括壶菌、接合菌、子囊菌和担子菌等真菌（true fungi），为菌物的主要类群，也称作真正的菌物。

　　综上所述，菌物是一类具有细胞壁和细胞核，缺乏叶绿体，借助孢子进行有性生殖和无性繁殖，以吸收方式摄取营养的异养生物。其营养体多为单细胞，或丝状、具分枝的管状结构，并多具有几丁质—葡聚糖成分的细胞壁。菌物目前主要包括真菌界、藻物界和原生动物界三大类。

　　随着人们对菌物认识的不断深入和科学技术的发展，对于全球菌物种类的估测也在不断变化。Hawksworth（1991）估计自然界实际存在的菌物约 150 万种，此后又保守估计全球的菌物有 220 万~380 万种（Hawksworth et al.，2017），此数字是目前最为广泛接受的菌物数量。此外，O'Brien（2005）根据环境样本的大规模测序分析，推测仅土壤中的菌物可能就有 350 万~510 万种。Baldrian（2022）通过对环境样品菌物多样性的高通量测序分析，预测全球菌物有 628 万种。也有人根据可培养和不可培养菌物的比例，推测全球菌物可能高达1170 万~1320 万种（Wu et al.，2019）。目前，全世界已经记载、描述的菌物有 15 万种

(https：//www.catalogueoflife.org)，但仅发现了不到 6% 的物种。我国已记载的菌物超过 2 万种，估计有 20 万种(魏江春，2010)。

菌物广泛分布于地球，从高山、河流、湖泊到田野、森林，从高空到海洋，从热带到寒带无处不有。从动植物活体到它们的尸体，从农林产品到它们的加工品，从家庭到工厂，都会找到菌物的踪迹。可以这样形容，人类是生活在菌物的汪洋大海之中。

1.1.2 菌物学的发展历史

自 1753 年瑞典博物学家 C. von Linnaeus(1707—1778)的重要著作——《植物种志》(*Species Plantarum*)出版后，创立了动植物命名的双名法，设立了植物界和动物界，而菌物因其具有细胞壁、细胞核等结构被归入植物界。1959 年，R. H. Whittaker 提出四界系统之前的很长一段时间，真菌、卵菌和黏菌都作为植物界中的孢子植物或者低等植物来研究。余永年(1982)在《真菌学的二百五十年》中，将真菌学发展史分前真菌学阶段(公元前 5000—公元 1700)、古真菌学阶段(1701—1850)、近代真菌学阶段(1851—1950)和现代真菌学阶段(1951 至今)。之后他又将其分为古菌物学时期(公元前 5000—公元 1910)、外人在华采集时期(1759—1949)、描述菌物学时期(1911—1949)、实验菌物学时期(1950 至今)。李玉将菌物学发展史分为 4 个时期，即古典菌物学时期(公元前 5000—公元 1728)、菌物学形成时期(1729—1968)、菌物独立成界时期(1969—1994)、菌物多界化时期(1995 至今)。总体来讲，菌物学的发展大体上经历了以下 3 个阶段：

(1)古菌物学阶段(公元前 5000—公元 1850)

公元前 5000 年至公元 1700 年，利用菌物酿酒、药用和食用菌物是本阶段应用菌物的特点。我国的酿酒历史比古希腊、古罗马更早，始于 7 000—8 000 年前的新石器时期。西方对蘑菇的认识最早可追溯到 3 500 年前，而我国在仰韶文化时期(公元前 5000—前 3000)已有大量采食蘑菇的记载。

我国古代的一些自然、农事、医学、哲学及诗词歌赋等著作中，如《山海经》《神农本草经》《礼记》《齐民要术》《本草纲目》中都有大量菌物的记载与描绘，甚至《淮南子》《抱朴子》等古籍中已经有了灵芝等 100 多种大型药用真菌的形态和药用图解。南宋陈仁玉的《菌谱》(1245)记载了 11 种蕈菌的生长时期、形态和色香味等特征；明代潘之恒的《广菌谱》(1500)描述了 19 种蕈菌；清代吴林的《吴菌谱》(1703)描述了姑苏地区的食用蕈菌，按其食用价值分上、中、下三品，对其形态特征、出菇季节、采集地点以及毒菌问题都有较详细的记载。

1701—1849 年是菌物学形成和发展的重要阶段。除宏观认识和应用菌物外，主要是简单的分类工作和形态结构的研究。17 世纪中叶，荷兰人 A. van Leeuwenhoek 研制的显微镜促进了菌物学研究对象由大型菌物转向小型菌物。这一时期的代表性学者是意大利植物学家 P. A. Micheli(1679—1737)，他在《植物新属》(*Nova Plantarum Genera*，1729)中命名了一些真菌属(如 *Mucor* P. Micheli ex L.、*Botrytis* P. Micheli、*Aspergillus* P. Micheli、*Tuber* P. Micheli、*Puccinia* P. Micheli、*Agaricum* P. Micheli ex Haller、*Lycoperdon* P. Micheli、*Polyporus* P. Micheli 等)，并提出了检索表，标志着菌物学的诞生。他是第一个用显微镜观察发现蘑菇孢子的人，也是第一个培养菌物的人，是菌物学的奠基人。

Linnaeus 的《植物种志》中记载了 *Mucor* P. Micheli ex L.、*Peziza* L.、*Boletus* Tourn.、*Agaricus* L.、*Hydnum* L.、*Clavaria* P. Micheli、*Phallus* Junius ex L.、*Clathrus* P. Micheli ex L. 和 *Lycoperdon* P. Micheli 等真菌属，创立了植物与真菌拉丁双名法。双名法的创立为现代菌物分类命名的起点。

德国真菌分类学家 C. H. Persoon（1761—1836）是这一时期重要的真菌学家，他的《真菌观察》（*Observationes Mycologicae*，1796—1799）、《真菌纲、目、属和科的分类》（*Tentamen Dispositionis Methodicae Fungorum in Classes*，*Ordines*，*Genera et Familias*，1797）、《真菌纲要》（*Synopsis Methodica Fungorum*，1801）和《欧洲真菌》（*Mycologia Europaea*，1822—1828）是锈菌、黑粉菌和腹菌命名的起点文献和菌物分类学研究的基础。同时期的瑞典真菌与植物学家 E. M. Fries（1794—1878）出版了《真菌系统》（*Systema Mycologicum*，1821—1832），描述了 4 纲 16 目近 5 000 种菌物，其中的伞菌和多孔菌分类系统成为此后 100 多年大型真菌分类的依据，故 Fries 被誉为"真菌学中的林奈"。

（2）近代菌物学阶段（1851—1969）

在近代，菌物学的各个领域都有所发展，开始科学认识菌物，在其个体发育、生理与遗传、分类学和应用诸领域有较大的发展。

随着显微观察技术的进步，大量的物种被发现和描述，尤其是意大利菌物学家 P. A. Saccardo（1845—1920）搜集了全世界已发表的菌物物种，并整理翻译成拉丁文，出版了巨著《真菌汇刊》（*Sylloge Fungorum Omnium Hucusque Cognitorum*，1882—1931），共 25 卷，为菌物分类学发展作出了划时代的巨大贡献。1884 年，法国首先创建了真菌学会，并创办了《真菌学报》。1892 年，英国开始编写《真菌志》。

德国学者 H. A. de Bary（1831—1888）对菌物的生活史、寄生性和腐生性、藻状菌和子囊菌的繁殖过程，以及黑粉菌和裸菌等开展了较深入的研究，证明了禾谷类锈病由寄生性真菌所致，发现了锈菌的转主寄生现象；出版了《黑粉菌研究》《地衣》《真菌、黏菌虫、细菌的比较形态学和生理学》（*Vergleichende Morphologie und Biologie der Pilze*，*Mycetozoen und Bakterien*，1884）等著作。其中的《真菌、地衣和黏菌的形态学和生理学》（*Morphologie und Biologie der Pilze*，*Flechten und Myxomycetenn*，1866）引入了进化论概念、将真菌分为 4 纲（Phycomycetes J. Schröt.、Hypodermii Fr.、Basidiomycetes G. Winter 和 Ascomycetes G. Winter），成为后来真菌分类系统的基础。因此，II. A. de Bary 被誉为"植物病理学之父"和"近代菌物学的奠基人"。植物病理学诞生之后，对于菌物尤其是植物病原菌物的个体发育、多态性、生活史、生理学、遗传学、病理学等方面的研究进入了一个新的发展时期。

法国化学与微生物学家 L. Pasteur（1822—1895）于 1857 年发表的《关于乳酸发酵的记录》是微生物学界公认的经典论文。该论文提出了微生物发酵理论和病原菌理论，推翻了自然发生说，其发明的巴氏杀菌法沿用至今。1928 年，英国学者 A. Fleming（1881—1955）在培养葡萄球菌的平板培养皿上发现了青霉素，推动了菌物尤其是次生代谢产物的开发和利用。

中国学者在菌物学研究领域也作出了突出贡献。如著名植物学家胡先骕（1894—1968）在 1921 年发表了《浙江菌类采集杂记》，早在 1965 年，他就主张将真菌独立成界；章祖纯（1885—?）在 1916 年发表了《北京附近发生最盛之植物病害调查表》，报道了 53 种病害；

邹秉文(1893—1985)在 1919 年发表了《中国菌病之闻见录》，记载了苏、浙、皖一带的栽培植物病原真菌 21 种；菌物学家戴芳澜(1893—1973)在 1920—1949 年发表了 40 多篇与菌物、植物病害有关的论文，如《江苏真菌名录》(1927)、*Notes on Chinese Fungi* Ⅰ-Ⅸ (1932—1939)、*A List of Fungi Hitherto Known From China* (1936—1937)等，记录描述了 3 000 多种真菌，发表了竹鞘多腔菌(*Myriangium haraeanum* F. L. Tai & C. T. Wei)等 60 多个新种；刘慎鄂(1897—1975)对白粉菌、锈菌的研究；陈鸿逵(1900—2008)对麦类黑粉菌进行了研究；俞大绂(1901—1993)对作物病原菌展开了很多研究；邓叔群(1902—1970)调查了西南地区的菌物，于 1939 年发表的《中国高等真菌》，描述了 1 391 种菌物，是载入《真菌词典》(从第 8 版开始更名为《菌物词典》)的唯一中国人；周宗璜(1904—1981)于 1936 年发表了《小五台山黏菌志略》，开创了我国黏菌的研究；魏景超(1908—1976)在真菌学和水稻病害方面有很多的著述；王云章(1906—2012)揭示了锈菌双核的起源问题，1938 年开始陆续发表很多锈菌分类学的论文。

自 1949 年起，中国的菌物学研究有了较大发展，建立了以中国科学院应用真菌学研究所(中国科学院微生物研究所的前身)以及各高校有关真菌方面的研究所(室)等科研机构，在全国各地开展了广泛的菌物资源调查、食用和药用真菌栽培、植物病原菌等多方面的研究工作。菌物学研究进入了一个新的时期。邓叔群的《中国的真菌》(1963)的出版对中国菌物分类学研究发挥了巨大作用。

(3) 现代菌物学的发展(1970 至今)

1969 年以后，菌物被独立为界，脱离了经典的植物学范畴，其研究也从经典的菌物分类学、实验菌物学，走向了体系多元化、生物信息化的分子时代。现代菌物学的发展主要体现在以下方面。

①透射、扫描、冰冻等电镜技术的广泛应用，促使菌物学家在超微形态和结构上观察研究菌物。菌物学研究已经从肉眼和光学尺度上的形态学观察，走向了纳米尺度细胞学水平的研究，如细胞隔膜结构、鞭毛结构等。同时，菌物生理生化方面的研究越来越得到重视，菌物遗传学、酶学、寄生性或致病性分析，也极大地推动了菌物学的多元化发展。

②Whittaker(1969)提出的生物五界系统，根据菌物细胞发育和异养吸收方式等特点，将菌物独立为界，与植物界、动物界、原核生物界、原生生物界并立，充分体现了自然生物的光合、吸收、消化作用，使菌物学研究进入了一个新的阶段。从 1989 年 Cavalier-Smith 提出了八界系统，到《菌物词典》第 8 版(1995)、第 9 版(2001)和第 10 版(2008)的陆续出版，"菌物"的概念已完全取代了传统的广义真菌，同时，菌物分类也从传统形态学分类系统逐步走向基于形态学、生物化学和分子系统学的多元化分类系统。同时"一菌一名"也被广泛应用，结束了一个菌物两个名称的时代。

③生理生化和分子生物学技术的发展和应用，使赖氨酸生物合成途径、比较酶学、细胞壁组分、核酸和碱基比值、DNA 的分子杂交以及基因结构、转化和表达系统、菌物进化等方面的研究都得到了迅速的发展，尤其是病原菌物的致病机制、菌物—植物—动物的多元互作、菌物次生代谢产物开发应用等进展很快。

④食(药)用菌资源的开发利用步入了新阶段，很多无法人工培养的菌物都已成功栽培，形成了庞大的产业体系。

⑤菌物学研究的交流与合作广泛开展。1971 年在英国召开了首届国际菌物学大会（International Mycological Congress，IMC），此后每 5 年召开一次，至今已召开 12 届。同时很多学术期刊也被创立，如 *Fungal Diversity*、*Studies in Mycology*、*Persoonia*、*Mycologia*、*IMA Fungus*、*Mycorrhiza*、*Medical Mycology*、*Fungal Ecology*、*Fungal Geneticsand Biology*、*Eukaryotic Cell* 等已成为展示菌物学研究成果的著名期刊。

中国菌物学研究者在菌物分类、野生菌驯化、生态区系、大型资源真菌和植物病原菌物，以及黏菌、地衣、菌根、虫生真菌、医药真菌、真菌毒素和真菌病毒等领域开展了研究工作，取得了丰硕的成果，诸如《中国大型真菌》《中国森林蘑菇》《中国菌物学一百年》等著作陆续出版。《中国真菌志》自 1986 年出版第一卷（白粉菌目）以来，已出版 62 卷，记录了我国 905 属 8 873 种真菌。2000—2020 年，中国学者已发表 4 029 篇研究论文和 36 部专著，发表了 7 120 个新分类单元（包含 6 404 个新种）。

继邓叔群出版《中国的真菌》（1963）之后，魏景超的《真菌鉴定手册》（1979）、戴芳澜的《中国真菌总汇》（1979）相继出版，成为中国菌物学研究领域划时代的巨著，并将中国真菌学研究推向了新的创新与发展时代。1980 年成立的中国真菌学会从中国植物学会独立出来，于 1993 年成立了中国菌物学会，并召开了第一次全国大会，至今已召开了七次全国会员代表大会暨学术年会。国内除了《菌物学报》《菌物研究》《食用菌学报》和《中国食用菌》，也创办了 *Fungal Diversity*、*Mycology*、*Mycosphere* 等著名英文期刊。

1.1.3　菌物与人类及生态环境的关系

菌物是一个丰富的自然资源宝库，与人类有着密切的关系，蕴藏着巨大的经济潜能。但人们对于菌物的认识依然不够充分，了解不够深入。地球之所以万物众生，离不开无所不在的菌物在各种生物的生命活动中所发挥作用，菌物维系着地球生态系统的完整性。菌物虽然给人类健康带来了福祉，但也有人因误食菌物而丧生。因此，了解和认识菌物显得尤为重要。

（1）有益方面

①菌物的种类丰富、数量巨大，是生物多样性的重要组成部分。毫无疑问，菌物是地球上最重要的分解者。在森林生态系统中，菌物首先分解纤维素和木质素，与细菌协同将大量的植物有机体分解还原至无机态，促进碳、氮、硫等元素的循环，不仅起了"清洁工"的作用，还帮助植物界建立起自体施肥体系。

森林中的很多树木和其他绿色植物，其根部或组织与菌物共生形成菌根（mycorrhiza）。菌根帮助植物吸收水分和养分，还产生一些拮抗物质，抑制某些有害菌种对植物的侵害，保护植物健康。例如，多数兰科、杜鹃花科植物如果缺乏菌根菌将很难萌发。菌物中的子囊菌和担子菌也能够与绿藻或蓝藻结合形成地衣。Smith et al.（1992）报道一种常见的树根上的兼性寄生菌——高卢蜜环菌（*Armillaria gallica* Marxm. & Romagn.），可能是地球上最大和最古老的活有机体之一。它的菌落在美国密歇根州的一座森林里至少占据 184 英亩*，菌体重量超过 100 t，树龄估计超过 1 500 年。

---

*　1 英亩≈0.4 hm²。

②菌物是人类认知的重要模式生物和科学研究的重要对象。例如，粟酒裂殖酵母 [*Saccharomyces cerevisiae*（Desm.）Meyen］是研究最清楚的真核单细胞生物，全基因组于 1996 年测定。可在基本培养基上生长，且生长可完全控制；在单倍体与二倍体的状态下均可生长，并可在实验条件下控制单倍体与二倍体之间的相互转换，这对其基因功能研究十分有利；近 31% 编码蛋白质的基因或开放阅读框（ORF）与哺乳动物编码蛋白质的基因高度同源。裂殖酵母（*Schizosaccharomyces pombe* Lindner）是研究细胞周期调控、有丝分裂、减数分裂、DNA 修复与重组和基因组稳定性的检查点调控（checkpoint controls）的模式生物，也是针对治疗细胞周期紊乱肿瘤药物的理想细胞初筛模型，其遗传背景清晰，遗传操作方便。构巢曲霉[*Aspergillus nidulans*（Eidam）G. Winter］是遗传学和生物化学方面研究较为广泛的生物之一，基因组大小为 30 Mb，约有 9 500 个开放阅读框，通过准性生殖完成遗传重组。粗糙脉孢菌（*Neurospora crassa* Shear & B. O. Dodge）也是现代遗传学和分子生物学研究的模式物种，通过对其营养缺陷突变体（auxotrophic mutant）分析，提出了一个基因对应一种酶的假说。稻瘟病菌（*Magnaporthe oryzae* B. C. Couch）的基因组较小，已得到许多遗传图谱数据，适合于全基因组分析；其与已被广泛研究的非致病菌粗糙脉孢菌亲缘较近，并拥有一套很好的转化体系，可以进行比较基因组学，以及生物化学和分子生物学分析。

③菌物是生物再循环和化工产品发酵的主要参与者。菌物作为地球"清洁工"参与淀粉、纤维素、木质素等有机含碳化合物的分解，生成二氧化碳，为植物提供碳源。例如，许多担子菌能够利用纤维素和木质素作为其生长的碳源和氮源，可以分解木材、纸张、棉布及其他自然界中含碳的复杂有机物；其将蛋白质及其他含氮化合物的分解所释放的氨，一部分可供植物和微生物吸收同化，另一部分可转化为硝酸盐，成为氮素循环中不可替代的一步。在化学工业中，菌物被用来发酵生产有机酸（如乳酸、葡萄糖酸、延胡索酸和苹果酸等）和酶制剂（如淀粉酸、蛋白酶、脂肪酶和纤维素酶等）。柠檬酸是食品、医药、化工等领域应用最广的有机酸之一，其工业发酵生产所采用的菌种全部是真菌。

④菌物是人类文明和健康生活的伴随者。许多大型菌物，如平菇、香菇、金针菇、草菇、竹荪、羊肚菌、口蘑、猴头菌、银耳、黑木耳、鸡腿菇、冬虫夏草等菌物的子实体已经被人们广泛食用。在现代的药物中，多种抗生素（如青霉素、头孢霉素等）由菌物产生。世界上第一种青霉素是从菌物中发现的，它的发现和应用揭开了人类利用抗生素的历史；灰黄霉素、头孢霉素等众多抗生素类药物都是利用菌物生产的。在猴头菌、鹅膏菌、灵芝等菌物的子实体中，发现了抗癌物质，这些物质在提高免疫力和治疗癌症方面发挥了令人满意的疗效。灵芝、冬虫夏草、茯苓、马勃、竹黄等都是名贵的中药材。在食品工业中，面包制作、酒类酿造、淀粉制糖，都离不开菌物。日常所用的酱油、食醋、豆腐乳、豆瓣酱等副食品的加工也不能缺少菌物的发酵作用。

⑤菌物在防治病虫害、促进植物生长发育方面发挥作用。菌物可与动物、植物或其他菌物产生互利共生或寄生等交互作用。白僵菌和拟青霉等菌物能够寄生在昆虫体上，引起害虫疫病的流行，从而保护了树木和农作物。捕食性菌物能够捕食土壤中的植物病原线虫。有些菌物能寄生在植物病原菌上，限制病原菌对植物的为害，已被应用在植物病害的生物防治。菌物的次级代谢物也可用于控制植物病虫害的发生和流行。

（2）有害方面

①菌物引起植物病害，造成严重的经济损失和生态隐患。1854 年，马铃薯晚疫病的暴发摧毁了欧洲绝大部分的马铃薯种植业，引起了严重饥荒；1879 年，葡萄霜霉病的流行，使法国酿酒业陷入停顿；1943 年，稻胡麻病引起了孟加拉地区的饥荒，死亡人数超过 200 万；1950 年，小麦锈病在我国北方大流行，使小麦减产 60 亿千克；1865 年，欧洲波罗的海沿岸白松疱锈病的发生，在不到 100 年的时间内，使欧洲引种的白松几乎全部被毁，1909 年又传到北美，给美国森林造成极大威胁；1904 年在北美暴发的栗疫病，在此后 40 年几乎毁灭了北美的美洲栗，也使欧洲栗遭受严重损失；榆树枯萎病给欧洲和美洲的榆树栽培造成灾难性打击；锈病、腐烂（烂皮）病、炭疽病等造成大量树木死亡，不仅威胁森林健康，导致森林破坏，造成水土流失，风沙四起，减少供氧量，产生不可估量的隐患，也造成木材和林副产品的严重损失。

②菌物引起人和动物疾病，威胁人类的健康。菌物可以引起人类病害，如头癣、体癣、甲癣、脚癣等。隐球酵母引起的脑炎和拟肺结核，能够使人致死。牛、羊、狗的山谷热，也是菌物引起的传染病。菌物能够产生生物碱与聚酮等许多具有生物活性的物质，即菌物毒素。它们常积留于大米、玉米、花生、黑麦草、蘑菇以及饲料、饲草之中，引起人畜中毒。著名的黄曲霉毒素积留在粮食之中，一旦被人畜食用，便引起急性中毒症，并可致癌，应当引起重视。饲草混有麦角菌引起的家畜中毒情况虽屡见不鲜，但麦角碱已被广泛用于人类疾病治疗。

一些毒蘑菇产生的菌物毒素被人体摄入后就会引起中毒，轻则致病，重则致死。我国已报道上百种毒蘑菇，中毒后常表现腹鸣、呕吐、下泻、耳鸣、眩晕、幻觉、狂笑、狂奔、精神错乱、发汗、沉醉、大小便失禁、剧痛等症状，严重中毒时可致死。菌物可以引起粮食、水果、蔬菜、肉类等食品以及饲料的变质霉烂，不仅丧失其价值，还会损害人和动物的健康。

1.2　菌物的营养体和繁殖体

1.2.1　菌物的细胞结构

菌物的细胞结构比细菌复杂。作为真核生物，菌物细胞内有较为典型的核结构和细胞器（线粒体、微体、核糖体、液泡、溶酶体、囊泡、内质网、微管、鞭毛等）。菌物的细胞壁也与植物、细菌有很大区别。原生动物类菌物（黏菌、根肿菌）的营养体无细胞壁，孢子体阶段的细胞壁主要由纤维素和几丁质构成。藻类菌物（卵菌）的细胞壁主要由纤维素和 β-葡聚糖构成。真菌类菌物的细胞壁缺乏构成细胞壁的肽聚糖，其坚韧性主要依赖多聚 N-乙酰基葡萄糖构成的几丁质（又名甲壳质，chitin），并含葡聚糖、甘露聚糖及蛋白质，某些酵母菌还含类脂体。

1.2.2　菌物的营养体

菌物的细胞既不含叶绿体，也没有质体，是典型的异养生物。它们寄生动植物，从活体吸收营养；或者腐生植物残体、动物粪便和土壤腐殖质，分解其中的有机物作为营养。

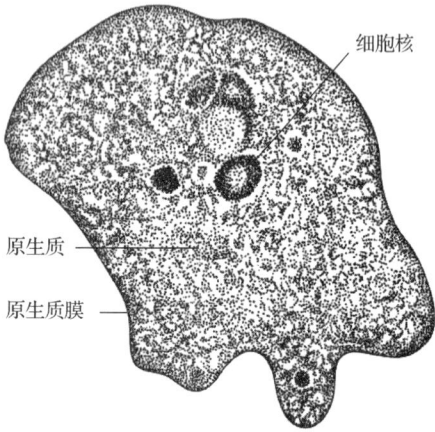

图 1-1　根肿菌的原生质团型营养体

（1）营养体类型

菌物营养体类型因其类群的不同而变化很大，主要有原生质团、单细胞或菌丝体等，其中以菌丝体最为典型。

①原生质团（plasmodium）。是无细胞壁、仅由一层原生质膜所包围的多核原生质，变形虫状，能蠕动，可以随原生质流动而运动。如黏菌（slime fungi）的变形体、根肿菌的营养体等（图 1-1）。

②单细胞（unicell）。营养体为有细胞壁和细胞膜的单细胞或单细胞带假根的菌体细胞（图 1-2），以酵母菌居多。某些酵母菌细胞芽殖产生的芽孢相互连接成链状，类似于菌丝体，称为假菌丝体（pseudomycelium）。

③菌丝体（mycelium）。包括植物病原菌在内的大多数菌物的典型营养体为一种丝状体，单根为菌丝（hypha），组成菌物菌体的一团菌丝称为菌丝体。菌丝体呈辐射状延伸，在培养基上形成的圆形菌丝群落称为菌落（colony）（图 1-3）。有时这种营养体形式的菌物也称丝状真菌（filamentous fungi）。它们在基质上或基质中分枝延伸，吸取养料。

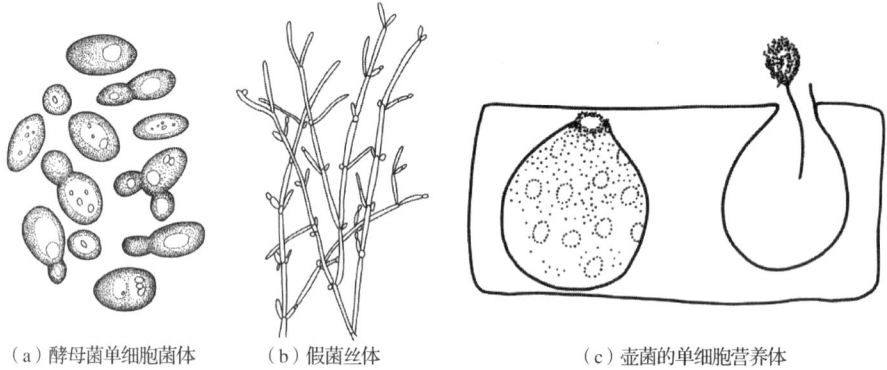

（a）酵母菌单细胞菌体　　　（b）假菌丝体　　　　　（c）壶菌的单细胞营养体

图 1-2　菌物的单细胞营养体

菌丝是一种管状物。多数菌物的菌丝以隔膜将菌丝分成很多间隔，称为有隔菌丝（图 1-4）。隔膜是由菌丝内壁向内做环状延伸而形成，主要起加固菌丝的作用。隔膜中央有隔膜孔，可以调节细胞之间内含物的运动。隔膜主要有封闭型（低等菌物的无隔菌丝）、单孔型（子囊菌、锈菌、黑粉菌）、多孔型（镰刀菌）、桶孔型（担子菌）等类型。隔膜在其他菌物（如卵菌）的菌丝中仅发生于繁殖器官的基部，整个菌丝其他部位并无隔膜，为多核的单细胞，这种菌丝称为无隔菌丝。但是，随着菌龄的增长及菌丝受伤等原因，无隔菌丝也会出现一定的隔膜，即不定形隔膜，其形成与核分裂无关。不同菌物的菌丝差异不明显，只表现在透明度、颜色、有无隔、直径、横隔的构造和横隔处是否小于菌丝直径、表面有无疣状物、是否等径等方面，这与复杂的孢子形态相比，差异是微不足道的。

菌丝一般是由孢子萌发后延长的，或是由任意一段菌丝细胞增长出来的，它的直径生长有限，长度生长无限，在条件合适时总以顶端伸长方式向前生长。

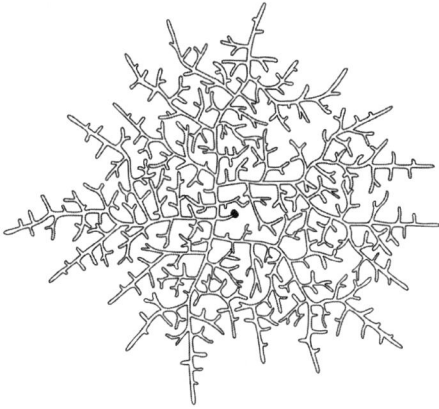

图 1-3 菌丝体形成的菌落

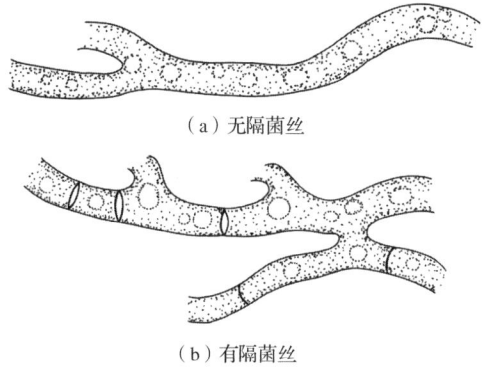

（a）无隔菌丝

（b）有隔菌丝

图 1-4 无隔菌丝和有隔菌丝

有的菌物在寄主体内或基质（培养基）上表现 2 种不同的菌丝形态，如外囊菌在寄主体内产生菌丝，在培养基上形成酵母状菌体。

（2）菌丝结构

菌丝细胞的最外层为细胞壁，细胞壁的内侧为细胞膜，膜内侧包含着原生质、液泡和细胞器（图 1-5）。细胞器包括细胞核、线粒体和内质网等。在很多菌种的菌丝细胞中还有大小不等的油滴。在无隔菌丝中，细胞核分布在细胞质中并均匀分布，称为多核细胞（coenocyte）。有隔菌丝的单个细胞可以含 1 个、2 个或多个细胞核。单核细胞是一些菌物的特征，双核细胞是另一些菌物的特征，而多核细胞则可在大多数菌物中观察到。

有些菌物的营养体是无胞壁、有细胞膜的原生质团，有些则是单细胞或具假根的单细胞，有的则为假菌丝体，还有的菌物具 2～3 种不同功能的菌丝（如担子菌中的生殖菌丝、骨架菌丝和联络菌丝）。

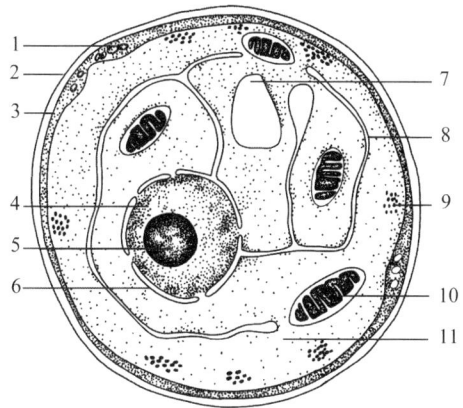

1. 膜边体；2. 细胞壁；3. 细胞膜；4. 细胞核；
5. 核仁；6. 核膜；7. 液泡；8. 内质网；9. 糖原；
10. 线粒体；11. 细胞质。

图 1-5 菌物细胞结构示意

（3）菌丝的变态

①吸器（haustorium）。多数寄生菌的菌丝在进入寄主组织中沿细胞间隙生长时，通过某种结构侵入寄主细胞中产生特殊形态的菌丝或菌丝的变态物来吸收养料。这些特殊形态的菌丝或菌丝的变态称为吸器［图 1-6（a）］。如锈菌、白锈菌、霜霉菌等专性寄生菌的菌丝产生球形、囊状、指状和菌丝状等从植物细胞中吸收养料的特殊结构。

②附着胞（appressorium）。一些炭疽菌、锈菌的孢子萌发产生的芽管或菌丝的顶端常产生一种膨大的结构体附着在基物（寄主）表面，这种结构称为附着胞［图 1-6（b）］，附着胞产生侵入钉侵入寄主组织。

③菌环(constricting ring)和菌网(network loops)。某些捕食性菌物的菌丝形成环状结构，借以捕捉线虫，称为菌环[图1-6(c)(d)]。有的则生出网状菌丝，当遇到线虫时借分泌的黏性物质将线虫粘住，线虫便挣扎蠕动钻入网中而被捕，这种网称为菌网。

④假根(rhizoid)。低等菌物如壶菌、接合菌的菌丝生长出根状菌丝，伸入基质中汲取营养并支撑上部的菌体，这种根状菌丝称为假根[图1-6(e)]。连接两个假根之间的匍匐菌丝称为匍匐菌丝(stolon)，常见于根霉和犁头霉。此外，有的菌物组织体形成特殊结构，如菌核、子座、菌索等。

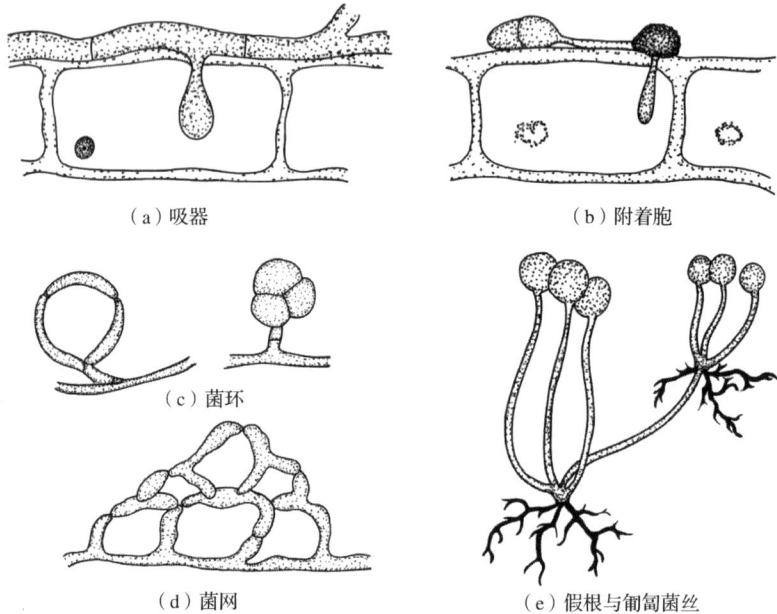

（a）吸器　　　　　　　　　　　　　（b）附着胞

（c）菌环

（d）菌网　　　　　　　　　　（e）假根与匍匐菌丝

图1-6　菌丝的变态结构

(4) 菌丝组织体

菌物在生活史的某个阶段，菌丝体能相互交织形成疏松或紧密的组织，称为密丝组织(plectenchyma)。密丝组织如果是疏松的，大致能分辨出菌丝体作平行排列，至少它们的长形细胞是较易识别的，这种组织又称疏丝组织(prosenchyma)[图1-7(a)]。如果菌丝体是由大致等径的多角形或圆形的菌丝细胞组成，排列紧密，很像高等植物的薄壁组织，组织中的细胞一般不易分离，则称为拟薄壁组织(pseudoparenchyma)[图1-7(b)]。疏丝组织和拟薄壁组织，在很多菌物中能形成不同的营养结构和繁殖结构，如子座、菌核、菌索。它们初期都是营养结构，也可以休眠一段时间，之后在环境适宜时都能生出繁殖组织。

①子座(stroma)。是一个由疏丝组织和拟薄壁组织形成的垫状营养结构，常在其中或其上产生子实体。由菌丝和寄主组织共同形成的组织体结构称为假子座(pseudostroma)。

②菌核(sclerotium)。是一个坚硬的营养结构，并且常常可以休眠较长时期以应对不良环境，休眠后经过萌发再产生产孢的子实体。菌核形状和大小差异较大，大丽轮枝菌(*Verticillium dahliae* Kleb.)形成直径1 mm或更小的微菌核，而米利塔多孔菌[*Polyporus mylittae* (Cooke & Massee) Núñez & Ryvarden]的菌核重达15 kg。

③菌索(rhizomorph)。形状类似于很细的绳索，有一个坚实的外层和一个生长的尖端，

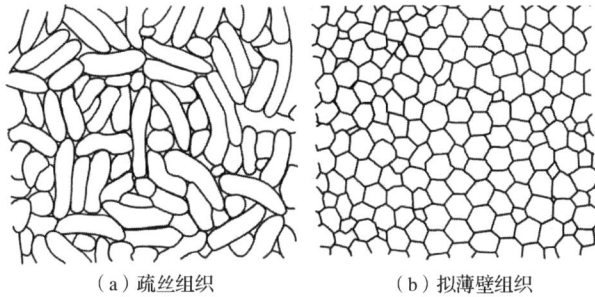

（a）疏丝组织　　　　　　　　（b）拟薄壁组织

图 1-7　菌物的组织体

能保持休眠状态以应对不良环境，当环境条件适宜时又从尖端继续生长，延伸很长，到一定阶段便从菌索上生出伞状等形状的繁殖体。

1.2.3　菌物的繁殖体

菌物经过营养阶段之后便进入繁殖阶段，繁殖产生许多新的个体。大多数菌物具有无性和有性两种基本繁殖方式，并且产生无性、有性各种形态的繁殖体结构及其孢子类型。这些特征可作为菌物识别的基本依据。

（1）无性繁殖

菌物的无性繁殖（asexual reproduction）是指不经过性细胞结合而由营养体经过有丝分裂直接产生新个体的繁殖方式，产生的孢子称为无性孢子。无性孢子的形状、颜色、细胞数目、排列方式、产生方式都具有种的特征性，因而可作为鉴定种的依据。近代菌物分类学尤其重视产孢方式的特征。无性繁殖的主要方式包括：

①断裂（fragmentation）。菌丝细胞断裂成片段或细胞直接产生新个体。例如，白地霉（*Geotrichum candidum* Link）在其营养菌丝的多处围绕着细胞核产生横隔，并通过横隔处菌体断裂形成小段，称为节孢子（arthrospore）。有的菌物的菌丝产生大量的隔膜，将菌丝分割为很多短的细胞，细胞断裂后成为单个孢子，称为粉孢子（oidium）。镰刀菌、黑粉菌营养菌丝在断裂之前，先围绕菌丝中间或顶端某个细胞的细胞核产生厚壁，然后断裂形成暗色、厚壁的厚垣孢子（chlamydospore）。此外，多数菌物的菌丝体可因外力作用发生断裂，其菌丝片段可在适宜条件下同样发展成新的菌体。实验室菌物纯化培养就是基于此原理。

②原生质割裂（cleavage）。营养细胞分裂产生子细胞，如假菌界、壶菌和接合菌的孢囊孢子产生方式。

③芽殖（budding）。单细胞营养体、孢子或产孢细胞，以出芽方式产生一个新个体，如单细胞的酵母菌、黑粉菌的担孢子。

④裂殖（fission）。营养体细胞通过有丝分裂后一分为二，分裂成两个菌体的繁殖方式。该繁殖方式主要发生在单细胞菌物中，与细菌的分裂方式类似，以酵母菌类的裂殖酵母菌属（*Schizosaccharomyces* Lindner）最为典型。

⑤菌丝直接产生孢子。菌丝通过有丝分裂产生的孢子，每个孢子再萌发产生新个体，如很多子囊菌、担子菌的无性孢子都是通过菌丝直接产生或者通过一定的产孢结构来产生无性孢子。

　　菌物无性繁殖产生的无性孢子通常有游动孢子、孢囊孢子、分生孢子、芽孢子、节孢子、厚垣孢子等类型(图1-8)。这些无性孢子的繁殖方式可分两类：一类是在菌丝上形成1至多个能产生无性孢子的球形、卵形或棒状结构，称为孢子囊(sporangium)，然后在孢子囊内原生质分割成许多小块，每个小块形成带鞭毛的游动孢子(zoospore)或无鞭毛的孢囊孢子(sporangiospore)，此为卵菌、壶菌或接合菌的主要无性繁殖方式；另一类属于高等菌物(主要是子囊菌)的无性繁殖方式，即先在营养菌丝上形成特化菌丝，即分生孢子梗(conidiophore)，然后通过在孢子梗上芽殖或细胞断裂产生形态各异的分生孢子(图1-9)。

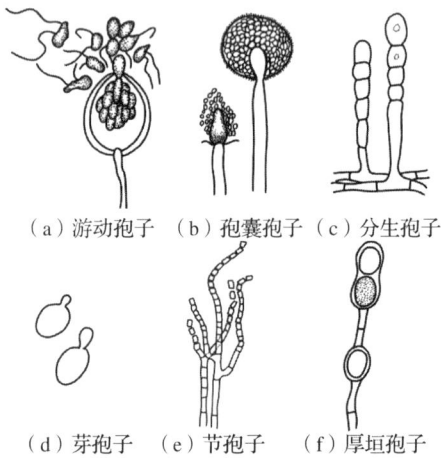

（a）游动孢子　（b）孢囊孢子　（c）分生孢子

（d）芽孢子　（e）节孢子　（f）厚垣孢子

图1-8　无性孢子类型

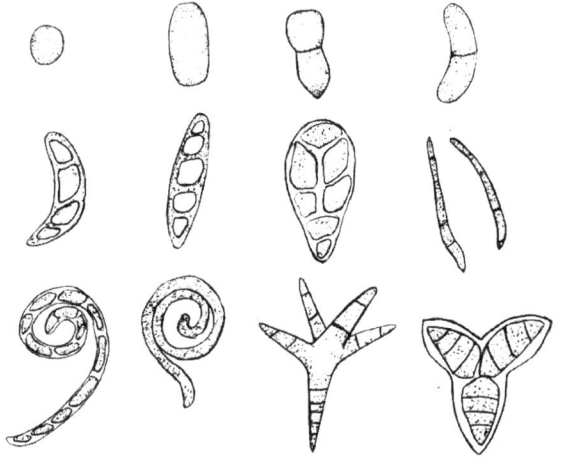

图1-9　各种类型的分生孢子

　　从营养菌丝上以各种产孢方式产生分生孢子是菌物最普遍的无性繁殖方式。大多数菌物只产生一种分生孢子，有些则能产生两种或两种以上的分生孢子。通常分生孢子是由特化菌丝先端(产孢细胞)通过一定方式产生，其下方的特化菌丝称为分生孢子梗。不同分类地位菌物的分生孢子梗形态、着生方式各异，有单生的、散生的，也有成丛的，还有许多孢子梗黏菌结成束，称为孢梗束(synnema)。有的菌物是在菌丝形成的子座上生出分生孢子梗和分生孢子，称为分生孢子座(sporodochium)。有的分生孢子梗自垫状菌丝组织生出，使产孢体结构呈盘状，称为分生孢子盘(acervulus)。还有些菌物的分生孢子梗、分生孢子生在覆碗状或球形的分生孢子器(pycnidium)中(图1-10)。

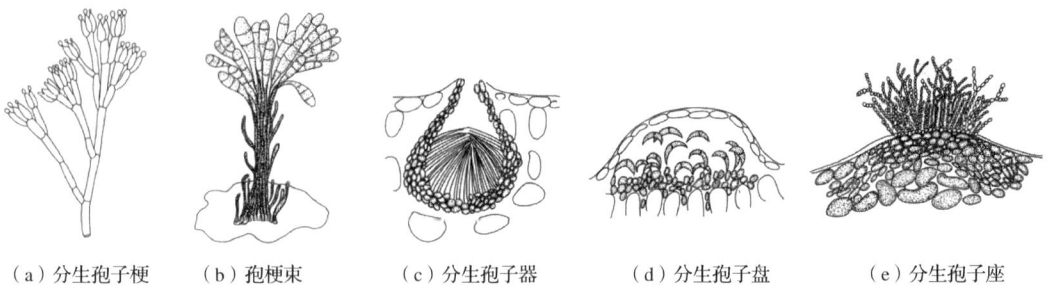

（a）分生孢子梗　　（b）孢梗束　　（c）分生孢子器　　（d）分生孢子盘　　（e）分生孢子座

图1-10　菌物的无性子实体——分生孢子体的类型

（2）有性生殖

有性生殖（sexual reproduction）是指 2 个具有亲和性的性细胞经过质配、核配、减数分裂产生新个体的过程。菌物的有性生殖比其无性繁殖复杂得多，很多是通过特殊的性器官来完成，也有一些菌物靠营养菌丝或孢子来完成，或者由雌配子发育而成。同大多数动植物一样，卵菌、接合菌的核配阶段几乎在质配之后马上进行，但在子囊菌和担子菌的性配合过程中，质配和核配 2 个阶段无论在时间上，还是在空间（如寄主）上都发生了隔离，导致这些菌物的生活史出现或长或短的双核体（dikaryon）阶段，形成了生活史的多样性和菌物有性生殖的复杂性。

习惯上，菌物的性器官统称为配子囊（gametangium），它是一种能产生性细胞（即配子，gamete）或性细胞核的特殊结构。在有性生殖过程中，若菌物形成的配子囊在外观形态及大小上没有明显差别，则称为同型配子囊（isogametangium）；反之，如果雌、雄配子囊在形态、大小上有明显的区别，则称为异型配子囊（hetergametangium）。在异型配子囊中，雄性配子囊称为雄器（antheridium），雌性配子囊称为藏卵器（oogonium，如卵菌）或产囊体（ascogonium，如子囊菌）。但是，有些菌物在其有性生殖过程中并不产生雄器（如孤雌生殖）或不形成性器官（如体细胞配合）。

菌物有性生殖中的细胞质配方式可归纳为以下 5 种（图 1-11）：

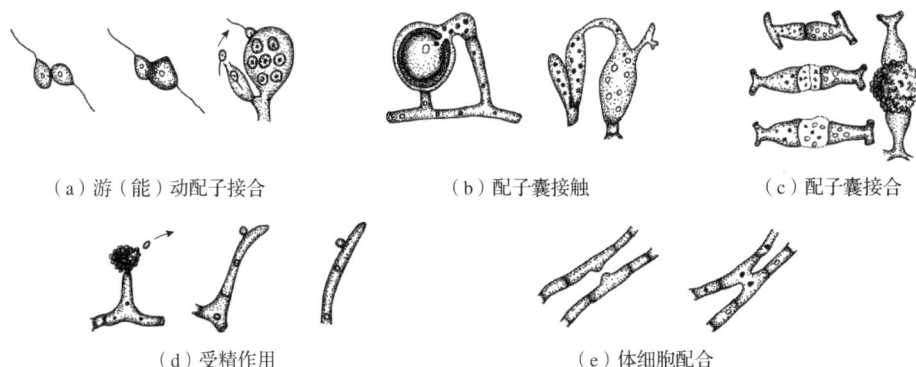

（a）游（能）动配子接合　　　　　（b）配子囊接触　　　　　（c）配子囊接合

（d）受精作用　　　　　　　　　（e）体细胞配合

图 1-11　菌物的性配合方式

①游（能）动配子配合（planogametic copulation）。先由配子囊产生游动配子，游动配子从配子囊中释放以后，通过在水环境中的游动，使 2 个孢子接触后发生配合。2 个游动配子可以是同型的，也可以是异型的。在后一种情况下，2 个配子中一个能动，另一个不动。

②配子囊接触（gametangial contact）。在形态及大小上，2 个配子囊表现明显不同的雌雄分化。由形态较小的雄器产生性细胞核，再通过受精丝（trichogyne）及其溶孔将雄核输入较大的雌性配子囊——藏卵器（或产囊体）中达到性配合，而雄器随之分解，也就是 2 个配子囊接触，但不融合。

③配子囊接合（gametangial copulation）。2 种配子囊通常形态、大小相同或相近，配子囊发生接触，接触处细胞壁发生溶解而形成一个公共大细胞，称为合子（zygote），使两者的原生质体融为一体，即达到质配。只有少数种类（如部分壶菌）在两配子囊接合以后，其中之一将其原生质体输入另一个配子囊中。

④受精作用(spermatization)。有些菌物以一定方式产生很多小型单核的精子(spermatium),精子借助虫、风、水等媒介到达受精丝或营养菌丝上,在接触点处形成小孔,精细胞核再进入小孔,最终移入雌性母细胞中,即完成性配合过程。

⑤体细胞配合(somatogamy)。酵母菌、高等担子菌没有任何性器官,通过营养细胞或菌丝的接触、融合便完成性配合过程。

完成质配后的 2 个具有亲和性的单倍体核(n)进入同一个细胞中,进行核配后形成一个二倍体的细胞核(2n)。有些低等菌物在其质配后就立即核配出现二倍体核,无双核期。高等菌物质配后的融合细胞中含有 2 个单倍体核,它们通过等数分裂产生新的双核体细胞,经过或长或短的时间才发生核配。二倍体细胞核经过减数分裂形成 4 个单倍体核,从而回到原来的单倍体阶段。

菌物的性分化有一定的复杂性,有些菌物在同一个体上可以分化出两种明显不同的性器官,即雌雄同株;有些菌物的两性器官分化在不同的个体上,即雌雄异株;还有许多菌物虽具性功能的器官,但在形态上没有两性分别。在上述 3 种情况中,在生理表现上还有自身可育和自身不育的区别,这种情况分别称为同宗配合(homothallism)和异宗配合(heterothallism),它们在形态分类上没有应用价值。

经过上述几种性配合方式,再经核配及减数分裂后,就发育形成各种有性孢子及其有性繁殖体。菌物的有性孢子可归纳为以下 5 种类型(图 1-12):

①休眠孢子囊(resting sporangium)。由低等菌物通过游动配子交配后产生的二倍体合子,再经减数分裂后发育为单倍体休眠孢子结构。

②卵孢子(oospore)。是卵菌的雄器与藏卵器通过配子囊交配后形成的二倍体有性孢子(2n)。成熟的卵孢子仍为藏卵器所形成的厚壁所包裹。

③接合孢子(zygospore)。是接合菌通过同型配子囊接合产生的双核、厚壁的有性孢子(囊)。

④子囊孢子(ascospore)。为子囊菌经异型配子囊交配、受精作用或体细胞配合等方式而产生二倍体子囊母细胞,子囊再经减数分裂形成单倍体有性孢子。子囊及子囊孢子通常被包囊在各种形态的子囊果中。

⑤担孢子(basidiospore)。担子菌经受精作用和体细胞配合产生的二倍体担子,经减数分裂后形成单倍体的有性孢子。担子及担孢子通常产生在各种形态的担子果上。

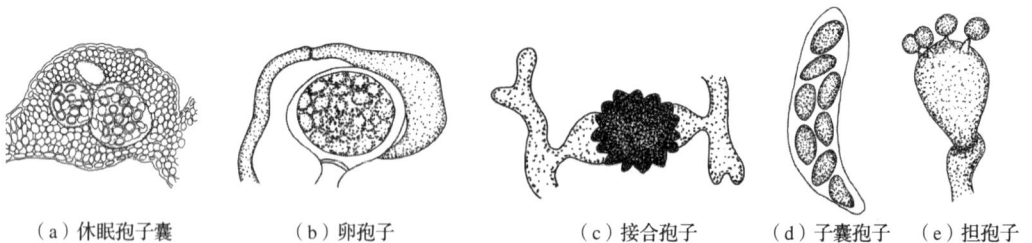

(a)休眠孢子囊　　(b)卵孢子　　(c)接合孢子　　(d)子囊孢子　(e)担孢子

图 1-12　菌物有性孢子的类型

无论是有性生殖还是无性繁殖,无论其繁殖方式如何,除低等菌物外,一般来说,菌物繁殖会产生各种形态的产生、容纳孢子的结构——子实体(fructification;sporophore),如无性繁殖产生的分生孢子器、分生孢子盘(图 1-10);有性生殖形成的子囊果(子囊壳、闭囊壳、子囊盘)(图 1-13)、担子果等(图 1-14)。

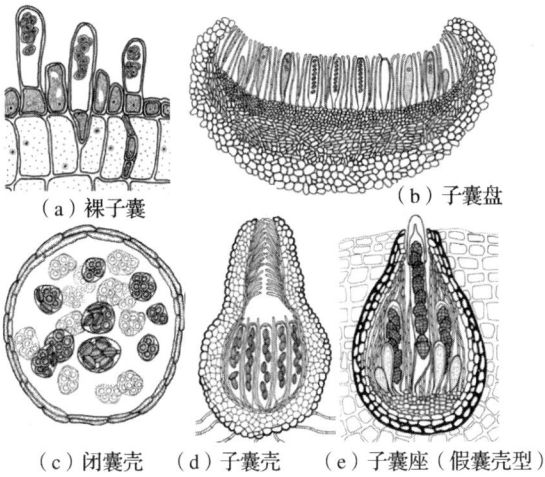

（a）裸子囊　　　　　　　　（b）子囊盘

（c）闭囊壳　（d）子囊壳　（e）子囊座（假囊壳型）

图 1-13　子囊菌子实体——子囊果的类型

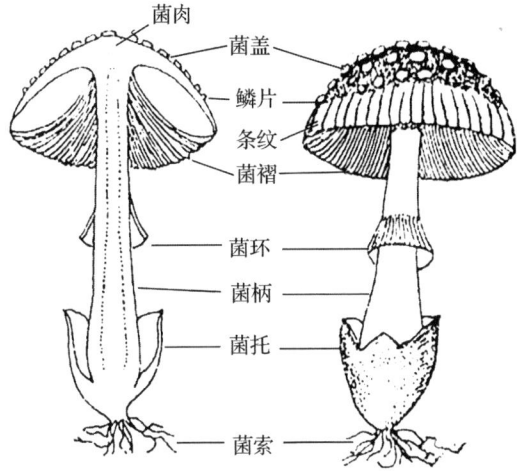

菌肉
菌盖
鳞片
条纹
菌褶
菌环
菌柄
菌托
菌索

图 1-14　担子菌的子实体——担子果的结构

1.2.4　准性生殖

对于许多无性型菌物或者生活史以夏孢子为主的锈菌来讲，其遗传变异往往通过准性生殖途径实现。首先是遗传基因不同的 2 个单倍体菌丝或孢子萌发芽管发生体细胞融合（如子囊菌的无性型），或者双核体的（夏）孢子及其双核菌丝中的某一细胞可发生遗传变异，从而产生异核体细胞或菌丝体。进而，菌物异核体偶发核融合形成二倍体，在其进一步有丝（非整倍体）分裂过程中发生基因重组，并通过非整倍体分裂达到由二倍体到单倍体的过程，这个过程称为准性生殖（图 1-15）。

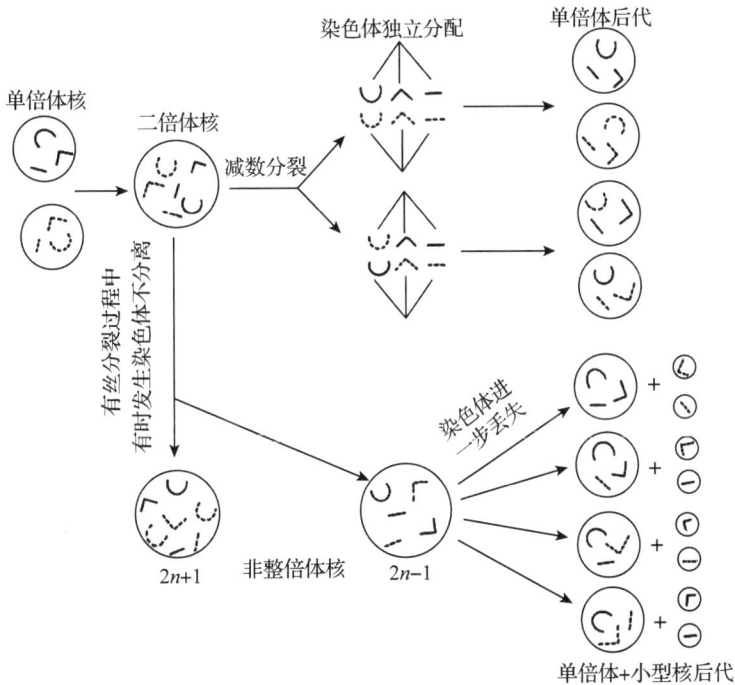

单倍体核　二倍体核　染色体独立分配　单倍体后代
减数分裂
有丝分裂过程中有时发生染色体不分离
$2n+1$　非整倍体核　$2n-1$
染色体进一步丢失
单倍体+小型核后代

图 1-15　菌物准性生殖过程

1.3 菌物的生物学与生态学特性

菌物是地球生命体中的重要类型，包含蘑菇、霉菌、锈菌、酵母菌、卵菌、黏菌等。菌物无处不在，土壤、空气、湖泊、海洋、动植物体的表面和内部，甚至人体都有菌物分布。菌物和细菌一起负责自然界中有机物的分解，并将碳、氧、氮和磷释放到土壤和空气中。

1.3.1 菌物的分布

根据菌物的生境，可将其分为陆生和水生两大类。陆生菌物以其多样化的营养或繁殖体着生在陆地的各种基质上，其中富含有机质的土壤是很多菌物理想的栖境，而干燥地区或有机物很少的生境中菌物类群相对较少。水生菌物生活在淡水或海洋环境中。淡水中的菌物通常不能忍受高盐环境，因此常生活在清洁的水体中，但也有部分菌物是在微咸的水体中发现的，还有部分菌物生活在污染的水体中。绝大部分菌物生活在温带和热带地区，极少数类群分布在北极和南极地区。

1.3.2 菌物的体形

由于菌物的体形比动植物小，故称其为微生物。餐桌上的食用菌、公园草地上的野生蘑菇、霉烂橘子上的青霉菌、潮湿墙面上的枝孢菌、臭豆腐上的毛霉菌等都是人们生活中常接触的、肉眼可见的类群。除此以外，大多数菌物是肉眼难以直接观察到的，它们通常以各种孢子或者菌丝的形式存在于土壤、空气、水体和动植物体中，大小通常为 $5 \sim 100\ \mu m$。然而，一些大型菌物的尺寸超乎人们的想象，如马勃直径最大可达 1 m 以上，重量可达好几十千克。2010 年报道的海南森林中的一种大型木腐菌——椭圆嗜蓝孢孔菌（*Fomitiporia ellipsoidea* B. K. Cui & Y. C. Dai），其子实体长 10.8 m，宽近 0.9 m，重达 500 kg。1998 年，科学家通过对美国俄勒冈州东部一种蜜环菌的 DNA 分析发现，这些蜜环菌的子实体都是来源于一个个体，它的菌龄已超过 2 400 年，菌丝分布面积 8.2 km^2，相当于 1 100 多个足球场，其总重量估算高达 600 多吨，相当于最大鲸鱼体重的 4 倍。因此，菌物的体形从小到大，差异很大。

1.3.3 菌物所需的营养物质

历史上，菌物曾作为植物界的成员，后被单列为菌物界。尽管菌物不再属于植物界，但其生长所需的营养物质大致与植物相同。菌物在生活中，除需要水和氧以外，还需要碳、氮、钙、磷、硫、镁、铁等常量元素和一些微量元素。一般来说，菌物对微量元素的需求量极低，在培养菌物时，化学试剂所含的极微量的杂质和玻璃容器渗出的几乎难以测定的杂质，就足以满足菌物的需求。不同类群的菌物对营养物质的需求也有所差别。有的菌物对营养物质要求不严格，在简单的碳水化合物和无机盐环境中便可正常生长发育。然而一些菌物对营养物质有一定选择，它们不能利用硝态氮，只有在含铵盐或氨基化合物的基质上才能正常生长发育。还有一些菌物生长所需除一般的基本物质外，还要求少量的有机化合物，如硫胺素（维生素 B_1）、肌醇等。在菌物培养实验中，常用的培养基包括马铃薯葡萄糖琼脂培养基（PDA）、燕麦培养基（OA）、麦芽膏琼脂培养基（MEA）、合成低营养培养基（SNA）、康乃馨叶片培养基（CLA）等。

1.3.4　菌物的生长发育

菌丝是通过顶端的生长点进行顶端生长而延长的。菌物的细胞壁具有透水性，弹性良好，这对吸收养料很有利。在适宜的环境条件下，菌物的孢子萌发并形成菌丝。在此过程中，孢子通过孢子壁吸收水分，从而激活细胞质，发生核分裂，并合成更多的细胞质，产生极性，形成菌丝顶端，然后芽管从孢子壁突出，孢子壁包裹着芽管生长。

菌丝大致可分为 3 个区域：①长 5~10 μm 的顶端区域；②根尖下区域，从根尖区向后延伸约 40 μm，该区域富含细胞质成分，如细胞核、高尔基体、核糖体、线粒体、内质网和囊泡，但没有液泡；③液泡区，特征是存在许多液泡和脂质积累。

大多数菌物的菌丝生长只发生在顶端区域，也就是细胞壁连续延伸以产生长菌丝管的顶端区域。顶端区域内的细胞质中布满许多小泡，这些泡状结构通常太小而无法用普通显微镜观察到，但在电子显微镜下却清晰可见。在高等菌物中，顶端小泡可以用相差光学显微镜观察到具有稍微扩散边界的小圆球，这一结构称为顶体（图 1-16）。顶体的位置决定了菌丝的生长方向。

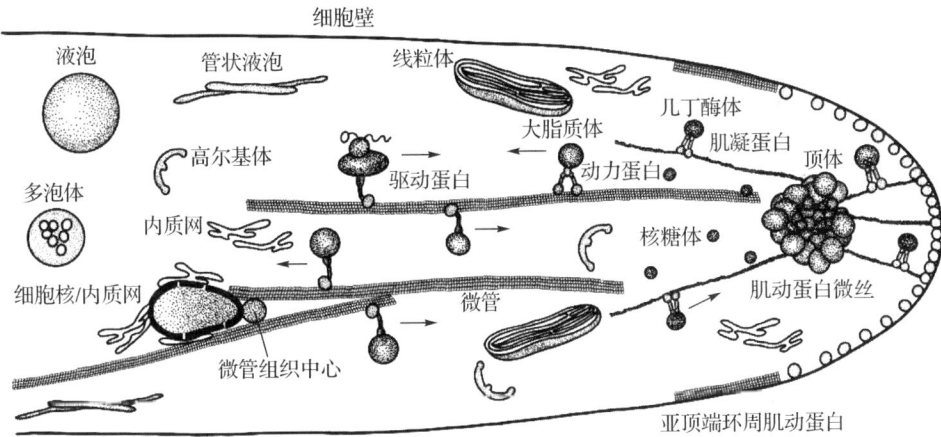

图 1-16　菌丝顶端和顶体结构

不断生长的菌丝尖端最终会产生分枝，进而发展成菌丝体。相邻菌丝接触的生长尖端可以互相融合形成菌丝网。在此过程中，细胞质不断向尖端流动，较老的菌丝逐渐变得高度空泡，并可能被剥离大部分细胞质。

在一定条件下，菌物的生长将转入发育繁殖阶段，所以说菌物的生长发育是有阶段性的，而控制这个阶段性的因素是环境条件。多数菌物是在寡营养和低温条件下转入有性生殖阶段，少数菌物也可在高温下转向有性生殖阶段。还有部分菌物在不同的发育阶段必须在不同的寄主上度过，即转主寄生现象。

1.3.5 菌物的营养特性

菌物界区别于植物界，不仅因为其缺乏叶绿素，以及拥有不同的结构和生理特征，还因为其独特的营养摄入和生长方式。在自然界中，菌物生长发育所需的营养物质都依靠原生动物、动物(如哺乳动物、鸟、鱼、昆虫、蠕虫等)和植物(如高等植物、苔藓等)的供给，这种生活方式称为异养。菌物在菌丝外部消化有机物质，然后将其吸收到菌丝体中。

作为异养生物的菌物，可以在广泛的基质上生活，但对供养生物体的生活状态有一定的选择性，主要表现为寄生、腐生、共生和原生动物式营养(黏菌的吞噬作用)等方式。有些菌物仅能从活植物体上获得生长和繁殖所需的营养，称为专性寄生(obligatory parasitism)或活体营养(biotroph)。反之，很多菌物只能从死亡的动植物体以及它们的产物、加工品上取得养料，称为腐生(saprophytism)。有些菌物以寄生活体动植物为主，但也能在发病死亡后的动植物组织上腐生、繁殖，称为兼性腐生(facultative saprophytism)或半活体营养(hemibiotroph)。后两种菌物一般都能在人工培养基进行正常的生长发育。有些菌物可与植物的根系结合形成菌根(mycorrhiza)，这实际上是菌物与植物的互利共生(mutualism)现象。在菌物学、生物学和林业科学上，通常把这种生活方式称为共生(symbiosis)。有些菌物也可以与节肢动物共生，如切叶蚁与白环菇属真菌(*Leucoagaricus* spp.)和高大环柄菇[*Macrolepiota procera* (Scop.) Singer]共生。

菌物摄取营养的活动主要通过吸收方式完成，因而它所吸收的养料都是可溶性物质。菌物借助菌丝体的渗透作用吸收这些可溶性物质和水分。菌丝细胞吸收营养的能力取决于细胞的渗透压和细胞的透性与弹性。菌物营养器官的渗透压，一般比其他生物大。寄生菌的渗透压要比寄主细胞的渗透压大 2~5 倍。许多曲霉属真菌能在渗透压高达 100 个大气压的培养环境中生长，这就使我们容易理解曲霉为什么可以在浓度较高的可溶性物质(如果酱、精浆、酱油等)中生长。此外，某些菌物可以借助吸器的较高渗透压的作用，由寄主细胞中随时吸收养料。

菌物的营养物质都来源于蛋白质、脂质和碳水化合物等高分子物质，但这些物质不能溶于水，因而菌物难以应用。菌物通常依靠所产生的酶类，先把这些高分子物质分解成低分子物质，然后溶于水中被菌物吸收应用。碳水化合物通常是菌物优先选择的碳源，菌物可以很容易地吸收和代谢多种可溶性碳水化合物，如葡萄糖、木糖、蔗糖和果糖。菌物也可以利用不溶性碳水化合物，如淀粉、纤维素和半纤维素，以及非常复杂的碳氢化合物，如木质素。

菌物产生的酶包括内酶和外酶。内酶是菌物呼吸作用或发酵作用过程中不可缺少的生物催化剂。外酶多为水解酶，能将脂肪、蛋白质和碳水化合物分解成低分子物质，便于菌物吸收。菌物产生的水解酶种类多样，如淀粉酶、纤维素酶、半纤维素酶、木素酶、脂肪酶、麦芽糖酶、氧化酶、黏胶酶及脲酶等水解酶。酶不但能使营养物质易被吸收，并且在细胞内还能促进物质吸收，还有一部分物质在酶的作用下发生分解，产生能量，供细胞生物化学活动需要。

菌物具有的酶的种类决定着菌物所能利用物质的数量。有的腐生菌类因为酶的种类多，所以它能利用的有机物质也就多，因此寄主更广。相反，在那些寄生性较强的菌物中，有些菌物酶的种类很少，因而它所能利用的寄主也少。目前已发现菌物酶的种类超过400 种，其中已有部分酶被制成酶制剂，大量应用于食品、制药、纺织、制革等工业生产。

腐生性菌物主要分解死的动植物残体和其他有机物，有些木腐菌会侵入并分解木材以及木制品。寄生性菌物可以寄生在植物或昆虫体内，这类菌物会攻击生物活体，从寄主活体细胞中吸收营养，导致植物病害或昆虫病害，严重时致寄主死亡。少数寄生性菌物甚至可以寄生人类或其他动物，并引发疾病。在侵染人类时，这些菌物通常通过人体表皮的伤口侵入人体。除了腐生和寄生，菌物还可与其他生物形成共生关系，其中菌根最为普遍，约 90%的陆生植物会与菌物共生形成菌根。此外，一些菌物进化出了捕食机制，如在菌丝网（环）的表面形成黏性物质，穿过菌丝网的变形虫、蛔虫或线虫等会被牢固地黏附在菌丝网（环）中，菌丝会穿透猎物的表皮形成吸器并分泌酶类，杀死猎物以吸收养分。

1.3.6　菌物的生态特性

每一种菌物都有它的生态特性，在非生物因子（环境因素）方面主要表现在对温度、湿度、光照、酸碱度的要求与适应的水平上。

(1) 温度

菌物的孢子萌发、菌丝生长与繁殖以及所有的生命活动，都是在一定的温度范围内进行的。菌物在最适温度条件的生命活动最旺盛，而在最低或最高温度条件的生命活动最缓慢。根据菌物的最适温度可以把它们分为喜温菌、嗜热菌和耐冷菌 3 类。植物病原菌物多数为喜温菌，它们的最适温度通常为 20~30℃，最低为 10℃，最高为 40℃。也有极端情况，如引起落叶松癌肿病的病原菌物——威尔科米长生盘菌 [*Lachnellula willkommii* (R. Hartig) Dennis]，其最适温度为 15℃，最低仅为 2℃，最高为 25℃。由此可见，它是一种耐冷菌。粪生菌和某些木材腐朽菌可以在 50℃条件下生长，属于嗜热菌。

对大多数菌物来说，高温对它们的生存不利，然而低温却对它们没有损害，很多菌物能耐-40℃以下的低温而不死，这是超低温保藏活体菌株的理论依据。

(2) 湿度

虽然菌物具有比较稳定的耐旱能力，在炎热干旱的沙漠也能生存，但总体上菌物是喜湿的生物，因而在茂密的森林、丛林和草丛中，菌物的种类较多，个体的生长也旺盛。大多数菌物的孢了萌发需要 95%~100%的空气相对湿度，但白粉菌有时候并不需要如此高的湿度。大多数菌物菌丝体的生长虽然也需要高湿环境，但在水淹环境下也可能因厌氧导致生长受限。温度与湿度的良好配合，有利于菌物的生长发育。

(3) 光照

菌物的营养生长一般不需要光照，在黑暗与散光条件下都能很好地生长。部分菌物在光照环境下生长速率明显加快。菌物进入繁殖阶段时，有些菌物往往需要一定的光照，否则不能形成孢子。多数高等担子菌子实体的形成也需要一定的光照，否则将产生畸形子实体。

(4) 酸碱度

虽然菌物能适应的酸碱范围较广，但是对绝大多数菌物而言，它们的最适 pH 值范围为 4.0~7.0，偏酸性。然而，由于菌物在分解各类物质时产生并向环境释放代谢产物，所以有时会改变菌体周围微环境的酸碱度。

在营养、温度、湿度、光照、酸碱度等条件合适的情况下，菌物能迅速生长发育，并产生无性孢子进行繁殖。当菌物未处于最适条件时，在最低与最高的条件范围以内，也能适应环境生存下来，只是生长缓慢而已。当环境条件不适于生存时，菌物便进入有性生殖阶段或产生坚硬的保护组织（如菌核、子座等），有的则产生厚垣孢子和休眠孢子，以休眠状态抵抗不利的环境条件。待环境条件适宜后，它们又转入新的生长发育阶段。

1.3.7　菌物间的相互关系

由一个菌物孢子或一段菌丝生长发育而成的菌丝体称为菌落。菌落呈放射状生长，因而菌落外围的生命力最旺盛。当菌落不断地向外增殖时，其中心处往往因衰老而死亡，结果菌丝体就变成一个环状菌落。在同一环境中，菌物种类并不是单一的，常常是几个种先后出现并形成一定的种群关系。这种关系常表现为菌物间的协同作用、拮抗（抑制）作用等几方面。

（1）协同作用

菌种间的协同作用在森林枯枝落叶层中表现得最明显。在枯枝落叶层分解过程中，相关的菌物种类（如接合菌、子囊菌和担子菌等）依次出现，且在各自完成相应的分解作用之后让位于后续菌种，如此便形成菌种间的协同作用，显示出明显的菌种更替规律。在这个规律中，控制分解菌种出现顺序的因素是枯枝落叶本身的化学结构。例如，在森林枯枝落叶层中菌种的组成及其出现顺序是：分解糖类菌种—分解半纤维素的菌种—分解纤维素菌种—分解甲壳质菌种—分解木素菌种。这种菌种间的协同作用普遍存在于自然界。

（2）拮抗（抑制）作用

与协同作用相反，菌种间的拮抗作用也是很普遍的现象。在一定的环境中，一种菌物的定殖能拮抗其他菌种的定殖，即使后者定殖下来但也受到先定殖菌群的抑制。这种拮抗作用的发生主要根据菌种产生的毒素和酶而起作用，拮抗的途径主要表现为寄生、毒害抑制或被分解消灭。这种作用常随拮抗菌种的衰老而减弱，随其死亡而告终。

1.3.8　菌物的传播

菌物主要靠孢子传播（气流传播、水力传播、动物传播等），有些菌物的子实体、菌核和菌丝体等组织也可通过人类的活动传播。

（1）气流传播

许多菌物的孢子是靠气流传播的。它们的孢子数量大、体积小、表面有刺或其他附属物，有利于气流传播。有些菌物的孢子成熟后容易与产孢组织分离，遇气流便被带走。还有些菌物在产孢组织中有弹射或释放孢子的结构，但它们放射孢子的距离很有限，所以当它们离开产孢结构以后，主要靠气流传送。气流传播包括水平传播和垂直传播，在自然界中常常是2个方向共同进行。

（2）水力传播

产生游动孢子、黏胶孢子和具有子座、子囊壳等组织体的菌物，往往需要充分的水力分散孢子，然后借水流或水滴飞溅作用进一步向远方传播。有些菌物先靠水力分散，后靠气流传播，假如没有水的作用，菌物孢子黏结在一起或被包藏在保护组织中，气流也是无能为力的，如胶锈菌的冬孢子堆、腐烂病菌的分生孢子角等都需要水力分散孢子。人工灌溉和降水造成的土壤水的流动，对土壤菌物的传播起着巨大的作用。

(3) 动物传播

高等担子菌中的某些菌物常常产生一种具有尸腐气味的液体，这种气味能够吸引某些昆虫取食，昆虫的活动将孢子传播开来。有些菌物则分泌黏液和蜜露，引诱昆虫帮助传播孢子。锈菌性孢子阶段的发育交配需要昆虫将一个性孢子器中的性孢子传播到另一个性孢子器中与受精丝结合而完成受精过程。实验证明，鸟类可传播栗疫病菌和杨树腐烂病菌的孢子。有趣的是蛙粪霉(*Basidiobolus ranarum* Eidam)，水甲虫食入它的孢子后又被青蛙吞食，孢子便在青蛙的消化道内定殖，最后孢子随蛙粪排出体外。如果人类不慎与带菌的蛙粪接触，就会被感染引起霉菌病。除上例外，蚯蚓、线虫、螨虫以及各类牲畜等动物都可以帮助菌物传播孢子。

(4) 人为传播

人类的各种活动都可以传播菌物，特别是菌物可随植物种苗、农林产品、工业品等通过陆运、空运和远洋运输等途径向远方传播，有时在几天内便可完成洲际和国际传播。因此，设立检疫机构、制定与执行检疫条例都是十分必要的。

1.3.9 菌物的生活史

菌物的生活史是指从孢子萌发开始，经过一定的生长发育阶段，最后产生同一种孢子为止的整个过程。典型的菌物生活史包括 2 个阶段，即无性阶段(asexual state)和有性阶段(sexual state)，或称有性型(teleomorph)和无性型(anamorph) (图 1-17)。无性型和有性型同时存在的生活史类型称为全型(holomorph)。值得一提的是，在菌物分类研究中，全型的描述是最为完整的，如致病疫霉[*Phytophthora infestans* (Mont.) de Bary]的生活史(图 1-18)。

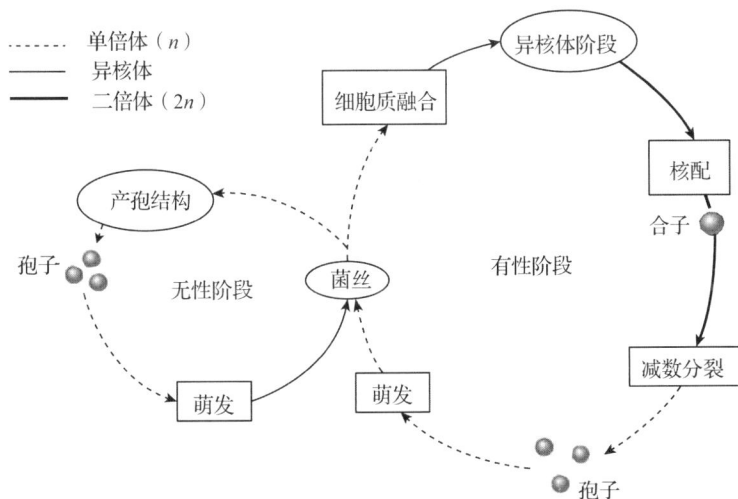

图 1-17 菌物的生活史

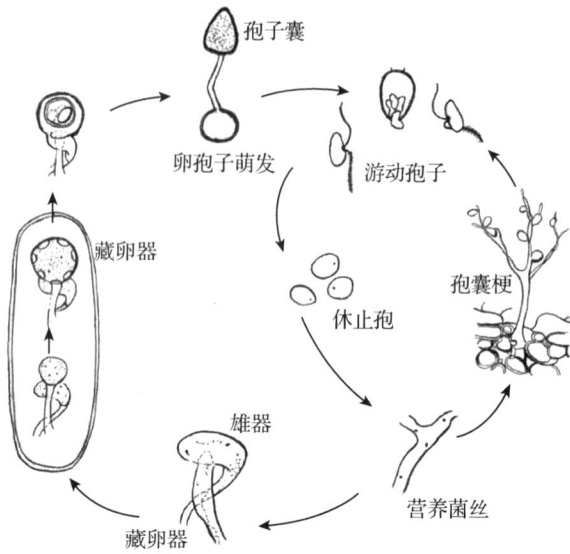

图 1-18 致病疫霉 [*Phytophthora infestans* (Mont.) de Bary] 的生活史

一种菌物的生活史如果能在一种寄主体上完成,称为单主寄生(autoecism),如大部分子囊菌、卵菌等;若必须在 2 种不同的寄主体上才能完成,则称为转主寄生(heteroecism),如一些锈菌。

1.4 菌物分类概述

分类学(taxonomy)一词是由 de Candolle(1813)创用的术语。系统学(systematics)由拉丁词"systema"衍生而来,最早出现于 Linnaeus(1737)的《植物属志》。分类学是研究生物分类原理和方法、生物物种和类群多样性及其相互关系的科学,具有古老性、继承性、综合性、基础性和实用性等特点,是一门任重道远、研究任务极其艰巨而永无止境的学科。

菌物分类就是正确确定每个研究对象的物种和所处的系统分类位置。分类学是研究菌物的基础,一旦搞错物种的名称,就会带来资料信息、名称的误用,产生混乱。因此,根据国际上已经承认的分类系统,对各种菌物进行鉴定、分类和命名,有助于菌物知识的交流,同时尽可能地指出已知菌物种类之间的亲缘关系,有利于了解近缘种的生物学特性。

生物科学的不断进步,使菌物分类学研究呈现前所未有的兴旺,而分子生物学技术的发展与应用则改变了经典菌物分类学的系统和分类思想,尤其分子系统学的发展为菌物分类学研究开创了新的局面。

1.4.1 菌物的分类地位

菌物是一个多系类群,包括真菌、卵菌和黏菌。在传统的两界生物分类系统(Linnaeus,1735),即植物界(Plantae)和动物界(Animalia)中,真菌因具有细胞壁而被归入了植物界藻类植物门中。

Haeckel(1866)提议,将包括细菌在内的单细胞生物、藻类、黏菌、鞭毛虫等组成原生生物界(Protista)，形成了三界生物分类系统，真菌仍属于植物界。此后，Copeland(1938)、Barkley(1939)进一步将细菌、蓝藻等无核类生物独立为原核生物界(Monera)，创建了四界生物分类系统，菌物归原生生物界。

Whittaker(1959)根据真菌细胞壁成分为几丁质以及异养生物特点等有别于动物、植物而首次提出真菌界(Fungi)的概念，提出另一个四界系统，即原生生物界(包括细菌、蓝藻、原生动物)、植物界、真菌界和动物界。1969年他在四界系统的基础上将细菌、蓝藻等归入原核生物界(Monera)，从而建立了包括原核生物界、原生生物界、植物界、真菌界和动物界的五界系统(图1-19)。五界系统较为客观地反映了细胞生物的结构及其生物进化历程，也反映了生物营养级联中的光合、吸收和摄食的特征，以及生态系统中的物质生产者、分解者和消费者的循环体系，被普遍接受并在生物学、真菌学和植物病理学教科书中长期采用。Ainsworth(1973)出版的《真菌》(*The Fungi: An Advanced Treatise* Ⅳ A-B)和Hawksworth et al.(1983)《菌物词典》第7版都采用了五界系统，并将真菌界划分为黏菌门(Myxomycota)和真菌门(Eumycota)。

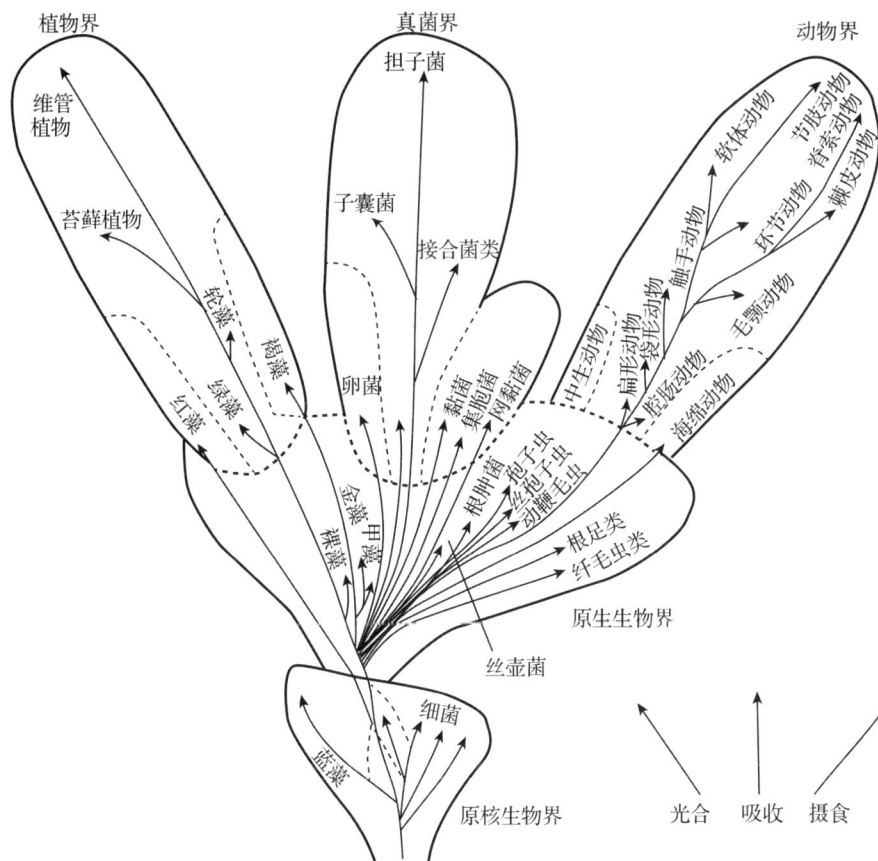

图 1-19　Whittaker(1969)菌物五界系统

在此之后，很多学者也提出了新的分类系统。如陈世骧等(1979)认为，五界系统把原生生物界列为一个中间阶段，削弱了原核与真核两个基本阶段的对比性，也没有考虑生态关系，因而取消了原生生物界，将生物界划分为原核总界(细菌界和蓝藻界)和真核总界

（为植物界、真菌界和动物界），将病毒界另立一总界（图1-20）。特劳巴（1975）也在同时期提出了原生生物界、真菌界、植物界、动物界、古细菌界、病毒界的六界系统。

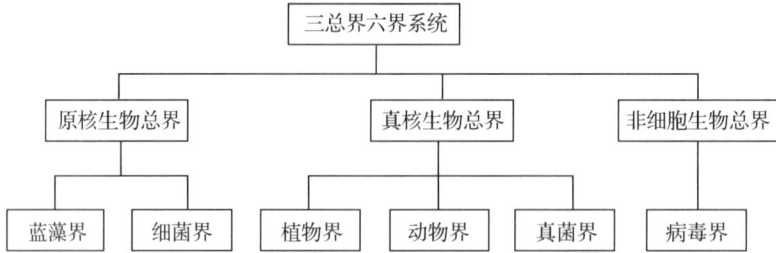

图 1-20　生物六界分类系统

随着分子生物学技术的进步，人们发现五界系统中的细菌可以分为古细菌和真细菌，生物间存在分子水平的差异，而这种差异或许与生物的起源和进化相关。美国微生物学家Woese（1977）用单链核糖核酸（ssRNA）取代了精度不高的细胞色素 C 建立系统发育树，发现来自深海环境下的自主营养的古细菌应该从原核生物独立出来，提出了真细菌域（Domain Bacteria）、古细菌域（Domain Archaea）和真核生物域（Domain Eukarya）的三域系统，即古菌域（古细菌界）、细菌域（细菌界）和真核生物域（原生生物界、真菌界、植物界和动物界）。后来，Woese（1990）为了避免将古细菌也看作细菌的一类，将三域改称细菌（Bacteria）、古细菌（Archaea）和真核生物（Eukarya）三域。Bult et al.（1996）报道了产甲烷球菌的全基因组序列，发现了古细菌56%的基因是全新的，更有力地支持 Woese 的三域系统学说。然而，依据核糖体核糖核酸（rRNA）建立的系统树有可能将演化太快的类群放错位置（如微孢子虫）。同时，这个系统缺少了非细胞生物界的病毒和亚病毒两个界。

经过长期争论、研究，依次提出的三界、四界、五界、六界生物界等多种生物分类系统，进入 20 世纪 80 年代以后，生物学家、菌物分类学家普遍认为除卵菌的特殊性外，从总体上看，在生物系统演化历程上，菌物（真菌）和植物并未向着共同的方向演化，早已分道扬镳。人们普遍接受 Whittaker（1969）的五界生物界分类系统。其中，Ainsworth（1973）系统将真菌门进一步划分为 5 亚门 18 纲。

随着分子生物学技术的发展与应用，依据18S rRNA 等分子系统发育分析和超微结构与生化特征，英国进化生物学家 Cavalier-Smith（1981，1989）提出的八界系统、《菌物词典》（第 8 版）以及《真菌学概论》（第 4 版）都先后接受此分类观点。到了 20 世纪 90 年代末，Cavalier-Smith（1998）又修改了生物分类系统。目前普遍接受的观点是在细菌总界（Bacteria）下分真细菌界（Eubacteria）和古细菌界（Archaebacteria），真核总界（Eukaryota）下分古菌界（Archezoa）、原生动物界（Protozoa）、藻物界（Chromista）、植物界（Plantae）、真菌界（Fungi）和动物界（Animalia）的三域（总界）八界系统，以及融入了非细胞总界（Acytonia）下病毒界（Archetista）的四域（总界）系统（图1-21）。

与 Whittaker 的五界系统相比，八界系统首次将黏菌归入原生动物界、卵菌归入藻物界，真菌界仅保留壶菌、接合菌、子囊菌和担子菌。20 世纪 90 年代末至 21 世纪初，Cavalier-Smith（1998，2004）先后修改、建立了新的六界系统：原核生物总界（Prokaryota）仅含细菌界（Bacteria）；真核生物总界（Eukaryota）包括原生动物界（Protozoa）、藻物界（Chrom-

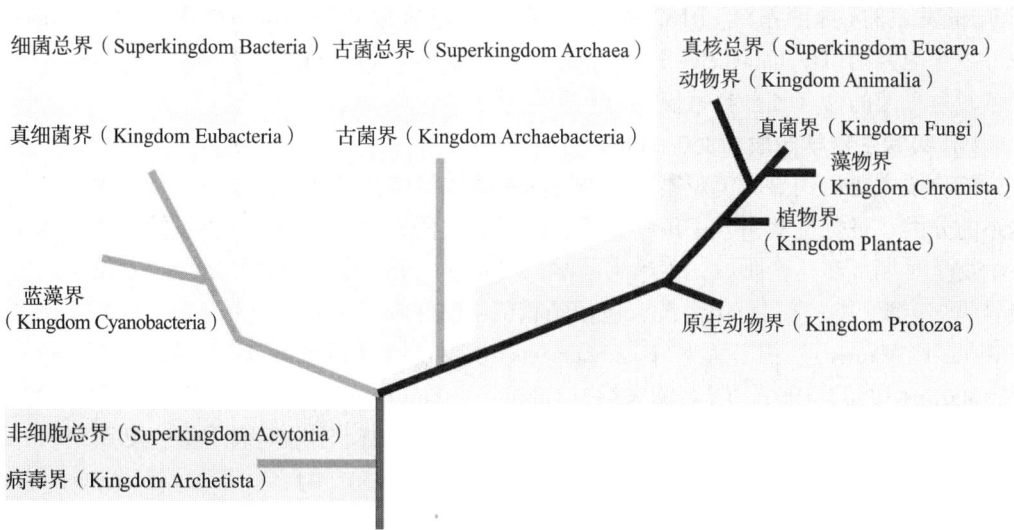

图 1-21　生物四域(总界)分类系统

ista)、植物界(Plantae)、真菌界(Fungi)和动物界(Animalia)五界。该六界系统得到国内外普遍接受，为《菌物词典》第 10 版(2008)所采纳。菌物涉及原生动物界(Protozoa)、藻物界(Chromista)和真菌界(Fungi)，约 12 门。八界系统将古细菌从细菌中分离出来独立成界，将原生生物界拆解后归于原生动物界、藻物界和古菌界，黏菌和卵菌分别归于原生动物界和假菌界，较好地反映了生物之间的进化关系及其在自然生态系中的地位，是科学技术发展和人类认识水平提高的一种体现。

《菌物词典》是菌物分类系统研究领域的重要著作，第 8 版(1995)首次介绍了多界菌物系统，将菌物分别归属于真核生物域的 3 个界，即原生动物界(Protozoa)的根肿菌门、藻物界的卵菌门和菌物界。在此后出版的《菌物词典》中仍然采用八界系统，其中菌物界除了子囊菌门(Ascomycota)、担子菌门(Basidiomycota)、壶菌门(Chytridiomycota)和毛霉门(Mucoromycota)外，还包括芽枝霉门(Blastocladiomycota)、隐菌物门(Cryptomycota)、内生菌根菌门(Entorrhizomycota)、微孢子虫门(Microsporidia)、单毛壶菌门(Monoblepharidomycota)、新丽鞭毛菌门(Neocallimastigomycota)和捕虫霉门(Zoopagomycota)等 12 个门(James et al.，2020)。

1.4.2　菌物分类学的变迁

从 1729 年 P. A. Micheli 发表《植物新属》提出菌物分属检索表至今，菌物分类学历经了近 3 个世纪。菌物分类学的发展主要分为 4 个阶段：比较形态学阶段、实验生物学阶段、超微结构阶段与生物化学、分子系统学阶段。

(1) 比较形态学阶段(1729—1860)

该阶段主要依据肉眼可见的宏观形态特征鉴别菌物，分类简单，大多数研究集中在大型菌物的收集和鉴定上。从 Micheli 用显微镜观察并分离培养菌物，到 1735 年林奈发表《自然系统》、1753 年发表《植物种志》及提出双名法，极大地推动了菌物分类学的发展。德国真菌分类学家 Persoon 在其所著的《真菌纲要》(1801)中确认了真菌 2 纲 6 目。瑞典学者 Fries 发表的《真菌系统》(1821—1823)首次描述真菌 4 纲，即粉孢菌纲(Coniomycetes Fr.)、丝孢菌纲(Hyphomycetes Fr.)、裸菌纲(Gastromycetes Fr.)和层菌纲(Hymenomycetes Fr.)，为真菌的命名和分类系统的建立奠定了基础。

(2) 实验生物学阶段(1860—1969)

该阶段主要利用显微镜观察菌物细胞和繁殖体结构，以进化论观点进行反映自然亲缘关系的分类。进化论被引入了菌物分类，在系统发育上创立了很多分类系统，也进入了实验生物学时期。在这个阶段，美国真菌学家 Bessey(1950)创立了传统的分类系统，也就是最早的"三纲一类"真菌分类系统，包括藻状菌纲(Phycomycetes J. Schröt.)、子囊菌纲(Ascomycetes G. Winter)、担子菌纲(Basidiomycetes G. Winter)和半知菌类(Imperfect Fungi)。随后，Martin(1950，1961)在《真菌大纲》(Outline of the Fungi)中继承真菌"三纲一类"分类系统，并作了细化。邓叔群(1963)的《中国的真菌》将真菌门分为 4 纲 1 类：黏菌纲(Myxomycetes G. Winter)、藻状菌纲(Phycomycetes J. Schröt.)、子囊菌纲(Ascomycetes G. Winter)、担子菌纲(Basidiomycetes G. Winter)和半知菌类(Imperfect Fungi)。美国真菌学家 Alexopoulos(1962)在其《真菌学概论》第 2 版中将其分为 9 纲，包括根肿菌纲(Plasmodiophoromycetes Engl.)、壶菌纲(Chytridiomycetes M. Möbius)、丝壶菌纲(Hyphochytriomycetes Sparrow ex M. W. Dick)、卵菌纲(Oomycetes G. Winter)、接合菌纲(Zygomycetes G. Winter)、毛菌纲(Trichomycetes Alexop.)、子囊菌纲(Ascomycetes G. Winter)、担子菌纲(Basidiomycetes G. Winter)和半知菌纲(Deuteromycetes Sacc. & P. Syd.)，成为现代真菌分类学的基础。

尽管这一时期进化分类学占主导地位，但菌物分类学仍以"物种不变"的思想占主导，提倡物种分类是建立在个体形态基础上为"模式"的核心分类学。随着多学科的交叉渗透和认识的深化，逐步从狭隘的形态学观点发展到广义的生物学观点，从物种的个体概念或模式概念发展到种群概念。不同种群表现出差异、变异与分化的多型性，促使种下分类、种内分化与物种形成的研究获得重视，新的分类学分支逐渐形成，如数值分类学、系统发育学等。

(3) 超微结构与生物化学阶段(1970—1990)

该阶段主要利用电子显微镜观察菌物细胞超微结构、进行菌物的各种成分的生物化学分析。超微结构、生物化学及分子生物学的研究，已经明确真菌是多元起源和演化的，尤其是卵菌，因其细胞壁的主要成分是纤维素、营养体为双倍体、具有鞭茸式鞭毛，以及其赖氨酸生物合成途径不同于其他真菌，表明卵菌在生物演化的早期就与真菌有所分化。这个阶段真菌已独立为界，比较经典的是英国真菌学家 Ainsworth(1973)在《真菌》(卷Ⅳ A-B)中提出的分类系统，该系统将真菌界(Fungi)分为黏菌门(Myxomycota Traub)和真菌门(Eumycota Traub)。其中，黏菌门分为集孢黏菌纲(Acrasiomycetes Engl. & Prantl)和黏菌纲(Myxomycetes G. Winter)；真菌门划分为鞭毛菌亚门(Mastigomycotina Ainsw.)、接合菌亚门(Zygomycotina Ainsw.)、子囊菌亚门(Ascomycotina Ainsw.)、担子菌亚门(Basidiomycotina Ainsw.)和半知菌亚门(Basidiomycotina Ainsw.)，共 18 纲。

(4) 分子系统学阶段(1991 至今)

这一阶段主要利用 rRNA、ITS、RBP1、RBP2、TEF1 等生物大分子序列结构与系统发育分析，研究各生物类群(包括已灭绝的生物类群)之间的谱系发生关系，确立菌物涉及 3

个界[原生动物界(Protozoa R. Owen)、藻物界(Chromista Caval. -Sm.)和真菌界(Fungi Bartling)]。例如，Barr(1992)提出将菌物分为 3 界，即原生动物界[黏菌门(Myxomycota Traub)和根肿菌门(Plasmodiophoromycota Doweld)]、藻物界[异鞭毛菌类(Heterokont Caval. -Sm.)、卵菌纲(Oomycetes A. Fisch.)、丝壶菌纲(Hyphochytriomycetes Sparrow) 和盘蜷菌类(Labyrinthulea L. S. Olive)]和真菌界[壶菌门(Chytridiomycota Doweld)、接合菌门(Zygomycota Moreau)、子囊菌门(Ascomycota Caval. -Sm.)、担子菌门(Basidiomycota R. T. Moore)，将以往的半知菌类归到了相应的子囊菌及担子菌的无性型。《菌物词典》第 8 版(1995)、《菌物学概论》第 4 版(1996)将菌物划分为 3 界 11 门，即原生动物界[集孢黏菌门(Acrasiomycota Whittaker)、网柄黏菌门(Dictyosteliomycota Doweld)、黏菌门(Myxomycota Traub)、根肿菌门(Plasmodiophoromycota Doweld)]、藻物界或茸鞭生物界[Stramenoplia，包括卵菌门(Oomycota Arx)、丝壶菌门(Hyphochytriomycota Whittaker)、网黏菌门(Labyrinthulomycota Whittaker)]、真菌界[壶菌门(Chytridiomycota Doweld)、接合菌门(Zygomycota Moreau)、子囊菌门(Ascomycota Caval. -Sm.)、担子菌门(Basidiomycota R. T. Moore)]。此后，《菌物词典》第 10 版(2008)依然保持着三界菌物系统。

①Hankswcoth et al. (1995)、Alexopoulos et al. (1996)的菌物分类系统。

界一：原生动物界(Protozoa，Protists)

　　　集胞黏菌门(Acrasiomycota)

　　　网柱黏菌门(Dictyosteliomycota)

　　　黏菌门(Myxomycota)

　　　根肿菌门(Plasmodiophoromycota)

界二：藻物界 (Chromista，Stramenspila)

　　　卵菌门(Oomycota)

　　　丝壶菌门(Hyphochytriomycota)

　　　网黏菌门(Labyrinthulomycota)

界三：真菌界(Fungi，true fungi)

　　　壶菌门(Chytridiomycota)

　　　接合菌门(Zygomycota)

　　　子囊菌门(Ascomycota)

　　　担子菌门(Basidiomycota)

②Kirk et al. (2008)《菌物词典》第 10 版的菌物分类系统。

界一：原生动物界(Protozoa)

　　　渗滤虫门 Percolozoa (Acrasiomycota)

　　　变形虫门 Amoebozoa (Mycetozoa＝Myxomycota)

　　　曳尾虫门 Cercozoa (Plasmodiophoromycota)

界二：藻物界(Chromista)

　　　卵菌门(Oomycota)

　　　丝壶菌门(Hyphochytriomycota)

界三：真菌界(Fungi)

子囊菌门（Ascomycota）

担子菌门（Basidiomycota）

芽枝霉门（Blastocladiomycota）

壶菌门（Chytridiomycota）

球囊菌门（Glomeromycota）

新丽鞭毛菌门（Neocallimastigomycota）

接合菌门（Zygomycota）

进入 21 世纪以来，多基因系统发育的深入研究逐步澄清了不同菌物类群间的系统发育关系，重塑了以往的菌物分类系统，使多个菌物纲上升为门（Kirk et al., 2008），乃至发生了界之间的变动，出现诸多新的菌物分类系统，且原生动物界菌物、藻物界菌物分别采用了原生动物界、藻物界的分类系统及其高级分类阶元命名方法，这与真菌界的分类阶元名称词尾拼写不同。例如，Ruggiero et al.（2015）提出的菌物分类系统。

界一：原生动物界（Protozoa）

渗漉虫门［Percolozoa，异叶足纲（Heterolobosea）集孢黏菌目（Acrasida）］

变形虫门［Amoebozoa，网柄黏菌纲（Dictyostelea）、黏菌纲（Myxogastrea）、原柄菌纲（Protostelea）］

界二：藻物界（Chromista）

假菌门［Pseudofungi＝Oomycota，丝壶菌纲（Hyphochytrea）、卵菌纲（Oomycetes）］

曳尾虫门［Cercozoa，植物黏菌纲（Phytomyxea）根肿菌目（Plasmodiophorida）］

双环门［Bigyra，网黏菌纲（Labyrinthulea）］

界三：真菌界（Fungi）

接合菌门［Zygomycota，毛霉亚门（Mucoromycotina）、梳霉亚门（Kickxellomycotina）、被孢霉亚门（Mortierellomycotina）、虫霉亚门（Entomophthoromycotina）、捕虫霉亚门（Zoopagomycotina）］

球囊霉门［Glomeromycota，球囊霉纲（Glomeromycetes）］

壶菌门［Chytridiomycota，壶菌纲（Chytridiomycetes）、芽枝霉纲（Blastocladiomycetes）、单毛菌纲（Monoblepharidomycetes）］

子囊菌门［Ascomycota，酵母菌亚门（Saccharomycotina）、外囊菌亚门（Taphrinomycotina）、盘菌亚门（Pezizomycotina）］

担子菌门［Basidiomycota，锈菌亚门（Pucciniomycotina）、黑粉菌亚门（Ustilaginomycotina）、伞菌亚门（Agaricomycotina）］

1.4.3　菌物分类依据与方法

现代菌物分类在强调以形态学、细胞学、生理学和生态学等特征为根据的基础上，重视多基因片段的分子系统学方法的应用，不再仅以有性生殖阶段的形态特征作为分类的主要根据。

（1）菌物分类依据

①形态学特征。包括营养体、繁殖体（特别是有性生殖及其孢子类型），为菌物分类的

基本依据。

②生理和生态学习性。如营养利用方式、对温湿度和光照的要求、习栖场所、寄生范围等。

③生物化学和分子生物学特征。如 rDNA 序列分析等。

对于无性型菌物，分生孢子个体发育方式（如芽生式和体生式）是分类的重要依据。

（2）菌物分类阶元与命名

菌物的分类阶元和物种界定是菌物分类学研究的主要内容。狭义的菌物分类仅包括物种的划分、归类和鉴定，广义的菌物分类还需要探讨不同物种的系统发育和进化关系等。菌物的分类阶元与生物的分类阶元一致，从高到低依次为界、门、纲、目、科、属、种。自门往下到科都有固定的拉丁词缀。

分类阶元(英文)	拉丁固定词尾
界（Kingdom）	无
门（Phylum）	（-mycota）
亚门（Sub-phylum）	（-mycotina）
纲（Class）	（-mycetes）
亚纲（Subclass）	（-mycetidea）
目（Order）	（-ales）
科（Family）	（-aceae）
属（Genus）	无
种（Species）	无

以禾柄锈菌小麦变种（*Puccinia graminis* Pers. var. *tritici* Erikss. et. Henn.）为例，它的分类地位（按《菌物词典》第 10 版）如下：

分类阶元(英文)	举例(学名)
界（Kingdom）	真菌界 Fungi
门（Phylum）	担子菌门 Basidiomycota
纲（Class）	柄锈菌纲 Pucciniomycetes
目（Order）	柄锈菌目 Pucciniales Caruel
科（Family）	柄锈菌科 Pucciniaceae Chevall.
属（Genus）	柄锈菌属 *Puccinia* P. Micheli
种（Species）	禾柄锈菌 *Puccinia graminis* Pers.
变种（Variety）	禾柄锈菌小麦变种 *Puccinia graminis* var. *tritici*

菌物命名与植物相似，采用林奈创立的拉丁双名法。如 *Mycosphaerella larici-leptolepis* Ito et Sato，其中，et=and；*Agricus muscarius* L. ex Fr.，*Phellinu pini*（Thore ex Fr.）Ames，其中，ex=from 表示起点文献。

2011 年，第 18 届国际植物学大会发布的《墨尔本法规》规定，菌物的有性型、无性型共存的双重命名系统自 2011 年 7 月 30 日起终止，实行"一种菌物一个种名"（Taylor, 2011）。

2017 年，第 19 届国际植物学大会重新规定，包括菌物在内的植物有效命名、发表均以 1753 年 Linnaeus 的《植物种志》为起点文献，取消以往有关菌物命名对起点文献的规定，即黑粉菌以 Persoon(1801)的《真菌纲要》，其他真菌以 Fries(1821—1832)的《真菌系统》为起点文献。

(3) 菌物物种划分

物种的划分是物种多样性研究、物种保护和利用的基础，也是生物分类学研究的主要内容。在菌物分类中，物种是最基础的单位。物种的概念和种的划分一直是菌物分类学讨论的热点话题，也存在一些困惑，例如，对于"变种"很难有确切的定义，高级分类单元的构成要素还不确定，现在更多的是根据分子系统发育分析建立了很多高级分类单元。

对于物种的理解不同学者存在不同的观点。法国博物学家 de Lemarck(1809)认为，物种只是一个人为的概念而已，生物之间存在不可分割的连续性，即所有物种都处在一个连续变化的过程之中，也就无所谓物种的灭绝，有的只是从一种形态转变为另一种形态。显然，de Lemarck 的"用进废退"过分强调了物种的变异性而忽视了物种的相对稳定性。Darwin(1859)认为，物种是一个在极长的时期内不断改变、不断分化的产物，但他拒绝定义物种，强调物种首先作为变种形式存在。

理论上物种的概念是具有一定形态、生理和生态特征，占据一定的自然地理区域，以一定的方式进行繁衍和相互基因交流的自然生物类群，并且物种之间存在生殖隔离(一个物种中的个体一般不与其他物种的合体交配，即使交配也不产生有生殖能力的后代)。据 Mayden(1997)的统计，广泛使用的物种概念多达 20 余种，如形态学物种(morphological species)、生物学物种(biological species)、系统发育学物种(phylogenetic species)、表型物种(taxospecies)、古生物学研究中的年代物种(chronospecies) 和古生物物种(paleospecies) 等。理论的物种概念除生殖隔离之外，不包含其他区分物种的标准，而实际研究过程中，使用更多的是由此衍生出的可操作的物种概念，如形态学物种、生物学物种和系统发育学物种等。

①形态学物种。指由一系列生物型中明显的不连续所永久区分的最小自然群体。形态学种是完全基于形态特征的物种，其划分往往具有明确的、可识别的宏观或微观形态依据(Mayr，1942)，使用简便。迄今描述的绝大部分菌物物种是以形态学特征为依据的，适用于形态学种的概念。以形态特征为基础建立的分类系统虽然可以区分不同的物种，但依据形态特征进行的传统分类往往无法反映物种间的进化关系，特别是在进化末端或不同起源的生物类群形态特征出现趋同进化现象时。形态学种的概念在分类学研究的早期发挥了不可替代的作用，但也存在以下缺陷：

a. 一些小型或微型菌物可依据的形态特征往往十分有限，微观孢子的形状、大小、颜色随着研究标本的数量增加往往呈现数据的连续性，这造成物种界限逐渐模糊起来，且不同类群之间极易混淆；即使大型菌物，形态特征的变异究竟是种内还是种间差异有时也很难界定。

b. 形态分类对研究者的知识和技能要求过高，不仅要求研究者熟悉各种形态特征及其变异特点，还要求对物种的遗传学、发育学及种群特征等背景知识有全面的掌握，因此，往往只有少数专业研究人员才能完成，尤其是那些小型且复杂的菌物类群。

c. 尽管研究者通过形态分类学可凭借特征性状的演变趋势及化石材料等在一定程度上推测主要类群的形态演化历史，但往往无法为某个进化末端的类群或单个物种的形成和演化提供更多的证据。

②生物学物种。指一群在自然条件下可以或有可能交配并产生可育后代的生物，同时物种分化的重要特征是形成由一种或者多种生殖隔离机制区分开的交配可育的个体群（Mayr，1942；Dobzhansky，1977）。与形态学物种的概念相比，生物学物种的概念更接近物种的本质。生物学物种概念在动物及有性生殖的植物中有较好的应用，但在菌物分类研究中的可操作性远不如形态学物种。据估计，约20%的菌物不产生减数分裂孢子，缺乏有性阶段（Rgnoids，1993），一些微小的菌物也很难观察到有性生殖过程。在粟酒裂殖酵母（*Schizosaccharomyces pombe* Lindner）等物种中甚至还存在交配型转变的现象（Heitman et al.，2007）。

③系统发育学物种。指一个最小的并可以描述的生物群体，其内部的祖先与后代之间存在亲子关系的生物，并且可以由一系列特征组合描述的有性/无性生殖的生物体的集合（Cracraft，1983；Wheeler et al.，2000）。系统发育学物种强调单系性，种的划分主要依赖形态特征的衍变分析，随着 DNA 序列分析的应用，单系群成为物种划分的关键依据。系统发育学种的概念与生物学物种相比可操作性更强，与形态学物种相比受主观因素的影响更小，理论上可反映物种的进化历史。但在实际研究中，系统发育学物种的界定仍然受到诸多因素的限制。早期菌物的系统发育研究尝试效仿采用动物线粒体细胞色素氧化酶I亚基（mitochondrial cytochrome oxidase subunit Ⅰ，CO Ⅰ）的基因分析，但具有局限性。此外，单基因系统发育分析在依据单系群划分物种界限时存在一定的不确定性。采用多基因分析的方法，如 ITS、LSU、SSU、*rpb1*、*rpb2*、*tef-1α* 和 *β-tub* 等，有助于更好地进行系统发育学分类。谱系一致的系统发育学物种识别标准（genealogical concordance phylogenetic species recogntion，GCPSR）将基因在分析中形成的一致性分支作为物种划分的依据，并已在很多形态难以区分的类群中得以广泛应用（Taylor et al.，2000）。

一般来说，一个形态学物种有时包括不同生物学物种和系统发育学物种。形态学物种与生物学物种相互冲突的例子以蜜环菌属（*Armillaria* Roze）的种类最为典型。由于早期的分类学家以差异甚微的担果作为物种的主要分类特征，大部分人认为蜜环菌是一个单一的物种，即 *Armillaria mellea*（Vahl）P. Kumm。随着该类群交配体系的建立，蜜环菌被划分为不同的互交不育群，大部分不育群此后都发现了形态、生理和生态上的差异，而被描述为新的物种。例如，世界性分布的红侧耳[*Pleurotus djamor*（Rumph. ex Fr.）Boedijn]依据菌盖颜色和光滑度划分为不同的物种，但不同菌株的互交和人工栽培实验表明，菌盖颜色和光滑度更大程度上与生长条件和环境有关，之前以此为依据划分的不同种类实际上为相同的物种。

对于物种概念还有很多提法，如强调进化的物种概念（演化物种、接替物种、时间物种）、强调系统发生的物种（系统发育学物种、支序物种、节点间物种）、强调生态的物种（生态学种）、强调形态的物种（形态学物种、分类学物种、形态—地理学物种、表征物种）等。它们的侧重点各有不同，如生态学物种（ecological species）强调一个或者一组亲缘关系接近的谱系，占有与其他任何同域或从异域演化而来的谱系有着极小不同的适应区间。简单理解就是，占据不同生态位(ecological niche)的动物属于不同物种，例如，传统的病原菌鉴定主要依据寄主种类，但是生态位这个概念很难把握，其维度也非常多。近年流行的演化物种(evolutionary species)，指在时间和空间中保持自己本质(identity)的一群生物，有独立的演化过程和历史倾向。演化物种的概念被更多地运用在古生物学中，也是根据化石得到生物的特征，然后把一群差别很小的归为一个物种，好处在于可以推测一个物种在地质年代中出现的时间，并且可以研究在演化过程中的物种形成或消失机制(Zhao et al.，2016，2017)。然而，基于化石标本的时间标定基准由于材料较少而误差较大，导致演化物种很难被精确地定义。

迄今为止，生物学界对物种的定义尚未达成一致，还没有一个被公认的能涵盖所有生物类群的物种概念，其原因在于物种划分的标准难以达成统一。例如，如果以生殖隔离来划分，而生殖方式又太复杂。因此，生物学物种的概念仅适合于有性生殖的物种(大多数物种之间的生殖隔离仍难以在实践中确认)，但对一些仅进行无性生殖的物种却无能为力，对已经灭绝的化石物种也是无法适用的。

1.4.4　菌物分类数据库

数据库是菌物分类的重要工具，在现代互联网大数据和生物信息学飞速发展的时代背景下，分类系统数据、名录数据、文献数据、形态学数据和 DNA 数据等分类数据库显得尤为重要。常用的菌物分类数据库包括三大菌物索引网站：菌物索引(Index Fungorum，IF)、菌物库(MycoBank，MB)和菌物名称注册信息库(Fungal Names，FN)。还包括一些生物类通用的数据网站，如国家生物技术信息中心(National Center for Biotechnology Information，NCBI)、生物名录(Catalogue of Life，CoL)、生命百科全书(Encyclopedia of Life，EoL)和全球生物多样性信息平台(Global Biodiversity Information Facility，GBIF)等。

(1)菌物索引

菌物索引(Index Fungorum，IF)是国际权威的菌物分类系统网站，由英国国家植物园——邱园(Royal Botanic Gardens，Kew)、新西兰景观研究所(Landcare Research)和中国科学院微生物研究所(Institute of Microbiology，Chinese Academy of Science)联合管理。该网站提供了菌物界、藻界、原生动物界和古细菌、真细菌等大类微生物的各级分类单元名称的检索系统，可以检索所有的分类单元，特别是属名和该属所有已知物种的详细信息以及合法名称的同物异名。输入属名可以检索到具体的分类学地位，也可以用命名人的姓名或者用种加词进行检索。特别是对于错误拼写的名称，可以将单词从最后一个字母开始逐个删除，进行检索，最后找到正确拼写的单词。该网站也提供了很多物种的原始文献扫描文件的链接(如 Cyberliber 图书数据库)，可供读者在进行物种鉴定时进行比对和参考。该数据库的局限性在于只能查到每个分类单元具体的分类学地位，但缺乏一个逐级分类单元的清单，无法看到整个分类系统的全貌。例如，无法查到一个科内的所有属，也无法在目的名称下找到所有的科，也没有对所有的名称进行考证，因而存在一些不合法的、错误或者过时的名称。网站每天都在更新并增加新的检索词条，2024 年 8 月的数量已达 62.23万条。

(2)菌物库

菌物库(MycoBank，MB)由荷兰皇家科学院(Royal Netherlands Academy of Arts and Sciences)的韦斯特迪克菌物生物多样性研究所(Westerdijk Fungal Biodiversity Institute)联合国际菌物学会(International Mycological Association,IMA)和德国菌物学会(German Mycological Society,DGFM)联合管理。该数据库列出了所有分类单元的名称,无论新系统中的还是旧系统中的,无论同物异名还是合法的学名,在每一个被承认的分类单元等级下面都有相应的链接,直到一个属的所有物种。很多物种下面还有详细的形态描述和形态图片。在其系统的清单中可以逐步检索到科内各个属的清单和属内物种的清单。该数据库还提供了重要的参考文献目录和现有名称的现状(是否有效、合格和合法)。一般在新的物种发表时,都需要登录该数据库获得一个该新物种的 Mycobank 序列号。

(3)菌物名称注册信息库

2011 年,第 18 届国际植物学大会发布了修订后的《国际藻类、菌物和植物命名法规》(*International Code of Nomenclature for Algae,Fungi,and Plants*,ICN),即《墨尔本法规》,2012 年由中国科学院微生物研究所主持建立了菌物名称注册信息库(Fungal Names,FN)。目前,该数据库拥有 60 万有效发表的菌物名称,提供了多角度的关键词检索、统计分析和数据共享等功能。同时新增了分类学家主页、菌物鉴定、标本保藏和数据标准化等一系列服务于菌物学和分类学的功能模块,成为国内较为全面的菌物分类数据库。

上述 3 个数据库是目前国际菌物命名委员会(Nomenclature Committee for Fungi,NCF)认可的注册菌物名称信息库。此外,还有泰国皇太后大学(Mea Fah Luang Unversity)联合蘑菇研究基金会(Mushroom Research Foundation)于 2014 年推出的菌物画脸(Faces of Fungi,http://www.facesoffungi.org)数据库。该数据库不仅提供了菌物名称、形态描述和图片、序列数据等有关信息,而且侧重提供菌物与人类关系的信息,包括菌物的作用、工业相关性、检疫和化学等。

1.4.5 菌物命名规则

菌物的命名规则与菌物分类是截然不同的。菌物分类学家先利用研究证据得到一系列物种特别的分类,然后利用命名规则为确定的类群给予正确的名称。因此,制定菌物命名规则的目的是提供一种稳定可行的菌物命名方法,避免和废弃使用那些可能导致错误、含糊或混淆的名称。常见的情况有,同一种子囊菌由于形态阶段不同,被人们误以为是不同物种而对应多个名称,如金黄壳囊孢[*Cytospora chrysosperma*(Pers.)Fr.]和污黑腐皮壳(*Valsa sordida* Nitschke)为同一物种;还存在一种菌物由于分类地位变迁而发生的名称改变等都会造成名称的混淆,如金黄壳囊孢[*Cytospora chrysosperma*(Pers.)Fr.]和金黄球壳孢(*Sphaeria chrysosperma* Pers.)为同一物种,出现同物异名的现象。菌物的命名规则目前与植物和藻类所用一致,均遵从《国际藻类、菌物和植物命名法规》。

《国际藻类、菌物和植物命名法规》目前主要基于 Linnaeus(1973)的双名法,即学名。学名是由 3 个单词组成的:第一个词是属名,其首字母大写;第二个词是种加词,其首字母小写;第三个词是最后加上的定名人。属名往往是一个名词,后面种加词多为形容词,属名和种加词均需要斜体,如 *Sphaeria chrysosperma* Pers.,其中最后的定名人采用正体。此外,当属下的分类单元发生分类地位变迁而转移至另一属时,因为其分类等级不变,故保留其原来的种加词在新的位置上,这样组成的新名称称为新组合,原来的名称则称为基原异名。这种情况下，应将原定名人列在括号内作为曾定名人，重新予以组合的定名人列在括号之外，如 *Cytospora chrysosperma*（Pers.）Fr. 最早由 Persoon 发表定名为 *Sphaeria chrysosperma* Pers.，后来 Fries 修订将该种移到壳囊孢属 *Cytospora* 中形成新组合种。如果命名人是两个人，则在两人名中间用"et"或"&"连起来，如 *Elsinoe fawcettii* Bitanc. & Jenkins。如果一个种由一位作者命名，但未曾合格发表，后来由另一位作者合格发表了，则在两位作者的姓之间用"ex"连起来，合格发表的作者写在后面；若要缩写，则因合格发表的作者更重要，故应予保留，如 *Botryosphaeria epichloe* Kunze ex Sacc.，也可缩写成 *Botryosphaeria epichloe* Sacc.。如果是变种或亚种，应在种名后写上变种的缩写"var."或亚种的缩写"subsp."，其后再写变种的词和定名人，如 *Russula puellaris* var. *leprosa* Bres.。命名人应按规定缩写，如 Linnaeus 缩写成 L.；Fries 缩写成 Fr.；Persoon 则缩写成 Pers. 等，不能随意缩写。此处只列举个别常见情况，详细规则请参考最新修订的《国际藻类、菌物和植物命名法规》。

《国际藻类、菌物和植物命名法规》正式形成是在 1876 年法国巴黎召开的第一次国际植物学大会，即《巴黎法规》，随后有 1905 年的《维也纳法规》、1910 年的《布鲁塞尔法规》、1930 年的《剑桥法规》、1950 年的《斯德哥尔摩法规》、1954 年第二次《巴黎法规》、1959 年的《蒙特利尔法规》、1964 年的《爱丁堡法规》、1969 年的《西雅图法规》、1975 年的《列宁格勒法规》、1981 年的《悉尼法规》、1987 年的《柏林法规》、1993 年的《东京法规》、1999 年的《圣路易斯法规》、2005 年的《维也纳法规》、2011 年尤为重要的《墨尔本法规》。2011 年 7 月，第 18 届国际植物学大会命名法分会通过了一系列重大改动，包括：将以前法规名称由《国际植物命名法规》（ICBN）改为当前的《国际藻类、菌物和植物命名法规》（ICN）；可以通过英文或拉丁名来描述分类单元；电子刊物也可作为物种名称的有效发表；菌物名称注册和一种菌物一个名称（One Fungus，One Name）等。2017 年 7 月，我国深圳举办的第 19 届国际植物学大会命名法分会修订形成了《深圳法规》。关于菌物命名规则，本书主要介绍模式的定义和类型、新类群有效发表规则和合法名称优先权规则。

（1）模式的定义和类型

科及科以下分类群名称的应用由命名模式决定。不论名称是正确名称还是异名，命名模式都永久依附于分类群名称的一份标本或一幅插图。模式不必是高质量的标本或精心绘制的插图，甚至不必须是一个分类群的典型范例。但是，在指定模式时，应尽量选择满足上述标准的标本或插图。

指定模式有以下 2 种情况：一是在描述新类群名称时，必须在原白中指明模式以使名称合格发表；二是为缺乏模式的已存在名称指定模式。在 1953—1957 年发表名称时不要求在原白中指定模式，这些名称通常没有模式；或可能存在多个模式（合模式）；或在原始材料中包含多种成分（标本和/或插图），因此需要从中选择一份模式（后选模式）；或在原始材料完全缺失时需要选择一个全新的模式（新模式）。有时一个名称的原有模式可能已遗失或损坏，因此需要替换（后选模式或新模式）；有时一个名称可能由于现存的模式含混不清，无法精准应用，从而需要为它指定归属明确的支撑模式（附加模式）。详细定义如下：

①主模式（holotype）。作者在命名时使用或指定为命名模式的一份标本或插图。只要主模式存在，就由它来限定相关名称的应用。

②等模式（isotype）。主模式的任一复份，且必须是一份标本。如果主模式是一份插图，则其无等模式。

③合模式（syntype）。在缺乏主模式或在原白中同时指定两份或两份以上的标本作为模式的情况下，原白引用的任何一份标本都是合模式。合模式必须是标本。

④副模式（paratype）。原白中引用的除主模式、等模式或合模式以外的任意一份标本。

⑤后选模式（lectotype）。名称发表时没有指明主模式、主模式遗失或模式被发现包含多于一个分类群时，根据原始材料指定的一份标本或插图作为命名模式信息。

⑥新模式（neotype）。原始材料不存在或遗失的情况下，被选中作为命名模式的一份标本或一幅插图。

⑦附加模式（epitype）。在合格发表分类群名称的主模式、后选模式或之前指定的新模式或所有的原始材料明显含混不清、以致不能准确鉴定的情况下，为了使分类群名称得到准确的应用而选中的标本或插图。

（2）新类群有效发表规则

发表新类群的名称需满足以下几点：

①该名称必须是有效发表。有效发表有两种形式：一是要求将印刷品通过出售、交换或赠送等手段向一般公众发行或至少分送到拥有公众易获取资源的图书馆的科学机构；二是 2012 年 1 月 1 日以后具有国际标准刊号或者国际标准书号的电子出版物上以移动文档格式（如 PDF）所做的在线发表也构成有效发表。

②名称的形式须符合名称的构成规则。

③如果是属以下分类群的名称，它所归属的属或种的名称必须在之前或同时合格发表。

④原白中必须包含一个拉丁文或英文的描述或特征集要。视情况需要，可以同时提供描述和特征集要，还可以使用拉丁文或英文之外的其他语种提供描述或特征集要。

⑤属或属以下分类群名称，在原白中注明该命名的模式，使用"主模式"或"模式"。

（3）合法名称优先权规则

面对同一个菌物物种对应多个合法名称以及名称混乱的问题，要遵从合法名称的优先权规则，这是决定科和科以下等级分类群正确名称的基础。在科以上等级，优先权不适用。优先权意味着必须使用发表更早的名称，除非其他规则限定了这样的使用。

虽然多个合格发表的名称都可能应用于一个分类群，但对于一个具有特定的界定、位置和等级的分类群而言，只有一个名称是正确名称，其他名称均为异名。假定已经对一个分类群赋予了特定的界定（包含什么生物）、位置（属于何属何种）和等级。这个工作的大部分属于分类学范畴，会产生唯一的命名结果。

如果面对的是一个名称列表，或者说看似适用于该分类群的多个名称，可以按照以下流程进行命名。首先，可以不管那些未被有效或合格发表的名称或名字，然后核对合格发表名称的模式，排除那些不适用于所界定的分类群的名称，最后把那些不合法的名称归入异名。

对于从科至属的等级和分类群（含科或属），正确名称是同一等级最早发表的合法名称。当然，仅有的可用于一个分类群的合格发表名称可能都在其他等级上发表过，或者它们均为不合法名称，或两种情况兼有。这种情况下，就可能需要发表一个新的分类群名称、新等级名称或替代名称。

在属以下等级，正确名称是该分类群在相同等级上最早合法名称的最终加词和它所归属的属或种的正确名称的组合，除非该组合将构成不属于合格发表的重叠名，或者将构成不合法的晚出同名，作为分类群的正确名称的那个组合可能不存在，这时就需要发表一个新的分类群名称、新组合、新等级名称或替代名称。值得注意的是，名称优先权的应用仅限于相同等级上的名称。如果同一等级上的最早合法名称与所需的名称处于不同的位置，它们可能是一个组合在另一个种名下的种下分类群的名称，则需要发表一个基于最早名称的新组合。例如，之前有过争议的壳囊孢属（*Cytospora* Fr.）和黑腐皮壳属（*Valsa* Tul. & C. Tul.），模式种金黄壳囊孢［*Cytospora chrysosperma*（Pers.）Fr.］和污黑腐皮壳（*Valsa sordida* Nitschke）均为同一个物种，这两个名词都是合法名称并处于相同的等级。因为 *Cytospora chrysosperma*（Pers.）Fr.（1823）比 *Valsa sordida* Nitschke（1870）发表更早，所以最终正确名称应该是属名 *Cytospora* 和种加词 *chrysosperma* 的组合。

复习思考题

1. 菌物是什么？它与细菌和真菌有哪些区别？
2. 简述菌物的发展简史。
3. 简述菌物和人类的关系。
4. 简要介绍菌物的三大检索数据库。
5. 简述菌物新名称有效发表的规则。

第 2 章

原生动物界菌物

原生动物为单细胞真核生物，个体微小，一般需在显微镜下才能观察到，如原生质体状的变形虫、黏菌、鞭毛虫、肉足虫、纤毛虫和孢子虫等，约万种。大多数原生动物营异养生活，少数（如眼虫、双鞭毛虫）光能自养，广泛分布于淡水、海水和潮湿的土壤环境中，通过吞噬细菌、单细胞藻类和微型真菌或分解动植物残体等获取营养，并成为小型无脊椎动物的食物来源；少数原生动物寄生于动植物体内（外），引起人和其他动物疾病或植物病害。

2.1 原生动物概述

2.1.1 原生动物的基本特征

原生动物营养体阶段为单细胞、原生质体状或少数呈细胞群体，无细胞壁，有细胞核、细胞质和细胞膜，并有一些特化的细胞器官，如伪足（pseudopodium）、纤毛（cilium）或鞭毛（flagellum）运动构造和伸缩泡（contractile vacuole）、眼点（stigma）等，具有营养、呼吸、排泄和繁殖等完整的生命现象。原生动物的茸鞭纤毛（ciliary hair）纤细、非管状，不同于藻物界生物的纤毛那样硬直或呈管状。大多数原生动物营异养生活而无光合作用，若有叶绿体（如眼虫），则缺乏藻胆素蛋白体，并具有三层膜和三重叠的囊状体。少数原生动物是由多个细胞聚集形成群体（colony），但各个体具有相对的独立性，缺胶原连接组织。

2.1.2 原生动物分类

传统的生物分类（Hall，1953；Manwell，1968）把原生动物门（Protozoa）分为 4 个纲：鞭毛虫纲（Mastigophora）、肉足虫纲（Sarcodina）、孢子虫纲（Sporozoa）和纤毛虫纲（Ciliophora）。Cavalier-Smith（1993）依据 18S rRNA 序列和超微结构等将原生动物界（Protozoa）分为 2 亚界（Adictyozoa 和 Dictyozoa）18 门，与菌物有关的主要是黏菌（虫）门（Mycetozoa）。1998 年，Cavalier-Smith 又将原生动物界调整为 2 亚界（Archezoa 和 Neozoa）13 门。其中，与菌物有关的主要是变形虫门（Amoebozoa）及曳尾虫门（Cercozoa）。2003 年，Cavalier-

Smith 又依据多重基因系统发育关系进一步把原生动物界修订为 11 门，分别为：Amoebozoa、领鞭毛虫门（Choanozoa）、Cercozoa、网孔虫门［Retaria，含有孔虫（Foraminifera）、放射虫（Radiozoa）］、槽虫门（Loukozoa）、四鞭虫门（Metamonada）、眼虫门（Euglenozoa）、渗滤虫门（Percolozoa）、纤毛虫门（Ciliophora）、单减虫门（Miozoa）和无根虫门（Apusozoa）。

　　Hawksworth et al.（1995）在《菌物词典》第 8 版中首次将原生动物界菌物分为 4 门：集胞黏菌门（Acrosiomycota）、网柄黏菌门（Dictyosteliomycota）、黏菌门（Myxomycota）和根肿菌门（Plasmodiophoromycota），包括集胞黏菌纲（Acrasiomycetes Engl. & Prantl）、网柄黏菌纲（Dictyosteliomycetes D. Hawksw.，B. Sutton & Ainsw.）、黏菌纲（Myxomycetes G. Winter）、原柄菌纲（Protosteliomycetes Alexop. & Mims）和根肿菌纲（Plasmodiophoromycetes Engl.）共 5 纲。其中以黏菌门菌物最多、最为常见，与植物病害有关的根肿菌门为植物内寄生黏菌。Kirk et al.（2001）在《菌物词典》第 9 版中将网柄黏菌纲并入黏菌门，并在《菌物词典》第 10 版中采用了 Cavalier-Smith（2003）的原生动物界分类系统及其高级阶元命名方法，将此前承认的集胞黏菌纲归入原生动物界渗滤虫门的异叶足纲（Heterolobosea F. C. Page & Blanton），将网柄黏菌纲、黏菌纲、原柄菌纲分别归入变形虫门的网柄黏菌纲（Dictyostelea Caval. -Sm.）、黏菌纲（Myxogastrea L. S. Olive）和原柄菌纲（Protostelea L. S. Olive），将根肿菌纲归入曳尾虫门的植物黏菌纲（Phytomyxea Engl.）。依据多基因发育系统分析和鞭毛特征等，曳尾虫门后被归入藻物界（Cavalier-Smith，2018）。本教材基本采用《菌物词典》第 10 版的原生动物界菌物分类系统与方法。

原生动物界菌物分纲检索表

1. 营养期菌体为单核、黏变形体状，具裂片状或丝状假足，线粒体具盘状或管状嵴；黏变形体聚集形成假原生质团，不产生或大多不产生具有鞭毛的游动细胞 ·· **2**

1′. 营养体为单胞或多胞、具有吞噬作用的原生质团，线粒体具管状嵴；产生具尾鞭式鞭毛的游动细胞 ··· **3**

2. 蛞蝓体具状裂片状假足；细胞核具有位于中心的单核仁，线粒体多具盘状嵴；大多数不产生具有鞭毛的游动细胞 ··· **异叶足纲（Heterolobosea）集孢黏菌目（Acrosida）**

2′. 黏变形体具丝状假足；细胞核具有 2 至多个位于周边的核仁，线粒体具有管状嵴；不产生具有鞭毛的游动细胞 ··· **网柄黏菌纲（Dictyostelea）**

3. 营养体多核，具有吞噬作用的原生质团，原生质团发生穿梭式流动 ············· **黏菌纲（Myxogastrea）**

3′. 营养体为简单黏变形体或原生质团，原生质团不发生穿梭式流动 ············· **原柄菌纲（Protostelea）**

2.2　原生动物界主要菌物类群

2.2.1　异叶足纲集孢黏菌目

（1）一般特征及习性

　　集孢黏菌营养体细胞为蛞蝓（slug）状变形体（蛞蝓体），单核，其线粒体多具盘状嵴（discoid cristae），菌体具裂片状（lobose）假足。变形体遇干旱时可形成具有纤维素外壁的小囊胞(microcyst)；或者在水分、营养受限时，受信息素集孢黏菌质(ascrasin)的诱导，以类似蛞蝓的运动方式聚合形成假原生质团或变形虫群合体(grex)，进而形成无柄或具柄的原始孢堆果(sorocarp)，产生成串或成堆的大量无性繁殖孢子。大多数集孢黏菌没有鞭毛虫阶段。在潮湿条件下，构成孢堆果的柄细胞、孢子均可萌发产生阿米巴变形体，故又称细胞状黏菌。

集胞黏菌习见于湿土、植物残体、腐烂蘑菇上，吞噬细菌、酵母菌和有机质，可作为生物学研究材料。

(2)分类体系

Hawksworth et al. (1995)将集胞黏菌门(Acrasiomycota)分为 1 目 4 科 4 属。Kirk et al. (2008)在《菌物词典》第 10 版中采用了 Cavalier-Smith(1993)的原生动物界分类系统，将此类黏菌归入原生动物界的渗漉黏菌门(Percolozoa)异叶足纲(Heterolobosea F. C. Page & Blanton)，并分为 1 目[即集孢黏菌目(Acrasida J. Schröt.)]3 科[集胞黏菌科(Acrasiaceae Poche)、粪黏菌科(Copromyxaceae L. S. Olive & Stoian.)和斑瘤菌科(Guttulinaceae Zopf)]5 属，约 22 种。

集孢黏菌目分科(属)检索表

1. 孢堆果无柄，由囊胞化的黏变形体聚集成简单或分枝状；线粒体具有管状嵴 …………………………
…………………………… 粪黏菌科(**Copromyxaceae**) 粪黏菌属(*Copromyxa*)
如 *Copromyxa protea* (Fayod) Zopf 孢堆果分枝状，生于马、牛粪上。
1′. 孢堆果有柄；线粒体具有片状嵴 ………………… 2
2. 孢堆果基部具有由单细胞聚集成的柄，柄上形成简单或分枝的状孢子链 …………………………
…… 集孢黏菌科(**Acrasidiaceae**) 集孢黏菌属(*Acrasis*)
代表种：玫瑰集孢黏菌(*Acrasis rosea* L. S. Olive & Stoian.)孢堆果粉红色，腐生于植物残体(图 2-1)；科纳集孢黏菌(*A. kona* M. W. Br.，Silberman & Spiegel)孢堆果褐色，腐生于死的林灌植物上(图 2-2)。
2′. 孢堆果产孢区由 1 至多个孢子堆组成，簇生于由楔形或致密细胞组成的柄上 …… 斑瘤菌科(**Guttulinaceae**) 3
3. 孢堆果球形，顶生于由楔形细胞组成的柄上 …………
…………………………… 斑瘤菌属(**Pocheina = Guttulina**)
如玫瑰斑瘤菌[*Pocheina rosea* (Cienk.) A. R. Loebl. & Tappan]孢堆果球形、具短柄，淡粉红色，朽木生。
3′. 孢堆果球形至棒状，产生于由近分化的致密细胞组成的柄上 ………………… 拟斑瘤菌属(**Guttulinopsis**)
如普通拟斑瘤菌(*Guttulinopsis vulgaris* L. S. Olive)孢堆果球形至棒形，奶白色，生于动物粪便上(图 2-3)。

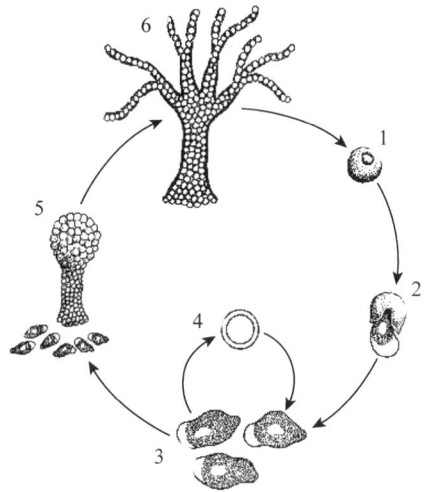

1. 成熟的孢子；2. 正萌发的孢子；3. 变形体；
4. 小囊胞；5. 变形体聚集和孢堆果形成；
6. 成熟的孢堆果。

图 2-1　玫瑰集孢黏菌(*Acrasis rosea*
L. S. Olive & Stoian.)**生活史**
(C. G. Hahn 绘)

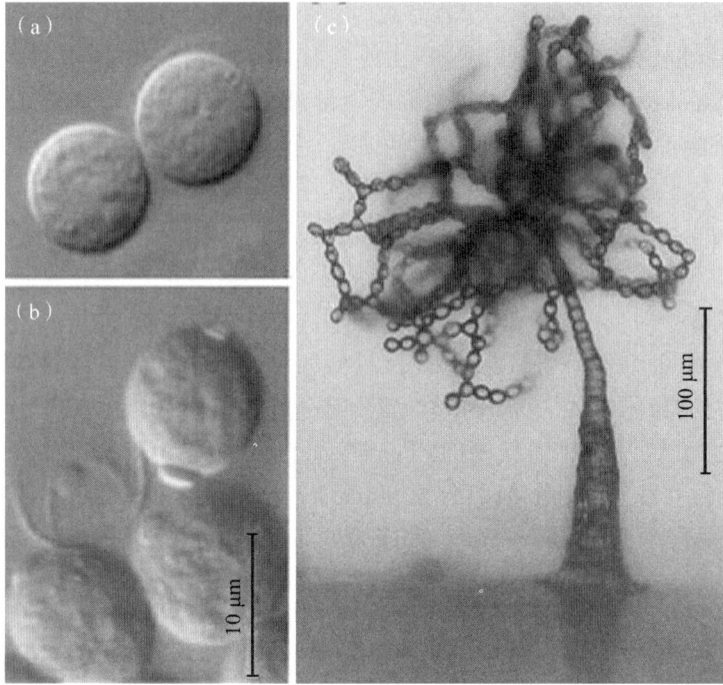

（a）圆形小囊胞；（b）具明显脐的孢子；（c）孢堆果高度分枝，孢子串生；
柄锥形，由一排单核柄细胞组成。

图 2-2　科纳集孢黏菌（*Acrasis kona* M. W. Br.，Silberman & Spiegel）**的孢堆果与孢子**
（Pánek et al.，2017）

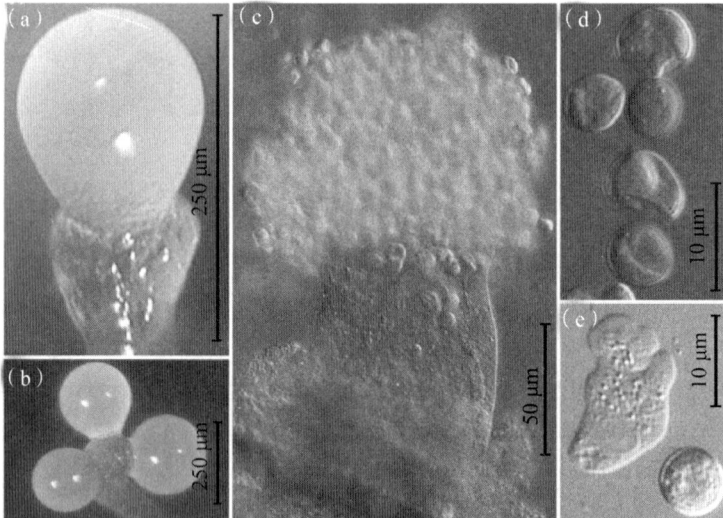

（a）在牛粪基质上的多孢子实体，具有单孢子堆；（b）多孢子实体、从单茎长出 3 个孢子堆；
（c）在（a）中显示的子实体的相差显微镜照片；（d）典型的不规则形状的孢子；
（e）从孢子堆中分离的裂片状变形体和圆形孢子。

图 2-3　普通拟斑瘤菌（*Guttulinopsis vulgaris* L. S. Olive）**的孢堆果及其孢子与变形体**
（Brown et al.，2012）

2.2.2 网柄黏菌纲

(1) 一般特征及习性

网柄黏菌营养体单核，具有 2 至多个周边核仁的黏变形体(myxamoeba)，具有丝状(filose)假足，细胞线粒体具管状嵴(tubular cristae)。当营养缺乏时受变形体产生的信息素(cAMP、glorin 等)诱导，众多黏变形体定向流动聚集形成假原生质团或变形虫群合体，似蛞蝓(图 2-4)。在蛞蝓体的基础上产生多胞、具柄的孢堆果，孢堆果明显分成产孢区和柄区，仅孢子能萌发产生黏变形体。网柄黏菌孢子暗色，囊状、卵形或球形，细胞壁含纤维素，通过水、节肢动物或蝙蝠等小型哺乳动物传播。

图 2-4 基盘网柄菌(*Dictyostelium discoideum* Raper)的变形虫群合体(蛞蝓体)

某些网柄黏菌的变形菌胞遇高渗压可形成具有纤维素外壁的小囊胞，当渗透压降低时，后者破壁萌发变为变形体。

一般认为，网柄黏菌有性生殖是通过交配型不同的两个阿米巴融合形成合子，进而形成厚壁、具有抵抗不良环境的大囊胞(macrocyst)，大囊胞经减数分裂重新萌发释放大量单倍体黏阿米巴(图 2-5)。

网柄黏菌习见于食草动物粪便、林地土壤腐殖质层、植物残体及腐烂蘑菇上，吞噬细菌、酵母菌和有机质，为土壤微生物群落的重要组成部分，有些可作为细胞生物学、遗传学等研究的模式材料。

(2) 分类体系

Cavender(1990)依据孢堆果的结构、颜色及孢子形态等，将网柄黏菌纲分为 1 目 2 科[网柄菌科(Dictyosteliaceae Rostaf. ex Cooke)和管柄菌科(Acytosteliaceae Raper ex Raper & Quinlan)，共包括 3 属：网柄菌属(*Dictyostelium* Bref.)，孢堆果柄不分枝或不规则分枝；轮柄菌属(*Polysphondylium* Bref.)，孢堆果柄呈有规则间隔的轮状分枝；管柄菌属(*Acytostelium* Raper)，孢堆果柄由非细胞纤维管组成，纤细、不分枝、罕稀疏分枝。Kirk et al. (2008)在《菌物词典》第 10 版中也采纳了类似的分类方法。随着分子系统发育分析在菌物分类学领域的应用，Sheikh et al. (2018)发现，传统的网柄黏菌形态分类(属)并不是单系类群，其形态特征类型与 18S rRNA 系统发育分析完全不对应，故主要依据 18S rRNA 序列

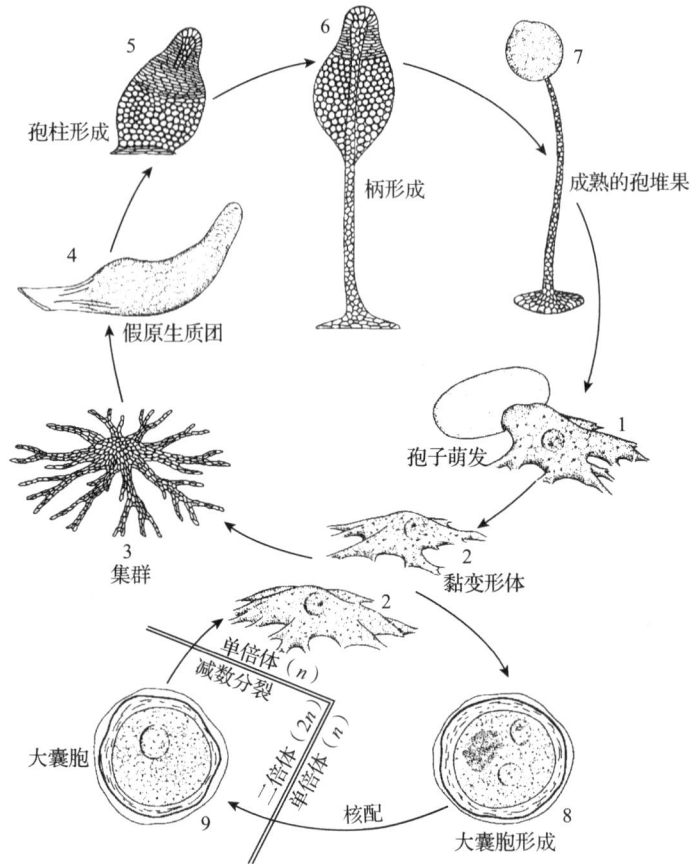

1. 孢子萌发产生单个变形体；2. 变形体；3. 正在流动群集的变形体；4. 开始移动的假原生质团（蛞蝓体）；5. 孢堆果开始形成（顶体），在乳突中的前柄细胞从顶向下推动；6. 孢堆果形成的后期柄管几乎完全形成；7. 成熟的孢堆果，可见嵌入基质中的细胞状柄和孢子；8. 将成为合子的双核巨细胞；9. 具有二倍体核的大囊胞，在大囊胞分裂产生新的从囊胞中释放变形体之前，于减数分裂后紧接有丝分裂产生许多单倍体核。

图 2-5 基盘网柄菌（*Dictyostelium discoideum* Raper）**生活史**

（R. W. Scheetz 绘）

特征将网柄黏菌纲重新修订为 2 目 4 科 12 属。但此分子系统发育学分类很难反映各目、科之间的形态学差异。

网柄黏菌纲常见属检索表

1. 孢堆果具有由细胞组成的柄，不分枝或分枝 ⋯⋯⋯⋯⋯⋯⋯⋯⋯⋯⋯⋯⋯⋯⋯⋯⋯⋯ **2**

1′.孢堆果具有非细胞纤维管组成的柄，纤细，无分枝或罕稀疏分枝 ⋯⋯⋯⋯⋯ **管柄菌属**（*Acytostelium*）

2. 孢子果柄大多不分枝或有时不规则分枝，多单生、有时丛生；孢子极性颗粒大多消失，若有则不聚集

⋯⋯⋯⋯⋯⋯⋯⋯⋯⋯⋯⋯⋯⋯⋯⋯⋯⋯⋯⋯⋯⋯⋯⋯⋯⋯⋯⋯ **网柄菌属**（*Dictyostelium*）

2′.孢堆果柄无分枝、不规则分枝或轮状分枝，单生或丛生；孢子多有聚集状极性颗粒 ⋯⋯⋯⋯⋯ **3**

3. 孢堆果柄无分枝、稀疏分枝或有规律轮状分枝；白色透明、淡紫色至紫色 ⋯⋯⋯⋯⋯⋯⋯⋯⋯ **4**

3′.孢堆果柄纤细，无分枝或（稀疏）不规则分枝；无色或白色至淡黄色 ⋯⋯⋯⋯⋯⋯⋯⋯⋯ **5**

4. 孢堆果柄呈有规律间隔轮状分枝；淡紫色至紫色 ················· 轮柄菌属（*Polysphondylium*）

4′. 孢堆果柄无分枝、稀疏分枝或有规律轮状分枝；白色透明 ············· 异柄菌属（*Heterostelium*）

5. 孢堆果柄基部棒状、指爪状或具围裙状黏菌液鞘；无色 ··································· **6**

5′. 孢堆果柄基部圆、棒状或趾状；无色或白色至淡黄色 ································· **7**

6. 孢堆果柄基部呈指爪状扩展 ································· 萩原菌属（*Hagiwaraea*）

6′. 孢堆果柄基部棒形、常具围裙状黏液鞘 ··················· 蒂盖姆菌属（*Tieghemostelium*）

7. 孢堆果柄基部圆至棒状；无色 ····················· 雷珀柄菌属（*Raperostelium*）

7′. 孢堆果柄基部圆形、棒状至趾状，或具盘状黏菌液质垫；白色透明或浅黄色 ··· 卡文德菌属（*Cavenderia*）

（1）管柄菌属（*Acytostelium* Raper）

孢堆果具有由非细胞纤维管组成的柄，无色，单生至松散丛，纤细，不分枝、罕稀疏分枝。顶生球形液滴状孢子堆，孢子球形、近球形或不规则圆形，颗粒罕见或不明显。具有小囊胞，大囊胞未知。黏变形体流动性聚合，蛞蝓体迁移罕见，聚集素未知。世界广布，林地生，共15种（AF-TOL，2021）。模式种：纤细管柄菌（*Acytostelium leptosomum* Raper）（图2-6），黏变形体主要为大流动性聚集，形成大量孢堆果，孢堆果可长达1.5 mm，孢子球形。

（2）网柄菌属（*Dictyostelium* Bref.）

孢堆果具细胞状柄，无色、白色至淡黄色或紫色，大多单生，有时丛生，大多不分枝或罕有不规则分枝，常有基底支撑盘。顶生球形至近球形液滴状孢子堆。

孢子大多为椭圆形，有时矩圆形，极性颗粒大部分消失，若有则非黏菌结。常见大囊胞，小囊胞罕见。黏变形体流动性聚集，蛞蝓体潜行或

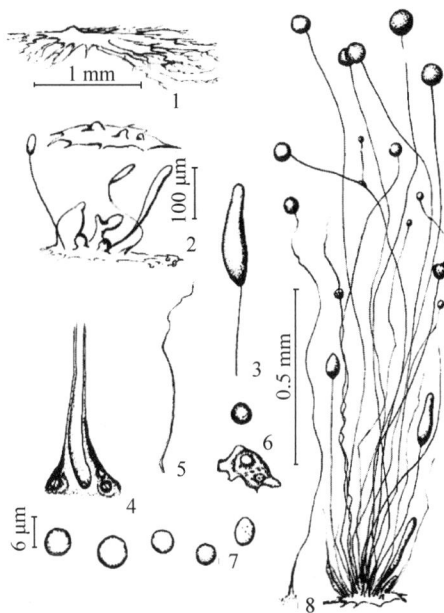

1. 原质团聚集体；2. 孢堆原簇；3. 大孢堆原；4. 膨大基部；5. 尖顶部；6. 黏变形体；7. 球形孢子；8. 孢堆果不分枝，罕稀疏分枝。

图 2-6　纤细管柄菌（*Acytostelium leptosomum* Raper）的形态

（Cavender et al. , 2000）

非潜行迁移，聚集素多为环腺苷酸（cAMP）。生于林地土壤植物残体、食草动物粪便。该属为网柄黏菌纲的最大属，世界广泛分布，约45种（AFTOL，2021）。常见种：基盘网柄菌（*Dictyostelium discoideum* Raper），孢堆果柄基部有明显的支撑盘，孢子堆淡黄色至浅褐色，圆球形或卵圆形，顶部常乳状突起，孢子椭圆形；毛霉状网柄菌（*D. mucoroides* Bref.）（图2-7），孢堆果柄基部圆至棒状，孢子堆乳白色，孢子椭圆形；紫网柄菌（*D. purpureum* Olive），孢堆果暗紫色；玫瑰网柄菌（*D. rosarium* Raper & Cavender）（图2-8），孢堆果柄基部扩展成盘状，多个无柄的球形孢子堆沿柄侧生，似吊坠，白色透明至白色，孢子圆球形。

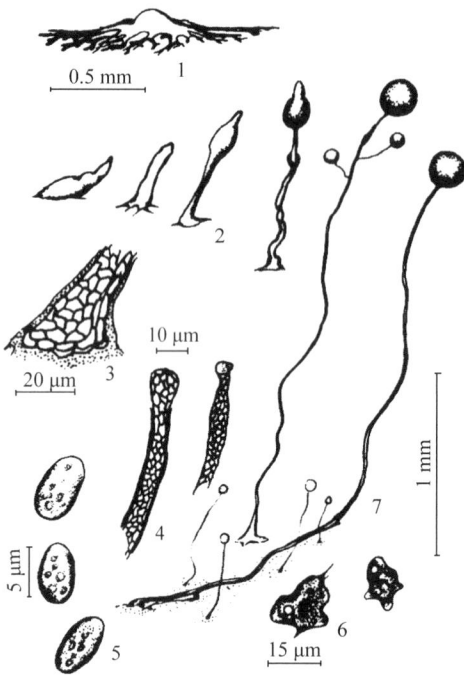

1. 树状流动聚集体；2. 从左到右：蠕虫状单孢堆原发育；3. 棒状基部；4. 头状顶部；5. 椭圆形孢子、含大量泡囊；6. 黏变形体；7. 匍匐或直立的成熟孢堆果及小的不分枝纤细孢堆果。

图 2-7 毛霉状网柄菌(*Dictyostelium mucoroides* Bref.)的形态

(Cavender et al., 2002)

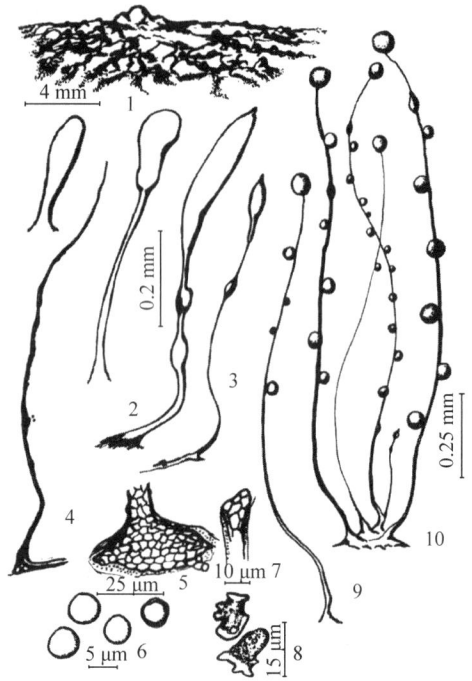

1. 具假原质团结的聚集体；2、3. 早晚期孢堆原；4. 散布孢子的孢堆果柄；5. 盘状基部；6. 圆形孢子；7. 膨大顶部；8. 黏变形体；9. 单生孢堆果；10. 丛生孢堆果。

图 2-8 玫瑰网柄菌(*Dictyostelium rosarium* Raper & Cavender)的形态

(Cavender et al., 2002)

(3) 轮柄菌属(*Polysphondylium* Bref**.**)

孢堆果具有细胞状柄，呈蓝紫色、淡紫色或紫色，通常随着年龄的增长而变暗，分枝不规则或规则间隔式轮生、丛生或单生。孢子多为椭圆形，极性颗粒常聚集。有时产生大囊胞，小囊胞未知。黏变形体流动性聚集，蛞蝓体潜行迁移。世界广布，共 2 种(AFTOL, 2021)。代表种：紫轮柄菌(*Polysphondylium violaceum* Bref.)(图 2-9)，孢堆果呈紫色，孢子椭圆形到长圆形，有黏结颗粒；生于腐烂残体、阔叶林表土。

(4) 异柄菌属(*Heterostelium* Baldauf, Sheikh & Thulin)

孢堆果具细胞状柄，较纤细，白色透明，单生或松散至紧密丛生，不分枝或稀疏分枝，或有规律间隔式轮状分枝。孢子椭圆、卵形至肾形，颗粒存在或缺、黏菌结或松散化。小囊胞常见，有时也有大囊胞。黏变形体流动性聚集，蛞蝓体潜行迁移，聚集素为 glorin 或未知。该属类群在世界广泛分布，共 36 种(AFTOL, 2021)，常见于各种针阔叶林地腐殖土中。常见种：苍白异柄菌[*Heterostelium pallidum* (Olive) S. Baldauf, S. Sheikh & Thulin = *Polysphondylium pallidum* Olive](图 2-10)，孢堆果小而纤细，柄基部棒状，孢子堆苍白色；丝状异柄菌[*H. filamentosum* (F. Traub, H. R. Hohl & Cavender) S. Baldauf, S. Sheikh & Thulin = *Polysphondylium filamentosum* F. Traub, H. R. Hohl & Cavender]，孢堆果较粗壮，柄产生长丝状轮生侧枝，孢子堆白色。

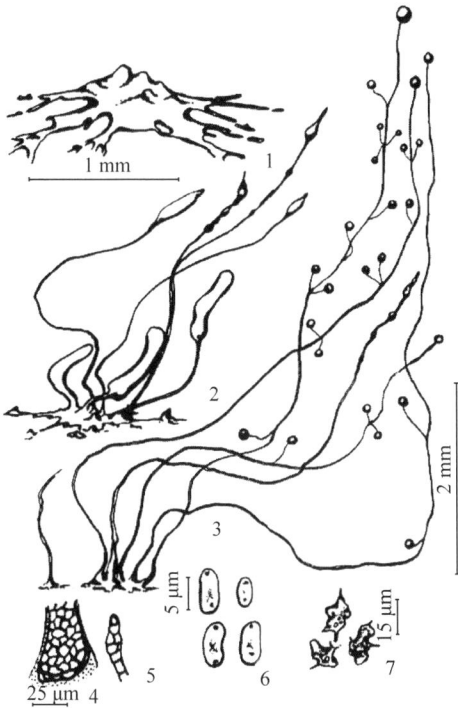

1. 原质团大聚集体；2. 早晚期孢堆原丛生；
3. 丛生或单生的向光性孢果堆；4. 基部；5. 顶部；6. 具有黏菌结极性颗粒的椭圆形孢子；7. 黏变形体。

图 2-9　紫轮柄菌（*Polysphondylium violaceum* Bref.）的形态

（Cavender et al.，2002）

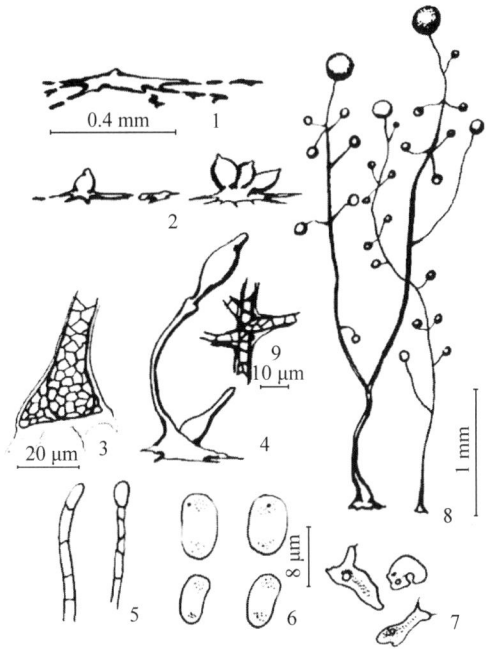

1. 原质团聚集体；2. 后期假原生质团；3. 棒状基部；4. 早、晚期孢堆原；5. 顶部；6. 具有松散极性颗粒的椭圆形孢子；7. 黏变形体；8. 单生、紧密丛生的孢果堆；9. 轮生。

图 2-10　苍白异柄菌[*Heterostelium pallidum*（Olive）S. Baldauf，S. Sheikh & Thulin]**的形态**

（Cavender et al.，2002）

（5）卡文德菌属（*Cavenderia* Baldauf，Sheikh & Thulin）

孢堆果具细胞状柄，单生至松散或（罕）紧密丛生，无分枝或不规则分枝，白色透明或浅黄色。柄基部圆、棒状至趾状，或具盘状黏菌液质垫；孢子矩圆形、椭圆形或肾形，具有黏菌结的极性或亚极性颗粒。有时有小囊胞和大囊胞。流动性体聚合，蛞蝓体潜行迁移或非潜行，聚集素未知。该属类群世界广布，共 20 种（AFTOL，2021），生于针阔叶林地腐殖土中。常见种：丛生卡文德菌[*Cavenderia fasciculata*（F. Traub，H. R. Hohl & Cavender）S. Baldauf，S. Sheikh & Thulin = *Dictyostelium fasciculatum* Traub，Hohl & Cavender]（图 2-11），孢堆果多丛生，柄无色，不分枝或偶有分枝，基部棒状至趾状，孢子堆乳白色至黄色；金柄卡文德菌[*C. aureostipes*（Cavender）Baldauf，Sheikh & Thulin = *Dictyostelium aureostipes* Cavender]，孢堆果单生至丛生，柄金黄色，大量不规则分枝，基部圆至棒状，孢子堆白色。

（6）雷珀柄菌属（*Raperostelium* Baldauf，Sheikh & Thulin）

孢堆果具细胞状柄，无色，单生或丛生，分枝缺至不规则轮生，纤细，高 0.5~7.0 mm，基部圆至或棒状。孢子呈矩圆形或椭圆形，多有黏结的极性颗粒，4.0~10.0 μm×1.8~5.0 μm。小囊胞常见，大囊胞仅见于小雷珀柄菌。聚集流动轻微或缺，蛞蝓体迁移存在或

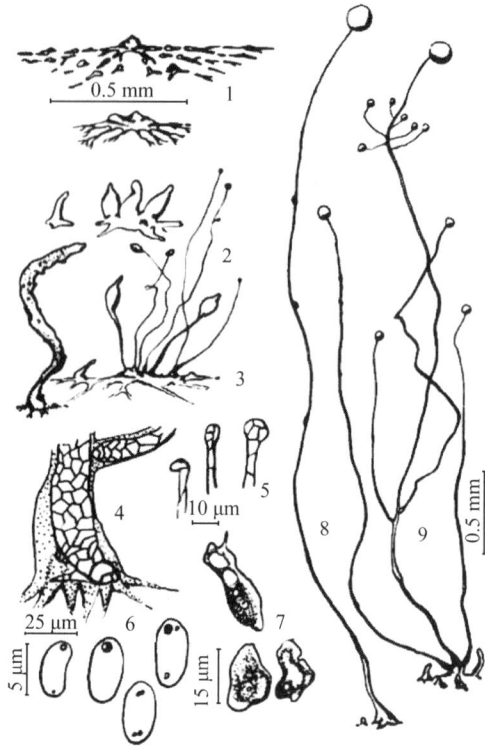

1. 两种聚集模式：大流动、细碎片和一小火山口状晚期聚集；2、3. 单生与丛生孢
堆原；4. 趾状基部；5. 头状顶部；6. 具有松散极性颗粒的椭圆形孢子；7. 黏变形
体；8. 单生不分枝孢堆果；9. 丛生孢堆果、基部围以幼小孢堆原。

图 2-11 丛生卡文德菌[*Cavenderia fasciculata*（F. Traub，H. R. Hohl & Cavender）
S. Baldauf，S. Sheikh & Thulin]**的形态**

（Cavender et al.，2002）

缺，聚集素为叶酸或未知。该属类群世界广布，共 12 种（AFTOL，2021），生于北温带阔
叶林、热带雨林腐殖土与凋落叶。常见种：小雷珀柄菌[*Raperostelium minutum*（Raper）
S. Baldauf，S. Sheikh & Thulin = *Dictyostelium minutum* Raper]，孢堆果无色至乳白色，柄粗
壮、基部圆形，不分枝或偶有分枝，孢子椭圆至肾形。生于腐叶土壤。

（7）萩原菌属（*Hagiwaraea* Baldauf，Sheikh & Thulin）

孢堆果具细胞状柄，无色，有指爪状基部，单生或丛生，通常不分枝、罕稀疏不规则
间隔分枝，大多纤细，0.3~7.0（~15.0）mm。孢子一般呈矩圆形，多有黏菌结的极性颗
粒，大部分为5.0~12.0 μm×2.5~4.5 μm。小囊胞常见，大囊胞未知。流动性聚集，蛞蝓
体潜行迁移，聚集素未知。目前仅 5 种（AFTOL，2021），多分布于热带雨林土壤。常见
种：根足萩原菌[*Hagiwaraea rhizopodium*（Raper & Fennell）S. Baldauf，S. Sheikh & Thulin =
Dictyostelium rhizopodium Raper & Fennell]（图 2-12），孢堆果稍有色，柄基部呈指爪状
扩展。

（8）蒂盖姆菌属（*Tieghemostelium* Baldauf，Sheikh & Thulin）

孢堆果具细胞状柄，有时有非细胞顶端延伸，无色，纤细，基部棒状、常具围裙状黏
液鞘，单生或丛生，不分枝或稀疏不规则分枝。孢子多为椭圆形、矩圆形，少数为肾形或

球形，黏菌结的极性颗粒存在或缺，或疏散排列。大多数具小囊胞。非流动性聚集，蛞蝓体迁移存在或缺失，聚集素为蝶呤（pterin）或未知。共 7 种（AFTOL，2021），多分布于热带雨林土壤。常见种：乳白蒂盖姆菌［*Tieghemostelium lacteum* (Tiegh.) S. Baldauf, S. Sheikh & Thulin＝*Dictyostelium lacteum* Tiegh.］，孢堆果乳白色（图 2-13），柄基部具围裙状黏菌液鞘，孢子球形，产生大囊胞。

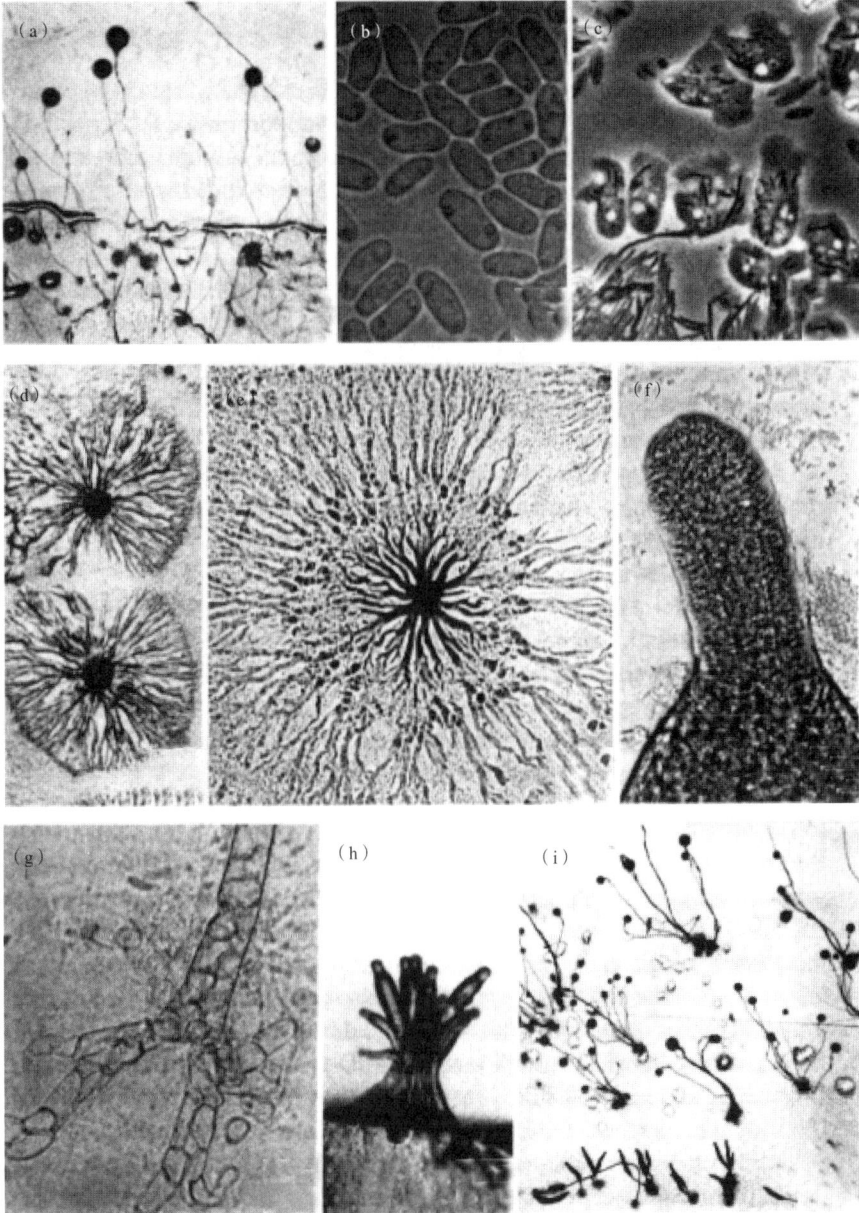

(a)孢堆果；(b)含有极性颗粒的孢子；(c)黏变形体；(d)两典型聚集体；(e)大聚集体，溪流在近中心处断裂；(f)发育中的孢堆原顶端区域；(g)爪状基部及其组成细胞；(h)丛生孢堆原；(i)成熟孢堆果及幼孢堆原。

图 2-12　根足萩原菌［*Hagiwaraea rhizopodium* (Raper & Fennell) S. Baldauf, S. Sheikh & Thulin］的形态

（Raper，1984）

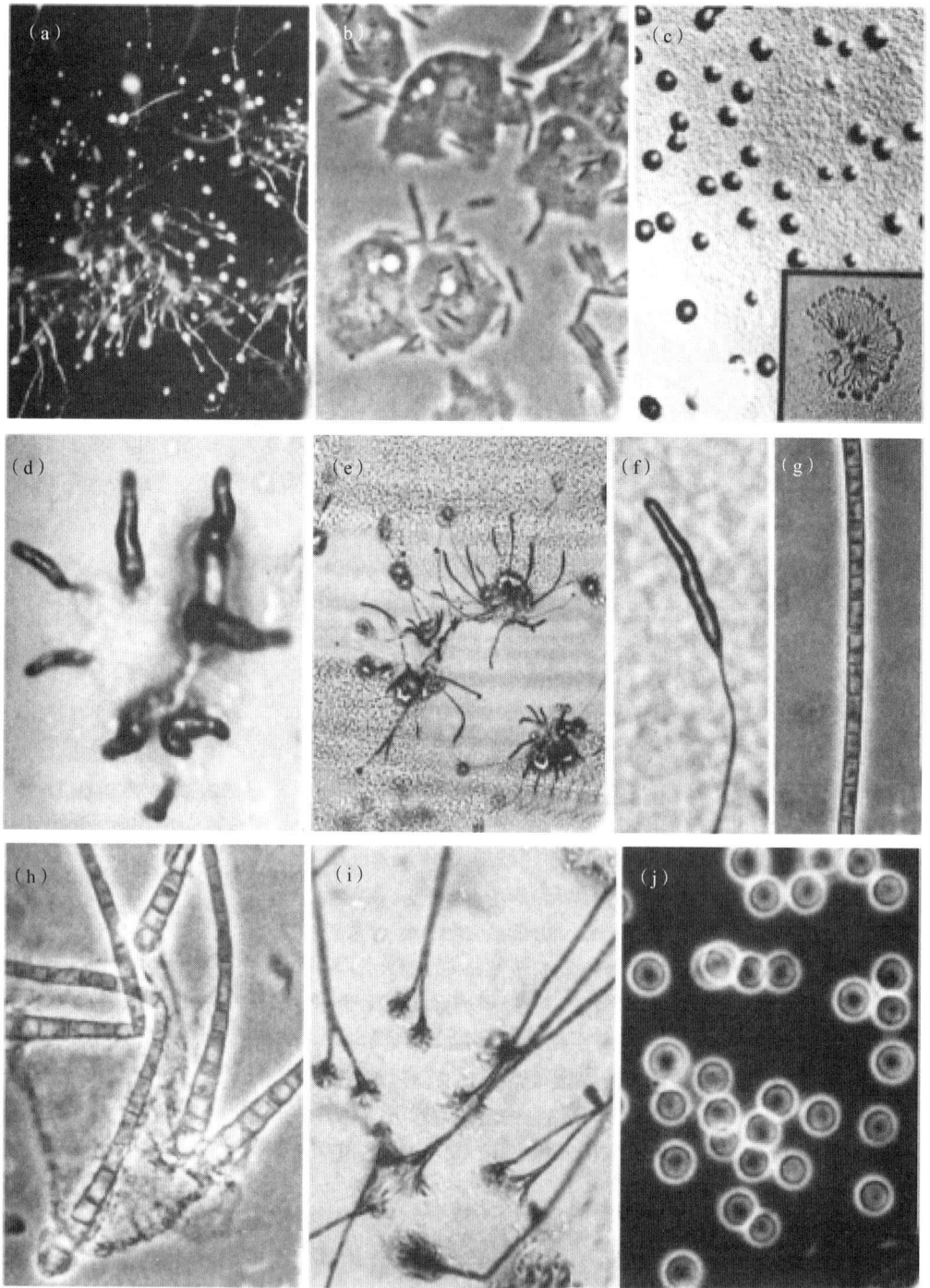

（a）孢堆果；（b）黏变形体；（c）无流动的小型垫状聚集体，（d）多个孢堆原从　小聚集体产生；（e）多重细的孢堆原从 3 个聚集体上发育；（f）单孢堆原成熟过程；（g）由单层空泡细胞组成的典型的孢堆果柄；（h）丛生孢堆果基部细胞结构；（i）孢堆果基部呈围裙状黏液鞘；（j）球形孢子。

图 2-13　乳白蒂盖姆菌[*Tieghemostelium lacteum*（Tiegh.）
S. Baldauf, S. Sheikh & Thulin]的形态

（Raper，1984）

2.2.3 黏菌纲

黏菌(slime mold)，也称非细胞黏菌、真黏菌或原质团黏菌，广泛分布于世界各地，腐生于潮湿土壤、林地凋落物与朽木残枝以及草坪上，吞噬细菌或有机物，尤以北温带湿润森林地区种类最多而常见。黏菌主要作为细胞学、遗传学和生物化学等研究试验材料。少数黏菌如扁绒泡菌(*Physarum compressum* Alb. & Schwein.)、草生发网菌(*Stemonitis herbatica* Peck)，可危害作物幼苗引起萎蔫病。

(1)一般特征及习性

黏菌营养体为单胞或多胞、具有吞噬作用的原生质团，线粒体具管状嵴。该原生质团为原生质膜和一层胶质鞘包裹，形成微小至大型的分枝或融合的网脉系统，可直接形成单胞或多胞、有柄或无柄的孢子果，并产生 1 至多个孢子，孢壁含纤维素或几丁质。黏菌孢子破皮萌发可产生黏变形体或具有 1~2 根前生尾鞭式鞭毛的游动细胞。

①营养体。在营养同化阶段，黏菌营养体表现为多核、黏变形体状原生质团，为原生质膜和一层胶黏质鞘包裹，呈微小至网状分枝结构，颜色多种多样，无色至白色、蓝色、黄色、橙色、红色和紫色等。在该原生质团中，可发生有节律、往返的原生质流动。原生质团可在基质表面移动，表现趋化性，具有吞噬糖类、有机质颗粒和细菌的作用。Alexopoulos(1960)将真黏菌原生质团划分为 3 种基本类型：

原始型原生质团(protoplasmodia)：原生质团微小，质地均一，含少量细胞核，不形成网脉，仅表现为很慢、不规则的原生质流动，成熟后只产生一个孢子囊。

隐型原生质团(aphaneroplasmodia)：原生质团形成纤细而透明的网脉，原生质颗粒状结构很不明显，原生质体无胶质鞘。此种原生质团一般难以观察到，网脉中胶体部分与流动部分分化不明显，原生质快速而有节律地往复流动。

显型原生质团(phaneroplasmodia)：原生质颗粒状结构很明显，网脉中的胶质与流动部分容易分辨，原生质节律性流动很明显。原生质团带有各种颜色，在发育初期即可观察到。在干旱或缺乏食物的条件下，显型原生质团可形成硬壁的休眠性菌核。

黏菌原生质团可通过异宗配合或同宗配合而发生融合产生合子。由合子产生的多核原生质团进行有丝分裂时，核膜始终完整而不破裂将纺锤丝包裹在核内，呈现封闭型或核内型核分裂模式，与黏阿米巴单倍体原生质团发生的含有中心粒的开放型核分裂形成明显对比。

②繁殖体。黏菌通过 2 个亲和性游动细胞或黏变形体融合而形成有性合子，再通过有丝分裂形成多核的二倍体原生质团。此原生质团受温湿度、营养状况或光照的诱导而形成孢子体，共有 4 种孢子体类型。

孢子囊(sporangium)：有柄或无柄，各自有被膜，生于原生质团所处的基质上，由一基质层将彼此独立分开的孢子囊相互连在一起，组成其共同的基部[图 2-14(a)]。

复囊体(aethalium)：为大型、块状孢子果，无柄。尽管在一些复囊体中，各自孢子囊壁很明显[图 2-14(b)]，但原生质团并没有完全分化为各自独立的孢子囊，甚至整个原生质团几乎为一层包被所包裹。大型复囊体宽度可达数十厘米，小的仅几毫米。

原质囊体(plasmodiocarp)：无柄，原生质团呈长条状，弯曲、交联或类似于原生质脉

（a）孢子囊；（b）复囊体；（c）原质囊体；（d）假复囊体。

图 2-14 黏菌孢子体类型

络形状，原始型孢子体[图 2-14(c)]。

假复囊体(pseudoaethalia)：各孢子囊紧密挤在一起，外观似单独的原生质团，但实际上各孢子囊仍可明显地区分开，而绝不联合，成层排列，具有共同的囊基膜(hypothallus)，呈块状或柄状[图 2-14(d)]。

典型的孢子囊依次由基质层、柄、被膜(peridium)、囊轴(columella)、孢丝(图 2-15)和孢子组成。黏菌孢子囊发育过程分为基质层上型和基质层下型 2 种方式。孢子囊被膜颜色多样，质地为膜质、软骨质、石灰质等。在有柄种类中，柄顶端向孢子囊内部延伸生成细长、棍棒形、圆球形或垫状结构，即囊轴。有些位于囊胞中部的石灰质集结成球形团块，并不与柄或包被相连，称为假囊轴(pseudocolumella)。许多黏菌的孢子囊内分化出复杂的丝状系统，与孢子囊基部、囊轴或包被相连，表面常有各种纹饰，称为孢丝。孢丝与孢子交织在一起，有助于孢子的散布。而在复囊体和假复囊体中，囊被的破碎遗留物形成线膜状、孔膜状、管状或线状假孢丝(pseudocapillitium)。孢丝的有无及形态结构是黏菌分类的重要依据。部分黏菌原生质团富含钙质，在孢子体形成时可分泌在基质层、柄和囊轴表面甚至孢丝上，表现为不定形或结晶状石灰质小颗粒。因此，石灰质的形态及存在部位也是黏菌分类的重要依据。由于黏菌孢子体为被膜所包被，孢子产生于孢子体内部，故称为内生孢子黏菌。黏菌孢子一般为球形，光滑，具疣、柱状刺或各种网纹(图 2-16)；成堆孢子呈淡色、黄色、粉色、紫色、褐色或近黑色等。

③生活史。黏菌内生孢子从孢子囊中释放后主要通过风散布，复囊体类孢子果黏菌孢子也可通过降水及节肢动物的作用传播。受降水的影响，孢子在基质上吸水萌发、释放 1 至多个黏变形体或带有 1~2 根鞭毛的游动细胞(图 2-17)，从基质上摄取细菌、酵母菌和

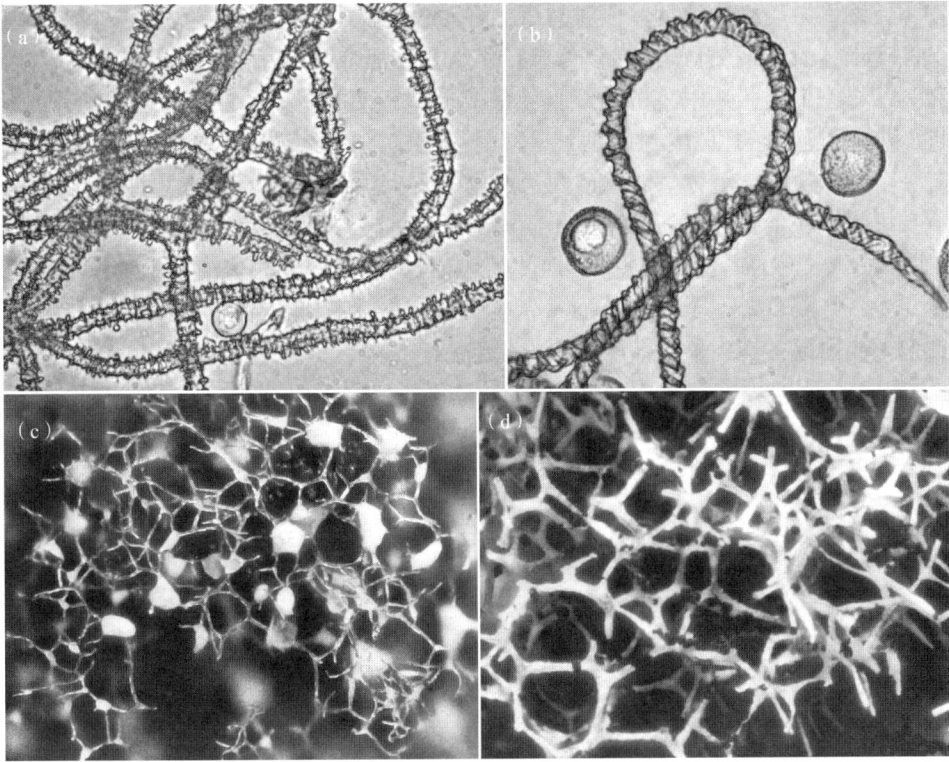

（a）具刺网状孢丝；（b）带螺纹游离弹丝；（c）联结石灰质结的细线网脉；（d）石灰质管状网脉。

图 2-15　黏菌孢丝类型

（a）粗疣；（b）柱状疣；（c）刺；（d）不完整网纹；（e）完整网纹；（f）穿孔网。

图 2-16　黏菌孢子表面纹饰主要类型

有机物颗粒物。游动细胞活动一段时间后，游动细胞收回其鞭毛转变为黏变形体，在适宜条件下黏变形体不断地(开放式)核分裂产生大量细胞。游动细胞也可以转变为休眠结构小囊胞。在异宗配合菌系中，游动细胞或黏变形体行使配子的功能而发生融合形成合子，合子进一步通过连续的(核内封闭型)有丝分裂生成多核的二倍体原生质团，即无数细胞核共有一个细胞质的合胞体。原生质团通过原生质流动而发生扇形移动，并摄取细菌、酵母菌或有机物颗粒生长，同一菌系原生质团间可发生融合形成更大的原生质团。受不利环境(如干燥或低温)的诱发，原生质团可以形成抵抗不良环境的菌核。成熟原生质团通常整体转变为一个或多个孢子体，从而从营养体阶段转入繁殖体阶段(图 2-17)。减数分裂发生在孢子囊内部，产生单倍体的黏菌内生孢子。

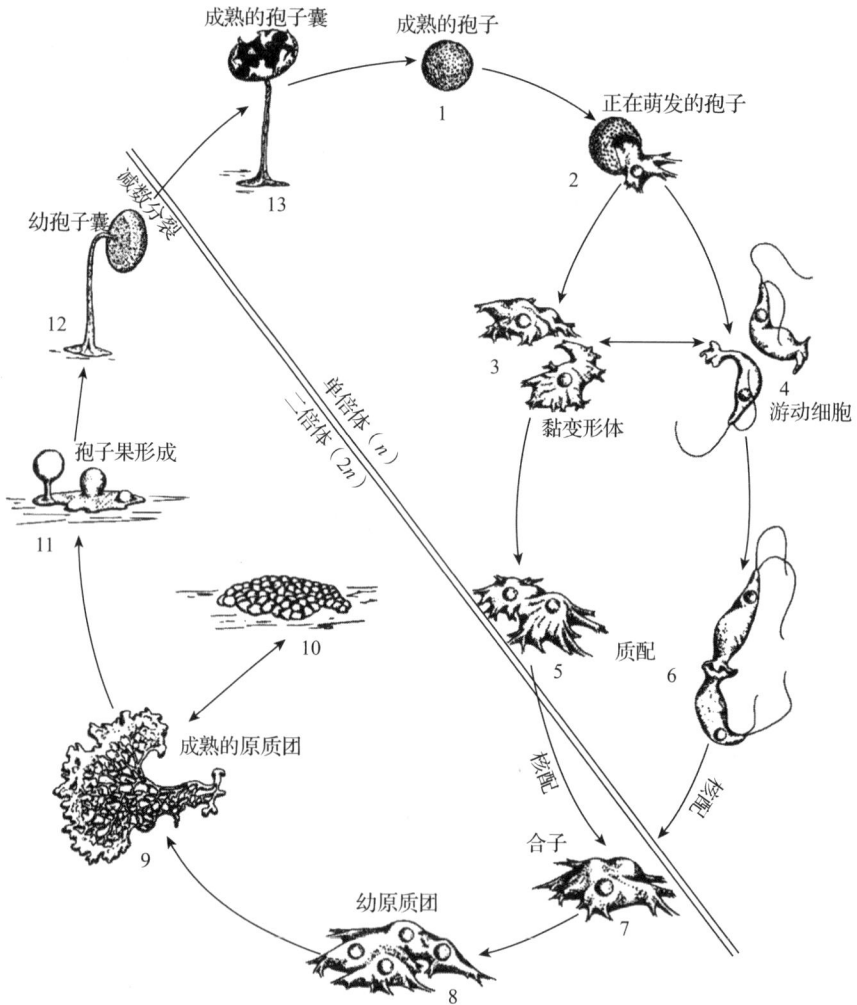

1. 成熟的单倍体孢子；2. 正在萌发的孢子；3. 黏变形体；4. 游动细胞；5. 正在融合的黏变形体；6. 正在融合的游动孢子；7. 幼小合子；8. 幼原质团；9. 成熟的原质团；10. 菌核；11. 孢子开始形成；12. 减数分裂前的幼孢子囊；13. 减数分裂前后的成熟孢子囊。

图 2-17 异宗配合黏菌生活史

(R. W. Scheetz 绘)

（2）分类体系

　　Hawksworth et al.（1995）主要依据孢子体类型及颜色、孢子囊被膜与孢丝结构、石灰质和孢子的大小及颜色等鉴别特征，《菌物词典》第 8 版将黏菌纲（Myxomycetes G. Winter）分为 6 目，即无丝菌目（Liceales E. Jahn）、刺轴菌目（Echinosteliales G. W. Martin）、团毛菌目（Trichiales T. Macbr.）、绒泡菌目（Physarales T. Macbr.）、发网菌目（Stemonitidales T. Macbr.）和拟刺轴菌目（Echinosteliopsidales L. S. Olive）。但因鹅绒菌（*Ceratiomyxa* G. W. Martin ex M. L. Farr & Alexop.）的孢子直接产生于独特的柄状结构上而与其他目孢子产生在孢子囊内明显不同，而将其归入黏菌门原柄菌纲。Alexopoulos et al.（1996）认为原柄黏菌地位未定，建议黏菌门仅含黏菌纲 1 纲 3 亚纲，包括鹅绒菌目在内的 6 目。在《菌物词典》第 10 版中，Kirk et al.（2008）进一步将黏菌纲调整为无丝菌目、刺轴菌目、团毛菌目、绒泡菌目和发网菌目 5 目，共 14 科 62 属，约 880 多种，并把黏菌纲名称更改为腹黏菌纲（Myxogastrea L. S. Olive），各目的学名按照动物分类拼写。

腹黏菌纲分目检索表

1. 营养同化期为原始型或显型原生质团，孢子体在基质层下发育，孢子无色、鲜色、锈色、紫褐色至黑色 ··· **2**
1′. 营养同化期为隐型原生质团，孢子体在基质层上发育，孢子呈紫褐色、淡紫色或锈色 ··············
　　·· 发网菌目（**Stemonitidales**）
2. 孢子成堆时紫褐色至黑色，孢子体被膜、孢丝石灰质 ·················· 绒泡菌目（**Physarida**）
2′. 孢子成堆时无色、白色或鲜色，有时呈褐色，孢子体非石灰质 ······························· **3**
3. 无孢丝，但有管状、线状或穿孔状假孢丝 ························· 无丝菌目（**Liceales**）
3′. 有孢丝，很少有假孢丝 ·· **4**
4. 孢子囊从原始型原生质团产生，很小（<0.5 mm），有柄，有囊轴，孢丝少或无、简单分枝、线状 ···
　　·· 刺轴菌目（**Echinosteliida**）
4′. 孢子囊或原质囊体从显型原生质团产生，大型，有或无柄，无囊轴，孢丝丰富、管状或网状 ········
　　·· 团毛菌目（**Trichiida**）

2.2.3.1　绒泡菌目（Physarales T. Macbr. = Physarida）

　　孢子体被膜、孢丝典型石灰质，孢丝呈线状、管状，孢子成堆时暗紫褐色或黑色。其营养体为显型原生质团，微小至大型。为真黏菌纲最大的目，共 3 科 18 属 360 多种（Kirk et al.，2008）。

绒泡菌目分科及常见属检索表

1. 囊被有不定形石灰质颗粒状，管状孢丝石灰质 ················ 绒泡菌科（**Physaraceae**）3
1′. 囊被有石灰质颗粒状或结晶状，线状孢丝非石灰质 ······································· 2
2. 柄、囊被及孢丝含有油脂或蜡质颗粒 ·········· 油黏菌科（**Elaeomyxaceae**）油黏菌属（*Elaeomyxa*）
2′. 柄、囊被及孢丝无蜡质 ························· 钙皮菌科（**Didymiaceae**）9
3. 孢子体为复囊体，存在假孢丝和孢丝 ························· 煤绒菌属（*Fuligo*）
3′. 孢子体为孢子囊或原质囊体，罕复囊体；无假孢丝 ······································· **4**

4. 孢子体被膜石灰质呈片状或向膜内延伸成刺状；孢丝二型 ·· **5**

4′. 孢子体被膜石灰质不呈片，而有时呈柱刺状；孢丝二型或一型 ····························· **6**

5. 孢子体主要为原质囊体，有时为假复囊体；孢丝呈横片状石灰质结，将囊胞垂直分割，或为黄色细线状网脉并具有石灰质结和许多刺 ···················· 韦氏黏菌属 (*Willkommlangea = Cienkowskia*)

5′. 孢子体为典型孢子囊、针箍状，罕为原质囊体；孢丝为从被膜内延伸的石灰质长刺，或为石灰质细线网脉 ··· 针箍菌属 (*Physarella*)

6. 孢子体为卵圆形孢子囊，囊壁光滑发亮；孢丝二型，管网状、石灰质，或细管网状、非石灰质 ······ ··· 光果菌属 (*Leocarpus*)

6′. 孢子体为孢子囊或原质囊体，罕复囊体，囊壁不光滑；孢丝一（罕二）型，管网状、石灰质 ········· **7**

7. 孢丝为管网状、石灰质 ··· 钙丝菌属 (*Badhamia*)

7′. 孢丝为细管网状、非石灰质，联结石灰质结 ··· **8**

8. 孢子体顶部开裂为圆盖状，下部保持深酒杯状 ·· 高杯菌属 (*Craterium*)

8′. 孢子体顶不规则或瓣状开裂 ·· 绒泡菌属 (*Physarum*)

9. 被膜有石灰质颗粒状；孢丝从囊轴或囊轴状囊膜基部辐射状伸出，附着到被膜上 ········· **10**

9′. 被膜有石灰质结晶状 ·· **11**

10. 孢子囊表面产生石灰质钉齿状突起 ·· 棘皮菌属 (*Physarina*)

10′. 孢子囊表面无石灰质钉齿状突起，但被膜有时存在结晶状石灰质中间层 ········· 双皮菌属 (*Diderma*)

11. 孢子体为复囊体 ·· 复囊钙皮菌属 (*Mucilago*)

11′. 孢子体为孢子囊或原质囊体 ··· **12**

12. 被膜上石灰质结晶分散或合并成层 ·· 钙皮菌属 (*Didymium*)

12′. 被膜上石灰质结晶合并成鳞片状 ·· 鳞皮菌属 (*Lepidoderma*)

（1）钙丝菌属（*Badhamia* Berk.）

孢子囊有柄或无柄，或接近原质囊体，被膜通常石灰质；孢丝管网状，内部充满石灰质颗粒；孢子分散或常结成团，黑褐色，表面具疣。广泛分布，多生于死或活的树皮上，约 30 种。其中，彩囊钙丝菌 [*Badhamia utricularis* (Bull.) Berk. = *Physarum utriculare* (Bull.) Chevall.] 为世界广布种，孢子囊丛生、悬挂在索状柄上，灰白色至紫灰色，生于倒木树皮或多孔菌子实体上 (图 2-18)。国内常见种：黑柄钙丝菌 (*B. affinis* Rostaf.)，生于树皮上；钙丝菌 [*B. capsulifera* (Bull.) Berk.]，生于死或活的树皮上；大囊钙丝菌 [*B. macrocarpa* (Ces.) Rostaf.]，生于枯枝及苔藓上。

（2）高杯菌属（*Craterium* Trentep.）

孢子囊高杯状，有柄，上半部石灰质，下半部脆骨质，顶部开裂为圆形或不规则盖；孢丝无色细线形；孢子紫褐色，成堆时暗褐色至黑色，表面具小疣。世界广布，已知 14 种。常见种：白头高杯菌 [*Craterium leucocephalum* (Pers. ex J. F. Gmel.) Ditmar] 为世界分布种，孢子囊倒卵形，上部白色而脆，下部黄褐色或红褐色，软骨质；孢丝与白色或淡黄色石灰质结联结；柄短粗，红褐色，具褶纹。生于枯枝、死木上。国内其他常见种：小高杯菌 [*C. minutum* (Leers) Fr.] (图 2-19) 孢子囊锈褐色至深褐色柄短粗，顶盖下陷，周围呈环状，孢丝细线与大型白色石灰质结连结成假囊轴，柄浅黄色至褐色，具褶纹，生于枯枝落叶及树皮上；暗高杯菌 (*C. concinnum* Rex) 生于树皮、死木及栗壳上。

图 2-18　彩囊钙丝菌[*Badhamia utricularis*
(Bull.) Berk.]的孢子囊
(vor dem Harz, 2008)

图 2-19　小高杯菌[*Craterium minutum*
(Leers) Fr.]的孢子囊
(www. discoverlife. org)

(3) 煤绒菌属(*Fuligo* Haller)

孢子体为复囊体，块状，有石灰质皮壳；孢丝为纤细、透明的线状结构，联结石灰质结。已知 14 种。常见种：煤绒菌[*Fuligo septica* (L.) F. H. Wigg.](图 2-20)，复囊体垫状、大型，宽 2~20 cm，厚 1~3 cm，浅土黄色、粉红色、堇紫色；无色孢丝与淡黄色石灰质联结；孢子浅紫褐色，成堆时暗褐色，显微镜下观察呈紫褐色，表面有柱状细刺。常生于朽木、树皮和植物残体上，为最大的黏菌，分布广，特征变异大。

(4) 光果菌属(*Leocarpus* Link)

孢子囊丛生，圆柱形、倒卵形至近球形，橙色至栗褐色，有光泽；囊被 3 层，外层薄而软、骨质，中层厚、石灰质，内层膜质；孢丝二型，满含石灰质颗粒的白色至淡黄色网脉和无色扁平的细管线网脉。孢子成堆时黑色，显微镜下观察呈褐色，表面有粗疣。仅 1 种——光果菌[*Leocarpus fragilis* (Dicks.) Rostaf.](图 2-21)，多生于针阔树落叶、树皮及苔藓上。

图 2-20　煤绒菌[*Fuligo septica* (L.)
F. H. Wigg.]的复囊体
(Siga, 2007)

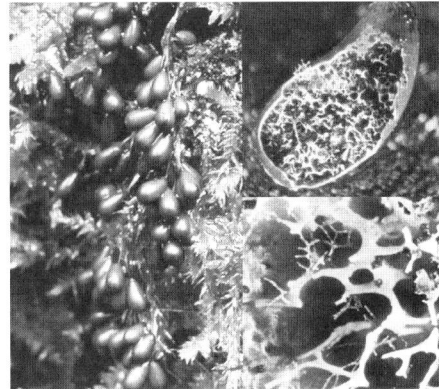

图 2-21　光果菌[*Leocarpus fragilis* (Dicks.)
Rostaf.]的孢子囊与二型孢丝
(www. myxomycetes. net)

（5）绒泡菌属（*Physarum* Pers.）

孢子体为孢子囊，有柄、无柄或为复囊体，囊被膜、石灰质；孢丝网脉由无色细线联结石灰质结组成；孢子成堆时暗褐色或黑色，显微镜下呈紫褐色或堇褐色，表面多具疣或小刺（图 2-22）。生于死木、树皮、枯枝落叶、枯草及活苔藓植物上。该属为真黏菌纲的最大属，世界广布，约 113 种（AFTOL，2022）。

（a）双裂绒泡菌（*Physarum bivalve* Pers.）；（b）小绒泡菌［*P. pusillum*（Berk. & M. A. Curtis）
G. Lister］；（c）淡黄绒泡菌［*P. melleum*（Berk. & Broome）Massee］；（d）（e）灰绒泡菌［*P. cinereum*
（Batsch）Pers.］；（f）（g）绿绒泡菌［*P. viride*（Bull.）Pers.］。

图 2-22 绒泡菌属菌物的孢子体形态

［（a）（b）（f）（g）引自 www.myxomycetes.net；（c）引自 www.hiddenforest.co.nz；
（d）引自 www.inpn.mnhn.fr；（e）引自 www.naturespot.org.uk］

绒泡菌属常见种检索表

1. 孢子囊无柄 ··· **2**

1′. 孢子囊有柄 ··· **6**

1″. 孢子囊有短柄、无柄或形成短原质囊体，灰白色 ············· 白褐绒泡菌（*P. leucophaeum*）

2. 孢子体多为不定形原质囊体 ··· **3**

2′. 孢子体多为孢子囊，卵形至圆柱形，密集，偶有短柄 ········· 卵圆绒泡菌（*P. didermoides*）

3. 囊壁双层或 3 层 ··· **4**

3′. 囊壁单层 ··· **5**

4. 原质囊体侧扁狭长、弯曲或分叉，沿嵴部纵裂，囊壁双层 ········· 双裂绒泡菌（*P. bivalve*）

4′. 原质囊体不侧扁，卵形至长条形，星状开裂外翻，囊壁 3 层 ······· 星裂绒泡菌（*P. bogoriense*）

5. 孢子体为网状原质囊体、花簇状，粉灰色至灰绿色，狭扁；孢丝二型 ·········· 圈绒泡菌（*P. gyrosum*）

5′. 孢子体灰白色、近球形、垫状或伸展成短原质囊体；孢丝一型 ········· 灰绒泡菌（*P. cinereum*）

　　全球分布，常生于枯叶、草茎及草坪活体植物上，形成大型浅蓝色菌落斑块。

6. 囊轴大而显著，近球形或圆柱形 ··· **7**

6′. 囊轴小、圆锥形，或无囊轴 ·· **8**

7. 孢子囊黄色，囊轴近球形 ·· 大轴绒泡菌（*P. listeri*）

7′. 孢子囊堇紫色，囊轴圆柱形 ··· 长轴绒泡菌（*P. puniceum*）

8. 孢子囊白色至灰色 ·· **9**

8′. 孢子囊黄色、绿黄色至橙黄色 ··· **14**

9. 孢子囊柄纯白色 ··· 白柄绒泡菌（*P. leucopus*）

9′. 孢子囊柄淡黄色、灰色或褐色 ··· **10**

10. 孢子囊中央有一大石灰质结 ··· 钙核绒泡菌（*P. nucleatum*）

10′. 孢子囊中央无大石灰质结 ·· **11**

11. 孢子囊扁球形、扁肾形至瓣状 ·· 扁绒泡菌（*P. compressum*）

11′. 孢子囊多头，不规则耳状，聚生 ·· 多头绒泡菌（*P. polycephalum*）

11″. 孢子囊球形、近球形至饼形 ··· **12**

12. 孢子囊多呈饼形，多垂头 ·· 垂头绒泡菌（*P. nutans*）

12′. 孢子囊球形、近球形，多直立 ··· **13**

13. 柄锥针形，多白色，柄内充满石灰质；囊胞内石灰质结小，圆形 ······ 全白绒泡菌（*P. globuliferum*）

13′. 柄细圆柱形、有纵褶，褐色，柄内无石灰质；囊胞内石灰质结大，形态多样 ·····················
　　··· 小绒泡菌（*P. pusillum*）

14. 有圆锥形囊轴 ··· **15**

14′. 无囊轴 ··· **16**

15. 孢子囊黄色至橙黄色，柄、囊轴及石灰质结均为白色 ····················· 淡黄绒泡菌（*P. melleum*）

15′. 孢子囊、柄、囊轴及石灰质结均为黄色 ······································· 全黄绒泡菌（*P. citrinum*）

16. 孢子囊大多扁圆形，垂头，黄绿色 ·· **17**

16′. 孢子囊球形，罕垂头，灰黄色或黄色 ·· **18**

17. 孢丝纤细而密，与黄绿色、梭形石灰质结相连 ··························· 绿绒泡菌（*P. viride*）

　　全球分布种，常见生于死木、树皮、枯枝或枯草上。

17′. 孢丝刚硬而稀，与橙黄色、矛状石灰质结相连 ··························· 钢丝绒泡菌（*P. rigidum*）

18. 孢子囊灰黄色，壁与柄均无石灰质；孢丝石灰质结黄色、串状 ·········· 黄头绒泡菌（*P. flavicomum*）

18′.孢子囊壁有黄色、黄绿色，石灰质或非石灰质 ·· **19**

19. 孢子囊柄纤细或粗短，有槽，暗红褐色，非石灰质 ·················· **玉米绒泡菌**(*P. oblatum*)

19′.孢子囊柄纤细，淡黄色至基部淡褐色，有橘黄色石灰质 ·················· **细弱绒泡菌**(*P. tenerum*)

(6) 双皮菌属(*Diderma* Pers.)

孢子体为孢子囊，少数结成假复囊体，囊被双层，外层钙质或软骨质，内层膜质，如有中间层，为不定形石灰质结晶颗粒；囊轴一般显著。孢丝为线形分枝状。孢子成堆时暗褐色或黑色，显微镜下呈紫褐色。世界广布，约70种。常见种如下：

①半圆双皮菌[*Diderma hemisphaericum*(Bull.)Hornem.][图 2-23(a)]，孢子囊群生，有柄、盘状，白色至灰白色，上部扁平、凹陷，直径 0.8～1.2 mm；囊壁双层，外层白色壳状、脆，边缘常盖状开裂，内层呈灰色、膜质，不规则开裂，易与外层分离；囊轴大、盘状，淡褐色；柄粗壮，白色，有纵槽；孢丝纤细、少分枝、近无色；孢子成堆时黑褐色，镜下呈浅紫褐色，有成簇疣。生于植物枯叶和枯枝上。

②辐射双皮菌[*Diderma radiatum*(L.)Morgan][图 2-23(b)]。孢子囊无柄，或由囊基膜收缩形成淡色短粗柄，散生或群生，球形或扁球形，浅灰色至浅褐色，常有褐色花斑或塌陷，直径 0.6～1.4 mm；囊被双层，外层光滑，紧密粘连膜质内层，上部开裂不规则，下部呈星瓣状辐射开裂；囊轴大、钙质，近球形，乳白色至淡褐色；孢丝密，纤细，褐色，有珠状膨大；孢子成堆时浓黑色，镜下呈暗紫褐色，有密疣。生于朽木和枯枝落

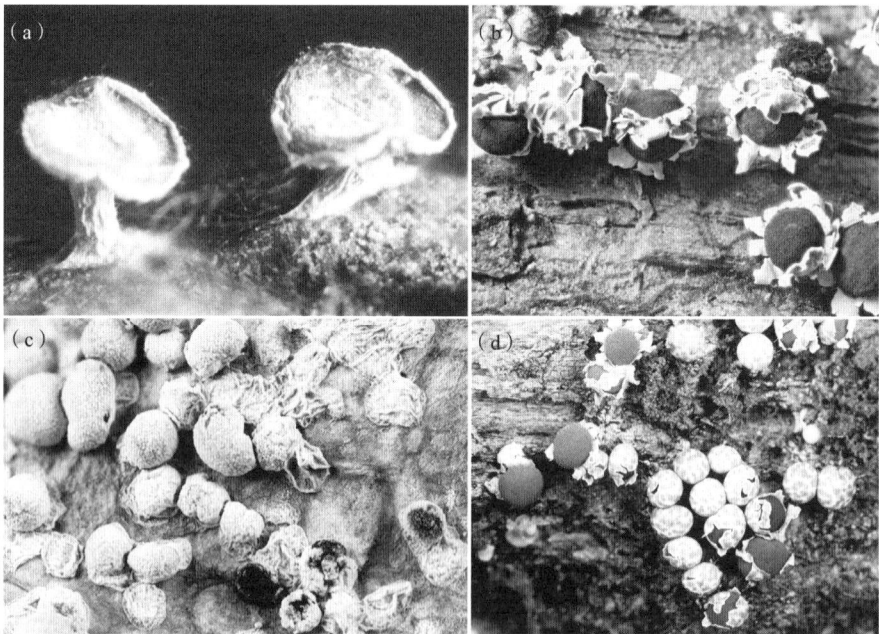

(a) 半圆双皮菌[*Diderma hemisphaericum*(Bull.)Hornem.]；(b) 辐射双皮菌[*D. radiatum*(L.)Morgan]；
(c) 联壁双皮菌[*D. spumarioides*(Fr.)Fr.]；(d) 花状双皮菌[*D. floriforme*(Bull.)Pers.]。

图 2-23 双皮菌属菌物的孢子体形态

[(a)(b) 引自 www.myxomycetes.net；(c) 引自 www.naturephoto-cz.com；(d) 引自 www.biolib.cz]

叶上。

③联壁双皮菌[*Diderma spumarioides* (Fr.) Fr.][图2-23(c)]。孢子囊无柄，群生至密集丛生，球形至半球形，常互挤变形，白色或浅赭色，直径0.4~1.0 mm，深埋在白色、钙质的基质膜中；囊壁双层，外层厚钙质，粗糙而脆，紧密附着于灰色、膜质内层壁上。囊轴突出呈半球形，白色；孢丝丰富，褐色至末端浅，稀疏分枝；孢子成堆时黑色，镜下呈黄褐色，密生疣。多群生于枯叶或植物碎屑上，较少死木或活植物体上。

④花状双皮菌[*Diderma floriforme* (Bull.) Pers.][图2-23(d)]。孢子囊有柄，近球形，丛生，米灰色、浅褐色至赭褐色(或有褐色花斑)，直径0.7~1.0 mm；囊被外层软骨质，通常粘连膜质内层，多呈瓣状开裂；囊轴球形至棒状，表面粗糙，赭褐色；孢子囊柄有纵槽，长0.5~1.0 mm，其基部与基质层融连，淡赭色；孢丝紫褐色，有珠状膨大；孢子成堆时栗褐色，镜下呈暗紫褐色，有稀疏大钝疣。生于朽木和枯枝上。

⑤球形双皮菌(*Diderma globosum* Pers.)。孢子囊无柄，球形至近球形，白至淡灰色，直径0.5~1.0 mm，密集群生、常挤成多角形，或常集合成假复囊体；囊被外层钙质，光滑，脆，内层膜质，暗色，两层分离；囊轴大，半圆或球形，白色；孢丝细、二叉状分枝，无色或浅褐色；孢子成堆时黑色，镜下呈暗褐色，有疣。生于死木、植物残体及活体植物上。

⑥粉红双皮菌[*Diderma testaceum* (Schrad.) Pers.]，孢子囊无柄，群生，扁球形，浅肉色或粉红色，直径0.7~1.0 mm；囊被外层厚壳状、光滑，内侧粉色，内层薄膜质、粉灰色，有皱褶，两层分离；囊轴凸圆、稍粗糙，粉褐色；孢丝细而光、少分枝，无色，孢子成堆时黑色，镜下呈褐色，近光滑。生于潮湿植物枯叶和残体上。

(7)钙皮菌属(*Didymium* Schrad.)

孢子体为孢子囊体或原质囊体，囊被薄、膜质，表面散生或结成一层石灰质结晶体；囊轴不发达，仅为加厚的石灰质囊基；孢丝分枝或连接，有暗色小节；孢子成堆时黑色，镜下多呈紫褐色；表面多具小疣或细刺，少数具网纹。世界广布，约75种。常见种如下：

①黑孢钙皮菌[*Didymium melanospermum* (Pers.) T. Macbr.][图2-24(a)]。孢子囊有柄或无柄，近球形或扁，或近原质囊体，下部深脐凹，白色或灰色，直径0.5~1.0 mm；柄粗壮，短，有纵槽，暗褐色或黑色；囊被坚实，暗褐色，表面被白色石灰质结晶，不规则开裂；囊轴半球形，暗色或苍白；孢丝少分枝、暗色，常有褐色膨大节；孢子成堆时黑色，镜下呈暗褐色，表面有小疣或刺，9~14 μm。生于死木、枯枝落叶上，以针叶树常见。

②黑柄钙皮菌[*Didymium nigripes* (Link) Fr.][图2-24(b)]。孢子囊具长柄，白色，球形，下部稍脐凹，直径0.3~0.7 mm；柄直立，基质层盘状，有纵向条纹，烟灰色至黑色、顶部稍淡；囊被膜质，被有白色石灰质星状结晶；囊轴近球形，暗褐色；孢丝细，分枝少，褐色；孢子成堆时暗褐色，镜下浅紫褐色，表面具细疣。多生于枯枝落叶和草茎上。

③黄柄钙皮菌[*Didymium iridis* (Ditmar) Fr. = *Didymium nigripes* var. *xanthopus* (Ditmar) Lister]。孢子囊有长柄，球形或稍扁，白色，直径0.4~0.7 mm，柄直立，有纵向条纹，黄褐色；囊被薄膜质，表面密被白色石灰质结晶；囊轴陀螺状或扁球形，白色；孢丝分

（a）黑孢钙皮菌［*Didymium melanospermum*（Pers.）T. Macbr.］；（b）黑柄钙皮菌［*Didymium nigripes*（Link）Fr.］。

图 2-24 钙皮菌属菌物的孢子体形态

（www. myxomycetes. net）

枝、无色并有褐色小节；孢子成堆时褐色，镜下浅紫褐色，表面有细疣。生于死木、枯枝落叶及青苔上。

④鳞钙皮菌［*Didymium squamulosum*（Alb. & Schw.）Fr. & Palmquist］。孢子囊有柄，或无柄原质囊体，球形或稍扁，白色、灰色，直径 0.3~1.0 mm；柄粗，钙质，直立，有纵槽，白色或赭色至橙色；囊被膜质，表面白色石灰质结晶星状，有网纹；囊轴盘状或半球形，白色或浅色；孢丝分枝繁密、无色透明，常有结；孢子成堆时黑色，镜下暗紫褐色，表面有小疣或刺，8~11 μm。生于死木、枯叶和云杉死球果的鳞片上。

⑤钉形钙皮菌［*Didymium clavus*（Alb. & Schw.）Rab. enh］。孢子囊有柄，盘状，具有宽而深的基底脐，上部稍凹，霜白色，直径 0.5~1.0 mm；柄有纵向槽，向上渐细，暗褐至黑色；囊被膜质，赭褐色，表面散布白色石灰质星状结晶；囊轴不明显；孢丝细，稀疏二叉状分枝，淡褐色间无色，夹杂结晶体；孢子成堆时暗褐色，镜下呈淡褐色，表面具细疣或近光滑。多生于死木、枯枝和枯草上。

⑥小钙皮菌［*Didymium minus*（A. Lister.）Morgan］。孢子囊群生，有短柄，扁球形，下部稍脐凹，白或灰色，直径 0.4~0.6 mm；柄直立，稍有纵纹，黄褐色，基部及基质层褐色；囊被薄膜质，有石灰质结晶；囊轴球形或半球形，暗褐色；孢丝细，辐射状分枝，无色，夹杂结晶体；孢子成堆时黑色，镜下暗紫褐色，密被细疣。生于树皮和植物残体上。

2. 2. 3. 2 无丝菌目（Liceales E. Jahn = Liceida）

孢子体形态多样，为孢子囊、原质囊体、复囊体或假复囊体，非石灰质，无孢丝或有假孢丝存在于复囊体型孢子体中，孢子成堆呈黄色、灰色或褐色，镜下呈无色、淡色至烟灰色或黄褐色，绝非紫褐色。共 3 科 9 属，约 140 种（Kirk et al.，2008；AFTOL，2022）。

无丝菌目分科及常见属检索表

1. 孢子体为孢子囊或原质囊体，通常微小，无假孢丝；孢子成堆时多呈黄色、褐色至近黑色，有时鲜色
………………………………………………………………… 无丝菌科 (Liceaceae = Licea)

1′.孢子体为孢子囊、复囊体或假复囊体，形体较大，假孢丝有或无；孢子成堆时浅色或其他颜色而非烟
灰色 ……………………………………………………………………………………… 2

2. 有原生质颗粒；孢子体通常为孢子囊，其囊被常为筛网状；假孢丝无或不明显 ……………………
……………………………………………………………………… 筛菌科 (Cribrariaceae) 5

2′.无原生质颗粒；孢子体通常为复囊体或假复囊体，假孢丝明显 ………… 线膜菌科 (Reticulariaceae) 3

3. 孢子体为假复囊体 …………………………………………………… 筒菌属 (Tubifera)

3′.孢子体为真复囊体 …………………………………………………………………… 4

4. 复囊体近球形、椭圆或垫状；假孢丝无色、分枝，管线状；孢子成堆时灰色或赭色 ………………
………………………………………………………………………… 粉瘤菌属 (Lycogata)

4′.复囊体垫状；假孢为丝穿孔片状或裂成线形；孢子成堆时黄色、褐色或橄榄色 …………………
…………………………………………………………………… 线膜菌属 (Reticularia)

5. 孢子囊通常紧贴成假复囊体或复囊体；囊被网不发达；原质颗粒少而不明显 …………………
…………………………………………………………………… 珠膜菌属 (Lindbladia)

5′.孢子囊离生，或有时群生；网状或灯笼状囊被网发达；原质颗粒多而明显 ……… 筛菌属 (Cribraria)

（1）无丝菌属（ *Licea* Schrad. ）

孢子体为孢子囊或简单原质囊体，有柄或无柄，通常微小，没有孢丝或假孢丝。孢子囊开裂方式多样，缝裂、不规则开裂或盖裂；孢子成堆时多呈黄色、褐色至近黑色。常生于树皮及腐木上。世界广布，约 70 种（AFTOL，2022），我国已知 13 种（李玉，2008）。常见种如下：

①盖无丝菌［ *Licea operculata* （Wingate） G. W. Martin］，孢子果多散生，通常具暗黑色长柄，孢子囊瓮形、具囊盖，或若囊盖不明确时则为球形，深褐色至近黑色，直径 0.1 ~ 0.3 mm。孢子成堆时黄色或粉红色，显微镜下近无色，壁光滑而厚。多生于活树皮和青苔上。

②多变无丝菌（ *Licea variabilis* Schrad. ），孢子果为原质囊体，通常伸长成环状，有时分枝，或为无柄孢子囊，垫状至半球形，棕褐色至黑褐色，直径 1 ~ 10 mm。孢子成堆时橄榄色，显微镜下呈淡黄褐色，密被细刺。生于腐木、树木枯枝上。

③极小无丝菌（ *Licea minima* Fr. ），孢子果无柄，半球形、垫状或多角形，红褐色或栗棕色至黑色，直径 0.1 ~ 0.6 μm。被膜软骨质，具有亮的网状脊，沿嵴线开裂为多角形瓣片，瓣片外侧具乳突，边缘内侧有结节。孢子团及孢子呈黄褐色，孢子壁厚、被小疣。生于针叶树皮及老伞菌上。

（2）筛菌属（ *Cribraria* Pers. ）

孢子囊球形或梨形，一般有柄。囊被有加厚的网线，成熟时网眼脱落，留下多角形网孔和杯托相连（或无杯托），网线连接处多有加厚节（图 2-25）。或少数囊被网由粗壮平行纵肋与细横线连接形成，似灯笼状。网脉和孢子表面有原生质颗粒。世界广布，约 40 种，我国有 29 种（李玉，2008）。

（a）赭褐筛菌［*Cribraria argillacea*（Pers. ex J. F. Gmel.）Pers.］；（b）暗褐筛菌［*C. atrofusca*
G. W. Martin & Lovejoy］；（c）细筛菌（*C. tenella* Schrad.）；（d）密筛菌（*C. intricata* Schrad.）；
（e）紫红筛菌（*C. purpurea* Schrad.）；（f）小筛菌［*C. microcarpa*（Schrad.）Pers.］；
（g）灯笼菌［*C. cancellata*（Batsch）Nann. -Bremek.］。

图 2-25　筛菌属菌物的孢子囊形态

［（a）引自 www. schleimpilze. com；（b）引自 www. myxomycetes. net；（c）引自 www. panoptikum. net；
（d）~（f）引自 www. myxotropic. org；（g）引自 Pollack，2021］

筛菌属常见种检索表

1. 囊被网由短线连接成多角形至不规则形网筛 ·· **2**

1′.囊被网全部或下部由粗壮平行纵肋与细横线连接形成 ······································· **21**

2. 囊被网节明显为半球形或垫状加厚 ··· **3**

2′.囊被网节平展不加厚或稍加厚 ··· **9**

3. 柄细长，常为囊径的 6 倍以上 ··· **4**

3′.柄粗短，长不足囊径的 6 倍 ·· **5**

4. 孢子囊紫铜色或褐色，杯托发育好······················· **紫褐筛菌**（*Cribraia languescens*）

4′.孢子囊榛褐色至红褐色而非铜色，杯托缺或仅留一小的星状囊基 ········· **小筛菌**（*C. microcarpa*）

5. 孢子囊梨形至球形，紫褐色，原质颗粒大于 2.5 μm ················· 梨形筛菌(*C. piriformis*)

5'. 孢子囊球形，非紫褐色，原质颗粒小于 2.5 μm ·· **6**

6. 孢子囊鲜黄褐色至暗赭色或土褐色 ·· **7**

6'. 孢子囊赭褐色至暗褐色 ·· **8**

7. 孢子囊鲜黄褐色至赭色，杯托发育好 ······································· 黄褐筛菌(*C. aurantiaca*)

7'. 孢子囊土褐色至暗褐色，杯托不明显 ··· 宽肋筛菌(*C. martinii*)

8. 孢子囊黄褐色至暗褐色，垂头或直立，直径 0.5~0.8 mm；网节厚、多角形 ··· 密筛菌(*C. intricata*)

8'. 孢子囊赭褐色，垂头，直径 0.3~0.5 mm；网节小、较圆 ··············· 细筛菌(*C. tenella*)

9. 孢子囊鲜红、深红或紫色；孢子成堆时紫红色 ·· **10**

9'. 孢子囊红褐色、赭色或栗褐色；孢子成堆时黄褐色 ······································ **13**

10. 孢子囊深紫色 ··· 紫筛菌(*C. violacea*)

10'. 孢子囊紫红、砖红色 ·· **11**

11. 孢子囊紫红色，网脉发育差，网孔、网节不规则 ······················· 紫红筛菌(*C. purpurea*)

11'. 孢子囊砖红色至暗紫色，网节无或小 ·· **12**

12. 孢子囊砖红色至玫瑰紫色，杯托明显；网节暗色、小 ················· 红筛菌(*C. elegans*)

12'. 孢子囊暗紫色，无杯托；网节无 ··· 无节筛菌(*C. enodis*)

13. 孢子囊暗赭色或土黄色，囊被上部易消失；网节无 ·············· 赭褐筛菌(*C. argillacea*)

13'. 孢子囊红褐色、锈褐色或栗褐色，囊被上部完整；有网节 ····························· **14**

14. 孢子囊较大(直径>0.7 mm)，杯托缺、为肋条所取代或上部穿孔过渡到筛网 ··········· **15**

14'. 孢子囊较小(直径<0.7 mm)，杯托发育好 ··· **18**

15. 杯托缺，或仅留小碟状杯托、为肋条所取代 ·· **16**

15'. 杯托上部穿孔过渡到筛网 ·· **17**

16. 孢子囊赭褐色；柄细长 ··· 美筛菌(*C. splendens*)

16'. 孢子囊红褐色；柄短粗 ·· 锈红筛菌(*C. ferruginea*)

17. 孢子囊榛色；孢子大，直径 10.0~12.5 μm ·························· 大孢筛菌(*C. macrospora*)

17'. 孢子囊青铜色至黄褐色；孢子较小，直径 5~7 μm ··············· 大筛菌(*C. macrocarpa*)

18. 孢子囊栗褐色至橙褐色，直径 0.1~0.3 mm；杯托边缘平齐 ······· 极小筛菌(*C. minutissima*)

18'. 孢子直径 0.4~0.7 mm；杯托边缘齿状 ··· **19**

19. 孢子囊黑褐色，杯托具有颗粒状同心环纹 ····························· 暗褐筛菌(*C. atrofusca*)

19'. 孢子囊暗橙褐色或栗褐色，杯托有辐射状肋条，无颗粒状同心环纹 ················· **20**

20. 孢子囊栗褐色；网节宽大、分枝状 ·································· 栗褐筛菌(*C. vulgaris*)

20'. 孢子囊暗橙褐色；网节小、不明显 ··· 橙红筛菌(*C. rufa*)

21. 囊被网下部为粗纵肋与细横线相连，上部为具节的稀网 ··········· 半网灯笼菌(*C. mirabilis*)

21'. 囊被网由粗壮纵肋与细横线连接形成，似灯笼状 ················· 灯笼菌(*C. cancellata*)

(3) 筒菌属(*Tubifera* Gmel.)

孢子囊筒形，聚生在共同基质层上，常形成假复囊体。囊被膜质，永存，无孢丝。孢子鲜黄褐色，表面有网纹或刺。世界广布，约 7 种，我国有 4 种(李玉，2008)。常见种：筒菌[*Tubifera ferruginosa*(Batsch)J. F. Gmel.][图 2-26(a)]，孢子囊圆柱形，紧密挤成假复囊体，宽可达 15 cm，高达 5 mm，鲜红色至栗褐色；基质膜发达，无色至淡色。生于死木、落叶等植物残体上。

（4）粉瘤菌属（*Lycogala* Adans.）

孢子体为复囊体，散生或聚生，球形、圆锥形至垫状。囊被膜质，永存，假孢丝管线状分枝，常具有皱纹，无色。孢子成堆时灰色或赭色。世界广布，约 6 种（Kirk et al.，2008）。常见种如下：

①粉瘤菌[*Lycogala epidendrum*（J. C. Buxb. ex L.）Fr.]。复囊体扁球形，由胭脂红或粉红色发育成青褐色至灰褐色，直径 3~15 mm，包被薄，生于腐木上[图 2-26(b)(c)]。

②大粉瘤菌[*Lycogala flavofuscum*（Ehrenb.）Rostaf.]。复囊体垫状或近球形，有时梨形并有短柄，银灰色至赭色，直径 2~7 cm，包被厚、脆，近光滑，生于死木或活树皮上。

（a）筒菌[*Tubifera ferruginosa*（Batsch）J. F. Gmel.]；（b）（c）粉瘤菌[*Lycogala epidendrum*（J. C. Buxb. ex L.）Fr.]。

图 2-26　筒菌属、粉瘤菌属菌物的孢子体形态

[（a）引自 www. mycoweb. ru；（b）（c）引自 www. myxomycetes. net]

（5）线膜菌属（*Reticularia* Bull.）

孢子体为不规则块状复囊体；假孢丝似膜片，四周分裂成弯曲的细线状。孢子成堆时锈褐色，分散时具网纹，成堆时有细疣。世界广布，有 10 种（Kirk et al.，2008）。常见种如下：

①线模菌（*Reticularia lycoperdon* Bull.）。复囊体灰褐色至灰白色，宽 2~8 cm，假孢丝从基部膜片起呈树状分枝。世界广泛分布，生于死木。

②孔模菌（*Reticularia splendens* Morgan）。复囊体红褐色，皮层软骨质，宽 0.5~6.0 cm，假孢丝为穿孔状膜片或网状体，生于死木上。

2.2.3.3　刺轴菌目（Echinosteliida Martin）

孢子囊从原始型原生质团产生，有柄，很小（全高不超过 1.5 mm），有囊轴，柄半透明，充满颗粒物质。孢丝存在或无；孢子成堆时白色、奶黄色、粉色、灰色至褐色，孢子壁通常加厚成网眼状（areolae）。该目共 2 科 3 属 18 种（Kirk et al.，2008）。

（1）刺轴菌属（*Echinostelium* de Bary）

孢子囊球形，有柄，直径小于 50 μm，全高不超过 0.5 mm。囊被纤薄，早期消失；孢丝分枝稀少或缺；囊轴一般有，有时缺。世界广布，15 种（Kirk et al.，2008）。代表种：小刺轴菌（*Echinostelium minutum* de Bary），孢子囊球形，直径 40~70 μm，浅黄色或白色，柄白色，长 0.2~0.4 mm；孢丝二叉状分枝顶端呈弯钩状。世界广泛分布，生于活树皮、死木等植物残体上。

2.2.3.4　团毛菌目(Trichiales T. Macbr. =Trichiida)

孢子体为孢子囊或原质囊体，有柄或无柄，大型，无囊轴。孢丝丰富、管线或网状，实心或中空；孢子成堆时白色、奶黄色、橙色或红色，颜色鲜艳。该目共 2 科 14 属 162 种(Kirk et al., 2008)。

团毛菌目分科及常见属检索表

1. 孢丝柔细(直径很少大于 2 μm)、实心线形，不结成网脉 ……………… 散丝菌科(Dianemaceae) 2
1′. 孢丝较粗(直径很少小于 2 μm)、中空管状，分枝结成网脉 ……………… 团毛菌科(Trichiaceae) 3
2. 孢丝较粗、直，表面光滑或有不明显纹饰，末端与囊壁连接……………… 散丝菌属(Dianema)
2′. 孢丝纤细、卷曲，表面有细纹饰，很少与囊壁连接 ……………… 纹丝菌属(Calomyxa)
3. 孢丝具有刺、齿或环，有时几乎光滑或略有网纹，或混有不明显的螺纹带 ……………… 4
3′. 孢丝具有 2(6)个明确的螺旋带，螺旋具刺或光滑 ……………… 6
4. 孢丝长，大量分枝并融合、结成强弹性网，孢丝纹饰多样，但罕有螺旋带；囊被上部早凋落，下部留存杯托 ……………… 团网菌属(Arcyria)
4′. 孢丝短，为游离的弹丝，不分枝或稀疏分枝；若长，则很少形成完整的网脉 ……………… 5
5. 弹丝有疣、多刺或近光滑或微小环状；孢子果为原质囊体或孢子囊，密集时不堆积；囊壁较厚，表面常布满颗粒状物质、呈双层，罕有石灰 ……………… 盖碗菌属(Perichaena)
5′. 弹丝有不明显且不规则螺纹，或近光滑；孢子囊密集时常堆积；囊壁薄、膜质，常呈彩虹色 ……………
……………… 贫丝菌属(Oligonema)
6. 囊被外层软骨质、厚，闪亮，由预先形成的盖子裂开；游离弹丝明显多刺…… 变毛菌属(Metatrichia)
6′. 囊被膜状或因具有颗粒物而增厚，不规则或裂片状开裂，若为盖裂，盖亦膜质；弹丝多刺或光滑 …
……………… 7
7. 孢丝为相对较短、不分枝或稀疏分枝的弹丝，游离末端多 ……………… 团毛菌属(Trichia)
7′. 孢丝形成复杂的网脉，几乎无游离末端 ……………… 半网菌属(Hemitrichia)

(1)团网菌属(Arcyria Wigg.)

孢子囊近圆柱形、卵圆形或球形，有柄或仅基部收缩(图 2-27)；囊被薄，上部早凋落，下部留存杯托；孢丝联结成强弹性网脉，囊被开裂后伸展数倍高度，并与杯托相连，孢丝纹饰多样，宽刺、刺、疣、半环、环、网纹及螺旋等；孢子成堆时与孢丝同色，无色、浅色、粉红、玫瑰红至红褐色。世界广布，约 50 种(Kirk et al., 2008)，我国有 24 种(李玉，2008)。

团网菌属常见种检索表

1. 孢丝无螺纹带 ……………… 2
1′. 孢丝有完整或不完整螺纹带 ……………… 14
2. 孢子囊上部囊被完全脱落，基部杯托明显 ……………… 3
2′. 孢子囊仅顶部囊被脱落，基部杯托不明显 ……………… 13
3. 孢丝网脉松散连接于杯托中心一点，易脱落 ……………… 4
3′. 孢丝网脉与基部杯托连接牢固，不易脱落 ……………… 8
4. 孢子囊卵形至短圆柱形；孢子直径 9 μm 以上 ……………… 锈色团网菌(Arcyria ferruginea)

（a）灰团网菌［*Arcyria cinerea*（Bull.）Pers.］；（b）暗红团网菌（*A. denudata* Fr.）；

（c）锈色团网菌（*A. ferruginea* Saut.）；（d）球圆团网菌（*A. globosa* Schwein.）。

图 2-27　团网菌属菌物的孢子囊形态

［（a）（c）（d）引自 www.myxomycetes.net；（b）引自 www.schleimpilze.com］

4′. 孢子囊圆柱形；孢子直径 9 μm 以下 ……………………………………………………………… **5**

5. 孢子囊黄色至黄褐色 …………………………………………………………… 黄垂网菌（*A. obvelata*）

5′. 孢子囊粉红、红色、深红色或青灰色 …………………………………………………………… **6**

6. 孢子囊鲜粉红至红褐色，伸展后的孢丝网脉直立 ………………………… 粉红团网菌（*A. incarnata*）

6′. 孢子囊深红色或青灰色，伸展后的孢丝网脉下垂 …………………………………………… **7**

7. 孢子囊深红色或血红色，杯托较浅，孢丝纹饰主要为长刺 ……………………… 暗红垂网菌（*A. oerstedtii*）

7′. 孢子囊青灰色，垂头，杯托较深，孢丝纹饰主要为齿 ……………………… 大垂网菌（*A. magna*）

8. 孢子囊青灰色、浅黄色或赭色，杯托外有纵褶 ………………………………………………… **9**

8′. 孢子囊玫瑰红色、肉色、深红色至暗色 ………………………………………………………… **10**

9. 孢子囊青灰色、灰黄色；孢丝纹饰为宽齿或不完整网纹 ………………………… 灰团网菌（*A. cinerea*）

9′. 孢子囊浅黄色至赭色；孢丝纹饰为窄嵴、半环或网纹 ……………………… 果形团网菌（*A. pomiformis*）

10. 孢子囊玫瑰红色至肉色，高度小于 2 mm ……………………………………………………… **11**

10′. 孢子囊深玫瑰红色、暗红色，高度大于 2 mm ………………………………………………… **12**

11. 孢子囊肉色，孢丝纹饰主要为宽齿突或疣 ………………………………………… 肉色团网菌（*A. carnea*）

11′. 孢子囊玫瑰红色，孢丝纹饰为横嵴和刺排成的横带 …………………………… 鲜红团网菌（*A. lnslgnls*）

12. 孢子囊淡粉红色至暗红褐色，孢丝纹饰主要为平行排列的嵴环 …………………… 大团网菌（*A. major*）

12′. 孢子囊深玫瑰红色，孢丝纹饰主要为平行排列的嵴环 …………………… 暗红团网菌（*A. denudata*）

13. 孢子囊卵形，集生似假复囊体，玫瑰色、棕色或赭色；孢丝弹性弱，孢子 6~8 μm ………………

………………………………………………………………………………… 异型团网菌（*A. occidentalis*）

13′孢子囊倒梨形，散生，亮黄色、橄榄色或褐色；孢丝弹性强，孢子9~11 μm ·············
·· 异色团网菌（*A. versicolor*）

14. 囊被上部完全脱落，基部杯托明显 ··· **15**

14′. 囊被不完全脱落，基部杯托不明显 ··· **16**

15. 孢子囊近卵形，灰黄色；孢丝螺纹完整、左旋 ············· **螺纹团网菌**（*A. leiocarpa*）

15′. 孢子囊球形，浅紫灰色；孢丝有疣、钝刺组成的不很明显的左旋螺纹 ····· **球圆团网菌**（*A. globosa*）

16. 孢子囊褐黄至青黄褐色、有晕光；孢丝螺纹带不完整；孢子直径10.0~12.5 μm ·········
·· **橙黄团网菌**（*A. abietina*）

16′. 孢子囊浅铜色、铜色至深赭色；孢丝螺纹带较完整；孢子直径8 μm以下 ················· **17**

17. 孢子囊密集生或堆积成假复囊体，紫铜色至深赭色；其孢丝螺纹由齿突状崤刺组成 ·········
·· **朦纹团网菌**（*A. stipata*）

17′. 孢子囊丛生，似假复囊体，黄铜色、赭色；孢丝有明显的稀松螺纹带 ····· **小孢团网菌**（*A. imperialis*）

（2）半网菌属（*Hemitrichia* Rostaf.）

孢子体多为孢子囊，少数为原质囊体，有柄或无柄。囊被膜质或软骨质，上部一般早凋落，下部留存不规则杯托；孢丝为管状线连接成的弹性网脉，具螺纹带；孢子成堆时红色、橙色或黄色，表面常有网纹。世界有27种（Kirk et al.，2008），我国有7种（李玉，2008）。常见种如下：

①细柄半网菌[*Hemitrichia calyculata*（Speg.）M. L. Farr][图2-28（a）]。孢子囊球形或陀螺形，有细柄，散生，稀群生，淡红色至红褐色，柄与基质层为黑褐色；孢子成堆时黄色，表面有不完整的网格状纹饰。生于腐木上。

②棒形半网菌[*Hemitrichia clavata*（Pers.）Rostaf.]。孢子囊棍棒形或陀螺形，有柄，多群生，鲜黄至棕黄色，柄基部暗褐色；孢子成堆时黄色，有网格状纹饰。生于腐木上。

③蛇形半网菌[*Hemitrichia serpula*（Scop.）Rostaf.][图2-28（b）]。孢子体为原质囊体，常扩散成弯曲、网状，可达数厘米宽，鲜黄至橘黄色；孢子成堆时金黄色，表面有宽网格状纹饰。生于腐木、落叶等植物残体上。

（3）盖碗菌属（*Perichaena* Fr.）

孢子体为孢子囊至原质囊体，囊壁坚实，外层有颗粒状物质，内层膜质。孢丝为中空管线，不分枝或少分枝，有疣、刺而无螺纹；孢子黄色，表面常具疣。世界有17种（Kirk et al.，2008），我国约10种（李玉，2008）。常见种如下：

①金孢盖碗菌[*Perichaena chrysosperma*（Curr.）Lister]。孢子体为弯曲、蠕虫状、分枝网状的原质囊体，赭色或暗栗褐色；孢丝淡黄色，有钉状细疣。生于阔叶树皮、死木及落叶上。

②扁盖碗菌（*Perichaena depressa* Lib.）[图2-28（c）]。孢子囊无柄，密集群生，扁平垫状，相互挤压呈多角形，暗红褐色或栗褐色；孢丝细，橙黄色，有柱状疣。生于死木或树皮上。

（4）变毛菌属（*Metatrichia* Ing）

孢子囊有柄或近无柄；群生，常由柄丛集形成假复囊体。囊被双层，外层软骨质，内

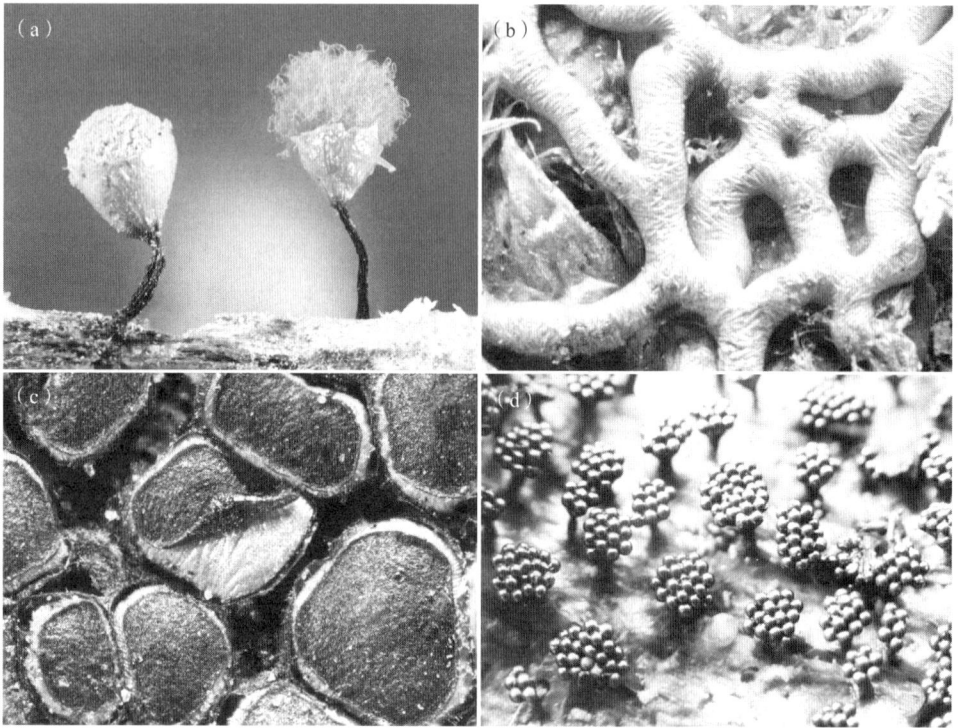

（a）细柄半网菌［*Hemitrichia calyculata*（Speg.）M. L. Farr］；（b）蛇形半网菌［*H. serpula*（Scop.）Rostaf.］；
（c）扁盖碗菌（*Perichaena depressa* Lib.）；（d）暗红变毛菌［*Metatrichia vesparia*（Batsch）Nann. -Bremek.］。

图 2-28　半网菌属、盖碗菌属和变毛菌属菌物的孢子体形态

［（a）（c）引自 www. myxotropic. org；（b）引自 www. myxomycetes. net；（d）引自 www. discoverlife. org］

层膜质，盖裂；孢丝为弹丝，少而不分枝，具螺纹带和刺，深橙红色至深红色。世界有 7
种（Kirk et al. ，2008），我国有 2 种（李玉，2008）。常见种：暗红变毛菌［*Metatrichia
vesparia*（Batsch）Nann. -Bremek. ］［图 2-28（d）］。孢子囊有柄或近无柄；倒卵形，纵向聚
集形成假复囊体，暗红褐色或近黑色，有光泽；孢丝有螺纹带及长刺。广泛分布，生于腐
木上。

（5）团毛菌属（*Trichia* Haller）

孢子囊有柄或无柄，或为原质囊体；散生或集生。囊被膜质或软骨质，常因具有颗粒
物而增厚，孢丝为游离弹丝，不分枝或稀疏分枝，有螺纹带、两端尖（图 2-29）；孢子成堆
时黄色、黄褐色或锈色，镜下呈淡黄色至黄色，孢子表面有疣或网纹。世界广布，有 35
种（Kirk et al. ，2008），我国已知 14 种（李玉，2008）。

团毛菌属常见种检索表

1. 孢子果为有柄孢子囊，陀螺形或梨形；弹丝末梢尖而长 ·· **2**
1′. 孢子果为无柄孢子囊或原质囊体，球形、近球形或蠕虫状；弹丝末梢尖而短 ················ **3**
2. 孢子囊散生或群生，油橄榄色至栗褐色、红褐色或紫褐色，孢子表面有疣或刺［图 2-29（a）］ ·········
·· 栗褐团毛菌（*Trichia botrytis*）

2′.孢子囊密群生，由红色发育成赭色，孢子表面具有细网格纹饰 ············· 长尖团毛菌（*T. decipiens*）

3. 孢子囊密集群生、拥挤，近球形；孢子表面具有网格纹饰 ································· **4**

3′.孢子囊或原质囊体群生或散生，球形、近球形或蠕虫状；孢子表面有疣或刺 ········· **6**

4. 孢子囊黄褐色；弹丝末端偶有分叉；孢子网格纹不完整且具大疣［图 2-29（b）］ ·········
·· 叉尖团毛菌（*T. persimilis*）

4′.孢子囊黄色、暗橙色或金黄色；弹丝末端无分叉；孢子表面有由粗脊或细线组成的完整网格纹 ····· **5**

5. 孢子囊青黄色至黄褐色；孢子网格纹大而少，由粗崤组成［图 2-29（c）］ ····· 网团毛菌（*T. favoginea*）

5′.孢子囊暗橙色或金黄色；孢子网格纹小而多，由细线组成 ············· 刺丝团毛菌（*T. scabra*）

6. 孢子囊或近原质囊体橙黄色、青黄褐色或赭色；弹丝螺纹带 2 条［图 2-29（d）］ ·············
·· 环壁团毛菌（*T. varia*）

6′.孢子囊或原质囊体暗黄褐色至红褐色；弹丝螺纹带 4~5 条 ············· 螺纹团毛菌（*T. contorta*）

（a）栗褐团毛菌［*Trichia botrytis*（Pers. ex J. F. Gmel.）Pers.］；（b）叉尖团毛菌（*T. persimilis* P. Karst.）；

（c）网团毛菌［*T. favoginea*（Batsch）Pers.］；（d）环壁团毛菌［*T. varia*（Pers. ex J. F. Gmel.）Pers.］。

图 2-29　团毛菌属菌物的孢子囊形态

［（a）引自 www.myxomycetes.net；（b）（c）引自 www.schleimpilze.com；（d）引自 www.myxotropic.org］

2.2.3.5　发网菌目（Stemonitidales T. Macbr.）

营养同化期为隐型原生质团。孢子体主要为孢子囊，罕复囊体，从基质层上发育，柄中空或纤维状；孢丝从囊轴发出，简单分枝或联结成网状，通常不连囊被。被膜、孢丝非石灰质，若石灰质，仅限于基质层、柄或囊轴。孢子呈紫褐色、淡紫色或铁锈色。该目仅 1 科，共 15 属 200 多种（Kirk et al.，2008）。

发网菌目分科及常见属检索表

1. 孢子体为复囊体；孢丝呈树状分枝 ······ 黑毛菌属（*Amaurochaete*）
1′ 孢子体为孢子囊，有时聚生成假复囊体 ······ 2
2. 孢子囊如有柄和囊轴，石灰质 ······ 白柄菌属（*Diachea*）
2′ 孢子囊无石灰质，或仅限于基质层和囊胞基部 ······ 3
3. 潮湿时孢子囊表面胶质 ······ 胶皮菌属（*Colloderma*）
3′ 潮湿时孢子囊表面非胶质 ······ 4
4. 孢子囊无柄或具基部收缩的短宽柄；无囊轴 ······ 珠光菌属（*Diacheopsis*）
4′ 孢子囊大多有柄，若无柄则具囊轴 ······ 5
5. 孢子囊柄半透明、中空、非纤维质 ······ 6
5′ 孢子囊柄不透明、坚实、纤维质 ······ 9
6. 孢子体高度小于 0.5 mm；孢子囊球形或卵形，柄基部黄色 ······ 空柄菌属（*Macbrideola*）
6′ 孢子体高度 0.5 mm 以上；孢子囊圆柱形 ······ 7
7. 囊轴顶端扩大成杯状盘、达囊顶，孢丝从顶盘下垂 ······ 垂丝菌属（*Enerthenema*）
7′ 囊轴顶端无杯状扩大盘，孢丝从整个囊轴或孢子囊基部伸出 ······ 8
8. 孢丝末端分枝、在囊被下相连，形成一个精致、完整的表面网 ······ 发网菌属（*Stemonitis*）
8′ 孢子囊孢丝通常少、无表面网 ······ 假发菌属（*Stemonaria*）
9. 囊被坚韧、持久，具金属光泽 ······ 亮皮菌属（*Lamproderma*）
9′ 囊被早期消失，最多留存薄膜质衣领状环或碎片 ······ 10
10. 孢丝稀疏，分枝少，二叉状，不联结 ······ 拟珠光菌属（*Paradiacheopsis*）
10′ 孢丝通常丰富，联结 ······ 11
11. 孢子囊柱形，少数在底部有孢丝表面网 ······ 拟发网菌属（*Stemonitopsis*）
11′ 孢子囊球形、卵形至短柱形，孢丝末端分散，通常无孢丝表面网 ······ 12
12. 孢子囊球形，在基部有衣领状囊被膜残体留存 ······ 领环菌属（*Collaria*）
12′ 孢子囊球形、卵形至短圆柱形，无衣领状囊被膜残体留存 ······ 发菌属（*Comatricha*）

（1）白柄菌属（*Diachea* Fr.）

孢子囊球形或圆柱形，有柄或无，囊被薄，有金属晕光，较持久留存；菌柄和囊轴石灰质；孢丝联结组成细线网脉，末端连囊被；孢子成堆时黑色或暗紫色。世界广布，约 10 种（Kirk et al.，2008）。常见种如下：

①白柄菌［*Diachea leucopodia*（Bull.）Rostaf.］（图 2-30）。孢子囊散生，多为圆柱形，呈金属蓝色或青铜色，菌柄粗壮，雪白色，总高 1~2 mm；囊轴粗柱形，白色，高过囊腔的 1/2；孢丝分枝并联结成网脉，褐色；孢子成堆时近黑色，镜下呈浅紫褐色，表面具微小刺。多生于阔叶树枯枝、落叶上。

②短白柄菌（*Diachea subsessilis* Peck）。孢子囊圆球形，散生或丛生，具灰绿色或暗蓝色金属光，有白色或灰色圆锥形短柄、钙质，或无柄，总高 0.6~1.0 mm；囊轴短、圆锥形，或缺；孢丝浅褐色，从囊轴辐射状伸出，稍交织；孢子成堆时暗色，镜下呈浅褐色，表面具小刺和网纹。生于枯枝、落叶和死木上。

（2）亮皮菌属（*Lamproderma* Rost.）

孢子囊多为圆球形，有柄或仅囊基收缩而无柄，囊被韧膜质，持久有金属晕光；囊轴圆柱形或棍棒形，高达囊腔的 1/3~2/3；孢丝分枝并联结成网，或联结少；孢子成堆时暗色。世界广布，约 35 种(AFTOL，2022)，我国有 4 种(李玉，2008)。常见种如下：

①青紫亮皮菌[*Lamproderma arcyrioides* (Sommerf.) Rostaf.]（图 2-31）。孢子囊球形或稍扁，具青紫色金属晕光，柄短、暗褐色，或无柄，高 0.6~1.0 mm；孢丝较稀疏、分枝联结成网，中部淡褐色、末梢无色；孢子堇紫色，被小疣。

图 2-30　白柄菌[*Diachea leucopodia*
(Bull.) Rostaf.]的孢子囊形态
（引自 www.myxomycetes.net）

图 2-31　青紫亮皮菌[*Lamproderma arcyrioides*
(Sommerf.) Rostaf.]的孢子囊形态
（引自 www.myxomycetes.net）

②闪光亮皮菌[*Lamproderma scintillans* (Berk. & Broome) Morgan]。孢子囊球形，呈银色或青铜色，总高 1~2 mm，柄细长，可达总高的 1/2 以上；孢丝分枝联结少，紫褐色、基部色淡；孢子堇紫褐色，匀布小刺。

③弧线亮皮菌[*Lamproderma arcyrionema* Rostaf. ≡ *Collaria arcyrionema* (Rostaf.) Nann.-Bremek. ex Lado]。孢子囊球形或扁球形，具银灰色晕光，囊被膜持久，或基部留存为环状；高 1.0~2.5 mm，柄细长，黑色，可达总高的 2/3~3/4；囊轴在孢子囊腔中下部先分出若干粗壮分枝，进而再产生卷状的孢丝网脉；孢子堇灰色，具微小疣。

(3) 发网菌属(*Stemonitis* Gled.)

孢子囊圆柱形，群生或密集丛生。囊被早期消失。柄延伸到囊胞内为囊轴。孢丝自囊轴全长伸出，多次分枝、联结成网状，末端与囊被下形成的表面网相连(图 2-32)。孢子成堆时黑色、暗褐色或锈色，镜下呈堇褐色，表面具小疣、刺或小网纹。世界广布，约 16 种(Kirk et al.，2008)，我国有 13 种(李玉，2008)。

发网菌属常见种检索表

1. 孢子有网状纹饰，罕无 ·· **2**

1′. 孢子具刺或疣，无网状纹饰 ··· **5**

2. 孢子具疣状网纹；孢子囊松散群生，堇紫褐色，柄短，为总高的 1/3
 ······························· 小发网菌(*Stemonitis virginiensis*)

2′. 孢子具带状或刺状网纹，或无网纹；孢子囊密集群生，深褐色至黑色，柄为总高的 1/4 ············ **3**

3. 孢子密被乳突或疣，无网纹 ··········· 褐发网菌乳突变种(*S. fusca* var. *papillosa*)

3′. 孢子有带状或刺状网纹 ··· **4**

4. 孢子体高 6~20 mm，大群丛生，深红褐色至暗褐色，柄长近总高的 1/4；孢子具带状网纹 ……………
………………………………………………………………… 褐发网菌原变种（*S. fusca* var. *fusca*）

4′.孢子体高 2~5 mm，小丛生，黑色，柄长小于总高的 1/4；孢子具刺状网纹 …………………………
………………………………………………………………………… 黑色发网菌（*S. nigrescens*）

5. 孢子结成（4~8）孢子团 ……………………………………………… 团孢发网菌（*S. uvifera*）

5′.孢子分散、不结团 ………………………………………………………………………………… 6

6. 表面网孔大于 20 μm；孢丝粗 ……………………………………………………………………… 7

6′.表面网孔小于 20 μm；孢丝细 ……………………………………………………………………… 8

7. 孢子体成熟时总高小于 3 mm；孢子具长刺疣，直径 10.5~12.5 μm …… 扁丝发网菌（*S. mussooriensis*）

7′.孢子体成熟时总高大于 10 mm；孢子具小疣，直径 7~9 μm …………… 美发网菌（*S. splendens*）

8. 孢子直径 5.0~6.5 μm，被细疣，或近光滑 ………………………………… 锈发网菌（*S. axifera*）

8′.孢子直径 7 μm，被明显的疣或瘤 ………………………………………………………………… 9

9. 孢子囊亮褐色，柄长小于总高的 1/3 …………………………………… 草生发网菌（*S. herbatica*）

9′.孢子囊暗褐色或淡色，柄长为总高的 1/3 ……………………………………………………… 10

10. 孢子囊锈褐色，囊轴顶端扩大成盘状，孢丝有膜状扩展片，被刺状疣 …… 黄发网菌（*S. flavogenita*）

10′.孢子囊灰褐色，囊轴顶端分散、不扩大成盘状，孢丝细，被疣 ………… 灰发网菌（*S. pallida*）

（a）锈发网菌［*Stemonitis axifera*（Bull.）T. Macbr.］；（b）褐发网菌原变种（*S. fusca* var. *fusca* Willd.）；
（c）草生发网菌（*S. herbatica* Peck）；（d）小发网菌（*S. virginiensis* Rex）。

图 2-32　发网菌属菌物的孢子囊形态

［（a）~（c）引自 www.myxomycetes.net；（d）引自 www.discoverlife.org］

（4）发菌属（*Comatricha* Preuss）

孢子囊球形、卵形至短柱形，散生、群生或丛生。囊被早期消失，或有时留存。菌柄为纤维质。有囊轴，孢丝自囊轴伸出，多次分枝并结成网，小枝末端分散（图 2-33）。孢子成堆时黑色、紫色或锈色，镜下呈菫紫褐色。该类群世界广布，约 30 种（AFTOL，2022），我国常见约 7 种（李玉，2008）。

发菌属常见种检索表

1. 囊轴有，通常几乎伸达孢子囊腔顶部 ·· **2**
1′. 囊轴缺或非常短，从孢子囊腔之中部或中下部分出
　　·· 圆头发菌（*Comatricha elegans* ≡ *Collaria elegans*）
2. 孢子直径大于 8 μm；孢子囊近球形、卵形或短圆柱形 ·························· **3**
2′. 孢子直径小于 8 μm；孢子囊多为卵形或圆柱形 ····························· **5**
3. 孢子囊红褐色，柄长约为总高度的 1/2 ····························· 松发菌（*Com. laxa*）
3′. 孢子囊深褐色至黑色 ·· **4**
4. 孢子囊卵形至短圆柱形，直立，散生或群生，柄较长，通常远超过总高度的 1/2；孢丝联结成复杂密集的网状结构，末端极短而游离 ····························· 黑发菌（*Com. nigra*）
4′. 孢子囊为细长（10~50 mm）圆柱形，常下垂、多曲折，密集丛生，柄短，约为总高度的 1/10；孢丝稀疏，近轴处有少数联结，末端刚直，二叉状分枝、不联结 ································
　　·· 长发菌（*Com. longa* = 长假发菌 *Stemonaria longa*）
5. 孢子囊梭形，粉红褐色，柄通常大于总高度的 1/2 ··········· 细发菌（*Com. tenerrima*）
5′. 孢子囊圆柱形，淡褐色或褐色，柄通常小于总高度的 1/2 ······················· **6**
6. 孢丝密，有粗的基部分枝，多联结、很少末端游离；孢子直径 6.5~8.0 μm ·············
　　·· 美发菌（*Com. pulchella*）
6′. 孢丝很少联结、末端弯曲；孢子直径 5~7 μm ··············· 微孢发菌（*Com. parvispora*）

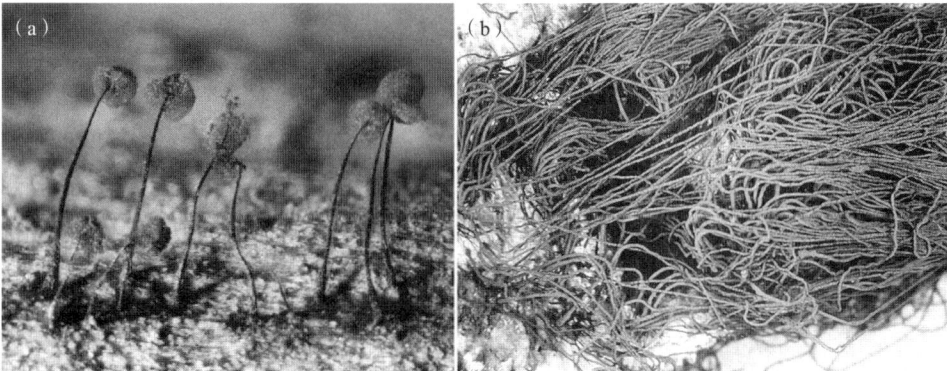

（a）黑发菌［*Comatricha nigra*（Pers. ex J. F. Gmel.）J. Schröt.］；（b）长发菌（*Comatricha longa* Peck）。

图 2-33　发菌属菌物的孢子囊形态

［（a）引自 www.myxomycetes.net；（b）引自 www.discoverlife.org］

（5）拟发网菌属［*Stemonitopsis*（Nann. -Bremek.）Nann. -Bremek.］

孢子囊柱形，散生、群生或丛生。囊被早期凋落。菌柄为纤维质。有囊轴，孢丝自囊轴伸出，通常连结，并在底部有孢丝表面网，小枝末端分散（图 2-34）。孢子成堆时黑色、

紫褐色，镜下呈堇紫褐色或浅紫色。世界广布，约 11 种（Kirk et al.，2008），我国约 7 种（Liu et al.，2014）。

拟发网菌属常见种检索表

1. 孢子表面具网纹 ·· 2
1′. 孢子具小刺或疣 ··· 4
2. 孢子直径小于 5 μm ································· 小孢拟发网菌（*Stemonitopsis microspora*）
2′. 孢子直径大于 5 μm ·· 3
3. 孢子直径大于 5~7 μm，具带状网纹；孢子囊淡褐色；孢丝表面网孔角状 ·················
　　·· 半网拟发网菌（*S. hyperopta*）
3′. 孢子直径大于 7~9 μm，具弱带状网纹；孢子囊暗褐色；孢丝大多缺表面网，散头多 ·········
　　······································· 网孢拟发网菌（*S. reticulata = Comatricha reticulata*）
4. 孢子囊具有银色亮光，被膜半持久、凋落较迟，常留存于囊基杯状体中，柄具银色薄膜；孢子直径
　　6~8 μm ·································· 香蒲拟发网菌（*S. typhina = Com. typhoina*）
4′. 囊被膜早期凋落，柄无银色薄膜 ··· 5
5. 孢子直径 5~7 μm ································· 细拟发网菌（*S. gracilis*）
5′. 孢子直径大于 8 μm ·· 6
6. 孢子囊细柱形，柄为总高的 1/2；孢丝表面网易碎，网孔不规则，有大量游离末梢 ··············
　　··· 暗拟发网菌（*S. aequalis*）
6′. 孢子囊粗柱形，柄为总高的 1/4；孢丝表面网近完整，由波浪状孢丝形成不规则网孔，具少数游离末
　　梢 ··· 亚丛拟发网菌（*S. subcaespitosa*）

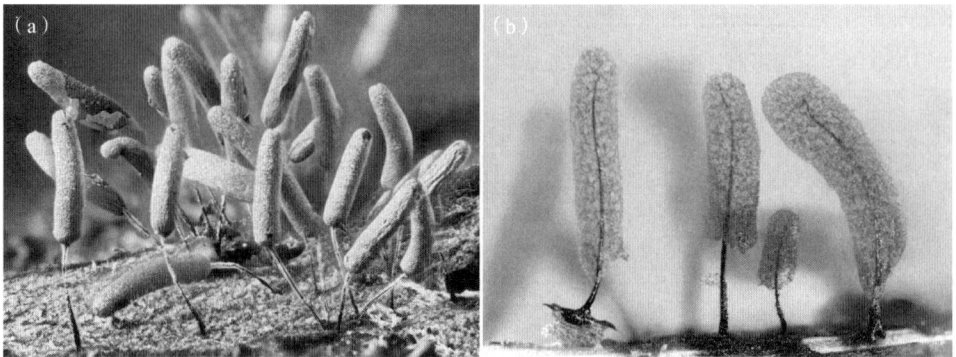

（a）香蒲拟发网菌[*Stemonitopsis typhina*（F. H. Wigg.）Nann. -Bremek.]；（b）细拟发网菌[*Stemonitopsis gracilis*
　　（G. Lister）Nann. -Bremek.]。

图 2-34　拟发网菌属菌物的孢子囊形态

[（a）引自 www.myxomycetes.net；（b）引自 www.myxotropic.org]

2.2.4　原柄菌纲

（1）一般特征及习性

原柄菌纲黏菌的营养体为单胞或多胞、具有吞噬作用的黏变形体或原生质团，原生质

团不发生穿梭式流动，线粒体具有管状嵴。该类群孢子果由一非细胞、中空、微小的柄组成，柄末端外生一个（或几个）孢子，孢子萌发可产生具尾鞭式鞭毛的游动细胞，黏变形体在形态上差异很大。许多种的生活史包括两类变形虫细胞：一种可从变形虫转化为具鞭毛的游动细胞；另一种仅以变形虫形式存在，并具有丝状假足（图 2-35）。

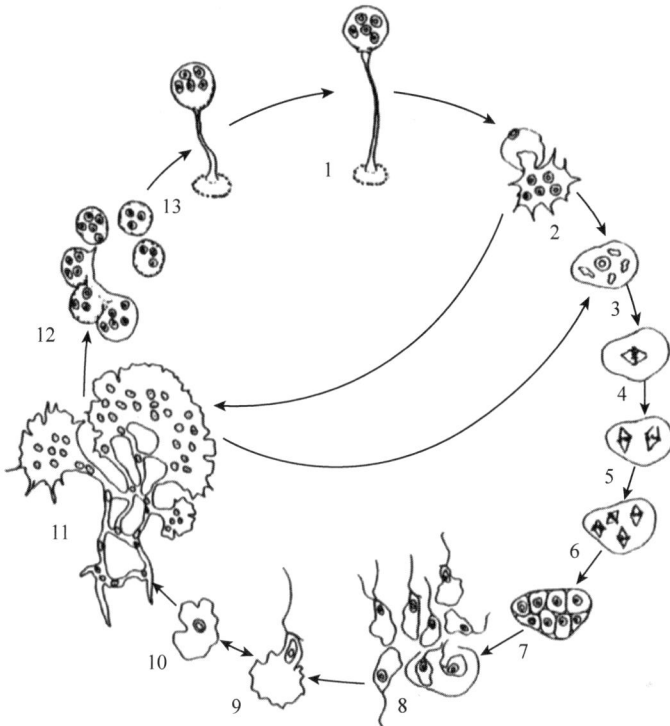

1. 孢子果；2. 萌发的原生质团；3. 除一个细胞核外，原生质体中所有细胞退化，原质团转化为囊胞；4~6. 囊胞的三次核分裂；7~8. 8 个或更少的鞭毛细胞从囊胞割裂萌发；9~10. 变形鞭毛虫阶段（*Nematostelium gracile* 及 *Schizoplasmodium* spp. 的简单生活史直接从阶段 3 跳跃到阶段 11，无变形鞭毛虫）；11. 原质团；12. 原质团割裂成前孢子细胞；13. 生长的孢子果。

图 2-35　塔希提小鹅绒菌（*Ceratiomyxella tahitiensis* L. S. Olive & Stoian.）**生活史**

（Spiegel et al.，2017）

原柄变形虫为陆地生态系统中分解者细菌和真菌的捕食者，多出现在陆地上腐烂的植物组织、树皮、腐木，以及食草动物的粪便和淡水植物残体中。全球分布。

（2）分类体系

Kirk et al.（2008）承认原柄菌纲有 4 科 16 属 38 种。到目前为止，原柄变形虫共有 5 科 15 属 36 种形态学上定义的原柄变形虫被正式描述（AFTOL，2022）。

原柄黏菌纲（目）分科及常见属检索表

1. 孢子单生于柱形、树状或羊肚菌状大型孢子梗上的毛状小柄上；孢子萌发时产生裸露的线状原生质体

·························· **鹅绒菌科（Ceratiomyxaceae）鹅绒菌属（*Ceratiomyxa*）**

共 4 种。鹅绒菌（*Ceratiomyxa fruticulosa* Macbr.）（图 2-36）具有白色、树状分枝的孢子果，大小几毫米

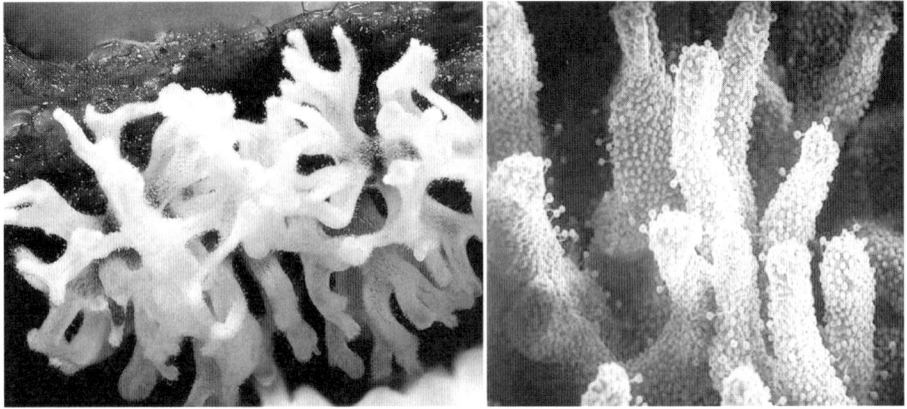

（a）孢子果形态　　　　　　　　　　（b）柱状结构及其毛状小柄与孢子

图 2-36　鹅绒菌（*Ceratiomyxa fruticulosa* Macbr.）的孢子果形态

（Scheetz，1972）

　　至 1 m 以上，为世界广布、常见的少数大型原柄黏菌之一，常发生在潮湿森林朽木及蕨类茎叶上。

1′. 孢子单生或数个簇生于纤细、单生孢子梗上；孢子萌发时产生非线状原生质体 ·················· **2**

2. 孢子单生 ·· **3**

2′. 孢子多个 ··· **4**

3. 具有游动细胞 ··· 腔柄菌科（**Cavosteliaceae**） **5**

3′. 无游动细胞 ··· 原柄菌科（**Protosteleaceae**） **7**

4. 孢子 2~4 个，柄很长而弯曲 ········· 原囊菌科（**Protosporangiidae**）原孢子囊菌属（*Protosporangium*）

　　共 4 种，多出现在活树皮及朽木上。关节原囊菌（*Protosporangium articulatum* L. S. Olive & Stoian.）［图

　　2-37（a）］，柄很长而弯曲，最上部有一个增厚的关节，常产生 2~4 个孢子；*P. conicum* W. E. Benn.，柄

　　细长，产生 4 个孢子。

4′. 孢子 4(~8) 个，柄长锥形、较直 ··

　　·················· 拟刺柄菌科（**Echinosteliopsidaceae**）拟刺柄菌属（*Echinosteliopsis*）

　　仅 1 种。寡孢拟刺柄菌（*Echinosteliopsis oligospora* D. J. Reinh. & L. S. Olive），世界广布，着生在腐烂直

　　立植物和枯落物上。

5. 孢子多核、脱落，柄长、顶部呈结状膨大 ································· 小鹅绒菌属（*Ceratiomyxella*）

　　仅 1 种。塔希提小鹅绒菌（*Ceratiomyxella tahitiensis* L. S. Olive & Stoian.），常出现在枯落物和热带直立

　　植物腐烂组织上。

5′. 孢子单核、不脱落，柄很短或细长 ·· **6**

6. 孢子表面具疣或刺，柄很短、顶部呈杯形或喇叭形膨大 ··················· 腔柄菌属（*Cavostelium*）

　　共 2 种。囊托腔柄菌（*Cavostelium apophysatum* L. S. Olive），柄非常短、宽，顶端呈杯状膨大，孢子球

　　形，被大量刺和疣，常出现在枯落物中或在死植物上，呈现带有密集的孢子果斑块。

6′. 孢子表面光滑，柄细长、顶部稍尖 ····················· 平原柄囊菌属（*Planoprotostelium*）

　　仅 1 种，橙平原柄囊菌（*Planoprotostelium aurantium* L. S. Olive & Stoian.）。

7. 营养体呈单核或多核原生质体 ··· **8**

7′. 营养体呈小的网状原生质团 ··· **9**

8. 孢子脱落，柄顶端常有结状或球形膨大体 ······························· 原柄菌属（*Protostelium*）

　　共 8 种，常见于死亡的直立植物组织上和枯落物中。菌噬原柄菌（*Protostelium mycophaga* L. S. Olive &

Stoian.），柄上部直而皱缩、顶端稍膨胀，孢子球形。花生孢原柄菌（*P. arachisporum* L. S. Olive）［图 2-37（b）（c）］，柄顶端有结状膨大体，孢子卵形至矩圆形。不规原柄菌（*P. irregulari* L. S. Olive & Stoian.），柄很长、顶端呈戟状膨大，孢子球形。

8′. 孢子不脱落，柄顶端无膨大体 ························· 拟原柄菌属（*Protosteliopsis*）
　　仅 1 种。粪生原柄菌［*Protosteliopsis fimicola*（L. S. Olive）L. S. Olive & Stoian.］，柄长而宽、有反光，孢子球形，常见于食草动物粪便及枯落物中。

9. 柄顶端常有杯状或结状膨大体 ··· 10

9′. 柄顶端无膨大体 ···························· 拟裂原质团属（*Schizoplasmodiopsis*）
　　共 6 种。普通拟裂原质团菌（*Schizoplasmodiopsis vulgaris* L. S. Olive & Stoian.），柄较粗、具有短的纵嵴，孢子球形、具有网状嵴，世界广布，生于腐烂直立植物上和枯落物中。假内孢拟裂原质团菌（*S. pseudoendospora* L. S. Olive，M. Martin & Stoian.），柄很短，孢子球形、小，通常在枯落物中最为常见。

10. 孢子具短柄，孢子强力释放 ······················ 裂原质团属（*Schizoplasmodium*）
　　共 3 种。似腔柄裂原质团菌（*Schizoplasmodium cavostelioides* L. S. Olive & Stoian.），柄短粗、具有明显的杯状膨大体，孢子球形，基部有环形脐，常见于温带死植物基质上。

10′. 孢子具长柄，孢子脱落、非强力释放 ···················· 线柄菌属（*Nematostelium*）
　　共 2 种。卵孢线柄菌［*Nematostelium ovatum*（L. S. Olive & Stoian.）L. S. Olive & Stoian.］［图 2-37（d）］，常出现在温带枯落物上。

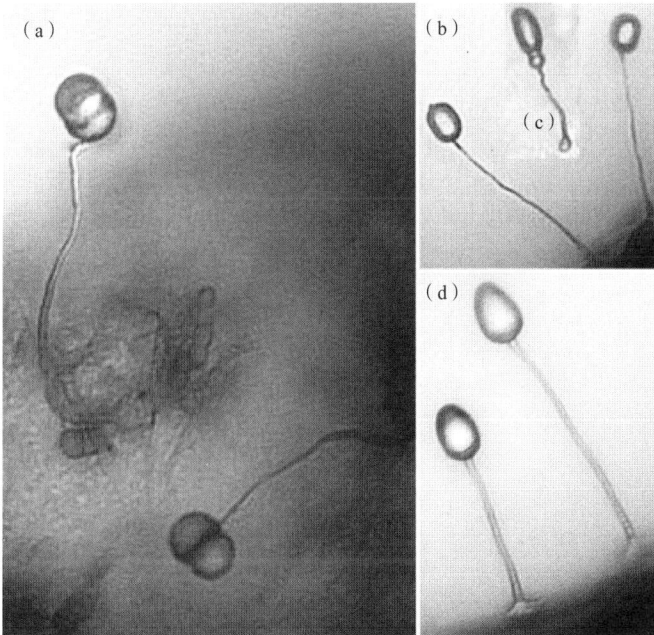

（a）关节原囊菌（*Protosporangium articulatum* L. S. Olive & Stoian.）；（b）（c）花生孢原柄菌
（*Protostelium arachisporum* L. S. Olive）；（d）卵孢线柄菌［*Nematostelium ovatum*
（L. S. Olive & Stoian.）L. S. Olive & Stoian.］。

图 2-37　腔柄菌科（Cavosteliaceae L. S. Olive）**和原柄菌科**（Protosteliaceae L. S. Olive）
菌物的孢子果形态
（Spiegel et al.，2007）

复习思考题

1. 简述原生动物界菌物的主要形态特征。
2. 绘图描述原生动物界菌物的生活史。
3. 绘制原生动物界菌物的思维导图分类框架。
4. 简述原生动物界菌物与人类的关系。

第 3 章

藻物界菌物

藻物界(Chromista)生物大多为单细胞光营养真核生物，主要类群包括褐藻、硅藻和水霉等，已知18万种以上。其中的菌物属于失去叶绿体的异养生活类群，有1 000多种。广泛分布于海洋、湖泊或土壤中，多为自由生活，有些寄生种类可引起动物及人类疾病或植物、藻类病害。藻物具有海洋生态学、土壤生物学、农业、医药及真核生物多样性研究的意义。

3.1 藻物概述

3.1.1 藻物的基本特征

藻物营养体为单细胞、菌落状或丝状体，少数为多细胞体，细胞壁成分为以纤维素为主的β-葡聚糖而缺乏几丁质。藻物细胞器在超微结构方面表现以下特点：①多有叶绿体(被4层膜包围，内含有叶绿素c)；②线粒体具有管状嵴；③有些有高尔基体；④无性繁殖多产生有1~2条鞭毛的游动孢子，其中至少有一条为茸鞭式(即具有竖直、管状的纤毛，图3-1)。

3.1.2 藻物分类

藻物包括所有具有次生共生红藻起源的叶绿体和所有具有管状纤毛的真核生物，主要有褐藻、硅藻和金藻等海藻类。Cavalier-Smith(1998)承认藻物界分为5门：隐藻门(Cryptophyta)、网体虫门(Sagenista)、赭色藻门(Ochrophyta)、双环门(Bigyra)和定鞭藻门(Haptophyta)。依据细胞超微结构和多重分子系统学分析，Ruggiero et

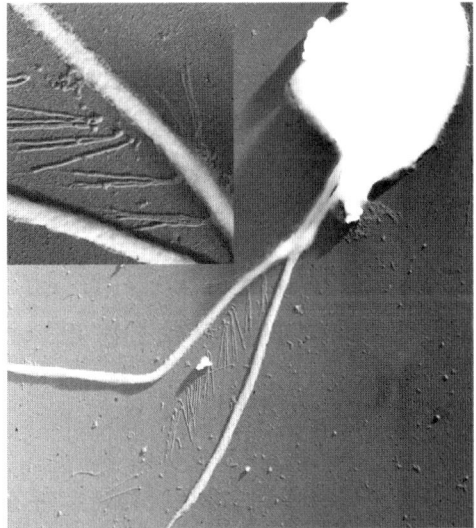

图 3-1 藻物的鞭毛

(Cavalier-Smith et al.，2015)

al. (2015)把以往认为属于动物界的几个门[如曳尾虫门（Cercozoa）、网孔虫门（Retaria）]划归藻物界，将藻物界扩大到10门；Cavalier-Smith et al. (2015)持有相似的分类观点，将藻物界分为9门：定鞭藻门、隐藻门、赭色藻门、假菌门（Pseudofungi）、双环门、单减虫门（Miozoa）、纤毛虫门（Ciliophora）、曳尾虫门和网孔虫门。其中的假菌门、双环门和曳尾虫门等属于营异养生活的菌物类群，涉及《菌物词典》第10版承认藻物界的丝壶菌门（Hyphochytriomycota Whittaker）、卵菌门（Oomycota Arx）、网黏菌门（Labyrinthulomycota Whittaker）3个门和原生动物界的根肿菌门（Plasmodiophoromycota Doweld）。

藻物界菌物分纲检索表

1. 菌体有或无细胞壁，游动孢子具有茸鞭式单鞭毛或者茸鞭式和尾鞭式双鞭毛 ························· 2
1′. 菌体为原生质团；游动孢子具有尾鞭式双鞭毛 ·············· 植物黏菌纲（Phytomyxea）
2. 游动孢子仅有前生茸鞭式单鞭毛 ·············· 丝壶菌纲（Hyphochytrea）
2′. 游动孢子同时具有前生茸鞭式和后生尾鞭式双鞭毛 ························· 3
3. 菌体多为具有细胞壁、无隔膜丝状体；游动孢子双鞭毛等长 ··· 霜霉菌纲（Peronosporea＝Oomycetes）
3′. 菌体多为无细胞壁外质网脉；游动孢子双鞭不等长 ·············· 网黏菌纲（Labyrinthulea）

3.2　假菌门

（1）一般特征及习性

假菌门（Pseudofungi Caval. -Sm.）包括大多数的鞭毛菌，有水生藻状菌（aqutic phycomycetes）之称（Sparrow，1961），分布极广泛。其低等类型大多为水生腐生或寄生菌，若为后者可寄生于藻类、鱼类及昆虫等，常引起藻类、鱼类病害，高等卵菌则多为陆生植物（种子植物及蕨类）的专性寄生菌，还有部分为两栖习性。这些卵菌常引起植物疫病、腐霉病和霜霉病等，可造成农林生产毁灭性损失。

假菌门具有区别于其他菌物的鉴别特征：①无性繁殖产生游动孢子，并产生1~2根鞭毛，其中至少有1根为茸鞭式；②菌体多为无隔丝状，少数单胞或多胞，细胞壁主要成分为纤维素、β-葡聚糖或壳聚糖；③通过2,6-二氨基庚二酸（DAP）途径合成赖氨酸；④有性生殖大多以卵配生殖（oogamy）产生卵孢子。

（2）分类体系

依据菌体形态和游动孢子类型，Cavalier-Smith et al.（2015）、Ruggiero et al.（2015）、《菌物词典》第10版和AFTOL（2022）把丝壶菌和霜霉菌归入假菌门或卵菌门（Oomycota），分为丝壶菌纲（Hyphochytrea Caval. -Sm.）和霜霉菌纲（Peronosporea M. W. Dick），而将网黏菌归到双环门的网黏菌纲，3纲共12~16目。

3.2.1　丝壶菌纲

（1）一般特征及习性

丝壶菌纲（Hyphochytrea Caval. -Sm.）菌物多水生，寄生于褐藻、卵菌的繁殖体，或腐生于植物及昆虫残体。丝壶菌的菌体特征与壶菌相似，但多为分体产果，单中心或多中心，常具假根，其细胞壁多含纤维素和几丁质。能够内源性地合成甾醇。其无性孢子囊非盖裂，产生具有一根前生茸鞭式鞭毛的游动孢子；有性生殖通过游动配子配合而产生休眠孢子囊。

（2）分类

丝壶菌纲仅有丝壶菌目（Hyphochytriales Sparrow）1 目，共 2 科 6 属 24 种（Kirk et al., 2008）。

丝壶菌目主要科（属）检索表

1. 菌体单中心，分体产果式；孢子囊外生，假根内生；游动孢子在孢子囊外部或内部形成 ……………
…………………………………………………………………… **根前毛菌科（Rhizidiomycetaceae）2**

1′. 菌体多中心，内生，分枝状菌丝顶端或中间细胞膨大成孢子囊或休眠孢子；游动孢子部分或全部在孢子囊内或溢出管口形成 ……………… **丝壶菌科（Hyphochytriaceae）丝壶菌属（Hyphochytrium）**
　　共 5 种，生于植物、藻类残体及盘菌子实体。常见种：丝壶菌（Hyphochytrium infestans Zopf）生于盘菌；串珠丝壶菌（H. catenoides Karling）（图 3-2）腐生于珊瑚轮藻、玉米腐烂残体。

2. 菌体有囊托；游动孢子在孢子囊逸出管顶端的囊胞内或顶部释放孔口处形成；寄生于水霉和金藻的藏卵器上，或腐生于松树花粉粒、土壤昆虫残体上 …………………… **根前毛菌属（Rhizidiomyces）**
　　世界广布，共 12 种。代表种：托囊根前毛菌（R. apophysatus Zopf）（图 3-3），寄生于绵霉（Achlya sp.）。

2′. 菌体无囊托；游动孢子在孢子囊内形成；寄生于无隔藻属（Vaucheria）藏卵器内 …………………
…………………………………………………………………………… **侧喙丝壶菌属（Latrostium）**

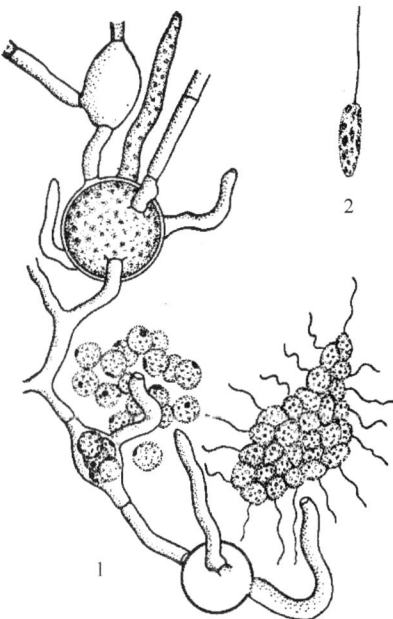

1. 菌体在逸管口形成一团游动孢子及静孢子；
2. 前生单鞭毛游动孢子。

图 3-2　串珠丝壶菌（Hyphochytrium catenoides Karling）腐生于玉米

（Karling，1977）

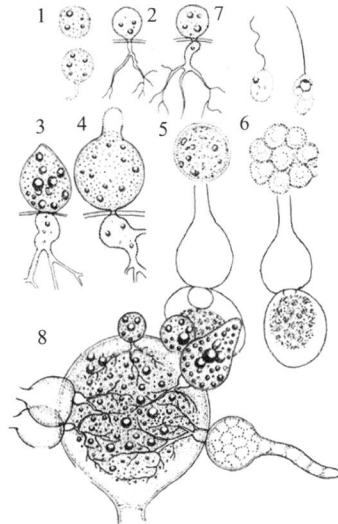

1、2. 孢子和表生的乳突状菌体，孢子萌发、在宿主组织内产生分枝状假根；3、4. 成熟菌体释放未分化的孢子团；5. 在孢子囊外分化；6、7. 形成前生鞭毛游动孢子；8. 绵霉藏卵器被托囊根前毛菌寄生。

图 3-3　托囊根前毛菌（Rhizidiomyces apophysatus Zopf）寄生于绵霉

（Karling，1977）

3.2.2　霜霉菌纲

（1）一般特征及习性

霜霉菌纲（Peronosporea＝Oomycetes G. Winter）即传统的卵菌纲，菌物为水生、两栖和陆地生，腐生或寄生于藻类和鱼类，在水生态系中起着分解者的重要作用，多数陆生卵菌兼性寄生或专性寄生维管束植物，常引起作物霜霉病、疫霉病和树木根腐病等。卵菌营养体多为丝状体，少数水生类产生单细胞菌体。丝状菌体分枝状生长，无隔多核，仅在繁殖器官基部产生隔膜。主要为分体产果式，少数水生单细胞类群整体产果，无性繁殖产生具双鞭毛的游动孢子，有性生殖产生卵孢子。与其他菌物不同，卵菌的独特性在于其菌体细胞壁成分为纤维素和 β-（1-3,1-6）葡聚糖；糖的储藏形式为 β-1,3-葡聚糖（昆布多糖，laminarin），大多数不能合成甾醇。卵菌的有性生殖方式为配子囊接触，减数分裂发生在配子囊中，营养体为二倍体。

①无性繁殖。卵菌无性繁殖形成游动孢子囊，萌芽产生具有前生茸鞭式和后生尾鞭式双鞭毛的游动孢子。

卵菌的游动孢子囊及孢子囊梗的形态变化很大（图3-4），这种变化与其生活习性的变

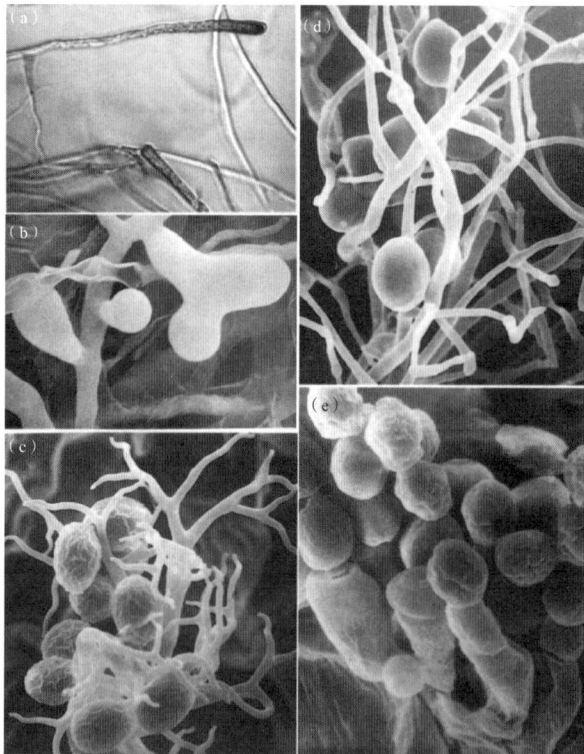

（a）寄生水霉（*Saprolegnia parasitica* Coker）；（b）瓜果腐霉[*Pythium aphanidermatum* (Edson) Fitzp.]；
（c）寄生霜霉[*Peronospora parasitica* (Pers.) Fr.]；（d）致病疫霉[*Phytophthora infestans* (Mont.) de Bary]；（e）白锈菌[*Albugo candida* (Pers. ex J. F. Gmel.) Roussel]。

图 3-4　卵菌的游动孢子囊、孢子囊梗形态

[（b）～（e）引自康振生，1995]

化相对应。丝状、棒状及瓣状孢子囊的孢子囊梗为没有明显分化的菌丝状、不分枝，孢子囊为无限生长，可多次层出、不脱落，孢子囊萌发产生的游动孢子经由水流或土壤传播，此类卵菌多为腐生、兼性寄生，少数寄生于藻类或植物根部；球形、梨形和卵形孢子囊通常具有明显分化的树状分枝或棒状孢子囊梗，其孢子囊为有限生长，常常脱落，游动孢子囊可萌芽产生游动孢子或者在干燥环境下直接萌发产生芽管，主要通过气流传播，多为强寄生和专性寄生，常寄生于陆生植物地上部。

卵菌游动孢子囊可先后释放洋梨形的初生游动孢子和肾形的次生游动孢子2种形态的游动孢子(图 3-5)。

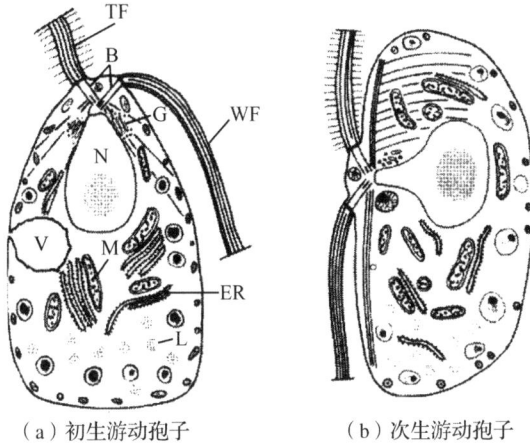

（a）初生游动孢子　　　（b）次生游动孢子

TF. 茸鞭式鞭毛；WF. 尾鞭式鞭毛；N. 细胞核；B. 基体；M. 线粒体；
ER. 内质网；L. 脂肪滴；G. 高尔基体；V. 疏水液泡。

图 3-5　卵菌的游动孢子形态

（Alexopoulus，1996）

根据分类地位不同，卵菌可产生多种形式的游动孢子囊萌发现象。游动孢子从孢子囊内释放以后直至萌发前，出现2个游动时期，即先萌发产生洋梨形的初生游动孢子，经过一段游动后变为休止孢(cystospore)，后者随后变成肾形次生游动孢子，次生游动孢子经过游动再次变成休止孢后，最后萌发出芽管，此种萌发方式为低等卵菌(如水霉目)的游动孢子囊萌发方式，称为双游现象(diplanetism)。但当遇到不适条件(如干燥、缺水)时，次生游动孢子在囊胞化后并不马上萌发产生芽管，而是再度释放次生游动孢子，再次囊胞化，如此反复，直到萌发条件得到满足才萌发芽管，称为多游现象(polyplanetism)。许多卵菌在游动孢子从游动孢子囊中释放前，初生游动孢子阶段已经完成(或者认为被省略)。结果，从孢子囊中释放的游动孢子只有肾形次生游动孢子，该游动孢子经囊胞化之后萌发出芽。此为霜霉目卵菌游动孢子囊的萌发方式，称为单游现象(monoplanetism)。

②有性生殖。大多数卵菌雌雄配子囊高度分化。由雄器(小配子囊)通过受精丝将雄核输入藏卵器(大配子囊)中，进而核配生成卵孢子，这种有性生殖方式称为卵配生殖。

按藏卵器所含卵球数量，卵菌的有性生殖存在2种基本形式：其一，藏卵器内仅含一个卵球，因而只发育形成一个卵孢子，并且在卵孢子发育过程中有周质(periplasm)出现。如德巴利腐霉(*Pythium debaryanum* R. Hesse)（图 3-6）。其二，藏卵器内一般含有多个卵球，且藏卵器内原生质全部用于多个卵球的形成（无周质），最终发育为多个卵孢子。如水霉属（*Saprolegnia* Nees）（图3-7）。

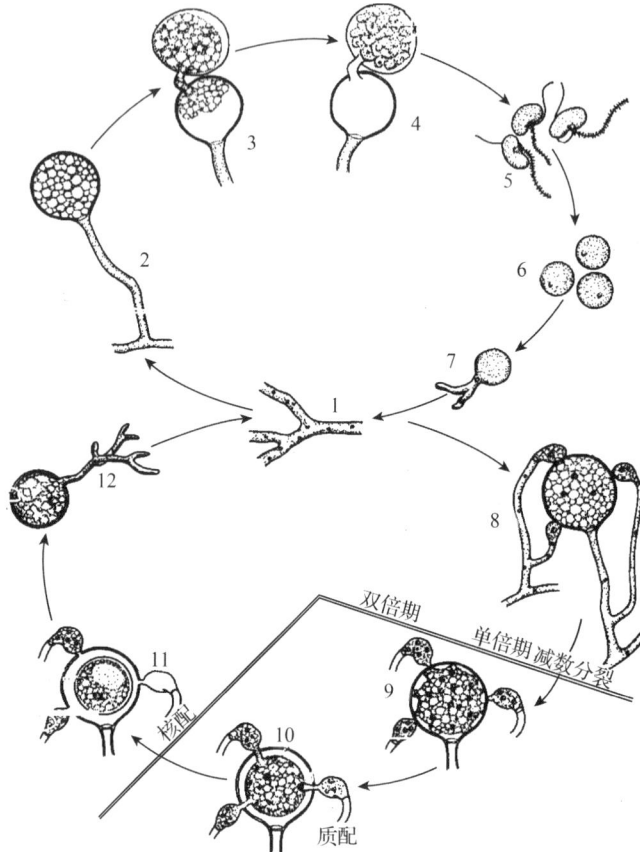

1. 营养菌丝；2. 游动孢子囊；3. 萌发形成泡囊；4. 泡囊中成熟的游动孢子；5. 释放的
游动孢子；6. 休止的游动孢子；7. 休止孢萌发；8. 配子囊；9. 减数分裂后的配子囊；
10. 雄核输入卵球；11. 核配并形成卵孢子；12. 正在萌发的卵孢子。

图3-6 德巴利腐霉（*Pythium debaryanum* R. Hesse）生活史

（R. W. Scheetz 绘）

成熟的卵孢子与藏卵器壁之间有一定间隙，常游离于藏卵器中，称为不满器（aplerotic）；否则紧贴藏卵器壁者称为满器（plerotic）。

如图3-6和图3-7所示，藏卵器多顶生于菌丝上，但也可间生；一个藏卵器可以同时与多个雄器接触，但最终只能与其一发生性配合。在有性配合方式上，卵菌有同宗配合与异宗配合之分。

③生活史。大多数菌物学家认为，卵菌的减数分裂发生在配子囊内，而不是在卵孢子内。因此，卵菌在大部分生活史时期属二倍体，即产生二倍体的营养体（图3-6、图3-7）。

（2）分类体系

传统卵菌纲（Oomycetes）的分类依据：菌体形态及其产果方式；游动孢子类型及其发

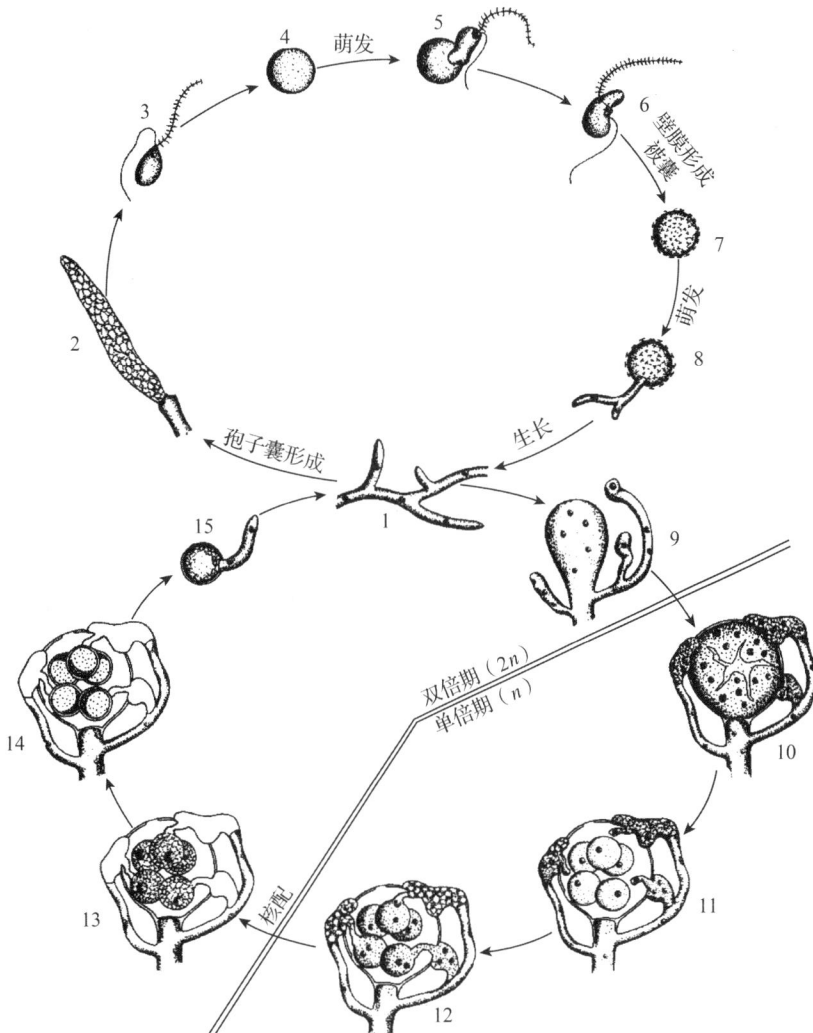

1. 营养菌丝；2. 游动孢子囊；3. 初生游动孢子；4. 休止孢；5. 休止孢萌发；6. 次生游动孢子；7. 休止孢；8. 休止孢萌发；9. 配子囊；10. 减数分裂后的配子囊；11. 分化出多个卵球；12. 雄核输入卵球；13. 核配；14. 形成多个卵孢子；15. 从藏卵器放出的正在萌发的卵孢子。

图 3-7　水霉属(*Saprolegnia* Nees)**生活史**

(R. W. Scheetz 绘)

育特点；藏卵器内卵球数量以及卵孢子是否满器。Alexopoulos et al.（1996）在《真菌学概论》第 4 版中基本采用了传统的形态学分类系统，将卵菌纲分成 5 目：水霉目（Saprolegniales Prantl）、单轴霉目（Rhipidiales M. W. Dick）、水节霉目（Leptomitales Kanouse）、链壶菌目（Lagenidiales Karling）和霜霉菌目（Peronosporales Bek.）。《菌物词典》第 10 版进一步增加了白锈菌目（Albuginales F. A. Wolf & F. T. Wolf）、腐霉菌目（Pythiales M. W. Dick）和拟串油壶菌目（Myzocytiopsidales M. W. Dick），将卵菌纲分为 8 目 19 科 95 属。但随后的许多有关卵菌的分子系统发育研究显示，传统的形态学分类并没有分子系统学数据支持，卵菌纲许多目、科和属需要重新界定。

　　基于 SSU rRNA 和 LSU rRNA 序列分析，Beakes et al. (2014，2017)将卵菌门(Oomycota)修订为水霉菌纲(Saprolegniomycetes R. T. Moore)、霜霉菌纲(Peronosporea M. W. Dick)2 个纲和 1 个未定纲，分别包括水霉目、水节霉目、霜霉菌目、单轴霉目、白锈菌目、拟油壶菌目、单舌菌目及阿特金斯菌目(Atkinsiellales G. W. Beakes，D. Honda & M. Thines) 等 10 个目。《菌物词典》第 10 版承认霜霉菌纲(Peronosporea = Oomycetes G. Winter) 分为白锈菌亚纲、霜霉菌亚纲、水霉菌亚纲和拟油壶菌纲，包括了白锈菌目、霜霉菌目、单轴霉目、水霉目、水节霉目、拟油壶菌目、单舌菌目、异壶菌目、拟罗兹壶菌目及 Lagenismatales M. W. Dick 和 Pontismatales Thines，共 11 目 26 科 128 属。

霜霉菌纲(卵菌纲) 重要目检索表

1. 游动孢子在孢子囊内形成，产生初生和次生 2 种形态游动孢子，常为双游式 ················· **2**
1′. 游动孢子在孢子囊内或部分在孢子囊外的泡囊形成，仅产生次生游动孢子，常为单游式 ·········· **3**
2. 菌丝较粗、不缢缩；藏卵器通常含多个卵球 ·············· **水霉目(Saprolegniales)**
2′. 菌丝缢缩成节状且有纤维质颗粒存在缢缩处；藏卵器仅含 1 个卵球 ·········· **水节霉目(Leptomitales)**
3. 菌体为单细胞，或者为树状具基部细胞及假根；水体寄生或腐生 ·············· **4**
3′. 菌体为发达的分枝状无隔菌丝；寄生于陆地高等植物 ·············· **5**
4. 菌体为单细胞，球形或卵形；寄生于水霉、疫霉和藻类 ··············· **拟油壶菌目(Olpidiopsidales)**
4′. 菌体花梗状或树状，具有基部细胞及假根，常腐生于污水中 ·············· **囊轴霉目(Rhipidales)**
5. 孢子囊梗短棒状、不分枝，生于植物表皮下 ·············· **白锈菌目(Albuginales)**
5′. 孢子囊梗菌丝状或高度分枝，生于植物表面 ·············· **霜霉菌目(Peronosporales)**

3.2.2.1　水霉目(Saprolegniales Prantl)

　　水霉菌通常生于水中或潮湿土壤内各种有机体上，大多数为腐生菌，少数寄生于藻类、鱼虾类、真菌和种子植物根部，引起植物或鱼虾病害。

　　水霉目菌体多为分枝繁茂、无隔的多核丝状体。无性繁殖多产生柱形、棒形的游动孢子囊，以液泡分割方式在孢子囊内形成双鞭毛的游动孢子，并具有层出现象。游动孢子囊先后产生洋梨形的初生游动孢子和肾形的次生游动孢子，出现双游、单游和多游现象。在不良环境条件下，有些水霉菌可在菌丝顶端或中间单生或串生圆形、卵形或梨形的芽孢子或厚壁孢子。有性生殖为卵配方式，雄器顶生、单生或分枝，圆柱状或棒状；雌雄同丝或异丝；藏卵器常为球形，顶生、侧生，罕间生。减数分裂发生在配子囊内，雄器通过受精丝将雄核输入藏卵器进而产生卵孢子。水霉目藏卵器含多个卵球，无周质，最终发育形成多个卵孢子(图 3-8)。成熟卵孢子含有一球形卵质体(ooplast)，其排列方式可有中心(centric)、偏中心(eccentric)、亚中心(subcentric)和亚偏心(subeccentric) 4 种形式。

　　水霉目共 2 科 24 属 172 种(Kirk et al.，2008)。

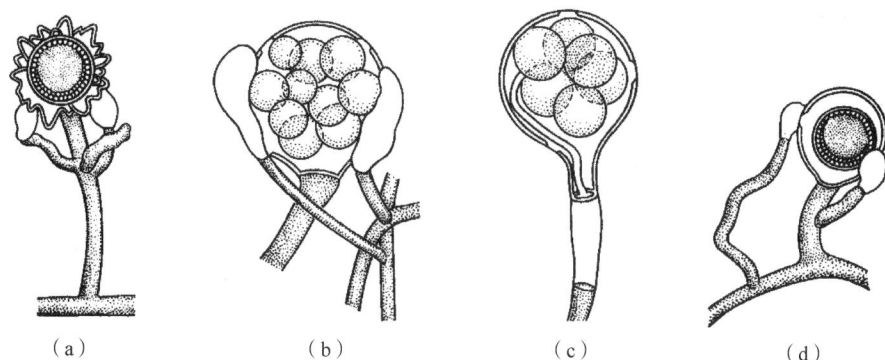

（a）星水霉（*Saprolegnia asterophora* de Bary）的两个雌雄同丝的雄器分枝；（b）水霉[*S. ferax* (Gruith.) Kütz.]的两个雌雄异丝的雄器分枝；（c）下位水霉[*S. hypogyna* (Pringsh.) Pringsh.]的下位雄器细胞；（d）大雄水霉（*S. megasperma* Coker）的雌雄同丝和雌雄异丝的雄器分枝。

图 3-8 水霉属（*Saprolegnia* Nees）的雄器类型

（C. G. Hahn 绘）

水霉目分科及常见属检索表

1. 菌丝较粗（直径约 20 μm），游动孢子在孢子囊内排成数行；藏卵器含 1 至多个卵球（图 3-9）⋯⋯⋯⋯⋯⋯⋯⋯⋯⋯⋯⋯⋯⋯⋯⋯⋯⋯⋯⋯⋯⋯⋯⋯⋯⋯⋯⋯⋯⋯⋯ **水霉科（Saprolegniaceae）2**

1′. 菌丝纤细（直径<20 μm），游动孢子在孢子囊内排成一行；藏卵器含 1 个卵球 ⋯⋯⋯⋯⋯⋯⋯⋯⋯⋯⋯⋯⋯⋯⋯⋯⋯⋯⋯⋯⋯⋯⋯⋯⋯⋯⋯⋯⋯⋯ **细囊霉科（Leptolegniaceae）10**

2. 游动孢子鞭毛收缩前从孢子囊顶端裂口逸出 ⋯⋯⋯⋯⋯⋯⋯⋯⋯⋯⋯⋯⋯⋯⋯⋯⋯⋯⋯ **3**

2′. 游动孢子鞭毛在孢子囊内收缩，不从孢子囊顶端逸出 ⋯⋯⋯⋯⋯⋯⋯⋯⋯⋯⋯⋯⋯⋯⋯ **8**

3. 游动孢子仅洋梨形；新孢子囊以聚伞状分枝方式产生 ⋯⋯⋯⋯⋯⋯⋯⋯⋯ **拟腐霉属（*Pythiopsis*）**

3′. 游动孢子先后出现洋梨形和肾形 2 种形态；新孢子囊以层出方式或聚伞状分枝方式产生 ⋯⋯⋯⋯ **4**

4. 初生游动孢子有鞭毛，从孢子囊口逸出、游动一段时间后形成休止孢，再产生次生游动孢子 ⋯⋯⋯ **5**

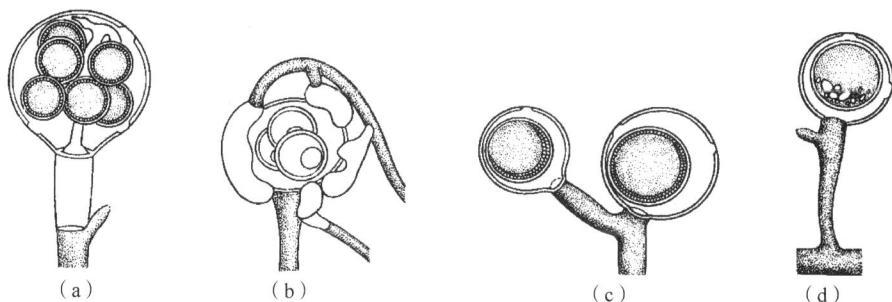

（a）中心的下位水霉[*Saprolegnia hypogyna* (Pringsh.) Pringsh.]；（b）偏心的异孢水霉（*S. anisospora* de Bary）；（c）亚中心的单孢水霉[*S. unispora* (Coker & Couch) R. L. Seym.]；（d）亚偏心的偏心水霉[*S. eccentrica* (Coker) R. L. Seym.]。

图 3-9 水霉科（Saprolegniaceae Kütz.）卵质体在卵孢子中的排列方式

（C. G. Hahn 绘）

4′. 初生游动孢子有或无鞭毛，在孢子囊口处团缩、形成休止孢，然后产生次生游动孢子 ·············· **6**

5. 新孢子囊以层出方式从老孢子囊内产生 ··· **水霉属(*Saprolegnia*)**

5′. 新孢子囊通常以聚伞状分枝方式从老孢子囊基部侧产生 ·························· **同绵霉属(*Isoachlya*)**

6. 初生游动孢子部分在孢子囊口处形成休止孢、部分逸出远游；新孢子囊以聚伞状分枝或以层出方式
产生 ·· **原绵霉属(*Protoachlya*)**

6′. 初生游动孢子全部在孢子囊口处形成休止孢；新孢子囊以聚伞状分枝方式产生 ·············· **7**

7. 藏卵器壁通常光滑 ·· **绵霉属(*Achlya*)**

7′. 藏卵器壁多具钝乳突或刺 ··· **纽比霉属(*Newbya*)**

8. 孢子囊短棒状或宽柱形、不脱落，次生游动孢子从孢子囊壁的不规则破裂口逸出；藏卵器通常含多
个卵球 ··· **破囊霉属(*Thraustotheca*)**

8′. 孢子囊长囊棒状或线形，脱落或不脱落，孢子通过孢子囊壁溶解或从囊壁网孔释放；藏卵器含单卵
球 ·· **9**

9. 孢子囊近棒状、脱落，休止孢在孢子囊内拥挤成多角形，使孢子囊壁呈网状，次生游动孢子从网孔
逸出 ·· **网囊霉属(*Dictyuchus*)**

9′. 孢子长囊棒状或线形稍弯曲、不脱落，孢子不游动、在孢子囊内团缩排成 1 至多行，通过孢子囊壁
溶解或从网孔释放 ··· **短水霉属(*Brevilegnia*)**

10. 游动孢子囊很多，藏卵器壁通常光滑 ·· **11**

10′. 游动孢子囊未见，藏卵器壁具有多角形疣 ····················· **粗卵器霉属(*Pachymetra*)**
　　代表种：*Pachymetra chaunorhira* Croft & Dick，引起甘蔗根腐病。

11. 游动孢子囊由膨大的基部和细长的顶部组成 ············· **旋织霉属(*Plectospira*)**
　　代表种：*Plectospira myriandra* Drechsker，弱寄生于番茄根部。

11′. 游动孢子囊呈细长菌丝状 ··· **12**

12. 新孢子囊从老孢子囊内部层出，初生游动孢子有鞭毛，直接从孢子囊孔口逸出 ··············
··· **细囊霉属(*Leptolegnia*)**

12′. 新孢子囊从老孢子囊基部旁生出，初生游动孢子有或无鞭毛，从孢子囊孔口逸出呈休止孢状态聚集，
后形成肾形次生游动孢子 ··· **丝囊霉属(*Aphanomyces*)**

1) 水霉科(Saprolegniaceae Kütz.)

(1) 水霉属(*Saprolegnia* Nees)

菌丝分枝或单生，稍直或弯曲，顶端渐尖，无隔。孢子囊顶生，长棒状、细梭形或在
培养基上呈不规则形，新孢子囊从老孢子囊内层出，通过顶口释放游动孢子，典型双游
式，依次出现洋梨形和肾形 2 种形态游动孢子。也可产生各种形态的芽孢子，链生。藏卵
器顶生，有的间生，球形、卵形或梨形，间生时呈纺锤形，壁光滑或具乳突；含 1 至多个
卵球，卵孢子中卵质体呈中心或亚中心排列。雄器有或无，与藏卵器同丝或异丝，通常顶
生、分枝或单生，产生细受精丝进入藏卵器。

主要分布于北温带，约 50 种(AFTOL，2022)。多腐生于动植物残体，少数可寄生鱼、
青蛙卵。

常见种：异孢水霉(*Saprolegnia anisospora* de Bary)(图 3-10)，弱寄生于水稻秧苗，可
引起烂秧病；球囊水霉[*S. glomerata* (Tiesenh.) A. Lund，土壤内腐生；寄生水霉
S. parasitica Coker]，引起鱼苗病害。

（2）绵霉属（*Achlya* Nees）

菌丝粗壮或纤细，或多或少分枝，稍直或弯曲，顶端渐尖；可通过菌丝分隔产生芽孢子。孢子囊线形、纺锤形、舟形或棒状，新孢子囊合轴式产生、聚伞状分枝；游动孢子通常双游式，初生游动孢子释放后即刻在孢子囊孔口处形成休止孢、团聚，次生游动孢子肾形。藏卵器侧生、顶生或间生于长度不等的柄上，或无柄，球形或梨形，有或无凹痕（pitted）；含卵孢子一到多个，卵质体呈中心、亚中心或偏中心。雄器分枝，圆筒形或棒形，雌雄同丝或异丝，少数无。

世界广布，约 60 种（AFTOL，2022）。几种引起水稻苗烂秧病及鱼病的常见绵霉菌：

①鞭绵霉（*Achlya flagellata* Coker＝*Achlya prolifera* Nees）（图 3-11）。菌丝粗密；孢子囊近圆筒形或纺锤形、稍弯曲，芽孢子很多，圆筒形或洋梨形；藏卵器球形，卵质体偏中心；雄器圆筒或不规则形，多与藏卵器同丝或异丝，异丝较多。

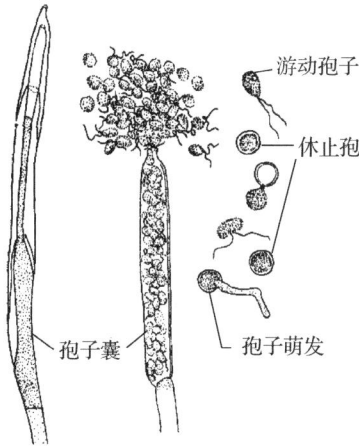

图 3-10　异孢水霉（*Saprolegnia anisospora*
de Bary）的孢子囊形态
（西北农学院，1975）

图 3-11　鞭绵霉（*Achlya flagellata*
Coker）的孢子囊形态
（西北农学院，1975）

②稻绵霉（*Achlya oryzae* S. Ito & Nagai＝*A. klebsiana* Pieters）。菌丝主干褐色；孢子囊圆筒至长纺锤形，有时弯曲，芽孢子棍棒形或球形、串生；藏卵器球形或洋梨形，卵质体偏中心；雄器圆筒形，多与藏卵器同丝、间或异丝。

③总状绵霉（*Achlya racemosa* Hildebr.）。孢子囊长圆筒形、常弯曲。芽孢子很少，顶生成节。藏卵器球形，总状排列，卵质体中位；雄器短棍棒形，与藏卵器同丝。

（3）纽比霉属（*Newbya* M. W. Dick & Mark A. Spencer）

菌丝粗壮，直径 50~100 μm。孢子囊通常多，罕无；线形、纺锤形、舟形，罕不规则形，新孢子囊以聚伞状分枝方式产生；初生游动孢子全部在孢子囊口处形成休止孢。芽孢子若有，形态同游动孢子。藏卵器顶生于短侧枝或次生菌丝上、有时间生，球形或梨形，藏卵器壁无纹孔、大多具有乳突和刺突；含卵孢子 2~16 个，卵质体中心或亚中心。雄器棒状，雌雄同丝或异丝，侧生。

世界广布，共 13 种（AFTOL，2022），多见于湿地土壤或水体中。常见种：顶尖纽比霉[*Newbya apiculata*（de Bary）M. W. Dick & Mark A. Spencer]；多雄纽比霉[*N. polyandra*

（Hildebr.）Mark A. Spencer]；星状纽比霉 [*N. stellata* （ de Bary ）Mark A. Spencer & M. W. Dick]；弯柄纽比霉 [*N. recurva* （ Cornu ）M. W. Dick & Mark A. Spencer]。

（4）同绵霉属（*Isoachlya* Kauffman）

菌丝粗壮或纤细。孢子囊顶生，基部常膨大，卵形、梨形、长梨形至棍棒状，新孢子囊聚伞状生出或内部层出。游动孢子双游式，形态、行为如水霉属。藏卵器球形，顶生或串生，偶然间生，常脱落；卵球中心或偏中心，不充满藏卵器。雄器大多缺，若有，雌雄同丝。

世界广布，约 10 种（Kirk et al. ，2008）。模式种：念珠同绵霉（*Isoachlya toruloides* Kauffman & Coker）。

（5）网囊霉属（*Dictyuchus* Letig**.**）

菌丝线形分枝或呈"Z"字形，基部粗。孢子囊长柱形、上部较粗，常脱落；休止孢在孢子囊内粘在一起，次生游动孢子出现、穿过孢子囊壁游出后，留有空休止孢于孢子囊中，囊壁呈网孔状。藏卵器若有，单卵球，偏中心；同宗配合、异宗配合、孤雌生殖或有性不育。

主要分布于北温带，共 8 种（Kirk et al. ，2008）。模式种：单孢网囊霉（*Dictyuchus monosporus* Leitg. ），弱寄生于水稻秧苗或腐生土壤；异网囊霉（*D. anomalus* Nagai），引起水稻苗烂秧病或鱼类霉菌病。

2）细囊霉科（Leptolegniaceae M. W. Dick）

（1）丝囊霉属（*Aphanomyces* de Bary）

菌丝细长，少分枝。孢子囊与菌丝无区别，长或很长，新孢子囊从老孢子囊基部旁生出。游动孢子排成一行，初生游动孢子（无鞭毛）在孢子囊顶端由长形变为圆形、形成休止孢团，再出现次生游动孢子。藏卵器顶生于短或长的分枝上，近球形，壁光滑、具疣或刺；单卵球，不满器。雄器与藏卵器异丝或同丝，有时缺。

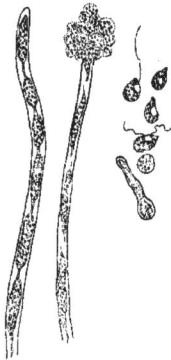

图 3-12 螺旋丝囊霉（*Aphanomyces cochlioides* Drechsler）的孢子囊形态（西北农学院，1975）

世界广布，约 40 种（AFTOL，2022）。寄生各种动植物，常见的病原菌主要有：根丝囊霉（*Aphanomyces euteiches* Drechsler），引起豌豆根腐病；萝卜丝囊霉（*A. raphani* J. B. Kendr. ），引起萝卜根腐病；螺旋丝囊霉（*A. cochlioides* Drechsler）（图 3-12），引起甜菜黑腐病；侵染丝囊霉（*A. invadans* Willoughby，R. J. Roberts & Chinabut）引起鳢鱼溃疡病。

（2）细囊霉属（*Leptolegnia* de Bary）

菌丝细长，少分枝。孢子囊长圆柱形，顶生，偶尔层出，罕分枝。游动孢子排成单行，初生游动孢子出现由长形到管状形态变化，游动、休止后再出现次生游动孢子。藏卵器生于短的侧枝上，近球形、小，壁光滑或具疣；含单卵球，卵球偏中心，满器或近满器。雄器若有，雌雄异丝或同丝。腐生于土壤或寄生伊蚊幼虫。

主要分布于北温带，共 9 种（AFTOL，2022）。常见种：尾细囊霉（*Leptolegnia caudata* de

Bary)，腐生水中蚯蚓死体；查氏细囊霉(*L. chapmanii* R. L. Seym.)，寄生于埃及伊蚊幼虫。

3.2.2.2 霜霉目(Peronosporales Bek.)

霜霉目大多为陆生菌，寄生于种子植物、藻类及线虫；少数为两栖或水生，兼腐生、腐生于土壤或水中。多核无隔菌丝发达，专性寄生类菌丝产生吸器伸入植物细胞内吸取营养。无性繁殖通常产生游动孢子囊和游动孢子，大多数游动孢子为肾形；孢子囊多为卵形或柠檬形、常脱落；孢子囊梗与营养菌丝明显区别，形态变化很大。有性生殖为典型卵配生殖，藏卵器球形，含单卵球，卵球外包裹一层卵周质；1 至多个雄器与藏卵器接触，雄核通过受精丝穿过藏卵器壁和周质使卵球受精。卵孢子壁厚、单生，充满或不满藏卵器。

霜霉目重要科检索表

1. 专性寄生于植物；孢囊梗与菌丝明显区别，通常高度分枝；卵球外周质永存 ……………………
   ……………………………………………………………………………… 霜霉科(**Peronosporaceae**)
1′. 非专性寄生，寄生或腐生；孢囊梗与菌丝无明显区别、不分枝；卵球外有周质或缺 ……… **2**
2. 菌丝较细(6~10 μm)；孢子囊丝状、不规则瓣状或卵形、球形，游动孢子形成于孢子囊外的近球形泡囊内或孢子囊内；卵孢子满器或不满器，壁薄或厚 ……………… 腐霉科(**Pythiaceae**)
2′. 菌丝非常细(通常 1.0~3.5 μm)；孢子囊球形或不对称囊状，并横生，游动孢子形成于孢子囊外一长柱形、很快消失的泡囊中；卵孢子满器，壁厚或很厚 ……………… 类腐霉科(**Pythiogetonaceae**)

1)腐霉科(Pythiaceae J. Schröt.)

多数为水生、两栖或陆生，寄生或腐生。孢子囊菌丝状、不规则瓣状或卵形、球形，单生或链生、轮生；游动孢子肾形，侧生双鞭毛，形成于孢子囊外的泡囊内或孢子囊内；藏卵器顶生或间生，近球形或圆柱形，壁光滑或具刺，通常含单卵球，并具有卵质体和周质；雄器顶生或间生，罕缺，雌雄同丝或异丝，具管状受精丝。卵孢子满器或不满器，光滑或粗糙。

寄生于藻类、显花植物和小型动物，也能在动植物残体、水体及土壤中营腐生生活。

(1)腐霉属(*Pythium* Pringsh.)

营养体为无隔多核、分枝状繁茂菌丝体，常具吸器。孢子囊形态变化大，由未分化的菌丝状、不规则瓣状到卵形、近球形或柠檬形，少数棒形，有些具乳突，顶生、间生或侧生于菌丝上，有时可层出。孢子囊原生质团先移入顶生的近球形泡囊内，然后分化成双鞭毛的游动孢子。藏卵器顶生或间生，近球形，壁光滑或具纹饰；雄器 1 至多个，少数缺，雌雄同丝或异丝，有或无柄，棒形或柱形等。卵孢子通常单个，满器或不满器，壁薄或厚(图 3-13)。

世界广布，约 150 种(Kirk et al., 2008)，我

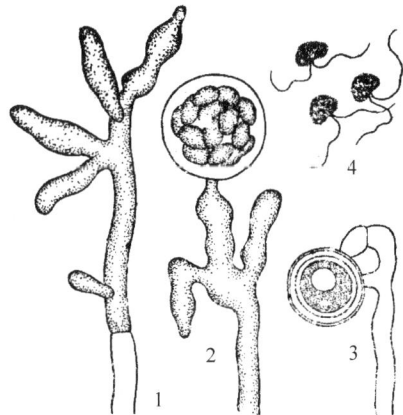

1、2. 瓣状孢子囊及其泡囊；3. 次生游动孢子；
4. 藏卵器、雄器和卵孢子。

图 3-13 瓜果腐霉[*Pythium aphanidermatum*
(Edson) Fitzp.]的形态
(西北农学院，1975)

国已报道60多种(何汉兴，2013)。

　　讨论：Uzuhashi et al. (2010)和 Cooke et al. (2015)依据游动孢子囊形态变化和 rDNA 与 COX Ⅱ分子系统分析，将传统广义腐霉属(*Pythium*)修订为狭义 *Pythium* (s. str.)，孢子囊线形或呈瓣状膨大，并建立了4个新属：*Globisporangium*，孢子囊通常球形、柠檬形，有时可层出；*Ovatisporangium* (= *Phytopythium*)，孢子囊多数为卵形、梨形，罕棒状或不规则形，有的具乳突、可层出；*Elongisporangium*，孢子囊长棒状，有时具乳突；*Pilasporangium*，菌丝常产生镰刀形吸器，孢子囊球形。

　　本书仍采用传统广义腐霉属(*Pythium*)分类方法(Kirk et al.，2008)。

腐霉属重要种检索表

1. 孢子囊菌丝状 ··· **2**
1′. 孢子囊近球形、柠檬形或少数棒状 ·· **19**
2. 孢子囊菌丝状，不膨大 ·· **3**
2′. 孢子囊为膨大菌丝状、裂片状或不规则瓣状 ······································ **6**
3. 有性生殖发生 ·· **4**
3′. 有性生殖不发生 ·· **不育腐霉(*Pythium afertile*)**
4. 卵孢子满器，每个藏卵器与1~2个雄器配合··········· **单囊腐霉(*P. monospernum*)**
4′. 卵孢子不满器，每个藏卵器与1~5个雄器配合 ······································ **5**
5. 雌雄同丝、罕异丝，每个藏卵器与1~3(~5)个雄器配合，各个雄器分别产生柄或无柄
　　·· **宽雄腐霉(*P. dissotocum*)**
5′. 雌雄异丝，每个藏卵器与2~5(~10)个雄器配合，多个雄器共生于一缠绕藏卵器菌丝上
　　·· **黏菌腐霉(*P. adhaerens*)**
6. 藏卵器具刺状突起 ···································· **刺卵腐霉(*P. periplocum*)**
6′. 藏卵器壁光滑 ·· **7**
7. 卵孢子满器 ·· **8**
7′. 卵孢子不满器 ·· **13**
8. 菌丝体形成球形、串生的膨大体 ··················· **链状腐霉(*P. catenulatum*)**
8′. 菌丝体不形成球形、串生的膨大体 ·· **9**
9. 雌雄同丝 ··· **10**
9′. 雌雄异丝 ··· **12**
10. 雄器柄分枝，有时缠绕藏卵器，每一藏卵器与1~4个雄器配合 ··········· **周雄腐霉(*P. periilum*)**
10′. 雄器柄不分枝 ··· **11**
11. 藏卵器大，直径19~38(平均24.3) μm；每一藏卵器与2~6个雄器配合··········
　　·· **禾生腐霉(*P. graminicola*)**
11′. 藏卵器小，直径13~20(平均16.8) μm；每一藏卵器与1~2个雄器配合····· **簇囊腐霉(*P. torulosus*)**
12. 雄器柄分枝，雄器2~3个；藏卵器小，直径13~24(平均20.0) μm ··········· **膨胀腐霉(*P. inflatum*)**
12′. 雄器柄分枝，雄器4~8个；藏卵器大，直径17~56(平均32.0) μm ····· **健雄腐霉(*P. arrhenomanes*)**
13. 雌雄同丝，偶尔异丝 ·· **14**
13′. 雌雄异丝或兼有雌雄同丝和异丝 ·· **17**
14. 藏卵器柄向雄器弯曲 ·· **15**
14′. 藏卵器柄不向雄器弯曲 ·· **16**

15. 性器官可生在孢子囊梗的侧枝上 ……………………………… 槐蓝腐霉(*P. indigoferae*)
15′. 性器官绝不生在孢子囊梗的侧枝上 …………………………… 德里腐霉(*P. deliens*)
16. 雄器多间生或顶生，膨大 ……………………………………… 瓜果腐霉(*P. aphanidermatum*)
16′. 雄器顶生、绝不间生，不膨大 ………………………………… 缓生腐霉(*P. tardicrescens*)
17. 雄器与藏卵器异丝生 …………………………………………… 群结腐霉(*P. myriotylum*)
17′. 雄器与藏卵器同丝和异丝生 …………………………………………………………… 18
18. 雄器袋状、宽棒状，每一藏卵器与 1~2 个雄器配合 ………… 瓜果腐霉(*P. aphanidermatum*)
18′. 雄器倒棒状，每一藏卵器与 3~13 个雄器配合 ……………… 美孢腐霉(*P. aristosporum*)
19. 有性生殖发生 …………………………………………………………………………… 20
19′. 有性生殖不发生；孢子囊多间生 ……………………………… 展长腐霉(*P. elongatum*)
20. 藏卵器壁平滑 …………………………………………………………………………… 21
20′. 藏卵器壁具突起物 ……………………………………………………………………… 28
21. 卵孢子满器 ……………………………………………………………………………… 22
21′. 卵孢子不满器 …………………………………………………………………………… 23
22. 孢子囊有层出现象；雌雄同丝生、少异丝生，有柄 ………… 角柄腐霉(*P. salpingophorum*)
22′. 孢子囊无层出现象；雄器与藏卵器同丝生、常无柄，受精管短粗 ………… 喙腐霉(*P. rostratum*)
23. 孢子囊有层出现象 ……………………………………………………………………… 24
23′. 孢子囊无层出现象 ……………………………………………………………………… 25
24. 孢子囊多倒卵形、少数近球形，具乳突；雄器椭圆形或卵形，与藏卵器同丝、少异丝生 …………
　　 ………………………………………………………………………… 长井腐霉(*P. nagaii*)
24′. 孢子囊近球形、梨形，无乳突；雄器多橘瓣状，少数为波浪状，与藏卵器异丝生，雄器柄可缠绕藏
　　 卵器 …………………………………………………………… 卷柄腐霉(*P. helicoides*)
25. 雄器无柄，在藏卵器旁形成 …………………………………………………………… 26
25′. 雄器有柄，不在藏卵器旁形成 ………………………………………………………… 27
26. 藏卵器多间生、较少顶生；雄器偶尔间生 …………………… 近雄腐霉(*P. paroecandrum*)
26′. 藏卵器多顶生、较少间生；雄器缺间生 ……………………… 终极腐霉(*P. ultimum*)
27. 雄器顶部多为钟形，与藏卵器接触大 ………………………… 钟雄腐霉(*P. vexans*)
27′. 雄器顶部钝，与藏卵器接触小 ………………………………… 德氏腐霉(*P. derbaryanum*)
28. 卵孢子满器 ……………………………………………………………………………… 29
28′. 卵孢子不满器 …………………………………………………………………………… 31
29. 孢子囊球形至近球形，可与菌丝状结构组成复合体 ………… 棘腐霉(*P. acanthium*)
29′. 孢子囊球形至近球形，不与菌丝状结构组成复合体 …………………………………… 30
30. 藏卵器壁上突起物短锥形，顶端钝 …………………………… 乳突腐霉(*P. mamlillatum*)
30′. 藏卵器壁上突起物长柱形，顶端尖 …………………………… 刺腐霉(*P. spinosum*)
31. 孢子囊近球形或与菌丝状结构组成复合体 …………………… 寡雄腐霉(*P. oligandrum*)
31′. 孢子囊近球形、不与菌丝状结构组成复合体 …………………………………………… 32
32. 藏卵器壁密生锥形刺突 ………………………………………… 中国腐霉(*P. sinense*)
32′. 藏卵器壁生 1~3 个指状突起或光滑 …………………………… 不规腐霉(*P. irregular*)

2) 类腐霉科(Pythiogetonaceae M. W. Dick)

菌丝无隔，较细(1.0~3.5 μm)；孢子囊间生或亚顶生，球形或不对称囊状，游动孢

子大(其休止孢直径约 15 μm)，鞭毛侧生，分化形成于一长柱形膨大的泡囊中；藏卵器含单卵球，卵孢子满器，壁厚。雄器与藏卵器同丝，几乎同时发育成熟。多腐生于水淹没植物残体上。

(1) 类腐霉属(*Pythiogeton* Minden)

菌丝体发达，无隔、分枝状菌丝，非常细，偶尔形成附着胞。孢子囊多为不对称袋形或囊形，少数近球形，顶生或间生于菌丝状孢囊梗上，其纵轴一般与孢囊梗成近直角，具有层出现象；萌发时在孢子囊纵轴的一端形成薄壁细长芽管，未分化原生质团通过芽管进入长形囊胞中，囊胞很快消失，原生质释放到水中，然后分化成双鞭毛的肾形游动孢子。藏卵器球形或多角形，顶生或间生；雄器通常单生，顶生或具一短的附属丝，与藏卵器同丝生；产生性器官的菌丝常螺旋状缠绕。卵孢子球形、满器，壁厚并分层。腐生于淡水中的植物残体上或弱寄生水生植物。

多在北温带广布，约 15 种(AFTOL, 2019)，我国已报道有 3 种(余永年, 1998)。常见种：双枝类腐霉(*Pythiogeton dichotomum* Tokun.)，弱寄生水稻、引起绵腐病；多枝类腐霉(*P. ramosum* Minden)，腐生于甜菜根、稻秧，也可侵染甘蔗茎。

3) 霜霉科(Peronosporaceae de Bary)

菌丝体发达、无隔、多核，多生长在寄主植物细胞间隙，通过各种吸器深入细胞内吸取营养。孢囊梗通常高度分化、有限生长。孢子囊球形、卵形、倒梨形或椭圆形，成熟后萌发产生双鞭毛肾形游动孢子。藏卵器顶生，球形，壁光滑或具纹饰，无色、黄色至褐色，含单卵球，周质明显；雄器棍棒形或椭圆形，侧生(或少数围生)于藏卵器。卵孢子球形，满器或不满器。

大多数专性寄生于微管束植物，引起霜霉病或疫病，少数(疫霉菌)腐生水中植物残体上。

霜霉科常见属检索表

1. 非专性寄生或腐生；孢囊梗与菌丝无明显区别至合轴分枝或多极二叉状分枝；雄器围生或侧生 ⋯⋯ **2**

1′. 专性寄生于植物；孢囊梗明显分枝；雄器生于藏卵器侧面 ⋯⋯⋯⋯⋯⋯⋯⋯⋯⋯⋯⋯⋯ **3**

2. 孢囊梗与菌丝无明显区别至不规则分枝、合轴分枝，或从空孢子囊内层出 ⋯⋯ **疫霉属**(*Phytophthora*)

2′. 孢囊梗与菌丝明显区别，呈多极二叉状分枝，为有限生长⋯⋯⋯⋯⋯⋯ **霜疫霉属**(*Pronophthora*)

3. 孢囊梗为细短菌丝状，单生不分枝或者假单轴叉状分枝，孢子囊向基式陆续形成 ⋯⋯⋯⋯⋯⋯

⋯⋯⋯⋯⋯⋯⋯⋯⋯⋯⋯⋯⋯⋯⋯⋯⋯⋯⋯⋯⋯⋯⋯⋯⋯⋯⋯⋯ **指疫霉属**(*Sclerophthora*)

3′. 孢囊梗非细短菌丝状，呈指状、棍棒形或树状分枝，孢子囊在孢囊梗顶端同步形成 ⋯⋯⋯⋯⋯ **4**

4. 孢囊梗主轴较粗，上部肥壮，顶部呈二叉状分枝(似指状)；卵孢子满器 ⋯⋯⋯⋯⋯⋯⋯⋯⋯ **5**

4′. 孢囊梗主轴较细；卵孢子不满器 ⋯⋯⋯⋯⋯⋯⋯⋯⋯⋯⋯⋯⋯⋯⋯⋯⋯⋯⋯⋯⋯⋯ **6**

5. 孢子囊顶壁厚，有囊盖顶区或乳突；间接萌发产生游动孢子 ⋯⋯⋯⋯⋯⋯ **指梗霉属**(*Sclerospora*)

5′. 孢子囊壁等厚，无囊盖顶区或乳突，直接萌发产生芽管 ⋯⋯⋯⋯ **指霜霉属**(*Peronosclerospora*)

6. 孢囊梗棍棒形，顶部仅生短小梗 ⋯⋯⋯⋯⋯⋯⋯⋯⋯⋯⋯⋯⋯ **圆梗霉属**(*Basidiophora*)

6′. 孢囊梗树状分枝 ⋯⋯⋯⋯⋯⋯⋯⋯⋯⋯⋯⋯⋯⋯⋯⋯⋯⋯⋯⋯⋯⋯⋯⋯⋯⋯⋯⋯ **7**

7. 孢囊梗分枝对称，二叉状 ⋯⋯⋯⋯⋯⋯⋯⋯⋯⋯⋯⋯⋯⋯⋯⋯⋯⋯⋯⋯⋯⋯⋯⋯⋯ **8**

7′. 孢囊梗分枝不对称，二叉状或单轴分枝 ⋯⋯⋯⋯⋯⋯⋯⋯⋯⋯⋯⋯⋯⋯⋯⋯⋯⋯⋯ **10**

8. 孢囊梗分枝末端尖细，孢子囊无乳突 ···························· 霜霉属(*Peronospora*)

8′. 孢囊梗分枝末端膨大，孢子囊具乳突 ·· **9**

9. 孢囊梗分枝末端呈盘状膨大，边缘环生3~6个小梗 ··········· 盘梗霉属(*Bremia*)

9′. 孢囊梗分枝末端钝圆或稍平截 ··· 拟盘梗霉属(*Bremiella*)

10. 孢囊梗单轴分枝，且分枝与主轴成直角，末端钝 ············ 单轴霉属(*Plasmopara*)

10′. 孢囊梗不对称二叉状，分枝与主轴成锐角，末端尖 ········· 假霜霉属(*Pseudoperonospora*)

(1) 疫霉属(*Phytophthora* de Bary)

菌丝体繁茂，菌丝无隔多核、老龄可具隔，常单轴分枝、近直角，分枝处常缢缩，有时产生球形、椭圆形或不规则形膨大体，寄生种类可产生吸器。偶尔形成顶生、间生球形、椭圆形或不规则形厚垣孢子。孢囊梗与菌丝区别明显、稍膨大，不规则分枝或假单轴分枝，可从空孢子囊内层出或合轴式新出孢子囊。孢子囊通常卵形、梨形或椭圆形，顶部有乳突、半乳突或无，顶生、罕间生，不脱落或脱落带短柄，间接萌发产生游动孢子或直接萌发产生芽管。藏卵器顶生、球形、漏斗形、避光滑或具纹饰，含单卵球；卵孢子不满器或有时满器，壁厚 1~3 μm，通常有一大的折光油滴；雄器围生(穿雄式，amphigynous)、侧生或围生和侧生；同宗配合或异宗配合。

寄生于显花植物或腐生水中植物残体上，引起植物根腐、基腐、茎腐、枝干溃疡和叶疫病等病害。

世界广布，已记载116种(Kroon et al., 2012)，我国报道30余种。

疫霉属重要种检索表

1. 雄器围生或侧生 ·· **2**

1′. 雄器围生和侧生 ·· **17**

2. 雄器仅侧生 ··· 莎草疫霉(*Phytophthora cyperi*)

2′. 雄器仅围生 ·· **3**

3. 孢子囊可内层出，不脱落 ·· **4**

3′. 孢子囊无内层出，脱落或不脱落 ·· **7**

4. 孢囊梗不分枝；卵孢子小，直径17~28(22)μm ··· **5**

4′. 孢囊梗不分枝或合轴分枝；卵孢了较大，直径18~50(29)μm ···································· **6**

5. 孢子囊较大，多为椭圆形；多寄生菊科植物 ························· 隐地疫霉(*P. cryptogea*)

5′. 孢子囊小，多为卵形；寄生豇豆 ··· 豇豆疫霉(*P. vignae*)

6. 菌丝体形成大量膨大体(珊瑚状)，厚垣孢子有；寄生樟、梨、刺槐和杜鹃等多种植物 ·········

·· 樟疫霉(*P. cinnamomi*)

6′. 菌丝体形成少量球形膨大体，厚垣孢子无；多寄生葫芦科植物 ········ 掘氏疫霉(*P. drechsleri*)

7. 孢子囊成熟后脱落 ·· **8**

7′. 孢子囊成熟后不脱落 ··· **15**

8. 孢囊柄平均长度大于5 μm ·· **9**

8′. 孢囊柄平均长度小于5 μm ·· **12**

9. 孢囊柄长度中等(5~20 μm) ·· **10**

9′. 孢囊柄长(大于20 μm)；寄生辣椒、胡椒和黄瓜等多种植物 ············ 辣椒疫霉(*P. capsici*)

10. 孢子囊明显具乳突(高大于 20 μm) ·· **11**

10′. 孢子囊具半乳突(高 1.5~3.0 μm); 寄生芋、橡胶树 ···························· **芋疫霉(*P. colocasiae*)**

11. 孢子囊成簇形成; 寄生芋、橡胶树 ·· **簇囊疫霉(*P. botryosa*)**

11′. 孢子囊不成簇形成; 寄生冬青卫矛、橡胶树 ······························· **蜜色疫霉(*P. meadii*)**

12. 厚垣孢子无, 有性同宗配合; 寄生橡胶树、凤梨和槟榔 ··············· **橡胶树疫霉(*P. heveae*)**

12′. 厚垣孢子有, 有性异宗配合 ··· **13**

13. 孢囊梗呈假单轴分枝, 具节状膨大(图 3-14); 多寄生茄科植物, 引起马铃薯晚疫病 ··············
    ··· **致病疫霉(*P. infestans*)**

13′. 孢囊梗合轴分枝或不规则分枝, 无节状膨大; 寄生多种植物 ··· **14**

14. 孢子囊多为长椭圆形至长卵形, 具半乳突, 长宽比平均为 1.8~2.4 μm; 厚垣孢子大(平均 46~
    60 μm); 寄生栎、槭、杜鹃、鼠李和七叶树等 ·································· **树枝疫霉(*P. ramorum*)**

14′. 孢子囊多为卵形、倒梨形, 具乳突(高 4~6 μm), 长宽比平均为 1.4~1.5 μm; 厚垣孢子较小(平均
    30 μm); 寄生橡胶树、胡椒、柑橘、凤梨和泡桐等 ·························· **棕榈疫霉(*P. palmivora*)**

15. 藏卵器壁光滑, 寄生多种植物 ··· **16**

15′. 藏卵器壁具瘤; 寄生栗 ··· **桂氏疫霉(*P. katsurae*)**

16. 厚垣孢子有; 寄生烟草、柑橘、杨桃、棉和茄等 ································· **烟草疫霉(*P. nicotianae*)**

16′. 厚垣孢子无; 寄生柑橘、卫矛等 ··· **柑橘褐腐疫霉(*P. citrophthora*)**

17. 雄器多围生, 偶侧生 ··· **18**

17′. 雄器多侧生, 偶围生 ··· **20**

18. 孢子囊无乳突或具半乳突, 成熟后不脱落, 可内层出 ·· **19**

18′. 孢子囊具乳突(高 4~6 μm), 成熟后脱落, 无层出(图 3-15), 寄生苎麻、棉花、柑橘和花椒等多种
    植物, 引起根茎腐烂病 ·· **苎麻疫霉(*P. boehmeriae*)**

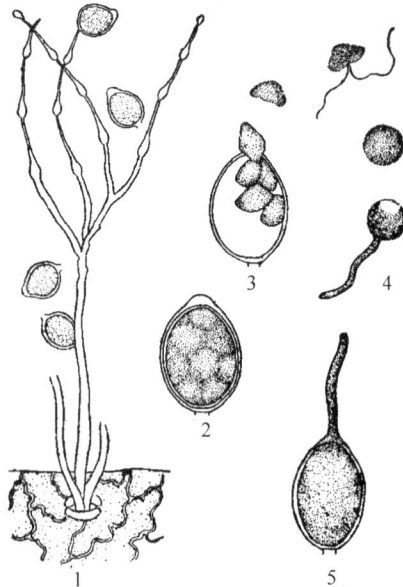

1. 孢子囊梗自气孔伸出; 2. 孢子囊; 3. 孢子囊萌发产生游动孢子; 4. 休止孢萌发产生芽管;
5. 孢子囊萌发产生芽管。

图 3-14 致病疫霉[*Phytophthora infestans*(Mont.)de Bary]的形态

(西北农学院, 1975)

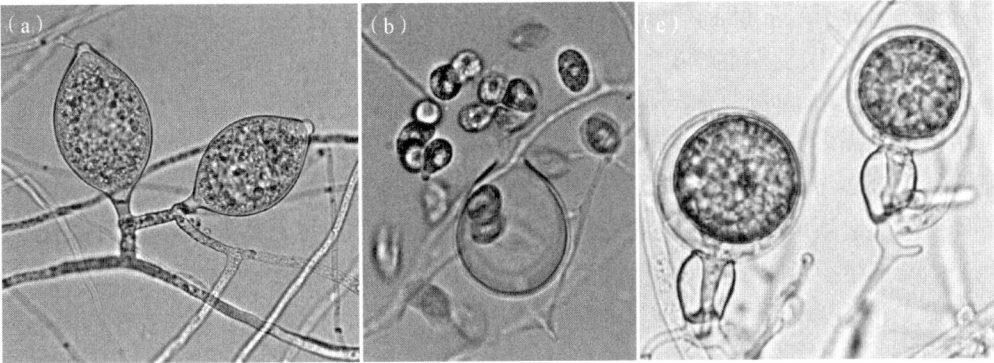

(a) 合轴分枝孢子囊梗和卵形孢子囊; (b) 孢子囊萌发产生游动孢子; (c) 藏卵器、卵孢子与围生雄器。

图 3-15 苎麻疫霉(*Phytophthora boehmeriae* Sawada) 的形态

(曹支敏 摄)

19. 孢子囊梗宽卵形; 寄生马蹄莲、刺槐 ······ 马蹄莲疫霉(*P. richardiae*)

19′. 孢子囊倒梨形; 寄生草莓、水稻 ······ 草莓疫霉(*P. fragariae*)

20. 孢子囊具乳突(高 4~5 μm), 成熟后脱落; 寄生梨、苹果、柑橘、苎麻和人参等多种植物 ······
······ 恶疫霉(*P. cactorum*)

20′. 孢子囊具无乳突或半乳突, 成熟后不脱落 ······ **21**

21. 孢囊梗很少分枝, 孢子囊倒梨形、椭圆形或长筒形, 无乳突、偶具半乳突; 寄生大豆 ······
······ 大豆疫霉(*P. sojae*)

21′. 孢囊梗简单或合轴分枝, 孢子囊具半乳突; 寄生多种植物 ······ **22**

22. 孢子囊卵形、柠檬形、椭圆形或倒梨形; 寄生桉树、花椒、栎和杜鹃等 ······
······ **多寄主疫霉**(*P. multivora*)

22′. 孢子囊多为卵形、长梨形或扭曲形; 寄生柑橘、栎、松和杜鹃等 ······ 柑橘疫霉(*P. citricola*)

(2) 指疫霉属(*Sclerophthora* Thirum.)

菌丝体无隔多核, 以吸器穿入禾本科植物细胞。孢囊梗为细短菌丝状, 单生不分枝或假单轴叉状分枝。孢子囊向基式陆续形成, 大型、柠檬形、椭圆形, 顶部有或无乳突, 萌发产生游动孢子。藏卵器壁与卵孢子壁融合, 棕褐色; 雄器侧生。卵孢子球形或近球形, 浅黄色至黄褐色, 满器, 壁光滑, 偶具纹饰。

世界广布, 已报道 7 种(Kirk et al., 2008), 我国已报道 2 种 3 变种(余永年, 1998)。代表种: 大孢指疫霉[*Sclerophthora macrospora* (Sacc.) Thirum., C. G. Shaw & Naras.], 寄生小麦、玉米、水稻和鹅冠草等多种禾本科植物, 引起霜霉病。

(3) 指梗霉属(*Sclerospora* Schröt.)

菌丝体寄主细胞间隙生, 无隔多核, 以球形吸器穿入寄主细胞。孢囊梗通常粗壮, 基部窄上部渐宽, 顶部 2~3 次短叉状分枝, 末端小梗圆锥形。孢子囊椭圆形、倒卵形, 具乳突。萌发产生游动孢子。藏卵器球形、椭圆形或不规则形, 深褐色, 具纹饰; 雄器菌丝状。卵孢子球形或长椭圆形, 黄色至黄褐色, 满器, 壁光滑。

世界广布, 我国已报道 5 种(余永年, 1998)。寄生禾本科植物。代表种: 禾生指梗霉

[*Sclerospora graminicola* (Sacc.) J. Schröt.]（图 3-16），寄生粟（*Setaria italica*）和多种狗尾草（*Setaria* spp. ），引起粟白发病。

（4）指霜霉属[*Peronosclerospora* (S. Ito) Hara]

菌丝体无隔多核，细胞间隙生，具有球形吸器。孢囊梗主轴较粗，上部肥壮，基部有足细胞，顶部2~5次二叉状分枝，末端小梗圆锥形。孢子囊椭圆形、圆筒形或长卵形，孢壁等厚，无囊盖顶区或乳突，直接萌发产生芽管（图 3-17）。藏卵器近球形至不规则形，黄褐色，雄器侧生。卵孢子球形或近球形，壁与藏卵器壁几乎全融合，黄褐色至栗色。

世界广布，我国已报道5种（余永年，1998）。引起玉米、高粱和甘蔗等作物霜霉病。

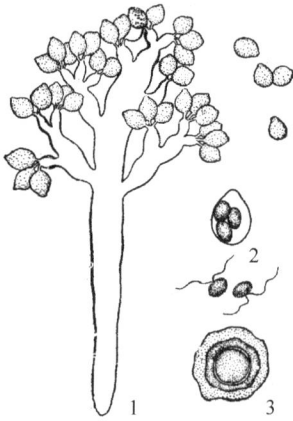

1. 孢子囊梗及孢子囊；2. 孢子囊萌发产生
游动孢子；3. 卵孢子。

图 3-16 禾生指梗霉[*Sclerospora graminicola*
(Sacc.) J. Schröt.]的形态
（西北农学院，1975）

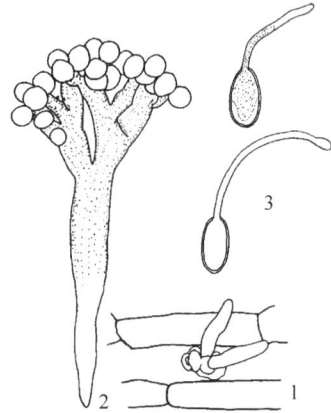

1. 孢囊梗自气孔生出；2. 孢子囊梗及孢子囊；
3. 孢子囊直接萌发产生芽管。

图 3-17 玉蜀黍指霜霉[*Peronosclerospora*
maydis (Racib.) C. G. Shaw]的形态
（西北农学院，1975）

指霜霉属分种检索表

1. 卵孢子出现 ·· **2**

1′. 卵孢子缺如 ·· **4**

2. 孢子囊椭圆形、长卵形；卵孢子球形，黄色；寄生甘蔗，致黄色条斑 ··············
·· **甘蔗指霜霉（*Peronosclerospora sacchari*）**

2′. 孢子囊非椭圆形、长卵形或孢子囊阶段不详 ·· **3**

3. 孢子囊近球形或卵圆形；卵孢子球形，土黄色；寄生高粱，致红紫色条点状斑、白发症 ··············
·· **蜀黍指霜霉（*P. sorghi*）**

3′. 孢子囊不详；卵孢子球形，淡黄色；寄生五节芒，致茎叶褐色条纹斑、白发症 ··············
·· **芒指霜霉（*P. miscanthi*）**

4. 孢子囊椭圆形、卵形或近球形（图 3-17）；主要寄生玉米，致叶片淡黄绿色条纹 ··············
·· **玉蜀黍指霜霉（*P. maydis*）**

4′. 孢子囊圆筒形、长椭圆形；主要寄生玉米，致叶片黄绿色和叶鞘黄白色条纹 ··············
·· **菲律宾指霜霉（*P. philippinensis*）**

(5) 霜霉属(*Peronospora* Corda)

　　菌丝体无隔多核，细胞间隙生，吸器小，球形、倒卵形。孢囊梗有限生长，单枝或成束从气孔生出，主枝直立，基部有时膨大或稍膨大，冠部2～10次二叉状分枝，末端大多微弯呈波状，枝端多尖细微弯，少数正直、钝圆或微膨大。孢子囊无色、淡黄色或淡褐色，多为椭圆形、近球形，孢壁等厚，无囊盖顶区或乳突，从囊顶或不定点萌发产生芽管。藏卵器球形、近球形、广椭圆形或多角形，外壁光滑，含一卵球，周质明显。雄器侧生，棒状或椭圆形。卵孢子球形，淡黄色、黄褐色至褐色，壁光滑或起皱褶，或具网纹、瘤突，不满器或满器。

　　世界广布，约500种(AFTOL，2022)，我国约60种(余永年，1998)。引起多数双子叶植物和少数单子叶植物霜霉病。

霜霉属重要种检索表

1. 卵孢子存在 ··· **2**

1′. 卵孢子缺如 ··· **12**

2. 卵孢子壁具网纹、皱褶或瘤突 ··· **3**

2′. 卵孢子壁光滑，少数收缩后显皱褶 ·· **6**

3. 卵孢子壁具皱褶或瘤突；霉层白色或灰紫色 ··· **4**

3′. 卵孢子壁具网纹；霉层由灰白转灰紫色 ··· **5**

4. 霉层白色；卵孢子壁具瘤突；寄生蓼科植物 ················ **中国霜霉(*Peronospora sinensis*)**

4′. 霉层灰紫色；卵孢子壁具皱褶突起；寄生苢蓿属植物 ········ **苢蓿霜霉(*P. aestivalis*)**

5. 孢子囊较大，平均26～21 μm；寄生豌豆 ·························· **豌豆霜霉(*P. pisi*)**

5′. 孢子囊较小，平均23～18 μm；寄生蚕豆 ························ **蚕豆霜霉(*P. viciae*)**

6. 藏卵器壁厚(两层)，卵孢子成熟后不萎缩；孢囊梗主轴基部膨大(图3-18)，寄生十字花科植物，霉层白色，受侵茎、花梗畸形 ······································· **寄生霜霉(*P. parasitica*)**

6′. 藏卵器壁薄(一层)，卵孢子成熟后萎缩 ·· **7**

7. 孢囊梗主轴基部膨大或稍膨大 ··· **8**

7′. 孢子囊主轴梗基部不膨大 ··· **11**

8. 孢囊梗主轴基部膨大；霉层灰色；孢子囊较大，平均36.5～24 μm；寄生车前草属植物 ···············
　　··· **车前霜霉(*P. alta*)**

8′. 孢囊梗主轴基部稍膨大 ·· **9**

9. 霉层白色；孢子囊小，平均14～11.7 μm；卵孢子直径平均40 μm以上；寄生辣椒···············
　　··· **辣椒霜霉(*P. capsici*)**

9′. 霉层非白色；孢子囊较大或大；卵孢子直径在40 μm以下 ·································· **10**

10. 霉层黄褐色至灰紫色；孢子囊近球形或广椭圆形；卵孢子直径25～30 μm；寄生于委陵菜属植物和草莓属植物 ······································· **委陵菜霜霉(*P. potentillae*)**

10′. 霉层蓝紫色、灰紫色至黄色；孢子囊椭圆或近球形；卵孢子直径35～38 μm；寄生藜科植物 ·········
　　·· **粉霜霉(*P. farinosa*)**

10″. 霉层紫灰色；孢子囊长卵形或纺锤形；卵孢子直径31～39 μm；寄生葱属植物 ···············
　　··· **葱霜霉(*P. destructor*)**

11. 霉层灰白色；孢囊梗末枝直；卵孢子直径 25~30 μm；寄生荞麦 ⋯⋯⋯⋯⋯⋯ **荞麦霜霉(*P. gagopyri*)**

11′. 霉层紫褐色；孢囊梗末枝稍弯曲；卵孢子直径 31~39 μm；寄生豆科植物 ⋯⋯⋯⋯⋯⋯⋯⋯
⋯⋯⋯⋯⋯⋯⋯⋯⋯⋯⋯⋯⋯⋯⋯⋯⋯⋯⋯⋯⋯ **东北霜霉(*P. manschurica*)**

12. 孢囊梗末枝细尖略弯，均为 2 分叉；孢囊梗主轴基部渐细；孢囊梗上部分叉 6~8 次，呈锐角开张；
霉层淡蓝紫色；寄生薄荷 ⋯⋯⋯⋯⋯⋯⋯⋯⋯⋯⋯⋯⋯ **薄荷霜霉(*P. menthae*)**

12′. 孢囊梗末枝钝圆或稍膨大，2~3 分叉 ⋯⋯⋯⋯⋯⋯⋯⋯⋯⋯⋯⋯⋯⋯⋯⋯⋯⋯⋯ **13**

13. 孢囊梗末枝 2~3 分叉，呈直角或锐角；霉污白或黄白色，后变为淡褐至深褐色；寄生菊科植物⋯⋯⋯
⋯⋯⋯⋯⋯⋯⋯⋯⋯⋯⋯⋯⋯⋯⋯⋯⋯⋯⋯⋯⋯⋯⋯⋯ **菊花霜霉(*P. radii*)**

13′. 孢囊梗末枝仅 2 分叉 ⋯⋯⋯⋯⋯⋯⋯⋯⋯⋯⋯⋯⋯⋯⋯⋯⋯⋯⋯⋯⋯⋯⋯⋯⋯ **14**

14. 霉层白色；孢囊梗上部分叉 4~7 次，多呈锐角开张；寄生枸杞 ⋯⋯⋯ **枸杞霜霉(*P. lycii*)**

14′. 霉层非白色 ⋯⋯⋯⋯⋯⋯⋯⋯⋯⋯⋯⋯⋯⋯⋯⋯⋯⋯⋯⋯⋯⋯⋯⋯⋯⋯⋯⋯ **15**

15. 霉层灰紫色；孢囊梗主轴基部不膨大；孢囊梗上部分叉 4~7 次，多呈钝角开张；寄生豆科草木樨属
植物 ⋯⋯⋯⋯⋯⋯⋯⋯⋯⋯⋯⋯⋯⋯⋯⋯⋯⋯⋯⋯⋯ **草木樨霜霉(*P. meliloti*)**

15′. 霉层灰白色或暗灰色；孢囊梗主轴基部稍膨大 ⋯⋯⋯⋯⋯⋯⋯⋯⋯⋯⋯⋯⋯⋯⋯ **16**

16. 霉层暗灰色；孢囊梗上部分叉 3~4 次，呈锐角或直角开张；寄生茄科茄属植物 ⋯⋯⋯⋯⋯⋯⋯
⋯⋯⋯⋯⋯⋯⋯⋯⋯⋯⋯⋯⋯⋯⋯⋯ **烟草霜霉茄变种(*P. tabacinai* var. *solani*)**

16′. 霉层呈灰白色；孢囊梗上部分叉 4~6 次，多呈直角或钝角开张；寄生罂粟⋯⋯⋯⋯⋯⋯⋯⋯
⋯⋯⋯⋯⋯⋯⋯⋯⋯⋯⋯⋯⋯⋯⋯⋯⋯⋯⋯⋯⋯⋯⋯ **树状霜霉(*P. arborescens*)**

（6）盘梗霉属（*Bremia* Regel）

菌丝分枝，无隔多核，细胞间隙生；吸器小球形或棍棒形。孢囊梗有限生长，单枝或成束从气孔生出，无色，基部常稍膨大，上部为多次二叉状锐角分枝，末枝顶端扩大成盘状或球形，边缘环生 3~6 个小梗，小梗各顶生一孢子囊。孢子囊近球形，卵形或广椭圆形，具乳突或不明显，无色，萌发产生游动孢子或芽管。卵孢子生于植物组织中，球形，黄褐色至褐色，壁光滑或粗糙，与藏卵器壁分离。

北温带广布，约 20 种（AFTOL，2019），我国约 13 种（余永年，1998）。多专性寄生菊科植物，引起霜霉病。代表种：莴苣盘梗霉（*Bremia lactucae* Regel）（图 3-19），寄生莴苣属、毛莲菜属和蒲公英属等植物。

（7）单轴霉属（*Plasmopara* J. Schröt.）

菌丝无隔多核，细胞间隙生；吸器小球形。孢囊梗有限生长，单枝或成簇从气孔生出，常为直角或近似直角分枝，主轴有时具隔膜，末枝 3~4，较刚直，呈直角或近直角张开，顶端钝圆或平截。孢子囊球形，卵形或椭圆形，具乳突或不明显，无色，萌发产生游动孢子或芽管。藏卵器球形、近球形、广椭圆形或多角形，外壁光滑，含一个卵球，周质明显。雄器侧生，棒状或椭圆形。卵孢子球形或近球形，黄褐色，常不产生。

世界广布，约 110 种（Kirk et al.，2008），我国共 27 种（余永年，1998）。多寄生于菊科、伞形科和毛茛科等双叶植物。

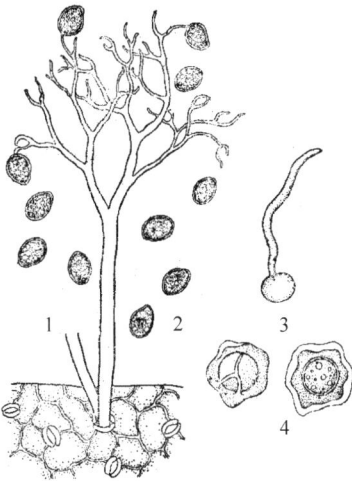

1. 孢囊梗自气孔生出；2. 孢子囊；
3. 孢子囊萌发；4. 卵孢子。

图 3-18　寄生霜霉[*Peronospora parasitica*
（Pers.）Fr.]**的形态**
（西北农学院，1975）

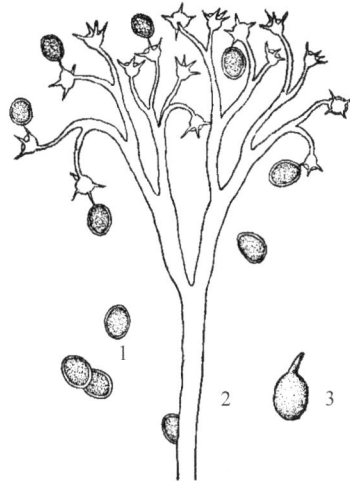

1. 孢囊梗；2. 孢子囊梗；3. 孢子囊萌发
产生芽管。

图 3-19　莴苣盘梗霉（*Bremia lactucae*
Regel）**的形态**
（西北农学院，1975）

单轴霉属重要种检索表

1. 孢囊梗主轴较粗，平均 10 μm 以上 ·· **2**

1′. 孢囊梗主轴较细，平均 10 μm 以下 ·· **4**

2. 分枝短少，集中于孢囊梗主轴顶部；寄生锦葵科苘麻属植物 ······ 苘麻单轴霉（*Plasmopara skvortzovii*）

2′. 分枝较多，不集中于孢囊梗主轴顶部 ··· **3**

3. 孢囊梗上部分枝 5~10 次，末端常 2~3 枝；寄生苋科牛藤 ············· 牛藤单轴霉（*P. achyranthis*）

3′. 孢囊梗上部分枝 2~4 次，分枝短，末端 3~4 枝簇生；寄生银莲花属植物 ···············
··· 矮小单轴霉（*P. pygmaea*）

4. 寄生于凤仙花科凤仙花属植物 ································· 凤仙花单轴霉（*P. obducens*）

4′. 寄生于凤仙花科以外植物 ··· **5**

5. 寄生于菊科植物 ··· **6**

5′. 寄生于菊科以外植物 ·· **7**

6. 孢囊梗上部单轴分枝 4~6 次，末枝较短，平均 5 μm 以下；寄生苍耳 ···············
··· 苍耳单轴霉（*P. angustiterminalis*）

6′. 孢囊梗上部单轴分枝 6~8 次，末枝较长，平均 6 μm 以上；寄生向日葵 ···············
··· 向日葵单轴霉（*P. helianthi*）

7. 孢囊梗上部单轴分枝 4~6 次，末枝较短，平均 6 μm 以下 ························· **8**

7′. 孢囊梗上部单轴分枝 3~6 次，末枝较长，平均 8 μm 以上 ························· **9**

8. 孢囊梗末枝平均长 5.5 μm；孢子囊倒卵形或椭圆形；寄生车前 ···············
··· 车前草生单轴霉（*P. plantaginicola*）

8′. 孢囊梗末枝平均长 4.5 μm；孢子囊卵形或椭圆形（图 3-20）；寄生葡萄属植物 ·············
··· 葡萄生单轴霉（*P. viticola*）

9. 孢囊梗有隔膜，末枝平均长 10 μm；孢子囊淡褐色；寄生香薷属植物 ······ **香薷单轴霉**(*P. elsholtziae*)

9′. 孢囊梗无隔膜，末枝平均长 8.2 μm；孢子囊无色；寄生当归属植物 ········ **当归单轴霉**(*P. angelicae*)

(8) 假霜霉属(*Pseudoperonospora* Rostovzev)

菌丝体无隔多核，细胞间隙生，吸器球形或裂瓣状。孢囊梗单枝或成束从气孔生出，主枝直立，基部稍膨大，冠部呈不对称二叉状，分枝与主轴成锐角，末端尖细微弯。孢子囊卵球形、卵形、梨形或椭圆形，顶部具乳突(或顶孔)，淡紫褐色、淡褐色或褐色，多萌发产生游动孢子。藏卵器球形、近球形、广椭圆形或多角形，外壁光滑，含一卵球，周质明显。雄器侧生，棒状或椭圆形。卵孢子球形，淡黄色至黄褐色，壁光滑或粗糙，不满器。

世界广布，约 8 种(AFTOL，2022)，我国约 6 种(余永年，1998)。多引起葫芦科、桑科(大麻亚科)、荨麻科和榆科植物霜霉病。常见种：古巴假霜霉[*Pseudoperonospora cubensis* (Berk. & M. A. Curtis) Rostovzev = *Pseudoperonospora humuli* (Miyabe & Takah.) Wilson] (图 3-21)，寄生葫芦科瓜类和葎草属植物；大麻假霜霉[*P. cannabina* (G. H. Otth) Curzi]，寄生大麻；朴树假霜霉[*P. celtidis* (Waite) G. W. Wilson]，引起朴树霜霉病。

3.2.2.3　白锈菌目(Albuginales F. A. Wolf & F. T. Wolf)

白锈菌目为陆生植物专性寄生菌，主要寄生被子植物，在寄主表皮下产生白色疱状孢子堆，似"白锈"，破裂后散出白色粉状物，故称白锈病。

菌丝以球形或圆锥状吸器深入植物细胞吸取营养。无性繁殖通常产生游动孢子囊和游动孢子，孢子囊梗单生、不分枝，呈棍棒形，丛生寄主表皮下，排成栅栏状。孢子囊球形、

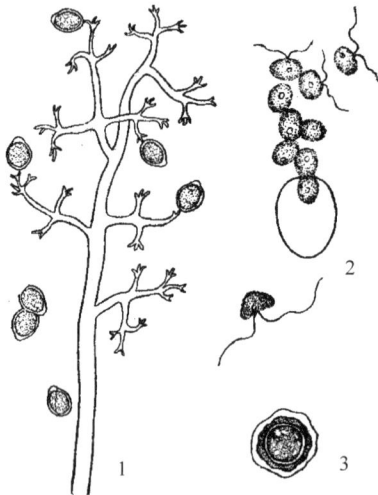

1. 孢囊子梗及孢子囊；2. 孢子囊萌发产生游动孢子；
3. 卵孢子。

图 3-20　葡萄生单轴霉[*Plasmopara viticola*
(Berk. & M. A. Curtis) Berl. & de Toni]**的形态**
(西北农学院，1975)

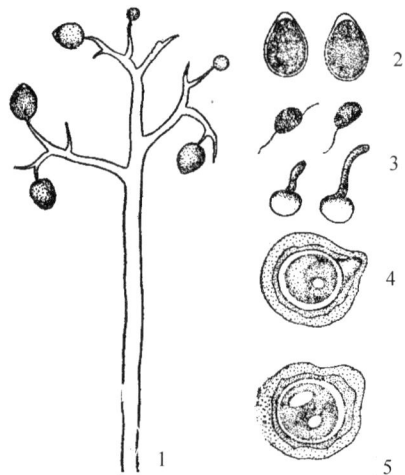

1. 孢囊子梗及孢子囊；2. 孢子囊；3. 游动孢子；
4. 游动孢子萌发芽管；5. 卵孢子。

图 3-21　古巴假霜霉[*Pseudoperonospora cubensis*
(Berk. & M. A. Curtis) Rostovzev]**的形态**
(西北农学院，1975)

短椭圆形至圆筒形，呈链状串生于孢囊梗顶端，向基式发育形成，脱落，无色或近无色，壁薄或中腰部增厚，多萌发产生肾形双鞭毛游动孢子。有性生殖在寄主组织内进行，藏卵器近球形，含单卵球，卵周质明显；雄器棒状或肾形，侧生于藏卵器。卵孢子球形或近球形，壁厚，多具网状或瘤状纹饰，少数平滑，不满器。

该目仅有白锈菌科（Albuginaceae J. Schröt.）1 科，传统上仅含白锈菌属［Albugo（Pers.）Roussel］1 属。专性寄生于十字花科、苋科、菊科、旋花科和藜科等植物叶、茎和花序，常造成畸形病状（如"龙头"）。

讨论：Thines et al.（2005）依据孢子囊壁结构及寄主范围，将广义白锈菌属修订为狭义白锈菌属（Albugo s. str.）、疱状白锈菌属（Pustula Thines）和威尔逊属（Wilsoniana Thines）3 个属。本书暂采用广义白锈菌属分类。

（1）白锈属［Albugo s. l.（Pers.）Roussel］

广义白锈菌属特征与科同。

世界广布，约 50 种（AFTOL，2022），我国已知约 16 种（余永年，1998）。常见种：白锈菌［Albugo candida（Pers. ex J. F. Gmel.）Roussel = Albugo macrospora（Togashi）S. Ito］（图 3-22），寄生十字花科芸薹属、荠属、碎米荠属、南芥属和萝卜属等多种植物；旋花白锈菌［A. ipomoeae-panduratae（Schwein.）Swingle］，寄生旋花科虎掌藤属、牵牛属和旋花属等植物；苋白锈菌［A. bliti（Biv.）Kuntze = Wilsoniana bliti（Biv.）Thines］，寄生苋科苋属、牛藤属等多种植物；马齿苋白锈菌［A. portulacae（DC.）Kuntze = Wilsoniana portulacae（DC.）

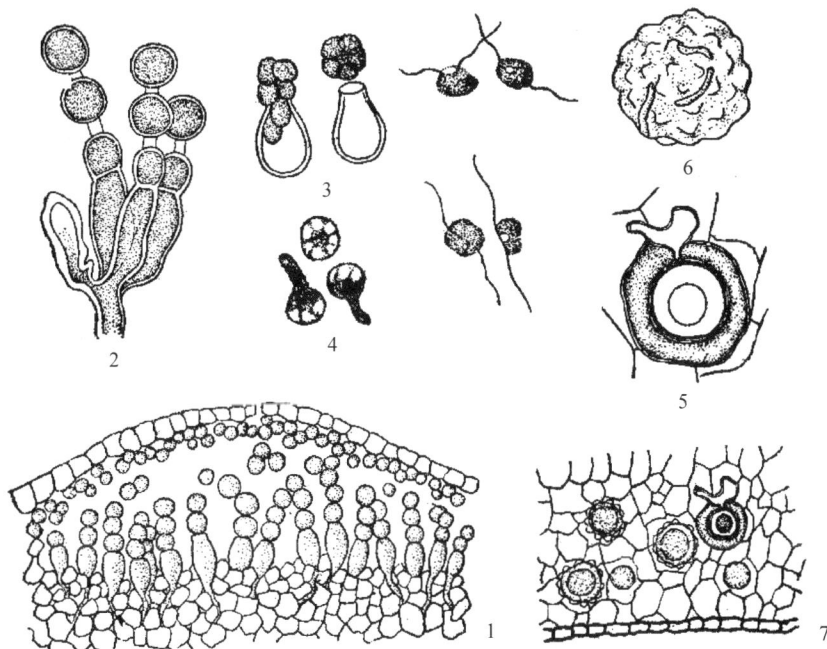

1. 孢子囊堆；2. 孢囊子梗及孢子囊；3. 孢子囊萌发产生游动孢子；4. 休止孢萌发产生芽管；5. 藏卵器和雄器；6. 卵孢子；7. 植物组织中正在形成和已形成的卵孢子。

图 3-22　白锈菌［Albugo candida（Pers. ex J. F. Gmel.）Roussel］的形态

（西北农学院，1975）

Thines]，寄生马齿苋；西方白锈菌[*A. occidentalis* G. W. Wilson = *Wilsoniana occidentalis* (G. W. Wilson) Abdul Haq & Shahzad]，寄生菠菜。

3.2.2.4 水节霉目(Leptomitales Kanouse)

营养体为发达的无隔菌丝，并具有显著收缩节，节处有纤维素颗粒状塞，细胞壁含有一定的几丁质成分。孢子囊长柱形至梨形，游动孢子双鞭毛，双游或单游。藏卵器单卵球（小异绵霉属具有 2~12 个卵球除外），无卵周质，卵质体透亮，卵孢子壁厚。雄器生于菌丝分枝上，与藏卵器同丝或异丝。水节霉目大多腐生于污水或沉水中的植物残体，或土壤生，少数可寄生于动物，如 *Perca fluviatilis*。

共 4 科 15 属 35 种(AFTOL，2022)。

水节霉目分科及常见属检索表

1. 营养体为发达的无隔菌丝，并具有显著收缩节，分体产果；藏卵器含 1 个卵球 ······················· ··· 水节霉科(**Leptomitaceae**) **2**

1′.营养体多少菌丝状、具收缩节或为单细胞，整体产果或分体产果；藏卵器含 1 至多个卵球 ·········· **3**

2. 菌丝粗壮，游动孢子囊形态与菌丝节段差异小，向基式连生；藏卵器多未知 ························· ··· 水节霉属(*Leptomitus*) 共 11 种。代表种：乳水节霉[*Leptomitus lacteus* (Roth) C. Agardh]（图 3-23），腐生于污水或土栖，污水测定菌。

2′.菌丝纤细，游动孢子囊生于菌丝节段顶端，大多卵形或梨形；藏卵器球形或近球形 ················· ··· 异绵霉属(*Apodachlya*)

3. 雄器呈孢子囊状，其内部形成数个雄器细胞、并通过受精丝将雄核授于藏卵器；藏卵器含多个卵球 ··· 小异绵霉科(**Apodachlyellaceae**) **4**

3′.雄器非上述特征；藏卵器含 1 至多个单卵球 ········· **5**

4. 营养体为纤细分枝状菌丝，分体产果；孢子囊侧生，宽柱形/未知，藏卵器含 2~12 个卵球 ·········· ··· 小异绵霉属(*Apodachlyella*) 仅 1 种，拟异绵霉[*Apodachlyella completa* (Humphrey) Indoh]（图 3-24），腐生于淡水或土栖。

4′.营养体为单细胞，整体产果；产生孢子囊，藏卵器含 1~2 个卵球 ··· 拟广口外壶属(*Eurychasmopsis*) 仅 1 种，*Eurychasmopsis multisecunda*，寄生于吸管虫。

5. 营养体多少菌丝状，分体产果或整体产果 ················ 小细囊霉科(**Leptolegniellaceae**) **6**

5′.营养体为囊状单细胞，整体产果；囊胞化游动孢子呈桑葚状聚集，藏卵器单卵球 ····················· ··· (**Ducellieraceae**) *Ducellieria* 仅 1 种，*Ducellieria chodatii*，寄生于花粉粒。

6. 菌体内生，宽管状，分枝或不分枝，整体产果；先后形成囊胞化的初生游动孢子和次生游动孢子，休眠（卵）孢子壁厚，卵质体偏中心，无周质；寄生于硅藻细胞内 ········ 拟外囊壶属(*Aphanomycopsis*) 共 8 种。代表种：杆状拟外囊壶菌(*Aphanomycopsis bacillariaceaum* Sherff.)，寄生羽纹藻等硅藻。

6′.菌体菌丝状，不规则分枝，整体产果；孢子囊分枝状，先后形成初生游动孢子和次生游动孢子；休眠孢子壁厚，形成于菌丝中；土栖 ································· 小细囊霉属(*Leptolegniella*) 共 6 种。代表种：*Leptolegniella keratinophia* Huneycutt，土壤腐生。

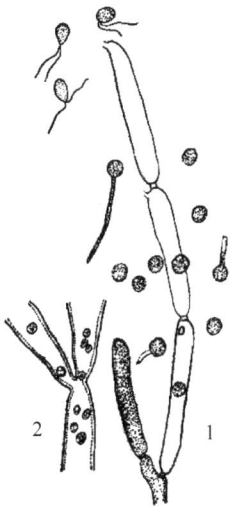

1. 缢缩状菌丝，每节作用如一孢子囊，游动孢子、休止孢及其萌发；2. 缢缩状菌丝内含游动孢子和纤维素颗粒。

图 3-23　乳水节霉[*Leptomitus lacteus* (Roth) C. Agardh]**的形态**
(Pringsheim，1860)

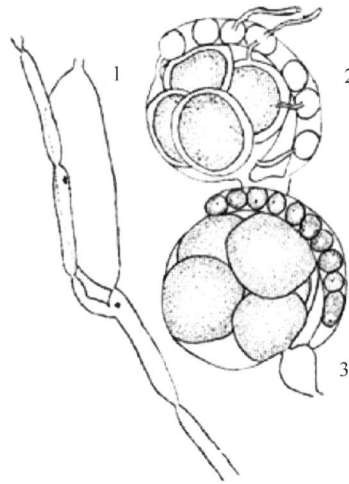

1. 缢缩状菌丝及侧生孢子囊；2. 幼的、成熟的藏卵器和细长、具数个休止孢状雄细胞的雄器及其受精丝。

图 3-24　拟异绵霉[*Apodachlyella completa* (Humphrey) Indoh]**的形态**
(Longcore et al.，1987)

3.2.2.5　囊轴霉目(Rhipidiales M. W. Dick)

菌体花梗状至树状，具有发达的基部细胞及假根，上部产生纤细、常缢缩的分枝，顶生孢子囊或配子囊的菌丝。孢子囊仅产生次生游动孢子。藏卵器单卵球，卵孢子具周质。雄器生于菌丝分枝上，与藏卵器同丝或异丝。囊轴霉目大多腐生于淹没水中的小树枝或果实上。

共 1 科 6 属 15 种(Kirk et al.，2008)。

囊轴霉目(科)常见属检索表

1. 孢子囊直接产生于棒状基细胞上、并具有不等常刺 ················· 小明登尼霉属(*Mindeniella*)
1′. 孢子囊产生在由基细胞生出的菌丝分枝的顶端 ·· **2**
2. 基细胞纤细，孢子囊平滑，卵孢子壁具波状纹饰 ···················· 腐轴霉属(*Sapromyces*)
　　共 4 种。代表种：长腐轴霉[*Sapromyces elongatus* (Cornu) Thaxt.](图 3-25-1)，配子囊基部菌丝呈隔膜状缢缩。
2′. 基细胞粗壮，孢子囊平滑或具刺，或二者同时存在；卵孢子具网状壁或扇彤周质壁 ················ **3**
3. 孢子囊产生筒形泡囊；卵孢子具网状壁纹饰 ··································· 轴霉属(*Rhipidium*)
　　共 6 种。代表种：美洲轴霉(*Rhipidium americanum* Thaxt.)(图 3-25-2~4)，雄器宽棒状，生于藏卵器下方弓形分枝上。
3′. 孢子囊二型：近柱形或宽棒状平滑；卵形至近球形布以硬刺；卵孢子有扇形周质壁 ·····················
　　··· 窝卵轴霉属(*Araiospora*)
　　共 4 种。代表种：窝卵轴霉(*Araiospora pulchra* Thaxt.)(图 3-25-5~7)，梨形孢子囊布有长尖刺。

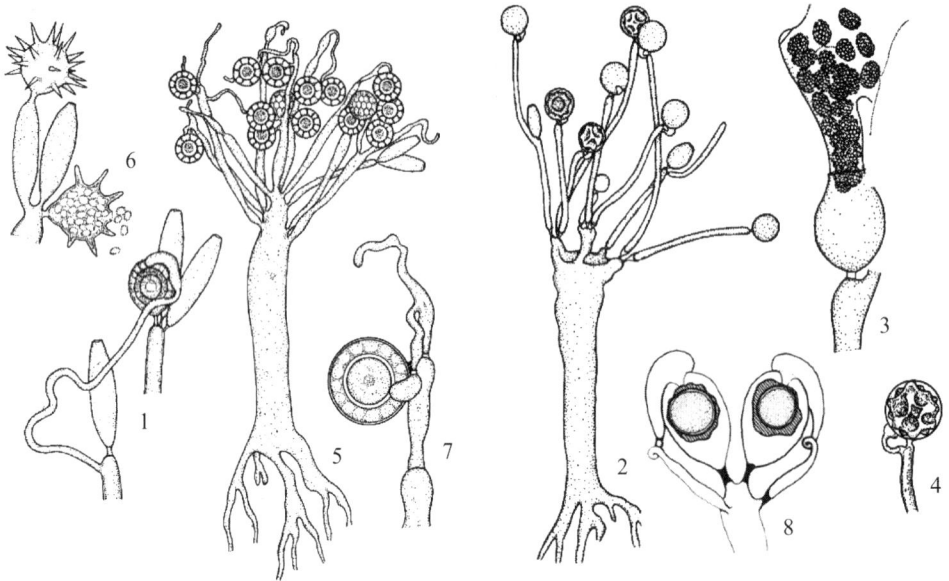

1. 长腐轴霉［*Sapromyces elongatus*（Cornu）Thaxt.］，平滑壁空孢子囊和雌雄异丝的配子囊；2～4. 美洲
轴霉（*Rhipidium americanum* Thaxt.）；2. 菌体产生孢子囊、藏卵器和雄器；3. 孢子囊以筒状泡囊释放游
动孢子；4. 雌雄同丝雄器和具网状纹饰卵孢子；5～7. 窝卵轴霉（*Araiospora pulchra* Thaxt.），树状菌体
产生棒状孢子囊和藏卵器；8. 腐轴霉（*Sapromyces androgynus* Thaxt.）形成的卵孢子，其藏卵器和雄器基
部呈隔膜状收缩，雌雄同丝。

图 3-25　囊轴霉目（Rhipidiales M. W. Dick）**菌物的形态**

（Sparrow，1932；Dick，1973；Thaxter，1896）

3.3　双环门网黏菌纲

　　双环门（Bigyra）菌物多为无壁、具有吞噬作用的异养生物。主要包括蛙片虫纲（Opal-inea）、网黏菌纲（Labyrinthulea）和 Eogyrea 等浮游生物或海底生物。作为异鞭毛类生物之一，双环门茸鞭式鞭毛的轴丝与假菌类似，呈现双螺旋（double helix）形横截面超微构造特征。

　　网黏菌纲（Labyrinthulea L. S. Olive ex Caval. -Sm.）为具有渗透吸收功能的菌物，其营养体呈分枝状并相互联结的无壁、丝状外质网结构，内含许多梭形体细胞（图 3-26）或者外生近球形菌体（图 3-27），这种无壁丝状网脉可由梭形体细胞壁内侧（或近球形菌体基部内侧）的独特性细胞器——生网体（bothrosome）产生，且梭形体细胞可在网脉内来回移动。无性繁殖产生具有茸鞭式和尾鞭式双鞭毛的游动孢子。

　　网黏菌主要生于河口、近海岸水域生境中，多腐生于植物花粉粒和藻物碎屑，少数可寄生海水被子植物（如鳗草）、藻类，也可寄生软体动物（如章鱼）。

　　共 2 目 7 科 24 属 59 种（AFTOL，2022）。

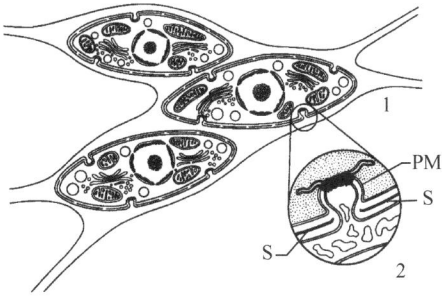

1. 外质网及其内含的梭形体细胞，细胞表面凹口是生网体；2. 为一生网体的高倍放大图，S. 指覆盖细胞表面的壁鳞片；PM. 细胞原生质膜。

图 3-26　网黏菌属（*Labyrinthula* Cienk.）的梭形体细胞

（C. G. Hahn 绘）

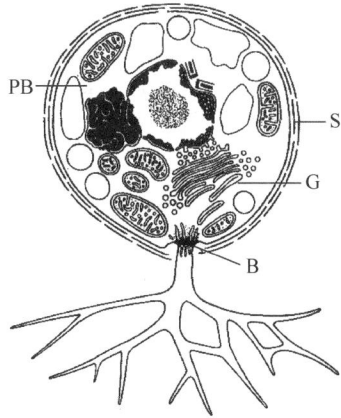

S. 壁鳞片；PB. 副核体；G. 含有壁鳞片的高尔基体潴泡；B. 生网体。

图 3-27　破囊壶菌属（*Thraustochytrium* Sparrow）的营养体形态

（C. G. Hahn 绘）

网黏菌纲目及主要科（属）检索表

1. 梭形体细胞被包裹在外质网内，且在网脉内来回移动；游动孢子具有眼斑 ………………………………………………………………………………… **网黏菌目（Labyrinthulida）**

网黏菌科（Labyrinthulaceae）网黏菌属（*Labyrinthula*）共 8 种。代表种：大叶藻网黏菌（*Labyrinthula zosterae* D. Porter & Muehlst.）生于大叶藻，引起死亡；陆生网黏菌（*L. terrestris* D. M. Bigelow, M. W. Olsen & Gilb.）（图 3-28），可引起过度灌溉的草坪草、黑麦草顶梢枯死。

1′. 球形、倒梨形菌体不被外质网包裹；游动孢子无眼斑 ……………… **破囊壶菌目（Thraustochytrida）2**

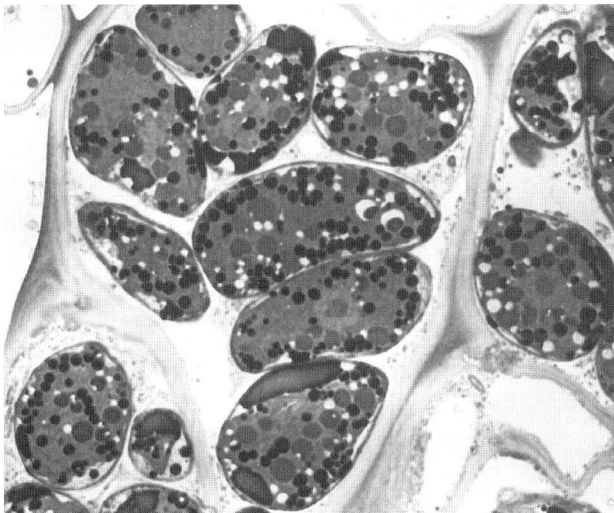

图 3-28　受侵染黑麦草组织中的陆生网黏菌（*Labyrinthula terrestris* D. M. Bigelow, M. W. Olsen & Gilb.）梭形体细胞

（Bigelow et al., 2017）

2. 菌体可沿根状外质网缓慢移动，孢子囊产生不游动的静孢子 ·················
·············· **静壶菌科（Aplanochytriidae）静壶菌属（*Aplanochytrium*）**

代表种：鲍鱼静壶菌[*Aplanochytrium haliotidis*（S. M. Bower）C. A. Leander & D. Porter]，侵染鲍鱼。

2′. 菌体不沿根状外质网移动，孢子囊产生游动孢子 ············· **破囊壶菌科（Thraustochytriidae）3**

3. 菌体通过营养细胞连续双裂形成，游动孢子呈卵形 ············· **裂壶菌属（*Schizochytrium*）**

3′. 菌体直接形成单孢子囊，通过囊壁顶破裂或溶解释放球形或肾形游动孢子（图 3-27）·············
··· **破囊壶菌属（*Thraustochytrium*）**

代表种：层出破囊壶（*Thraustochytrium proliferum* Sparrow），腐生于羽毛羽藻等海藻。

3.4 曳尾虫门植物黏菌纲

曳尾虫门（Cercozoa）多为异养原生动物，包括大多数自由生活的阿米巴虫和鞭毛虫，主要习栖于土壤以及淡水和海洋中，一些寄生植物、无脊椎动物和其他原生动物，少数通过奴役光合猎物（photosynthetic prey）形成永久性细胞嵌合体而变成藻类。曳尾虫门生物多通过在其柔软身体表面的丝状或网状假足捕捉并吞噬细菌、真菌、藻类及其他原生动物；罕产生具有尾鞭式双鞭毛的游动孢子，少数寄生植物或藻类。曳尾虫门与菌物相关的仅有植物黏菌纲（Phytomyxea Engl.）。

植物黏菌纲营养体为单胞或多胞的原生质团，并产生尾鞭式双鞭毛游动孢子，其囊胞化的游动孢子可产生特殊侵入机构——棘杆（stachel）。按其芸薹根肿菌（*Plasmodiophora brassicae* Woronin）生活史（图 3-29），植物黏菌纲菌物可产生 2 种原生质团，即产生游动孢子囊的初生原生质团（n）和产生休眠孢子囊次生原生质团（$n+n$）。在生长过程中，两种原生质团均呈现明显的"十"字形（cruciform）有丝分裂特征（图 3-30）。

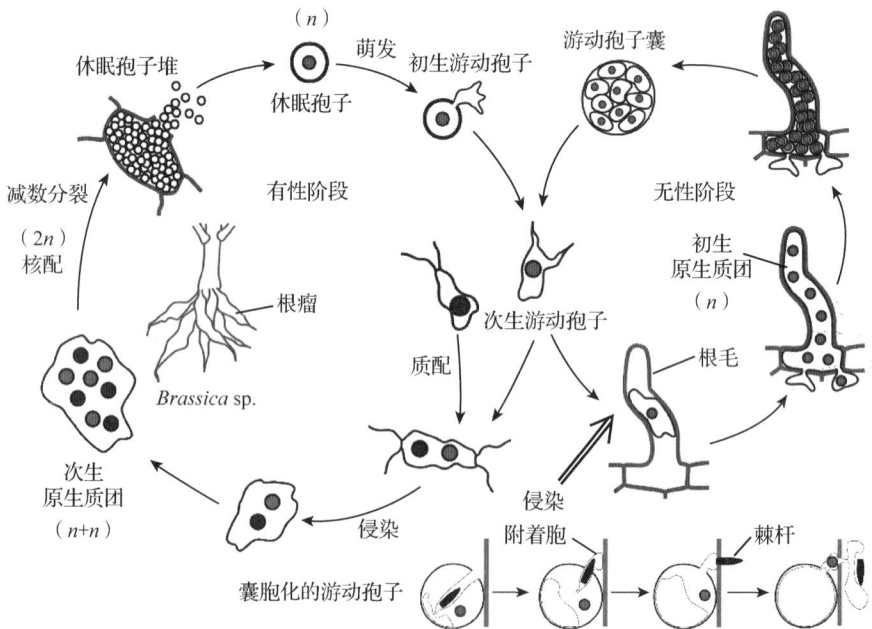

图 3-29 芸薹根肿菌（*Plasmodiophora brassicae* Woronin）生活史
（改绘自 Piepenbring，2015）

植物黏菌纲菌物以厚壁、单核休眠孢子的形式存在于土壤、淡水和海洋生态系统中，为高等植物、藻类及某些卵菌的内寄生菌，具有吸收营养的生活方式。可引起严重的植物病害或作为植物病毒的传播载体。植物黏菌纲仅含根肿菌目（Plasmodiophorales F. Stevens = Plasmodiophorida）1目 2 科 15 属，约 50 种（Kirk et al.，2008）。

根肿菌目分科及常见属检索表

1. 原生质团吞噬营养，生长过程无十字形有丝分裂特征；寄生纤毛虫纲的肾形虫 …………………………………………………… **Endemosarcidae**
共 1 属 2 种。代表种：*Endemosarca hypsalyxis* Erdos & L. S. Olive。

1′.菌体初期渗透吸收，原生质生长呈现明显的"十"字形有丝分裂特征；寄生植物、藻类或水霉菌 …………………………………………… **根肿菌科（Plasmodiophoridae）2**

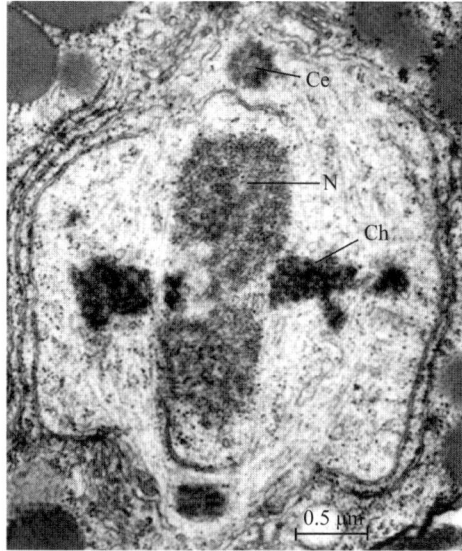

N. 被纺锤体拉长的核仁；Ce. 中心粒；Ch. 染色质。

图 3-30　侵染蔓菁的芸薹根肿菌
（*Plasmodiophora brassicae* Woronin）的产孢子囊原生质核内"十"字形分裂
（Bulman et al.，2017）

2. 休眠孢子囊不联合成休眠孢子囊堆而自由分散于寄主细胞中，壁光滑、具刺或刚毛 ……………………………………………… **根肿菌属（Plasmodiophora）**
代表种：芸薹根肿菌（*Plasmodiophora brassicae* Woronin）。

2′.休眠孢子（休眠孢子囊）联合成丛或休眠孢子囊堆 ………………………………… **3**

3. 休眠孢子囊由仅 2~8（偶 1）个休眠孢子联合构成 ………………………………… **4**

3′.休眠孢子囊大多联合成松散或紧密的休眠孢子囊堆 ……………………………… **5**

4. 休眠孢子囊常 4（或 2~3）个联合成堆；寄生水生被子植物 ……… **四胞菌属（Tetramyxa）**

4′.休眠孢子囊由 8（偶 6）个休眠孢子联合构成；寄生水霉目菌物 …… **八胞菌属（Octomyxa）**

5. 休眠孢子囊堆主要为球形、近球形或椭圆形，中空 ……… **球壶菌属（Sorosphaera）**

5′.休眠孢子囊堆主要为双层、盘状 ………………………………… **层盘菌属（Sorodiscus）**

5″. 休眠孢子囊堆海绵状、卵形、近球形或不规则形，被浅沟或裂缝横切……… **粉痂菌属（Spongospora）**

5‴.休眠孢子囊堆形态多样或不规则 ………………………………………………… **6**

6. 孢子囊多，4~10 个，以破壁开口；寄主水生、陆生植物根部 ……… **异黏孢菌属（Ligniera）**

6′.孢子囊大，长瓣状，缢缩或分节，具长芽管；寄主陆生植物根部 ……… **多黏菌属（Polymyxa）**

6″. 孢子囊 1 至多个，具有游动孢子释放孔；寄生水霉、腐霉或藻类 ……… **伏鲁宁菌属（Woronina）**

（1）根肿菌属（*Plasmodiophora* Woronin）
休眠孢子不联合成休眠孢子堆，而游离分散在寄主细胞中，球形、椭圆形或多角形，萌发产生一个游动孢子。游动孢子具有前生不等长双鞭毛，间歇地变成阿米巴状后侵入寄主细胞，经多次分裂形成多核的初生原生质团，多核原生质团再割裂成单核片段，进而产生双鞭毛游动配子，交配后再次侵入寄主细胞，形成次生原生质团部分或全部充满寄主细胞，并以阿米巴形式在细胞中或细胞之间移动，引起寄主细胞增生。次生原生质团最终分割形成休眠孢子囊，休眠孢子囊双层壁，内壁为几丁质。

世界广布，共 6 种（Kirk et al., 2008）。寄生于陆生、水生维管植物和藻类。主要种有：芸薹根肿菌（*Plasmodiophora brassicae* Woronin），寄生十字花科甘蓝、蔓菁多种蔬菜，引起根肿病；双尾根肿菌（*P. bicaudata* Feldmann），寄生大叶藻；二药藻根肿菌［*P. diplantherae*（Ferd. & Winge）Ivimey Cook］，寄生二药藻。

（2）粉痂菌属（*Spongospora* Brunch.）

休眠孢子聚集成中空的海绵状、球形休眠孢子堆。休眠孢子球形、椭圆形或多角形，黄色至黄绿色，壁平滑，萌发产生一个双鞭毛游动孢子(或原生质团)。游动孢子侵入寄主根部、形成产孢子囊原生质团或游动孢子囊，充满寄主细胞。游动孢子（配子）交配后再次侵入寄主细胞，形成产休眠孢子囊原生质团，进而产生厚壁的休眠孢子。

世界广布，共 5 种（AFTOL，2020）。寄生维管束植物。代表种：马铃薯疮痂病菌［*Spongospora subterranea*（Wallr.）Lagerh.］。

（3）异黏孢菌属（*Ligniera* Maire & Tison）

休眠孢子不明显聚集成一定形状和结构的休眠孢子（囊）堆，其形状多样，淡色或有色，光滑或具疣。原生质团较小，部分或全部充满寄主细胞，割裂形成大量游动孢子囊或1 至多个休眠孢子囊堆。不引起寄主细胞增生。游动孢子囊群生于寄主细胞中，形态小、多样，通过破壁释放游动孢子，游动孢子梨形。

世界广布，共 8 种（AFTOL，2020）。寄生于陆生、水生维管植物和藻类。代表种：维管异黏孢菌［*Ligniera vasculorum*（Matz）M. T. Cook = *Plasmodiophora vasculorum* Matz］，寄生甘蔗叶子；灯芯草异黏孢菌［*L. junci*（Schwartz）Maire & A. Tison］，寄生于灯芯草等多种水生、陆生植物根部。

（4）伏鲁宁菌属（*Woronina* Cornu）

游动孢子囊、休眠孢子囊原基(rudiment)形成于寄主破壁下部。游动孢子囊球形、群生，各孢子囊形成一孔，以此释放不等长双鞭毛游动孢子；休眠孢子囊厚壁，多角形或球形，通常松散聚集成休眠孢子囊堆，萌发时如同游动孢子囊作用。

北温带广布，共 5 种（AFTOL，2020）。寄生水霉、腐霉和藻类。代表种：伏鲁宁菌（*Woronina polycystis* Cornu），寄生水霉、绵霉，休眠孢子囊多角形，聚集成球形休眠孢子囊堆。

（5）多黏菌属（*Polymyxa* Ledingham）

休眠孢子囊不规则群生于寄主根内；游动孢子囊具有长颈；不等长双鞭毛游动孢子自休眠孢子囊或游动孢子囊产生。一般不引起寄主细胞增生。

北温带广布，共 2 种（Kirk et al.，2008）。寄生陆生植物。代表种：禾本多黏菌（*Polymyxa graminis* Ledingham），寄生于小麦根内。

复习思考题

1. 简述藻物界菌物的形态特征。
2. 绘制思维导图区别描述重要的植物病原卵菌及其形态特征。
3. 简述研究卵菌对植物健康的重要性。
4. 简述黏菌的生活史与人类的关系。

第 4 章

真菌界壶菌类

真菌界(true fungi)是指缺乏叶绿体、通过渗透吸收进行异养生活的真核生物。其营养体为单细胞或多为丝状体，细胞壁成分多为几丁质或 β-葡聚糖。通过孢子进行有性或无性繁殖。在细胞超微结构上，真菌的线粒体嵴多为扁平状。真菌界主要包括壶菌门、接合菌门、子囊菌门和担子菌门等。

4.1 壶菌概述

4.1.1 壶菌基本特征

(1)营养体与习性

壶菌菌体多为单细胞、单细胞带假根或菌丝状，整体产果或分体产果，单中心或多中心；细胞壁成分主要为几丁质，其次为葡聚糖，线粒体具有扁平嵴(flating crista)；无性繁殖产生游动孢子囊，或非盖裂释放游动孢子；游动孢子具后生尾鞭式单(罕多)鞭毛；有性生殖形成休眠孢子。

壶菌多数腐生于水中的花粉粒、动植物残体、土壤有机质及食草动物肠道中，少数寄生于藻类、苔藓、水生真菌、浮游植物和陆生维管植物等，有些可寄生于蚊、线虫、轮虫等。

(2)无性繁殖

壶菌无性繁殖为整体产果或分体产果，形成孢子囊及游动孢子。孢子囊通过释放乳突或释放管释放游动孢子，其中，释放乳突具体分为外盖裂、内盖裂和乳突破裂开孔 3 种类型(图 4-1)。游动孢子形态多样，由许多细胞器组成，包括核糖体、线粒体、微体—脂肪球复合体(microbody-lipid globule complex，MLC)，此外还包括潴泡(cistern)、微管和动体等超微结构，根据这些结构与细胞核的关系等形成明显不同的几种类型(图 4-2)，成为现代壶菌分类最重要的依据。

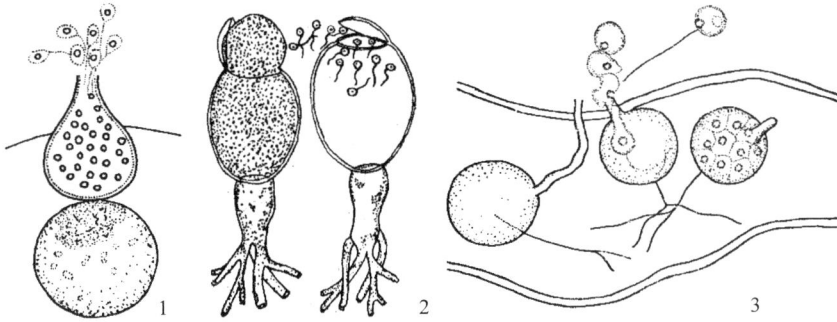

1. 乳突孔释放；2. 盖裂释放；3. 释放管释放。

图 4-1 壶菌的游动孢子释放方式

（Sparrow，1960）

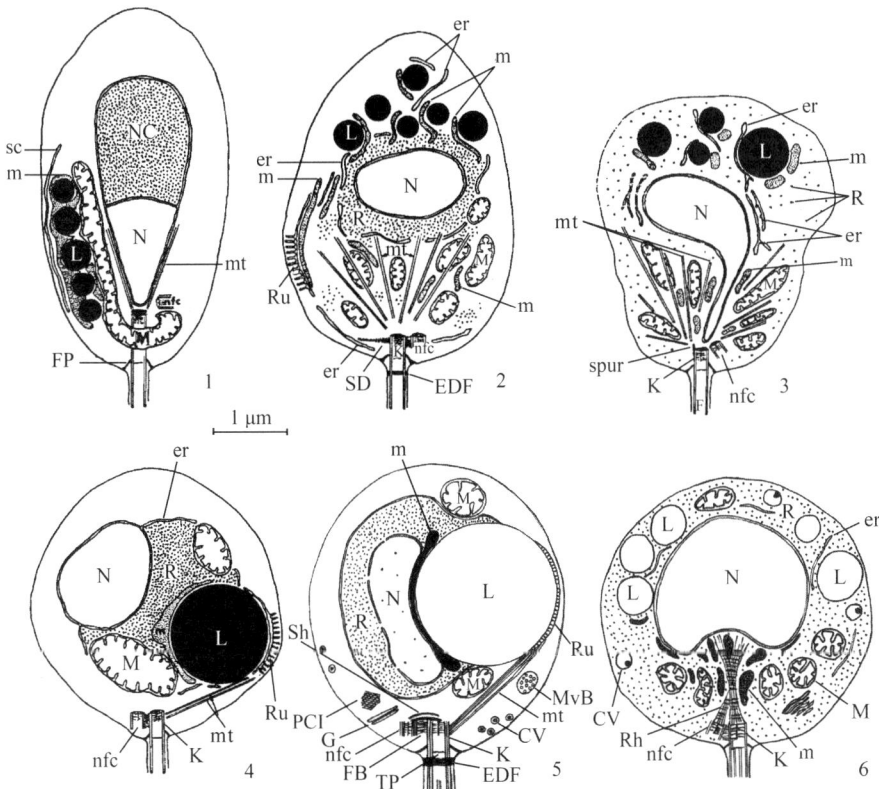

1. 芽枝霉目（Blastocladiales H. E. Petersen）；2. 单毛菌目（Monoblepharidales Sparrow）；3. 小壶菌目（Spizellomycetales D. J. S. Barr）；4. 根生壶菌目（Rhizophydiales Letcher）；5. 壶菌目（Chytridiales Cohn）；6. 根囊壶菌目（Rhizophlyctidales Letcher）；N. 细胞核；NC. 核帽（核糖体）；R. 核糖体；L. 类脂球；M. 线粒体；Ru. 尾泡=孔状潴泡（fenestrated cisterna）；er. 内质网；sc. 简单潴泡（背膜）；F. 鞭毛；K. 动体；nfc. 非功能性中心粒；FB. 纤维桥；spur. 刺状动体相关结构；Sh. 盾形动体相关结构；FP. 鞭毛撑；m. 微体；mt. 微管；G. 高尔基体；SD. 条纹盘；TP. 端板；EDF. 鞭毛基部电子密集区（轴突基底塞 FP）；Rh. 根丝体；CV. 核心泡囊；MvB. 多泡体；PCI. 类晶体状内含体。

图 4-2 壶菌主要目的游动孢子的超微结构

（1~4. 引自 Barr，1990；5. 引自 Barr et al.，1976；6. 改绘自 Vélez et al.，2011；Letcher et al.，2008）

（3）有性生殖

壶菌类菌物的有性生殖方式较为复杂，可通过游动配子融合、配子囊受精作用、配子囊交配和体细胞配合等方式形成合子，进而发育成休眠孢子或卵孢子。

①游动配子融合。形态大小相同（同型）或不同（异型）的游动配子在水中融合，形成一个能动合子，进一步核配、发育形成休眠孢子囊，如内生集壶菌 [*Synchytrium endobioticum* （Schilb.）Percival] 或者二倍体的孢子菌体，如大配囊异水霉 [*Allomyces macrogynus* （R. Emers）R. Emers. & C. M. Wilson]。

②配子囊受精作用。由雄器产生的具有鞭毛的雄性配子游向不动的藏卵器，经藏卵器壁上的乳突进入与雌性细胞融合，形成具有厚壁的合子，进而发育成卵孢子，如多态单毛菌（*Monoblepharis polymorpha* Cornu）。

③配子囊交配。形态小的雄性配子囊通过其受精丝将全部原生质输入大的雌性配子囊中，发育形成休眠孢子囊，如库氏根生壶菌（*Rhizophydium couchii* Sparrow）。

④体细胞融合。两个壶菌菌体的根状菌丝相互接触并发生细胞融合，产生二倍体的休眠孢子，如晶丝壶菌（*Chytriomyces hyalinus* Karling）。

4.1.2　壶菌分类

传统真菌分类（Sparrow，1960；Karling，1977）主要依据菌体形态特征、繁殖体结构及产果方式将壶菌分为壶菌目（Chytridiales Cohn）、芽枝霉目（Blastocladiales H. E. Petersen）和单毛菌目（Monoblepharidales Sparrow）。Hawksworth et al. （1995）和 Alexopoulos et al. （1996）根据壶菌游动孢子超微结构这一较稳定的形态学特征（Barr，1990），将全部壶菌归为壶菌门（Chytridiomycota Doweld）壶菌纲（Chytridiomycetes M. Möbius），分为 5 目：壶菌目（Hyphochytriales Sparrow）、小壶菌目（Spizellomycetales D. J. S. Barr）、单毛菌目（Monoblepharidales Sparrow）、芽枝霉目和新丽鞭毛菌目（Neocallimastigales J. L. Li, I. B. Heath & L. Packer）。James et al. （2006）和 Hibbett et al. （2007）依据 ITS-rDNA 分子系统分析，将壶菌纲的芽枝霉目和新丽鞭毛菌目分别上升为真菌界的两个新门：芽枝霉门（Blastocladiomycota T. Y. James）和新丽鞭毛菌门（Neocallimastigomycota M. J. Powell）。《菌物词典》第 10 版将壶菌门分为 2 纲：壶菌纲（Chytridiomycetes M. Möbius）、单毛菌纲（Monoblepharidomycetes J. H. Schaffn.），包括了壶菌目、根生壶菌目（Rhizophydiales Letcher）、小壶菌目和单毛菌目。同时，也承认芽枝霉门和新丽鞭毛菌门各包含 1 纲 1 目。

Powell et al. （2014）基于分子系统发育和游动孢子超微结构类型分析，进一步将壶菌门壶菌纲分为 7 目：壶菌门、根生壶菌目、小壶菌目、根囊壶菌目（Rhizophlyctidales Letcher）、裂壶菌目（Lobulomycetales D. R. Simmons）、歧壶菌目（Cladochytriales Mozl. -Standr.）和多壶菌目（Polychytriales Longcore & D. R. Simmons）。Ruggiero et al. （2015）也将油壶菌目（Olpidiales Caval. -Sm.）归入壶菌纲。《菌物词典》第 10 版和 AFTOL（2020）将壶菌纲的根囊壶菌目和裂壶菌目分别升格为根囊壶菌纲（Rhizophlyctidomycetes Tedersoo, Sánchez-Ramírez, Kõljalg, Bahram, Döring, Schigel, T. May, M. Ryberg & Abarenkov）和裂壶菌纲（Lobulomycetes Tedersoo, Sánchez-Ramírez, Kõljalg, Bahram, Döring, Schigel, T. May, M. Ryberg & Abarenkov），并在格罗莫壶菌目（Gromochytriales Karpov & Aleoshin）基础上新

增了中壶菌纲（Mesochytriomycetes Tedersoo，Sánchez-Ramírez，Kõljalg，Bahram，Döring，Schigel，T. May，M. Ryberg & Abarenkov），保持了单毛菌纲，使壶菌门共 5 纲 11 目。同时，将芽枝霉门芽枝霉纲（Blastocladiomycetes Doweld）重新分为 2 目：芽枝霉目和节壶菌目（Physodermatales Caval. -Sm. ）。

壶菌分门检索表

1. 菌体为单细胞、单细胞带假根或菌丝状；游动孢子后生单鞭毛，具有微体—脂肪球复合体（MLC）、鞭毛支撑物超微结构；多腐生于动植物有机残体，少数寄生藻类、水生真菌、植物和小型动物 ……… **2**

1′. 菌体为大量分枝的球根状假根；游动孢子后生 1 至多根鞭毛；具有氢化酶体、缺线粒体、鞭毛支撑物和非功能中心粒；厌气性腐生于食草动物瘤胃和消化道中…… **新丽鞭毛菌门（Neocallimastigomycota）**

2. 菌体整体产果或分体产果，单中心、多中心或菌丝状；有性配合复杂多样，产生接合子及休眠孢子；游动孢子多有微体—脂肪球复合体及尾体（rumposome）超微结构 ………… **壶菌门（Chytridiomycota）**

2′. 菌体几乎总是分化成发达的丝状营养系统，并产生许多繁殖体，偶尔单中心；有性生殖为游动配子配合，产生休眠孢子囊；游动孢子具有由核糖体聚集形成的锥形核帽，并具有由被膜、微体—脂肪球和线粒体组成的侧生复合体（side-body complex）超微结构 ……………… **芽枝霉门（Blastocladiomycota）**

4.2　壶菌门

　　壶菌门（Chytridiomycota Doweld）菌物普遍存在于水生和陆生生境中，特别是在湖泊、池塘、沼泽和酸性森林土壤中。壶菌存活于土壤或水生环境动植物残体中，分解纤维素、角蛋白和甲壳素等有机物；活物寄生或死养寄生高等植物、藻类、卵菌以及小型无脊椎动物，具有促进物质循环和维持生态平衡的作用。有些壶菌门菌物则引起栽培植物病害或小型无脊椎动物壶菌病，如内生集壶菌[*Synchytrium endobioticum*（Schilb.）Percival]引起马铃薯癌肿病；*Batrachochytrium dendrobatidis* Longcore，Pessier & D. K. Nichols 侵染青蛙、蜥蜴和蚓螈等，导致壶菌病。

4.2.1　壶菌门的基本特征及习性

（1）营养体

　　壶菌门菌体多为单细胞、单细胞带假根或根状菌丝体，内生或外生于基物或寄主，整体产果或分体产果，单中心或多中心。大部分单毛菌纲的壶菌类群会产生发达的分枝状菌丝结构，常有附着枝（hyphopodium），其原生质高度泡沫化。大多数壶菌为腐生菌，少数寄生，多出现在水生环境中，起着调节藻类和其他浮游植物水华的作用，并在降解动植物有机残体、促进土壤营养物质循环中发挥着至关重要的作用。

（2）无性繁殖

　　壶菌无性繁殖为整体产果或分体产果，形成孢子囊及后生单（罕多）鞭毛游动孢子；游动孢子球形至卵形，大小 3~5 μm，大多含有微体—脂肪球复合体及尾体。游动孢子初期无壁，以跳跃运动方式游动并突然改变方向，当遇到基物或寄主后，收回鞭毛、囊胞化并产生胞壁。囊胞化游动孢子萌发形成菌体和多核的孢子囊，进而产生大量的游动孢子，这些孢子可通过乳突盖裂或破裂开口方式得以释放（图 4-3）。

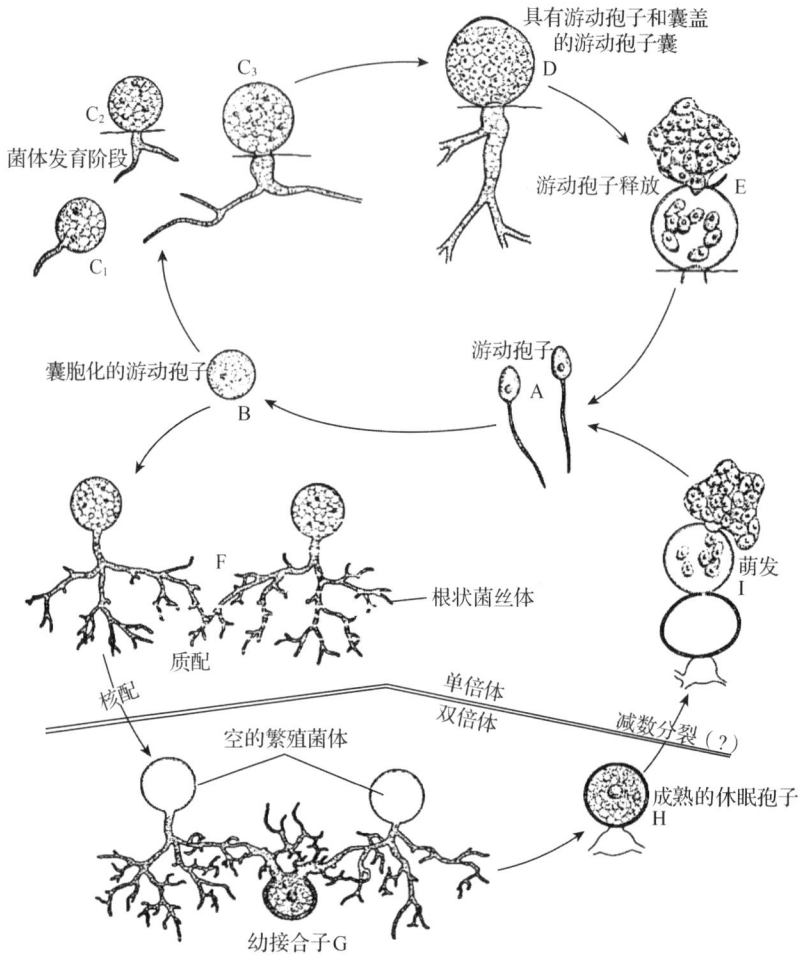

图4-3 晶丝壶菌(*Chytriomyces hyalinus* Karling)生活史

(3)有性生殖

壶菌有性生殖主要通过游动配子配合(如内生集壶菌)、配子囊(如单毛菌纲壶菌的藏卵器)受精作用、配子囊交配及体细胞配合(如晶丝壶菌)方式形成合子,进而发育成休眠孢子。

4.2.2 壶菌门分类

James et al. (2006)和 Hibbett et al. (2007)主要依据核糖核体(LSU、SSU 和5.8S)分子系统和游动孢子超微结构分析,将壶菌门分为2纲:壶菌纲(Chytridiomycetes M. Möbius)和单毛菌纲(Monoblepharidomycetes J. H. Schaffn.)。《菌物词典》第10版承认壶菌门为壶菌纲和单毛菌纲2个纲,共4目。AFTOL(2022)进一步把壶菌纲中的根生壶菌目(Rhizophydiales Letcher)、裂壶菌科(Lobulomycetales D. R. Simmons)升格为纲,新建了中壶菌纲(Mesochytriomycetes Tedersoo, Sánchez-Ramírez, Kõljalg, Bahram, Döring, Schigel, T. May, M. Ryberg & Abarenkov),将壶菌门扩大为5纲11目。

4.2.3　壶菌纲

壶菌纲(Chytridiomycetes M. Möbius) 菌物的菌体单中心、多中心或丝状；大多具有单根后向鞭毛的游动孢子。游动孢子具有动体和非功能性中心粒、9 个鞭毛支柱和 1 个微体—脂肪球复合体，有堆积池的高尔基体。该类菌物大多在植物上腐生或寄生，少数在草食动物肠道中共生。

综合 Powell et al. (2014)和 Ruggiero et al. (2015)的分类，壶菌纲共分为 8 目。

壶菌纲主要目检索表

1. 游动孢子核糖体聚集，常有 1 个明显的大脂肪球，微体—脂肪球复合体组成紧密，并有孔状潴泡(尾体)；功能动体与非功能动体平行；鞭毛基部有或无鞭毛塞 ·················· **2**

1′. 游动孢子核糖体散生，具有 1 至多个脂肪球，微体—脂肪球复合体排列松散或无，无孔状潴泡(尾体)；功能动体与非功能动体平行或成一定夹角；鞭毛基部无鞭毛塞 ············· **4**

2. 菌体单细胞或根状菌丝体，或者为长有陀螺状细胞的菌丝体，单中心或多中心；游动孢子、微体—脂肪球复合体、潴泡为孔状；鞭毛基部有鞭毛塞 ·················· **3**

2′. 菌体单细胞或单细胞带假根，单中心；游动孢子、微体—脂肪球复合体、潴泡为孔状或简单膜状；鞭毛基部无鞭毛塞 ···················· **根生壶菌目(Rhizophydiales)**

3. 菌体单细胞或根状菌丝体；游动孢子索状微管根(MT root) 由 4~6 根微管排列组成··········
··················· **壶菌目(Chytridiales)**

3′. 菌体为含有陀螺状细胞的根状菌丝体；游动孢子微管根微管多达 27 根，并由纤丝横向连接··········
··················· **歧壶菌目(Cladochytridiales)**

4. 菌体单细胞，内生，整体产果或分体产果；游动孢子有 1 个脂肪球，无微体—脂肪球复合体；有纤丝状根丝体联结于细胞核与动体之间；功能动体与非功能动体平行；细胞质微管缺 ··········
··················· **油壶菌目(Olpidiales)**

4′. 菌体自一囊下膨大体产生假根，内生或外生，分体产果；游动孢子有多个脂肪球，微体—脂肪球复合体排列松散；非功能动体与动体成一定夹角；细胞质微管存在或缺 ·················· **5**

5. 游动孢子有多根微管从动体向前呈辐射状伸出；细胞核直接与动体靠近或相连·················
··················· **小壶菌目(Spizellomycetales)**

5′. 游动孢子细胞质微管缺；常有锥形、纤丝状根丝体从动体延伸向细胞核后 ··················
··················· **根囊壶菌目(Rhizophlyctidales)**

4.2.3.1　壶菌目

壶菌目(Chytridiales Cohn)菌物的菌体为单细胞、单细胞带假根或根状菌丝，单中心或多中心，内生或外生。游动孢子含一个大脂肪球，核糖体多集中于中央，其周边分别围有线粒体、细胞核及微体—脂肪球复合体(microbody-lipid globule complex, MLC)，通常具有孔状潴泡(fenestrated cisterna =尾体 rumposome)，数根微管平行排列成索状微管根，从动体的一侧延伸到尾体边缘；常具有半马鞍形或叠盘状(stacked plate-like) 动体相关结构，鞭毛基部有不透明鞭毛塞。大多数寄生于水生环境中的藻类或水霉，少数寄生于维管植物，也有少数寄生于动物卵或原生动物。

Kirk et al. (2008) 将壶菌目分为 4 科：壶菌科(Chytridiaceae Bek.)、歧壶菌科

（Cladochytriaceae J. Schröt.）、内壶菌科（Endochytriaceae Sparrow ex D. J. S. Barr）和集壶菌科（Synchytriaceae J. Schröt.）。Mozley-Standridge et al.（2009）依据分子系统分析和游动孢子超微结构，在小诺壶菌属（*Nowakowskiella* J. Schröt.）、隔壶菌属（*Septochytrium* Berdan）基础上分别新建了2个新科：小诺壶菌科（Nowakowskiellaceae Sparrow）、隔壶菌科（Septochytriaceae S. E. Mozley-Standridge），并将2科与歧壶菌科和内壶菌科一起建立了新目——歧壶菌目（Cladochytriales Mozl.-Standr.）。AFTOL（2022）承认歧壶菌目仅含内壶菌科1科，其他3科归入壶菌目，同时承认 Vélez et al.（2011）新建的表生壶菌科（Chytriomycetaceae Letcher），将壶菌目共分为6科。

壶菌目分科检索表

1. 菌体内生，整体产果，多中心，成熟时发育成孢子囊堆、原孢囊堆或休眠孢子囊；游动孢子核糖体散生，微管呈辐射状或平行排列，微体—脂肪球复合体、潴泡为简单膜状或孔状 ……………… ……………………………………………………………………… 集壶菌科（Synchytriaceae）
1′. 菌体内生或内生及外生，分体产果，单中心或多中心，孢子囊内生或外生囊胞化游动孢子；游动孢子核糖体集生，微管平行排列，微体—脂肪球复合体（MLC）为孔状 ……………………… **2**
2. 菌体单细胞或单细胞带假根；游动孢子微管根由5~7条微管组成，微管之间无纤丝连接 ……… **3**
2′. 菌体为发达分枝的根状菌丝，常沿根状菌丝间生膨胀细胞；游动孢子具有由多达25条微管组成的索状微管根，并由纤丝横向连接微管 …………………………………………………………… **4**
3. 菌体内生，单中心；游动孢子具有半马鞍形或帽状动体相关结构，鞭毛塞呈长方形 ………………… …………………………………………………………………………… 壶菌科（Chytridiaceae）
3′. 菌体内生或外生，单中心或多中心；游动孢子具有叠盘状动体相关结构，鞭毛塞呈双凹形 ………… …………………………………………………………………… 表生壶菌科（Chytriomycetaceae）
4. 菌体内生及外生，由大量分枝的根状菌丝和顶部的孢子囊组成，单中心；孢子囊常有扁球形或串珠状囊下泡（apophysis） ……………………………………………………… 内壶菌科（Endochytriaceae）
4′. 菌体内生或内生及外生，根状菌丝间生纺锤形或不规则膨大细胞，多中心 ……………………… **5**
5. 菌体内生，根状菌丝常缢缩而分隔、间生纺锤形膨大体；游动孢子囊不规则形，有长度不等的颈，不层出 ……………………………………………………………………… 隔壶菌科（Septochytriaceae）
5. 菌体内生及外生，根状菌丝间生不规则形肿胀细胞、无隔，游动孢子囊卵形、梨形至柱形，常有囊下泡，可层出 ……………………………………………………… 小诺壶菌科（Nowakowskiellaceae）

1）集壶菌科（Synchytriaceae J. Schröt.）

菌体内生式，整体产果，多中心。发育初期无细胞壁，后期产生壁、形成原孢囊堆、具有总外膜的孢子囊堆或休眠孢子囊，孢子囊以原生质分割方式产生多个具有后生单鞭毛的游动孢子。游动孢子核糖体散生，微管在细胞质中呈辐射状或平行排列。有性生殖由同型游动配子结合为双鞭毛的合子，合子发育成休眠孢子囊，萌发后产生孢子囊或孢子囊堆。

几乎全部为被子植物寄生菌，常引起组织畸形，少数寄生藻类、苔藓及蕨类。共5属。

集壶菌科分属检索表

1. 菌体大，寄生被子植物，发育成熟后转变为原孢囊堆、孢子囊堆或形成有性休眠孢子囊 …………… **2**

1′. 菌体小，寄生微藻类，可引起藻细胞稍增生，发育成为原孢囊堆或孢子囊堆 ························· **4**

2. 寄生于植物维管组织。菌体两型，阿米巴状或细线形并呈珠状膨大；有性休眠孢子囊球形，壁厚，光滑 ····················· **卡佩特泡壶菌属（*Carpenterophlyctis* = *Carpenterella*）**

　　共 2 种：*Carpenterophlyctis molinea*，寄生美国榆维管组织；*C. cannae* 寄生美人蕉根部。

2′. 寄生于植物表皮组织。菌体非阿米巴状；休眠孢子囊球形或近球形，壁光滑或具刺 ··············· **3**

3. 菌体菌落式，多中心，整体转变为原孢囊堆或孢子囊堆；有性休眠孢子囊具有内外 2 层壁，外壁光滑，萌发产生游动孢子 ································· **集壶菌属（*Synchytrium*）**

3′. 菌体单中心，发育仅形成具有外、中、内 3 层壁的有性休眠孢子囊，其外壁密被锥形刺，萌发可产生游动孢子、休眠孢子或游动孢子囊 ······················ **约翰卡凌属（*Jahnkarlingia*）**

　　仅 1 种，*Johnkarlingia brassicae* 寄生花椰菜、甘蓝，引起根皮组织增生、坏死和植株萎蔫。

4. 孢子囊堆在原孢囊堆上或在其逸出管的顶端，分割成数量不等的孢子囊，成熟后直接逸出许多游动孢子；或者先形成变形虫状或球形初生游动孢子，团缩后再产生少数微小次生游动孢子 ············· ··· **小壶菌属（*Micromyces*）**

4′. 孢子囊堆在原孢囊堆上，分割为许多小球形或变形虫状孢子囊，孢子囊偶尔具一后生鞭毛，团缩后释放出 2~5 个微小游动孢子 ·············· **鼓藻壶菌属（*Endodesmidium*）**

（1）集壶菌属（*Synchytrium* de Bary et Woronin）

　　菌体大型，寄主细胞内生，细胞壁含几丁质。其游动孢子侵入寄主后整体转变为原孢子囊堆，或原生质向外挤出，分裂形成一堆菌落式、非盖裂的孢子囊，并为共同膜所包裹，即孢子囊堆。游动孢子无色、有壁，含单个脂肪球，核糖体散生，微管在细胞质中呈辐射状或平行排列，微体—脂肪球复合体（MLC）的潴泡（尾体）为简单膜状或孔状。游动配子融合后形成合子，合子侵入寄主发育形成休眠孢子。休眠孢子球形或椭圆形，外壁厚、褐色，内壁薄、无色，减数分裂、萌发后产生孢子囊，囊壁破裂释放游动孢子，游动孢子游离于寄主细胞外继续入侵寄主植物根毛，其生活史如图 4-4 所示。

　　约 230 种（AFTOL，2020），为被子植物专性活物寄生菌，引起寄主表皮细胞增生、组织膨大而产生瘿瘤；少数寄生藻类。常见种：内生集壶菌［*Synchytrium endobioticum*（Schilb.）Percival］，游动孢子微管在细胞质中呈辐射状，缺尾体，引起马铃薯块茎癌肿病；迷惑集壶菌［*Miyabella aecidioides*（Syd.）S. Ito & Homma = *S. decipiens*（Farl.）Farl.］，寄生于两型豆叶、茎部，症状似锈病；镰扁豆集壶菌［*S. dolichi*（Cooke）Gäum.］寄生镰扁豆等豆类植物；小集壶菌［*S. minutum*（Pat.）Gäum.］，寄生于葛藤叶部，可作为入侵生物的生物防控菌；大孢集壶菌（*S. macrosporum* Karling），游动孢子微管 2~3 条、平行排列，微体—脂肪球复合体（MLC）的潴泡为孔状，寄生苍耳。

2）壶菌科（Chytridiaceae Bek.）

　　菌体表生和内生，分体产果，单中心；假根内生、罕间生，孢子囊自囊胞化的游动孢子或菌体主轴外生或间生，孢子囊内生游动孢子，通过盖裂或乳突破裂释放。游动孢子具有半马鞍形或帽状（罕球形）动体相关结构，鞭毛基部塞呈长方形。休眠孢子内生或外生。

　　共 33 属 177 种（AFTOL，2022）。壶菌科多寄生海藻或腐生于淡水植物花粉、卵菌及原生动物。

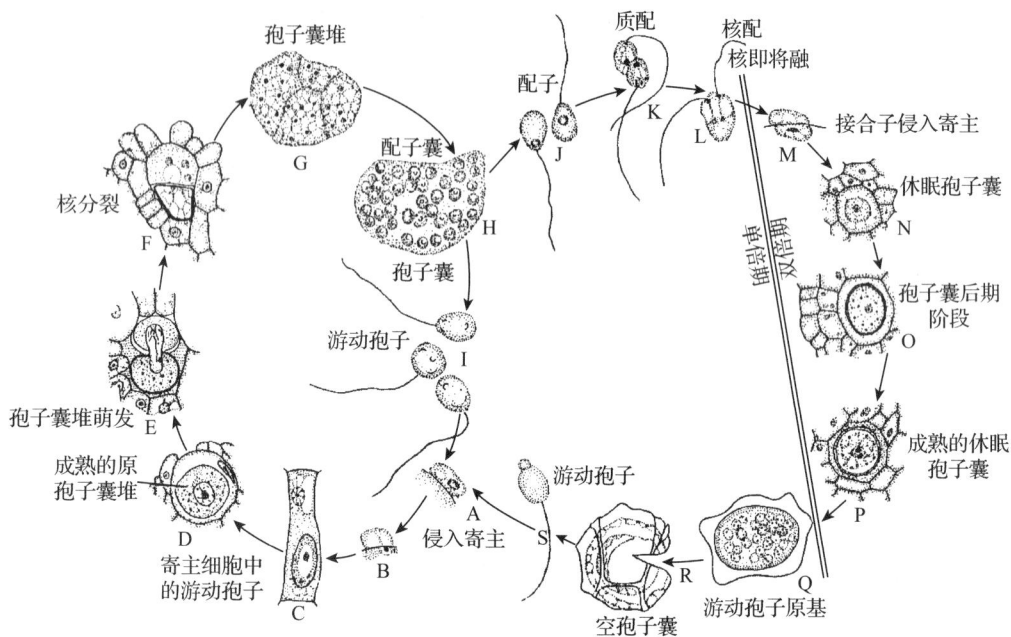

图 4-4　内生集壶菌 [*Synchytrium endobioticum*（Schilb.）Percival] **生活史**
（Alexopoulos，1996）

壶菌科常见属检索表

1. 孢子囊通过乳突破裂孔释放游动孢子 ·· **2**
1′. 孢子囊通过外盖开裂释放游动孢子 ··· **5**
2. 菌体间生、表生和内生；内生部分为不分枝或分枝的假根系统；休眠孢子通过有性或无性方式产生 ··· **3**
2′. 菌体间生，营养体为大部分外生的繁茂分枝假根；休眠孢子通过有性生殖产生 ·········
　·· **多噬壶菌属**（*Polyphagus*）
　共 9 种。眼虫多噬壶菌 [*Polyphagus euglenae*（Bail）Nowak.]，寄生于眼虫藻。
3. 内生部分为不分枝或分枝的假根系统；孢子囊、休眠孢子埋生于寄主胶质鞘内 ·········
　··· **胶壶菌属**（*Dangeardia*）
3′. 内生部分通常具囊下泡，并具有分枝状假根 ····································· **4**
4. 孢子囊总是具一尖突，释放孔亚顶生、侧生或基部生；休眠孢子内生 ··········· *Blyttiomyces*
4′. 孢子囊无尖突，释放孔通常顶生；休眠孢子外生 ·············· **囊泡壶菌属**（*Phlyctochytrium*）
5. 假根从孢子囊一处产生；孢子囊仅有一个释放外盖 ······························· **6**
5′. 假根从孢子囊、芽管和主轴多处产生；孢子囊有多个释放乳突及盖 ····· **卡林壶菌属**（*Karlingiomyces*）
6. 休眠孢子若有，生于基物内部，通过有性或无性方式产生 ·············· **壶菌属**（*Chytridium*）
6′. 休眠孢子生于基物外，通过有性形成于受体菌体，具有雄性菌体和接合管 ·················
　·· **接合壶菌属**（*Zygorhizidium*）

（1）壶菌属（*Chytridium* Braun）
菌体表生和内生，囊胞化游动孢子膨大体整体或部分形成一外生孢子囊，仅有一个释放外盖释放游动孢子；孢子囊基部为内生假根系统和休眠孢子。休眠孢子通过有性或无性方式产生，萌发再产生基物外生的有囊盖孢子囊。

共 49 种(AFTOL，2022)，大多寄生或腐生于淡水藻和海藻。常见种：壶菌(*Chytridium olla* A. Braun)(图 4-5)，孢子囊卵形或狭壶形，顶部宽凸形，寄生于各种鞘藻(*Oedogonium* spp.)卵孢子上；多管壶菌[*Algochytrops polysiphoniae* (Cohn) Doweld = *C. polysiphoniae* Cohn]，孢子囊近球形或壶形、基部宽，寄生多管藻、仙菜属等海藻。

(2)囊泡壶菌属(*Phlyctochytrium* Schröt.)

菌体表生和内生，孢子囊外生，通过单或多个孔释放游动孢子，内生部分具有囊下泡紧贴寄主细胞内壁，并具有分枝状假根系统；休眠孢子如孢子囊外生，以无性方式形成，萌发产生游动孢子囊或原孢子囊。

共 49 种(AFTOL，2022)，大多寄生或腐生于淡水藻和海藻，少数腐生于真菌和植物残体。常见种：哈里囊泡壶菌(*Phlyctochytrium halli* Couch)，孢子囊具一无柄的逸出孔，寄生于多种水绵，腐生于刚毛藻、鞘藻和菖蒲腐茎；扁囊泡壶菌(*P. planicorne* G. F. Atk.)(图 4-6)，孢子囊顶部具有 4 个尖刺，生于浮水松、枫香树等花粉上；线虫囊泡壶菌(*P. nematodeae* Karling)，寄生线虫卵和成虫。

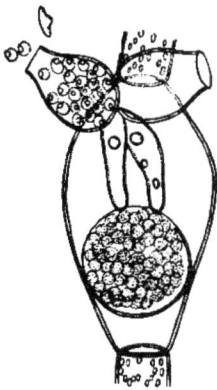

图 4-5　寄生于鞘藻的壶菌
(*Chytridium olla* A. Braun)
(示孢子囊盖裂释放游动孢子；Sparrow，1960)

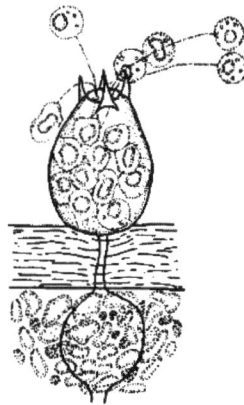

图 4-6　寄生于刚毛藻的扁囊泡壶菌
(*Phlyctochytrium planicorne* G. F. Atk.)
(示孢子囊顶孔周围具有 4 个尖刺；Sparrow，1960)

3)表生壶菌科(Chytriomycetaceae Letcher)

菌体内生或外生，分体产果，单中心或多中心；假根内生或间生，孢子囊内生或外生游动孢子，盖裂或乳突破释放。游动孢子具有简单膜状或孔状潜泡，有或无微管根，具有叠盘状动体相关结构，鞭毛塞呈双凹形。休眠孢子内生或外生。

共 12 属 93 种(AFTOL，2022)，大多寄生海藻、其他壶菌和卵菌，或腐生于淡水植物花粉及原生动物。

表生壶菌科常见属检索表

1. 菌体间生，孢子囊通过乳突破裂孔释放游动孢子 ·· 2

1′. 菌体间生或内生，孢子囊表生，通过外盖开裂释放游动孢子；内生假根产生于芽管或囊下泡 ………

…………………………………………………………… 表生壶菌属（*Chytriomyces*）

1″. 菌体内生，孢子囊通过释放管或乳突状细尖（无囊盖）释放游动孢子；假根系统直接从孢子囊生出；

休眠孢子无性产生 …………………………………………………… 内壶菌属（*Entophlyctis*）

2. 外生部分具有不育、有隔的基部和不育基部的延伸；内生部分纤细假根状或带状菌丝 …………………

………………………………………………………………… 足壶菌属（*Podochytrium*）

2′. 外生部分无不育、有隔的基部和不育基部的延伸；内生部分纤细或粗壮假根状菌丝 ………………… **3**

3. 孢子囊常具一囊下泡 ………………………………………………………………………………… **4**

3′. 孢子囊无囊下泡，假根状菌丝系统从延长的主轴生出；休眠孢子无性或有性产生 …………………

………………………………………………………………… 根壶菌属（*Rhizidium*）

4. 孢子囊顶端具尖突，并具一厚壁、杯状或漏斗状基部及假根系统；休眠孢子未知 …………………

………………………………………………………………… 尖囊壶菌属（*Obelidium*）

4′. 孢子囊顶端具无明显尖突，无杯状或漏斗状基部；休眠孢子有性产生 ……………………………… **5**

5. 假根状菌丝纤细；孢子囊释放孔基部生、罕亚顶生或顶生；具有囊下泡 …………………………………

…………………………………………………………… 球囊壶菌属（*Rhizoclosmatium*）

5′. 假根状菌丝粗壮；孢子囊释放孔基部生或顶生；囊下泡不明显或无 ………… 管囊壶菌属（*Siphonaria*）

（1）表生壶菌属（*Chytriomyces* Karling）

菌体间生或内生，分体产果，单中心。外生部分形成孢子囊或休眠孢子，内生部分为从芽管或囊下泡之下产生的假根状营养系统。孢子囊以外盖开裂释放游动孢子，游动孢子释放前在泡囊内游动一段时期。休眠孢子外生或间生，通过无性形成，萌发产生原孢子囊。

共 28 种（AFTOL，2022），大多寄生海藻、其他壶菌和卵菌，或腐生于淡水植物花粉、土壤几丁质和纤维素。

表生壶菌属主要种检索表

1. 孢子囊的颜色从金黄色到红色、具有囊下泡；假根发达、大量分枝；腐生于水中浮游蜕皮和甲壳质、

角蛋白和土壤甲壳质、纤维素 ……………………… 金黄表生壶菌（*Chytriomyces aureus*）

1′. 孢子囊无色、有或无囊下泡 ……………………………………………………………………………… **2**

2. 孢子囊具 3~4 个囊盖，寄生 *Mortierella* sp.、*Zygorhynchus* sp.、*Mucor* sp. 等接合菌………………

………………………………………………………… 被孢霉表生壶菌（*C. mortierellae*）

2′. 孢子囊主要有一个囊盖 ………………………………………………………………………………… **3**

3. 孢子囊具有球形、近球形囊下泡；孢子囊呈球形或近球形、光滑；水生、土壤生，腐生几丁质、角蛋

白和纤维素，或腐生于发白的玉米叶 …………………………… 晶表生壶菌（*C. hyaline*）

3′. 孢子囊无明显囊下泡 …………………………………………………………………………………… **4**

4. 孢子囊间生，壁光滑，休眠孢子被杆状硬毛；假根发达分枝；寄生于角藻或腐生角藻、多甲藻死细胞

……………………………………………………………… 雅致表生壶菌（*C. elegans*）

4′. 孢子囊表生，壁具尖或光滑；假根稀疏细分枝 ………………………………………………………… **5**

5. 孢子囊近壶形、卵形或梨形 …………………………………………………………………………… **6**

5′. 孢子囊球形、近球形、梨形或倒梨形 ………………………………………………………………… **7**

6. 孢子囊近壶形，壁具细尖或光滑；寄生或超寄生于 *Rhizidium richmondense*、*Rhizophlyctis* sp.、*Entophlyctis*

sp. 和 *Rhizophydium sphaerotheca* 等其他壶菌 ……………… 近壶形表生壶菌（*C. suburceolatus*）

6′. 孢子囊卵形或梨形，具短柄，壁光滑；寄生于硅藻 ······················· *C. tabellariae*

7. 孢子囊倒梨形至近球形，顶部具乳突；休眠孢子壁厚，具疣；土壤生，寄生于玫瑰根囊壶菌········
······················· 多疣表生壶菌（*C. verrucosus*）

7′. 孢子囊球形、梨形或倒梨形，无释放管或乳突；休眠孢子壁光滑或具网纹 ················· **8**

8. 孢子囊球形或倒梨形，具有囊下泡；休眠孢子光滑或具网纹 ··········· **9**

8′. 孢子囊球形或梨形，具一窄基部，无囊下泡；休眠孢子光滑；土壤生，寄生于 *Rhizidium richmondense*、*Rhizophlyctis* sp.、*Entophlyctis* sp.、*Rhizophydium* spp.、*Chytriomyces suburceolatus*、*Septosperma rhizophydi* 和 *Nowakowskiella* sp. 等多种壶菌孢子囊与假根，也寄生腐霉藏卵器及菌丝 ··············
······················· 威洛比表生壶菌（*C. willoughbyi*）

9. 休眠孢子壁光滑；寄生丝囊霉，引起丝膨大和过度分枝 ··········· 寄生表生壶菌（*C. parasiticus*）

9′. 休眠孢子壁光滑或具网纹；寄生于腐霉 ······················· **10**

10. 休眠孢子球形，光滑 ······················· 平滑表生壶菌（*C. laevis*）

10′. 休眠孢子球形，具网纹 ······················· 网纹表生壶菌（*C. reticulatus*）

（2）内壶菌属（*Entophlyctis* Fisch**.**）

菌体内生，分体产果，单中心。囊胞化游动孢子芽管在藻类细胞内膨大成一孢子囊，通过释放管或乳突状细尖（无囊盖）释放游动孢子。假根直接从孢子囊产生。休眠孢子无性状产生，萌发产生游动孢子囊。

共 12 种（AFTOL，2022），大多寄生淡水藻类。常见种：密球内壶菌［*Entophlyctis confervae-glomeratae*（Cienk.）Sparrow］，孢子囊球形、广椭圆形，主轴粗壮，腐生于 *Conferva glomerata* 死组织或寄生于水绵、鞘藻细胞内；泡状内壶菌［*E. bulligera*（Zopf）A. Fisch.］，假根系统粗壮、发达，内寄生水绵、鞘藻等。

（3）根壶菌属（*Rhizidium* Braun）

菌体分体产果，单中心。孢子囊球形、椭圆形、卵形、梨形或囊状，游动孢子通常埋生于黏菌液或泡囊中，通过 1 至多个孔释放。假根主轴明显延长、产生次生分枝。休眠孢子通过假根联结方式有性形成，萌发产生游动孢子囊。

共 17 种（AFTOL，2022），大多寄生淡水藻类。常见种：根壶菌（*Rhizidium mycophilum* A. Braun），孢子囊长形、囊状，明显侧生于主轴的膨大顶端，休眠孢子壁有突起或刺，埋生于胶毛藻黏菌液中；诺氏根壶菌（*R. nowakowskii* Karling），孢子囊球形、梨形、卵形或长椭圆形，直立或稍斜生于假根主轴上，休眠孢子外壁长有细长毛，埋生于雅致胶毛藻黏菌液中。

4.2.3.2　歧壶菌目

歧壶菌目（Cladochytriales Mozl.-Standr.）菌体内生或外生，由根状菌丝及其间生陀螺状膨大繁殖体组成。分体产果，多中心。陀螺细胞全部或部分转变为孢子囊或休眠孢子囊。孢子囊壁薄，顶生或间生，盖裂或非盖裂。游动孢子动体与尾体之间有由多达 25 条微管组成的索状微管根，细胞质周边有高尔基体。单根鞭毛。大多腐生于水中植物组织、纤维素基质，少数寄生藻类。

仅歧壶菌科（Cladochytriaceae Mozl.-Standr.）1 科，共 5 属 23 种（AFTOL，2022）。

（1）歧壶菌属（*Cladochytrium* Nowak.）

根状菌丝上具有分隔的陀螺状膨大细胞，产生梨形或纺锤形孢子囊。孢子囊具有释放管而无囊盖。游动孢子后生单鞭毛，具有一个黄褐色或无色油滴。无性型休眠孢子球形，壁光滑或具刺。

约 19 种，腐生于植物组织或寄生藻类。代表种：外曲歧壶菌（*Cladochytrium replicatum* Karling）（图 4-7），寄生水绵等多种藻类，腐生于求米草；歧壶菌（*C. tenue* Nowak.）腐生于菖蒲组织。

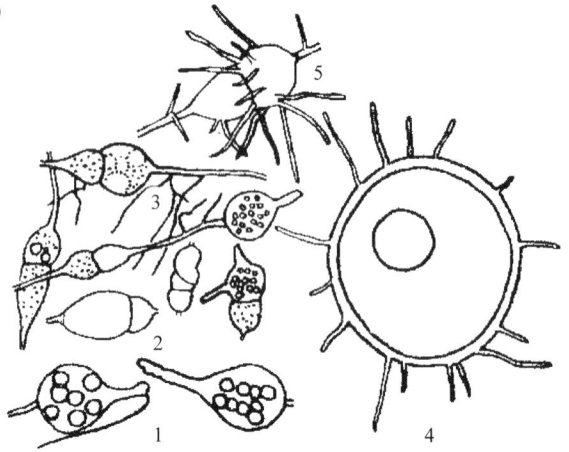

1. 成熟的梨形孢子囊；2、3. 陀螺细胞、假根和未成熟孢子囊；4. 具刺的休眠孢子；5. 具刺的陀螺细胞。

图 4-7　外曲歧壶菌（*Cladochytrium replicatum* Karling）**的菌体与繁殖体形态**

（Willoughby，1962）

4.2.3.3　油壶菌目

油壶菌目（Olpidiales Caval.-Sm.）

菌体为单细胞，内生式，单中心，发育成熟后整体转变为一个非盖裂的孢子囊或休眠孢子囊，孢子囊通过释放管穿过寄主组织向外释放游动孢子。游动孢子核糖体散生于细胞质中，具有一个脂肪球和数个类伽马体（gamma-like body），并有锥形、纤丝状根丝体（fibrillar rhizoplast）联结于细胞核与动体之间；功能动体与非功能动体平行；细胞质微管缺。有性生殖通过同型游动配子配合产生合子，合子在侵入寄主后发育形成内生的休眠孢子囊，休眠孢子囊萌发形成游动孢子。

内寄生或腐生于多种植物根、落水花粉、藻类、水生菌物及微型动物。

油壶菌目仅有油壶菌科（Olpidiaceae J. Schröt.）1 科，共 5 属 45 种（Kirk et al.，2008）。

（1）油壶菌属［*Olpidium*（Braun）Rabenh.］

菌体单细胞、无假根，内生式，整体产果，单中心。游动孢子囊不完全充满寄主细胞，球形、椭圆形至不规则形，壁光滑，通常有一个（有时多个）释放管。有性或无性休眠孢子囊壁厚，光滑或具纹饰。内寄生于植物及落水花粉、淡水藻类、苔藓、菌物和原生动物，有些也可传播植物病毒。

该属约 40 种（Kirk et al.，2008），广泛分布。常见种：芸薹油壶菌［*Olpidium brassicae*（Woronin）P. A. Dang. =*Olpidiaster brassicae*（Woronin）Doweld］（图 4-8），侵染甘蓝、花椰菜等多种十字花科植物根部，导致幼苗猝倒病，也可侵染豌豆、小麦根部；菜豆油壶菌（*O. viciae* Kusano），侵染蚕豆、豌豆等茎、叶部，引起豆疱病，也侵染油菜、白菜、萝卜、黄瓜、南瓜和菠菜等多种植物，可传播病毒；黄瓜油壶菌［*Leiolpidium cucurbitacearum*（D. J. S. Barr & Dias）Doweld＝*O. cucurbitacearum* D. J. S. Barr & Dias］，寄生黄瓜根部并传播黄瓜坏死病毒。

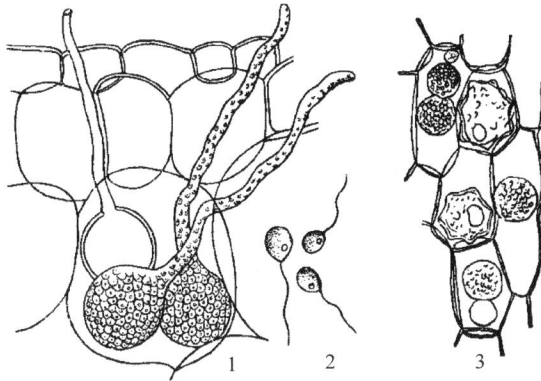

1. 寄主细胞内的游动孢子囊；2. 游动孢子；3. 病组织中的休眠孢子。

图 4-8　芸薹油壶菌[*Olpidium brassicae*（Woronin）P. A. Dang.]的形态

4.2.3.4　小壶菌目

小壶菌目（Spizellomycetales D. J. S. Barr）菌体自一囊下膨大体产生假根，外生或内生，分体产果，单中心；游动孢子囊非盖裂，外生，以横隔与膨大体分割。游动孢子具有后生单鞭毛，有多个脂肪球，微体位于游动孢子前方，核糖体散生，细胞核与动体相靠近或相连，无尾体。微管从动体辐射状伸向细胞质。无功能动体与动体成一定夹角。休眠孢子囊以无性方式形成，囊萌发时形成游动孢子。

小壶菌目共 3 科 15 属，大多为土壤腐生菌，少数寄生其他菌物或动物（如线虫）。

小壶菌目分科检索表

1. 菌体无性阶段可同时产生无柄游动孢子囊和具有细柄的气生游动孢子囊 ·················
·· **座壶菌科（Caulochytriaceae）**
共 1 属 2 种。原柄座壶菌（*Caulochytrium protostelioides* L. S. Olive）可寄生于枝孢霉和粪壳菌的菌丝体。
1′.菌体无性阶段仅产生无柄游动孢子囊 ·· **2**
2. 菌体外生或内生，分体产果，单中心，孢子囊堆或原孢囊堆及休眠孢子囊内生于游动孢子休止孢；游动孢子细胞核以鞋跟状、椭圆形突起延伸至动体附近或以凹面面向动体，微管从动体或动体顶侧的单刺（simple spur）或三重刺（tripartite spur）处随机辐射状伸入细胞质中 ····················
··· **小壶菌科（Spizellomycetaceae）**
共 12 属 25 种。其中，*Spizellomyces* 和 *Gaertneriomyces* 的大多数种腐生于土壤中或禾草叶子上。
2′.菌体常内生，整体产果或分体产果，单中心，孢子囊堆及休眠孢子囊外生于游动孢子休止孢；游动孢子细胞核常以鞋跟状突起延伸至动体附近，微管从动体附近的两个平行的电子不透明弧（electron-opaque arcs）处随机辐射状伸入细胞质中 ···································· **Powellomycetaceae**
共 2 属 5 种。代表种：*Powellomyces hirtus* Longcore，D. J. S. Barr & Désaaln.，腐生于土壤中。

4.2.3.5　根生壶菌目

根生壶菌目（Rhizophydiales Letcher）菌体外生和内生，由孢子囊、休眠孢子和分枝状假根菌丝组成，分体产果，单中心。游动孢子具有 Group Ⅲ 型超微结构：微体—脂肪球复合体(MLC)的潴泡为孔状或简单膜状，并具有新月形刺状的动体相关结构，鞭毛基部无鞭毛塞。其复杂的游动孢子超微结构多样性已作为重要的分类学依据。

根生壶菌具有环境多样性，通常以繁殖体形式腐生于花粉和角蛋白，或生长在纤维素和几丁质底物上，也寄生于藻类、浮游微无脊椎动物和菌物等多种生物。

共6科约20属，其中以根生壶菌属(*Rhizophydium* Schenk ex Rabenh.)为最大(AFTOL, 2022)。

依据游动孢子超微结构特征的根生壶菌目分科检索表

1. 具有新月形刺状动体相关结构，并伸入泡囊区 ·· **2**
1'. 无新月形刺状动体相关结构 ·· **3**
2. 刺状动体相关结构为实心 ······························ 陆生壶菌科(**Terramycetaceae**)
2'. 刺状动体相关结构为层状 ····························· 根生壶菌科(**Rhizophydiaceae**)
    仅1属——根生壶菌属(*Rhizophydium* Schenk ex Rabenh.)。
3. 动体与非功能动体之间的纤维桥(fibrillar bridge)呈对角线，且均有一电子致密颗粒柱 ················ **4**
3'. 动体与非功能动体之间的纤维桥垂直于两动体结构之中心，且无电子致密颗粒柱 ········· **5**
4. 电子致密颗粒柱在动体与非功能动体内 ······························ **Kappamycetaceae**
4'. 电子致密颗粒柱在动体内而非功能动体内无 ························ **Alphamycetaceae**
5. 细胞核嵌在核糖体聚集之中 ··· **6**
5'. 细胞核在核糖体聚集表面 ··· **7**
6. 动体与非功能动体之间的纤维桥垂直汇集区宽(>0.025 μm) ············· **Globomycetaceae**
6'. 动体与非功能动体之间的纤维桥垂直汇集区窄(<0.025 μm) ········· **Gorgonomycetaceae**
7. 微体的一部分与动体紧密相连 ··································· **Angulomycetaceae**
7'. 微体的一部分不与动体紧密相连 ··· **8**
8. 动体与非功能动体之间的纤维桥垂直汇集区宽(>0.025 μm) ············· **Aquamycetaceae**
8'. 动体与非功能动体之间的纤维桥垂直汇集区窄(<0.025 μm) ····················· **9**
9. 微体紧贴脂质球、不分枝离开 ··································· **Pateramycetaceae**
9'. 微体大量分枝离开脂质球 ····································· **Protrudomycetaceae**

(1)根生壶菌属(*Rhizophydium* Schenk ex Rabenh.)

菌体外生和内生，分体产果，单中心。具有外生孢子囊和内生管状根状轴及假根。孢子囊形状多样，球形、梨形、倒卵形、宽椭圆形至长梭形，无柄、罕有短柄。通过1至多个释放孔或释放管、罕顶部破裂释放游动孢子。游动孢子具有Group Ⅲ型超微结构：微体—脂肪球复合体(MLC)的潴泡为孔状，鞭毛基部无鞭毛塞。休眠孢子通过无性或有性方式产生，萌发产生孢子囊或原孢子囊。

该属为壶菌最大属，世界广布，共169种(AFTOL, 2022)，寄生藻类、浮游生物、菌物及植物，腐生各种植物及动物残体。常见种如下：

①球根生壶菌[*Rhizophydium globosum*(A. Braun)Rabenh.]。孢子囊无柄、完全球形，壁双层，光滑，无色，上半部具有2~4个突出释放乳突。游动孢子动体相关结构为一层状刺。休眠孢子球形，外壁覆盖有小刺(图4-9)。常寄生新月藻、鞘藻、水绵和环藻等各种藻类，或腐生花粉粒和角质蛋白。

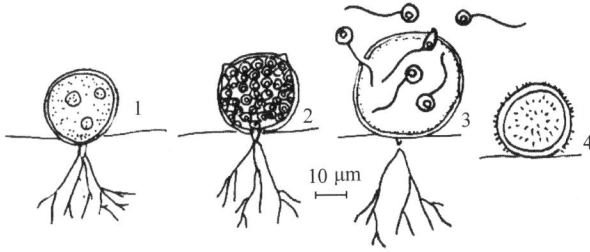

1. 具双层壁的未成熟孢子囊，生于新月藻上；2. 成熟、多乳突的孢子囊；3. 游动孢子释放与单独逃逸；
4. 休眠孢子外壁具细刺。

图 4-9　球根生壶菌[*Rhizophydium globosum*（A. Braun）Rabenh.]**菌体与繁殖体的形态**

（Braun，1856）

②禾根生壶菌（*Rhizophydium graminis* Ledingham）。孢子囊球形至椭球形，壁光滑。有性形成休眠孢子，球形，内壁光滑，外壁粗糙（图 4-10）。寄生于小麦、黍和繁缕等植物根部。

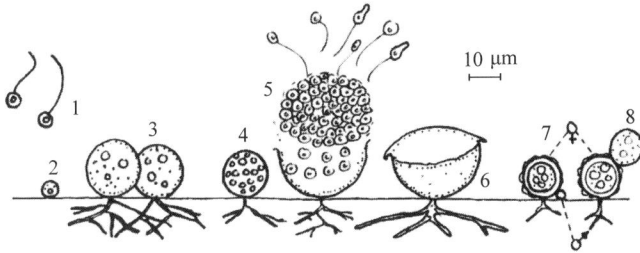

1. 游动孢子；2. 囊胞化游动孢子寄生小麦、黍根部；3. 未成熟孢子囊；4. 成熟孢子囊；5. 孢子囊顶部破裂，
喷出游动孢子；6. 空的杯状孢子囊基部，上缘不规则撕裂；7. 有性形成休眠孢子；8. 休眠孢子萌发。

图 4-10　禾根生壶菌（*Rhizophydium graminis* Ledingham）**菌体与繁殖体的形态**

（Ledingham，1936）

③嗜角根生壶菌（*Rhizophydium keratinophilum* Karling）。孢子囊外壁具有简单分叉、二分叉的刺。休眠孢子球形，壁厚、棕色，明显具疣（图 4-11）。腐生角质化组织（动物的毛发和皮肤、鸟类的羽毛）及松树花粉。

④嗜果根生壶菌（*Rhizophydium carpophilum* Zopf）。无柄孢子囊，通常聚集，最初呈球形或卵形，释放游动孢子后稍呈梨形（图 4-12）。强寄生水霉、多雄绵霉、网囊霉、大雄单毛菌等卵菌的藏卵器或卵孢子，也寄生水霉拟油壶菌的孢子囊。

⑤玉米根生壶菌（*Rhizophydium coronum* A. M. Hanson）。孢子囊透明，球形或卵形，有晕圈状多层胶状壁，外层经常在孢子囊的上半部周围解体；具 1~5 个出口乳突。休眠孢子球形，包裹类似孢子囊的 1 至多层晕圈状壁，淡金色（图 4-13）。腐生于禾草、玉米叶和土壤中。

⑥球膜根生壶菌（*Rhizophydium sphaerotheca* Zopf）。无柄孢子囊，单生或群生，球形或近球形，具有 2~5 个乳突，壁光滑，明显双层（图 4-14）；发达分枝假根系统内生于花粉粒内。腐生于松属、黄杉和香蒲属植物的花粉粒。

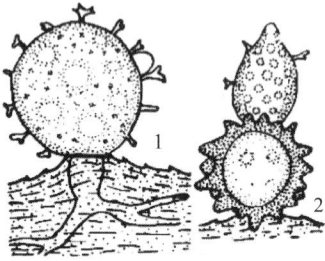

1. 近成熟的孢子囊、具有二叉状刺，生于毛发上；2. 休眠孢子具有粗疣，萌发产生游动孢子囊。

图 4-11 嗜角根生壶菌（*Rhizophydium keratinophilum* Karling）**菌体与繁殖体的形态**

（Karling，1946）

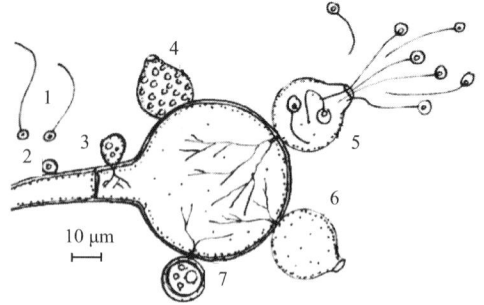

1. 游动孢子；2. 囊胞化游动孢子寄生于水霉菌藏卵器；3. 萌发入侵；4. 成熟孢子囊具有一顶孔；5. 孢子囊通过顶部宽而稍高的孔释放游动孢子；6. 空孢子囊；7. 休眠孢子。

图 4-12 嗜果根生壶菌（*Rhizophydium carpophilum* Zopf）**菌体与繁殖体的形态**

（Karling，1946）

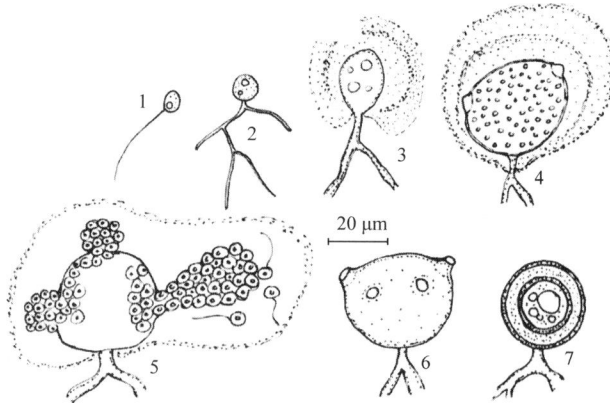

1. 游动孢子；2. 游动孢子休止孢萌发；3. 未成熟孢子囊早期具有多层胶质外壳；4. 成熟孢子囊具有双乳突并被胶质壳包围；5. 孢子囊释放游动孢子，孢子团被一薄层胶质壳包围；6. 具有多个释放孔的空孢子囊；7. 休眠孢子。

图 4-13 玉米根生壶菌（*Rhizophydium coronum* A. M. Hanson）**菌体与繁殖体的形态**

（Braun，1856）

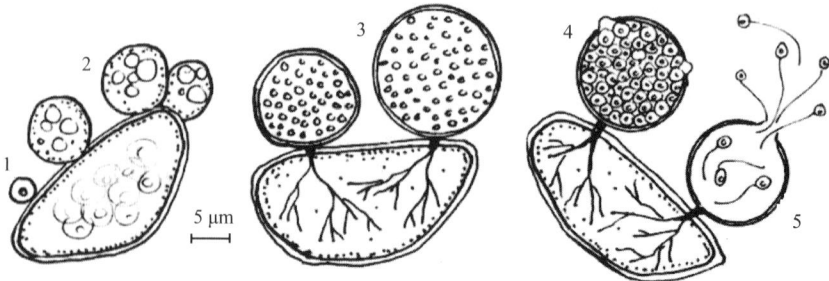

1. 花粉粒上囊胞化的游动孢子；2. 未成熟孢子囊；3. 成熟孢子囊具双层壁；4. 成熟孢子囊具有多乳突；5. 孢子囊释放游动孢子。

图 4-14 球膜根生壶菌（*Rhizophydium sphaerotheca* Zopf）**的菌体与繁殖体形态**

（Zopf，1887）

⑦超寄生根生壶菌（*Rhizophydium hyperparasiticum* Karling）。孢子囊球形或稍扁平不规则，具有 1 至几个低出口乳突。寄生玫瑰根囊壶菌、*Karlingiomyces granulatus*（Karling）Sparrow、*Septochytrium macrosporum* Karling 和 *Septochytrium plurilobulum* Johanson 等多种壶菌的孢子囊和休眠孢子上。

⑧乳突根生壶菌[*Rhizophydium mammillatum*（A. Braun）A. Fisch.]。孢子囊无柄，长卵形或柠檬状，有一个明显突出的顶端乳突。寄生于垫形鞘毛藻、毛枝藻、鞘藻和黄丝藻等多种藻类。

⑨梭形根生壶菌[*Rhizophydium fusus*（Zopf）A. Fisch.]。孢子囊无柄或生在短茎上，窄至宽梭状，通常轻微倾斜。寄生于针杆藻、直链藻、缢缩异极藻、双菱藻和羽纹藻等多种藻类。

⑩横根生壶菌[*Rhizophydium transversum*（A. Braun）Rabenh.]。孢子囊无柄，最初呈球形，后变为宽椭球形或梭形，两端乳头明显，成熟时稍弯曲。假根纤细，不分枝。腐生于动植物残体或寄生于水生植物、藻类、小动物和其他菌物上。

4.2.4　单毛菌纲

单毛菌纲（Monoblepharidomycetes J. H. Schaffn.）菌体菌丝状，原生质呈泡沫状、具假隔，常有固着器（holdfast）或假根系统；无性繁殖顶生柱形或瓶形孢子囊，游动孢子呈鼠标形。多个脂肪球和微体位于游动孢子前方，线粒体位于后方，核糖体集生于细胞核周围，并为不连续的内质网膜所包；孔状潴泡（尾体）贴近微体而非脂肪球；微管根从半包围动体的条纹盘（striated disk）处向前呈辐射状伸入细胞质，鞭毛基部具有不透明鞭毛塞。有性生殖方式为卵配生殖（图 4-15），即雄性游动配子与雌性藏卵器交配产生卵孢了，或者不知。

Kirk et al.（2008）承认单毛菌纲仅有单毛菌目（Monoblepharidales）1 目，共 4 科 5 属 26 种。主要有单毛菌属（*Monoblepharis* Cornu）、节水霉属（*Gonapodya* A. Fisch.）、拟单毛菌属（*Monoblepharella* Sparrow）和肋壶菌属（*Harpochytrium* Lagerh.），绝大多数种类腐生在沉于水中的

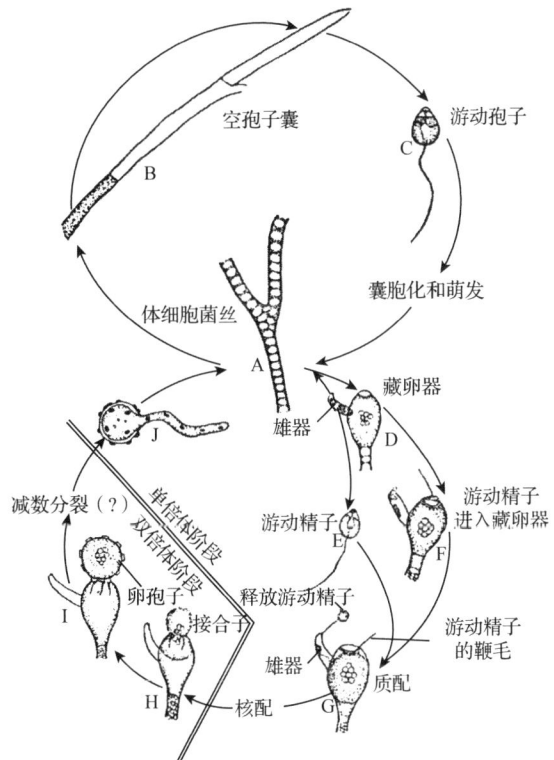

图 4-15　多态单毛菌（*Monoblepharis polymorpha* Cornu）生活史

树木小枝、植物果实上或者土壤中，少数寄生水绵等藻类。常见种如下：

①多态单毛菌（*Monoblepharis polymorpha* Cornu）。菌丝无假隔、多分枝，游动孢子囊为

窄柱形，单生或偶尔丛生；雄器侧生于梨形藏卵器上部，卵孢子形成于藏卵器外，外壁具有泡状隆起。常腐生于沉水栎、桦和樱等树木小枝上，其生活史如图4-15所示。

②层出节水霉[*Gonapodya prolifera*（Cornu）A. Fisch]。菌丝被假隔缢缩成椭圆形串珠状，游动孢子囊及配子囊层出，长角状；囊胞化前，接合子在雄配子鞭毛推动下有一段游动期，卵孢子壁光滑（图4-16）。在沉水树木小枝、果实上腐生。

③肋壶菌（*Harpochytrium hedenii* Wille）。单轴菌体近柱形、弯曲，顶端圆钝、基部尖，基部生或侧生钉状附着器，分体产果。菌体上部约3/4原生质横分裂成数个游动孢子，成熟孢子囊从顶孔释放游动孢子后，基部原生质继续层出次生孢子囊（图4-17）。多生于水绵属、双星藻属等藻类及植物残体。

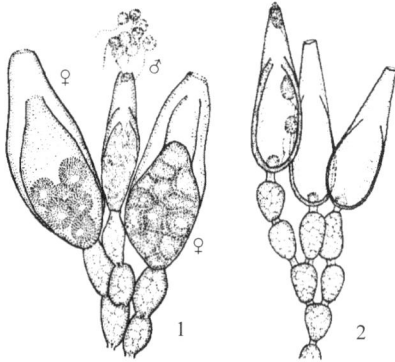

1. 侧生的藏卵器和中间生、释放游动配子的雄器；
2. 串珠状菌体上的成熟的层出游动孢子囊。

图4-16 层出节水霉[*Gonapodya prolifera*（Cornu）A. Fisch]的菌体形态
（Sparrow，1960）

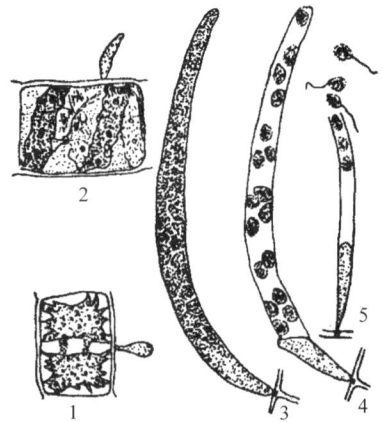

1~2. 游动孢子萌发侵入藻类细胞并形成幼菌体；
3. 成熟的单轴弯曲菌体；4. 菌体上部形成弯柱形孢子囊；5. 孢子囊释放出游动孢子并层出幼菌体。

图4-17 肋壶菌（*Harpochytrium hedenii* Wille）的菌体形态
（刘波，1984）

4.2.5 新丽鞭毛菌纲

新丽鞭毛菌纲（Neocallimastigomycetes M. J. Powell）是生活在食草哺乳动物及爬行动物胃肠道中的专性厌氧共生壶菌，适应于在绵羊、山羊、奶牛、马、鹿、大象、骆驼、水牛和犀牛等动物的瘤胃或盲肠内生长。这类壶菌是降解纤维素所需酶的有效生产者，因此，它们对食草动物消化食物至关重要。

菌体为单中心或多中心，产生大量的假根和球根状附着枝，其细胞壁含有几丁质。新丽鞭毛菌的游动孢子可以产生1~20根后生鞭毛，且较单鞭毛游动孢子大。游动孢子球形、椭圆形或梨形，能够进行变形体运动，在此过程中其形态是不规则的。新丽鞭毛菌的游动孢子超微结构独特，具有动体，但缺非功能中心粒；具有与动体相关联的裙状、柱形、刺状和环绕鞭毛等结构，微管从长刺处呈辐射状延伸到细胞核周围，形成扇状、无鞭毛的支撑物。这种厌氧壶菌缺乏线粒体而以氢小体（hydrogenosome）代之，氢小体可将植物细胞壁多糖物质发酵为乙酸、乳酸、乙醇和氢气而无需氧。

新丽鞭毛菌仅通过从孢子囊中产生鞭毛游动孢子进行无性繁殖（Heath et al.，1986年），迄今尚未确定有性生殖阶段。

新丽鞭毛菌纲仅1目（Neocallimastigales）1科（Neocallimastigaceae）（图 4-18）21 属 44 种（AFTOL，2022）。主要有新丽鞭毛菌属（*Neocallimastix* Vávra & Joyon）、厌氧壶菌属（*Anaeromyces* Breton，Bernalier，Dusser，Fonty，B. Gaillard & J. Guillot）、盲肠壶菌（*Caecomyces* J. J. Gold）、奥平壶菌属（*Orpinomyces* D. J. S. Barr，H. Kudo，Jakober & K. J. Cheng）和梨壶菌属（*Piromyces* J. J. Gold，I. B. Heath & Bauchop）等属，均厌氧腐生于食草动物肠胃中。例如，前生新丽鞭毛菌[*Neocallimastix frontalis* (R. A. Braune) Vávra & Joyon ex I. B. Heath]和 *Neocallimastix joyonii* Breton，Bernalier，Bonnemoy，Fonty，Gaillard & Gouet = *Orpinomyces joyonii* Breton 腐生于青海牦牛瘤胃中。

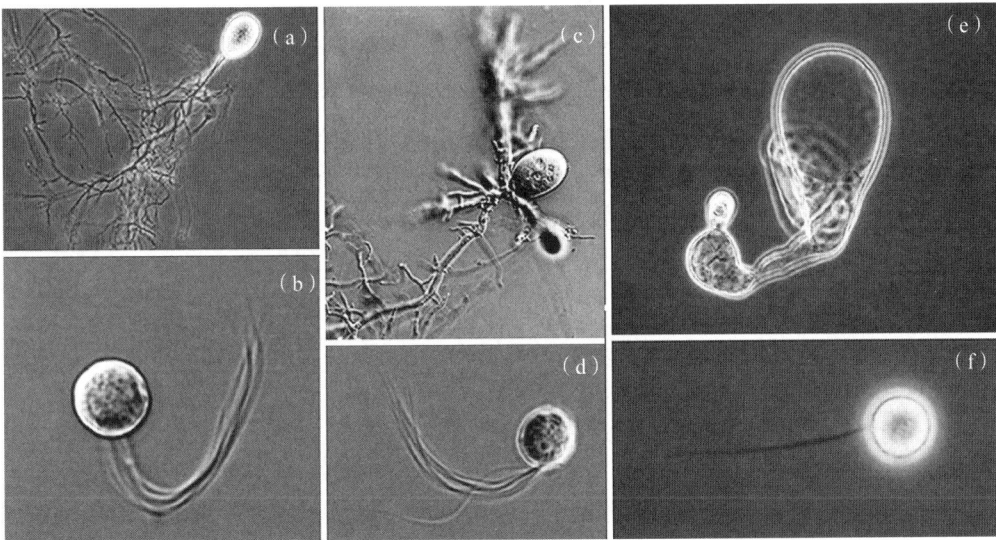

（a）（b）*Neocallimastix* sp. 具有发达假根、单中心菌体和多鞭毛游动孢子；（c）（d）*Orpinomyces* sp. 的具假根、多中心菌体和多鞭毛游动孢子；（e）（f）*Caecomyces* sp. 具有球状附着枝、单中心或多中心菌体，游动孢子具有 1 根（罕数根）鞭毛。

图 4-18　新丽鞭毛菌科（Neocallimastigaceae I. B. Heath）主要属菌体与游动孢子的形态

（Wang et al.，2017）

新丽鞭毛菌科常见属检索表

1. 菌体具有菌丝状假根，游动孢子单鞭毛或多鞭毛 ·· **2**

1′. 菌体具有球状假根，游动孢子单鞭毛 ···························· 盲肠壶菌（*Caecomyces*）

2. 菌体单中心 ·· **3**

2′. 菌体多中心 ·· **4**

3. 游动孢子单（偶尔双）鞭毛 ································· 梨壶菌属（*Piromyces*）

3′. 游动孢子多鞭毛 ································· 新丽鞭毛菌属（*Neocallimastix*）

4. 孢子囊梭形并具有尖顶，游动孢子单鞭毛 ················· 厌氧壶菌属（*Anaeromyces*）

4′. 孢子囊球形，游动孢子多鞭毛 ································· 奥平壶菌属（*Orpinomyces*）

4.3 芽枝霉门

芽枝霉门(Blastocladiomycota)菌物菌体形态从单细胞带假根、具有单个孢子囊,到复杂根状菌丝和菌丝状、产生多个孢子囊,生活史表现为世代交替,包括单倍体配子体和二倍体孢子体2个营养体阶段。有性生殖通过游动配子配合形成合子,进而产生暗色、厚壁、具有各种纹饰的休眠孢子囊;无性繁殖产生薄壁游动孢子囊,释放后生单鞭毛的游动孢子(图4-19)。

芽枝霉菌游动孢子的锥形细胞核上方具有一个明显的由核糖体聚集形成的核帽,细胞核锥尖向后指向鞭毛动体,常有微体—脂肪球复合体位于游动孢子侧后方;微管从动体呈辐射状向前延伸包围细胞核及核帽,呈篮子状,为芽枝霉门的鉴别特征。

芽枝霉菌多腐生于土壤和淡水中的种子、花粉、纤维素等各种基质上,具有土壤有机物的生物降解和营养物质的循环利用作用。一些种类寄生于陆生或水生维管植物、藻类、卵菌、微小无脊椎动物和其他芽枝霉菌,对无脊椎动物(包括根结线虫和昆虫)具有生物控制作用。芽枝霉菌,如异水霉属(*Allomyces* E. J. Butler)和芽枝霉属(*Blastocladia* Reinsch),也是基因调控研究常用的实验材料。

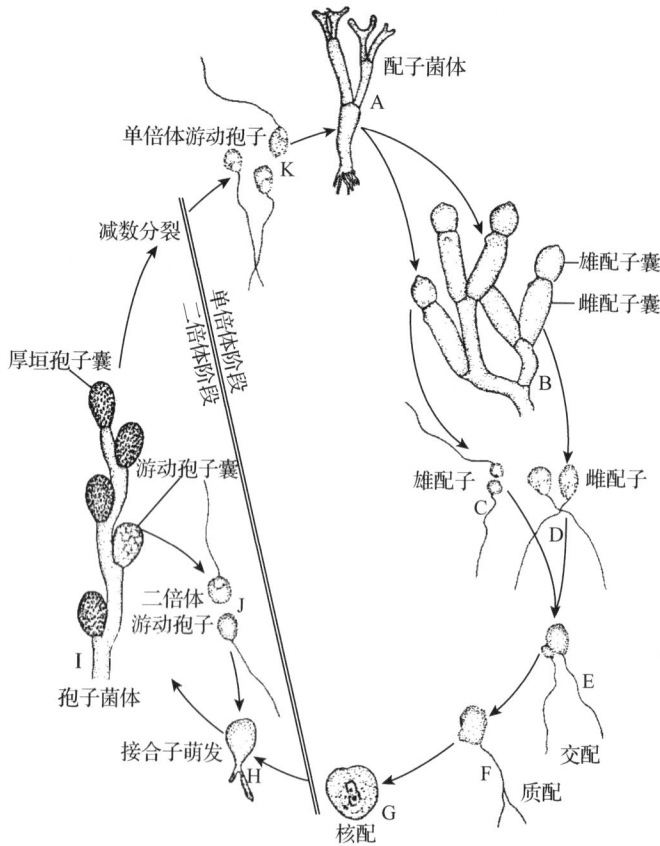

图4-19 巨雄异水霉[*Allomyces macrogynus* (R. Emers.) R. Emers. & C. M. Wilson]**生活史**

依据菌体形态、游动孢子超微结构和生态习性，《菌物词典》第 10 版和 AFTOL（2022）认为芽枝霉门仅 1 纲——芽枝霉菌纲（Blastocladiomycetes Doweld），共 2 目 5 科 20 属。

芽枝霉门（纲）分目检索表

1. 菌体单中心，多中心，根状菌丝体或发达菌丝体；多腐生于水中、土壤或植物残体上；少数寄生昆虫、线虫和桡足虫等无脊椎动物 ·· 芽枝霉目（**Blastocladiales**）
1′. 菌体多中心，内生根状菌丝产生陀螺状细胞并形成厚壁休眠孢子囊；或外生单细胞带假根，单中心，外生扁长的游动孢子囊；寄生显花植物及水生蕨类 ························· 节壶菌目（**Physodermatales**）

4.3.1　芽枝霉目

芽枝霉目（Blastocladiales H. E. Petersen）菌体为根状菌丝体或发达菌丝体，单中心或多中心，游动孢子具有特征性锥形核帽，有典型的微体—脂肪球复合体（MLC），其外侧具有简单潴泡。

芽枝霉菌多腐生于水中、土壤或植物残体上；少数寄生昆虫、线虫和桡足虫等无脊椎动物。共 4 科 12 属。

芽枝霉菌目分科及常见属检索表

1. 游动孢子核帽内仅有核糖体，有典型侧体复合体；寄生于除缓步动物门以外的无脊椎动物、植物和其他芽枝霉菌，或腐生于沉水、土壤动植物残体 ·· **2**
1′. 游动孢子核帽内除核糖体外，还含有线粒体、脂肪球和微体，无典型侧体复合体；寄生于缓步动物门 ·· 堆壶菌科（**Sorochytriaceae**）

　　仅 1 属 1 种。*Sorochytrium milnesiophthora* Doweld，寄生习居苔藓的小斑熊虫。

2. 菌体呈短小分枝状，无假根、无细胞壁；有性形成厚壁休眠孢子囊；转主寄生于蚊子、苍蝇等昆虫幼虫和桡足虫 ·· 雕蚀菌科（**Coelomomycetaceae**）

　　代表属：雕蚀菌属（*Coelomomyces* Keilin），60 多种。骚蚊雕蚀菌（*Coelomomyces psorophorae* Couch），转主寄生于蚊子幼虫和桡足虫体内。

2′. 菌体有细胞壁及假根；有厚壁和薄壁两型孢子囊 ··· **3**
3. 多中心，分体产果；孢子囊形成于间隔膨大的根状菌丝体上，呈链状联结；寄生于昆虫、线虫、轮虫、桡足虫及芽枝霉菌，或腐生于动植物残体上 ·········· 链枝菌科（**Catenariaceae**）**4**
3′. 单中心或多中心；菌体由基部发达分枝的假根和杆状、棒状至顶部二叉状分枝的上部组成，孢子囊产生其顶端；全部腐生于沉水、土壤动植物残体上·········· 芽枝霉菌科（**Blastocladiaceae**）**5**
4. 休眠孢子囊具有简单或分枝状刺状附属物；寄生于长角亚目摇蚊科昆虫卵 ·················
　　··· 长角亚目菌属（*Nematoceromyces*）

　　共 3 种。*Nematoceromyces spinosus*（W. Martin） Doweld = *Catenaria spinosa* W. Martin、*N. uncinata*（W. Martin）Doweld = *Catenaria uncinata* W. Martin，寄生于摇蚊科昆虫卵。

4′. 休眠孢子囊壁厚、光滑、无刺状附属物；寄生于植物线虫、吸虫及芽枝霉菌卵 ·················
　　··· 链枝菌属（*Catenaria*）

　　共 8 种。异水霉链枝菌（*Catenaria allomycetis* Couch），寄生在异常异水霉菌丝体内；醋线虫链枝菌（*C. anguillulae* Sorokīn）可寄生植物根结线虫、肝吸虫及雕蚀菌的厚壁孢子囊。

5. 菌体由具有基部假根的球形膨大体或短而不分枝的主干组成，单中心 ··· **棒壶菌属**(*Clavochytridium*)
共 2 种。简单棒壶菌(*Clavochytridium simplex* Doweld = *Blastocladiella simplex* V. D. Matthews)，腐生于水中双翅目昆虫尸体上或沼泽土壤中。

5′. 菌体由具有基部假根的主干和上部分枝组成，多中心 ·· **6**

6. 菌体由具有发达假根的柱形主干和上部二叉状分枝组成，顶部分枝有假隔，产生游动配子囊和有性休眠孢子囊 ··· **异水霉属**(*Allomyces*)
共 11 种，世界广布。树状异水霉(*Allomyces arbusculus* E. J. Butler)、大配囊异水霉[*A. macrogynus* (R. Emers.) R. Emers. & C. M. Wilson]，腐生于水中、土壤动植物残体上。

6′. 菌体由简单分枝的基部细胞或带假根主干和顶部短棒形至柱形分枝组成，无假隔，仅产生无性游动孢子囊和休眠孢子囊 ··· **芽枝霉属**(*Blastocladia*)
共 30 种，世界广布。芽枝霉(*Blastocladia pringsheimii* Reinsch)、多枝芽枝霉(*B. ramosa* Thaxt.)，腐生于沉水苹果、梨等果实和树木枝丫上。

4.3.2 节壶菌目

节壶菌目(Physodermatales Caval. -Sm.)菌体多中心，内生根状菌丝产生有隔、陀螺状细胞并形成厚壁、暗色的休眠孢子囊；或初期外生单细胞带假根、单中心，外生扁长的游动孢子囊。游动孢子具有锥形核帽，侧泡复合体中脂肪球较少，其外侧背膜不完整或被泡状—微体系统(vesicular-microbody system)所取代(图4-20)。专性寄生于多种维管束植物及水生蕨类。

节壶菌目仅有 1 科——Physodermataceae Sparrow。依据游动孢子形态、超微结构和生态习性，可分 2~3 属(AFTOL，2020)。

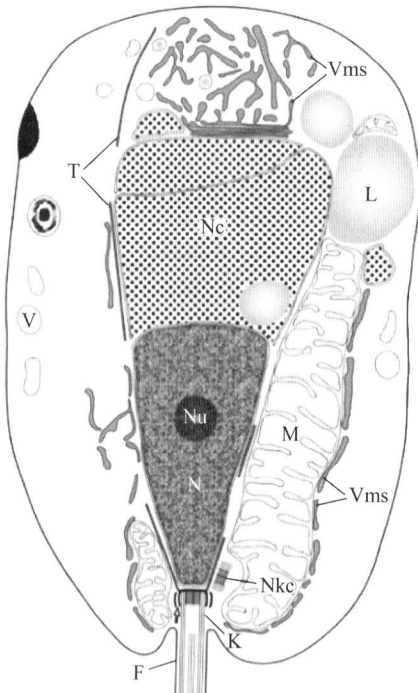

L. 类脂球；M. 线粒体；N. 细胞核；Nu. 核仁；Nc. 核帽；K. 功能动体(引线所指为环动体条纹)；Nkc. 非功能中心粒；F. 鞭毛；T. 细胞质微管；Vms. 泡状—微体系统；V. 液泡。

图 4-20 玉米节壶菌[*Physoderma maydis* (Miyabe) Miyabe]**的游动孢子超微结构**
(James et al.，2014)

芽壶菌科常见属检索表

1. 游动孢子囊产生单鞭毛游动孢子；寄生于微管束植物或藻类 ·· **2**

1′. 游动孢子囊产生阿米巴状游动细胞；寄生于藻类 ········
··························· **拟节壶菌属**(*Paraphysoderma*)
仅 1 种。塞德博克拟节壶菌(*Paraphysoderma sedebokerense* Boussiba，Zarka & T. Y. James)，寄生雨生红球藻和二形栅藻。

2. 外生菌体倒锥形、假根浓密；内生阶段刺激寄主产生瘿瘤 ··· **节壶菌属**(*Physoderma*)

2′. 外生菌体假根少而短；内生阶段仅引起寄主细胞组织坏死，不产生瘿瘤 ····················· **尾壶菌属**(*Urophlyctis*)

（1）节壶菌属（*Physoderma* Wallr.）

在寄主上产生 2 种类型的菌体：一种是由游动孢子侵染寄主细胞、表生单中心菌体，可形成游动孢子囊（配子囊）；另一种是由游动配子融合、侵入寄主细胞后内生多中心根状菌丝体。节壶菌的内生根状菌丝体产生许多种间生的梭形至陀螺状膨大体，从膨大体上形成许多休眠孢子囊。休眠孢子囊壁厚，具有明显的纹饰，暗色，通过打开孢子囊盖或囊壁的缝裂萌发。

尾壶菌属菌物大多同节壶菌属菌物一样，也形成表生、单中心的游动孢子囊和内生、多中心根状菌丝体期。但正如 Sparrow（1962）所讨论的，尾壶菌属菌物与节壶菌属菌物不同，前者根状菌丝体能刺激宿主的瘿瘤形成，而后者则不引起寄主瘿瘤。然而，现仍将尾壶菌属的大多数种作为节壶菌属菌物的同物异名（Karling，1977；Kirk et al.，2008）。

包括尾壶菌属在内，节壶菌属共 85 种（AFTOL，2020），世界广布。常见种：玉米节壶菌［*Physoderma maydis*（Miyabe）Miyabe］，游动孢子的微体—脂肪球复合体（MLC）中脂肪球减少到 1 个，并以泡状—微体系统取代背膜，休眠孢子囊黄褐色、具囊盖，专性寄生于玉米茎基叶鞘、叶片，引起褐斑病（图 4-21）；*Physoderma leproides*（Trab.）Lagerh. = *Urophlyctis leproides*（Trab. & Sacc.）Magnus，寄生甜菜，引起叶瘿病；苜蓿节壶菌［*Physoderma alfalfa*（Lagerh.）Karling = *Urophlyctis alfalfae*（Lagerh.）Magnus］，引起苜蓿冠瘿病；三叶草节壶菌［*Physoderma trifolii*（Pass.）Karling = *Urophlyctis trifolii*（Pass.）Magnus］，引起紫云英结瘿病。

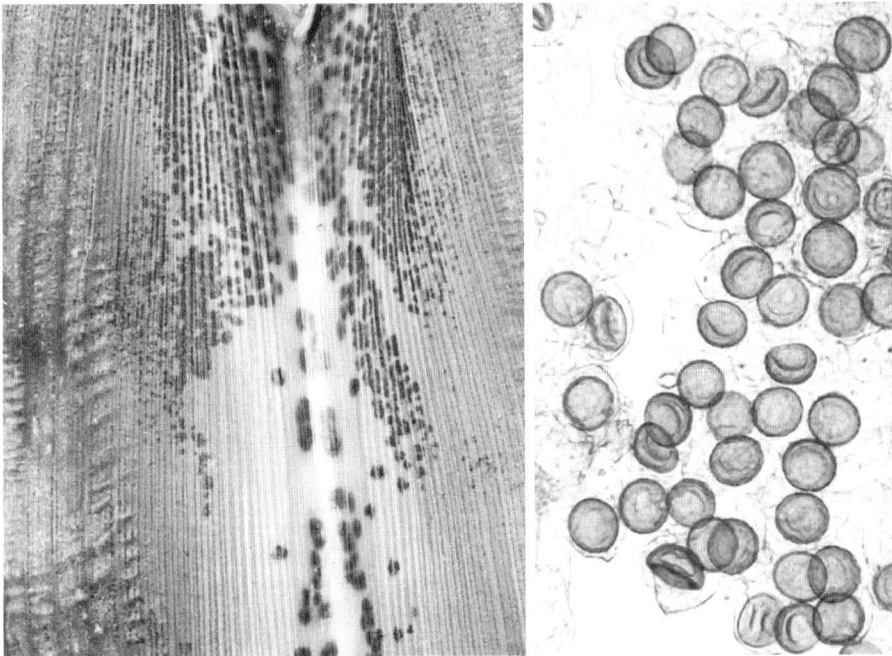

（a）玉米褐斑病症状　　　　　（b）病组织中的休眠孢子囊

图 4-21　玉米褐斑病症状和玉米节壶菌［*Physoderma maydis*（Miyabe）Miyabe］**的休眠孢子形态**

复习思考题

1. 简述真菌界壶菌类真菌与其他产游动孢子菌物的形态区别。
2. 绘图描述某种壶菌的生活史。
3. 为什么壶菌被认为是真菌中较低等的类群?
4. 列举身边常见的壶菌,简述其与人类的关系。

第 5 章

真菌界接合菌类

接合菌营寄生和腐生生活，类以腐生居多。常腐生于植物花果、土壤、食草动物粪便；少数可寄生蘑菇、节肢动物（昆虫）与脊椎动物体及其他接合菌。生于植物果实的为弱寄生菌，多引起种实霉烂病。也有少数为菌根真菌，与高等植物形成共生体。

接合菌类真菌主要包括传统的接合菌纲（Zygomycetes G. Winter）和毛菌纲（Trichomycetes Alexop.）。

5.1 接合菌类概述

5.1.1 接合菌类真菌的基本特征

接合菌类真菌绝大多数有发达的无隔菌丝体，或有些老龄菌丝有隔，或在菌丝受伤处、产生繁殖体处产生隔膜，少数为虫菌体（hyphal body），细胞壁主要由几丁质和壳聚质（chitin-chitosan）组成，并且含有多聚葡萄糖酸；有些接合菌菌体具有双态现象。无性繁殖产生孢子囊、小孢子囊或柱状孢子囊，少数产生厚垣孢子、节孢子或芽孢子（酵母细胞）。有性生殖为同型配子囊接合，通过同宗配合或异宗配合形成接合孢子（囊），少数形成单性接合孢子或者有性阶段未知。

5.1.2 接合菌分类

传统上，Ainsworth et al.（1971，1973）、Hawksworth et al.（1983，1995）和 Alexopoulos et al.（1979，1996）依据菌体及繁殖体形态、寄生性与习性将接合菌门（亚门）分为 2 纲：接合菌纲（Zygomycetes G. Winter）和毛菌纲（Trichomycetes Alexop.）。其中，接合菌纲早期被分为 3 目：毛霉目（Mucorales Dumort.）、虫霉目（Entomophthorales G. Winter）和捕虫霉目（Zoopagales Bessey ex R. K. Benj.）。后来，Benjamin（1979）在毛霉目相关科、属基础上，将接合菌纲增加到 7 目：毛霉目（共 14 科）、双珠霉目（Dimargaritales R. K. Benj.）、梳霉目（Kickxellales Kreisel ex R. K. Benj.）、内囊霉目（Endogonales Jacz. & P. A. Jacz.，仅留外生菌根）、球囊霉目（Glomerales J. B. Morton & Benny）、虫霉目和捕虫霉目。Lichtwordt（1973，

1986)将毛菌纲分为 4 目：钩孢毛菌目（Harpellales Lichtw. & Manier）、内孢毛菌目（Asellariales Manier ex Manier & Lichtw.）、外毛菌目（Eccrinales L. Léger & Duboscq）和变形毛菌目（Amoebidiales L. Léger & Duboscq）。

进入 21 世纪后，随着分子系统学在菌物分类学中的广泛应用，接合菌分类发生了很大的变化。Kirk et al.（2008）在《菌物词典》第 10 版中根据对接合菌 28S rRNA、18S rRNA 和 5.8S rRNA 以及 *rpb1*、*rpb2*、*tef1* 多基因系统发育分析结果（Hibbett et al.，2007），增加蛙粪霉目（Basidiobolales Jacz. & P. A. Jacz.），取消了毛菌纲，将钩孢毛菌目和内孢毛菌目归入接合菌门（Zygomycota Moreau），其他 2 个目归到原生动物界，调整接合菌门为 4 亚门：毛霉亚门（Mucoromycotina Benny）、虫霉亚门（Entomophthoromycotina Humber）、梳霉亚门（Kickxellomycotina Benny）和捕虫霉亚门（Zoopagomycotina Benny），共 10 目：毛霉目（9~14 科）、被孢霉目（Mortierellales Caval.-Sm.，1 科）、内囊霉目（1 科）、蛙粪霉目（1 科）、虫霉目（5 科）、双珠霉目（1 科）、梳霉目（1 科）、钩孢毛菌目（2 科）、内孢毛菌目（1 科）和捕虫霉目（5 科）。

同时，《菌物词典》第 10 版也采纳 Schüßler et al.（2001）的研究结果，将球囊霉目提升为球囊霉门（Glomeromycota C. Walker & A. Schüßler），分为 1 纲——球囊霉纲（Glomeromycetes Caval.-Sm.），共 4 目：原孢霉目（Archaeosporales C. Walker & A. Schüßler）、多样孢霉目（Diversisporales C. Walker & A. Schüßler）、球囊霉目（Glomerales J. B. Morton & Benny）和拟球囊霉目（Paraglomerales C. Walker & A. Schüßler）。

Benny et al.（2014）采用与 Kirk et al.（2008）类似的方法，将接合菌分成 Mucoromycotina、Kickxellomycotina、Mortierellomycotina、Zoopagomycotina 4 个亚门和 Entomophthoromycota 1 个门，共 11 目。球囊霉门（Glomeromycota C. Walker & A. Schüßler）仍单独为门，分为 4 目（Schüßler et al.，2014）。

本书基本采用《菌物词典》第 10 版的接合菌门与球囊霉菌门分类系统，并采纳 Benny et al.（2014）的虫霉菌门分类系统。

接合菌类分门检索表

1. 菌体多为发达的无隔（或老龄时有隔）或有规则隔膜菌丝体，少数为虫菌体；无性繁殖多产生孢子囊及孢囊孢子，少数产生毛孢子、节孢子、分生孢子或厚垣孢子，有性生殖产生接合孢子（囊），少数形成单性接合孢子；多腐生于植物花果实、土壤和动物粪便，少数可寄生于节肢动物、线虫等小型动物与脊椎动物体及其他接合菌，或者弱寄生于高等植物 ···································· **2**

1'. 菌体为窄到宽（2~10 μm，有时达 20 μm）的多核、节状菌丝，老龄可产生隔膜；无性繁殖产生厚垣孢子，缺有性生殖；多与高等植物形成丛枝菌根（AMF） ············· **球囊霉门（Glomeromycota）**

2. 菌体多为发达的多核无隔菌丝，有些为简单或分枝状有隔菌丝；无性繁殖多产生各种孢子囊及孢囊孢子，或者产生毛孢子、节孢子和厚垣孢子；多腐生于土壤、食草动物粪便和植物残体，少数弱寄生植物果实或形成植物外生菌根，有些可寄生于节肢动物、线虫等小型动物与脊椎动物体及其他接合菌··· ··· **接合菌门（Zygomycota）**

2'. 菌体为单核或多核的菌丝片段（虫菌体），或具少量隔膜的菌丝；无性繁殖产生初生分生孢子和次生分生孢子，并强力释放；大多数为昆虫致病菌，少数腐生·········· **虫霉门（Entomophthoromycota）**

5.2　接合菌门

5.2.1　接合菌门的基本特征及习性

接合菌门(Zygomycota Moreau)菌体多为发达的多核无隔菌丝体(或老龄、受伤时产生隔膜)或有规则隔膜的菌丝体,少数为虫菌体。有些种类具有菌丝体和酵母状细胞两型菌体。无性繁殖产生具有简单或复杂分枝孢囊梗和各种孢子囊及孢囊孢子,少数产生毛孢子、节孢子或厚垣孢子。有性生殖产生厚壁的接合孢子(囊),配囊梗对生、共轭状或并生,少数形成单性接合孢子。

多数接合菌腐生于植物花果、土壤植物残体和食草动物粪便,少数可专性寄生或共生于节肢动物、线虫等小型动物与脊椎动物体及其他接合菌,或者弱寄生于植物果实。此外,还有一些种类能与植物形成外生菌根。

5.2.2　接合菌门分类

基于 Kirk et al. (2008)的接合菌门分类、并采纳 Benny et al. (2014)将虫霉菌亚门升格为虫霉门的分类,接合菌门包括 3 亚门:毛霉亚门、梳霉亚门和捕虫霉亚门,共 8 目。

接合菌门分亚门(目) 检索表

1. 菌体多为发达的无隔菌丝;无性繁殖通过大孢子囊、小孢子囊或柱状孢子囊产生孢囊孢子;多数腐生于植物残体,少数弱寄生,或与植物结成共生体(外生菌根) ………… **毛霉亚门(Mucoromycotina) 2**

1′.菌体简单,或形成分枝状无隔或有隔菌丝;无性繁殖产生柱状孢子囊、毛孢子、节孢子和厚垣孢子;捕食或寄生小型动物及菌物 …………………………………………………… **4**

2. 繁殖体为内含接合孢子的孢子果,腐生于土壤、地下腐木,或为外生菌根 …………………………
内囊霉目(Endogonales)

2′.繁殖体为孢子囊、接合孢子囊,均为气生,多腐生于土壤中植物残体,少数兼寄生于植物 ………… **3**

3. 菌体菌丝发达粗壮、非蛛网状;孢子囊梗简单或复杂分枝,常有囊轴;配囊梗对生、钳形或并生,大小同型 …………………………………………………………………………… **毛霉目(Mucorales)**

3′.菌体常形成蛛网状纤细菌丝;孢子囊梗基部常膨胀,囊轴缺如,配囊柄并生、异型 …………………
被孢霉目(Mortierellales)

4. 菌丝有规则的隔膜,且有透镜状隔膜塞(plug);无性繁殖产生含 1~2 个孢囊孢子的柱状孢子囊、毛孢子或节孢子 ………………………………………………… **梳霉亚门(Kickxellomycotina) 5**

4′.菌丝无隔或有隔,分枝或不分枝,可在寄主体内产生膨胀吸器或菌丝圈,形成分枝状外部菌丝;无性繁殖产生含有 1 至多个孢囊孢子的柱状孢子囊、节孢子和厚垣孢子 …………………………………
捕虫霉亚门(Zoopagomycotin) 捕虫霉目(Zoopagales)

5. 无性繁殖产生含有 1~2 个孢囊孢子的柱状孢子囊 …………………………………………… **6**

5′.无性繁殖产生毛孢子或节孢子 ……………………………………………………………………… **7**

6. 菌丝隔膜塞两侧有突起;无性繁殖产生含双孢子的柱状孢子囊,多呈辐射状排列;常寄生于毛霉菌…
…………………………………………………………………… **双柱霉目(Dimargariales)**

6′.菌丝隔膜塞两侧无突起;无性繁殖产生含单孢子的柱状孢子囊,与假瓶梗一起呈梳状排列,多腐生于土壤、动物粪便 …………………………………………………………… **梳霉目(Kickxelales)**

7. 菌丝隔膜有透镜状孔塞；无性繁殖产生长形毛孢子，其基部有附属丝，有性生殖形成锥形或双锥状接合孢子；多内生于淡水节肢动物体 ·· **钩孢毛霉目**（**Harpellales**）

7′. 菌丝隔膜呈竖琴状；无性繁殖产生节孢子，缺有性生殖；寄生于等足虫、弹尾虫肠道中 ··············
··· **内孢毛霉目**（**Asellariales**）

5. 2. 2. 1 毛霉目

毛霉目（Mucorales Dumort.）菌物的菌体为发达的多核菌丝体，通常无隔，老龄或菌丝受伤时可形成隔膜（但缺孔塞）。有些种类的菌丝体在与基物的接触面产生假根，有些还可形成酵母状菌体。无性繁殖产生大孢子囊（有囊轴）、小孢子囊（多无囊轴）、柱状孢子囊或单孢子囊；孢囊梗大多不分枝，少数具有伞状、对称或卷曲状分枝。孢子囊顶生，通过原生质割裂方式在孢子囊内部形成数个至无数个圆球形至卵圆形孢囊孢子，单孢子囊则以出芽方式产生。少数种类可形成厚垣孢子或节孢子。有性生殖通过同宗配合、异宗配合形成接合孢子囊及接合孢子，配囊梗对生或并生。毛霉目真菌的典型生活史如图 5-1 所示。

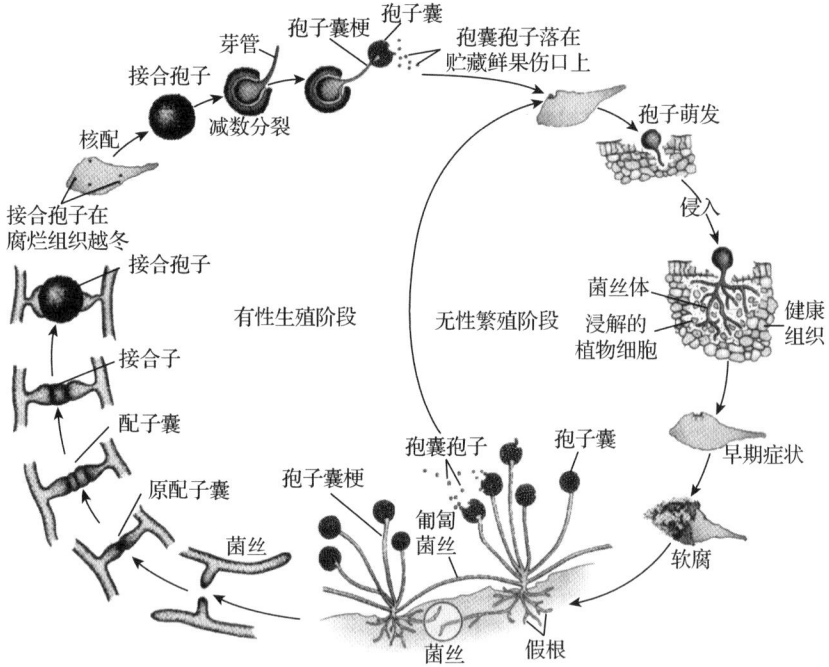

图 5-1 毛霉目真菌匍枝根霉［*Rhizopus stolonifer*（Ehrenb.）Vuill.］**生活史**

（Agrios，2005）

毛霉目的大多数种类腐生于土壤、动物粪便及其他有机残体，其中有些种类可用于食品、轻化工业发酵。少数兼寄生于植物，引起果实病害；罕有种类致人的毛霉病。

毛霉目为接合菌门的最大目。早期，Ainsworth et al.（1973）主要依据无性繁殖特征、有性生殖方式及生活习性，将毛霉目总共分为 14 科。此后，Benjamin（1979）将其中的双株霉科（Dimargaritaceae R. K. Benj.）、梳梗霉科（Kickxellaceae Linder）、内囊霉科（Endogonaceae Paol.）和卷头霉科（Helicocephalidaceae Boedijn）、头珠霉科（Piptocephalidaceae

Sred.）分别移到了 Dimargaritales R. K. Benj.、Kickxellales Kreisel ex R. K. Benj.、Endogonales Jacz. & P. A. Jacz. 和 Zoopagales Bessey ex R. K. Benj. 等其他目。保留了毛霉目的 9 个科：毛霉科（Mucoraceae Fr.）、笄霉科（Choanephoraceae J. Schröt.）、水玉霉科（Pilobolaceae Corda）、小克银汉霉科（Cunninghamellaceae Naumov ex R. K. Benj.）、瓶霉科（Saksenaeaceae Hesselt. & J. J. Ellis）、共头霉科（Syncephalastraceae Naumov ex R. K. Benj.）、被孢霉科（Mortierellaceae Luerss.）、枝霉科（Thamnidiaceae Gobi）和辐枝霉科（Radiomycetaceae Hesselt. & J. J. Ellis）。

Hawksworth et al.（1995）在《菌物词典》第 8 版中主要依据形态学特征将毛霉目重新分为 13 科，包括笄霉科、丝枝霉科（Chaetocladiaceae Sred.）、小克银汉霉科、吉尔霉科、被孢霉科、毛霉科、蒲头霉科（Mycotyphaceae Benny & R. K. Benj.）、须霉科（Phycomycetaceae Arx）、水玉霉科（Pilobolaceae Corda）、辐枝霉科、瓶霉科、共头霉科和枝霉科。Benny et al.（2001）采用了与此相同的毛霉目分科。Kirk et al.（2001）对毛霉目分科与 Hawksworth et al.（1995）的分类相似，除将被孢霉科上升为单科目外，其余科相同。

Kirk et al.（2008）依据分子系统分析结果，在《菌物词典》第 10 版中取消了丝枝霉科、枝霉科和吉尔霉科，将其作为毛霉科和笄霉科下物种的同物异名，承认拟伞形科（Umbelopsidaceae W. Gams & W. Mey.）为毛霉目之一科。Hoffmann et al.（2013）基于多重分子标记的系统发育分析，进一步增添了横梗霉科（Lichtheimiaceae Kerst. Hoffm.，Walther & K. Voigt），并在原属于毛霉目的 Backusella K. Voigt & P. M. Kirk、Rhizopus Ehrenb. 和 Lentamyces Kerst. Hoffm. & K. Voigt 基础上，分别新建了巴库斯霉科（Backusellaceae K. Voigt & P. M. Kirk）、慢生霉菌科（Lentamycetaceae K. Voigt & P. M. Kirk）和根霉科（Rhizopodaceae K. Schum.），将毛霉目再次分为 14 科：① 拟伞状霉科（Umbelopsidaceae W. Gams & W. Mey.）、②慢生霉科（Lentamycetaceae K. Voigt & P. M. Kirk）、③共头霉科（Syncephalastraceae Naumov ex R. K. Benj.）、④ 横梗霉科（Lichtheimiaceae Kerst. Hoffm.，Walther & K. Voigt）、⑤须霉科（Phycomycetaceae Arx）、⑥瓶霉科（Saksenaeaceae Hesselt. & J. J. Ellis）、⑦辐枝霉科（Radiomycetaceae Hesselt. & J. J. Ellis）、⑧小克银汉霉科（Cunninghamellaceae Naumov ex R. K. Benj.）、⑨巴库斯霉科（Backusellaceae K. Voigt & P. M. Kirk）、⑩水玉霉科（Pilobolaceae Corda）、⑪根霉科（Rhizopodaceae K. Schum.）、⑫笄霉科（Choanephoraceae J. Schröt.）、⑬蒲头霉科（Mycotyphaceae Benny & R. K. Benj.）、⑭毛霉科（Mucoraceae Fr.）。除未承认 Mycocladaceae Kerst. Hoffm.，Discher & K. Voigt 外，此分科与 Benny et al.（2014）对毛霉目的分科相同。

毛霉目分科检索表（Benny et al.，2014）

1. 菌落受限，生长相当缓慢，赭色至红色；孢囊梗从柄的膨大泡囊处密集地聚伞状或轮状分枝，具分隔，赭色至红色，顶生单孢至多孢的孢子囊，球形或长形，与孢囊梗同色 ……………………………………………………………………………………………………… 拟伞状霉科（**Umbelopsidaceae**）

1′. 菌落填充培养皿，抑或生长受限小，但不带赭色或红色；孢子囊与孢囊梗亦非赭色或红色 ………… 2

2. 孢囊孢子在辐射状排列的柱状孢子囊内形成 ……………… 共头霉科（**Syncephalastraceae**）

2′. 孢囊孢子在多孢的大孢子囊或单孢至多孢的小孢子囊内形成 …………………………………… 3

3. 孢囊孢子通常宽椭圆形或宽梭形，无色或暗色，其外壁光滑或具数条纵缝，两端上几条细而无色的附属物；大孢子囊具有暗色、持久壁，壁上产生纵向条纹、使其分成两个（或更多）部分；有些类群同时形成小孢子囊 ·· 笄霉科（Choanephoraceae）

3′. 孢囊孢子和大孢子囊壁非上所述 ··· 4

4. 无性繁殖仅产生小孢子囊 ·· 5

4′. 无性繁殖产生大孢子囊，或同时产生小孢子囊 ··· 8

5. 孢囊梗单生假根处，末端产生一初生泡囊及次生小梗，次生小梗顶端膨大成安瓿瓶形或球形，再生众多三生小梗、顶生小孢子囊（含有 1 至数个孢囊孢子）；菌体产生匍匐菌丝和假根；接合子孢子具光滑、无色壁，配囊梗对生，有不规则分枝状附属丝；同宗配合 ·········· 辐枝霉科（Radiomycetaceae）

5′. 由在气生可育菌丝上形成的可育泡囊组成可育头部产生单孢子囊，孢子囊平滑或具刺；菌体产生或不可能产生匍匐菌丝和假根；接合子孢子和配囊梗如产生，则非上述形态；同宗或异宗配合 ··········· 6

6. 可育泡囊呈圆柱形，单孢子囊环绕孢囊梗排列成穗状，产生球形和圆柱形二型单孢子囊；很容易在培养基上产生酵母细胞 ·· 蒲头霉科（Mycotyphaceae）

6′. 可育泡囊近球形或半球形，单孢子囊单型、球形，不形成酵母细胞 ·· 7

7. 孢囊梗轮状分枝、末端延伸成锥形不育尖刺，可育瘤状泡囊从分枝中部和中下部产生，其表面布以小梗、顶生单孢子囊；兼寄生其他毛霉菌，耐冷 ····················· 丝枝霉科（Chaetocladiaceae）

7′. 不产生不育尖刺；可育泡囊在孢囊梗主干或其分枝顶端形成；腐生，嗜温 ··························
··· 小克银汉霉科（Cunninghamellaceae）

8. 无性繁殖产生大孢子囊，有囊轴 ··· 9

8′. 无性繁殖同时产生大孢子囊和小孢子囊 ·· 14

9. 菌丝产生的膨大营养囊，自营养囊上产生向光性、很少分枝的孢子囊梗，大孢子囊暗色、囊壁角质、永存；由孢子囊下方的泡囊产生膨压，强力弹射孢子囊至基物表面 ·········· 水玉霉科（Pilobolaceae）

9′. 菌丝不形成的营养囊；孢囊梗简单或分枝，孢子囊壁非角质，无孢囊下泡囊；通过孢子囊壁溶解或瓶形释放孔，释放孢囊孢子 ··· 10

10. 菌体产生匍匐菌丝和假根；孢囊梗简单或分枝、长度小于 1 cm；无金属光泽；孢子囊较小，有囊托
·· 11

10′. 菌体不产生匍匐菌丝和假根；孢囊梗不分枝、极长（1~15 cm），常有金属光泽；孢子囊大，无囊托
·· 须霉科（Phycomycetaceae）

11. 孢囊梗从假根处生出，单生，孢子囊球形或烧瓶形 ··· 12

11′. 孢囊梗从匍匐菌丝生出，简单或分枝；孢子囊球形至倒梨形 ·· 13

12. 孢子囊烧瓶形或倒梨形，囊壁永存或溶解，孢囊孢子矩圆形 ························· 瓶霉科（Saksenaeaceae）

12′. 孢子囊球形，囊壁溶解，孢囊孢子球形或卵形 ······························· 根霉科（Rhizopodaceae）

13. 菌体在培养基上生长缓慢，在 30℃以上不生长，中温性；孢囊梗弯曲，通常在囊轴周围留有突出的衣领 ··· 慢生霉科（Lentamycetaceae）

13′. 菌体在培养基上生长很快，可生长在 37℃以上，耐热；孢囊梗直立，囊轴周围无衣领 ··············
·· 横梗霉科（Lichtheimiaceae）

14. 孢囊梗可同时形成顶生有囊轴、壁潮解的大孢子囊和侧生、壁永存的小孢子囊 ··························
·· 巴库斯霉科（Backusellaceae）

14′. 孢囊梗多形成球形大孢子囊，有囊轴，无囊托，壁溶解或永存；少数可产生球形或倒梨形小孢子囊，其囊壁永存 ··· 毛霉科（Mucoraceae）

1）毛霉科（Mucoraceae Fr.）

无性繁殖多产生大孢子囊、少数为小孢子囊，且两种孢子囊同处一直立、简单或分枝

的孢子囊梗上。大孢子囊近球形，具囊轴，无囊托，壁溶解或永存；小孢子囊球形、无囊托或梨形、具囊轴，壁永存，含少数至一个孢子。配囊柄（suspensor）对生、钳形或并生，有或无附属丝；接合孢子通常深色，壁厚，有疣或刺。

毛霉科真菌大多腐生于土壤、植物残体和食草动物粪便，少数寄生其他毛霉菌、高等植物以及动物体。

《菌物词典》第 10 版和 AFTOL（2020）承认毛霉科为 17～18 个属。主要有以下 11 属。

毛霉科常见属检索表

1. 菌体产生匍匐菌丝及假根，孢囊梗从假根处或匍匐菌丝生出 ·································· 2
1′.菌体不产生匍匐菌丝及假根，孢囊梗直接从营养菌丝生出 ····························· 3
2. 孢囊梗分枝，从假根处生出，顶生大孢子囊、侧轮生小孢子囊 ······· 放射毛霉属（*Actinomucor*）
2′.孢囊梗不分枝，从匍匐菌丝生出，直立、通常成丛 ······················· 犁头霉属（*Absidia*）
3. 孢囊梗顶生一大孢子囊、侧生小孢子囊 ··· 4
3′.孢囊梗仅产生大孢子囊 ··· 6
3″.孢囊梗顶端轮状分枝、末端延伸成锥形不育尖刺，可育膨胀体从分枝中部和中下部产生，其表面布以小梗、顶生单孢子囊 ····························· 丝枝霉属（*Chaetocladium*）
4. 小孢子囊倒卵形，1～3 或 4 个，产生于孢囊梗的长形、扭曲状侧枝上 ······· 旋枝霉属（*Pirella*）
4′.小孢子囊近球形，许多个，产生于直、弯曲或二叉状的可育分枝上 ····················· 5
5. 小孢子囊生于孢囊梗上假轮状、具刺分枝上，最末端小分枝呈螺卷状 ····· 螺卷枝霉属（*Helicostylum*）
5′.小孢子囊生于无刺、二叉状分枝顶端 ································· 枝霉属（*Thamnidium*）
6. 孢囊梗通常不分枝；孢子囊宽椭圆形，具有向光性，成熟时暗色，上半部壁角质化、永存，下半部壁薄，在成熟时膨胀而消失 ···································· 倚囊霉属（*Pilaira*）
6′.孢囊梗不分枝或合轴分枝；孢子囊近球形、无向光性，米白色、暗灰色至褐色，囊壁易潮解 ········ 7
7. 配子囊大小不等（成熟时其一如同接合孢子囊大小，另一个小到几乎看不见）·································
··· 接合霉属（*Zygorhynchus*）
7′.配子囊近等大 ··· 8
8. 孢囊孢子呈椭圆形；配囊柄上有指状突起，寄生于毛霉 ············· 寄生毛霉属（*Parasitella*）
8′.孢囊孢子近球形；配囊柄上无指状突起，多为腐生 ··································· 9
9. 孢囊梗顶端无限生长，主轴合轴式、侧枝聚伞状分枝且顶部环状卷曲 ······· 卷霉属（*Circinella*）
9′.孢囊梗有限生长，单生或假单轴分枝，顶部直、不卷曲 ············· 狭义毛霉属（*Mucor* s. s. ）

（1）毛霉属（*Mucor* Fresen.）

菌丝体无假根或匍匐菌丝。孢囊梗直立，单生或假单轴分枝，仅顶部生近球形大孢子囊。孢子囊壁常有草酸钙结晶，易溶解，囊轴形状多样，无色、淡褐色或橘红色，无囊托。孢囊孢子球形或椭圆形，平滑。配囊柄对生，无附属丝；接合孢子囊近球形，外壁具瘤或光滑。多腐生于土壤、粪便和植物残体，少数寄生于其他毛霉菌及动物体。

世界广布，约 50 种（Kirk et al.，2008）。常见种：大毛霉（*Mucor mucedo* Fresen.）（图 5-2），菌落灰呈黄色，孢囊梗不分枝，多腐生于粪便；总状毛霉（*M. racemosus* Bull.），菌落黄褐色，孢囊梗单轴状分枝，广布，为制造豆豉的发酵菌种之一。

（2）接合霉属（*Zygorhynchus* Vuill.）

无性世代与毛霉属相同。孢囊梗单生或合轴分枝，孢子囊球形，具囊轴、无囊托，壁

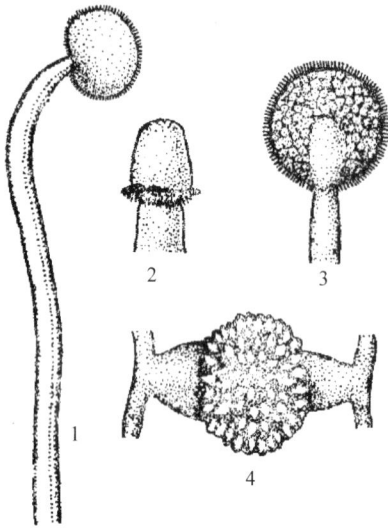

1. 孢囊梗及未成熟孢子囊；2. 囊轴；3. 成熟的孢子囊；4. 对生配囊柄和具瘤的接合孢子囊。

图 5-2 大毛霉(*Mucor mucedo* Fresen.)**的孢子囊形态**

(西北农学院，1975)

潮解。配子囊大小不等，成熟时其一如同接合孢子囊大小，另一个小到几乎看不见。接合孢子囊褐色至黑色，囊壁具疣突。

大多数土栖。共 8 种(Kirk et al.，2008)。常见种：莫氏接合霉(*Zygorhynchus moelleri* Vuill.)、异配接合霉[*Z. heterogamus*(Vuill.)Vuill.]。

《菌物词典》第 10 版和 AFTOL(2020)将接合霉属所包含的莫氏接合霉、异配接合霉等22 种全部归入毛霉属。

(3)倚囊霉属(*Pilaira* Tiegh.)

孢囊梗单生或分枝，顶生一大孢子囊。孢子囊具有向光性(phototropic)，其上半部壁角质化，下半部壁薄，且在接触到基物时膨胀而消失。囊轴大，圆盘状或球形。配囊柄缠绕、并生。

共 7 种(AFTOL 2020)，通常腐生于食草动物粪便，如异常倚囊霉[*Pilaira anomala*(Ces.)J. Schröt.]，孢囊梗不分枝，高达10 mm。

(4)枝霉属(*Thamnidium* Link)

孢囊梗直立，主干顶生一大型、具囊轴的大孢子囊，其壁潮解；二叉状侧枝顶端产生小孢子囊，囊壁永存。配囊柄对生，接合子孢子囊壁粗糙、暗色。

《菌物词典》第 10 版和 AFTOL(2020)仅承认 1 种——雅致枝霉(*Thamnidium elegans* Link)(图 5-3)，腐生于动物粪便、土壤以及冷藏肉上。

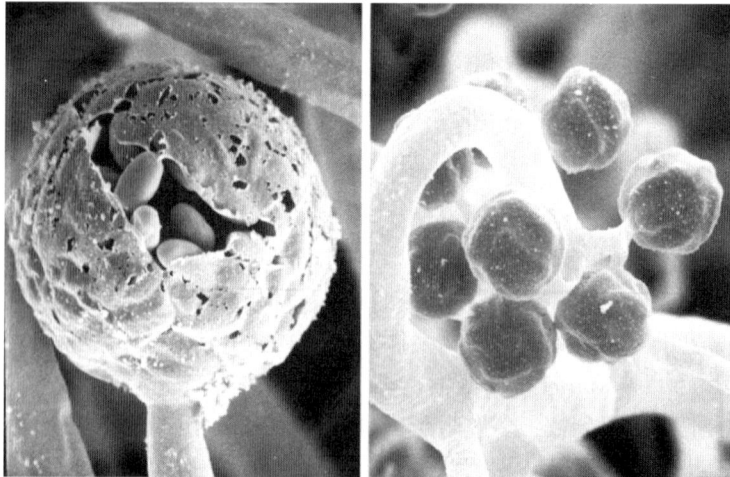

(a)孢囊梗主干及大孢子囊　　　(b)二叉状侧枝顶端产生小孢子囊

图 5-3 雅致枝霉(*Thamnidium elegans* Link)**的孢子囊形态**

(O'Donnell，1979)

（5）丝枝霉属（*Chaetocladium* Fresen.）

孢囊梗顶端多重轮状分枝、末端延伸成锥形不育尖刺，可育膨胀体从分枝中部和中下部的各分枝点产生，其表面布以小梗，小梗顶生单孢子囊。配囊柄对生，接合孢子囊表面具疣。

共 2 种（Kirk et al.，2008），分布于北温带，兼寄生其他毛霉菌。代表种：布氏丝枝霉（*Chaetocladium brefeldii* Tiegh. & G. Le Monn.）（图 5-4），小孢子囊小、壁光滑；琼氏丝枝霉［*C. jonesiae*（Berk. & Broome）Fresen.］，小孢子囊大、壁具刺。

（6）犁头霉属（*Absidia* Tiegh.）

菌丝体形成弓状匍匐菌丝，并在与基物接触点产生假根。孢囊梗从匍匐菌丝产生，直立、通常成丛。孢子囊顶生，有囊托，梨形、较小，具有圆锥形或半球形囊轴，许多种囊轴顶部具有一长短不等的细突起；囊壁薄而平滑，后期潮解，子囊孢子球形、近球形至椭圆形。接合孢子形成于对生、等大、具有附属物的配囊柄之间（图 5-5）。

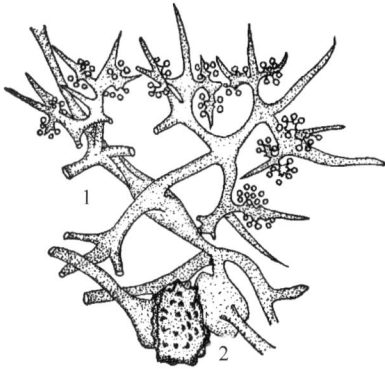

1. 孢囊梗顶端轮状分枝，分枝点膨胀并产生可育小梗，小梗顶生球形单孢子囊，分枝末端延伸成不育尖刺；2. 具疣的接合孢子囊。

图 5-4　布氏丝枝霉（*Chaetocladium brefeldii* Tiegh. & G. Le Monn.）**的繁殖体形态**

（Brefeld，1872）

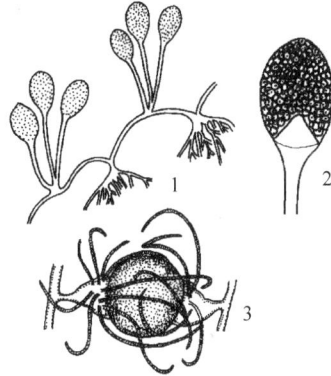

1. 孢囊梗、孢子囊、匍匐菌丝和假根；2. 孢子囊、囊托与锥形囊轴和孢囊孢子；3. 被附属丝包裹的接合孢子。

图 5-5　犁头霉（*Absidia* sp.）**的繁殖体形态**

（邢来君等，1999）

多腐生于土壤、粪便和植物种子等残体，有些可引起人的毛霉病，共 28 种（AFTOL 2020）。常见种：匍匐犁头霉（*Absidia repens* Tiegh.），孢囊梗单生或分枝，孢子囊棒状，囊轴顶部具细刺，子囊孢子球形至椭圆形；刺犁头霉（*A. spinosa* Lendn.），孢子囊梨形或倒卵形，囊轴顶部具一长刺，子囊孢子圆柱形；伞枝犁头霉［*A. corymbifera*（Cohn）Sacc. & Trotter＝*Lichtheimia corymbifera*（Cohn）Vuill.］，孢囊梗常分枝、弯曲，囊轴锥形、光滑，子囊孢子近球形至椭圆体，适宜在 45℃ 条件下生长，可引起人的毛霉病。

Hoffmann et al.（2007，2009）基于分子系统和生理学特征，将原犁头霉属的许多嗜热型（37~42℃）、囊轴顶部多为光滑的种类归入横梗霉科的横梗霉属（*Lichtheimia* Vuill.），而将狭义犁头霉属（*Absidia* s.s.）限定于嗜温型（25~34℃）、囊轴顶部常有细刺突的种类，并归入小克银汉霉科（Benny et al.，2014；AFTOL，2020）。

2）笄霉科（Choanephoraceae J. Schröt.）

孢囊梗单生或分枝，产生大孢子囊或小孢子囊。孢囊孢子通常宽椭圆形或宽梭形，无色或暗色，其外壁光滑或具数条纵向条纹，两端上几条细而无色的附属物。大孢子囊具有暗色、持久的壁，壁上产生纵向线纹、使其分成两个（或更多）部分；小孢子囊内含1至多个孢子，囊壁永存，成熟后完整或纵向开裂，其孢囊孢子无或具有无色附属物。

大多数种类寄生或附生在植物花或其他植物基质上。共4属6种（Kirk et al.，2008）。

笄霉科分属检索表

1. 仅产生具有囊轴的大孢子囊 ……………………………………………………………… 2
1′. 小孢子囊总是存在，产生于孢囊梗的产囊泡上，可伴随大孢子囊的产生 …………… 3
2. 菌体在大多数真菌培养基上生长、产孢良好；配囊柄对生，接合孢子囊壁具有疣；导致桃、西红柿等果实腐烂，也可从土壤中分离出来 ……………………… 吉尔霉属（Gilbertella）
2′. 菌体仅在少数营养不良的真菌培养基上生长产孢；配囊柄钳状、基部相互缠绕，接合孢子囊壁光滑；通常只从草坪土壤中分离出来 ………………………………… Poitrasia
3. 小孢子囊壁有1条缝线、可分离；小孢子囊含数个孢囊孢子 ……… 布氏笄霉属（Blakeslea）
3′. 小孢子囊壁无缝线、不可分离；小孢子囊含1个孢囊孢子 ………… 笄霉属（Choanephora）

（1）笄霉属（Choanephora Currey）

菌体在不同的孢囊梗上分别产生大孢子囊和含一个孢囊孢子的单孢子囊。大孢子囊生于不分枝孢囊梗末端且通常下垂，通常具囊轴，含大量或退减至数个孢囊孢子；孢囊孢子卵形至纺锤形，偶变为三角形，壁平滑，两端丛生纤毛状附属物。单孢子囊生于基部分枝、直立孢囊梗顶端的膨大体上，其孢囊孢子形态与大孢子囊的孢囊孢子相似，但囊壁有纵纹，基部有短柄。有时可形成间生的厚垣孢子。

共2种（Kirk et al.，2008），世界广布，以热带常见。寄生植物花、果实，致腐烂病。代表种：瓜笄霉[Choanephora cucurbitarum（Berk. & Ravenel）Thaxt.]（图5-6），孢子囊大，直径可达170 μm，孢囊孢子两端有纤毛状附属物，寄生瓜类果实，引起腐烂；漏斗笄霉[C. infundibulifera（Curr.）D. D. Curr.]，孢子囊小，直径27 μm，孢囊孢子两端无附属物，常弱寄生于木槿的落地花瓣，致花腐。

（2）布氏笄霉属（Blakeslea Thaxter）

菌体在不同的孢囊梗上分别产生大孢子囊和含3~6个孢囊孢子的小孢子囊。大孢子囊生于不分枝孢囊梗之末端且通常下垂，囊壁具有纵向缝，变异很大，从典型有囊轴、含大量孢囊孢子变到退减囊轴、含少数孢囊孢子的孢子囊；小孢子囊具细短柄，一般布满于直立孢囊梗顶部二叉状分枝顶端的球形产囊泡上，但膨大产囊泡有时可直接生在不分枝的孢囊梗顶端。孢囊孢子纺锤形、暗色，孢壁有纵纹，两端有数条纤毛状附属物。配囊柄对生、几乎相互缠绕，接合孢子囊壁暗色，接合孢子近无色、壁光滑。

共2种（Kirk et al.，2008），世界广布，以热带常见。代表种：三孢布氏笄霉（Blakeslea trispora Thaxt.）（图5-7），大孢子囊直径40~50 μm，小孢子囊直径约16 μm，孢囊孢子12~13 μm×5~8 μm。弱寄生于植物花果，或腐生土壤、植物腐烂残体。利用三孢布拉氏霉菌可工业发酵生产番茄红素和β-胡萝卜素。

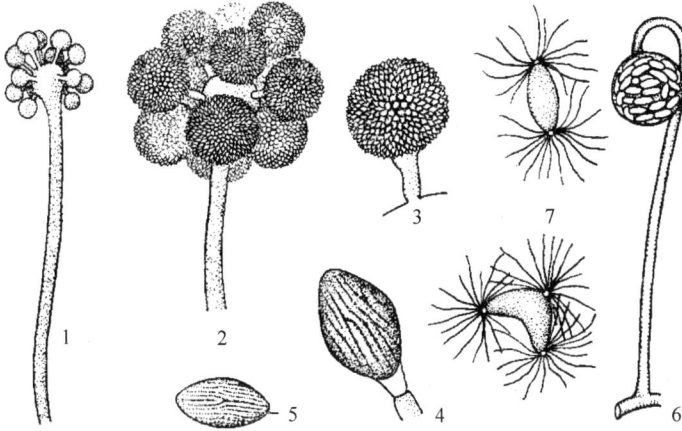

1. 幼小孢囊梗顶部膨大体上丛生球形产囊泡；2. 成熟的孢子囊梗，球形产囊泡表面密集生长小孢子
囊；3. 单一产囊泡上的小孢子囊；4. 单一的小孢子囊，仅含一个孢囊孢子；5. 脱落后的小孢子囊孢囊
孢子，也称分生孢子；6. 大孢子囊及其孢囊梗；7. 具有纤毛状附属物的大型孢囊孢子。

图 5-6　瓜笋霉[*Choanephora cucurbitarum*（Berk. & Ravenel）Thaxt.]**的孢子囊形态**

（西北农学院，1975）

（3）吉尔霉属（*Gilbertella* Hesselt.）

无性阶段仅产生具有囊轴的大孢子囊，孢子囊生于孢囊梗顶端，具有持久的壁和特征性纵向缝，并有大量草酸钙结晶沉积。孢子囊壁两半在成熟时沿纵向缝线分离，露出一滴含有椭球形、壁光滑、无色孢囊孢子的液体，孢囊孢子末端长有长而细的附属物。接合孢子囊壁浅、棕色、具疣，配囊柄对生，近等大。

仅 1 种——桃吉尔霉[*Gilbertella persicaria*（E. D. Eddy）Hesselt.]（图 5-8），常寄生桃、梨、火龙果、番茄和茄等果蔬，致软腐病。印度报道此菌可侵染黑虎虾，导致其死亡。

3）根霉科（Rhizopodaceae K. Schum.）

菌体产生匍匐菌丝和假根。孢囊梗丛生于假根处，多不分枝，产生具囊托的大孢子囊，孢子囊内生一近球形囊轴，成熟时囊壁溶解或破裂，呈具裂纹的灰色孢子团。孢囊孢子球形至椭球形，壁平滑或有条纹、疣突，无色或淡蓝色至褐色。在营养菌丝中可形成厚垣孢子。接合孢子暗色、壁粗糙，配囊梗对生，近相等，无附属丝。异宗或同宗

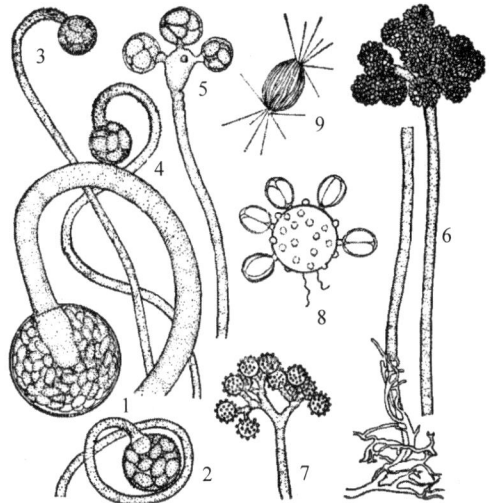

1. 典型大孢子囊和孢囊梗；2~5. 从大孢子囊变成小孢子囊；6. 生于直立孢囊梗顶端产囊泡上的小孢子囊；7. 小孢子囊脱落后的众多产囊泡及小孢子囊残留短柄；8. 1 个产囊泡上仍有 5 个内含 3 个孢子的小孢子囊；9. 具有纤毛状附属物的孢囊孢子。

图 5-7　三孢布氏笋霉（*Blakeslea trispora* Thaxt.）**的孢子囊形态**

（Thaxter，1914）

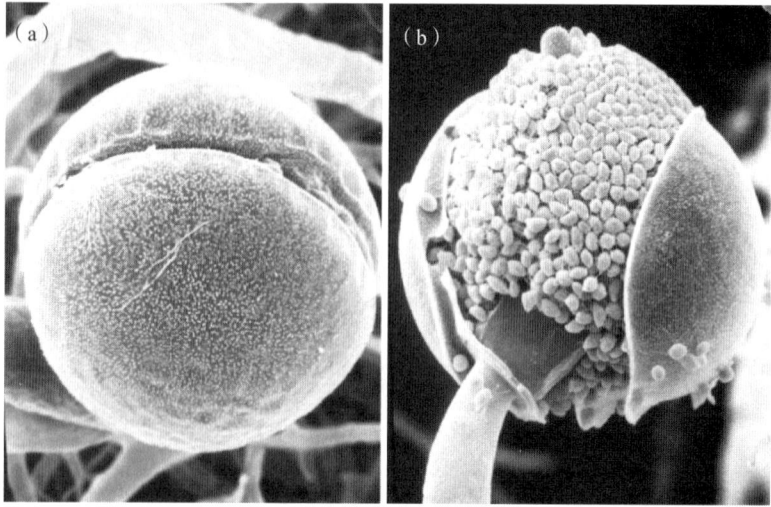

（a）孢子囊壁具有纵向缝和草酸钙结晶沉积；（b）沿纵向缝分离成两半的球形孢子囊及其孢囊孢子。

图5-8　桃吉尔霉[*Gilbertella persicaria* (E. D. Eddy) Hesselt.]的孢子囊形态

（O'Donnell，1979）

配合。

该科仅根霉属（*Rhizopus* Ehrenb.）1属，形态同科，共12种（AFTOL，2020），广泛分布。多腐生于植物残体、土壤和动物粪便。常见种：匍枝根霉[*Rhizopus stolonifer* (Ehrenb.) Vuill. =黑根霉 *R. nigricans* Ehrenb.]，腐生或弱寄生，常引起许多果蔬软腐病。

4）小克银汉科（Cunninghamellaceae Naumov ex R. K. Benj.）

菌丝分枝、多核，老龄常有隔膜。孢子囊分枝，顶端形成球形至倒卵形可育泡囊，产生具有短柄的单孢子囊。单孢子囊无囊轴，壁光滑或有草酸钙棘状刺。接合孢子囊若有，囊壁粗糙、暗色，配囊并对生，无附属物。

Kirk et al.（2008）承认小克银汉科共5属15种。多腐生于土壤动物粪便和植物残体，少数寄生植物种子或引起人疾病。

Benny et al.（2014）、AFTOL（2020）将小克银汉科分为小克银汉霉属（*Cunninghamella* Matr.）、犁头霉属（*Absidia* Tiegh.）、厚垣犁头霉属（*Chlamydoabsidia* Hesselt. & J. J. Ellis）、*Gongronella* Ribaldi、*Halteromyces* Shipton & Schipper 和 *Hesseltinella* H. P. Upadhyay 6属。而Alexopoulos（1996）、Benny（2014）限定该科仅小克银汉霉属（*Cunninghamella* Matr.）1个属。

（1）小克银汉霉属（*Cunninghamella* Matr.）

菌丝早期无隔，老龄常有隔膜，假根有或无。孢子囊直立，单歧聚伞状、轮生或不规则分枝，有时分枝上部有隔膜，顶端形成球形至倒卵形可育泡囊，泡囊上产生具有短柄的单孢子囊。单孢子囊球形、卵形或梨形，通常被有棘状刺。厚垣孢子球形、间生。配囊对生，接合孢子囊壁粗糙、呈红褐色。

《菌物词典》第10版、AFTOL（2022）承认该属共15种。多数腐生于土壤中，少数可寄生于经济植物花、种子。常见种如下：

①刺孢小克银汉霉[*Cunninghamella echinulata* (Thaxt.) Thaxt. ex Blakeslee = *C. bainieri*

Naumov、*C. antarctica* Caretta & Piont、*C. blakesleeana* var. *verticillata*（Paine）Baijal & Mehrotra]，孢囊梗聚伞状、轮生或不规则分枝，分枝上部常具隔膜。产囊泡球形、近球形至宽棒状；单孢子囊无色至淡褐色，球形、近球形至倒卵形，具长刺，较大（图 5-9）。土壤腐生，也可寄生于南瓜、木槿花瓣。

②布氏小克银汉霉（*Cunninghamella blakesleeana* Lendn.）。孢囊梗假轴状或轮生；产囊泡球形至倒卵形，直径可达 50 μm；单孢子囊无色，球形至近球形，具刺。土壤腐生。

③绮丽小克银汉霉（*Cunninghamella elegans* Lendn. = *C. bertholletiae* Stadel）。孢囊梗轮状分枝；产囊泡近球形至倒卵形；单孢子囊球形至倒卵形，具短刺，较小，成熟时淡褐色。多为土壤腐生，也可寄生植物蒿花和种子。

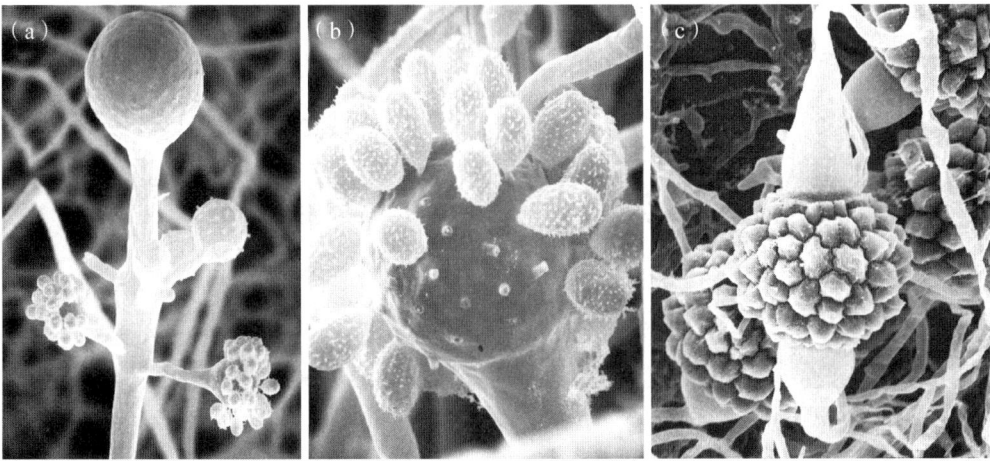

（a）近轮状分枝的孢囊梗与孢子囊总体特征；（b）球形产囊泡上的倒卵形、具长刺的单孢子囊
及其脱落后残留的小柄；（c）对生配囊柄和壁具瘤的接合孢子囊。

图 5-9　刺孢小克银汉霉[*Cunninghamella echinulata*（Thaxt.）Thaxt. ex Blakeslee]**的繁殖体形态**
（O'Donnell，1979）

5）水玉霉科（Pilobolaceae Corda）

菌丝体多核、分枝，产生营养囊，自营养囊产生 1 个、罕 2 个或多个具有向光性的孢子梗，孢囊梗通常不分枝，顶端形成一明显的孢囊下泡囊。大孢子囊有囊轴、壁角质化、永存，暗色，常被结晶体覆盖，孢囊下泡囊产生膨压，强力弹射孢子囊至基物表面。配囊柄并生，通常缠绕，无附属物；接合孢子囊壁粗糙或波浪状，接合孢子褐色至黑色。

共 2 属 9 种，世界广布。该科为专性粪便腐生（coprophilous）真菌。

水玉霉科分属检索表

1. 孢子囊下泡囊附着在孢子囊基部；孢子囊主动弹射远离孢囊梗达 2 m，通过囊下泡囊形成的膨压而使孢子囊基部脆弱、环裂区壁破裂；生长、产孢需血红素或粪便提取物 ………… **水玉霉属（*Pilobolus*）**

1'. 孢子囊下泡囊由短柄与孢子囊分开；孢子囊不弹射，通过孢囊梗的伸长而开裂，孢子囊壁在与固体接触面处破裂；生长、产孢无须血红素或粪便提取物 ……………………… **星玉霉属（*Utharomyces*）**

（1）水玉霉属（*Pilobolus* Tode）

孢囊梗自菌丝体中的膨大营养囊（trophocyst）生出，通常单生，顶端膨大形成一棒状囊下泡囊。孢子囊连接在囊下泡囊上方环形收缩区，呈圆盘状至双凸镜状，具囊轴，有黑色、角质化壁，能被囊下泡囊产生的膨压从孢囊梗顶端强力弹射出。配囊柄并生或呈钳状，通常缠绕，接合孢子囊。

共8种，世界广布。该属为食草动物粪便腐生真菌。常见种：晶水玉霉［*Pilobolus crys-tallinus*（F. H. Wigg.）Tode］（图5-10），囊下泡囊椭圆或卵形，内含物黄褐色，孢子囊馒头形、无乳突，孢囊孢子椭圆形、褐色；露珠水玉霉［*P. roridus*（Bolton）Pers.］，孢子囊小、顶部圆形；乳突水玉霉（*P. umbonatus* Buller），孢子囊有乳突。这几种水玉霉均腐生于牛马粪上。接合菌中，孢子梗顶端膨大，为泡囊。

图5-10 生于马粪上的晶水玉霉［*Pilobolus crystallinus*（F. H. Wigg.）Tode］及其孢子囊形态

6）瓶霉科（Saksenaeaceae Hesselt. & J. J. Ellis）

菌丝体繁茂，通常多核细胞，生长快、分枝，形成絮状气生菌丝，可产生匍匐菌丝和假根。孢子囊具有囊托和囊轴，倒梨形、壁潮解，或者呈烧瓶形、有一个长颈、顶端潮解。接合孢子未知。

共2属11种（AFTOL 2020）。该科为土壤腐生或人类疾病菌。

（1）雅致囊托霉属（*Apophysomyces* Misra）

菌体产生匍匐菌丝和假根。孢囊梗不分枝，顶生具有漏斗形或钟形囊托和囊轴的孢子囊；孢子囊倒梨形，壁潮解。孢囊孢子卵形、宽椭圆形、梯形或骨形，壁光滑。接合孢子未知。

共6种（AFTOL，2020）。代表种：雅致囊托霉（*Apophysomyces elegans* P. C. Misra, K. J. Srivast. & Lata），腐生于土壤植物残体，或者引起人、动物的毛霉菌病，多发生在热带和亚热带。

（2）瓶霉属（*Saksenaea* Saksena）

气生菌丝与底物接触时形成一个假根，孢子囊在一个从假根产生的短柄上形成，孢子囊瓶形，上部呈柱形长颈，具半球形囊轴，壁永存，可形成矩圆形或骨形的孢囊孢子，较小。接合孢子未知。

共5种（AFTOL，2020）。土壤腐生或人类疾病菌。常见种：瓶霉（*Saksenaea vasiformis*

S. B. Saksena)（图 5-11），生于热带亚热带土壤、稻谷，或引起人的毛霉菌病（如蜂窝组织炎）。

7) 共头霉科（Syncephalastraceae）

菌丝体分枝，幼时为多核细胞，老龄时有隔膜，常产生匍匐菌丝状不定假根。可育泡囊呈球形或倒卵形，形成于孢囊梗及其分枝顶端，在其整个表面产生辐射状排列的柱状孢子囊。柱形孢子囊含有 1 至多个孢囊孢子，配成单列，壁早落。孢囊孢子圆柱形、球形或卵圆形。接合孢子囊壁粗糙、暗色，配囊柄略不相等，对生，无附属丝。

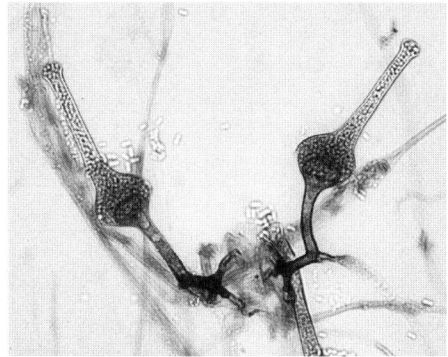

图 5-11 瓶霉（*Saksenaea vasiformis* S. B. Saksena）的孢子囊和孢囊孢子形态

（Pilch et al., 2017）

共 8 属 22 种（Kirk et al., 2008）。常见于粪便、土壤。

《菌物词典》第 10 版、Benny et al.（2014）和 AFTOL（2020）均将共头霉科调整为卷霉属（*Circinella* Tiegh. & G. Le Monn.）、*Fennellomyces* Benny & R. K. Benj.、*Phascolomyces* Boedijn、*Protomycocladus* Schipper & Samson、共头霉属（*Syncephalastrum* J. Schröt.）、*Thamnostylum* Arx & H. P. Upadhyay 和 *Zychaea* Benny & R. K. Benj.，共 7 属，但其中的卷霉属以多重聚伞状分枝、顶部环状卷曲的孢囊梗顶生球形大孢子囊为特征（图 5-12），被归在了共头霉科（Kirk et al., 2008；Benny et al., 2001）；而 Hoffmann et al.（2013）承认共头霉科仅含共头霉属 1 属。

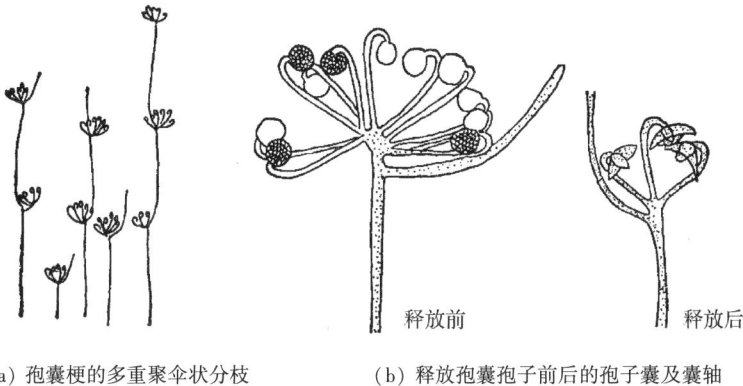

（a）孢囊梗的多重聚伞状分枝　　（b）释放孢囊孢子前后的孢子囊及囊轴

图 5-12 伞形卷霉（*Circinella umbellata* Tiegh. & G. Le Monn.）的形态

（欧世璜，1940）

(1) 共头霉属（*Syncephalastrum* Schröt.）

孢囊梗直立，单生或合轴分枝，在其可育泡囊表面形成辐射状排列的圆柱形孢子囊。配囊柄对生，近等大；接合孢子囊壁粗糙，暗色。

共 4 种（Kirk et al., 2008），世界广布，以热带、亚热带常见。多腐生于粪便、土壤及食品。代表种：总状共头霉（*Syncephalastrum racemosum* Cohn ex J. Schröt.）（图 5-13），腐生于粪便、土壤植物残体，也可引起人的指甲病。

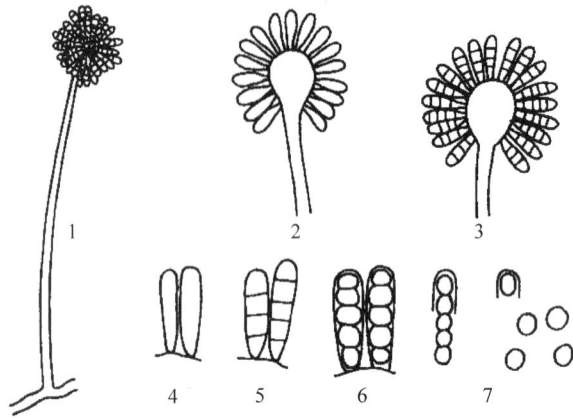

1. 孢囊梗和聚生成头状的孢子囊；2~3. 柱状孢子囊及孢囊孢子的形成；4~7. 子囊孢子的形成和释放。

图 5-13　总状共头霉(*Syncephalastrum racemosum* Cohn ex J. Schröt.)**的孢子囊形态**

(Barnett et al.，1972)

8) 须霉科(Phycomycetaceae Arx)

菌体基质菌丝分枝，黄色；有时有营养状细胞，气生菌丝光滑或被刺。孢囊梗不分枝，直立，具向光性，蓝色、绿色或黑色，有金属光泽或浅棕色至棕色，在孢子囊或囊托下收缩。孢子囊大，近球形，通常含有大量孢子。孢囊孢子球形、卵形至椭圆形或宽梭形。配囊柄最初并生，随着接合孢子的长大而分离，变成钳状，被有硬、不规则二叉状分枝的附属物；或者对生，近等大，无附属丝。接合孢子囊球形，囊壁近光滑、稍粗糙或具纹状。

共 2 属 8 种(Kirk et al.，2008)。可以从各种有机物质中分离获得，包括动物粪便、土壤和植物残体；有的兼寄生多种伞菌。

(1) 须霉属(*Phycomyces* Kunze)

基质菌丝体分枝，幼时多核细胞，老龄时有隔膜；菌落辐射状、淡黄橙色。孢子囊梗直立，不分枝，具有微绿色金属光泽，顶端产生非常大、球形、壁潮解的孢子囊；孢囊孢子椭圆形，黄色。接合孢子很大，有粗糙的、暗色的接合子囊壁；配囊柄钳状，被有二叉状分枝、黑色的硬附属物。全部种是异宗配合。

共 3 种(Kirk et al.，2008)，世界广布。常见于腐败有机物，特别是粪便上。代表种：布拉克须霉(*Phycomyces blakesleeanus* Burgeff)(图 5-14)，以产生微绿色、长短(1~500 mm)不同的两型孢囊梗及其相应的大、小孢子囊为特征，其中的长孢囊梗具有向光性，而小孢囊梗形成受光的抑制；闪光须霉[*P. nitens* (C. Agardh) Kunze]，孢囊梗长达 70~300 mm，具有金属光泽。

(2) 伞菌霉属(*Spinellus* Tiegh)

菌丝体具有短而侧生、棘状分枝，生长发育在 20℃以下，菌落褐色。孢子囊梗直立、单生，基部渐膨大；孢子囊暗色，无光泽，顶生具囊托，球形孢子囊。接合孢子囊形成于棘状分枝菌丝上，囊壁粗糙；配囊柄对生，近等大，无附属丝。

共 5 种(Kirk et al.，2008)，温带广布。该属成员兼寄生在伞菌目菌物上，特别是小

（a）孢囊梗及大孢子囊；（b）被有二叉状分枝附属物的钳状配囊柄和发生接合原配子囊。

图 5-14　布拉克须霉（*Phycomyces blakesleeanus* Burgeff）**的繁殖体形态**

（O'Donnell，1979）

菇属。代表种：金属色伞菌霉［*Spinellus chalybeus*（Dozy & Molk.）Vuill.］，气生菌丝具金属光泽，孢囊孢子椭圆形；纺锤孢伞菌霉［*S. fusiger*（Link）Tiegh.］（图 5-15），孢囊孢子梭形，配囊柄膨大而弯曲呈钳状。

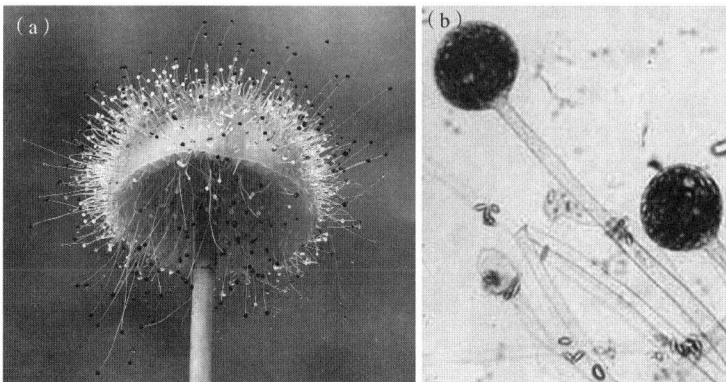

（a）生于伞菌上的孢囊梗及大孢子囊；（b）球形大孢子囊、囊轴和梭形孢囊孢子。

图 5-15　纺锤孢伞菌霉［*Spinellus fusiger*（Link）Tiegh.］**的形态**

（Benny，2009）

9）蒲头霉科（Mycotyphaceae Benny & R. K. Benj.）

孢子囊直接产生于底物菌丝（菌丝也能产生酵母状细胞），单生或分枝，末端膨大形成圆柱形泡囊，具柄的单孢子囊环绕柱形泡囊排列成穗状。单孢子囊二型，通过小柄基部周裂而从泡囊分离，在泡囊表面留下二型齿状残余柄。孢囊孢子球形、倒卵形或圆柱形。配囊柄对生，近相大，无附属物。接合孢子囊壁暗色、粗糙。

共 1 属 3 种（Kirk et al.，2008）。腐生于土壤、动物粪便及植物残体上。

《菌物词典》第 10 版、Benny et al.（2014）和 AFTOL（2020）承认蒲头霉科由本杰明属（*Benjaminiella* Arx）、科克尔霉属（*Cokeromyces* Shanor）、科克霉属（*Kirkomyces* Benny）和蒲头霉属（*Mycotypha* Fenner）4 属组成，而 Kirk et al.（2008）、Hoffmann et al.（2013）承认仅蒲头霉属 1 属。

（1）蒲头霉属（*Mycotypha* Fenner）

菌丝体分枝，多核细胞，偶尔分隔。孢囊梗通常最初单生，但老龄时可以分枝，其顶部形成圆柱形泡囊，具小柄的单孢子囊环绕柱形泡囊排列成穗状（图5-16）。孢子囊脱落后在柱状泡囊表面留有两种不同类型的齿状残柄：一种短、产生球形的单孢子囊；另一种较长、产生倒卵形或圆柱形的单孢子囊。接合子孢子在对生的配囊柄之间形成，并产生具瘤突、暗色的接合子孢子囊壁。

共4种（AFTOL，2020），世界广布。腐生于粪便、土壤或植物残体。代表种：小孢蒲头霉（*Mycotypha microspora* Fenner），菌丝分隔，有褐色色素；腐生土壤及橘皮上。

10）辐枝霉科（Radiomycetaceae Hesselt. & J. J. Ellis）

孢囊梗单生，基部具有假根，末端膨大产生泡囊及许多辐射排列的次生小梗，次生小梗顶端膨大成安瓿瓶状或球形，再生众多三生小柄，三生小柄顶生小孢子囊，小孢子囊含1至数个孢囊孢子。接合孢子囊壁光滑，配囊梗对生，有不规则分枝状附属丝。

仅1属（Benny et al.，2014；AFTOL，2020）。腐生于动物粪便或稻田。

（1）辐枝霉属（*Radiomyces* Embree）

共3种：恩布里辐枝霉（*Radiomyces embreei* R. K. Benj.）（图5-17）、墨西哥辐枝霉（*R. mexicana* Benny & R. K. Benj.）和辐枝霉（*R. spectabilis* Embree），腐生于家鼠、蜥蜴等多种动物粪便。

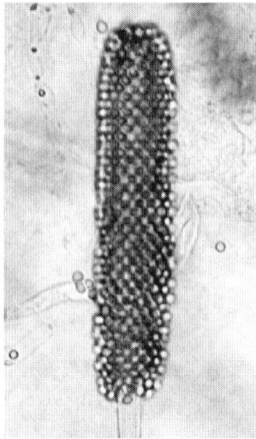

图5-16 印度蒲头霉（*Mycotypha indica*
P. M. Kirk & Benny）球形单孢子囊
在柱形泡囊上排列成穗状
（Benny，2009）

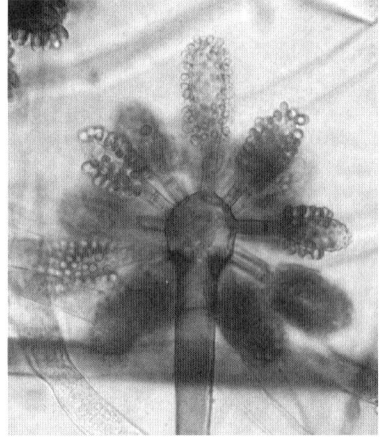

图5-17 恩布里辐枝霉（*Radiomyces*
embreei R. K. Benj.）的孢囊梗形态
（Benny，2009）

11）巴库斯霉科（Backusellaceae K. Voigt & P. M. Kirk）

孢囊梗单生或合轴分枝，弯曲至直立，同时形成顶生、多孢、壁潮解的大孢子囊和侧生、单孢或少数孢、壁永存的小孢子囊。接合孢子囊壁具纹饰，配囊梗对生。

仅1属（Kirk et al.，2012）。腐生土壤及植物残体、动物和人体病原菌，世界广布。

（1）巴库斯霉属（*Backusella* Hesselt. & Ellis）

无性繁殖以顶生多孢、壁潮解的大孢子囊和侧生单孢或少数孢、壁永存的小孢子囊为特征。接合子孢子囊壁具纹饰，配囊柄对生。

该属共 14 种，世界广布。腐生于土壤、植物残体和动物粪便，有些为动物和人体病原菌。代表种：环形巴库斯霉（*Backusella circina* J. J. Ellis & Hesselt.），有性生殖异宗配合，腐生于土壤、昆虫或松树皮。

5.2.2.2　被孢霉目

被孢霉目（Mortierellales Caval.-Sm.）菌物的菌体常形成蛛丝状纤细菌丝体，菌落呈环带状、常具大蒜味；孢子囊梗基部常膨胀、加宽，成熟后有隔膜，产生大孢子囊或小孢子囊，囊轴缺或小，呈隔膜状或稍膨胀呈圆顶状，囊壁早消失；厚垣孢子常见；配囊柄并生，大小异形；接合孢子壁光滑或具凹陷纹饰，裸露或被菌丝包裹。常形成光滑或粗糙壁的厚垣孢子。

仅 1 科——被孢霉科（Mortierellaceae Luerss.），共 6 属 93 种（Kirk et al.，2008）。被孢霉目大多腐生于土壤、植物根围残体。

被孢霉科分属检索表

1. 孢子囊存在，并伴以单孢或双孢的小孢子囊 ··· **2**
1′. 孢子囊缺如，仅产生单孢或双孢的小孢子囊 ······················· 单囊霉属（*Haplosporangium*）
2. 孢子囊呈横向、近圆柱形，中部收缩、两端有数根锥形刺；通常具有假囊轴 ················
　　··· 叶囊霉属（*Lobosporangium*）
2′. 孢子囊球形至梨形 ··· **3**
3. 孢囊孢子腊肠形至肾形，两端有附属物；生于水中摇蚊幼虫上 ········ 水生被孢霉属（*Aquamortierella*）
3′. 孢囊孢子球形、近球形、椭圆形至圆筒形，无附属丝，陆生，通常腐生于土壤或粪便中 ············· **4**
4. 孢囊梗从一段无限生长的气生菌丝体上连续产生；孢子囊内含多个孢子 ······· 卷枝霉属（*Dissophora*）
4′. 孢囊梗随机产生于基内、气生菌丝体上；孢子囊内含 1 至数个孢子 ···································· **5**
5. 孢囊梗产生于基内菌丝体，孢囊梗单生或分枝；孢子囊内含多个孢子，若为内含 1 至数个孢子，则缺乏 5′中列出的孢囊梗特征 ································· 被孢霉属（*Mortierella*）
5′. 孢囊梗侧生于普通匍匐气生菌丝，膨胀成近念珠状，并重复数次二叉或三叉状分枝，顶部细长，顶生内含 2 个孢子的孢子囊 ·· 小加姆斯霉属（*Gamsiella*）

（1）被孢霉属（*Mortierella* Coem.）

菌丝体弱而纤细，营养部分潜生于基质内，气生菌丝体由较长、直立或匍匐菌丝组成，白色、棉质或蛛网膜状，常产生大蒜样的气味。孢囊梗单生或自中部以上分枝，基部通常膨胀加宽，各分枝顶生孢子囊；孢子囊球形，囊轴发育不全，隔膜状至稍突。孢子囊内含 1 至数个孢子，通常球形，壁潮解。孢囊孢子无色，形状多样，大多为球形，通常壁光滑。可形成厚垣孢子。接合孢子近球形，无色，壁光滑或具纹饰，裸露或包裹在菌丝中；配囊柄平行生，通常异宗配合。

共 136 种（AFTOL，2020），世界广布。大多数腐生于土壤植物残体，少数为弱寄生菌。常见种：多态被孢霉（*Mortierella ambigua* B. S. Mehrotra）[图 5-18（a）]，孢囊梗顶端膨胀成囊托状，顶生一大孢子囊、并簇生数个细的分枝与小孢子囊，孢囊孢子近球形，土壤腐生；伞状被孢霉（*M. fimbriata* S. H. Ou），孢囊梗不分枝，顶端长有无数纤细而弯曲的毛，腐生于土壤有机质；多头被孢霉(*M. polycephala* Coem.)，孢囊梗有短的单轴互生分枝，孢囊孢子壁光滑，腐生粪便或生于冷杉林下多孔菌类子实体上；笔架被孢霉(*M. candelabrum* Tiegh. & G. Le Monn.)[图5-18(b)]，孢囊梗笔架状分枝，产生大、小孢子囊，土壤腐生。

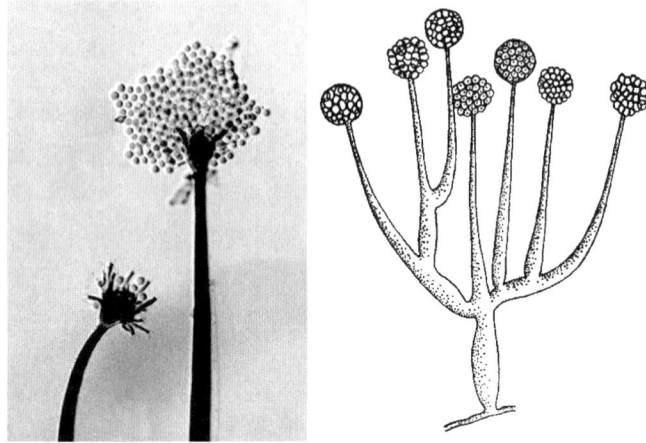

(a) 多态被孢霉(*Mortierella ambigua* B. S. Mehrotra)孢囊梗的囊托状顶端、数个细分枝和球形孢囊孢子　　(b) 笔架被孢霉(*M. candelabrum* Tiegh. & G. Le Monn.)的孢囊梗与孢子囊

图 5-18　被孢霉属(*Mortierella* Coem.)的繁殖体形态

(Benny，2009；Tieghem et al.，1873)

5.2.2.3　内囊霉目

内囊霉目(Endogonales Jacz. & P. A. Jacz.)菌物的菌丝为多核细胞，但偶尔有分隔。繁殖体为黄色至橙色孢子果，其内部产生1至多个接合孢子，配囊柄并生。

主要腐生于土壤、腐木或为苔藓外生菌根，或者其菌丝可以沿着植物的根生长，有助于植物生根和获取营养物质。

仅1科——内囊霉科(Endogonaceae Paol.)(Kirk et al.，2008)，其特征同目，共6属42种(AFTOL，2020)。

(1) 内囊霉属(*Endogone* Link)

孢子果内含交织菌丝和多个接合孢子，配囊柄并生，且两柄沿着整个长度相互紧贴在一起。

共30种，世界广布，常见于温带。腐生，外生菌根，或两者兼而有之，常见于腐殖土壤或苔藓植物。代表种：豌豆内囊霉(*Endogone pisiformis* Link)(图5-19)，土壤腐生或为针叶林泥炭藓的外生菌根真菌；泥炭藓内囊霉(*E. sphagnophila* G. F. Atk.)，生于泥炭藓的配子体上。

5.2.2.4　梳霉目

梳霉目(Kickxellales Kreisel ex R. K. Benj.)菌物的营养菌丝有隔及透镜状隔膜塞(不溶于稀氢氧化钾溶液)。孢囊梗直接从营养菌丝产生，有隔，单生或分枝；无性繁殖产生含单孢子的柱状孢子囊，并在假瓶梗上排列成梳状。接合孢子囊球形，壁光滑或具纹饰。大

（a）生于泥炭藓配子体上的豌豆内囊霉子实体；（b）豌豆内囊霉的接合孢子囊及其并生配囊柄。

图 5-19　豌豆内囊霉（*Endogone pisiformis* Link）的繁殖体形态

（www. inaturalist. org）

多数腐生于土壤、昆虫与鼠类粪便，极少数可寄生其他真菌，如放射伏革菌。

仅 1 科——梳霉科（Kickxellaceae Linder）（Kirk et al.，2008；Benny et al.，2014），其特征同目，共 12 属 32 种（Kirk et al.，2008）。

梳霉科分属检索表

1. 产孢枝（sporocladium）无隔或具有 1 个隔膜，近球形至瓶形 ·· **2**

1′. 产孢枝有 3 至多个隔膜，通常长型且端部渐细 ··· **6**

2. 形成假瓶梗 ·· **4**

2′. 不形成假瓶梗 ·· **3**

3. 产孢枝侧生，相对小，卵形，直接在末端增大体上产生少量球形或近球形孢子囊 ···························
··· **螺旋梳霉属（*Spiromyces*）**

3′. 数个产孢枝顶生于可育分枝或小枝上，罐形，顶生数个舟形至柱形小孢子囊 ············· *Mycoëmilia*

4. 孢囊梗生于假根上，每个产孢枝产生单一的假瓶梗 ······································· *Ramicandelaber*

4′. 孢囊梗生于菌丝体上，每个产孢枝产生许多假瓶梗 ··· **5**

5. 产孢小枝柱形至瓶形，无隔或单隔，产生于末端泡囊，孢囊梗可育区单生或合轴式，孢囊孢子镰形
··· **类睡莲梳霉属（*Myconymphaea*）**

5′. 产孢枝球形至宽椭圆形，顶生，孢囊梗可育区屈膝状、合轴式或单生，孢囊孢子近柱形、窄倒梨形或
哑铃形 ··· **林氏梳霉属（*Linderina*）**

6. 孢梗可育区紧密卷曲，产孢枝形成于该卷曲内部；孢囊孢子椭圆形，仅比宽稍长 ·························
··· **螺旋指梳霉属（*Spirodactylon*）**

6′. 孢梗可育区不卷曲，若卷曲则产孢枝形成于该卷曲外部；孢囊孢子长形，比宽长 2 倍多 ············· **7**

7. 产孢枝沿可育菌丝成对出现，该可育菌丝末端为不育的刺；单孢子囊有一独特的冠 ·····················
··· *Pinnaticoemansia*

7′. 产孢枝不成对出现，单孢子囊无冠 ··· **8**

8. 产孢枝沿气生菌丝形成，但不形成于可育菌丝的顶端；单孢子囊一端尖细长 ·······························
··· **刺孢梳霉属（*Dipsacomyces*）**

8′. 非上述特征 ·· **9**

9. 幼产孢枝顶生，随着孢囊梗顶端的生长，成熟产孢枝几乎沿可育菌丝的一侧规律排列 ············· **10**

9′. 产孢枝从可育分枝顶端的泡囊上产生 ·················· **11**

10. 小孢子囊产于产孢枝的上表面 ·················· 上梳霉属(*Martensella*)

10′. 小孢子囊产于产孢枝的下表面 ·················· 下梳霉属(*Coemansia*)

11. 产孢枝轮生,同时形成 ·················· 梳霉属(*Kickxella*)

11′. 产孢枝伞形生,依次形成 ·················· 轮柄梳霉属(*Martensiomyces*)

(1)下梳霉属(*Coemansia* Tiegh. & G. Le Monn.)

孢囊梗具隔膜,单生或分枝;梳状产孢枝生于孢囊梗的互生分枝顶端,近似直或末端稍弯曲;产孢枝多胞,从下表面产生假瓶梗。每一假瓶梗产生一个柱状孢子囊;柱状孢子囊单细胞,形状各异,成熟时在一滴液体中释放。接合孢子近球形;配囊柄未分化,形成于底物菌丝中。

共 25 种(AFTOL,2020),世界广布。腐生于动物粪便、土壤及死的虫体。常见种:针孢下梳霉(*Coemansia aciculifera* Linder),柱状孢子囊针状披针形,腐生于土壤、泥炭藓;莫哈韦下梳霉(*C. mojavensis* R. K. Benj.)(图 5-20),梳状孢子梗稍呈"S"形,柱状孢子囊长卵形、稍弯曲,生于家鼠粪便;栉状下梳霉[*C. pectinata*(Coem.)Bainier],柱状孢子囊梭形,寄生毛霉或水霉。

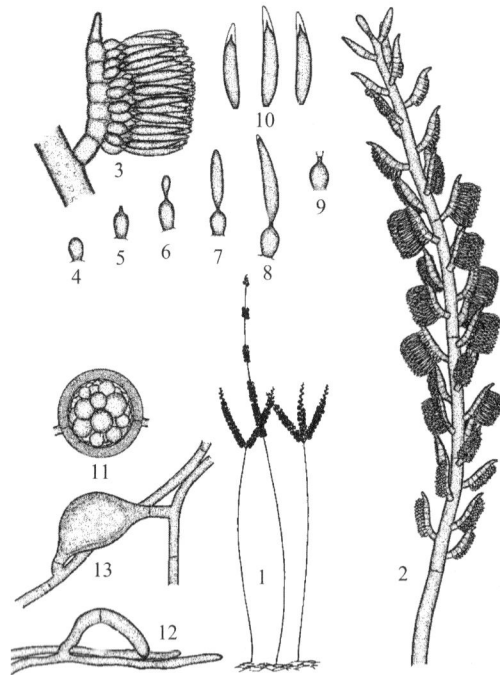

1. 孢囊梗与孢子囊的总体特征;2. 具隔膜孢囊梗上部螺旋式排列的稍呈"S"形梳状产孢枝;3. 梳状产孢枝上的假瓶梗和未成熟的单孢子囊;4~8. 单孢子囊在假瓶梗上的产生过程;9. 单孢子囊脱落后留在假瓶梗上的围领状囊壁突起;10. 成熟的单孢子囊;11. 产自一条营养菌丝上未分化的有性分枝顶端与另一条菌丝发生侧向融合;12. 接合孢子囊的发育早期;13. 成熟的接合孢子囊。

图 5-20　针孢下梳霉(*Coemansia mojavensis* R. K. Benj.)**的繁殖体形态**

(Benjamin,1958)

（2）梳霉属（*Kickxella* Coem.）

菌丝具隔，孢囊梗单生或分枝，顶端膨大、伞状轮生具三细胞的梳状产孢枝。假瓶梗生于梳状产孢枝内侧两细胞的上表面；孢囊孢子梭形。接合孢子近球形，生于未分化的菌丝上。

仅 1 种——乳色梳霉（*Kickxella alabastrina* Coem.）（图 5-21），腐生于马粪。

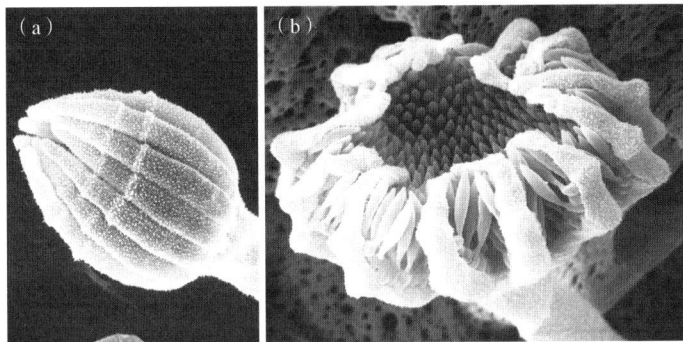

（a）孢子囊梗顶端轮生的 3 细胞梳状产孢枝；（b）伞状轮生的 3 细胞梳状产孢枝及其上表面着生的梭形单孢子囊。

图 5-21　乳色梳霉（*Kickxella alabastrina* Coem.）**的无性繁殖体形态**

（O'Donnell，1979）

（3）林氏梳霉属（*Linderina* Raper & Fennell）

孢囊梗具有隔膜，单生或近屈膝状分枝，顶部以向顶式、合轴式产生宽椭圆至圆顶状产泡囊或不育的匍匐菌丝。单细胞产孢小梗簇生于圆屋顶状泡囊上表面，小梗上形成假瓶梗，每个假瓶梗产生一个单孢子囊。柱状孢子囊呈长倒棍棒形，成熟时释放。接合孢子未知。

共 2 种，世界广布。土壤生。代表种：羽孢林氏梳霉（*Linderina pennispora* Raper & Fennell）（图 5-22），生于森林土壤。

5.2.2.5　双珠霉目

双珠霉目（Dimargaritales R. K. Benj.）菌丝分枝、具有透镜状腔的隔膜，并带有双凸形、可溶解于稀氢氧化钾溶液的隔膜塞。产生单生或分枝、具隔膜的孢子囊梗。无性繁殖产生含双列排列孢子的柱状孢子囊；柱状孢子囊直接产生于孢囊梗末端泡囊上，或者产生于由泡囊或非膨大顶端产生的特殊产孢小枝上。产孢小枝单生或分枝。有性生殖产生无色、近球形的接合孢子，壁有光滑或装饰；接合孢子囊壁薄，光滑；有性菌丝未分化，类似于营养菌丝。

仅 1 科——双珠霉科（Dimargaritaceae R. K. Benj.）（Kirk et al.，2008；AFTOL，2022），其特征同目，共 3 属 13 种（Kirk et al.，2008）。腐生于土壤、动物粪便，为毛霉菌的具吸器寄生菌。

图 5-22　羽孢林氏梳霉（*Linderina pennispora* Raper & Fennell）**的无性繁殖体形态**

（示屋顶状泡囊上的产孢小梗、假瓶梗和倒棒状单孢子囊；O'Donnell，1979）

双珠霉科分属检索表

1. 柱状孢子囊直接生于孢囊梗末端泡囊上 ･･････････････････････････････ 刺珠霉属(*Spinalia*)
1′.柱状孢子囊生于孢囊梗上的产孢小枝上，泡囊可产生或不产生 ･･･････････････････ **2**
2. 产孢小枝 1~3 细胞，侧生于孢子囊梗上、呈近轮状分枝 ･････････････ **卷双珠霉属**(*Tieghemiomyces*)
2′.产孢小枝 2 至数细胞，顶生于孢囊梗及其分枝上 ･･･････････････････････････ **3**
3. 孢囊梗产生不育菌丝末端且卷曲；产孢小枝 2 细胞；孢子成熟时保持干燥 ･･･････ **双卷霉属**(*Dispira*)
3′.孢囊梗从不产生不育菌丝末端；产孢小枝数细胞；孢子成熟时湿或干･･････････ **双珠霉属**(*Dimargaris*)

(1) 双珠霉属(*Dimargaris* Tiegh)

孢囊梗直立，有隔，最初单生，后变为聚伞状分枝或不规则轮生。可育产孢小枝生于每个分枝的未膨胀或膨胀顶端，多胞、简单或分枝的产孢小枝再通过各分枝顶端出芽产生。产孢小枝出芽的细胞形成轮生的柱状孢子囊。孢囊孢子椭球到圆柱形，壁光滑，保持干燥或成熟时释放到液滴中。接合孢子近球形，壁厚，透明，光滑或具纹饰，具有菌丝状配囊柄。

共 7 种(Kirk et al.，2008)，世界广布。通常腐生于啮齿动物粪便，罕土壤生，也为毛霉目、被孢霉目具吸器寄生菌。代表种：干燥双珠霉(*Dimargaris arida* R. K. Benj.)(图 5-23)，孢囊梗不规则轮生，产孢小枝从孢囊梗分枝顶端的泡囊上产生，可育泡囊保持干燥，土壤生；杆状孢双珠霉(*D. bacillispora* R. K. Benj.)，孢囊梗不规则轮生，产孢小枝直接从孢囊梗分枝顶端产生，柱状孢子囊均匀伸长并同时形成，鼠粪生。

(2) 双卷霉属(*Dispira* Tiegh)

孢子囊梗直立，有隔，不规则合轴分枝或近二叉状分枝，形成直或弯曲的分枝主轴，主轴进一步产生卷曲或弯曲的不育分枝刺和可育分枝。可育分枝顶端具有或无泡囊，产生数个至许多单生或分枝的双胞产孢小枝，产孢小枝上轮生 2 个孢子的柱状孢子囊。孢囊孢子多球形至椭圆形，壁光滑，成熟时保持干燥。接合孢子近球形，壁厚，透明，具纹饰，成熟时被与寄主菌丝接触的配囊柄所产生的指状突起所包围。

共 4 种(Kirk et al.，2008)，世界广布。寄生于毛霉目其他真菌及毛壳菌。代表种：双卷霉(*Dispira cornuta* Tiegh.)(图 5-24)，可育泡囊表面产生许多产孢小枝及孢子囊，接合孢子囊顶生于营养菌丝侧枝上，寄生毛霉或腐生家鼠粪便上。

5.2.2.6 钩孢毛菌目

钩孢毛菌目(Harpellales Lichtw. & Manier)菌体丝状、有隔膜，简单不分枝或分枝，通过基部非细胞固着器附着在寄主肠道衬里上；菌丝隔膜含有透镜状孔塞。无性繁殖产生外生、侧生、长形的单孢子囊(毛孢子，trichospore)，其基部通常产生 1 至多条附属丝；有性生殖(未见接合)产生锥形或双锥状接合孢子。

共 2 科 38 属(Kirk et al.，2008；Benny et al.，2014)。钩孢毛菌目真菌主要内共生于淡水节肢动物肠道内。

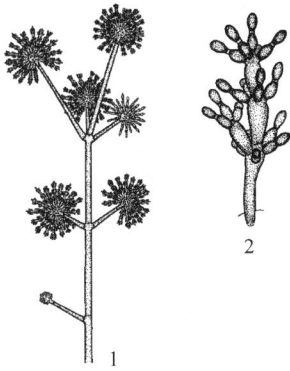

1. 孢囊梗假轮状分枝顶端的泡囊及其表面产生的产孢小枝与孢子囊；2. 分枝状多胞产孢小枝轮生双孢柱状孢子囊。

图 5-23　**干燥双珠霉**(*Dimargaris arida* R. K. Benj.)的无性繁殖体形态

(Benjamin，1959)

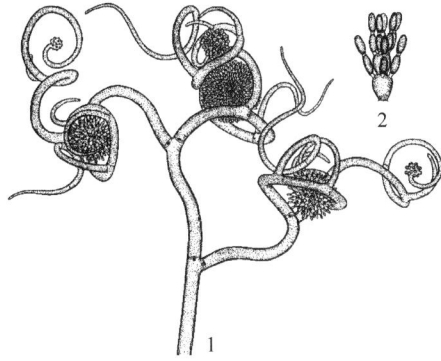

1. 孢囊梗上部近二叉状分枝，产生卷曲的可育分枝与泡囊和不育分枝顶尖；2. 双胞产孢小枝轮生双孢柱状孢子囊。

图 5-24　**双卷霉**(*Dispira cornuta* Tiegh.)的无性繁殖体形态

(Benjamin，1965)

钩孢毛菌目分科检索表

1. 菌体不分枝，着生于寄主中肠道的围食膜上 ····················· 钩孢毛菌科(Harpellaceae)
1′.菌体分枝，着生于寄主后肠道内表面 ·············· 侧孢毛菌科(Legeriomycetaceae = Genestellaceae)

　　毛孢子的形状以及是否有基底围领、附属的数量和固着器的性质等是确定钩孢毛菌目分属的重要特征。常见种：四毛钩孢毛菌(*Harpella melusinae* L. Léger & Duboscq) (图 5-25)，

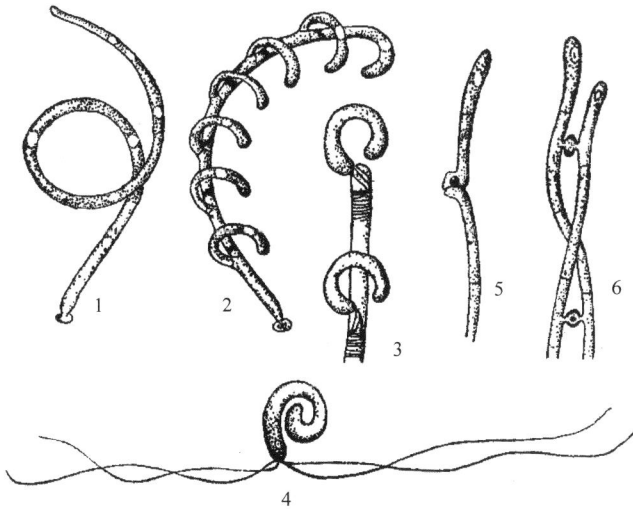

1. 无隔营养体；2. 有隔、侧生孢子的菌体；3. 菌体顶端两个成熟的弯曲孢子；4. 孢子具有 4 条纤毛状附属丝；5、6. 接合孢子的形成。

图 5-25　**四毛钩孢毛菌**(*Harpella melusinae* L. Léger & Duboscq) 的形态

(Leger et al. ，1929)

毛孢子圆柱形且弯曲、盘绕，具4条附属丝，生于马蚋幼虫体内；侧孢毛菌［*Legeriomyces ramosus*（L. Léger & M. Gauthier）Pouzar＝*Genistella ramosa* L. Léger & M. Gauthier］（图5-26）、丝毛孢子卵形，具2条附属丝，生于四节蜉后肠。

5.2.2.7　内孢毛菌目

内孢毛菌目（Asellariales Manier ex Manier & Lichtw.）菌体分枝、多胞、丝状，有竖琴状隔膜；通过基细胞附着在宿主后肠道角质层上；通过单核节孢子进行无性繁殖；无有性生殖；栖息在节肢动物等足虫和弹尾虫肠道中。

内孢毛菌目仅1科——内孢毛菌科（Asellariaceae Manier ex Manier & Lichtw.），共3属（Kirk et al.，2008；Benny et al.，2014）。代表种：海蟑螂内毛菌（*Asellaria ligiae* Tuzet & Manier & Manier）生于地中海海蟑螂肠道内（图5-27）。

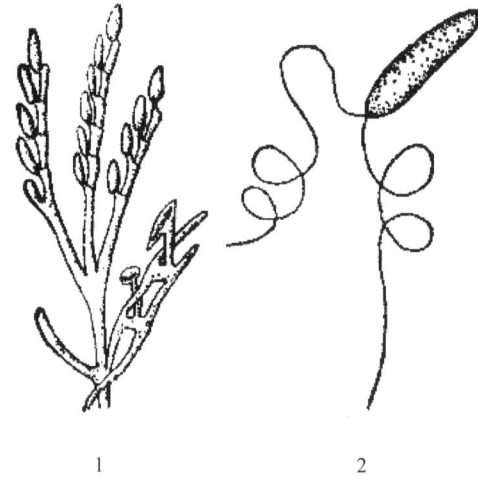

1. 生长有无性孢子和船形接合孢子的菌体；
2. 卵形孢子有2条附属丝。

图 5-26　侧孢毛菌［*Legeriomyces ramosus*
（L. Léger & M. Gauthier）Pouzar］**的形态**
（Leger et al.，1932）

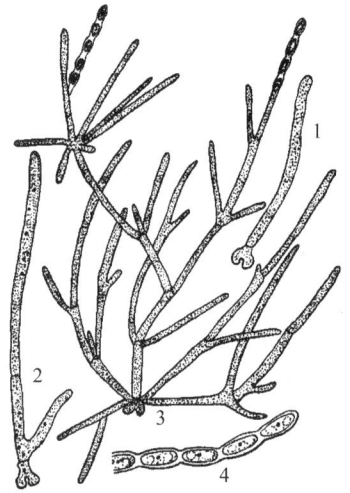

1~2. 发育中的菌体、球形基细胞有明显凹陷；
3. 成熟的菌体；4. 串生的节孢子。

图 5-27　海蟑螂内毛菌（*Asellaria ligiae*
Tuzet & Manier）**的形态**
（Martin，1950）

5.2.2.8　捕虫霉目

捕虫霉目（Zoopagales Bessey ex R. K. Benj.）菌体多核无隔或有隔，简单不分枝或分枝状菌丝，可在寄主体内产生膨胀的吸器或菌丝圈，并形成分枝状细小外部菌丝。无性繁殖产生含有1至多个孢囊孢子的柱状孢子囊以及节孢子和厚垣孢子。有性方式产生近球形的接合孢子；配囊柄分化或未分化，并生，几乎直或盘绕。

共5科14属（Kirk et al.，2008；Benny et al.，2014）。捕虫菌目真菌专性捕食变形虫、根足虫及线虫或寄生这些小型动物或其他真菌。

捕虫霉目分科检索表

1. 孢子较大（25~130 μm×7~39 μm），浅棕色至棕色；孢囊梗单生；寄生于线虫或轮虫卵 ·················
·· 卷头霉科（Helicocephalidaceae）

1′. 孢子较小，通常白色至黄色，孢囊梗单生或分枝；寄生于菌物或小型动物 ………………… 2

2. 可育菌丝有规则的隔膜，二叉状分枝；在可育菌丝分枝点产生成对有柄、近球形的可育泡囊；可育囊
整个表面产生有柄的单孢子囊 ……………………………………… 折孢霉科（Sigmoideomycetaceae）

2′. 菌体非上述 …………………………………………………………………………………… 3

3. 具吸器的真菌寄生菌，主要寄生毛霉目，很少出现在子囊菌或半知菌上 …………………………
………………………………………………………………………… 头珠霉科（Piptocephalidaceae）

3′. 为小动物变形虫、轮虫和线虫的具吸器外寄生或无吸器内寄生菌，罕寄生其他真菌（非毛霉目）…… 4

4. 捕食性；菌丝体在宿主外发育，在寄主内形成吸器 …………………… 捕虫霉科（Zoopagaceae）

4′. 外寄生或内寄生；有或无吸器；仅在寄主外形成产孢菌丝和孢子 ……… 旋体霉科（Cochlonemataceae）

1）旋体霉科（Cochlonemataceae Dudd. ）

菌体仅产孢菌丝和孢子产生于寄主体外，在寄主内部形成近菌丝状或稍膨胀并具有不同形状的菌体，无假根；或者由侵染孢子形成外部菌体和孢子，仅在寄主内产生吸器。孢子单生或成链，无柄或在长度不等的孢子梗上形成的。接合孢子无色，接合孢子囊具纹饰，形成于并生、直或盘绕的不等大配囊柄上，有些种可在较大的配囊柄上产生短突起。为变形虫、线虫或根足类的外寄生或内寄生菌。

共 6 属 35 种（Benny，2009）。

旋孢菌科分属检索表

1. 菌体由在寄主外部侵染孢子衍生而来，仅在宿主内产生吸器 ……………………………………… 5

1′. 菌体在寄主体内形成，不产生吸器，仅产孢菌丝生于宿主外 …………………………………… 2

2. 菌体螺旋状或产生少量分枝 …………………………………………………………………… 3

2′. 菌体菌丝状或近垫状 …………………………………………………………………………… 4

3. 孢子单生，长椭圆形至梭形、顶部具短喙；配囊柄对生 …………………… 内隔霉属（Endocochlus）

3′. 孢子链生，柱形至梭形；配囊柄近平行或缠绕（图 5-28） …………………… 旋体霉属（Cochlonema）

4. 菌体菌丝状，侧生弯曲、中部膨大的孢子梗，顶生单个孢子，孢子新月形至镰状、基部具有一黏菌性球………………………………………………………………………… 粗丝霉属（Euryancale）

4′. 菌体近垫状，孢子梗直立、不分枝，孢子链生，近梭形 ……………… 扁虫霉属（Aplectosoma）

5. 侵染孢子在宿主体内产生分枝状吸器，体外形成椭圆形膨胀菌体，并产生直立、可分枝产孢菌丝，孢子长链生、近梭形；配囊柄相互缠绕 …………………………………… 孢霉属（Bdellospora）

5′. 侵染孢子在宿主体内产生球形或瓣状吸器，体外菌体不膨胀、柱形，孢子单生或 2~4 链生，柱形；配囊柄产自 2 个不同的孢子，可交叉但不缠绕 …………………… 变形虫霉属（Amoebophilus）

2）卷头霉科（Helicocephalidaceae Boedijn）

营养菌丝非常纤细、高度分枝，无隔。孢囊梗无隔，有一个根状基部固着器，顶端保持直或卷曲，经缢缩、形成间隔产生念珠状孢子，或顶端变成泡囊状，芽殖式形成孢子。柱状孢子囊，较大，有色。多为异宗配合。接合孢子未知。为线虫卵以及其他小动物的吸器寄生虫。

共 3 属 15 种（Benny，2009）。

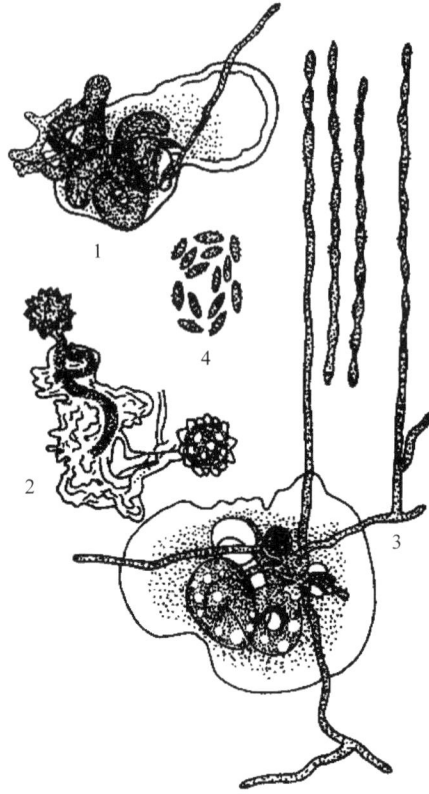

1. 死亡变形虫体内寄生的螺旋状膨大菌体与体外产孢丝；2. 平行生的配囊柄和具疣的接合孢子囊；
3. 从螺旋状内生菌体上生长出的产孢丝和孢子链；4. 脱落的梭形孢子，表面不粗糙。

图 5-28　瘤孢旋体霉(*Cochlonema verrucosum* Drechsler) 的形态

(Drechsler, 1935)

卷头霉科分属检索表

1. 孢囊梗顶端直或卷曲，逐步形成隔膜，断裂成孢子 ·· **卷头霉属(*Helicocephalum*)**
1′.孢子囊顶端呈泡囊状，芽殖式，同时形成孢子 ··· **2**
2. 长卵形泡囊包含大部分孢囊梗(基部收缩)；产生 1~4 个孢子；寄生蛭形轮虫 ···················
··· **短梗霉属(*Brachymyces*)**
2′.球形至倒卵形泡囊仅形成于孢囊梗顶端；产生许多孢子；寄生在线虫及其卵上 ···················
··· **棒梗霉属(*Rhopalomyces*)**

3) 头珠霉科(Piptocephalidaceae Sred.)

　　孢囊梗单生或二叉状分枝，多胞或具隔膜，直接在未膨胀或膨胀的分枝顶端产生柱状孢子囊，壁厚、脱落或不脱落。柱状孢子囊含有 1 至多个孢囊孢子，向顶式芽生，排成念珠状，成熟时断裂；或圆柱形，孢子同时形成，孢子囊壁溶解或持久，并通过周裂与孢囊孢子一起释放。接合孢子形成于并生、钳状的或缠绕的配囊柄上，配囊柄有时具分枝状物。

共 3 属 88 种(Benny，2009)。多为毛霉目真菌的具吸器寄生菌。

头珠霉科分属检索表

1. 孢囊梗不分枝或罕有一次或两次二叉状分枝，具有不脱的顶生可育泡囊；菌丝体常节状、联结；附着
胞大，产生大量的菌丝状吸器 ·················· **集珠霉属(*Syncephalis*)**
共 65 种，寄生于毛霉目和被孢霉目真菌，如角形集珠霉(*Syncephalis cornu* Tiegh. & G. Le Monn.)
(图 5-29)。

1′. 孢囊梗少到多次三维二叉状分枝，常有脱落或不脱落的顶细胞；菌丝不融合，附着胞小，产生有限纤
细吸器 ································· **2**

2. 柱状孢子囊念珠状、分枝，形成锯齿状多孢子链 ·············· ***Kuzuhaea***

2′. 柱状孢子囊非念珠状、不分枝；产生 1 到多个孢子，形成直孢子链 ········· **头珠霉属(*Piptocephalis*)**
共 14 种，如佛氏头珠霉(*Piptocephalis freseniana* de Bary)(图 5-30)；纺锤头珠霉(*P. fusispora* Tiegh.)。

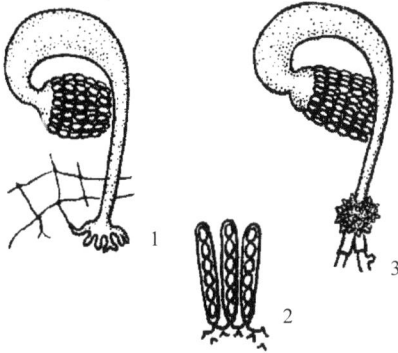

1. 孢囊梗及柱状孢子囊；2. 成熟的孢子囊与孢囊孢子；
3. 接合孢子囊萌发产生孢囊梗与孢子囊。

图 5-29　角形集珠霉(*Syncephalis cornu* Tiegh. &
G. Le Monn.)的孢子囊形态
(van Ticghem，1875)

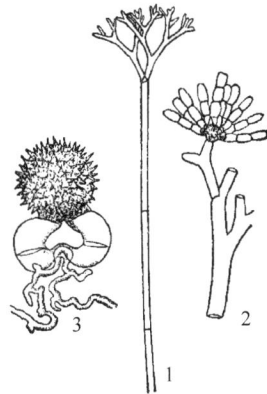

1. 孢囊梗；2. 孢囊梗顶部分枝与
柱状孢子囊；3. 接合孢子囊及钳状配囊柄。

图 5-30　佛氏头珠霉(*Piptocephalis freseniana*
de Bary)的繁殖体形态
(Brefeld，1872)

4) 折孢霉科(Sigmoideomycetaceae Benny，R. K. Benj. & P. M. Kirk)

可育头无柄或有柄，由具有规则间隔、盘卷的可育菌丝组成，二叉状分枝，终止于不
育刺。除末端的 1 或 2 分枝，各分枝基部细胞产生成对、有柄的可育泡囊，其表面覆盖具
小梗的单孢子囊。可能为寄生蛙粪霉等其他菌物的具吸器菌，或腐生于粪便、腐木。异宗
配合，接合孢子、厚垣孢子未知。

折孢霉科分属检索表

1. 可育泡囊形成于柄上 ···················· **枝头霉属(*Thamnocephalis*)**

1′. 可育泡囊无柄 ····························· **2**

2. 不育刺相互黏附似网状 ················· **网头霉属(*Reticulocephalis*)**

2′. 不育刺游离 ····················· **折孢霉属(*Sigmoideomyces*)**

5）捕虫霉科(Zoopagaceae Drechsler)

菌体产生大量、细的、高度分枝的外部菌丝，在与宿主接触时产生吸器。孢子单生或链生。接合子孢子囊壁有纹饰，接合孢子无色透明；配囊柄平行生，菌丝状。为变形虫、线虫和轮虫的捕食性或外寄生真菌。

捕虫霉科分属检索表

1. 黏菌性物质形成于营养菌丝所产生的短、直角分枝顶端 ·················· **轮虫霉属**(*Zoophagus*)
1′.黏菌性物质在营养菌丝上形成，不产生黏菌性直角分枝 ································· 2
2. 孢子成链状产生 ·· **捕虫霉属**(*Zoopage*)
2′.孢子单生，或2至多个孢子从可育的菌丝产生 ···································· 3
3. 1至多个孢子产生于长、直立的孢子梗上 ························ **梗虫霉属**(*Stylopage*)
3′.孢子单生于短、侧生的孢子梗上，孢子梗通常比孢子短 ····························· 4
4. 厚垣孢子球形、倒梨形或倒棍棒形，间生或近无柄 ·············· **泡囊虫霉属**(*Cystopage*)
4′.孢子长，棒状至近球形，常被有1至多条附属丝 ·············· **无柄霉属**(*Acaulopage*)

5.3　虫霉门

5.3.1　虫霉门的基本特征及习性

虫霉门(Entomophthoromycota)菌物菌体简单，多为单核的菌丝片段，称为虫菌体(hyphal body)，或者为多核、具少量隔膜的菌丝。无性繁殖产生单生或分枝的孢子梗，顶生分生孢子，强力释放后可产生次生分生孢子；接合孢子或单性接合孢子为休眠孢子。大多数种类为昆虫等节肢动物的致病菌，有些寄生藻类，少数腐生于土壤、粪便。

5.3.2　虫霉门分类

长期以来，虫霉门菌物主要根据一系列传统特征进行分类(Humber，1981；Gryganskyi et al.，2012)，如初生和次生分生孢子的形态、释放与传播模式及其细胞学特征，分生孢子梗分枝以及假根和囊状体的存在及其形态，而休眠孢子、接合孢子或拟接合孢子等的分类价值相对有限。

虫霉门各属的区分特征一般包括：①分生孢子特征，如形状、核数、双或单一状态(分离或不可分离的外壁层)和释放模式；②分生孢子梗特征，如分枝(简单、分枝或直立的多孢轴)；③一般习性和宿主范围(Humber，1981，1989，1997)。

Kirk et al.(2008)基于多基因系统发育分类以及繁殖体形态特征，将接合菌门(Zygomycota)分为4亚门：毛霉亚门(Mucoromycotina)、虫霉亚门(Entomophthoromycotina)、梳霉亚门(Kickxellomycotina)和捕虫霉亚门(Zoopagomycotina)，其中的虫霉亚门仅含1目——虫霉目(Entomophthorales G. Winter)，共5科。Humber(2012)、Benny et al.(2014)将虫霉亚门升格为虫菌门，含2纲，包括3目：虫霉目、蛙粪霉目(Basidiobolales Jacz. & P. A. Jacz.)和Neozygitales Humber。除了将蛙粪霉目归入接合菌门(Kirk et al.，2008)外，

《菌物词典》第 10 版和 AFTOL（2020）采用了与 Benny et al.（2014）类似的分类。本书采用 Benny et al.（2014）的虫霉门分类系统，主要介绍蛙类霉科和虫霉科。

虫霉门分纲（目、科）检索表

1. 菌体为虫菌体或多核无隔菌丝；分生孢子梗简单或分枝，分生孢子以乳突外翻或"孢梗炮火箭"形式主动弹射，或被动脱落；配子囊无喙状附属细胞、大小不等 ……………………………………………………………
…………………… **虫霉纲（Entomophthoromycetes）虫霉目（Entomophthorales）2**

1′. 菌体为有隔、单核菌丝体或酵母状细胞；分生孢子梗不分枝并产生一孢子梗下泡囊，分生孢子以"孢梗炮火箭"形式弹射；配子囊有喙状附属细胞、大小相等 …………………………………………………
………………… **蛙粪霉纲（Basidiobolomycetes）蛙粪霉目（Basidiobolales）蛙粪霉科（Basidiobolaceae）**

2. 为昆虫和节肢动物专性寄生菌，分生孢子多以乳突外翻、少数以"孢梗炮火箭"形式强力弹射，或被动脱落 …………………………………………………………………………………… **3**

2′. 为非昆虫寄生菌，或为腐生，分生孢子以乳突外翻形式强力弹射或被动脱落 …………………… **4**

3. 营养体为无隔菌丝体或杆状至不定形虫菌体，细胞核大（5～12 μm），分裂间期染色质浓密（易被乙酸—地衣红和俾斯麦棕染色），核仁不明显；分生孢子梗单生或分枝，分生孢子、休眠孢子均无色…
……………………………………………………………… **虫霉科（Entomophthoraceae）**

3′. 营养体为杆状虫菌体，细胞核小（3～5 μm），分裂间期染色质不明（不易被乙酸—地衣红和俾斯麦棕染色），但核仁明显；分生孢子梗不分枝，分生孢子、休眠孢子均呈黑色 …………………………
……………………………………………………………… **新接合霉科（Neozygitaceae）**

4. 菌体为不规则、无壁原生质体；细胞核大（5～15 μm），分裂间期染色质浓密，核仁不明显；寄生于蕨类配子体 ……………………………………………… **蕨霉科（Completoriaceae）**

4′. 菌体为虫菌体，有壁或无壁，细胞核小（3～5 μm），分裂间期染色质不明，但核仁明显；寄生线虫、缓步纲动物、地藻，或者腐生 …………………………………………………………… **5**

5. 寄生线虫、缓步纲动物；直立的分生孢子梗侧生许多产孢细胞及分生孢子 ……………………………
……………………………………………………………… **顶裂霉科（Meristacraceae）**

5′. 多腐生于植物残体、冷血动物粪便，少数可寄生地藻、土壤无脊椎动物或为脊椎动物的兼性真菌病原；分生孢子梗无隔、单生，顶部形成一个分生孢子……………………… **新月霉科（Ancylistaceae）**

1）蛙粪霉科（Basidiobolaceae Engl. & E. Gilg）

菌体为有隔、单核菌丝体或酵母状细胞；细胞核大（＞10 μm），核仁明显，但核质中无异染色质而不能被乙酸—地衣红染色。分生孢子梗不分枝、末端膨大，基部产生一孢子梗下泡囊；分生孢子单核，近球形，以"孢梗炮火箭"形式弹射，即在分生孢子梗顶部膨大部周裂时向后喷出孢子梗内含物。分生孢子可长出纤细毛管状孢子梗，在毛管上形成梭形、腊肠形黏菌性毛分生孢子。某些种的次生孢子或体细胞进入寄主体内后，可因其内部原生质体的分割而出现多孢的小孢子囊与孢囊孢子。配子囊具有喙状突起细胞，大小相等，形成典型接合孢子，即休眠孢子。

仅 1 属——蛙粪霉属（*Basidiobolus* Eidam），形态同科，共 4 种（Kirk et al.，2008）。腐生于土壤、青蛙及蜥蜴等动物粪便，定殖于两栖动物、爬行动物肠道内，或为昆虫、人和其他脊椎动物的兼性病原菌。代表种：蛙粪霉（*Basidiobolus ranarum* Eidam）（图 5-31），分布广泛，常腐生于青蛙及蜥蜴等动物粪便，可引起人的皮下藻菌病。

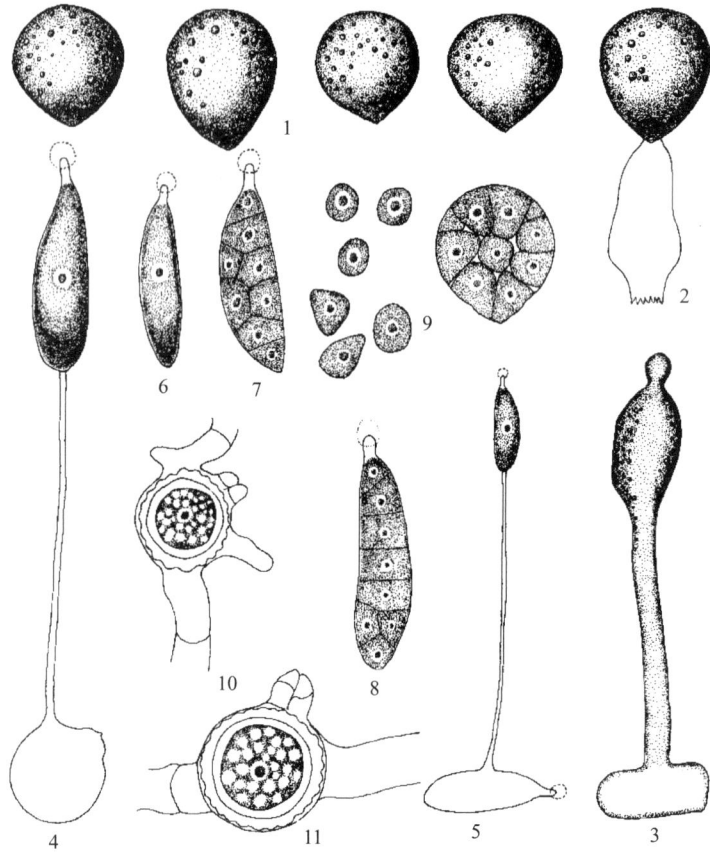

1. 初生与次生分生孢子；2. 连有推进器的初生分生孢子；3. 分生孢子梗；4~6. 毛分生孢
子形成；7~8. 孢子囊化的毛分生孢子；9. 孢子囊化的初生分生孢子及其孢囊孢子(小孢
子)；10~11. 形成中的接合孢子(休眠孢子)。

图5-31　蛙粪霉(*Basidiobolus ranarum* Eidam)的繁殖体形态

(李增智，2000)

2)虫霉科(Entomophthoraceae A. B. Frank)

营养体为无隔菌丝体或杆状至不定形虫菌体，细胞核大(5~12 μm)，分裂间期异染色
质浓密，易被乙酸—地衣红和俾斯麦棕染色，但核仁不明显。核膜在有丝分裂期间完整而
封闭。分生孢子梗单生或分枝，初生分生孢子单胞或双胞，单层壁或双层壁，通过乳突外
翻及细胞质喷射，即"孢梗炮火箭"形式强力弹射，或为被动释放。产生次生分生孢子形似
初生分生孢子，或可形成毛分生孢子。休眠孢子为接合孢子或拟接合孢子，从2个接合的
细胞或虫菌体母细胞中间或末端芽出。

共12属200余种(Kirk et al.，2008)。为昆虫及其他脊椎动物的专性寄生菌。

虫霉科分属检索表

1. 不产生分生孢子；仅通过休眠孢子繁殖 ·················· 干尸霉属(*Tarichium*)

1'.产生分生孢子；休眠孢子可形成或不形成 ·································· 2

2. 分生孢子不强力释放，通过受感染群居蝉的腹部破裂而传播 ···················· 团孢霉属（*Massospora*）

2′. 分生孢子强行释放；寄生在蝉以外的昆虫身上 ·· **3**

3. 分生孢子多胞、单胞（在液体介质中外壁不与内层壁分离）···································· **4**

3′. 分生孢子单胞、双胞（在液体介质中外壁与内层壁分离）····································· **7**

4. 分生孢子球形至近球形；通常长在孢子梗的颈状产孢细胞上；为潮湿地半翅目和其他昆虫的病原体
　· ·· 巴克霉属（*Batkoa*）

4′. 分生孢子形状各异、具乳突；孢子梗不形成颈状产孢细胞；为各种昆虫等节肢动物的病原体 ········ **5**

5. 分生孢子钟形、乳突平截；分生孢子通过"孢梗炮火箭"形式释放 ············· 虫霉属（*Entomophthora*）

5′. 分生孢子非钟形、具乳突；分生孢子通过乳突外翻形式释放 ································· **6**

6. 分生孢子梨形至球形，多核，分生孢子梗单生；形成休眠孢子·············· 噬虫霉属（*Entomophaga*）

6′. 分生孢子梭形至卵柱形，4~12 核；分生孢子梗单生或分枝；休眠孢子未知 ····
　· ·· 拟虫疫霉属（*Eryniopsis*）

7. 分生孢子梗形成子实层；分生孢子通过宿主（蝇）腹部的一个洞释放出来 ··· 斯魏霉属（*Strongwellsea*）

7′. 分生孢子梗、分生孢子非上述 ··· **8**

8. 初生分生孢子卵形至梭形 ·· **9**

8′. 初生分生孢子长形 ·· **10**

9. 假根、囊状体粗达分生孢子梗宽度 2~3 倍 ·· 虫疠霉属（*Pandora*）

9′. 假根、囊状体粗度不超过分生孢子梗宽度 ··· 虫瘴霉属（*Furia*）

10. 假根具有固着器；囊状体缺或形成、但不高于分生孢子梗的高度 ········ 虫瘟霉属（*Zoophthora*）

10′. 假根具有明显的固着器或缺如；囊状体在子实层上生长良好 ······························ **11**

11. 分生孢子梗不分枝；囊状体粗达 2 倍或以上分生孢子梗宽度 ·············· 虫疫霉属（*Erynia*）

11′. 分生孢子梗指状分枝；囊状体直径稍大于分生孢子梗宽度 ·············· 直霉属（*Orthomyces*）

（1）虫霉属（*Entomophthora* Fresen.）

菌丝体断裂为多核虫菌体，虫菌体可出芽。有的菌体可产生假根。分生孢子梗不分枝，上部膨大呈棒状，顶端缢缩后形成分生孢子。初生分生孢子 2 至多核、核大，单层壁，钟形，顶部有一小尖突，能被乙酸—地衣红显著染色。分生孢子弹射时围有原生质环。次生分生孢子形似初生分生孢子，顶部不具尖突或微有尖突。休眠孢子（即接合孢子或拟接合孢子）球形，无色或暗色（图 5-32）。

共 63 种（AFTOL，2021），世界广布。全部为昆虫等节肢动物的专性寄生病原菌。中国已报道 3 种（李增智，2000）：普朗肯虫霉（*Entomophthora planchoniana* Cornu）（图 5-32），寄生蚜虫成若虫；蝇虫霉 [*E. muscae*（Cohn）Fresen.]，寄生蝇类（图 5-33）；库蚊虫霉 [*E. culicis*（Braun）Fresen.]，寄生蚊类。

（2）嗜虫霉属（*Entomophaga* A. Batko）

营养体菌丝状或念珠状菌丝段，或为椭圆形、近梭形单细胞，发育初期为无壁的原生质体。细胞核大，核仁小，能被乙酸—地衣红染色。分生孢子梗单生，顶端不缢缩形成颈状而直接形成分生孢子。初生分生孢子倒梨形至近球形，顶部圆，基部乳突较明显，单层壁，多核（10~100 个），通过乳突外翻而弹射。次生分生孢子形似初生分生孢子或近球形至钟形。休眠孢子为拟接合孢子，壁光滑。

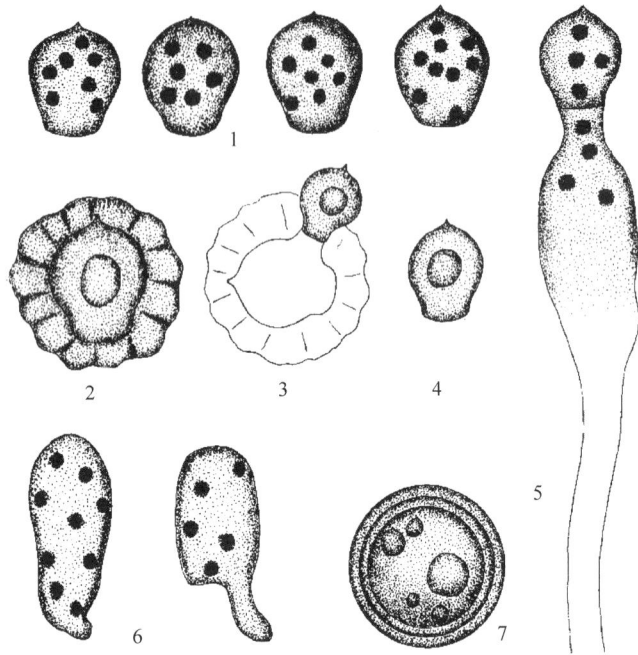

1. 初生分生孢子；2. 孢子弹射着陆后在孢子周围形成的原生质环；3~4. 次生分生孢子形成；
5. 分生孢子梗及未成熟的初生分生孢子；6. 多核菌丝段(虫菌体)；7. 休眠孢子(接合孢子)。

图 5-32　普朗肯虫霉(*Entomophthora planchoniana* Cornu)的形态

(李增智，2000)

共 19 种(AFTOL，2021)，世界广布。为昆虫的专性寄生病原菌。中国已报道 4 种(李增智，2000)：蝗嗜虫霉[*Entomophaga grylli* (Fresen.) A. Batko]，寄生蝗虫成虫和若虫，在腹节膜处产生子实层(图5-34)；灯蛾嗜虫霉[*E. aulicae* (E. Reichardt) Humber]，寄生鳞

图 5-33　蝇虫霉[*Entomophthora muscae* (Cohn) Fresen.]侵染蝇

图 5-34　蝗嗜虫霉[*Entomophaga grylli* (Fresen.) A. Batko]侵染蝗虫

翅目幼虫，形成淡黄色子实层，通体覆盖虫尸；堪萨斯嗜虫霉［*E. kansana* （J. A. Hutchison）A. Batko］，寄生蝇类，可在尚未死亡的蝇腹节膜处产生子实层，使其腹部膨肿；堆积嗜虫霉［*E. conglomerata*（Sorokīn）S. Keller］，寄生库蚊，致蚊尸腹部膨大，节间膜形成白色菌丝和子实层。

（3）虫瘴霉属［*Furia*（A. Batko）Humber］

营养体菌丝状，有壁或无壁，核直径 5 μm 以上，细胞间期异染色质浓缩明显，能被乙酸—地衣红染色。分生孢梗顶部呈掌状或叉状分枝；初生分生孢子单孢，双层壁，倒卵形至近梭形，通过基部乳突外翻而弹射。次生分生孢子形似初生分生孢子。假根、囊状体粗度不超过分生孢子梗的宽度。休眠孢子无或少数可产生。

共 15 种（AFTOL，2021），世界广布。全部为昆虫的专性寄生菌。我国已报道 9 种（李增智，2000），例如，粉蝶虫瘴霉［*Furia pieris*（Z. Z. Li & Humber）Humber］，寄生菜粉蝶、重阳木斑蛾幼虫；福建虫瘴霉（*F. fujiana* Y. J. Hang & Z. Z. Li），寄生尖白灯蛾幼虫；壳状虫瘴霉［*F. crustosa*（D. M. MacLeod & Tyrrell）Humber］，寄生斜纹夜蛾幼虫。

（4）虫疠霉属（*Pandora* Humber）

营养体菌丝状，球形至不规则虫菌体。细胞核直径大于 5 μm，细胞间期异染色质浓缩明显，能被醋酸—地衣红染色。分生孢梗顶部呈掌状，二叉状分枝或不分枝，交织形成致密的子实层。初生分生孢子单孢，双层壁，倒卵形至近梭形，通过基部乳突外翻而弹射。次生分生孢子形似初生分生孢子。假根、囊状体粗达分生孢子梗宽度 2~3 倍。休眠孢子大多无或少数形成，壁光滑或具刺。

共 32 种（Kirk et al.，2008；AFTOL，2021），世界广布。全部为昆虫的专性寄生菌。我国已报道 15 种（李增智，2000）。

虫疠霉属分种检索表

1. 寄生于膜翅目、鳞翅目和鞘翅目昆虫 ·· **2**
1′. 寄生于双翅目或半翅目昆虫 ··· **5**
2. 寄生于叶蜂幼虫；初生分生孢子 15.3~31.3 μm×7.7~14.1 μm ····· 菜叶蜂虫疠霉（***Pandora athaliae***）
2′. 寄生于鳞翅目或鞘翅目昆虫 ·· **3**
3. 寄生于金龟子；初生分生孢子 15.0~37.5 μm×7.5~22.5 μm；接合孢子外壁具刺 ·············
　　　　　　　　　　　　　　　　　　　　　　　金龟虫疠霉（***P. brahmiae***）
3′. 寄生于鳞翅目昆虫 ·· **4**
4. 寄生于夜蛾类；休眠孢子直径 35 μm 以上 ··················· 夜蛾虫疠霉（***P. gammae***）
4′. 寄生于小卷蛾；无休眠孢子 ································· 布伦克虫疠霉（***P. bunckii***）
5. 寄生于双翅目昆虫 ·· **6**
5′. 寄生于半翅目昆虫 ·· **10**
6. 寄生于蝇类 ··· **7**
6′. 寄生于小型双翅目昆虫 ··· **9**
7. 初生分生孢子较小，17.6~28.1 μm×11.2~17.3 μm ··········· 丽蝇虫疠霉（***P. calliphorae***）
7′. 初生分生孢子较大，最大长度超过 35 μm ··· **8**
8. 初生分生孢子 15.8~37.7 μm×10.6~20.7 μm；休眠孢子直径 35.0~50.8 μm ····· 北虫疠霉（***P. borea***）
8′. 初生分生孢子 30.3~43.2 μm×12.5~19.8 μm；休眠孢子未见 ········· 陕西虫疠霉（***P. shaanxiensis***）

9. 初生分生孢子 19.5~30.7 μm×10.0~11.6 μm；休眠孢子外壁光滑 ······· 双翅虫疠霉（*P. dipterigena*）

9′.初生分生孢子较小，14.4~20.5 μm×7.2~11.5 μm；休眠孢子外壁具毛刺 ·····················
··· 毛蚊虫疠霉（*P. bibionis*）

10. 寄生于蚜虫 ·· 12

10′.寄生于叶蝉或飞虱 ··· 11

11. 寄生于叶蝉，初生分生孢子 15.5~29.3 μm×8.3~18.6 μm ······· 叶蝉虫疫霉（*P. cicadellis*）

11′.寄生于飞虱，初生分生孢子 22.2~33.1 μm×9.4~17.6 μm ······· 飞虱虫疠霉（*P. delphacis*）

12. 休眠孢子外壁具有均匀钝刺；初生分生孢子 20.3~31.0 μm×10.5~14.4 μm ···············
··· 刺孢虫疠霉（*P. echinospora*）

12′.休眠孢子外壁无刺或无休眠孢子 ·· 13

13. 初生分生孢子多不对称，较大，最大长度超过 40 μm ············· 新芽虫疠霉（*P. neoaphidis*）

13′.初生分生孢子多对称，较小，最大长度不超过 25 μm ···························· 14

14. 初生分生孢子 13.3~22.2 μm×7.9~11.2 μm；休眠孢子直径 20~36 μm ··· 努利虫疠霉（*P. nouryi*）

14′.初生分生孢子 14.4~24.6 μm×8.6~14.8 μm；休眠孢子未见 ··········· 近藤虫疠霉（*P. kondoiensis*）

（5）虫瘟霉属（*Zoophthora* A. Batko）

营养体为菌丝体或虫菌体，多核。分生孢梗顶部呈二叉状，掌状分枝或不分枝。初生分生孢子单核，双层壁，长椭圆形、圆筒形或近梭形，经乳突外翻而弹射。次生分生孢子形似初生分生孢子或为毛分生孢子。如有囊状体，高度不超过分生孢子梗，宽度与分生孢子梗等粗。假根具有固着器。休眠孢子为接合孢子或拟接合孢子，球形，壁光滑或粗糙，无色、褐色至黑色。

共 38 种（AFTOL，2021），世界广布。全部为昆虫的专性寄生菌。我国已报道 5 种（李增智，2000）。

虫瘟霉属分种检索表

1. 寄生于半翅目（椿象）；初生分生孢子长椭圆至圆筒形，顶部近圆形，休眠孢子光滑、无色，直径
40.1~45.8 μm ··· 椿虫瘟霉（*Zoophthora pentatomis*）

1′.寄生其他目昆虫 ·· 2

2. 寄生于松针大蚜虫；初生分生孢子长椭圆形，顶部尖或近圆，基部乳突粗钝、有孢领；休眠孢子壁粗糙、红褐色，直径 20.8~34.5 μm ································· 加拿大虫瘟霉（*Z. canadensis*）

2′.寄生于小型蚜虫或其他昆虫 ·· 3

3. 寄生于同翅、半翅、鳞翅、鞘翅、膜翅及缨翅目昆虫；初生分生孢子长度不及 30 μm ···············
··· 根虫瘟霉（*Z. radicans*）

3′.寄生于蚜虫，初生分生孢子较大，长度大于 30 μm ·································· 4

4. 初生分生孢子顶部尖或稍圆，近纺锤形；休眠孢子壁粗糙、褐色或黑色，直径 29~55 μm ···········
··· 蚜虫瘟霉（*Z. aphidis*）

4′.初生分生孢子顶部较圆、不尖，长椭圆形或倒卵形；休眠孢子光滑、无色，直径 22~32 μm ·········
··· 安徽虫瘟霉（*Z. anhuiensis*）

（6）干尸霉属（*Tarichium* Cohn）

营养体生于寄主体内，呈近球形、长棒状菌丝段，有时分枝。寄主体表无分生孢子；

体内充满球形接合孢子或拟接合孢子，壁厚 3 μm 左右，多具疣、沟纹和小刺突等纹饰，呈褐色至黑色、或肉桂色。

共 26 种（AFTOL，2021），世界广布。全部为昆虫的专性寄生菌。我国已报道 5 种（李增智，2000）。代表种：黑孢干尸霉［*Tarichium atrospermum*（Petch）Bałazy］，寄生蚜虫；大孢干尸霉（*T. megaspermum* Cohn），寄生灯蛾幼虫；食蚜蝇干尸霉（*T. syrphis* Z. Z. Li, B. Huang & M. Z. Fan），寄生食蚜蝇。

3）新接合霉科（Neozygitaceae Ben Ze'ev, R. G. Kenneth & Uziel）

营养体为球形或杆状虫菌体，细胞核小（3~5 μm），间期异染色质不明显，不易被醋酸—地衣红或俾斯麦棕染色，但核仁明显，核膜保持完整。分生孢子梗不分枝，圆筒形或稍呈棒状，或顶端明显膨大，通常形成产孢细胞；初生分生孢子单层壁，具有 4（5）或 7~11 核、宽倒卵形、拟卵形、球形或纺锤形，基部乳突明显、平截或钝圆，通过乳突外翻而强力弹射释放；次生分生孢子形似初生分生孢子，或为杏仁形、孢壁具条纹的毛分生孢子。休眠孢子为接合孢子，直接由两个菌丝段接合产生的母细胞出芽形成，球形或椭圆形，壁光滑或具纹饰。分生孢子呈烟灰色，休眠孢子棕褐色至黑色。

共 3 属 24 种（AFTOL，2021）。为昆虫及螨类的专性寄生菌。

（1）新接合霉属（*Neozygites* Witlaczil）

该属的初生、次生分生孢子通常具有 4 个细胞核，少数为 5 个细胞核。其他特征同科。

共 19 种（AFTOL，2021），世界广布。为昆虫或螨类的专性寄生菌。我国发现 2 种（李增智，2000）。代表种：佛罗里达新接合霉［*Neozygites floridanus*（J. Weiser & Muma）Remaud. & S. Keller］，初生分生孢子淡黄褐色，休眠孢子球形、近球形或椭圆形，棕褐色，寄生于螨类；弗雷生新接合霉［*N. fresenii*（Nowak.）Remaud. & S. Keller］（图 5-35），初生分生孢子烟灰色，休眠孢子广椭圆形至椭圆形，黑色，寄生棉蚜、桃蚜、禾谷缢管蚜和玉米蚜等多种蚜虫。

4）新月霉科（Ancylistaceae Pfitzer）

营养体为虫菌体，无隔或具不规则隔膜，细胞核小（3~5 μm），分裂间期异染色质不明，不易被醋酸—地衣红及俾斯麦棕染色，但核仁明显。分生孢子梗简单生、偶有分枝，各分枝顶部产生一分生孢子；初生分生孢子单层壁，通过乳突外翻而强力弹射。休眠孢子为接合孢子。

共 5 属 63 种（AFTOL，2021）。多腐生于植物残体、冷血动物粪便；少数可寄生地藻、土壤

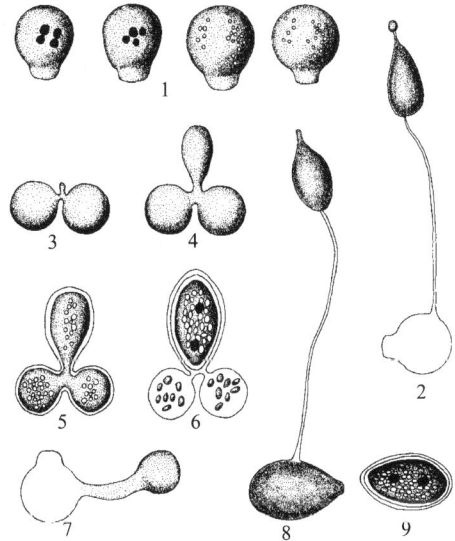

1. 初生分生孢子；2. 初生分生孢子萌发产生毛分生孢子；3~6. 两球形菌丝段接合形成休眠孢子；7. 初生分生孢子萌发产生同形的次生分生孢子；8. 休眠孢子萌发产生毛分生孢子；9. 成熟休眠孢子。

图 5-35　弗雷生新接合霉［*Neozygites fresenii*（Nowak.）Remaud. & S. Keller］**的繁殖体形态**

（李增智，2000）

无脊椎动物，或为脊椎动物的兼性真菌病原。

（1）耳霉属（*Conidiobolus* Bref.）

菌丝体可通过横隔分为许多多核的虫菌体。少数种可产生假根、较分生孢子梗粗，末端有片状固着器。分生孢子梗不分枝，偶有二叉状分枝；初生分生孢子多核，单层壁，宽倒卵形至球形，乳突多钝圆，通过乳突外翻而强力弹射。次生分生孢子形似初生分生孢子但较小，单生于自初生分生孢子产生的短小梗上，向光强力弹射；或为拟卵形至圆筒形的毛分生孢子，靠外力而被动脱落。初生或次生分生孢子也可萌发形成许多短管状分生孢子梗，并产生几个至数十个能强力弹射的小分生孢子。休眠孢子为接合孢子、拟接合孢子或柔毛孢子（villose conidium），球形，双层壁，无色、奶油色至淡黄色。

共 38 种（Kirk et al.，2008；AFTOL，2021），世界广布。腐生或偶然寄生于脊椎动物或昆虫。常见种：冠耳霉［*Conidiobolus coronatus*（Costantin）A. Batko］，可产生具有绒毛状附属物的球形休眠孢子（图 5-36），寄生于蚜虫、大青叶蝉和毛蠓；暗孢耳霉［*C. obscurus*（I. M. Hall & P. H. Dunn）Remaud. & S. Keller］，初生分生孢子近球形、烟褐色，寄生蚜虫；块状耳霉［*Neoconidiobolus thromboides*（Drechsler）B. Huang & Y. Nie ≡ *C. thromboides* Drechsler］，休眠孢子常为接合孢子和厚垣孢子（直径 15~26 μm），寄生多种蚜虫；多育耳霉（*C. polytocus* Drechsler），腐生于腐烂植物残体。

Nie et al.（2020）依据分生孢子形态和对细胞核糖体大小亚基、线粒体核糖体小亚基基因及 EF-1α 多位点的系统发育分析结果，将传统耳霉属修订为狭义耳霉属（*Conidiobolus*

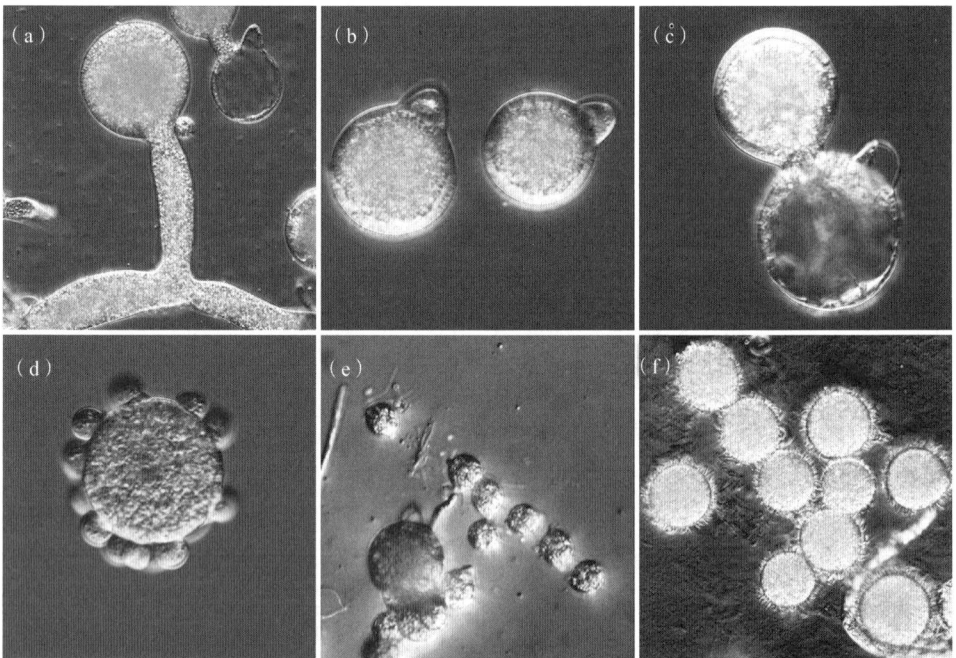

（a）分生孢子梗产生初生分生孢子；（b）初生分生孢子具有明显乳突；（c）初生分生孢子产生次生分生孢子；（d）（e）初生分生孢子辐射状产生小分生孢子；（f）柔毛孢子。

图 5-36　冠耳霉［*Conidiobolus coronatus*（Costantin）A. Batko］**的繁殖体形态**

（Nie et al.，2020）

s.s.)——初生分生孢子多核、无色，梨形、倒卵形至球形，次生分生孢子形似初生分生孢子但较小，初生或次生分生孢子可萌发形成许多小分生孢子，也可产生具有绒毛状附属物的球形毛分生孢子。并另建立了 3 个新属：毛管霉属（*Capillidium* B. Huang & Y. Nie），产生形似初生分生孢子但较小和椭圆形次生毛分生孢子 2 种次生分生孢子；小耳霉属（*Microconidiobolus* B. Huang & Y. Nie），产生小于 20 μm 的球形至倒卵形初生分生孢子；新耳霉属（*Neoconidiobolus* B. Huang & Y. Nie），产生 2 种次生分生孢子，一种形似球形至倒卵形初生分生孢子但较小，另一种长形、强力释放；休眠孢子为接合孢子和厚垣孢子。

5.4　球囊菌门

5.4.1　球囊菌门的基本特征及习性

球囊菌门（Glomeromycota）菌物的菌体为窄至宽的多核、无隔或具有稀疏隔膜菌丝，常为结状，可在植物根细胞内形成丛枝菌根（arbuscular mycorrhiza，AM）或泡囊丛枝菌根（vesicular-arbuscular mycorrhiza，VAM）。无性繁殖产生大型多核、单层或多层壁孢子，类似厚垣孢子（chlamydospores）或拟接合孢子（azygospores）。孢子形成方式及其特征多样，通过可育菌丝顶端芽殖膨胀产生，或从菌丝顶端的球形产孢细胞产生，或者从膨大的产孢囊的颈上或颈内产生。孢子单生或松散簇生在土壤、植物根内，有些可在土壤表面产生大型果实体，其中集生几万至几十万孢子。孢子直接穿过孢子壁发芽，或者形成特殊的萌发盾（germination shield）。球囊菌有性生殖未知。

球囊菌门菌物大多数生于地下土壤、植物根内或残片中，通过内生菌根与大多数陆生植物以及苔藓、蕨类及少数藻类建立专性共生关系。内生菌根真菌协助植物根系吸收矿质营养元素（如 N、P）及水分，提高植物抗逆性，植物则提供菌根真菌以碳水化合物，这种互惠共生在保持陆生植物群落的生产力和多样性方面起着至关重要的作用。

5.4.2　球囊菌门分类

Morton et al.（1990）首先在接合菌门（Zygomycota）建立了球囊菌目（Glomerales J. B. Morton & Benny），依据形态学特征分为 3 科：无柄囊霉科（Acaulosporaceae J. B. Morton & Benny）、巨孢囊霉科（Gigasporaceae J. B. Morton & Benny）和球囊菌科（Glomeraceae Piroz. & Dalpé）。随着分子系统发育分析技术在菌物分类学上的广泛应用，Schüßler et al.（2001）依据 SSU-rRNA 基因序列系统发育分析，将无柄囊霉科提升为球囊菌门（Glomeromycota C. Walker & A. Schüßler，含 Glomeromycetes Caval.-Sm. 1 纲），包括 4 目：球囊菌目、拟球囊菌目（Paraglomerales C. Walker & A. Schüßler）、多样孢霉目（Diversisporales C. Walker & A. Schüßler）和原囊霉目（Archaeosporales C. Walker & A. Schüßler），此分类被《菌物词典》第 10 版所采用。Redecker et al.（2013）结合分子系统发育和孢子及连孢丝形态学特征，进一步将球囊菌门的 4 目修正为 11 科 25 属，共 230 多种。

球囊菌门分目、科检索表

1. 菌体在宿主体内产生丛枝或泡囊；通过菌丝顶端芽殖膨胀方式产生球囊型厚垣孢子，孢子单生、簇生

1) 球囊霉科（Glomeraceae Piroz. & Dalpé）

菌体多核、无隔，在宿主根内可形成丛枝和泡囊结构。厚垣孢子生于可育菌丝顶端，大多单生、簇生在宿主根内和土壤中，有些可生于土壤表面具有坚实包被的孢子果中。孢子多为球形或近球形，单层或多层壁，多为黄色、黄褐色至褐色；连孢菌丝圆柱形至漏斗形，细胞壁通常与孢子壁连续，与孢壁同色或稍浅。芽管通常从连孢丝腔内产生。形成典型的泡囊丛枝菌根（vesicular-arbuscular mycorrhiza，VA菌根），菌根结构能被锥虫蓝染成蓝色或暗蓝色。

绝大多数为丛枝菌根真菌，主要与林木、草本和农作物等大多数陆生植物建立专性共生关系。

Morton et al.（1990）最初依据繁殖体特征将球囊霉科（Glomeraceae Piroz. & Dalpé）分为2属：球囊霉属（*Glomus* Tul. & C. Tul.）和硬囊霉属（*Sclerocystis* Berk. & Broome）。随着SSU-rRNA基因序列系统发育分析在分类鉴定中的应用，Schwarzott et al.（2001）发现广义球囊霉属（*Glomus* Tul. & C. Tul.）非单系类群。Schüßler et al.（2010）承认球囊霉科共分为4属：球囊霉属、漏斗霉属（*Funneliformis* C. Walker & A. Schüßler）、根噬霉属（*Rhizophagus*

P. A. Dang.)和硬囊霉属(*Sclerocystis* Berk. & Broome)。此后，球囊霉科分属大量增加且不稳定。Oehl et al. (2011)从漏斗霉属移出、建立了隔球囊霉属(*Septoglomus* Sieverd. , G. A. Silva & Oehl)，为 Redecker et al. (2013)所承认，将该科修正为 5 属。Błaszkowski et al. (2014)、Sieverding et al. (2014)先后在 *Glomus*、*Rhizophagus* 基础上新建了 5 属：*Dominikia* Błaszk. , Chwat & Kovács、*Kamienskia* Błaszk. , Chwat & Kovács、*Halonatospora* Błaszkowski, Niezgoda, B. T. Goto & Kozłowska、*Oehlia* Błaszk. , Kozłowska, Niezgoda, B. T. Goto & Dalpé 和 *Rhizoglomus* Sieverd. , G. A. Silva & Oehl。Corazon-Guivin et al. (2019)先后建立了 5 个新属：*Funneliglomus* Corazon-Guivin, G. A. Silva & Oehl、*Microkamienskia* Corazon-Guivin, G. A. Silva & Oehl、*Microdominikia* Oehl, Corazon-Guivin & G. A. Silva、*Nanoglomus* Corazon-Guivin, G. A. Silva & Oehl 和 *Orientoglomus* G. A. Silva, Oehl & Corazon-Guivin。Jobim et al. (2019)新建了 *Sclerocarpum* B. T. Goto, Błaszk. , Niezgoda, A. Kozłowska & Jobim 属。Błaszkowski et al. (2021)又建立 *Epigeocarpum* Błaszk. , B. T. Goto, Jobim, Niezgoda & Marguno、*Silvaspora* Błaszk. , Niezgoda, B. T. Goto, Crossay & Magurno 2 个新属。至此，球囊霉科共达 18 个属(AFTOL, 2021)。主要属如下：

(1)球囊霉属(*Glomus* Tul. & C. Tul)

厚垣孢子多单生或簇生于土壤中，少数生于宿主根内，或有些生于土壤表面的孢子果中。孢子球形或近球形，有时卵形，具有单层至多层细胞壁，黄色、黄褐色至褐色；连孢丝壁与孢子外层壁明显连续、同色或颜色稍浅，孢子基部孔常因孢壁内向增厚而封堵，或由一短桥状隔膜封闭，罕开放。球囊霉属的 SSU-rRNA 基因特异性序列为：GGTACGYACTGGTATCATTGG 和 TCGGCTGTAAAAGGCYYTTG(Walker et al. , 2010)。

Kirk et al. (2008)估计球囊霉属约 85 种。随着该属种类分类地位的很大变动，AFTOL(2022)承认 67 种，世界广布，形成典型的泡囊丛枝菌根。常见种如下：

①透光球囊霉[*Oehlia diaphana* (J. B. Morton & C. Walker) Błaszk. , Kozłowska＝*Rhizophagus diaphanus* (J. B. Morton & C. Walker) C. Walker & A. Schüßler＝*Glomus diaphanum* J. B. Morton & C. Walker]。孢子单生或松散簇生于土壤中，球形或近球形，有时卵形，无色透明至白色闪光。孢壁 3 层：外壁 L1 通常在成熟时孢子完全脱落、很难看到，在 Melzer's 试剂中呈浅粉色；L2 很薄层状；内壁 L3 膜状，柔韧至半柔韧，易与 L2 分离，孢子破裂时起皱。连孢丝圆柱形或小火炬形，3 层壁与孢壁连续，孢壁 L3 通常桥接连孢丝孔、类似于隔膜。宿主：水稻、玉米、槐、杉木、竹、丝瓜等。

②地表球囊霉[*Glomus versiforme* (P. Karst.) S. M. Berch]。孢子单生于土壤中，或形成孢子果。球形或近球形，浅黄褐色。孢壁 2 层：外层 L1 半透明，半持久，成熟时常脱落，或只剩部分残屑。在 Melzer's 试剂中不染色；内壁 L2 层状壁，浅黄褐至橘褐色。连孢菌丝直或弯，圆柱形或喇叭形、易断，2 层壁与孢壁连续且与孢壁同色，连点孔由 L2 内层形成的弯曲隔膜封堵。与植物形成丛枝-泡囊状菌根。宿主：西伯利亚云杉、葡萄、野核桃、胡杨、沙打旺、小麦、玉米、西瓜、葱、甘薯、苜蓿、野豌豆、黄芩、狗牙根、车轴草等。

③大果球囊霉(*Glomus macrocarpum* Tul. & C. Tul.)。孢子通常生在含有 2~15 个孢子的孢子果中，罕单生于土壤中。孢子黄褐色，球形至近球形。孢壁 2 层：L1 半柔韧，脱

落；L2 层状，黄色。连孢菌丝直或弯，圆柱形或喇叭形，2 层壁与孢壁连续、同为黄色，孢基孔通常由于 L2 层增厚而逐渐变窄，有时被弯曲的隔封闭。宿主：罗汉松、光亮铁心木、忍冬等。

④多形球囊霉（*Glomus multiforum* Tadych & Błaszk.）。孢子单生于土壤中，深黄色至褐色。球形至近球形，有时呈卵球形。孢壁 3 层：外层 L1 为黏菌质壁，透明，紧贴 L2，在 Melzer's 试剂中呈红色，成熟孢子中通常缺失；L2 半柔韧，透明，随发育而降解；内层 L3 为层状壁，深黄至褐色，饰有圆形或卵圆形均匀分布的凹坑。连孢菌丝直或弯曲，漏斗形，罕缢缩。连孢丝壁与孢壁 3 层壁连续、同色。连点孔由 L3 最内层延伸出的弯曲隔膜封闭。形成多种植物的泡囊丛枝菌根。宿主：早熟禾、车前、苏丹草、刺天茄、拔毒散、梵天花等植物。

（2）漏斗霉属（*Funneliformis* C. Walker & A. Schüßler）

孢子多形成于土壤中、罕根内；单生或簇生于根外菌丝丛上，或有时产生在孢子果中，每个孢子果有 1 至多个孢子。孢子球形、近球形，有时卵形或不规则形，黄色、黄褐色、橙褐色至黑褐色。孢子具有 2～3(4) 层壁，外壁无色透明，通常随着孢子成熟脱落；其连孢菌丝与孢子外壁颜色一致，通常呈漏斗形或圆柱形，连点孔通常被孢子内壁或位于孢子基部远端连孢丝内壁形成的弯曲隔膜封堵。具有 SSU-rRNA 基因特异性序列：CGGT-CATGCCGTTGGTATGY。

Walker et al.（2010）承认该属有 10 种，世界广布。常见种如下：

①摩西漏斗霉［*Funneliformis mosseae*（T. H. Nicolson & Gerd.）C. Walker & A. Schüßler = *Glomus mosseae*（T. H. Nicolson & Gerd.）Gerd. & Trappe］（图 5-37）。孢子单生于土壤及根内，或端生于根外菌丝丛上，或簇生于孢子果中，孢子果多为不规则球形，具有由松散网状菌丝组成的孢被，黄褐色至浅褐色，内含 2～5 个孢子。孢子球形、近球形或不规则形，幼孢子乳白色，成熟时麦秆色至黄褐色，内含大小不等的油滴或颗粒。孢壁 3 层：外壁 L1 无色透明，常脱落、呈颗粒状，在 Melzer's 试剂中呈粉红色；L2 无色透明、硬；内壁 L3 层状，浅黄至金黄褐色。连孢菌丝漏斗形，连点菌丝壁增厚，多与孢壁 L2 和 L3 连续，淡黄色至金黄色，由 L3 最内层形成的凹隔位于距孢子基部 0～30 μm 处。芽管从连孢菌丝腔内的凹隔处生出。形成泡囊丛枝菌根。宿主多样：杨、槐、骆驼刺、沙打旺、杉木、葡

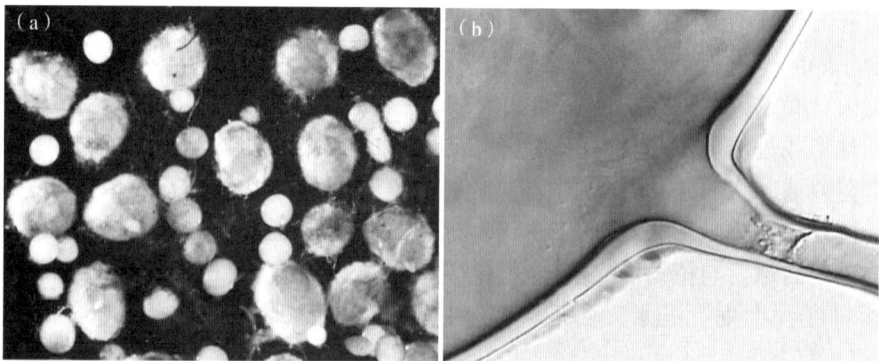

（a）浅褐色孢子果和乳白至麦秆色孢子；（b）成熟的黄褐色孢子细胞壁和漏斗形连孢菌丝及其腔内凹隔。

图 5-37　摩西漏斗霉［*Funneliformis mosseae*（T. H. Nicolson & Gerd.）C. Walker & A. Schüßler］**的孢子形态**

萄、水稻、玉米、大豆、苜蓿、辣椒、番茄、葱、黄芪、蒿、鹅观草等多种树木、农作物和杂草。

②地漏斗霉[*Funneliformis geosporus*（T. H. Nicolson & Gerd.）C. Walker & A. Schüßler = *Glomus geosporum*（T. H. Nicolson & Gerd.）C. Walker]。孢子单生于土壤中，球形、近球形，黄褐色至暗橘褐色。孢子壁3层：外壁L1薄，无色透明，易降解剥落，在Melzer's试剂反应中为浅红色；L2层状壁，稍厚，从表向内呈黄褐色至橙褐色。内壁L3为半硬性到硬性层，常与L2黏菌结。连孢菌丝直或弯曲，其2层壁与孢壁L1和L2连续并颜色相同。L3持续生长到连孢丝腔、形成一弯隔，距离连点0~30 μm。芽管从连孢丝腔内弯隔处生出、并大量分枝。宿主：槐、银杏、臭椿、杏、狗牙根等。

③缩漏斗霉[*Septoglomus constrictum*（Trappe）Sieverd.，G. A. Silva & Oehl = *Glomus constrictum* Trappe = *Funneliformis constrictus*（Trappe）C. Walker & A. Schüßler]（图5-38），孢子单生或松散簇生于土壤中，或生于宿主根内，球形至近球形，深红褐色、黑褐色至近黑色，孢壁光滑透亮，有时附着有碎颗粒。孢壁2层：外壁L1通常降解脱落，无色至淡黄褐色，遇Melzer's试剂无反应；L2层状，深红黑色。连孢丝圆柱形、喇叭形至漏斗形，直或弯曲，在连点处明显缢缩，连菌丝壁2层，与孢壁L1和L2连续，颜色相同或远端渐淡至黄色。连点孢基孔因L2壁增厚逐渐变为细通道或被封堵，有时在连孢菌丝变宽部位下方有一隔膜和二叉状分枝。宿主：椰子、槐、桃、小麦、玉米等。

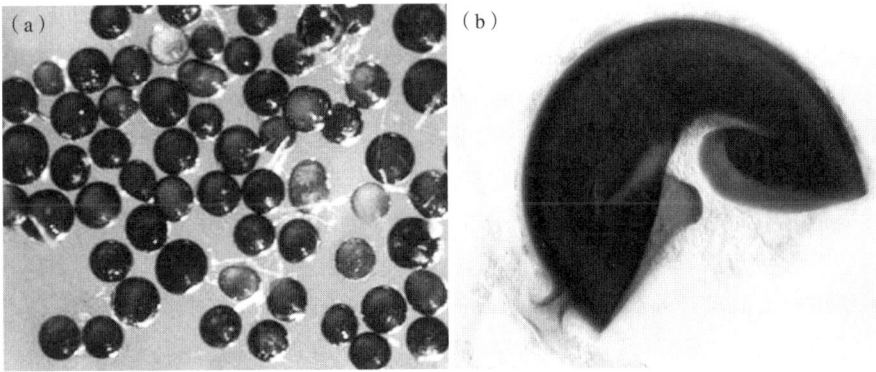

（a）深红褐色球形至近球形孢子；（b）孢子细胞壁和在连点处缢缩的连孢菌丝。

图5-38 缩漏斗霉[*Septoglomus constrictum*（Trappe）Sieverd.，G. A. Silva & Oehl]的孢子形态

④苏格兰漏斗霉[*Funneliformis caledonium*（T. H. Nicolson & Gerd.）C. Walker & A. Schüßler = *Glomus caledonius*（T. H. Nicolson & Gerd.）Trappe & Gerd.]，孢子单生土壤中，球形至近球形，橘黄色至黄褐色。大多数幼孢子壁仅2层（L1和L2），成熟孢壁4层。外层L1无色透明，黏菌质、多形结构，在Melzer's试剂中呈粉红色；L2无色透明，硬；L3为颗粒状密实透明层，仅存在于连孢丝附近；内层L4淡黄褐色，层状壁。连孢丝圆柱形或喇叭形，偶尔基部稍缢缩，直或弯，3层壁与孢壁连续，其中L1在成熟孢子中脱落，浅黄色至黄褐色。连点处孔道由孢壁L4最内层桥接形成的弯曲隔膜封闭。芽管从连孢丝腔内出现，源于其菌丝隔的再生。形成泡囊丛枝菌根。宿主：冷杉、骆驼刺、胡杨、葡萄等。

⑤多疣漏斗霉[*Funneliformis verruculosus*（Błaszk.）C. Walker & A. Schüßler ≡ *Glomus verruculosum* Błaszk.]。孢子单生于土壤中，亮黄橙色至橙色。球形至近球形，有时呈卵圆形。孢壁3层：L1半柔韧、无色透明，通常脱落、缺；L2为层状壁，黄色至橙色；L3半硬性，内表面饰有均匀分布的疣突，黄色至橙色。连孢菌丝直或弯曲，漏斗形至近圆柱形，连丝壁与孢壁L1和L2连续，黄色至橙色。连点孔由孢壁L3形成的弯曲隔膜封闭。有芽管从连孢丝腔内生出。宿主：百日菊、线形草沙蚕等。

（3）根噬霉属（*Rhizophagus* P. A. Dang.）

孢子球囊型，单生、簇生于植物根内或土壤基质中，或产生于疏松的孢子果中。孢子球形、近球形，具有2~3(~5)层壁，无色透明、白色、黄色至浅黄褐色，连孢菌丝与孢子外壁颜色一致或颜色稍浅，常呈圆柱形，基部孔通常打开、很少被隔膜封闭。形成典型的泡囊丛枝菌根，菌根结构能被锥虫蓝染成蓝色或暗蓝色。常见种如下：

①聚丛根噬霉[*Rhizophagus aggregatus*（N. C. Schenck & G. S. Sm.）C. Walker = *Glomus aggregatum* N. C. Schenck & G. S. Sm.]。孢子单生于土壤中，或疏松簇生于根外或根内，形成串状、无孢被的孢子果。孢子球形、近球形、倒卵形或不规则形，无色透明、浅黄色至黄褐色，孢壁1~2层：外层L1无色透明，通常降解成颗粒状、脱落，在Melzer's试剂中呈淡粉红色；内层L2层状，浅黄至黄褐色。连孢菌丝直或弯曲，柱形至漏斗形，1~2层壁与孢壁连续、颜色相同，连点孔通常不封闭，有时被一薄隔膜或因孢壁增厚封堵。一个芽管从连孢菌丝腔内生出。形成典型的泡囊丛枝菌根。宿主：西伯利亚云杉、天山桦、沙打旺、胡杨、狗牙根、柑橘、苜蓿、番茄、蒿、黄花、紫金花、车轴草等。

②根内根噬霉[*Rhizophagus intraradices*（N. C. Schenck & G. S. Sm.）C. Walker & A. Schüßler = *Glomus intraradices* N. C. Schenck & G. S. Sm.]（图5-39）。孢子常簇生或单生于植物菌根外菌丝顶端，罕生于土壤内，球形，近球形至不规则形，幼时白色至奶油色，成熟后浅黄褐色，有时带绿色。孢壁厚、分3层：外层L1无色透明、黏菌质，经Melzer's试剂染色后呈粉红色至淡紫色，随着孢子成熟降解脱落；中层L2紧贴外层，无色透明，半持久，孢子成熟后降解、小块脱落，或呈现颗粒状结构；内层L3浅黄褐色，层状壁，力压能分开形成亚层。连孢菌丝筒形或稍喇叭形，偶尔在基部稍缢缩，其3层壁与孢壁连

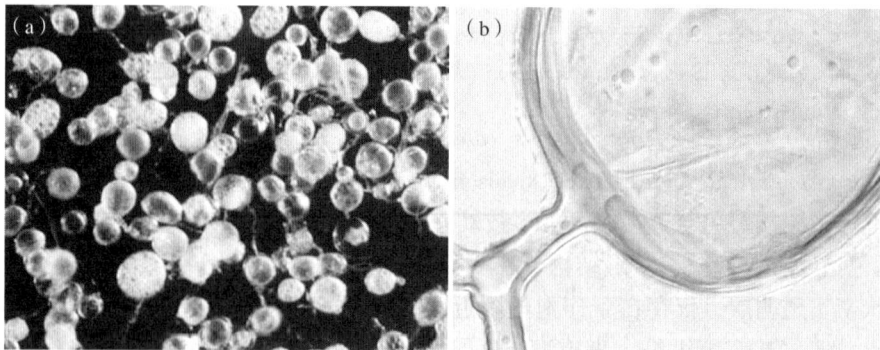

（a）未成熟的无色透明至浅黄色孢子；（b）成熟的黄褐色孢子细胞壁及连孢菌丝，孢基孔敞开。

图5-39　根内根噬霉[*Rhizophagus intraradices*（N. C. Schenck & G. S. Sm.）C. Walker & A. Schüßler]**的孢子形态**

续、颜色相同，但孢壁 L3 最内层不延伸到连孢丝内，孢子基部孔敞开。形成大量的泡囊丛枝菌根。宿主：玉米、高粱、番茄、黄瓜、洋葱、鹅观草、苏丹草、红三叶草和番木瓜等。

2）近明球囊霉科（Claroideoglomeraceae C. Walker & A. Schüßler）

球囊型孢子通常单生或松散簇生于土壤基质中，罕单生于腐烂根中。孢子球形或近球形，无色透明、柠檬黄色至浅黄褐色，具有易脱落的 1 至多层外壁和半柔韧内壁，内壁在成熟时可形成明显的内生孢子"endospore"。连孢菌丝圆柱形或稍呈喇叭形，无色透明至淡黄色，连点孢基孔由隔膜封闭。具有 SSU-rRNA 基因特异性序列：CAGYTGGGRAACCRAC-TAAA；ATTKRCACATCGGTCGTGCC。该科仅 1 属——近明球囊霉属（Claroideoglomus C. Walker & A. Schüßler），形成泡囊丛枝菌根。

（1）近明球囊霉属（Claroideoglomus C. Walker & A. Schüßler）

形态及 SSU-rRNA 基因特异性同科。

共 8 种（AFTOL，2021），世界广布。与多种植物形成泡囊丛枝菌根。常见种如下：

①近明球囊霉［Claroideoglomus claroideum（N. C. Schenck & G. S. Sm.）C. Walker & A. Schüßler = Glomus claroideum N. C. Schenck & G. S. Sm.］。球囊型孢子通常单生或松散簇生于土壤基质中，罕单生于根中。孢子球形至近球形，奶油色至淡黄色。孢壁 4 层（L1、L2、L3 和 L4）：L1 无色透明、黏菌层，与 L2 紧贴，在 Melzer's 试剂中呈粉红色，易降解成颗粒状、脱落；L2 无色透明，伴随 L1 降解脱落；L3 由紧密黏菌附的子层组成，浅黄色；L4 柔韧、无色透明，压破孢子后与 L3 分离、起皱。连孢丝圆柱形或稍喇叭形，直或弯曲；3 层壁与孢壁连续，无色透明至淡黄色。连点孢基孔由内层胞壁形成的隔膜封闭。连孢菌丝下部通常产生分枝。一芽管从连孢丝腔内生出。形成泡囊丛枝菌根（图 5-40）。宿主：韭、小麦、大豆、苍耳、向日葵、花红、豆科、碱蓬、柽柳以及大戟科植物等。

②幼套近明球囊霉［Claroideoglomus etunicatum（W. N. Becker & Gerd.）C. Walker & A. Schüßler = Glomus etunicatum W. N. Becker & Gerd.］。孢子单生于土壤或死根中，球形或近球形，黄色至黄褐色。孢壁 2 层：外层壁 L1 无色、在 Melzer's 试剂中染成粉到浅红紫

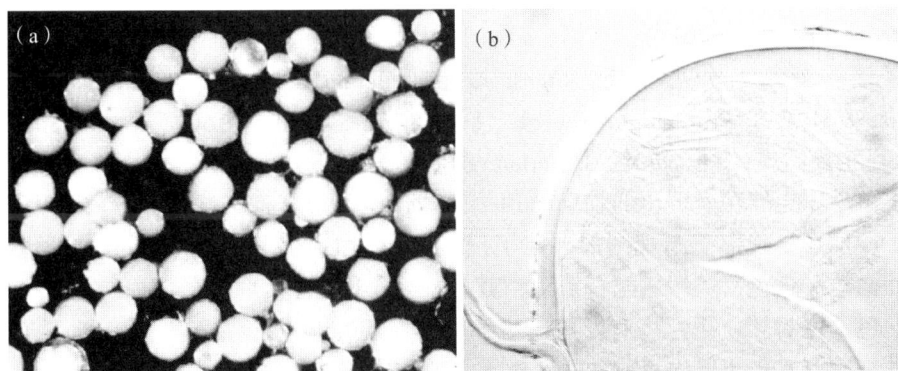

（a）奶油色至淡黄色近球形孢子；（b）孢子细胞壁和柱形连孢丝，连点孢基孔由隔膜封闭。

图 5-40　近明球囊霉［Claroideoglomus claroideum（N. C. Schenck & G. S. Sm.）
C. Walker & A. Schüßler］**的孢子形态**

色，孢子成熟时易降解成颗粒状、脱落；内壁 L2 层状，黄色至浅橙褐色。连孢菌丝圆柱形或稍喇叭形，壁与孢壁连续，淡黄色至淡橙色，连点孔被内壁加厚或由弯曲隔封闭。一芽管从连孢丝腔内生出。宿主：玉米、葱、三叶草、须芒草等。

③层状近明球囊霉[*Claroideoglomus lamellosum*（Dalpé，Koske & Tews）C. Walker & A. Schüßler = *Glomus lamellosum* Dalpé，Koske & Tews]。孢子单生于土壤中，球形、近球形至不规则形，柠檬色至淡黄色，孢子壁 3 层：L1 可降解成片状、但永存，无色透明；L2 层状，柠檬黄色至稍暗黄色；L3 柔韧膜质，无色透明，压碎孢子时可与 L2 分离，产生褶皱，有些孢子此层在 Melzer's 中呈粉红色。连孢丝无色透明至柠檬黄色，圆柱形或稍呈喇叭形；两层壁与孢壁的外两层(L1，L2)连续，孢子基部孔常由 L3 或 L2 亚层形成的弯隔封闭。一芽管从连孢丝腔内生出。宿主：大豆、玉米、胡杨、黄芪、藏蒿草、滨草等。

3）巨孢囊霉科（Gigasporaceae J. B. Morton & Benny）

菌体土壤生，可产生隔膜或无隔，其根外菌丝可产生薄壁、成丛的辅助细胞（auxiliary cells）。孢子多生于土壤中、罕根内，从土壤菌丝分化的辅助丝顶端的球茎状产孢细胞上单生（gigasporiod 或 scutellosporoid），大型（直径 120～1 000 μm，通常 >200 μm），孢子内含物与球形产孢细胞之间常被一塞（罕被隔膜）分开。孢子具有 3 层壁：半持久性 L1，片状中间层 L2 和薄内层萌发壁（germinal wall）L3，在 L3 内表面有多个、随机或规律的芽疣（germ wart）或者形成一分离的萌发盾（germination shield），芽管从 1 至多个芽疣形成、直接穿透孢子壁，或者芽管从萌发盾产生、穿透孢子外壁，通常在离孢子较短的距离内产生分枝。仅形成丛枝菌根，丛枝常有膨胀主干。

Morton et al.（1990）依据繁殖体形态将巨孢囊霉科分为 2 属：巨孢囊霉属（*Gigaspora* Gerd. & Trappe）和盾孢囊霉属（*Scutellospora* C. Walker & F. E. Sanders）。Oehl et al.（2008）根据 LSU 和 SSU-rRNA 基因系统发育模式和孢子萌发盾的形态变化，将该科进一步分为 4 科 7 属：巨孢囊霉科 [Gigasporaceae（*Gigaspora*）J. B. Morton & Benny]、Scutellosporaceae（*Scutellospora*）Sieverd.，F. A. Souza & Oehl、Racocetraceae（*Racocetra*，*Cetraspora*）Oehl，Sieverd. & F. A. Souza、Dentiscutataceae（*Dentiscutata*，*Fuscutata*，*Quatunica*）Sieverd.，F. A. Souza & Oehl。但此分类未被多数学者所接受（Morton et al.，2010；Schüßler et al.，2010；Redecker et al.，2013）。根据《菌物词典》第 10 版、Redecker et al.（2013）和 AFTOL（2021），巨孢囊霉科分为 3 属：*Gigaspora* J. B. Morton & Benny、*Scutellospora* Sieverd.，F. A. Souza & Oehl 和 *Dentiscutata* Sieverd.，F. A. Souza & Oehl，共 50 多种。

（1）巨孢囊霉属（*Gigaspora* J. B. Morton & Benny）

孢子单生于土壤菌丝分化的辅助丝顶端的球形至卵形产孢细胞上，罕根内生，球形、近球形，或卵形、梨形至不规则形。孢子仅有 3 层（L1、L2 和 L3）硬性外壁，无柔韧内壁，奶油白色、黄色、黄绿色至黄褐色，其萌发壁 L3 被有大量乳突状疣。孢子基部孔被与孢壁同色的塞封堵。芽管从萌发壁内表面乳头疣区域发育形成，直接穿过孢子外壁萌发。辅助细胞产生于土壤内直或卷曲菌丝上，单生或簇状，壁薄，被细刺突。

共 10 种（AFTOL 2021），世界广布。常见种如下：

①迷惑巨孢囊霉（*Gigaspora decipiens* I. R. Hall & L. K. Abbott）。孢子土中单生，幼时无色、奶油白色或浅黄色；成熟时黄色、金黄色至黄褐色，外层常有深色晕圈；球形或近球

形，孢壁3层：L1无色、永存硬层，与L2紧密相连；L2淡黄色、黄色至深黄褐色，层状，在Melzer's试剂中呈深红紫色至近黑色；萌发壁L3与L2同色、紧贴，被有大量乳突状疣，尤其在靠近产孢细胞区域，常于发芽前形成。产孢细胞卵形至棒状，橙色至褐黄色，其细胞壁与孢壁L2连续。孢子基部孔被与孢壁L2同色的塞封堵。芽管形成于孢壁L3最内层疣突附近，并通过芽孔穿过全部孢壁层生长。辅助细胞形成于土壤中，由1~10个细胞聚集在一个紧密螺旋形缠绕的透明菌丝上，其表面密被细刺突。宿主植物：紫穗槐、酸枣、荆条、芦苇、瓦松等。

②极大巨孢囊霉[*Gigaspora gigantea*（T. H. Nicolson & Gerd.）Gerd. & Trappe]。孢子单生于土壤菌丝分化的辅助丝顶端的卵形至棒状产孢细胞上，亮绿黄色至黄绿色，球形至近球形（图5-41），孢壁3层：L1为永存硬层、表面有残片，淡黄色，常与L2紧贴；L2层状，绿黄色至褐黄色，在Melzer's试剂中呈暗红褐色至近黑色。萌发壁L3由柔韧至半柔韧性层组成，与孢壁L2同色，并被有均匀分布的疣或向孢内突出的结节，尤其在位于芽管形成区域。产孢细胞褐黄色，其细胞壁与孢壁L1和L2连续。孢子基部孔被与孢壁L2同色的塞封堵。芽管从萌发壁内表面发育生出、穿过孢子壁。辅助细胞近球形、卵形至棒状，被有窄刺突，4~20集生于紧密卷曲的透明菌丝上。宿主植物：槭、白蜡树、酸枣、山葡萄、玉米、甘蔗、野艾蒿等。

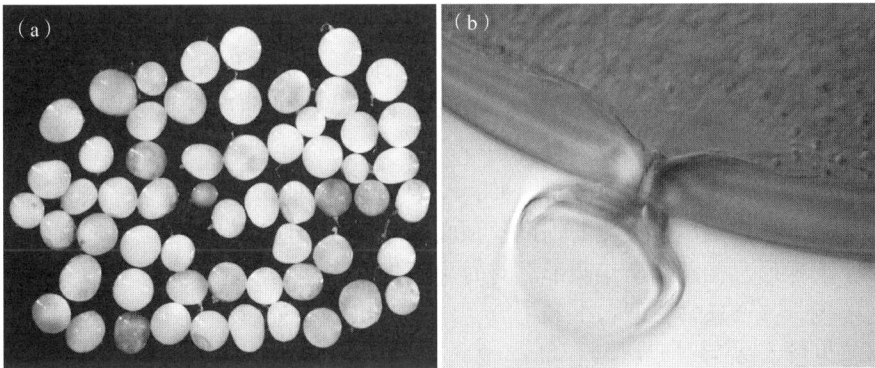

（a）绿黄色近球形孢子　　　　（b）黄褐色萌发壁疣和卵形产孢细胞

图5-41　极大巨孢囊霉[*Gigaspora gigantea*（T. H. Nicolson & Gerd.）Gerd. & Trappe]
的孢子与产孢细胞形态

③珠状巨孢囊霉（*Gigaspora margarita* W. N. Becker & I. R. Hall）。孢子单生在土壤中，球形至近球形，白色至奶油色，或暗黄色（图5-42）。孢壁3层：L1为永存硬层，紧贴L2，淡褐黄色；L2层状、力压时可分离成亚层，淡黄色至褐黄色，在Melzer's试剂中呈暗红褐色至暗红紫色；萌发壁L3永存，柔韧至半柔韧，与L2紧贴、同色，被有大量乳突状疣，尤其在靠近产孢细胞区域。产孢细胞橙色至褐黄色，棒状至近卵形，其细胞壁与孢壁L1和L2连续。与孢壁同色的塞封堵基部孔。多芽管形成于孢壁L3最内层疣突附近，并通过芽孔穿过全部孢壁层生长。辅助细胞近球形、卵形至棒状，被有窄刺突，由4~20个细胞聚集在一个紧密缠绕的透明菌丝上。宿主植物：黑松、山葡萄、荆条、酸枣、大豆、玉米、高粱、番茄、马唐、碱茅、射干等。

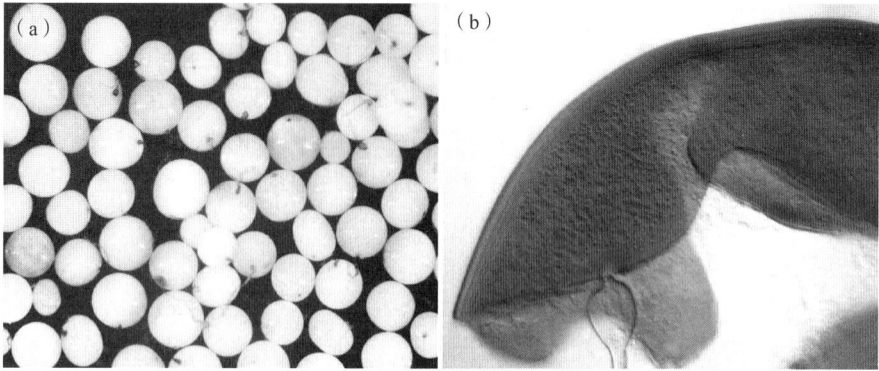

(a) 白色至奶油色孢子　　　　　　　(b) 黄褐色萌发壁疣和棒状产孢细胞

图 5-42　珠状巨孢囊霉（*Gigaspora margarita* W. N. Becker & I. R. Hall）的孢子与产孢细胞形态

④分枝梗巨孢囊霉（*Gigaspora ramisporophora* Spain，Sieverd. & N. C. Schenck）。孢子形成于土壤菌丝分化的辅助丝顶端的球形产孢细胞上，金黄色至黄褐色，球形至近球形，有时卵形。孢壁 3 层：L1 单层，无色至淡黄色，常黏附于 L2；L2 层状，金黄色至黄褐色；L3 为萌发壁，淡黄色至黄褐色，于发芽前形成乳突状疣。L2 和 L3 在 Melzer's 试剂中染成红紫色。孢子具有细颗粒状物。辅助丝单生或分枝形成 1~3 个球茎状产孢细胞；产孢细胞淡黄色至黄褐色，其细胞壁与孢壁（L1，L2，L3）连续，可产生分枝，基部壁加厚、扩展形成一塞封堵基部孔。1 至多个芽管从萌发壁内表面乳头疣区域发育形成。辅助细胞土壤生，球形至棒状，被有指状刺突，20 个细胞以上簇集在卷曲菌丝上。宿主植物：红树、橡胶树、甘蔗、胡枝子、青花椒、野青茅等。

（2）盾孢囊霉属（*Scutellospora* Sieverd.，F. A. Souza & Oehl）

孢子单生于从土壤菌丝分化的辅助丝顶端的球形或棒形产孢细胞上，或偶生于宿主根内，球形、近球形、椭圆形至矩圆形，有时呈不规则形，奶油色、黄绿色、黄褐色、红褐色至深红褐色。孢壁通常 2 层（L1 和 L2），与产孢细胞壁连续。L1 通常为硬层，L2 为片状中层。萌发壁大多为 2 层（GW1 和 GW2），无色、薄膜状柔韧内层，与 L2 紧贴。GW2 通常会在 Melzer's 试剂中产生淡粉红色至深红紫色反应，在此 GW2 外表面，形成一个永久性萌发盾，芽管从萌发盾产生。萌发盾广椭圆形至近球形，无色透明，罕淡黄色，边缘光滑或具有单到双裂片，有数个褶皱及其成对芽孔覆盖萌发盾表面。芽管直接穿过孢子外壁。孢子与产孢细胞之间的孔较窄，通常由胞壁 L2 形成的塞所封闭。辅助细胞壁薄，表面光滑或浅膨胀，成簇生于土壤中卷曲透明菌丝上。

目前，广义上的 *Scutellospora* 共 32 种（AFTOL，2021），世界广布。常见种如下：

①美丽盾孢囊霉［*Scutellospora calospora*（T. H. Nicolson & Gerd.）C. Walker & F. E. Sanders］。孢子单生土壤中，顶生于球茎状产孢细胞上，近球形、椭圆形至矩圆形，有时呈不规则形，淡黄绿色至黄褐色带浅绿。孢壁 2 层：L1 为永存硬层，光滑，透明无色，紧贴 L2；L2 层状，淡黄绿色。具 2 个透明、柔韧萌发壁（GW1 和 GW2）：GW1 双层，通常黏附在一起；GW2 双层，总是黏附在一起。GW2-L1 在 Melzer's 试剂中呈弱粉红色；GW2-L2 透明、不定形，在 Melzer's 试剂中呈深红紫色。产孢细胞壁与孢壁 L1 和 L2 连续，淡黄色。与 L2 同色的塞封堵孢子基部孔。萌发盾从 GW2 形成，卵形至矩圆形，边缘光

滑，透明至淡黄色，具 5~7 褶皱及其成对芽孔，脆弱易碎。宿主：甘蔗、槟榔、橡胶树、油棕、南蛇藤、大叶胡枝子、艾蒿等。

②双紫盾孢囊霉（*Scutellospora dipurpurescens* J. B. Morton & Koske）。孢子单生土壤中，球形至近球形，淡黄绿色至黄褐色带浅绿。孢壁 2 层：L1 为永存硬层，黄绿色，紧贴 L2；L2 为层状壁，淡黄绿色。萌发壁 2 层、柔韧：GW1 仅 1 层，透明，常紧贴 L2，当此层与 L2 分离时，在 Melzer's 试剂中被染成浅粉红色；GW2 包括 L1 和 L2 两层，总是黏附在一起，GW2-L1 透明，在 Melzer's 试剂中呈弱粉红色；GW2-L2 透明、不定形，在 Melzer's 试剂中呈深红紫色。棒形产孢细胞与孢子壁 L1/L2 连续、同色。与 L2 同色的塞封堵孢子基部孔。萌发盾卵圆形，边缘光滑，无色透明至淡绿黄色，从 GW2 上形成，具有少的褶皱及其成对芽孔，脆弱易碎。宿主：甘蔗、海桑、石椒草、千斤拔等。

③亮色盾孢囊霉［*Scutellospora fulgida* Koske & C. Walker = *Dentiscutata erythropus*（Koske & C. Walker）C. Walker & Radecker］。孢子单生土壤中，顶生于球茎状产孢细胞上，圆形至近圆形，淡至稍暗奶油色。孢壁 2 层：L1 为永存硬壁，光滑，米黄色至淡黄色，通常紧贴 L2；L2 层状，透明，淡黄色，在 Melzer's 试剂中呈亮黄色至金黄色。萌发壁仅 1 层，由 GW1-1 和 GW1-2 黏附成两柔韧层，在压碎孢子中常分离、起皱，且内层 GW1-2 呈泡状。球茎状产孢细胞顶生于一具有稀疏隔膜的辅助丝上，细胞壁与孢壁 L1 和 L2 连续，奶油色至浅橙色，具有 1~2 个短而钝圆钉状突起。萌发盾卵形、心脏形，具锯齿状边缘，淡黄色，内层上表面被有分布不均的疣。1~3 个芽管自萌发盾生出。辅助细胞成簇产生于土壤中卷曲透明菌丝上，壁薄，淡黄色，各细胞表面都有结节突起。寄主植物：甘蔗、小麦、木麻黄、南蛇藤、胡枝子、艾蒿、滨草等。

（3）齿盾囊霉属（*Dentiscutata* Sieverd., F. A. Souza & Oehl）

孢子单生土壤中，生于从土壤菌丝分化的辅助丝顶端的球茎状产孢细胞上，球形至近球形，橙褐色至暗红褐色。孢壁 3 层，与产孢细胞壁连续。萌发壁两层（GW1 和 GW2），罕有第 3 层（GW3），萌发盾产生于萌发壁 GW2 内层，椭圆形至卵形，罕肾形，黄褐色至褐色，边缘具有多裂片、呈齿状，通常有许多褶皱将其分成 8~30 个"小隔间"，每个小隔间通常有一个圆形芽孔；1 至多个芽管直接穿过孢子外壁。孢子与产孢细胞之间的孔较窄，通常由胞壁 L2 形成的塞所封闭。辅助细胞壁薄，表面具有结节状（knobby）突起。

AFTOL（2021）承认该属有 7 种，世界广布。常见种如下：

①红褐齿盾囊霉［*Dentiscutata erythropus*（Koske & C. Walker）C. Walker & D. Redecker = *Scutellospora erythropa*（Koske & C. Walker）C. Walker & F. E. Sanders］。孢子单生土壤中或生于根皮层内，顶生于球茎状产孢细胞上，椭球形、近球形至矩圆形，并以后者更常见，红褐色至深红褐色。孢壁 2 层：L1 为暗红褐色硬壁，紧黏附于 L2；L2 层状，暗橙色至红褐色。萌发壁 3 层（GW1、GW2 和 GW3）：GW1 由 2 层黏附形成，紧黏附于 GW2；GW2 也由 2 层黏附形成，在 Melzer's 试剂中稍褪色；GW3 为两黏附层，在 Melzer's 试剂中染色为粉红色至紫红色。产孢细胞具 1~2 个钉状突起，黄褐色，其细胞壁与孢壁 L2 连续。基部孔被与孢壁 L2 同色的塞封堵。萌发盾位于 GW3 最内层，矩圆形至多呈不规则形，边缘深内陷，黄褐色。芽管直接穿过孢子外壁。辅助细胞聚集于螺旋状橙褐色菌丝上，透射光下壁呈淡黄色，各细胞表面都有结节突起。宿主：甘蔗、南蛇藤、胡枝子、艾蒿、滨

草等。

②网纹齿盾囊霉［*Dentiscutata reticulata*（Koske，D. D. Mill. & C. Walker）Sieverd.，F. A. Souza & Oehl］。孢子单生土壤中，侧生于球茎状产孢细胞上，橙褐色至暗红褐色，球形至近球形，未成熟孢子奶油色至橙褐色，成熟孢子暗红褐色至近黑色，球形至近圆球形。孢壁结构复杂、有 3 层：L1 暗红褐色，有多边形突起和蜂窝状网格纹饰，网格上密被圆锥或近柱形细刺，宽约 1 μm；L2 层状，透明至浅黄色，紧贴 L3；L3 透明，<1 μm。萌发壁两层（GW1 和 GW2），柔韧、透明：GW1 双层（L1 和 L2）紧贴一起；GW2 两层（L1 和 L2）紧贴一起，其内层（GW2-L2）在 Melzer's 试剂中呈淡粉红色。产孢细胞侧生于厚壁、淡褐色辅助丝顶端，具两层层状壁，红棕色。基部孔被与孢壁 L2 同色的塞封堵。萌发盾圆形至卵圆形，具有复杂排列的内陷边缘，黄褐色，形成于萌发壁内层 GW2。土生辅助细胞 7~16 个一簇。寄主植物：高粱、甘蔗、茵陈蒿、鞘蕊花等。

4）无梗囊霉科（Acaulosporaceae J. B. Morton & Benny）

孢子产生土壤中，球形或近球形，无色透明至浅黄色、橙色，或深褐色至黑色。孢子从产孢囊上的连孢丝侧面或连孢丝内单生，成熟后脱离产孢囊颈、显示无柄。孢子具有 3~4 层细胞壁：L1 易脱落的外层，L2 为层状结构壁，具有不同的颜色和纹饰；一些种有 L3，通常黏菌附于 L2。具有 2 个双层透明、柔韧的发芽内壁（GW1-L1、GW1-L2、GW2-L1 和 GW2-L2），其表面常有峰、坑、疣或刺等纹饰。一个圆形、通常呈螺旋形结构的萌发球在萌发内壁间形成，芽管从萌发球形成并穿过孢子壁。孢壁 L2 向内生长封闭了产孢囊颈部的开口。形成泡囊丛枝菌根。Morton et al.（1990）、Kirk et al.（2008）承认无梗囊霉科有 2 属：无梗囊霉属（*Acaulospora* Gerd. & Trappe）和内养囊霉属（*Entrophospora* R. N. Ames & R. W. Schneid.）。

（1）无梗囊霉属（*Acaulospora* Gerd. & Trappe）

孢子大多产生土壤中，球形、近球形或宽椭圆形，浅黄色、黄褐色、橙色至橙褐色；土壤菌丝顶端芽生产孢囊，孢子多单生于产孢囊连孢丝侧面，或少数生于连孢丝内，成熟后从产孢囊颈上脱落，无柄，孢壁常留有脱落痕。孢壁 3 层（L1、L2 和 L3），外层壁与产孢囊连孢丝壁连续，易降解成斑块脱落层或完全脱落，内层壁重生。萌发壁 2 层（GW1 和 GW2），GW2 外层有珠状颗粒附着，萌发球形成于 GW2。芽管直接通过孢子基部附近的细胞壁萌发球产生。与植物形成裂片状泡囊丛枝菌根，在锥虫蓝试剂中呈淡至中度蓝色。

共 56 种（AFTOL，2021），世界广布。常见种如下：

①哥伦比亚无梗囊霉［*Acaulospora colombiana*（Spain & N. C. Schenck）Kaonongbua, J. B. Morton & Bever＝*Entrophospora colombiana* Spain & N. C. Schenck］。孢子在土壤中单生于产孢囊连孢丝内，淡黄色至橙褐色（内含淡黄褐色颗粒物），球形至近球形。孢壁 3 层：外层 L1 无色透明，随产孢囊脱落，紧贴 L2；L2 层状，浅黄色至黄褐色，成熟孢子与球囊颈之间的孔被该层的向内生长关闭，形成一个内孢子；L3 无色透明、半硬性。萌发壁为 2 层无色、柔韧内壁：GW1 由紧贴在一起的双薄层组成，似单层；GW2 由 GW2-L1、GW2-L2 紧贴一起，外层 GW2-L1 有珠状颗粒附着，内层 GW2-L2 在 Melzer's 试剂中呈暗红紫色。近椭圆形、内螺旋结构的萌发球形成于 GW2，芽管从萌发球产生并穿过孢子壁。产孢囊球形至矩圆形，橙红色至无色透明。在孢子与产孢囊颈连接处留有圆形或卵形脱落痕，位于

囊近端痕宽 17~31 μm(平均为 21.7 μm)、囊远端瘢痕宽 6~15 μm(平均为 10.8 μm)。宿主：杉木。

②脆无梗囊霉(*Acaulospora delicata* C. Walker, C. M. Pfeiff. & Bloss)。孢子单生土壤中，侧生于产孢囊颈上，半透明至浅黄绿色，球形至近球形，有时卵形。孢子壁 2 层：外层 L1 无色透明，易降解成斑块脱落层或完全脱落；L2 浅黄色，层状，此孢壁层在附着的囊颈区域没有断裂或开口。萌发壁为 2 层无色、柔韧内壁：GW1 看似单层；GW2 为紧贴在一起的双层(GW2-L1 和 GW2-L2)，GW2-L1 有珠状颗粒附着，GW2-L2 在 Melzer's 试剂中呈浅粉红色至粉红色。萌发球呈圆形，有一个简单的向内螺旋，外缘光滑。产孢囊无色透明，多为球形，壁 1 层；成熟时孢子从产孢囊颈脱落、呈无柄状。脱落痕圆形，直径 6.5~9.5 μm。与多种植物形成泡囊丛枝菌根。宿主：银杏、西伯利亚云杉、乌蕨、山黄麻、栌菊木等。

③椒红无梗囊霉(*Acaulospora capsicula* Błaszk.)。孢子单生土壤中，侧生于产孢囊颈上，橙色至暗红褐色，球形至近球形，有时不规则。孢壁 3 层：L1 无色透明至淡黄色，降解或孢子成熟时完全脱落；L2 层状，非常薄、光滑，橙色至橙褐色，在 Melzer's 试剂中呈深橙褐色；L3 层状，非常薄、光滑，浅褐黄色，易与 L2 分离。萌发壁 2 层：GW1 无色，双层(L1 和 L2)紧贴，柔韧至半柔韧；GW2 无色、双层(GW2-L1 和 GW2-L2)，GW2-L1 柔韧膜质、附有珠状颗粒，在 Melzer's 试剂中呈灰绿色；GW2-L2 不定形，在 Melzer's 试剂中呈深洋红色。产孢囊无色透明至淡粉色，多为球形，1 层壁，孢子成熟时塌陷脱落、并在孢子附着点留一衣领状、圆形至椭圆形的脱落痕，孢壁 L2、L3 生长将孢子内容物与孢子囊颈部的内容物分隔开。宿主：北美香柏、三蕊柳、小麦、灯芯草、榕毛茛等。

④密色无梗囊霉(*Acaulospora mellea* Spain & N. C. Schenck)。孢子单生土壤中，侧生于产孢囊颈上，浅橙褐至深橙褐色，球形或近球形。孢子壁 3 层：外层 L1 无色透明，柔韧、起皱，孢子成熟时完全脱落；L2 浅橙黄色，层状，成熟孢子与球囊颈之间的孔被该层连续生长的亚层关闭，形成一个内孢子；L3 浅黄褐色，易与 L2 分离，半柔韧、层状。萌发壁 2 层，柔韧、透明，相互之间、与孢壁 L2 易分离：GW1 双层(GW1-L1 和 GW1-L2)，透明；GW2 双层(GW2-L1 和 GW2-L2)，其外层 GW2-L1 有珠状颗粒附着，内层 GW2-L2 在 Melzer's 试剂中呈红紫色到深红紫色。卵形萌发球形成于 GW2，芽管从萌发球生出、并穿过胞壁。产孢囊无色透明，球形至近球形，仅 1 层壁，通常在成熟的孢子中塌陷或脱落。脱落痕圆形至卵形，直径 6~7 μm，稍突起呈衣领状。与多种植物形成泡囊丛枝菌根。宿主：银杏、西伯利亚云杉、苹果、玉米等。

⑤细凹无梗囊霉(*Acaulospora scrobiculata* Trappe)。孢子侧生于产孢囊柄上，近透明至浅黄色，有时偏深或稻草色，球形、近球形。孢壁 3 层：L1 透明，降解、早脱落，成熟孢子常缺；L2 层状，浅黄色至黄褐色，表面遍布小凹坑形纹饰，凹坑为圆形、长形或不规则形；L3 柔韧，无色透明，紧贴 L2。萌发壁 2 层：GW1 半柔韧双层，均为无色透明，紧密地贴在一起，在 Melzer's 试剂中无反应；GW2 双层，无色透明、柔韧，紧密贴在一起，外层 GW2-L1 表面附有珠状颗粒；内层 GW2-L2 在 Melzer's 试剂中呈淡紫粉红色至红褐色。卵形萌发球形成于 GW2，芽管从萌发球生出、并穿过胞壁。产孢囊无色透明，球形至近球形，仅 1 层壁，产孢囊脱离后残留的圆形至椭圆形脱落痕呈扁平或轻微突起，似一

衣领。与多种植物形成泡囊丛枝菌根。宿主：西伯利亚云杉、紫荆、圣蕨等。

(2) 内养囊霉属(*Entrophospora* R. N. Ames & R. W. Schneid.)

孢子产生土壤中，球形或近球形，浅黄色至橙色。孢子单生于产孢囊连孢丝内，成熟后从产孢囊颈上脱落，孢壁可留有 2 个脱落痕。孢子外层壁 3 层，密被有齿或疣；内层壁 1 层，呈层状，半柔韧、透明。

AFTOL(2021)仅承认 *Entrophospora* R. N. Ames & R. W. Schneid. 有 2 种。常见种：稀有内养囊霉[*Entrophospora infrequens* (I. R. Hall) R. N. Ames & R. W. Schneid.] (图 5-43)，孢子单生土壤中，在产孢囊的颈部内发育，球形至近球形，浅黄褐色至深橙褐色。孢壁 4 层(L1、L2、L3 和 L4)，L1~L3 与母体产孢囊颈部壁连续，内层 L4 重新形成。最外层 L1 透明，与产孢囊颈的外层连续，随着孢子的成熟而降解和脱落，在 Melzer's 试剂呈粉红色至深粉红色；L2 透明，非常薄(<0.5 μm)，最初其内表面有浅凹痕，后嵌入 L3 的突起物，最终 L2 退化脱落。L3 黄色至黄褐色，具有不规则五角形齿状突起、顶部中央有凹痕。内壁 L4 透明、层状，半柔韧。成熟时，孢子与产孢囊颈之间的孔被不定形塞(amorphous plug)关闭。孢子在附着点从产孢囊颈断裂、呈无柄，并在孢子与产孢囊颈连接区域留有圆形至卵形的 2 个脱落痕，产孢囊颈近端痕处稍凹陷。产孢囊球形，无色透明，3 层壁与孢壁连续，并在孢子附近明显变厚、颜色变深。宿主：葡萄、桃、芒萁等。

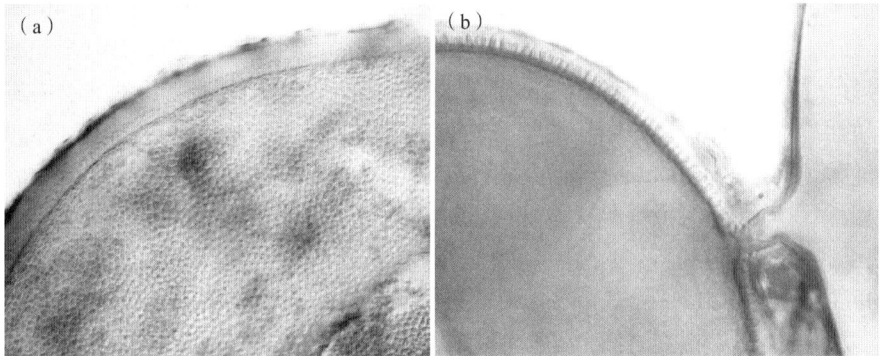

(a) 黄褐色孢子 L3 壁齿状突起表面形成的凹坑；(b) 孢子壁齿状突起、产孢囊颈侧面观。

图 5-43 稀有内养囊霉[*Entrophospora infrequens* (I. R. Hall) R. N. Ames & R. W. Schneid.]**的孢子形态**

5) 多样孢囊霉科(Diversisporaceae C. Walker & A. Schüßler)

孢子形成方式多为球囊霉型，罕有无柄囊型或内养囊型产孢方式，单生、簇生或大量形成于未组织化的孢子果中。球囊霉型孢子具有 1~3 层壁。孢子基部孔通常被内层壁形成的隔膜封闭。孢子萌发并不伴随着萌发盾的形成。连孢丝圆柱形或缢缩膨胀、有隔(罕无)，无色透明至白色。该科具有特异性 SSU-rRNA 基因序列，如 GGCTCATTYGRRTYTS、ACYCATTRYCAGGCTTAAT 和 TTGGCATTTAGYCA(Walker et al., 2004)。

Schüßler et al. (2010)、Redecker et al. (2013)接受多样孢囊霉科分 2 属，多样孢囊霉属(*Diversispora* C. Walker & A. Schüßler)和 *Redeckera* C. Walker & A. Schüßler。

(1) 多样孢囊霉属(*Diversispora* C. Walker & A. Schüßler)

菌体通常产生球囊霉型厚垣孢子，球形或近球形，孢壁 2~3 层：外壁薄，中层壁层状，内层壁柔韧膜质，各层与 Melzer's 试剂均无反应。萌发不形成萌发盾。连孢菌丝通常直、圆柱形，有的种弯曲，孢子基部孔被孢子内层壁内向生长形成的隔膜封堵，罕见连点孔开放。具有特异性 SSU rRNA 基因序列，如 CYCATTRGYCAGGCTTAATTGTC，TATTG-GCATTTAGYCA 和 CTTTGGATTRGGGTTTAGGGRTC。

共 18 种（AFTOL，2021），世界广布。常见种如下：

①污多样孢囊霉［*Diversispora spurca*（C. M. Pfeiff.，C. Walker & Bloss）C. Walker & A. Schüßler］。孢子单生、集生于土壤中或根内，球形至近球形，半透明至浅黄色（图 5-44）。孢壁 2 层：L1 透明至浅黄色，薄而起皱，外裹碎屑；L2 透明至半透明，层状，在压力下可分开，其最内层可产生许多细皱褶，似一层膜状壁。连孢菌丝圆柱形或稍呈喇叭形，无色透明至淡黄色，连孢区域以外菌丝壁仅与孢壁 L1 连续，且在连点处易断裂或折叠，在孢子上难以发现。孢子基部孔被孢壁 L2 内向增厚形成的隔膜封堵。宿主：骆驼刺、胡杨、草棉、花生等。

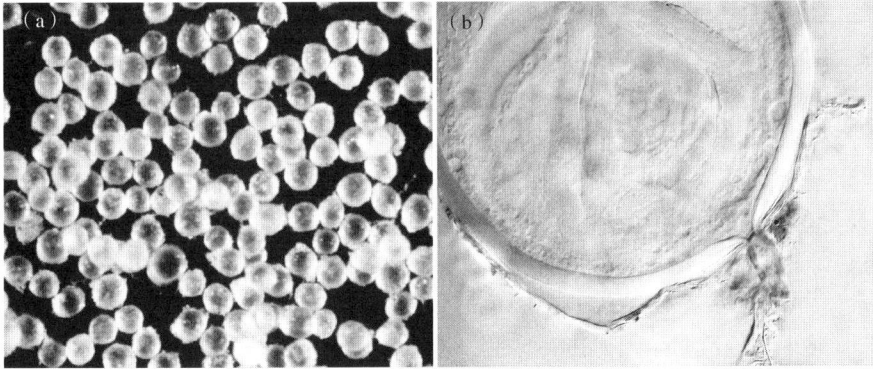

（a）半透明至淡黄色球形孢子；（b）孢子细胞壁和稍喇叭形连孢丝，连点孢基孔由隔膜封闭。

图 5-44　污多样孢囊霉［*Diversispora spurca*（C. M. Pfeiff.，C. Walker & Bloss）C. Walker & A. Schüßler］**的孢子形态**

②象牙白多样孢囊霉［*Diversispora eburnea*（L. J. Kenn.，J. C. Stutz & J. B. Morton）C. Walker & A. Schüßler = *Glomus eburneum* L. J. Kenn.，J. C. Stutz & J. B. Morton］。孢子单生土壤中，半透明、象牙白色至淡奶油色，球形、近球形或不规则形。孢壁 2 层：L1 无色透明至半透明，半柔韧，孢子成熟该层壁易脱落、外裹碎屑；L2 层状透明，半柔韧，压碎孢子该层壁易褶皱而与 L1 分离。连孢菌丝圆柱形至喇叭形，无色透明至黄白色，内含物油状，其两层壁与孢壁 L1 和 L2 连续，由孢壁 L2 形成一弯曲隔膜、在离孢基部一定距离的菌丝腔内封堵内含物，故连孢丝远端只有 1 层壁与孢壁 L1 连续。宿主：玉米、小麦、沙生蜡菊等。

③地表多样孢囊霉［*Diversispora epigaea*（B. A. Daniels & Trappe）C. Walker & A. Schüßler = *Glomus epigaeum* B. A. Daniels & Trappe］。孢子在土壤中单生，或生于无包被、不规则的孢子果中，孢子果暗黄褐色至褐色。孢子球形、近球形，偶尔呈椭圆形，奶黄色、橙色至橙褐色。孢壁 2 层：最外层 L1 紧贴 L2，半透明、半永久性壁，在 Melzer's 试剂中无反应；L2 为由多薄层黏菌附在一起的层状壁，浅黄褐色至橘褐色。连孢丝圆柱形至喇叭形，其两层壁与孢壁两层连续（其中 L1 仅存在于连点附近），近透明至淡黄褐色。

由孢壁 L2 最内层形成的弯曲隔膜位于离孢子基部一定距离菌丝腔内。宿主：铁仔、商陆、唐松草等。

④ 三壁多样孢囊霉 [*Diversispora trimurales* （ Koske & Halvorson ） C. Walker & A. Schüßler ＝ *Glomus trimurales* Koske & Halvorson]。孢子单生在土壤中，淡黄色至浅褐黄色，球形，近球形，椭圆形，或不规则。孢壁 3 层：L1 层状、永存，层状，淡黄色至黄褐色，呈泡状增厚，一些孢子表面留下不规则的碎块；L2 均一、淡黄色至褐黄色；L3 由多层很薄的亚层组成层状或均一，无色至淡黄色。所有孢壁层均与 Melzer's 试剂无反应。连孢丝直或弯，圆柱形至漏斗状，罕在连点稍缢缩，3 层壁与孢壁连续（L1 通常脱落），无色至淡黄色；孢子基部孔被孢壁 L3 最内层形成的隔膜封堵。宿主：夹竹桃、黄槿、丝葵、月见草等。

6）原孢囊霉科（Archaeosporaceae J. B. Morton & D. Redecker）

孢子在土壤菌丝体上产生，以一型（acaulosporoid 或 entrophosporoid）或二型（acaulosporoid 和 glomoid）产孢方式形成，球形、近球形，或椭圆形至卵形，透明无色、罕乳白色。孢壁 3 层，半柔韧，与 Melzer's 试剂无反应，不形成薄的柔韧内壁和萌发球。孢子外层壁与产孢子囊颈部的单层囊壁连续。产孢囊球形、矩圆形，无色，成熟时塌陷，在成熟孢子表面产孢囊近端留下脱落痕或残留远端菌丝。多形成丛枝状菌根，罕有泡囊产生。

仅含原孢囊霉属（*Archaeospora* J. B. Morton & D. Redecker）1 属（Kirk et al.，2008），形态同科。原孢囊霉属共 7 种（AFTOL，2021），世界广布。常见种如下：

① 申克原孢囊霉 [*Archaeospora schenckii* （ Sieverd. & S. Toro ） C. Walker & A. Schüßler ＝ *Intraspora schenckii* （ Sieverd. & S. Toro ） Oehl & Sieverd.]。孢子单产生在土壤中，在产孢囊连孢丝内形成，无色透明至闪光白，球形、近球形，有的椭圆形至卵形（图 5-45）。孢壁 3 层，有一定柔韧性、形成大量褶皱：L1 无色透明，易脱落，与产孢囊及连孢丝壁连续、常与内部两层分离，孢子成熟后完全降解、脱落；L2 无色透明，半柔韧，具一明显的内边缘，该层关闭了孢子发育初期形成的两个相反的孔。L3 片层状、半柔韧，较厚，无色。产孢囊球形至近球形，无色，成熟时塌陷，在孢子囊近端留下一个圆形脱落痕和一远端菌丝或脱落痕。宿主：刺柏、梅、豇豆、三裂叶野葛等。

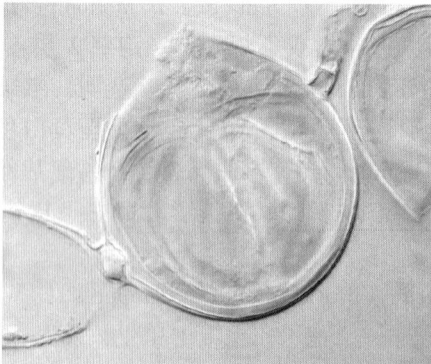
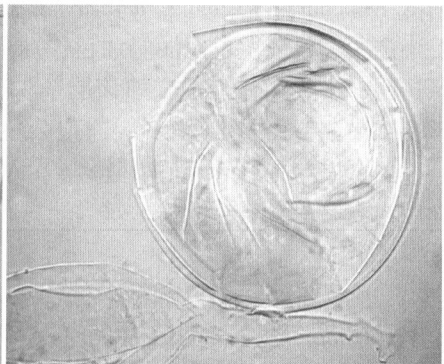

图 5-45 申克原孢囊霉 [*Archaeospora schenckii* （Sieverd. & S. Toro） C. Walker & A. Schüßler] 孢子生于产孢囊连孢丝内

图 5-46 特拉佩原孢囊霉 [*Archaeospora trappei* （R. N. Ames & Linderman） J. B. Morton & D. Redecker] 孢子生于产孢囊连孢丝内

②特拉佩原孢囊霉[*Archaeospora trappei*（R. N. Ames & Linderman）J. B. Morton & D. Redecker]。孢子单产生在土壤中，生于产孢囊连孢丝一侧，完全透明（幼孢子罕呈乳白色），球形、近球形或不规则形（图 5-46）。外壁包括 3 个透明柔韧层（L1、L2 和 L3），各层薄、形成许多褶皱：L1 透明层，半柔韧，与产孢囊连孢丝壁连续；通常在破碎时容易与 L2 分离；L2 透明层，半柔韧、具一明显的内边缘，黏附于 L3；L3 透明、半柔韧，较厚，与 L2 一起形成一个内孢子，将孢子内含物与囊颈的内含物分离。产孢囊矩圆形，无色透明，细胞壁由一层组成，含有颗粒状物，通常在孢子成熟后塌陷或脱落。孢子脱落痕有一个非常细的浅脊。宿主：铁心木属植物、玉米、高粱、车前等。

复习思考题

1. 简述接合菌的无性阶段和有性阶段菌物的形态特征。
2. 接合菌门菌物所致植物病害有何特点？绘图描述某种接合菌的生活史。
3. 试述根霉、毛霉和犁头霉的形态学区别。
4. 简述接合菌与人类的关系。

第 6 章

真菌界子囊菌门

6.1 子囊菌门概述

子囊菌门是真菌界中种类最多的一个门，估计超过 157 万种，目前已知约 9 000 属 114 000 种（包含 84 000 个有性型和 30 000 个无性型类群）。它与担子菌门一起构成了双核亚界，被称为高等菌物。子囊菌最大的特点是产生子囊，子囊内含有一定数量的子囊孢子。子囊孢子是核配和减数分裂后产生的，数量通常为 8 个，但不同物种子囊孢子的数量不等，有的甚至达 1 000 多个。

子囊菌门菌物的营养体多为单细胞（如酵母）和发达有隔的菌丝体。在无性繁殖时会出芽或形成不同类型的分生孢子体（无性型子实体），产生分生孢子。有性繁殖时能形成不同类型的子囊果（有性型子实体），产生有盖或无盖的、棒状或卵形的子囊，通常子囊内会进行减数分裂生成 8 个子囊孢子。

子囊菌门菌物大多为内生、寄生或腐生菌，对人类活动具有重要影响。一方面，许多子囊菌是植物的致病菌，它毁坏粮食作物、果树、林木以及观赏花卉。例如，苹果痂疮病、核果类褐腐病、禾谷类茎腐病、白粉病、玉米穗腐病、栗疫病以及许多其他病害。一些种类是人类和家畜的某些疾病的病原菌，还有一些子囊菌引起纤维织品、皮革、木材和食物的霉烂，给人类造成危害。另一方面，很多子囊菌是有益的。例如某些酵母的发酵作用是面包业和酿造业的重要菌种，有些则可以用于各种有机酸、抗生素、维生素的生产。还有些大型的子囊菌是美味的食用菌，如羊肚菌和块菌等。

6.1.1 子囊菌的基本特征

6.1.1.1 营养体

子囊菌门菌物大多有发达的菌丝体（除大多数酵母菌为单细胞外），生长在基物内或体表，以吸器吸收养分。菌丝有横隔膜，隔膜的中间有一个或多个微小的孔道，通过这个孔道可使邻近细胞内的原生质、细胞核和线粒体等细胞器通过。每一节菌丝细胞通常只含有1 个细胞核，但也有多核、双核，或双倍体的核。子囊菌可通过菌丝融合产生异核菌丝（heterokaryotic hyphae）。其他内含物除核糖体、线粒体、内质网、液泡、类脂体等外，构成地衣的子囊菌还含有一种圆形或椭圆形的同心体（concentric body），中心透明、球形，外面围以 2 层膜，其外膜表面常有指状突起。

子囊菌菌丝细胞壁的主要成分是几丁质和 β-葡聚糖，一些酵母菌的细胞壁成分主要是甘露聚糖和 β-葡聚糖等。子囊菌的菌丝细胞一般不含纤维素，仅在个别子囊菌的菌丝细胞壁中发现纤维素。

菌丝体在不良条件下可形成厚垣孢子，或相互交织成菌核、子座，后期产生无性或有性型子实体。

子囊菌除丝状的营养体外，也有单细胞不形成菌丝的，如酵母菌。一些酵母菌的单细胞菌体互相连接在一起，成为一串细胞很像菌丝，称为假菌丝体（pseudomycelium）。有些子囊菌在不同的条件下，形成不同形状的菌丝体，即在一定条件下形成单细胞的菌体，而在另一条件下则形成菌丝体，这种现象称为两型现象（dimorphism）。

6.1.1.2 无性繁殖

子囊菌的无性繁殖方式因菌种不同而异。单细胞的酵母菌和少数其他子囊菌通常以裂殖或芽殖的方式进行增殖。产生菌丝体的子囊菌一般在分生孢子梗上形成产孢细胞，通过出芽方式形成各种各样的分生孢子，也可以菌丝断裂的方式形成节孢子；有些子囊菌在不良的环境条件下，还可以形成厚垣孢子。通常有 5 种不同的分生孢子体类型（图 6-1）。

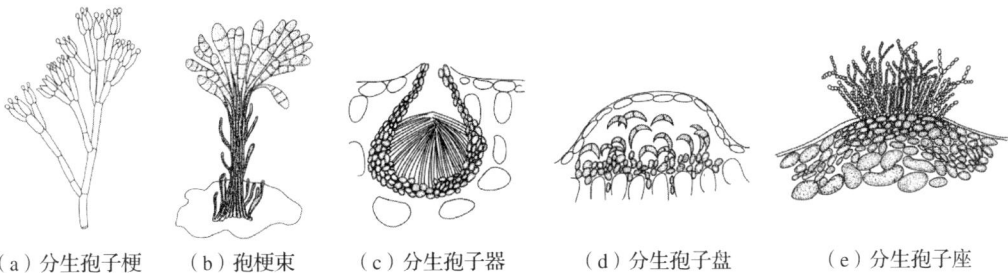

（a）分生孢子梗　　　（b）孢梗束　　　（c）分生孢子器　　　（d）分生孢子盘　　　（e）分生孢子座

图 6-1　分生孢子体类型

①分生孢子梗（conidiophore）。产生产孢细胞或分生孢子的梗状菌丝。一般分枝或不分枝；散生或丛生。

②孢梗束（synnema）。分生孢子梗成束地聚合在一起形成的结构。

③分生孢子座（sporodochium）。分生孢子梗成簇地聚合在一起形成的结构。

④分生孢子盘（acervulus）。是由菌丝体构成，并在其内侧的基部着生分生孢子梗或产孢细胞的盘状结构。通常着生在寄主表皮下，成熟后突破寄主表皮。有些类群在分生孢子盘周围或中间还会产生黑色、坚硬的刚毛状结构。

⑤分生孢子器（pycnidium）。是由菌丝体构成，并在其内侧着生分生孢子梗或产孢细胞的球形或近球形结构。分生孢子器成熟时常在顶端出现孔口，由孔口释放分生孢子。

子囊菌的分生孢子常单独生于分生孢子梗的顶端、侧面，或串珠式地形成；其形态多样，有单胞、双胞或多胞；圆形、卵形、棍棒形、圆柱形、线形、镰刀形或腊肠形等；无色或有色。分生孢子萌发产生芽管，很少形成次生分生孢子。

6.1.1.3 有性生殖

子囊菌的有性生殖产生子囊和子囊孢子。

(1)子囊菌的有性结合方式

①同型配子囊配合。这种配合方式主要发生在酵母菌中，两个进行配合的单细胞菌体相当于配子囊，两个配子囊质配以后立刻发生核配，没有双核阶段，而且这两个配子囊配合后直接发展成为一个子囊。

②异型配子囊接触配合。有些子囊菌进行有性繁殖时，产生大小形态不同的配子囊。雌的称产囊体(ascogonium)，一般是由一个卷曲的、多核的细胞构成，其顶端通常伸出一根受精丝，分枝或不分枝。雄的称为雄器(antheridium)，雄器较小，通常为圆柱形。雄器内的原生质和细胞核通过受精丝进入产囊体进行质配。有些种虽然形成了雄器，但不起作用，还有一些种不产生雄器，产囊体内的核与来自受精丝内的核进行配对，或者产囊体内的核自相配对。

③精孢配合。有些子囊菌产生一种很小的圆形或杆状的、单核的雄性细胞，称为性孢子。性孢子依靠风、雨水或昆虫携带到受精丝上，然后进入产囊体进行配合。性孢子可以由性孢子梗产生，也可在性孢子器内形成。

有些子囊菌产生小型的分生孢子，起性孢子的作用，这种小型孢子也可以萌发产生菌丝体。还有些种以普通的分生孢子作为性孢子进行配合。

④体细胞配合。在普通的两根菌丝或两个孢子的芽管之间进行配合。

上述几种配合方式是有性生殖过程的质配阶段，除以配子囊配合的酵母菌在质配以后立刻进行核配外，一般都在质配以后经过短暂的双核阶段，然后在子囊母细胞中核配，减数分裂形成单核的子囊孢子。

子囊菌的可育性分为同宗配合和异宗配合的两大类。异宗配合的子囊菌的性亲和力是由一对等位基因 *A1A2* 控制的，所以属于两极性的异宗配合。

(2)子囊和子囊孢子的形成

除少数低等子囊菌由接合子直接发育成子囊外，大多数子囊菌的子囊由产囊体上伸出的产囊丝发育而来(图6-2)。产囊体受精后生出一根或多根产囊丝(ascogenous hypha)。产囊丝一般具分枝，有隔膜，每个细胞内含2个核，一个来自雄器，另一个来自产囊体。产囊丝顶端细胞伸长，并弯曲成钩状，称为产囊丝钩(ascus hook；crozier)。产囊丝钩内的双核同时分裂为4个核，随之形成两个横隔膜，构成了3个细胞，顶部和基部的细胞都是单核的，中间的细胞称为亚顶细胞，是双核的，它进一步发育成为子囊(ascus，复数 asci)，所以该细胞也称子囊母细胞。子囊母细胞中的2个核先配合成双倍体的核(这是生活史中唯一的真正的双倍体阶段)，然后进行减数分裂，形成4个单倍体的子核，再进行一次有丝分裂产生8个单倍体的核。在细胞核进行分裂时，子囊母细胞膨大、伸长成为子囊。当上部细胞的这个核进行分裂时，在有些种中，产囊细胞的外壁破裂，使薄壁的内壁伸出，最后发展成为一个子囊。但在另外一些种中，产囊细胞的整个壁伸长，从而形成了子囊。还有些种核配后，双倍体的核不行有丝分裂，而直接进行减数分裂，发育子囊孢子。因此，子囊是由产囊丝发展而成的，这种菌物的子囊基部没有足细胞。

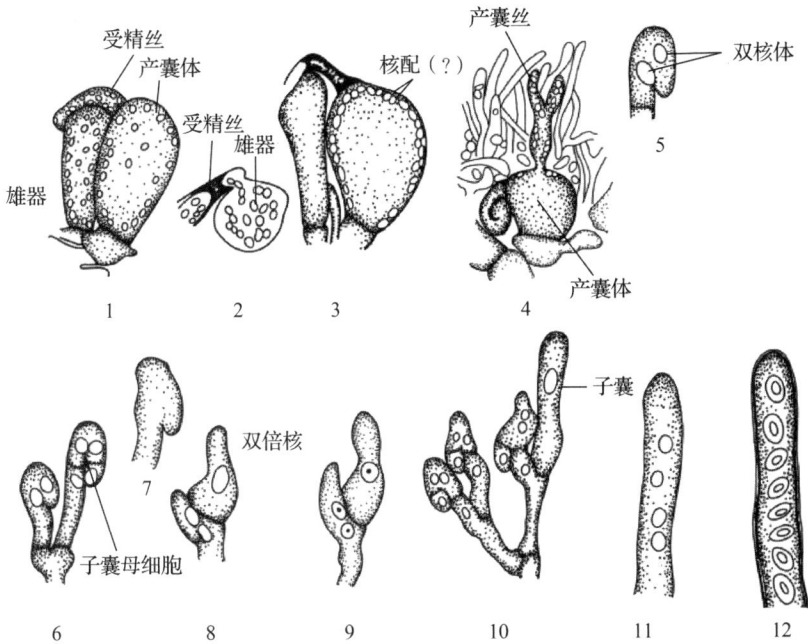

1. 配子囊；2. 质配；3. 核配；4. 产囊丝的形成；5. 产囊丝钩的产生；6. 双核分裂
（有丝分裂）；7. 子囊母细胞的产生；8. 合子；9. 幼子囊；10. 产囊丝的层出现象；
11. 减数分裂后的子囊；12. 发育中的子囊孢子。

图 6-2 子囊形成过程

（Schuman et al.，2006）

在子囊内部出现了一个圆筒形、下端开口且具双层膜的囊状物，称为子囊泡囊（ascus vesicle），即子囊孢子膜，它把子囊内的大部分原生质和 8 个细胞核全部包裹在里面，然后这个子囊孢子膜向核间缢缩，从而隔离出多个内含细胞质和 1 个细胞核、外边围以双层膜的子囊孢子（图 6-3）。在子囊孢子成熟过程中，于两层膜之间形成孢子壁。子囊孢子形成

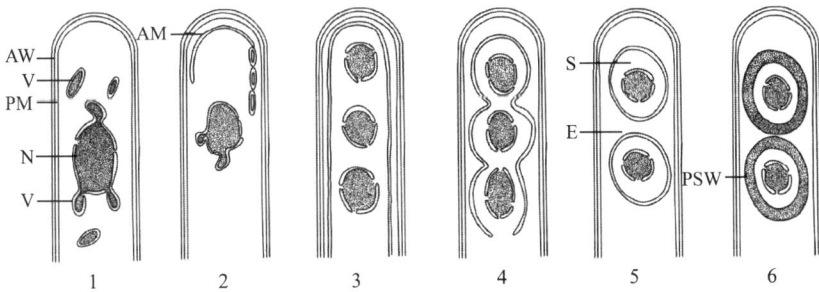

1. 成熟的子囊，示来自细胞核（N）膜的泡囊（V），子囊壁（AW）的内侧为原生质膜（PM）；2. 泡囊沿子囊四周排列；并在子囊顶端出现子囊孢子的膜（AM）；3. 子囊孢子的膜呈圆筒形，下端开口，双核体的接合核分裂为单元体的子核；4. 子囊孢子膜从单元体的核间内缢；5. 子囊孢子（S）形成于造孢剩质（E）之中；6. 在子囊孢子双层膜之间形成孢子壁（PSW）。

图 6-3 子囊孢子形成过程

（Schuman et al.，2006）

之后，子囊中尚有剩余的细胞质，称为造孢剩质（epiplasm）。这种形成孢子的方式，称为细胞游离形成方式（free cell formation）。

（3）子囊的类型与开裂方式

子囊的形状有很大差异，从圆形、椭圆形至圆筒形，有柄或无柄。子囊根据囊壁的性质，可分为原囊壁子囊（prototunicate ascus）、单囊壁子囊（unitunicate ascus）和双囊壁子囊（bitunicate ascus）3类。原囊壁子囊具一个很薄的、易消失的囊壁，子囊孢子的释放是通过囊壁的全部或局部崩溃而被排出；单囊壁子囊和双囊壁子囊中的孢子，则能主动发射。子囊顶部结构类型主要有以下几种（图6-4）：

①具顶生囊盖（operculum）。子囊孢子成熟时，打开囊盖，发射孢子。

②具亚顶生囊盖。子囊孢子成熟时，打开囊盖，发射孢子。

③具纵裂缝。子囊孢子通过子囊顶端的一个垂直的裂缝被发射出去。

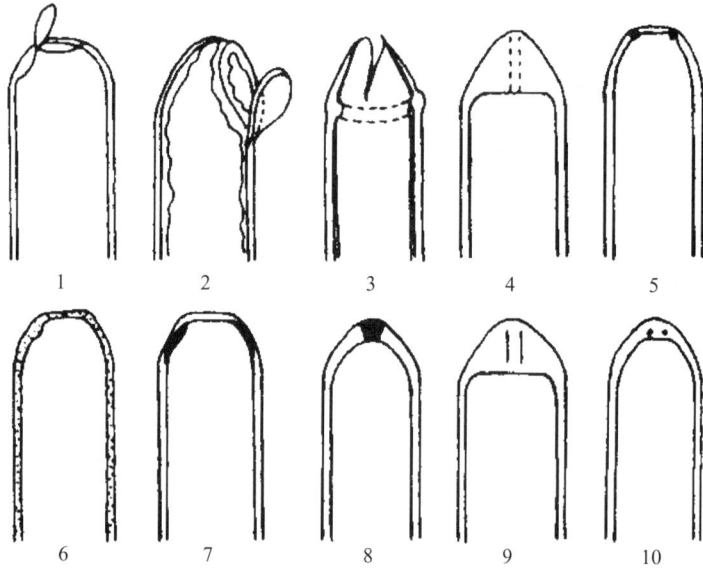

1~4. 子囊孢子经子囊顶部释放的机制：1. 大多数盘菌目（Pezizales J. Schröt.）具顶生囊盖；2. 许多肉杯菌科 [Sarcoscyphaceae Le Gal ex Eckblad（Pezizales J. Schröt.）]具亚顶生的囊盖，沿开口的内侧有垫状加厚；3. 少数盘菌目（Pezizales J. Schröt.）子囊顶部纵裂缝，有时发生在侧顶部，或有环状加厚；4. 无囊盖类的子囊一般在加厚的顶部内有一细的孔道，常见于柔膜菌目（Helotiales Nannf.）等。5~10. Melzer's试剂的阳性变蓝反应——淀粉质反应，反应强度以阴影的深浅表示：5. 很宽的孔口，孔口在碘液中有一明确变蓝的环形区域，孔口的栓塞看上去有些类似囊盖，发生于瘿果盘菌属[Cyttaria Berk.（Cyttariales Luttr. ex Gamundí）]；6. 整个子囊壁在碘液中扩散变蓝，见于盘菌目（Pezizales J. Schröt.）的部分种类；7. 子囊顶部以下局限于一较宽的环形区域内的子囊壁变蓝，有时变蓝反应可扩散至子囊顶部，见于很多盘菌科[Pezizaceae Dumort.（Pezizales J. Schröt.）]成员；8. 无囊盖的子囊顶部孔道内的栓塞在碘液中变蓝（有时在孔口处有很宽的区域变蓝，而栓塞并不变蓝，但由于栓塞通常较小，所以从侧面很难确认，不过从顶部可以观察到一些细节）；9. 无囊盖的子囊，孔口内有一很薄的柱形区域变蓝，从一侧的截面上看就像两条蓝线；10. 无囊盖的子囊，在碘液中仅有环绕栓塞的一很小的环形区域变蓝，从一侧的截面上看就像2个蓝点。

图6-4　盘菌子囊的顶部结构类型和子囊顶部在碘液中的反应

（Korf，1973）

④具小孔道。子囊没有囊盖，却在顶部变厚，中间有一个小孔道，这个孔道在孢子发射之前被一个有细胞壁物质构成的塞子所堵塞。

有些子囊的顶部存在一些淀粉质的结构，在 Melzer's 试剂中出现不同的反应：子囊孔口变为蓝色；整个子囊壁变为蓝色；子囊顶部有一圈变为蓝色；孔口内的塞子变蓝，其他不变蓝；孔口变为蓝色，塞子不变蓝；沿着一部分孔塞的四周变为蓝色(Korf，1973)。

每个子囊内通常含 8 个孢子，每个孢子细胞内含 1 个单元体核。有些菌物在 8 个细胞核形成以后再分裂一次或多次，从而使一个子囊含 8 个以上的子囊孢子。有些菌物形成多隔的子囊孢子，在释放前子囊内发生有丝分裂，从而使子囊内的孢子数量增多。有些菌物在一个子囊内只形成 4 个孢子，而每个子囊孢子的细胞内含 2 个核。有些菌物在子囊内产生 8 个核后部分核解体，因此，在一个子囊内往往只有少数几个孢子。子囊孢子在子囊内可呈单行、双行或平行排列(如丝状孢子)。

子囊孢子的形状各种各样，有圆形、椭圆形、腊肠形、圆筒形、砖格形和丝状等，单胞、双胞和多胞，表面光滑或具刻纹、瘤状突起等，无色或有色。

(4) 子囊果的类型

除酵母菌不形成一定形状的子实体外，大多数子囊菌的子囊包被在一个由菌丝组成的包被内，形成具一定形状的子实体，称为子囊果(ascocarp)。子囊果由营养组织发育而来，产囊丝和子囊是由产囊器发育而来，四周的包被细胞则来自营养菌丝。其发育方式有闭果型(cleistohymenial)、裸果型(eugymnohymenial) 和半裸果型(paragymnohymenial) 3 种类型。子囊果单生、丛生于基物表面或内部，或先埋生于基物内部，成熟后突破基物表层外露，称为半埋生。根据子囊的产生方式，子囊果主要分为裸子囊、闭囊壳、子囊壳、子囊座(假囊壳型)、子囊盘 5 种类型(图 6-5)。

①裸子囊(gymnocarp)。子囊成簇或散布于菌丝之中，子囊裸露而不形成任何子实体。

②子囊壳(perithecium，复数 perithecia)。通常由产囊体柄细胞和周围菌丝形成烧瓶形的、有孔口的子囊壳。囊壁单层，在子囊壳内整齐排列成为一个子实层(hymenium)。子囊壁是产囊体柄细胞产生的菌丝和产囊体周围产生的菌丝组成的。子实层内常有不育菌丝与子囊伴生，这种不育菌丝来自子囊果包被基部的菌丝细胞，或与包被菌丝同源，顶端游离，称为侧丝(paraphysis)。由子囊壳中心的顶部向下生长的侧丝，在子囊间穿插，但顶端保持离生，称为顶侧丝(apical paraphysis)。

③闭囊壳(cleistothecium，复数 cleistothecia)。与子囊壳类似，由产囊体柄细胞和周围菌丝形成球形无孔口的闭囊壳。未成熟的子囊果(幼子囊果) 是由拟薄壁组织和周围的包被组成，子囊成熟后充满子囊果的中央，拟薄壁组织溶解，为子囊的发育提供空间和营养。子囊间无侧丝、囊壁单层或双层，子实层上无孔口。这一类型常见的包括 2 目白粉菌目(Erysiphales Warm.)和小煤炱目(Meliolales Gäum. ex D. Hawksw. & O. E. Erikss.)。

④子囊座(ascostroma，复数 ascostromata)。子囊发育过程中，子座中心组织瓦解，形成容纳子囊的腔状结构，称为子囊腔(locule)。着生子囊腔的子座，称为子囊座(图 6-6)。一个子囊座内可以含 1 至多个子囊腔。有些含单腔的子囊座，在顶端有通过溶解形成的孔口，在外表上很像子囊壳，这种子囊座称为假囊壳(pseudothecium) (图 6-7)。子囊座内的子囊多数是双囊壁的，通常单个、成束或平行着生在子囊腔内，子囊周围缺乏真正的子囊

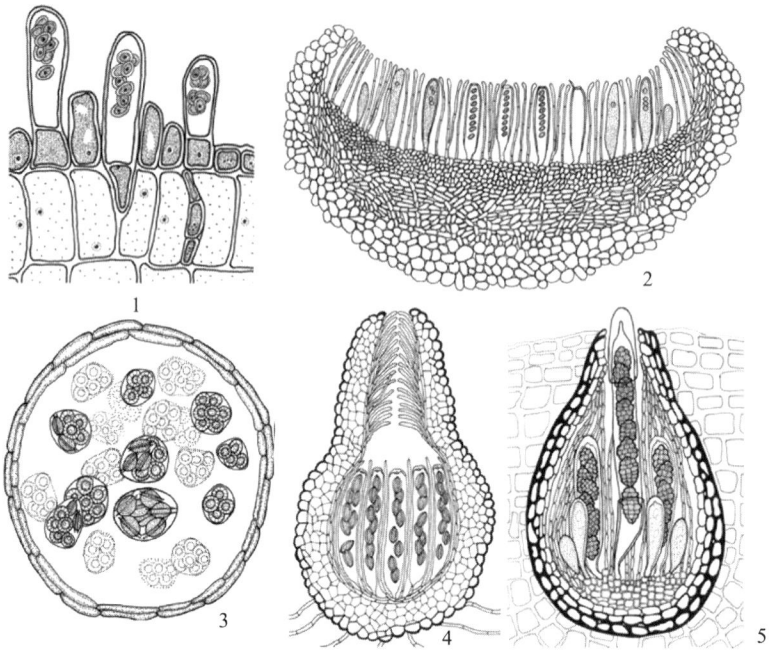

1. 裸子囊；2. 子囊盘；3. 闭囊壳；4. 子囊壳；5. 子囊座(假囊壳型)。

图 6-5　子囊果类型

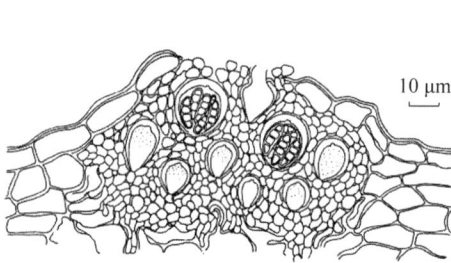

10 μm

图 6-6　多腔菌属(*Myriangium* Mont. & Berk.)
的子囊座

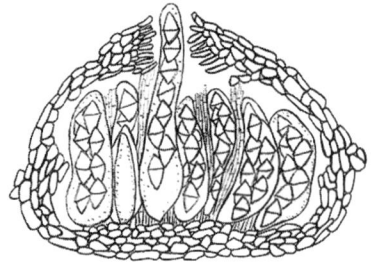

图 6-7　核孢壳属(*Caryospora* de Not.)
的假囊壳

果壁。经常可以观察到，在子囊座中有一类菌丝自子囊座中心的顶部，向下生长于子囊之间，到达子囊果的基部，并且在基部与包被细胞相融合，形成子囊之间的幕状结构。这是一种类似于侧丝的结构，称为拟侧丝(pseudoparaphysis)。

⑤子囊盘(apothecium，复数 apothecia)。子囊着生在一个杯状或盘状开口的子囊果内，与侧丝平行排列在一起形成子实层的子囊果，称为子囊盘(apothecium)。子囊盘由 4 部分组成：

a. 子实层(hymenium)：子囊、侧丝、囊层被、拟囊层被(假囊层被)（图 6-8）。有些菌物的侧丝顶端相互结合，形成结实的被膜组织，覆盖在子实层上面，称为囊层被(epithecium)。有些菌物的侧丝顶端埋在一种无定形的基物内，但没有形成组织，称为假囊层被(pseudoepithecium)。

b. 囊盘被(excipulum)：即子囊盘包被，包括外囊盘被(ectal excipulum)、中囊盘被(medullary excipulum)。

c. 子实层基(subhymenium)，又称囊层基(hypothecium)，位于子实层基部，中囊盘被的上面。

d. 菌柄(stipe)：有些菌物所产生的子囊盘有柄。有柄的子囊盘常常没有外囊盘被，子实层与菌柄联结在一起。

囊盘被和菌柄的菌丝组织类型如下(图6-9)：

球胞组织(textura globulosa)：球形细胞组成，细胞间有空隙。

角胞组织(textura angularis)：等径细胞(角胞)结合在一起组成，细胞间无空隙。

矩胞组织(textura prismatica)：具砖格形细胞的菌丝(矩胞)结合而成。

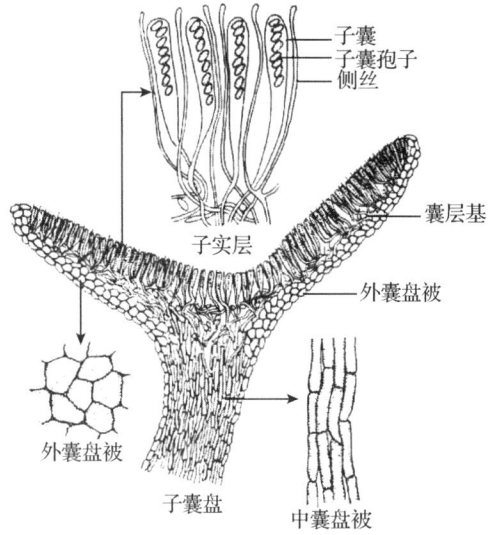

图 6-8　子囊盘切面

(Alexopoulos et al.，1996)

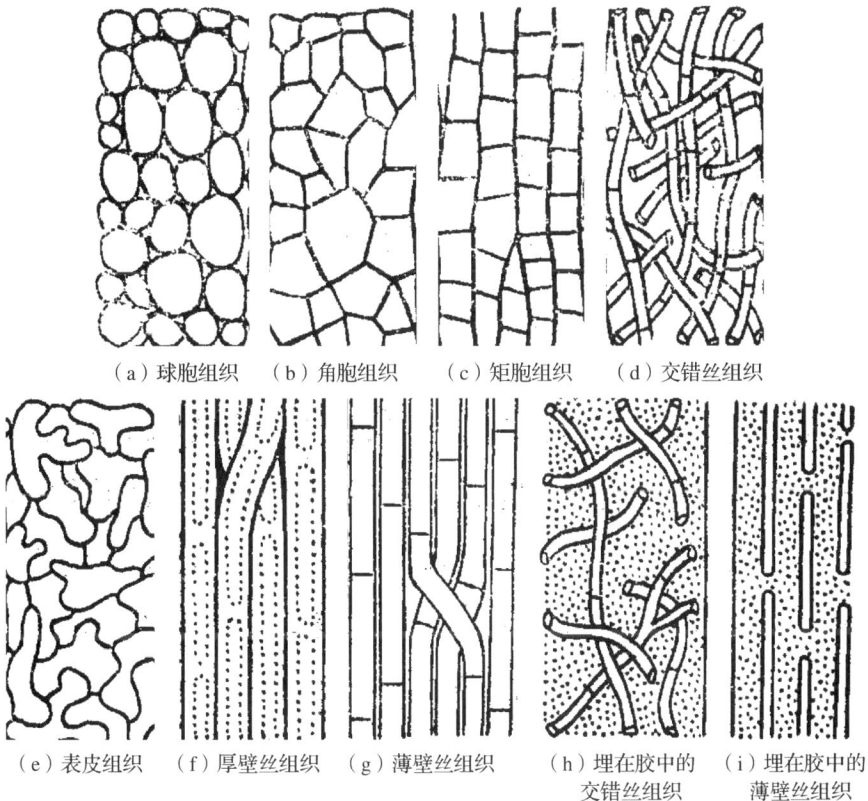

（a）球胞组织　（b）角胞组织　（c）矩胞组织　（d）交错丝组织

（e）表皮组织　（f）厚壁丝组织　（g）薄壁丝组织　（h）埋在胶中的交错丝组织　（i）埋在胶中的薄壁丝组织

图 6-9　囊盘被和菌柄的菌丝组织类型

(Korf，1973)

交错丝组织（textura intricata）：具长形细胞的菌丝交织而成，菌丝间有空隙。

表皮组织（textura epidermoidea）：具长形细胞的菌丝交织而成，菌丝间无空隙（表皮状细胞）。

厚壁丝组织（textura oblita）：厚壁菌丝平行排列而构成。

薄壁丝组织（textura porrecta）：薄壁菌丝平行聚合构成的组织。

埋在胶中的交错丝组织和薄壁丝组织。

子囊盘的形状（apothecium configurations）：差异很大，有盘状、杯状、陀螺状、脑状、蜂窝状、马鞍形、吊钟形、棒形等。

子囊盘的发育可划分为以下3种类型：

裸果型（gyenocarpic）：子实层自发育初期即暴露于外。

半被果型（pseudoangiocarpic）：子实层先被封闭，最后暴露。

被果型（angiocarpic）：不开裂。

6.1.1.4 生活史

子囊菌门的生活史主要包括无性阶段（asexual state、imperfect state 或 anamorphic stage，又称无性态，anamorph）和有性阶段（sexual state、perfect state 或 teleomorphic stage，又称有性态（teleomorph）。二者的形态特征取决于形成的子实体是无性的分生孢子体（conidiomata），还是有性的子囊果（ascomata），以及子实体内产生分生孢子还是子囊孢子（图6-10）。

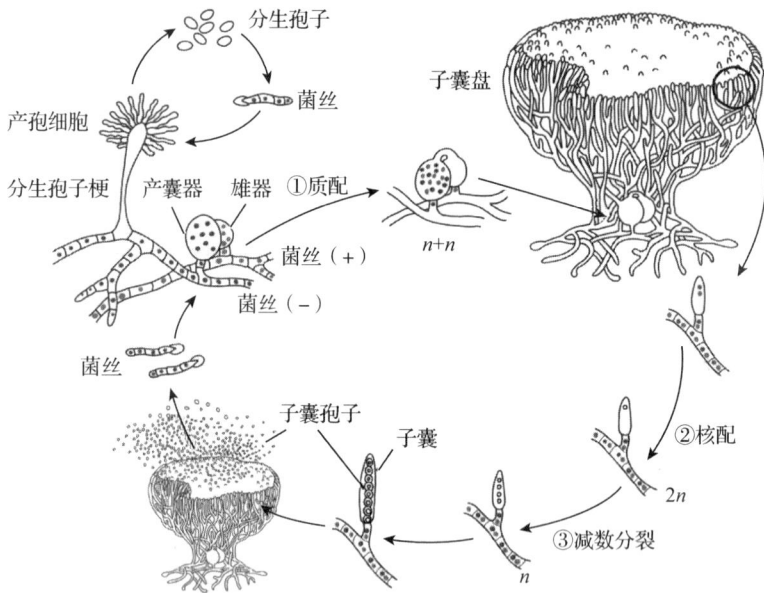

图6-10 子囊菌生活史

在子囊菌的生活史中，无性阶段可以连续产生多次，通常在植物的生长季节进行，历时较短，产生的无性孢子数量大；有性阶段在生活史中往往只产生一次有性孢子，通常在病原菌物侵染后期或经过休眠后才产生。在病原菌物中，生活史与病害的侵染循环（disease cycle）是密切相关的，但两者不能相互代替。搞清楚生活史，才能制定有效的病害防治措施。

子囊菌完整的生活史由单倍体(haploid)和二倍体(双倍体,diploid)2个阶段组成。菌物的营养体大多为单倍体(n),在营养体细胞的细胞核中具有一套染色体。经过有性生殖,进入二倍体阶段($2n$)。二倍体始于核配终于减数分裂。通常核配后立即进行减数分裂,故子囊菌的二倍体阶段一般占生活史中很短的时期。

6.1.2　子囊菌门分类

子囊菌由于具有形态多样、生活环境复杂、生活史差异大等特点,使子囊菌的分类相当复杂,不同的菌物学家持有不同的观点,尤其对子囊菌发育过程和形态特征重要性的认识不统一,分类系统也随着认识的不断进步而变化。

我国古代典籍《神农本草经》记录了古代人民采集大型子囊菌并用于治疗疾病。16~17世纪,德国和法国的科学家相继记述了盘菌、块菌等大型肉质子囊菌。18世纪中叶以后,帕松和费里斯相继发表了很多子囊菌种类。法国学者 Edmond Tulasne 和 Charles Tulasne 发表了子囊菌图谱(1861—1865)之后,德国学者 Joseph Schröter、Gustav Lindau 和 Eduard Fischer(1897)将子囊菌作为真菌亚门的一个纲,对分类学产生了较大影响。匈牙利学者 Ritter von Höhnel 提出子囊果个体发育过程中的中心体(centrum)类型,从而确定了子囊壳与子囊腔形成的形态特征。Nannfeldt(1932)提出以生活史中细胞核的动态和发育形态为主要依据的子囊菌分类系统,将子囊菌分为具明显世代交替的双相生物体类和无世代交替的单相生物体类,后一类又根据子囊果发育形态分成囊腔菌类和囊层菌类。Luttrell(1951)强调了子囊果中心体结构在丝状子囊菌分类中的作用,将其分为4亚纲,成为现代子囊菌分类的基础。

Ainsworth et al. (1973)将子囊菌(亚门)分为6纲21目。Hawksworth et al. (1995)认为,子囊菌各成员间的亲缘关系仍不清楚,故建议将子囊菌门(包括地衣真菌)直接分成46目。Alexopoulos et al. (1996)基本遵循 Ainsworth et al. (1973)的分纲观点,但依据分子生物学研究进展对子囊菌分类做了调整,新设古子囊菌(Archiascomycetes)。Kirk et al. (2008)重新将子囊菌分为15纲。

本书主要根据依据多基因片段建立的系统发育树(图 6-11),结合 Eriksson et al. (1997)、Cavalier-Smith(1998)、Wijayawardene et al. (2020)将子囊菌分为外囊菌亚门(Taphrinomycotina O. E. Eriks. & Winka)、酵母菌亚门(Saccharomycotina O. E. Eriks. & Winka)、盘菌亚门(Pezizomycotina O. E. Eriks. & Winka),包含21门23亚门74纲215目。

6.2　外囊菌亚门

6.2.1　外囊菌亚门的基本特征及习性

(1)基本特征

外囊菌亚门的菌物常寄生在高等植物和蕨类植物上,寄生性较强,接近于专性寄生,为害茎、叶和果实,常使受害组织发生畸形,如叶子皱缩、枝条丛生、果实的膨大呈袋状或引起肿瘤。外囊菌除粒毛盘菌属(*Neolecta* Speg.)外,一般不形成子囊果,子囊裸露。外

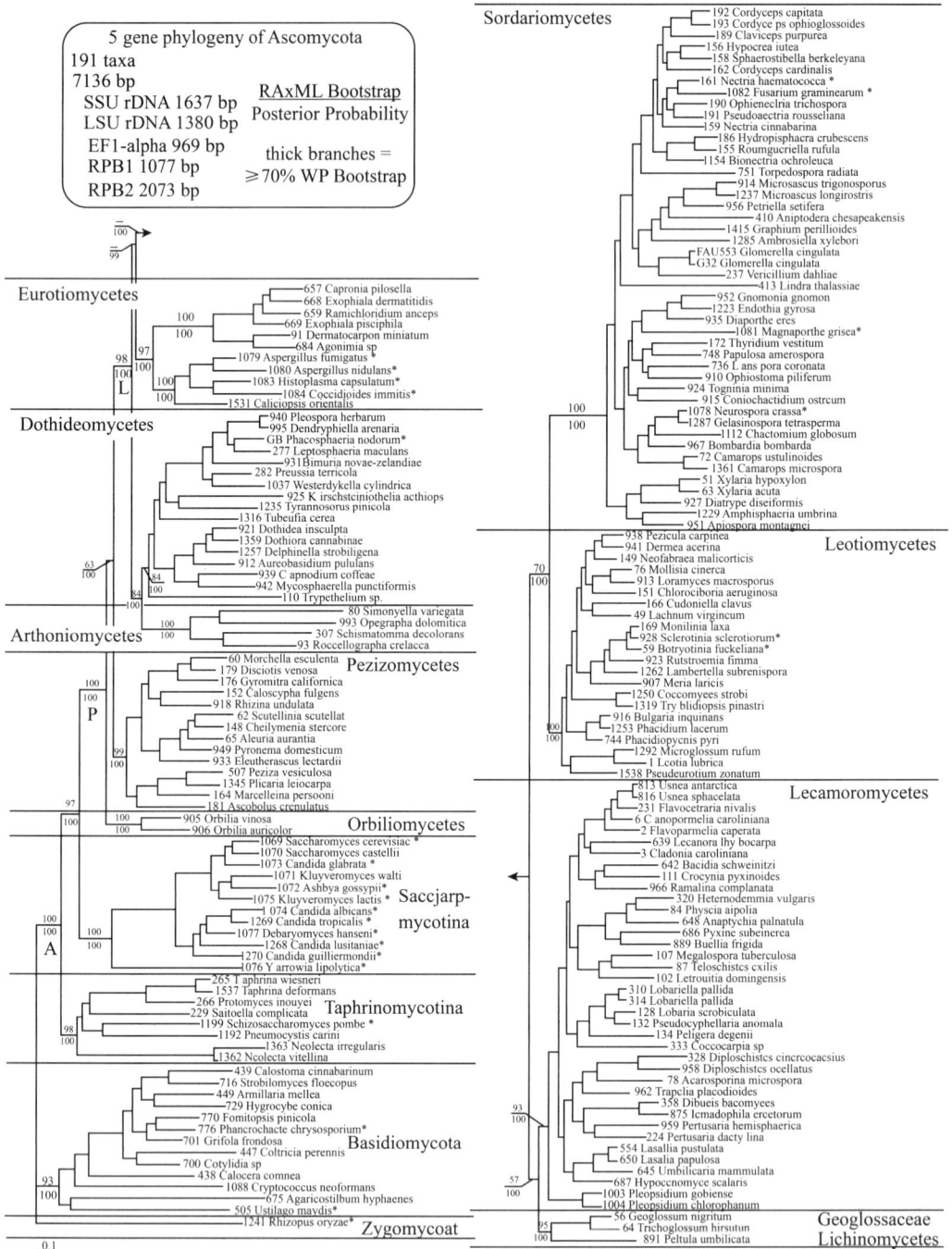

图 6-11　子囊菌门分子系统发育树

（Spatafora et al.，2006）

囊菌在寄主体外或培养基上不形成正常的菌丝体，而以芽殖方式产生酵母状细胞，形成典型的酵母菌状的菌落。在寄主体内形成粗壮具分枝、有隔膜的菌丝体，在寄主的细胞间扩展。除极少数的种外，一般的不形成吸器。菌丝的每个细胞都是双核的，这在子囊菌中很独特。

(2) 生活史

外囊菌亚门的大多数种类寄生在蔷薇科和具柔荑花序的植物上，引起叶肿、丛枝和果肿等畸形症状。这是寄主组织受侵染以后引起过度的生长所致的。叶片的局部组织由于生长过度，形成疱状肿胀的病斑。当肿胀扩展到叶片的大部或全部时，则表现为缩叶病状。幼果受害后，畸形膨大而中空。嫩枝受害后，会出现许多不定芽，最后出现丛枝现象。此外，外囊菌也能引起坏死性的、有明确边缘界限的病斑，病斑稍肿大或个别不肿大。

如畸形外囊菌[*Taphrina deformans*（Berk.）Tul.]寄生在桃上，此外还寄生杏、李和梅等植物，造成植物叶片的全部或一部分皱缩肥肿、幼枝缩短、呈淡绿色或胭红色，后期在病部表面出现白色粉霜层，即子囊组成的子实层。外囊菌的菌丝体通常为一年生，随着寄主组织的枯死而死亡，但寄生在枝条上引起丛枝病的外囊菌，其菌丝体是多年生的。有些外囊菌的双核菌丝是由 2 个子囊孢子或者 2 个芽孢子进行配合后产生的；另有一些菌物的双核菌丝则是由子囊孢子或芽孢子发展而来的。

子实层中的每个子囊内含 8 个子囊孢子，这些子囊孢子可以在子囊内进行芽殖，所以在一个成熟的子囊内可含有许多孢子。子囊孢子和芽孢子在初夏被发射出来，落在桃等寄主植物的嫩枝表面和芽鳞之间，然后继续进行芽殖，产生芽孢子，并在寄生部位越冬。翌年春天，芽孢子(或未经芽殖的子囊孢子)侵入寄主体之前先萌发，细胞核进行一次有丝分裂产生 2 个子核，这 2 个子核没有被隔膜隔开，随着芽管侵入寄主的幼叶，发展双核的菌丝体，并在寄主体内进行扩展，最后在叶片的角质层下形成一层圆形厚壁的产囊细胞。在产囊细胞内，两核进行交配成为一个双倍体的接合核，这个核先进行一次有丝分裂，形成了 2 个双倍体的子核，上部的子核进行减数分裂，形成 4 个单元体的核，然后再进行一次有丝分裂，产生 8 个核。当这些核进行分裂时，产囊细胞的壁伸长，形成一个子囊，基部的细胞成为足细胞。也有少数外囊菌进行有性繁殖时，菌丝分枝从寄主的表皮细胞之间伸出，并由其顶细胞发育为子囊，而不形成厚壁的产囊细胞。

6.2.2　外囊菌纲亚门分类

外囊菌亚门包括 5 纲：古根菌纲(Archaeorhizomycetes Rosling & T. Y. James)、粒毛盘菌纲（Neolectomycetes O. E. Erikss. & Winka）、肺孢子菌纲（Pneumocystomycetes O. E. Erikss. & Winka）、裂殖酵母纲（Schizosaccharomycetes O. E. Erikss. & Winka）、外囊菌纲(Taphrinomycetes O. E. Erikss. & Winka)，其中植物病原菌以外囊菌纲为多。

6.2.3　外囊菌纲

外囊菌纲(Taphrinomycetes O. E. Erikss. & Winka)菌物的子囊一般自近圆形的产囊细胞生出，在寄主表面平行排列成栅栏状，形成既无包被也无侧丝的子实层。子实层扩展型，无明显边缘，如在叶面则呈粉状。每个子囊中的子囊孢子一般为 8 个，但有些种的子囊孢子在子囊内以芽殖方式形成许多芽孢子。从双核菌丝产生产囊细胞，双核的产囊细胞再以厚垣孢子的形成方式产生子囊。该类群菌物包括 1 目 2 科 140 余种，全部是寄生菌，寄生性很强。

6.2.3.1 外囊菌目

外囊菌目(Taphrinales Haeckel)菌物常具有两型菌丝,隔膜孔简单,双核或核的二倍体,由产囊体细胞直接发育成幼子囊。外囊菌目包含外囊菌科(Taphrinaceae Gäum.)和原囊菌科(Protomycetaceae Gray),寄生高等植物和蕨类植物。

1)外囊菌科(Taphrinaceae Gäum.)

外囊菌科菌物的菌丝体有隔膜,子囊在寄主表面呈栅栏状排列,形成子实层。子实层扩展型,没有明确的边缘界限。子囊之间没有侧丝,外边没有包被,不形成子囊果(图6-12)。子囊一般为圆筒形,内含8个单细胞的子囊孢子,每个子囊孢子内含1个单元体的核。有些种在减数分裂之后,不再进行有丝分裂,因此在一个子囊只含4个子囊孢子。但另一些种,子囊内的单元体核可进行多次有丝分裂,形成许多小的子囊孢子(图6-13)。子囊孢子可在子囊内或子囊外进行芽殖,产生芽孢子(又称分生孢子)。子囊孢子和芽孢子通过子囊顶端子囊壁的破裂而被猛烈地发射出去,然后借风传播。

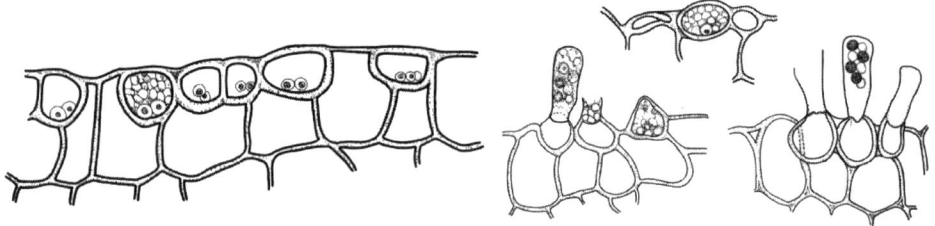

图6-12 托氏外囊菌[*Taphrina tosquinetii*(Westend.)Magnus]**裸生子囊的发育过程**
(Bond,1956)

(1)外囊菌属(*Taphrina* Fr.)

外囊菌属最初是由 Fries 以杨外囊菌(*Taphrina populina* Fr.)为基础于1832年建立的,广泛分布于世界各地,常见种:畸形外囊菌[*T. deformans*(Berk.)Tul.],引起桃缩叶病。常见的同物异名属有 *Lalaria* R. T. Moore、*Ascomyces* Mont. & Desm.、*Entomospora* Sacc. ex Jacz.、*Magnusiella* Sadeb. 等。

外囊菌由于寄生专化性较强,因此寄主种类便成为这类菌物分种的主要依据。例如,寄生在槭属植物上的外囊菌种类主要以槭树的种类来划分种,其次是种之间仅仅是菌丝体在寄主体内的分布不同,而在形态之间差异不明显。栎外囊菌[*Taphrina caerulescens*(Desm. & Mont.)Tul.]能寄生50种左右的栎属植物,尽管这个种的成员之间在形态上有一定的差别,但仍被放在一个种内。可以看出,在外囊菌属内,种的概念并不是很明确。

外囊菌属除畸形外囊菌外,其他寄生树木的种主要有:

①威斯纳外囊菌[*Taphrina wiesneri*(Táthay)Mix]。为害樱属植物的叶片和新梢,枝叶萌发后成金雀花形的丛枝,且不开花,植株呈现卷叶、丛枝、枝梢直立、基部肿大、簇生等症状,也可引起樱桃缩叶病等。

②梨外囊菌[*Taphrina bullata*(Berk.)Tul.]。为害梨叶片,病部肥肿隆起如疱疹状,初绿色,后呈苍白色。子囊在病叶的下表面形成,呈白粉状。

③稻外囊菌[*Taphrina padi*(Jacz.)Mix]。引起桤木、刺李的果实弯曲、袋果病或枝条

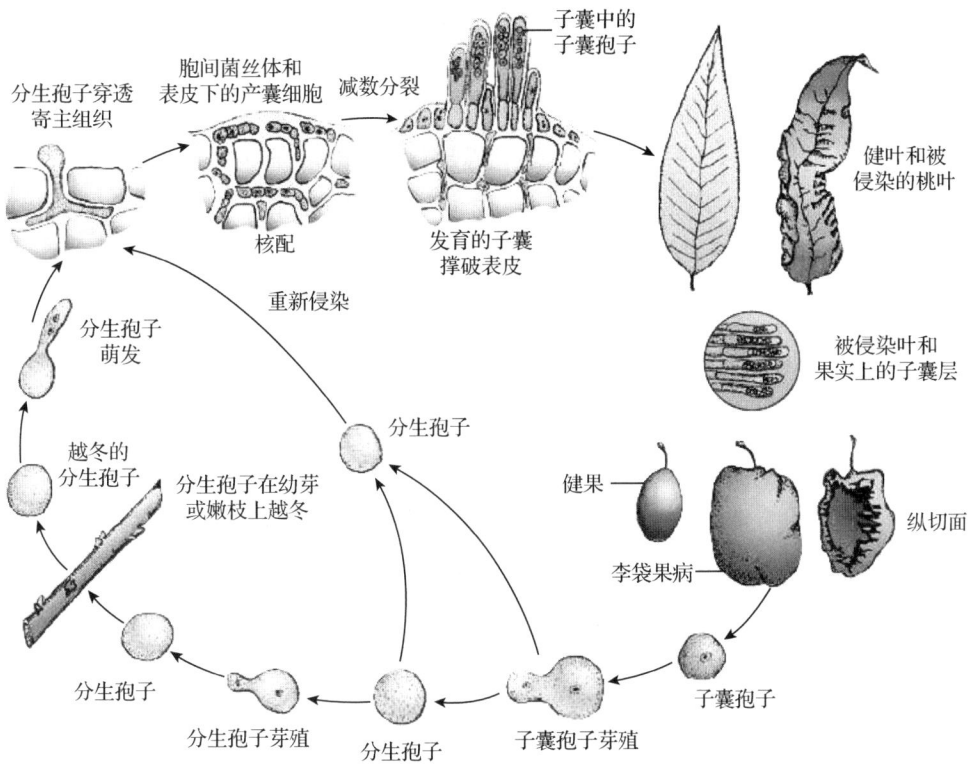

图 6-13　外囊菌属(*Taphrina* Fr.)**生活史**

(Agrios，2005)

肿胀、叶子变小。

　　该属菌物还有黄樱桃外囊菌(*T. flavorubra* W. W. Ray)、李外囊菌[*T. pruni*（Fuckel）Tul.]引起李囊果病或李果实畸形。杨外囊菌(*T. populina* Fr.)、杨囊果外囊菌(*T. johansonii* Sadeb.)、榆外囊菌[*T. ulmi*（Fuckel）Johanson]、鹅耳枥外囊菌[*T. carpini*（Rostr.）Johanson]和桦丛枝外囊菌(*T. betulina* Rostr.)也比较常见。

2）原囊菌科(Protomycetaceae Gray)

　　原囊菌科曾经被 Martin 于 1961 年与内孢霉目、外囊菌目一起归为半子囊菌纲的原囊菌目(Protomycetales Bek.)，后被作为外囊菌目的一个科。原囊菌科共 6 属 22 种。原囊菌属(*Protomyces* Unger)和外球囊菌属(*Taphridium* Lagerh. & Juel)寄生伞形科植物，较常见；拟原囊菌属(*Protomycopsis* Magnus)寄生菊科和豆科植物；囊轴原囊菌属(*Mixia* C. L. Kramer)仅 1 种，寄生蕨类。

（1）原囊菌属(*Protomyces* Unger)

　　原囊菌属是原囊菌科中最大的属，我国已报道的有寄生当归属植物及胡萝卜、芹菜的大孢原囊菌(*Protomyces macrosporus* Unger)和寄生山莴苣属植物的莴苣原囊菌(*P. lactucae* Sawada)。它们的生活史大致如下：菌丝体在寄主细胞间扩展，菌丝中间的个别细胞膨大（产囊细胞），发展成为厚壁的休眠孢子。孢子出芽时外壁破裂，内壁突出，形成一个微呈圆筒形的囊胞。原生质集中在囊胞的周缘，并分割成许多单核的小块，每小块进行二次分裂(可能是减数分裂)后，形成 4 个内生的小孢子，从而囊胞内出现大量椭圆形的孢子(图 6-14)。这些孢子聚集在囊胞的顶端成一团，通过囊胞的破裂而被释放出来。这些小孢子成对结合，并萌发形成一个双倍体的菌丝体，再由这些双倍体的菌丝侵入寄主。

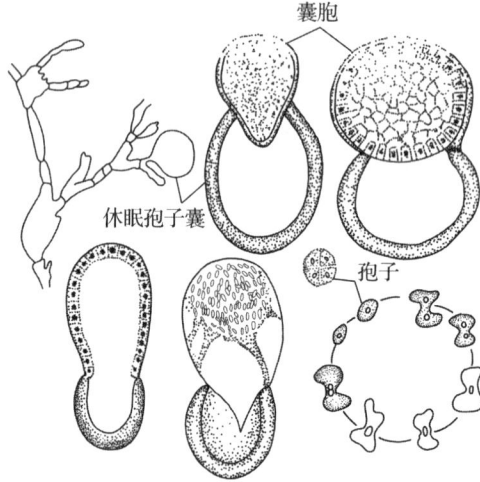

图 6-14　原囊菌属(*Protomyces* Unger)菌物的休眠孢子囊、囊胞和孢子

6.2.4　粒毛盘菌纲

粒毛盘菌纲(Neolectomycetes O. E. Erikss. & Winka)属外囊菌亚门，是单目单科单属的菌物，是外囊菌亚门中唯一具有子囊果的类群，子囊果长 7 cm，呈黄色、橘黄色或淡黄色。

粒毛盘菌是子囊菌门中一个古老而孤立的分支，在数亿年的演化中形态与生态功能高度保守，所以粒毛盘菌属也称为子囊菌进化相关研究的"活化石"。

粒毛盘菌的类群主要分布于亚洲、北美洲、欧洲北部及南美洲的阿根廷，一般生长在森林中的树木上，一些种类生长在树木的根部，但尚不清楚这些菌物的营养来源。

6.2.4.1　粒毛盘菌目

粒毛盘菌属(*Neolecta* Speg.)曾经分别归属于茶渍目(Lecanorales Nannf.)、锤舌菌目(Leotiales Korf & Lizoň)与盘菌目(Pezizales J. Schröt.)，但因其子囊之间没有侧丝的形态特征以及分子序列特征与这 3 个目内的其他成员不能对应，故于 1993 年设立粒毛盘菌目(Neolectales Landvik，O. E. Erikss.，Gargas & P. Gust.)。

该目的子囊果偏小，棍棒形，颜色浅。子实层表生，无侧丝，无外囊盘被。子囊具 8个子囊孢子，近圆柱形或棍棒形，有柄，顶部光滑。子囊孢子球形至椭圆形，单行排列。该目单科单属，即粒毛盘菌科(Neolectaceae Redhead)粒毛盘菌属(*Neolecta* Speg.)。

1)粒毛盘菌科(Neolectaceae Redhead)

粒毛盘菌属由 Spegazzini(1881)建立，最初被放入地舌菌科(Geoglossaceae Corda)，有时也像茶渍目和柔膜菌目(Helotiales Nannf.)锤舌菌科(Leotiaceae Corda)的类群，它们之间的差别明显，即粒毛盘菌属没有产囊丝钩复合体，无侧丝，子囊顶部平截，子囊壁遇碘液变蓝色，也是唯一能产生多腔隙子囊果的菌类，但该科无侧丝。与其他菌类的关系不密切，分子系统发育显示接近于外囊菌，故 1977 年建立了新科——粒毛盘菌科。

(1) 粒毛盘菌属(*Neolecta* Speg.)

该类群的典型特征是子实层无侧丝，独特的形态特征使其一直在多个高阶分类系统之间徘徊，《菌物词典》第 9 版将该类群放入粒毛盘菌目并一直延续至今。

子囊果中型偏小，肉质，表面有纵沟纹，顶端钝圆，黄色或橘黄色，呈不规则的棍棒形、扁平形、不规则扭曲形、裂片形或分枝形，基部乳白色，有绒毛或绒毛不明显。子实层表生，无侧丝，无外囊盘被。髓部的菌丝是多核细胞，细胞核通常成对排列，成熟的子囊孢子是单核的，细胞有隔膜、伏鲁宁体和脂质体。子囊由子实层基部菌丝产生，没有产囊丝钩的复合体，具 8 个子囊孢子，近圆柱形或棍棒形，有柄，顶部光滑，碘反应不明显。子囊孢子球形至椭圆形，在子囊内呈单行排列(图 6-15)。

该属俗称"地舌"，但与地舌菌属(*Geoglossum* Pers.)、小舌菌属(*Microglossum* Gillet)的遗传距离很远，尚不能人工培养。该属目前只记载 4 种。常见种：畸果粒毛盘菌[*Neolecta irregularis* (Peck) Korf & J. K. Rogers = *Ascocorynium irregulare* (Peck) S. Ito & S. Imai]，常散生于阔叶林林地；蛋黄粒毛盘菌[*N. vitellina* (Bres.) Korf & J. K. Rogers]生于针叶树的细根上，可能是根部寄生菌。

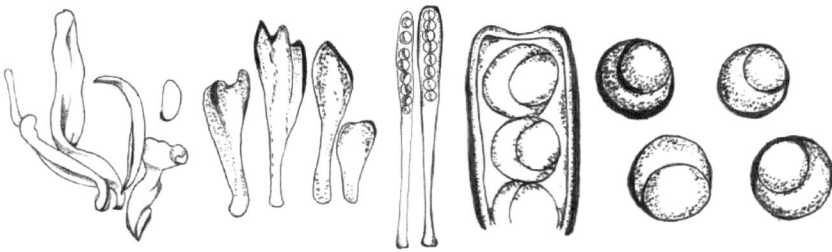

图 6-15　粒毛盘菌属(*Neolecta* Speg.)**菌物的子囊果、子囊、子囊顶端和子囊孢子**
(Landvik et al.，2003)

6.3　酵母菌亚门

6.3.1　酵母菌亚门基本特征及习性

(1) 基本特征

酵母亚门(Saccharomycotina)是子囊菌门中最低等的一个类群，也是子囊菌类酵母的重要部分。该类菌物的营养体多为单细胞，通常单生，有明显的细胞壁和细胞核，细胞壁的主要组分是甘露聚糖和葡聚糖，有时数个细胞连成串，形成拟菌丝，以出芽的方式繁殖，芽脱落后形成新个体，不存在产囊丝和子囊果。少数酵母以裂殖方式进行繁殖，当母细胞长到一定大小时，细胞核开始分裂，之后在细胞中间产生一隔膜，将细胞一分为二。还有些酵母菌可形成一些无性孢子，如分生孢子和节孢子等。

(2) 生活史

酵母菌亚门菌物的生活史可分为以下 3 种类型：

①单倍体型。以八孢裂殖酵母（*Schizosaccharomyces octosporus* Beij.）为代表。特点：营养细胞是单倍体；无性繁殖以裂殖方式进行；双倍体细胞不能独立生活，因为双倍体阶段短，一经生成立即减数分裂。

②双倍体型。以路德类酵母［*Saccharomycodes ludwigii*（E. C. Hansen）E. C. Hansen］为代表。特点：营养体为双倍体，不断进行芽殖，双倍体营养阶段长，单倍体的子囊孢子在子囊内发生接合；单倍体阶段仅以子囊孢子形式存在，故不能独立生活。

③单双倍体型。以酿酒酵母［*Saccharomyces cerevisiae*（Desm.）Meyen］为代表。特点：单倍体营养细胞和双倍体营养细胞均可进行芽殖；营养体既可以单倍体形式存在，也可以双倍体形式存在；在特定条件下进行有性生殖；单倍体和双倍体 2 个阶段同等重要形成世代交替。

6.3.2　酵母菌亚门分类

根据 The Yeast 系统，酵母菌亚门（Saccharomycotina O. E. Erikss. & Winka）仅 1 纲——酵母菌纲（Saccharomycetes G. Winter）和 1 目——酵母菌目（Saccharomycetales Luerss.），其下分为 14 科。本书仅介绍重要的常见科属。

6.3.3　酵母菌纲

酵母菌纲（Saccharomycetes G. Winter）菌物主要以单细胞状态存在，不存在产囊丝和子囊果，子囊是薄壁的，子囊孢子通过子囊的溶解或最后破裂而释放。质配通过功能相当于配子囊的细胞间融合进行。质配后紧接着进行核配，因而生活史中没有双核期。双倍体在有些种中可持续存在，双倍体细胞可通过芽殖进行增殖，有性生殖时可直接转化为子囊。常栖居于含糖的植物渗出物，如树木伤口的渗出黏液、花蜜、新鲜或腐烂的果实表面以及果实加工品上，也可发现于土壤、淡水和海水以及哺乳动物的消化道。

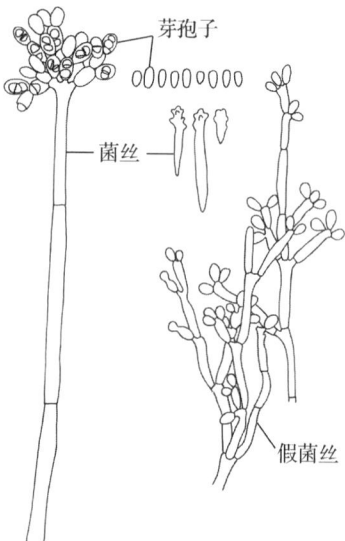

图 6-16　白头囊菌

（*Cephaloascus albidus* Kurtzman）

（Kurtzman et al.，2010）

6.3.3.1　酵母菌目

酵母菌目（Saccharomycetales Luerss.）目前包含 12 科 75 属（Alexopoulos et al.，1996；Kirk et al.，2008）。重要科有头囊菌科（Cephaloascaceae L. R. Batra）、酵母菌科（Saccharomycetaceae Luerss.）、类酵母科（Saccharomycodaceae Kudryavtsev）、假囊酵母科（Eremotheciaceae Kurtzman）。

1）头囊菌科（Cephaloascaceae L. R. Batra）

头囊菌科菌物多具有丰富的菌丝和帽形的子囊孢子。常生长在针叶林或其他菌物上，或与昆虫有关。仅有 1 属。

（1）头囊菌属（*Cephaloascus* Hanawa）

该属酵母在无性繁殖时通常有出芽细胞，假菌丝普遍存在。芽孢子在真菌丝或假菌丝的末端形成（图 6-16）。菌落是光滑的或粉状的，白色到淡奶油色。有性生殖阶段子囊直立，透明或棕色，并在其顶端生一簇子囊。子囊椭圆形，壁薄，内含 4 个帽状子囊孢子。代表种：芳香头囊菌（*Cephaloascus fragrans* Hanawa）常见于树胶中，并作为取食菌物的树皮甲虫的食物。

2）酵母菌科（Saccharomycetaceae Luerss.）

酵母菌科菌物的菌体多为单细胞，可产生假菌丝；无性繁殖方式多为多边芽殖；子囊孢子产生在游离的子囊内，子囊起源于合子或者单个营养体细胞的孤雌生殖。该科菌物多应用在工业并具有重要价值。

（1）酵母菌属（*Saccharomyces* Meyen）

营养体单胞，细胞通过重复出芽而繁殖，有些细胞发育成子囊，内含 1~4 个子囊孢子（图 6-17）。其中酿酒酵母是人类文明发展过程中必不可少的一类以芽殖或裂殖进行繁殖的单细胞菌物，已在世界范围内拥有几千年的使用历史，主要用于面包、馒头、食醋等食品的制作，以及用于葡萄酒、蒸馏酒、啤酒等的酿造工艺方面。尽管酿酒酵母一般被认为是良性菌株而广泛应用于食品发酵中，但酿酒酵母作为条件致病菌感染免疫系统缺陷个体的事实使人们逐渐认识到酿酒酵母致病的一面。

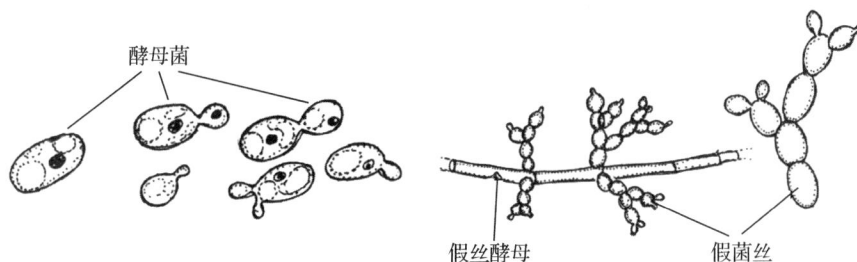

图 6-17 酵母菌属（*Saccharomyces* Meyen）**和假丝酵母菌属**（*Candida* Dietrichson）

酵母菌属最早于 19 世纪上半叶提出，随后经过巨大的变动，目前包括 8 个自然种：树生酵母（*S. arboricola* F. Y. Bai & S. A. Wang）、卡氏酵母菌（*S. cariocanus* G. I. Naumov，S. A. James，E. S. Naumova，E. J. Louis & I. N. Roberts）、酿酒酵母［*S. cerevisiae*（Desm.）Meyen］、真贝酵母（*S. eubayanus* J. P. Samp.，Libkind，Hittinger，P. Gonç.，E. Valério，C. Gonç.，Dover & M. Johnst.）、库德里阿兹威氏酵母（*S. kudriavzevii* G. I. Naumov，S. A. James，E. S. Naumova，E. J. Louis & I. N. Roberts）、三方式酵母（*S. mikatae* G. I. Naumov，S. A. James，E. S. Naumova，E. J. Louis & I. N. Roberts）、奇异酵母（*S. paradoxus* Bach.-Raich.）和葡萄酵母（*S. uvarum* Beij.）和 2 个与发酵相关的杂交种：贝型酵母（*S. bayanus* Sacc.）和巴斯德酵母（*S. pastorianus* Reess）。

3）类酵母菌科（Saccharomycodaceae Kudryavtsev）

类酵母菌科的典型特征是具有以二极芽殖为无性繁殖方式的细尖的细胞（柠檬形）。该科目前主要包括 2 个属：类酵母菌属（*Saccharomycodes* E. C. Hansen）和汉森酵母菌属（*Hanseniaspora* Zikes）。

（1）类酵母菌属（*Saccharomycodes* E. C. Hansen）

该属目前主要包括模式种——路德类酵母［*Saccharomycodes ludwigii*（E. C. Hansen）E.

C. Hansen]，可作为一个尖端酵母菌的实例。生活史的特点：具有一个长的双倍体营养阶段和一个很短的单倍体阶段。两个相邻的具有相对交配型 A1 和 A2 的子囊孢子在子囊内融合，发生质配和核配，形成一个双倍体细胞。这一双倍体细胞萌发出一芽管，芽管穿透子囊壁并像发芽菌丝一样通过芽殖产生酵母细胞。这些芽殖细胞通过隔膜与母细胞隔开并很快割裂。双倍体酵母细胞发生减数分裂后发育为子囊，每个子囊大多产生 4 个子囊孢子，每种交配型 2 个子囊孢子。其子囊孢子代表生活史中仅有的单倍体阶段，且子囊孢子具有一很明确的脉状突起，在子囊内每对孢子沿此结构密切接触。

6.4 盘菌亚门

6.4.1 盘菌亚门基本特征及习性

盘菌亚门(Pezizomycotina)是子囊菌门最大的一个类群，分布广，主要以内生、寄生和腐生方式生活在植物、动物、土壤等各种基质上。其中，寄生种类有体外寄生，如白粉菌、小煤炱菌；体内兼性寄生，引起各种病害，如榆枯萎病、栗疫病、麦类赤霉病等病原菌；还有的寄生在昆虫体内，如冬虫夏草。多数盘菌亚门菌物营腐生生活，生存在木材、树皮、枯枝落叶、粪便等基物上，在物质循环中起一定作用。此类菌物的子囊通常为圆柱形，子囊排列在盘状子囊果中，子囊盘中至大型，无柄或近乎无柄，孢子一般为 8 个，在子囊中成一行排列。

6.4.2 盘菌亚门分类

盘菌亚门目前有 14 纲：星裂菌纲(Arthoniomycetes O. E. Erikss. & Winka)、粉头衣纲(Coniocybomycetes M. Prieto & Wedin)、座囊菌纲(Dothideomycetes O. E. Erikss. & Winka)、散囊菌纲(Eurotiomycetes O. E. Erikss. & Winka)、地舌菌纲(Geoglossomycetes Zheng Wang, C. L. Schoch & Spatafora)、虫囊菌纲(Laboulbeniomycetes Engl.)、茶渍菌纲(Lecanoromycetes O. E. Erikss. & Winka)、锤舌菌纲(Leotiomycetes O. E. Erikss. & Winka)、李基那地衣纲(Lichinomycetes V. Reeb, Lutzoni & Cl. Roux)、圆盘菌纲(Orbiliomycetes O. E. Erikss. & Baral)、盘菌纲(Pezizomycetes O. E. Erikss. & Winka)、箬衣纲(Sareomycetes Beimforde, A. R. Schmidt, Rikkinen & J. K. Mitch.)、粪壳菌纲(Sordariomycetes O. E. Erikss. & Winka)、木菌纲(Xylonomycetes Gazis & P. Chaverri)和木葡萄壳菌纲(Xylobotryomycetes Voglmayr & Jaklitsch)。

6.4.3 星裂菌纲

星裂菌纲(Arthoniomycetes O. E. Erikss. & Winka)菌物的菌体形态变化大，多为壳状，但有时发育不良或缺失。子囊果通常为子囊盘，但有时具一孔状开口；通常为长形且分枝，子囊果壁发育不良至发育良好。囊间组织由包埋在胶质中分枝的拟侧丝组成。子囊厚壁，具沟缝，常具一个大的穹顶状顶端，在碘液中变蓝。子囊孢子无隔或有隔，有时为褐色且具纹饰，无外鞘。无性阶段为具分生孢子器的腔孢菌。

该纲的菌物常与蓝藻共生形成壳状地衣，地衣生或腐生，着生在寄主范围较宽的基质上，常分布在热带，从海平面到高山地区的不同海拔均有分布，许多为叶面上生和树皮、木材、岩石、苔藓植物上生的种类。

星裂盘菌纲包括星裂盘菌目（Arthoniales Henssen ex D. Hawksw. & O. E. Erikss.）和柱头衣目（Lichenostigmatales Ertz, Diederich & Lawrey）。

星裂菌目

星裂盘菌目（Arthoniale Henssen ex D. Hawksw. & O. E. Erikss.）共 7 科 116 属，约 1 500 种。

1）星裂菌科（Arthoniaceae Rchb.）

菌丝体通常缺失或发育不良。子囊果多为子囊盘，具不发育的壁，无囊盘被，常加长且分枝；子实层红色或褐色。与藻类共生形成地衣，主要为地衣型菌物（lichen forming），已知 23 属 800 多种。其中，300 多种属于星裂菌属（*Arthonia* Ach.）；乳头衣属（*Arthothelium* A. Massal.）有 100 多种；隐果衣属（*Cryptothecia* Stirt.）有 60 种。已知的无性阶段多为腔孢菌。

（1）星裂菌属（*Arthonia* Ach.）

菌丝体灰色至褐色，具一黑色的原叶体，子囊盘常见，不规则或近似星形。子囊宽棍棒形至近球形，常在基部有 1 短突起，内含 8 个子囊孢子。子囊孢子椭圆形至长椭圆形，透明或浅褐色，具隔膜，成熟后表面具疣（图 6-18）。无性阶段分生孢子器常埋生在子囊果内，分生孢子窄梭形至棍棒形。

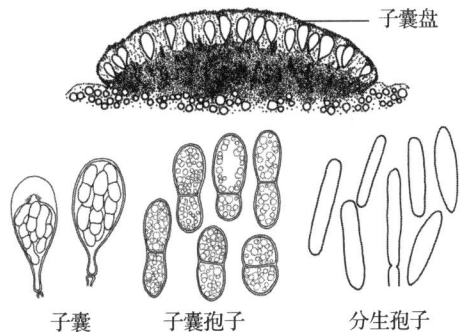

图 6-18　石生星裂菌［*Arthonia lapidicola* (Taylor) Branth & Rostr.］的形态特征（McCarthy et al., 2017）

6.4.4　座囊菌纲

座囊菌纲（Dothideomycetes O. E. Erikss. & Winka）是真菌界种类最多、多样化程度最高的类群，包含 32 目 191 科 1 495 属，已记载超过 19 000 种菌物（Pem et al., 2021）。座囊菌纲包含曾归于腔菌纲（Loculoascomycetes Ainsw.）的大多数具有发达子座和双囊壁子囊的种类。

座囊菌纲菌物在陆地、淡水、海洋和极端环境中都有分布，在生态系统过程（如陆地生态系统中的碳和氮循环以及养分利用）中发挥重要作用。陆生菌物存在于土壤、岩石、植物和动物表面或内部。岩石菌物生长缓慢，特征是通过无性型的分生组织或微菌落生长，并且细胞壁中有黑色素。很多座囊菌纲菌物为植物病原菌、内生菌或表生菌，也可以为腐生菌降解植物残体、粪肥中的纤维素及其他碳水化合物。但是其营养方式不限于植物，一些类群为地衣型菌物，还有一些为其他菌物的寄生菌或寄生于动物。

座囊菌纲的子囊果多为子囊座，质配后随着子囊的发育，子囊座组织进行生长和分化，中心组织溶解形成子囊腔，不像其他子囊菌再形成包被组织。子囊座为垫状、块状、盘状或壳状，内含单腔或多腔。常形成类似长颈烧瓶形的单腔子囊果，称为假囊壳

（pseudothecium）（图 6-19）。这种子囊果难以与真正的子囊壳区别，除非研究它的发育过程。每个子囊腔含单子囊，也有的含多个子囊成束或成排生于子囊腔中。子囊座顶部通过溶解形成孔口、裂生孔口或无孔口。大多数座囊菌的子囊孢子有隔，双胞、多胞或砖格状多胞，很少单胞。

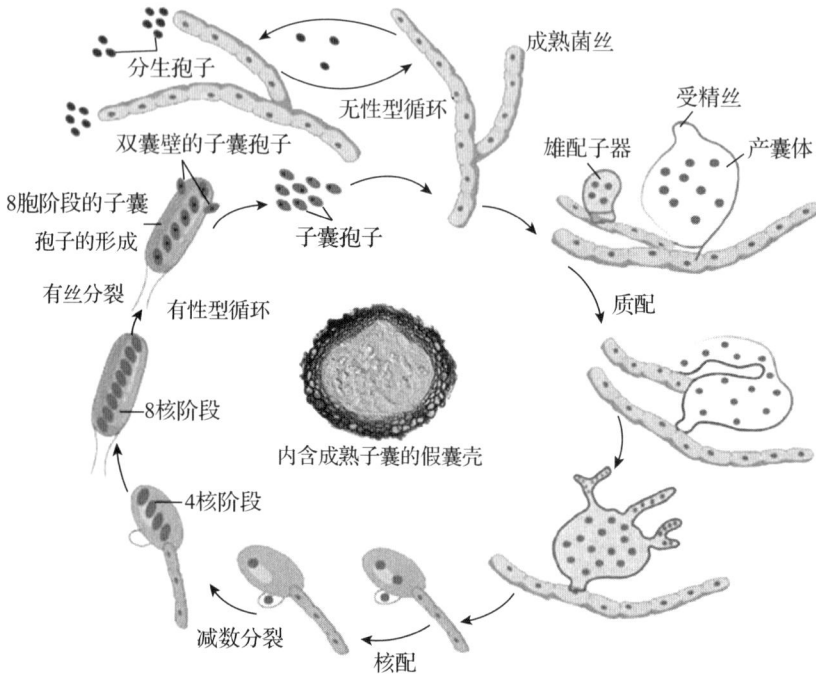

图 6-19　座囊菌纲类群生活史

座囊菌纲包括 3 亚纲，其中间座壳亚纲（Dothideomycetidae P. M. Kirk，P. F. Cannon，J. C. David & Stalpers）包含煤炱菌目（Capnodiales Woron.）、座囊菌目（Dothideales Lindau）、多腔菌目（Myriangiales Starbäck）；小煤炱菌亚纲（Meliolomycetidae P. M. Kirk，P. F. Cannon，J. C. David & Stalpers）包含小煤炱菌目（Meliolales Gäum. ex D. Hawksw. & O. E. Erikss.）；格孢腔菌亚纲（Pleosporomycetidae C. L. Schoch，Spatafora，Crous & Shoemaker）包含贝壳菌目（Mytilinidiales E. Boehm，C. L. Schoch & Spatafora）、格孢腔菌目（Pleosporales Luttr. ex M. E. Barr）。还有一些未定亚纲的目，如扁棒壳目（Acrospermales Minter，Peredo & A. T. Watson）、葡萄座腔菌目（Botryosphaeriales C. L. Schoch，Crous & Shoemaker）、小盾壳目（Microthyriales G. Arnaud）等。

6.4.4.1　煤炱菌目

煤炱菌目（Capnodiales Woron.）菌丝体埋生或表生，暗色，发达。子囊果多为子囊座的假囊壳型，球形、扁圆形或长条形，壁薄，具开口。囊间组织缺失或由不明显的缘丝组成。子囊囊状或棍棒形，具裂缝，遇碘不变蓝。子囊孢子无色至褐色，有隔，有时为线形。无性型变化大，常表生。

共 12 科 106 属 749 种。

1）科英布拉菌科（Aeminiaceae J. Trovão，I. Tiago & A. Portugal）

该科是 Trovão et al.（2019）从葡萄牙科英布拉大教堂的石灰岩艺术品上分离到的一种黑色菌落的菌物，常见于伊比利亚半岛的石灰岩上。该类菌物耐盐碱，耐旱，菌丝生长缓慢，结构紧密，通过产生支孢菌素和类胡萝卜素等适应贫瘠的营养生活方式，它们通过菌丝渗透进入岩石裂缝，也能够产生腐蚀性的胞外多糖。由于其强大的破坏潜力和对多种材料修复的高抗性，它们是文物保护人员和生物学家从事文物材料生物退化工作面临的主要挑战之一。

菌丝具隔膜、光滑、壁厚、深色、念珠状。分生孢子由中间或末端的菌丝细胞分化而成，双胞，深棕色，厚壁，光滑，具皱纹，球形，常呈链状。有性型未见。

仅 1 种——路德格科英布拉菌（*Aeminium ludgeri* J. Trovão，I. Tiago & A. Portugal）。

2）煤炱菌科（Capnodiaceae Höhn.）

该科分布于热带、亚热带，在植物的叶、果、茎表面以及岩石上形成暗色菌丝层，依靠蚜虫和介壳虫分泌的"蜜露"生活，与植物本身没有寄生关系。因此，菌丝层很容易从植物表面剥下。该科菌物的存在往往妨碍植物的光合作用，影响观赏植物的美观。

菌丝体表生，发达，暗色，具分隔，形状变化大，有时由不规则的近柱形或近念珠状菌丝组成，有时具垂直分枝，有时具黏质外壳。子囊果小，多为子囊座，球形或长条形，壁薄，有时覆盖一层黏质层，有时具刚毛或菌丝状附属物，以界限清晰的孔口或界限模糊的溶解而成的孔口作为开口。囊间组织缺失或由不明显的缘丝组成。子囊小，囊状，具裂缝，遇碘不变蓝。子囊孢子无色至褐色，有隔，有时为线形，很少具纹饰，无外壳。无性态煤污状，常表生，分生孢子形态变化大，大多拉长，有短或长窄的颈，产孢处肿胀或正常，分生孢子小，单胞，椭圆形，透明。

煤炱菌科分属检索表

1. 分生孢子器具黑色颈部或中上部棕色膨大；子囊孢子透明 ····································
   ··································· 多胞煤炱属（*Phragmocapnias＝Conidiocarpus*）
1′. 分生孢子器无黑色的颈部，或中上部棕色膨大；子囊孢子棕色或透明 ················ 2
2. 分生孢子器基部无球根状膨大；子囊孢子棕色 ·············· 煤炱属（*Capnodium＝Polychaeton*）
2′. 分生孢子器基部球根状膨大；子囊孢子非棕色 ································ 3
3. 有性型未知，分生孢子略微膨大，顶部漏斗形 ··············· 细束炱属（*Leptoxyphium*）
3′. 子囊果聚生在黑色的菌丝层上；分生孢子器基部球根状膨大 ················ 4
4. 子囊孢子常 3 分隔 ······························ 胶壳炱属（*Scorias*）
4′. 子囊孢子常 1 分隔 ······························ 拟胶壳炱属（*Scoriadopsis*）

（1）煤炱属（*Capnodium* Mont.）

菌丝细胞圆形，暗色，串状细胞或融合成菌丝状。在菌丝上常形成刚毛，偶生附着枝（hyphopodium）。无性繁殖产生多种形状的分生孢子器，有些菌的分生孢子器长颈烧瓶形。子囊座多为假囊壳型，无刚毛，表面光滑，表生。子囊孢子砖格形，褐色，引起煤污病（图 6-20）。本属已记载 78 种，常见种如下：

①串珠煤炱(*Capnodium moniliforme* L. R. Fraser)。可侵染十大功劳、金叶女贞等，引起多种园艺观赏植物的煤污病(图 6-20)。

②橘煤炱(*Capnodium citri* Berk. & Desm.，异名柳煤炱 *C. salicinum* Mont.)，为害柑橘叶、果实和枝梢，引起柑橘及多种植物的煤污病。受害部位产生褐色小斑，覆盖易剥落的黑色霉层，后期霉层上形成小黑点或刺毛状突起物(子囊座)。子囊座球形或扁球形，表面生刚毛，有孔口。子囊长卵形或棍棒形，内含 8 个子囊孢子，二列。子囊孢子长椭圆形，无色，有横隔。分生孢子由菌丝缢缩成念珠状再分割而成，或产生在圆筒形至棍棒形的分生孢子器内(图 6-21)。

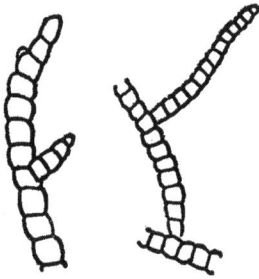

图 6-20 串珠煤炱(*Capnodium moniliforme* L. R. Fraser)的菌丝

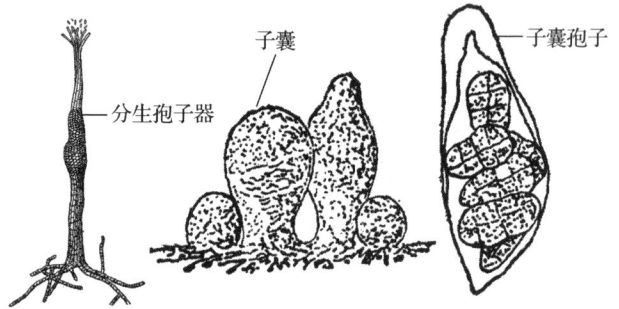

图 6-21 橘煤炱(*Capnodium citri* Berk. & Desm.)的分生孢子器、子囊和子囊孢子

该属常见种还有椴煤炱[*Capnodium tiliae* (Fuckel) Sacc. = *Fumago tiliae* Fuckel]、茶煤炱(*C. theae* Boedijn)、咖啡煤炱(*C. coffeae* Pat.)引起枝叶煤污病；多枝煤炱(*C. ramosum* Cooke)引起杧果煤污病；杧果煤炱(*C. mangiferae* Cooke)引起严重的黑枝病和叶黑斑病；富特煤炱(*C. footii* Harv. ex Berk. & Desm.)引起茶树、山茶的煤污病。

(2)刺壳炱属(*Capnophaeum* Speg.)

该属与煤炱属类似，主要区别是子囊座上具有圆锥形的刺状刚毛。我国记录 2 种，有柑橘属植物上的烟色刺壳炱[*Capnophaeum fuliginodes* (Rehm) W. Yamam.]和狭穗箣竹上的箣竹刺壳炱(*C. ischurochloae* Sawada & W. Yamam.)，主要发生在台湾。该属的模式标本已经遗失，由于其形态特征与煤炱属高度相似，一些学者认为该属的划分存疑。

(3)胶壳炱属(*Scorias* Fr.)

子囊座球形至椭圆形，表面光滑或有菌丝状附属丝，没有刚毛和瘤状突起，无柄或有柄，或着生在菌丝索上。子囊孢子具横隔膜，无色。常见种：头状胶壳炱(*Scorias capitata* Sawada)，寄生在茶树上引起煤污病；海绵胶壳炱[*S. spongiosa* (Schwein.) Fr. = *Botrytis spongiosa* Schwein.]，表生在多种植物表面。

(4)多胞煤炱属(*Phragmocapnias* Theiss. & Syd.)

腐生于昆虫分泌的"蜜露"，暗色菌丝形成煤污状物覆盖在叶表面。菌丝黑色，具膜，网状分枝，密集，圆柱形，放射状，有分隔。有性阶段子囊座散生，近球形至宽椭球形，偶尔有柄，牢固地附着在基生菌丝上，深棕色，壁厚，具孔口，具刚毛。子囊双层囊壁，含 8 个子囊孢子，宽棍棒形。子囊孢子圆筒形，透明，4 分隔，在隔膜处有缢缩。无性阶段分生孢子器椭圆形或部分椭圆形，具孔口，无长颈。孔口被透明锥状菌丝包围。分生孢子小，椭圆形，无隔膜，透明，光滑，以小水滴状排列在分生孢子器顶端。常见种：蓉叶多胞煤炱 [*Phragmocapnias betle*（Syd.，P. Syd. & E. J. Butler）Theiss. & Syd. = *Capnodium betle* Syd.，P. Syd. & E. J. Butler]。

3）枝孢科（Cladosporiaceae Chalm. & R. G. Archibald）

子囊座多为假囊壳，球形或扁圆形。子囊圆筒形或棍棒形，含 8 个子囊孢子。分生孢子梗分化明显，有色。子囊孢子中间具隔膜，无色。分生孢子梗分化明显，暗色。分生孢子形态较多，暗色，具隔膜。

枝孢科无性型分属检索表

1. 有刚毛，棕色，不分枝 ··· 小顶枝孢属（*Acroconidiella*）
1′. 无刚毛 ··· 2
2. 孢子梗紧凑，密集 ··· 拟粉座菌属（*Graphiopsis*）
2′. 孢子梗单生 ··· 枝孢属（*Cladosporium*）

（1）枝孢属（*Cladosporium* Link）

子囊座多为假囊壳，球形或扁圆形。子囊圆筒形或棍棒形，束生，子囊间无拟侧丝，子囊含 8 个子囊孢子。子囊孢子中间具一横隔，无色，椭圆形，常具有不规则内含物。分生孢子梗分化明显，单生或丛生，近顶端或中部分枝，褐色或橄榄色，表面光滑或具细疣。产孢方式为全壁芽生合轴式产孢。分生孢子圆柱形、椭圆形、梭形或其他形状，淡褐色至深橄褐色，0~3 个隔膜，表面光滑或具疣突，孢痕和脐点明显，常芽殖，形成分枝或不分枝的孢子链，单生或簇生（图 6-22）。

共 310 余种，分布广泛。寄生或腐生。例如，枝状枝孢 [*Cladosporium cladosporioides*（Fresen.）G. A. de Vries]，侵染高粱穗部，引起黑变病；瓜枝孢（*C. cucumerinum* Ellis & Arthur），侵染黄瓜及其他葫芦科植物的叶、茎和果实，引起黑星病；草本芽枝孢 [*C. herbarum*（Pers.）Link]，侵染水稻、小麦等，引起黑变病。

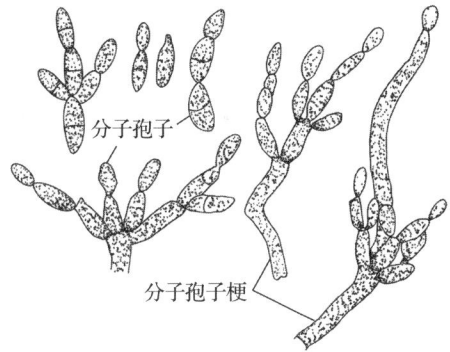

图 6-22　草本芽枝孢 [*Cladosporium herbarum* （Pers.）Link] 的分生孢子梗和分生孢子

（Ellis，1971）

4）球腔菌科（Mycosphaerellaceae Lindau）

子囊果为子囊壳或子囊座，埋生在植物组织中，后期常突破表皮外露，常聚生在一起，或在发育较差的基部子座。黑色，具乳突，具一发育较好的溶解而成的孔口；包被通常较薄，由拟薄壁组织组成。子囊间组织无，子囊卵形或囊状，具裂缝，无其他顶端结构，遇碘不变蓝。子囊孢子常无色且具横隔，无鞘。无性阶段多为丝孢菌类，种类多，植物组织上活体营养或死体营养寄生物或腐生物。

约 168 属 6 500 余种。

球腔菌科有性型分属检索表

1. 子囊果单生、散生 ·· 2
1'. 子囊果多腔，埋生于基质或假基质中 ·· 7
2. 常生长于地衣上 ·· 3
2'. 腐生或寄生于开花植物 ·· 5
3. 子囊孢子多为3隔 ··· 假密梗孢属（*Pseudostigmidium*）
3'. 子囊孢子1隔 ·· 4
4. 囊间组织短假侧丝，生于子囊腔上部，不到达子囊间隙；子囊孢子透明，成熟时呈褐色；营养菌丝透明或淡褐色，表面光滑，在寄主菌体上不形成浅网 ··········· 点球壳属（*Stigmidium*）
4'. 囊间组织丝状，生于子囊间，但通常稀疏；子囊孢子透明或棕色，营养菌丝培养基至深棕色，光滑或具皱纹，一般在寄主菌体或子囊盘上形成浅网，偶见埋生 ········ 囊球壳属（*Sphaerellothecium*）
5. 子囊孢子通常1隔，椭圆形至棍棒形 ··· 6
5'. 子囊孢子3隔，长圆柱形 ··· 亚球壳属（*Sphaerulina*）
6. 子囊孢子1隔，透明（成熟时偶见3隔，黄棕色），短细胞有假旁突，寄生山龙眼科植物 ·· 褐球壳属（*Brunneosphaerella*）
6'. 子囊孢子通常透明，无假旁突，腐生或寄生多种植物寄主 ······ 广义小球腔菌属（*Mycosphaerella* s. l.）
7. 子囊孢子无隔 ·· 8
7'. 子囊孢子有隔 ·· 9
8. 子囊孢子壁粗糙，具小槽；假子座埋生或半埋生于寄主表皮，突出；寄生于复叶槭 ·· 痂座腔菌属（*Achorodothis*）
8'. 子囊孢子壁光滑；于寄主子房内产生子座；寄生于苔藓植物花序内 ········ 黑座腔菌属（*Melanodothis*）
9. 子囊孢子1隔，无色透明或有色 ··· 10
9'. 子囊孢子2~3隔，淡黄色，寄生仙人掌科植物 ················· 吉洛特菌属（*Gillotia*）
10. 子囊果表生，易脱落 ··· 11
10'. 子囊果基生，不易脱落，突破寄主表皮外露，引起三叶草属植物黑斑病或烟煤病 ·· 浪梗霉属（*Polythrincium* = *Cymadothea*）
11. 子座红棕色至黑色，圆形或波浪形生于寄主表皮；子囊果于基质中挤出，红棕色至棕色，有侧丝 ·· 鲜座壳属（*Placocrea*）
11'. 子座形如黑斑，边缘呈黄褐色，子囊果多数，埋生于基质中，深棕色至黑色，无侧丝 ·· 垫座菌属（*Euryachora*）

球腔菌科无性型分属检索表

1. 腔孢型无性态（分生孢子体为分生孢子器型或分生孢子盘型）······························ 2
1'. 丝孢型无性态（分生孢子梗单生，束状，分生孢子座型或束丝型）····················· 9
2. 分生孢子盘型 ·· 3
2'. 分生孢子器型 ·· 7
3. 分生孢子梗及分生孢子棕色，有小疣 ···························· 隔孢皿属（*Lecanosticta*）
3'. 分生孢子梗及分生孢子无色或仅为浅棕色，光滑或几近光滑 ························ 5
4. 分生孢子梗、产孢细胞和分生孢子亚透明至浅褐色；产孢细胞只能持续增殖 ·· 黏质盘孢属（*Colletogloeum*）
4'. 产孢细胞及分生孢子无色；产孢细胞持续增殖或合轴式增殖 ························ 6

5. 团状的分生孢子无色，不黏稠，常为线形 ………………………… 壳丰孢属（*Phloeospora*）

5′.团状的分生孢子奶油色至浅褐色，黏稠，通常单胞或为多隔(1~5)孢子，罕无隔 ……………
………………………………………………………………………… 穴褥盘孢属（*Dothistroma*）

6. 分生孢子透明，光滑或近光滑，常为线形 ………………………… 壳针孢属（*Septorias*）

6′.分生孢子有色，具小疣 …………………………………………………………………… **8**

7. 分生孢子具隔膜 ……………………………………………… 暗壳孢属（*Phaeophleospora*）

7′.分生孢子具离壁隔膜 ……………………………………………… 狭单胞菌属（*Sonderhenia*）

8. 分生孢子梗为束丝型 ……………………………………………………………………… **10**

8′.分生孢子梗不为束丝型 …………………………………………………………………… **13**

9. 孢梗束、分生孢子梗及分生孢子无色，或至少产孢细胞及分生孢子无色；分生孢子单生或链生，0~1
隔，罕 3 隔 …………………………………………………………… 丛梗孢属（*Phacellium*）

9′.孢梗束、分生孢子梗及分生孢子有色 …………………………………………………… **11**

10. 分生孢子强烈螺旋状弯曲，很少有隔膜 ………………………… 旋孢壳属（*Trochophora*）

10′.分生孢子直或仅轻微弯曲 ……………………………………………………………… **12**

11. 产孢细胞位点不明显，不会变厚变暗，可见轻微的齿状，分生孢子单生，线形，多横隔，偶见砖格
形 ……………………………………………………………… 假尾孢属（*Pseudocercospora*）

11′.产孢细胞位点明显，变厚变暗，单生，偶链生，单胞或多隔孢子，偶见线形孢子 ………………
………………………………………………………………………………… 钉孢属（*Passalora*）

12. 有色具疣的菌丝末端细胞，形成棕色疣状内生孢子，无分生孢子梗 ……暗壳霉属（*Phaeothecoidea*）

12′.分生孢子梗不产生内生孢子 ……………………………………………………………… **14**

13. 分生孢子及分生孢子梗无色 …………………………………………………………… **15**

13′.至少分生孢子梗有色 …………………………………………………………………… **21**

14. 分生孢子梗丛生，常于基部向上分枝；产孢细胞间生，具小的侧面突起 ………………………
………………………………………………………………………… 拟柱隔孢属（*Ramulariopsis*）

14′.分生孢子梗不分枝或仅少枝，产孢细胞顶生，很少间生 …………………………… **16**

15. 产孢位点不明显，不加厚不变暗，常轻微突起似齿状 ……………………………… **17**

15′.产孢位点明显加厚变暗或具乳突 ……………………………………………………… **19**

16. 分生孢子梗退化为产孢细胞，分生孢子无隔或有隔，黏稠或似酵母 ………………………………
………………………………………………………………… 小微环孢属（*Microcyclosporella*）

16′.分生孢子线形，不黏稠且不似酵母 …………………………………………………… **18**

17. 生于禾本科植物(草本)，导致煤烟状叶斑，常形成菌核 ………… 座枝孢属（*Ramulispora*）

17′.生于蕨类植物，双子叶寄主和单子叶其他科植物，无菌核 ……假小尾孢属（*Pseudocercosporella*）

18. 产孢位点于膝状产孢细胞上突出，增厚，但不变暗，是叶部斑点的病原 …小尾孢属（*Cercosporella*）

18′.产孢位点截形，平坦，增厚且变暗，平视可见黑圈 ………………………………… **20**

19. 分生孢子单生，线形，多隔 ………………………………… 亮尾孢属（*Hyalocercospora*）

19′.分生孢子单生或链生，无隔或有隔 ………………………………… 柱隔孢属（*Ramularia*）

20. 产孢位点不明显，不增厚变暗或仅末端轻微增厚和变暗 …………………………… **22**

20′.产孢位点明显，除中央一小孔外均增厚且变暗，截形 ……………………………… **26**

21. 产孢细胞有一产孢位点，环痕式产孢 ………………………………………………… **23**

21′.产孢细胞有一个或数个产孢位点，合轴式产孢，有时单轴、合轴均存在 ………… **25**

22. 分生孢子具离壁隔膜，双胞或多隔孢子 ………………………… 假尾孢属（*Pseudocercospora*）

22′.分生孢子无隔 …………………………………………………………………………… **24**

23. 分生孢子梗及分生孢子壁很厚，暗色，光滑至常有小疣突；产孢细胞单轴生长，环痕粗糙、明显 ……
………………………………………………………………………… 线梗孢属（*Scolecostigmina*）

23′. 分生孢子梗及分生孢子壁薄，苍白，光滑或近光滑；环痕平整、不明显 …………………………
……………………………………… 假尾孢属（*Pseudocercospora*，含多隔尾孢属 *Cercostigmina*）

24. 分生孢子梗及分生孢子有色；分生孢子偶尔半透明，常为线形，多隔，偶见无隔或多隔孢子，不黏
稠也不似酵母 ………………………………………………………… 假尾孢属（*Pseudocercospora*）

24′. 分生孢子梗淡褐色；分生孢子透明，双隔或多隔，黏稠且似酵母 … 小微环孢属（*Microcyclosporella*）

25. 分生孢子梗顶端常分支或具微毛，分生孢子单生，无隔至多隔 ………… 小黑团孢属（*Periconiella*）

25′. 分生孢子梗不分枝或仅少量分枝 ……………………………………………………………………… 27

26. 分生孢子梗弯曲，壁不均等增厚，愈合，具单侧产孢位点，有色且颜色不均等，似棒状；产孢细胞
多孔；分生孢子单生，棕色，双隔 ………………… 浪梗霉属（*Polythrincium* ＝ *Cymadotheca*）

26′. 分生孢子梗壁均等增厚，产孢位点非单侧，非棒状；产孢细胞多芽 ………………………………… 28

27. 在活体中有表层菌丝 …………………………………………………………………………………… 29

27′. 在活体中仅有内生菌丝，无表层菌丝 ………………………………………………………………… 30

28. 表层菌丝明显疣状；分生孢子梗单生或束生；分生孢子单生至链生，光滑至明显疣状 …………………
………………………………………………………………………………… 扎斯密孢属（*Zasmidium*）

28′. 表层菌丝光滑或近光滑 ……………………………………………… 钉孢属（*Passalora*，含 *Mycovellosiella*）

29. 分生孢子梗常于基部至顶端分枝，分生孢子始终具离壁隔膜 ………… 双尾孢属（*Distocercospora*）

29′. 分生孢子梗不分枝或偶见分枝 ………………………………………………………………………… 31

30. 分生孢子单生，极偶见短链生（在高湿环境中），透明，线形，多隔 ………… 尾孢属（*Cercospora*）

30′. 分生孢子单生或链生，有色，大多非线形 …………………………………………………………… 31

31. 分生孢子单生，无隔或多隔，具明显疣突；分生孢子梗紧凑，束状，生于似分生孢子盘状的子座内
………………………………………………………………………………… 星孢属（*Asterisporium*）

31′. 分生孢子单生或链生，无隔至多隔，偶见线形，常光滑或仅微显粗糙 …………………………………
……………………………………………… 钉孢属（*Passalora*，含暗链隔孢属 *Phaeoramularia*）

（1）球腔菌属（*Mycosphaerella* Johanson）

子囊座多为假囊壳，球形或扁圆形，主要散生在寄主叶片表皮下，后期常突破表皮外露。子囊座有孔口，无喙。子囊圆筒形或棍棒形，束生，子囊间无拟侧丝，子囊大多含8个子囊孢子。子囊孢子中间具一横隔，无色，椭圆形（图6-23）。

该属有记载的种类超过1万种，但分类较混乱，对应多个无性阶段类群，目前被认为是其唯一无性名称——柱隔孢属（*Ramularia* Unger）的同物异名。由于该名称国内使用普遍，本书暂时保留。该属既有内生菌、共生菌、腐生菌，也包括许多植物病原菌。例如，棉球腔菌[*Mycosphaerella gossypina*（G. F. Atk.）Earle]，寄生树棉、海岛棉、草棉、陆地棉和鸡脚棉等，引起叶斑病；落叶松球腔菌[*M. laricis-leptolepidis*（Kaz. Itô，K. Satô & N. Ota）Crous]，引起落叶松早期落叶病；油桐球壳菌[*M. aleuritis*（I. Miyake）S. H. Ou]，引起叶斑病，菌丝生寄主内，孢梗不分枝或分枝，褐色，常成束自叶孔中穿出；丁香球腔菌（*M. syringae* Bondartsev），引起褐肿斑病；茶球腔菌（*M. theae* Hara），寄生在茶叶上引起茶褐斑病，病斑后期变灰褐色；杨球腔菌[*M. populi*（Auersw.）J. Schöt.]，引起杨树斑枯病；桑叶球腔菌[*M. mori*（Fuckel）F. A. Wolf ＝ *M. morifolia*（Pass.）Cruchet]和桑生球腔菌

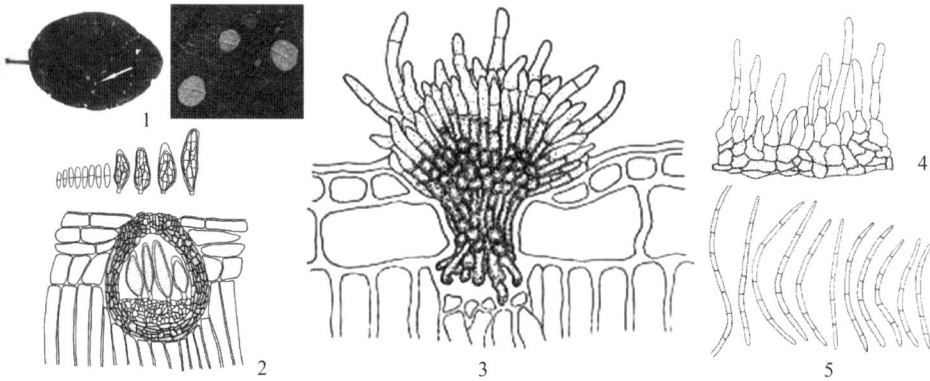

1. 症状；2. 有性阶段的假囊壳型子囊座、子囊和子囊孢子；3~5. 无性阶段的产孢细胞和分生孢子。

图 6-23　球腔菌属（*Mycosphaerella* Johanson）菌物的形态

（*M. moricola* Sawada）寄生在桑叶片上，产生深褐色至黄褐色病斑。

（2）尾孢属（*Cercospora* Fresen. ex Fuckel）

子囊果为假囊壳，子囊圆筒形或棍棒形，束生，子囊间无拟侧丝，子囊含 8 个子囊孢子。子囊孢子具一横隔，无色，椭圆形。无性阶段分生孢子座型，分生孢子梗分化明显，簇生于无性阶段子座上或从气孔生出，直立或弯曲，不分枝或少分枝，褐色、橄榄色，顶端色淡，隔膜。产孢方式为全壁芽生合轴式产孢，孢痕明显加厚。分生孢子单生，针形、圆柱形、倒棍棒形、鞭形，无色或淡色，具多个隔膜，表面光滑，基部脐点加厚明显。

该属可侵染多种植物叶片，引起灰斑病或褐斑病。例如，芹菜尾孢［*Cercospora apii*（Fuckel）Fresen.］侵染芹菜引起早疫病；菊池尾孢［*C. kikuchii*（Tak. Matsumoto & Tomoy.）M. W. Gardner］引起的大豆紫斑病，侵染大豆的叶、茎和荚形成红褐色或灰黑色斑点，在籽粒上斑点紫色，严重时整个籽粒呈紫色，褐色至黑褐色，形成所谓的"黑霉豆"，播种后所抽生新叶因感病变褐、畸形枯死；烟草尾孢（*C. nicotianae* Ellis & Everh.）引起烟草蛙眼病；高粱尾孢（*C. sorghi* Ellis & Everh.）侵染高粱引起紫斑病（图 6-24）。有的可以作为生防菌，如薹草尾孢（*C. caricis* Oudem.）防治香附子，泽兰尾孢［*C. eupatorii*（Peck）U. Braun & R. F. Castañeda］防治紫茎泽兰。

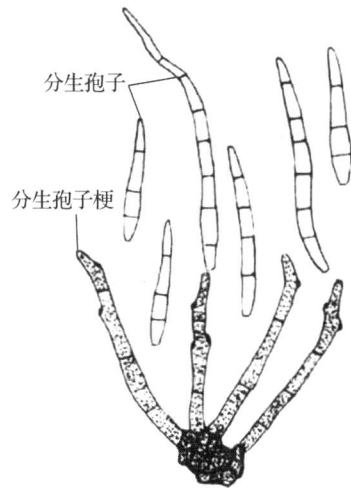

分生孢子

分生孢子梗

图 6-24　高粱尾孢（*Cercospora sorghi* Ellis & Everh.）**的分生孢子梗和分生孢子**

（程明渊，1989）

该属已知的很多种类已经被归属其有性型属——球腔菌属（*Mycosphaerella* Johanson），但很多种类仍然不清楚其有性型。

（3）小尾孢属（*Cercosporella* Sacc.）

与尾孢属类似，但区别于小尾孢属分生孢子梗和分生孢子多为无色（图 6-25）。常见种：茶小尾孢（*Cercosporella thea* Petch）。

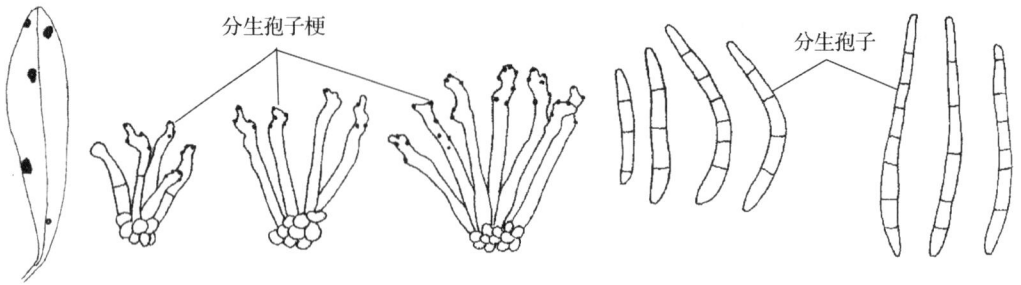

图 6-25 小尾孢属菌物 *Cercosporella virgaureae* (Thüm.) Allesch. 引发的症状、分生孢子梗和分生孢子

(Pirnia et al., 2012)

(4) 假尾孢属（*Pseudocercospora* Speg.）

菌丝体内生或表生。分生孢子梗发育良好且有色(色泽浅至不同程度的青黄褐色)，长短不一，分枝或不分枝，无隔膜或有不同数量的隔膜，分生孢子梗多数在表生菌丝上顶生或侧生和在子座上紧密簇生。产孢细胞多点芽殖式产孢，齿状、略呈波状或近屈膝状，孢痕明显。分生孢子的形状通常为不同程度弯曲，颜色浅至深褐色，平滑或粗糙，多隔膜，一般不链生(图 6-26)。有性阶段不常见。

该属很多种具有寄主专化性，同一种假尾孢菌的寄主范围不跨科，即同一种假尾孢菌不会发生在不同寄主科的植物上。很多种是检疫对象，如引起柑橘叶果病害的安哥拉假尾孢[*Pseudocercospora angolensis* (T. Carvalho & O. Mendes) Crous & U. Braun]；香蕉叶斑病的斐济假尾孢[*P. fijiensis* (M. Morelet) Deighton]、芭蕉假尾孢[*P. musae* (Zimm.) Deighton]；兰花叶枯病菌[*P. angraeci* (Feuilleaub. & Roum.) U. Braun & Urtiaga = *Cercospora angraeci* Feuilleaub. & Roum.]；引起松树针叶褐色枯萎病的赤松假尾孢[*P. pini-densiflorae* (Hori & Nambu) Deighton]等。

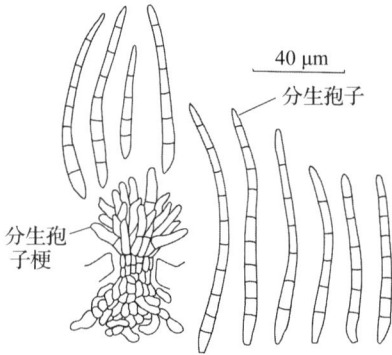

图 6-26 假尾孢属（*Pseudocercospora* Speg.）菌物的分生孢子梗和分生孢子

(5) 钉孢属（*Passalora* Fr.）

菌丝体内生或表生，菌丝透明、分枝、有隔。分生孢子梗束状，不分枝或分枝，直或弯曲，有时具单的基生隔膜，通常可达 3 隔，基质棕色，分生孢子着生区域有些许膨大。产孢细胞在末端着生，具有平坦、稍增厚变暗的孢痕。分生孢子单生，橄榄色至淡褐色，壁薄，光滑，直或轻微弯曲。常为双胞，在隔膜处缢缩，具增厚变暗屈光的脐点(图 6-27)。有性阶段不常见。

(6) 壳丰孢属（*Phloeospora* Wallr.）

菌丝有隔、透明。分生孢子梗退化至只有 1 个产孢细胞或有 1~2 个支撑细胞，在基部分枝或不分枝。产孢细胞全裂，环痕式产孢，散生，光滑，圆柱形，顶端有几个不明显的环状突起。分生孢子单生，透明，有隔，光滑，油滴有或无，圆柱形，弯曲，顶端变细，圆头或近圆头，基部截形，具微小的边缘褶边(图 6-28)。有性阶段不常见。

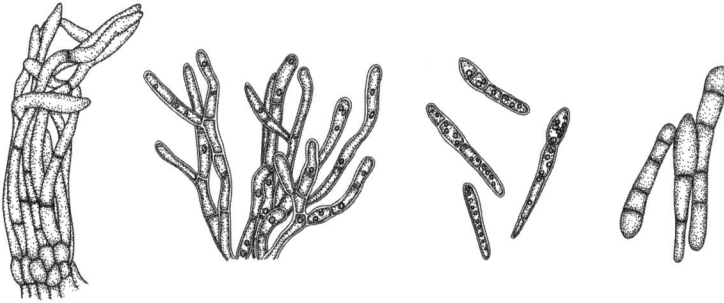

图 6-27 钉孢属(*Passalora* Fr.)菌物的菌丝、分生孢子梗和分生孢子

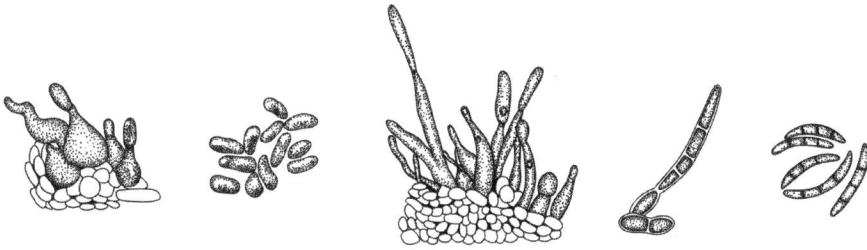

图 6-28 壳丰孢属(*Phloeospora* Wallr.)菌物的分生孢子梗、产孢细胞和分生孢子

(7)柱隔孢属(*Ramularia* Unger)

柱隔孢属多为植物病原菌,引起叶斑、褪绿或坏死,有时腐生或附生。分生孢子梗单生或束生,通过气孔或角质层伸出,近圆柱形到屈膝状,连续或有隔,透明,在少数种具淡红色,偶尔分枝,壁薄,通常光滑,偶见粗糙。产孢细胞顶生,全壁芽生,合轴式延伸,笔直或屈膝状。孢痕显著增厚,变暗,屈光。分生孢子单生或链生或链状分枝,单生分生孢子有 0~1 隔,链状分生孢子无隔至多隔(多为 1~4 横隔),透明,少数种具淡红色,通常椭球形、卵球形、圆筒形、纺锤形,偶见丝状,偶在隔膜处缢缩,壁薄,光滑至有棘皮状疣突,离生,轻微至明显增厚,变暗,屈光(图 6-29)。有性阶段不常见。

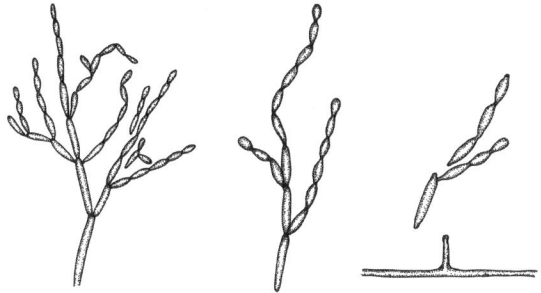

图 6-29 柱隔孢属(*Ramularia* Unger)菌物的产孢细胞和分生孢子

(8)壳针孢属(*Septoria* Sacc.)

分生孢子器埋生或半埋生,散生或聚生,球形或近球形,褐色,孔口单生,圆形,中央生,有时呈乳突状。分生孢子梗缺。产孢方式为全壁芽生合轴式产孢,产孢细胞具多个合轴式层生突起,每个产孢位点具有宽、平、不加厚的孢痕,离生,无色,光滑,安瓿瓶形、桶形或葫芦形至短圆柱形。分生孢子线形,多个隔膜,无色,光滑。该属有性阶段不常见,引起多种植物病害。例如,芹菜生壳针孢(*Septoria apiicola* Speg.),寄生于芹菜叶和茎上,引起斑枯病;瓜角斑壳针孢(*S. cucurbitacearum* Sacc.),寄生于葫芦科植物叶上,引起角斑病；大豆壳针孢（*S. glycines* Hemmi），寄生于大豆或野大豆叶上，引起褐纹病；向日葵壳针孢（*S. helianthi* Ellis & Kellerm.），寄生于向日葵叶上，引起褐斑病；菜豆壳针孢（*S. phaseoli* Maubl.），寄生于豆科植物的叶上，引起褐纹病（图 6-30）。

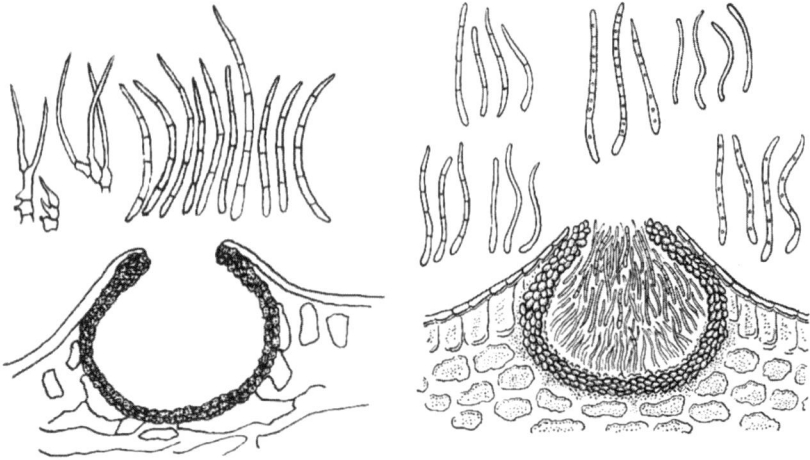

图 6-30 壳针孢属（*Septoria* Sacc.）菌物的分生孢子器、产孢细胞和分生孢子

（9）穴褥盘孢属（*Dothistroma* Hulbary）

菌丝体内生，分支，有隔，浅棕色至透明。分生孢子体有时埋生后期突出，分生孢子器多为分生孢子盘型，由浅棕色薄壁的滚珠状角胞组织构成，有时表生，多腔，有深棕色的厚壁组织。产孢细胞全壁芽生式，离散，壶状，透明，光滑。分生孢子顶生，单生，透明，直或弯曲，丝状，1~5 隔膜，连续，壁薄，光滑（图 6-31）。有性阶段不常见。常见种：隔孢穴褥盘孢[*Dothistroma septosporum*（Dorogin）M. Morelet，异名松球腔菌，*Mycosphaerella pini* Rostr. ex Munk]，是重要的入侵病原菌，引起松针红斑病；松穴褥盘孢（*D. pini* Hulbary）、*D. flichianum*（Vuill.）M. Morelet 也都是重要的针叶病害的病原菌。

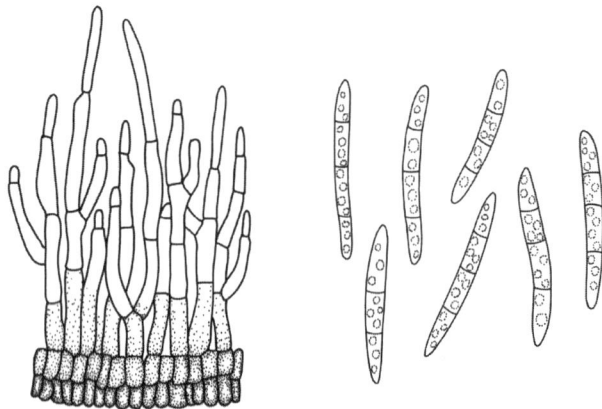

图 6-31 穴褥盘孢属（*Dothistroma* Hulbary）菌物的分生孢子梗和分生孢子

（10）亚球壳属（*Sphaerulina* Sacc.）

子囊果多为假囊壳，埋生于寄主表皮下，顶点突出，单生到聚生，近球形，具乳突。

孔口位于顶盘中央，有透明缘丝，壁由 2~4 层棕色角胞细胞组成。成熟时囊间丝溶解。子囊双层囊壁，裂囊壁，聚生，圆柱形至倒棍棒形，顶端圆形，浅顶端室有或无，具短柄或无柄，每个子囊内含 8 个子囊孢子，单列或 3 列。子囊孢子近圆柱形至纺锤形，末端圆形，轻微锥状，笔直或微屈，1~3 隔，主要隔膜接近中线，透明，光滑，无鞘或附属物（图 6-32）。常见种：芭蕉亚球壳 [*Sphaerulina musiva*（Peck）Quaedvl.，Verkley & Crous]，引起杨树溃疡病。

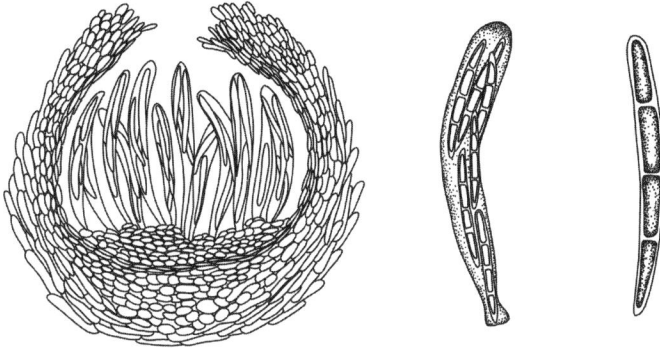

图 6-32　亚球壳属（*Sphaerulina* Sacc.）菌物的子囊壳、子囊和子囊孢子

5）裂盾菌科（Schizothyriaceae Höhn. ex Trotter）

子囊果多为子囊座型，表生，圆形至椭圆形，棕色至黑色，通常有假侧丝。无包被，或具盾状盖。盾状盖膜质，不呈辐射状、盘状，具裂缝，菌丝体有菌丝网。子囊球形至近球形，倒卵形至棍棒形，内含 4~8 个子囊孢子。子囊孢子无色或近无色，椭圆形至长椭圆形，或者棍棒形，有分隔，中间有缢缩，常具小油滴。无性阶段不发达。该科共 16 属 94 种，腐生或寄生或附生于植物表面，有的引起植物病害。

裂盾菌科分属检索表

1. 子囊座有膜质 ·· 2
1′.子囊座缺乏膜质盖层，形成棕色菌丝，在顶端分枝，在子囊之间联结······ 卷毛盾壳属（*Plochmopeltis*）
2. 子囊孢子 1 隔 ··· 3
2′.子囊孢子 2 隔，子囊在六角形的细胞网状物中产生 ·················· 小蜂窝菌属（*Hexagonella*）
3. 子囊座由拟薄壁组织细胞组成 ·· 4
3′.子囊座由纤细浅棕色至灰棕色的膜质细胞组成，子囊孢子壁光滑········· 小拟网衣属（*Lecideopsella*）
4. 子囊座由透明至半透明的拟薄壁组织细胞组成，子囊孢子壁光滑，仅寄生紫锥菊属植物 ·············
··· 闭角壳属（*Mycerema*）
4′.子囊座由深棕色至黑色的拟薄壁组织细胞组成，子囊孢子壁粗糙，有小油滴，寄主范围较广········
·· 裂盾菌属（*Schizothyrium*）

（1）裂盾菌属（*Schizothyrium* Desm.）

子囊座盘状，外生，具盾状盖。盾状盖膜质，拟薄壁组织细胞组成，不呈辐射状，褐色至黑色，成熟裂缝。子囊卵圆形至棍棒形，内含 8 个子囊孢子。子囊孢子无色，双胞，椭圆形至梭形，具小油滴。常见种：杜鹃裂盾菌（*Schizothyrium rhododendri* Pat.）、微红裂盾菌［*S. rufulum*（Berk. & M. A. Curtis）Arx］（图6-33）。无性阶段不发达。

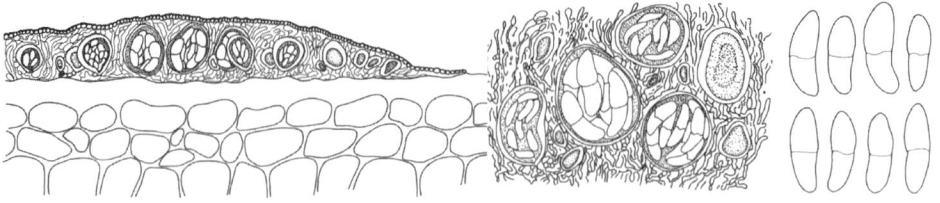

图6-33 微红裂盾菌［*Schizothyrium rufulum*（Berk. & M. A. Curtis）Arx］
的盾状壳、子囊腔、子囊和子囊孢子

（Hofmann et al.，2006）

6.4.4.2 座囊菌目

座囊菌目（Dothideales Lindau）菌物的子囊座小型、垫状、球形、扁球形、透镜状、盘状、块状等，含单个或多个子囊腔。子囊腔有孔口，孔口有或无缘丝。每个腔内含多个子囊，束生在腔的基部成丛状，子囊间无拟侧丝。子囊卵圆形至倒棍棒形、短圆形至长圆筒形，成束和平行排列。子囊孢子各式各样。无性阶段多为腔孢菌和丝孢菌类，内壁芽生式产孢，产孢细胞多为瓶梗状。分生孢子形态多样。大多生长在热带，也有一些广泛分布在温带。多为寄生菌，也有腐生菌。

座囊菌科（Dothideaceae Chevall.）

该科真菌寄生或腐生在维管束植物上。子囊座多为垫状，黑色，小，顶端有假孔口，单腔或多腔，每个腔内含多个子囊，子囊束生在腔的基部成丛状，子囊间无拟侧丝。内生或初期内生，后期突破基物表皮而外露。子囊孢子椭圆形或长方形，双胞，初无色，后变褐色。无性阶段多为腔孢菌和丝孢菌类，产孢细胞多为瓶梗状。分生孢子常无色，圆柱形至椭圆形，单分隔或无分隔。

座囊菌科有性型分属检索表

1. 子囊座表生，分布密集，球形至烧瓶形，黑色，生于松针 ····················· 暗扁壳属（*Phaeocryptopus*）

1′. 子囊座埋生，成熟后突出表皮，聚生或散生，垫状至结壳状，腔室近球形至球形，深棕色至黑色，可在树梢，枝干或叶子上生长 ··· **2**

2. 子囊座单腔，腔室通常较宽 ··· **3**

2′. 子囊座多腔，腔室通常为球形 ··· **5**

3. 子囊内含多个子囊孢子 ··· **4**

3′. 子囊内含8个多隔的子囊孢子，在最初的隔膜处缢缩 ·················· 多胞球壳属（*Pringsheimia*）

4. 子囊孢子1隔，在隔膜处缢缩 ··· 海豚座囊属（*Delphinella*）

4′. 子囊孢子多隔或砖格形，在最初的隔膜处缢缩 ·································· 萨氏壳属（*Sydowia*）

5. 子囊孢子透明至棕色，1至多隔或砖格形 ··· **6**

5′. 子囊孢子透明，椭圆形至倒卵形 ·· 小垫座菌属（*Coccostromella*）

6. 子囊内含4~8个子囊孢子，椭圆形至梭形，1隔 ······························· 柱座菌属（*Stylodothis*）

6′. 子囊内含8个以上的子囊孢子 ··· **7**

7. 子囊内含 8 个子囊孢子 ·· **8**

7′.子囊内含至少 8 个子囊孢子，1 至多隔 ····································· 穴壳菌属（*Dothiora*）

8. 子囊孢子 1 隔 ·· **9**

8′.子囊孢子多隔或砖格形 ··· **10**

9. 子囊孢子通常透明，或多或少在隔膜处缢缩 ·································· **11**

9′.子囊孢子透明或棕色，在隔膜处缢缩 ································· 座囊菌属（*Dothidea*）

10. 子囊孢子透明，具 5~7 个横隔 ······································ 内穴壳菌属（*Endodothiora*）

10′.子囊孢子棕色，砖格形，具纵隔和横隔 ·························· 网座囊菌属（*Dictyodothis*）

11. 子囊孢子在接近基部分隔，在分隔处轻微缢缩，上孢子比下孢子宽 ··· 脐孢座囊菌属（*Omphalospora*）

11′.子囊孢子在中部有隔，在分隔处急剧缢缩 ·················· 普氏腔菌属（*Plowrightia*）

座囊菌科无性型分属检索表

1. 腔孢型无性态 ··· **2**

1′.丝孢型无性态，具黏滑的分生孢子 ································· 链丝孢属（*Hormonema*）

2. 分生孢子两型，内生分生孢子透明，单胞；芽生分生孢子多 2 胞，浅棕色至深棕色 ··· 内孢壳属（*Endoconidioma*）

2′.仅有一种分生孢子 ·· **3**

3. 无分生孢子梗 ··· 基扁壳属（*Podoplaconema*）

3′.具分生孢子梗，偶尔分枝 ·· 壳镰孢属（*Kabatina*）

（1）座囊菌属（*Dothidea* Fr.）

　　子囊座多为垫状，扁平或上凹，黑色，外露，多腔。子囊腔常球形或近球形，每个腔内含多个子囊。子囊间无拟侧丝，内含 8 个子囊孢子。子囊孢子椭圆形或长方形，双胞，有缢缩，常无色，少数褐色（图 6-34）。无性阶段较少见。代表种：聚集座囊菌［*Dothidea collecta*（Schwein.）Ellis & Everh.］，生于阔叶树及灌木的小枝上（枯枝）。

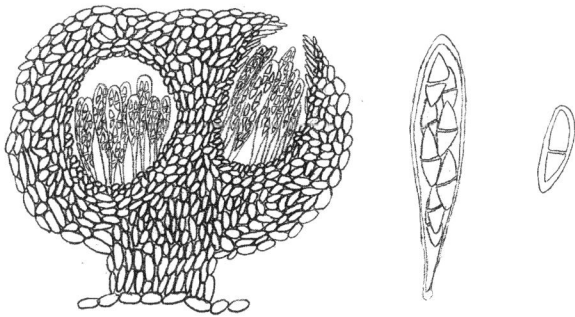

图 6-34　座囊菌属（*Dothidea* Fr.）菌物的子囊座、子囊和子囊孢子

（2）穴壳菌属（*Dothiora* Fr.）

　　子囊座多为垫状，扁平或上凹，黑色，外露，多腔。子囊腔常球形或近球形，每个腔内含多个子囊。子囊间无拟侧丝，内含 8 个或多个子囊孢子。子囊孢子倒卵形、椭圆形或梭形，双胞至多胞，有时具纵隔膜，常无色，少数黄色或浅褐色。无性阶段分生孢子器具多腔，内含瓶梗状产孢细胞，分生孢子卵形至长椭圆形，单胞，无色(图 6-35)。

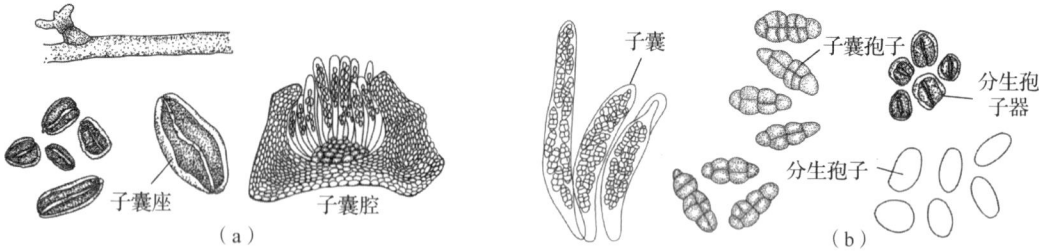

(a)有性阶段的症状、子囊腔、子囊和子囊孢子；(b)无性阶段的分生孢子器和分生孢子。

图 6-35　座囊穴壳菌[*Dothiora dothideoides*（Dearn. & Barthol.）M. E. Barr]的形态

(3)囊座菌属(*Saccothecium* Fr.)

寄生或腐生于木本植物枝干上，罕生于叶。子囊座多为假囊壳型，垫状，扁平或上凹，黑色，外露。子囊腔常球形或近球形，内含多个子囊。子囊间无拟侧丝，囊状至宽棍棒形。内含 8 个子囊孢子。子囊孢子倒卵形至椭圆形，多胞，砖格形，无色。无性阶段多为丝孢菌，产孢细胞瓶梗状，分生孢子卵形，无色至褐色，单胞。有学者认为，该属比较特殊，应该与短梗霉属(*Aureobasidium* Viala & G. Boyer)一起归入囊座菌科(Saccotheciaceae Bonord.)。

(4)萨氏菌属(*Sydowia* Bres.)

子囊座多为假囊壳型，垫状，扁平或上凹，黑色，外露。子囊腔常球形或近球形，内含多个子囊。子囊间无拟侧丝，棍棒形至椭圆形，具有一短的小梗。内含 8 个或多个子囊孢子。子囊孢子聚集成团，倒卵形至椭圆形，具横隔膜，多胞，中间有缢缩，有时具纵隔膜，无色。无性阶段分生孢子器型，产孢细胞瓶梗状，分生孢子椭圆形，单胞，无色(图 6-36)。

(5)瘤状座囊属(*Scirrhia* Nitschke ex Fuckel)

子座着生于叶表面，深棕色至黑色，浸没在表皮之下，突出，不规则椭圆体。子囊座埋生于棕色子座基质中，平行排列，具孔口；子囊透明，光滑，圆柱形，无梗，短柄，两端尖，具眼室。拟侧丝透明，细胞状，光滑，分布在囊间，有隔，分枝。子囊孢子透明，光滑，梭形至椭球形，

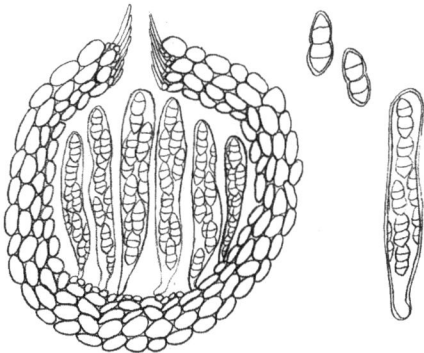

图 6-36　群生萨多瓦菌(*Sydowia gregaria* Bres.)的假囊壳型子囊座、子囊和子囊孢子

形，最宽处位于隔膜上方，向两端渐狭，在寄主上萌发，芽管与孢子长轴成直角的属，引起多种植物叶部病害。

下端更窄，隔膜中部突然缢缩，壁薄；子囊孢子透明，不变形。广义的瘤状座囊属被划分到不同的属，引起多种植物叶部病害。

(6)疡壳孢属(*Dothichiza* Lib. ex Roum.)

分生孢子体为分生孢子器型，大多埋生在树皮中，最初在被寄主表皮覆盖的脓疱中，成熟时在顶部破裂，浸透到表皮。单生，复杂的多腔室，通常形状不规则，深棕色至黑色，具孔口。分生孢子梗透明，在基部分枝，有隔，光滑，透明。产孢细胞内壁芽生型，

瓶梗式产孢，圆形，圆柱形，合生或散生，透明，光滑。分生孢子圆柱形，近球形至卵球形，偶见椭圆形，先端钝，基部截形或圆形，奶油色至橄榄色或淡褐色，中部具油滴，壁厚，光滑。常见种：杨疡壳孢[*Chondroplea populea*（Sacc. & Briard）Kleb. = *Dothichiza populea* Sacc. & Briard]，引起杨树大斑溃疡病。

6.4.4.3　小盾壳目

小盾壳目（Microthyriales G. Arnaud）菌物的菌丝体多活体寄生或腐生于寄主表面，辐射状或平行排列，构成圆形或带状的菌膜，或构成菌丝网。少数内生或半内生。菌丝在细胞间以吸器伸入细胞内。子囊座表生或生在寄主角质层下，半球形，下半部由菌丝或拟薄壁组织构成，无壁。上半部为由辐射状排列的菌丝构成的盾状盖，棕色至黑色，中央有小圆形的假孔口，有的呈盘状盖，在上面的盾状盖中有宽裂口或裂缝。子囊座内通常含有 1 个子囊腔，少数含多腔，每个腔室内含多个子囊。子囊囊状至近球形，倒棍棒形至梭形。子囊孢子多为双胞，少数多胞，透明或棕色。大多数为热带或亚热带的寄生菌。多寄生叶上，少数腐生。无性阶段不发达，多为腔孢菌。

1）小盾壳科（Microthyriaceae Sacc.）

主要寄生或腐生于植物的叶片和茎秆表面。子囊座外生，表生平铺，顶壁细胞呈放射状排列形成盾状，下壁发育不完全，具有中心孔口。子囊双层囊壁，梭形、倒棍棒形至长椭圆形、棍棒状。子囊孢子主要为两孢型，透明至棕色。外生的菌丝体形成疏松的菌丝网，或无外生菌丝体。该科与星盾炱科较为相似，星盾炱科的盾状壳是星裂状、线状开裂或黏液状的裂开方式开口，小盾壳科的盾状壳具略微突起，颜色较深位于中心位置的孔口；小盾壳科的子囊通常为梭形至倒棍棒形的，而星盾炱科的子囊通常为囊状的。无性阶段多为腔孢菌，分类研究较混乱。

小盾壳科有性型分属检索表

1. 腐生，无表生菌丝或不明显 ································· 2
1′.寄生，表生菌丝发达 ····································· 3
2. 子囊孢子透明 ··· 4
2′.子囊孢子成熟时有色 ···································· 5
3. 无表生菌丝，子囊孢子有色 ················· 塞纳壳属（*Seynesiella*）
3′.具表生菌丝，子囊孢子透明 ································· 6
4. 子囊孢子 2~3 列 ······················· 小盾壳属（*Microthyrium*）
4′.子囊孢子单列 ····················· 假小盾壳属（*Paramicrothyrium*）
5. 子囊孢子无透明鞘 ····················· 羊毛壳属（*Arnaudiella*）
5′.子囊孢子具透明鞘 ······················· 帕氏壳属（*Palawania*）
6. 菌丝无侧附着枝 ···················· 拟丽盾壳属（*Calothyriopsis*）
6′.菌丝具附着枝 ···················· 头羊角衣属（*Caribaeomyces*）

小盾壳科无性型分属检索表

1. 腔孢型无性态，具盾状分生孢子体 ·························· 2
1′.丝孢型无性态 ··· 3

2. 分生孢子透明 ·· 细盾霉(*Leptothyrium*)

2′. 分生孢子有色 ·· 星口壳属(*Asterostomula*)

3. 分生孢子座具透明刚毛 ····················· 异拟黏箒霉属(*Xenogliocladiopsis*)

3′. 分生孢子体不为分生孢子座型 ·· 4

4. 分生孢子梗未见，产孢细胞为芽生式产孢，对生，棕色 ·········· 离孢壳属(*Isthmospora*)

4′. 分生孢子梗逐渐变细 ·· 5

5. 产孢细胞单孔芽生式或多孔芽生式 ··············· 汉斯福特壳属(*Hansfordiella*)

5′. 产孢细胞单孔芽生式或单生、体生式产孢，棕色 ············· 涛旋孢属(*Zalerion*)

(1) 小盾壳属(*Microthyrium* Desm.)

大多数腐生于植物叶面，形成一些非常小的黑斑。菌丝表生，数量多，无色，具分枝和隔膜，在寄主的表皮下形成吸器。子囊座盾状(盾状壳)，圆形，散生、聚生或表生，浅棕色、棕色，盾状囊壳基部(下壁)发育不全，盾状壳易从寄主表面脱离。盾状壳中央具有孔口，盾状壳的纵切片呈透镜状。盾状壳顶壁细胞组成表皮组织呈放射状排列。盾状壳的包被由1层细胞构成(图 6-37)。子囊双层囊壁，裂囊壁，倒棍棒形或长梭形，内含 8 个子囊孢子。子囊孢子二列或多列，纺锤形、椭圆形，透明，光滑双胞，有时具有附属物。无性阶段可能为 *Zalerion* 类群。微小盾壳(*Microthyrium microscopicum* Desm.)，主要腐生或附生于壳斗科植物的叶表，形成小的黑斑。

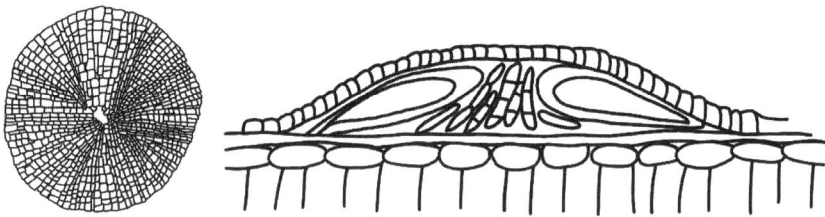

图 6-37 小盾壳属(*Microthyrium* Desm.)菌物盾状子囊座的顶面和纵切面

6.4.4.4 星盾炱目

星盾炱目(Asterinales M. E. Barr ex D. Hawksw. & O. E. Erikss.)菌物的子囊座盘状，具较宽的裂口或裂缝。直立的盾状盖辐射状，外生的菌丝体形成疏松的菌丝网。子囊间有假侧丝，子囊典型的为棍棒形至圆筒形。

1) 星盾炱科(Asterinaceae Hansf.)

世界广布，主要专性寄生在植物叶片上，产生黑色菌落。菌丝体在寄主表皮细胞内形成吸器。盾状壳表生，圆形或线形，具辐射状的星形开裂或纵裂缝开口；子囊平行排列，球形或近球形，含 8 个孢子；子囊孢子椭圆形或圆筒形，初期透明后变为棕色，1~6 隔膜。无性阶段不常见，为腔菌型。分生孢子梗单生，不分枝；分生孢子卵球形至圆柱形，褐色。

星盾炱科分属检索表

1. 盾状壳浅表生，容易从叶片剥离 ··· 2

1′. 盾状壳浅表生至半埋生，不易从叶表剥离，子囊孢子双胞 ……………………… 黑痣盾奂属（*Asterotexis*）

2. 盾状壳轮廓圆形至近圆形 ………………………………………………………………………… **3**

2′. 盾状壳横向或纵向拉长为 X 形或 Y 形 ……………………………………………………… **15**

3. 盾状壳边缘有不同长度的菌丝 …………………………………………………………………… **4**

3′. 盾状壳边缘规整 …………………………………………………………………………………… **5**

4. 盾状壳星形开裂或顶端有孔口 …………………………………………………………………… **6**

4′. 盾状壳在潮湿时大范围不规则开裂 ……………………… 拟类星盾壳属（*Parasterinopsis*）

5. 菌丝不形成附着胞，菌丝细胞短粗，黑色，具厚隔膜 ……………… 拟维泽盾奂属（*Vizellopsis*）

5′. 菌丝形成附着胞，在缢缩处无隔膜 ……………………………………… 拟小煤奂属（*Meliolaster*）

6. 菌丝无隔 …………………………………………………………………………………………… **7**

6′. 菌丝有隔 ……………………………………………………………… 毛星盾壳属（*Trichasterina*）

7. 菌丝形成附着胞 …………………………………………………………………………………… **8**

7′. 菌丝不形成附着胞 ……………………………………………………………………………… **13**

8. 拟侧丝存在 ………………………………………………………………………………………… **9**

8′. 拟侧丝不存在 …………………………………………………………………………………… **10**

9. 子囊孢子棕色，3 隔，末端细胞小 ……………………………… 巴蒂斯塔壳属（*Batistinula*）

9′. 子囊孢子浅棕色至透明，1 隔，上端细胞壁粗糙，下端光滑 ………… 小星盾壳属（*Asterinella*）

10. 子囊孢子 1 隔，壁粗糙 ………………………………………… 毛盾孢壳属（*Trichopeltospora*）

10′. 子囊孢子 1 隔，壁略光滑 ……………………………………………………………………… **11**

11. 子囊球形至近球形，子囊孢子 2~3 列，椭球形至卵形 …………………………………… **12**

11′. 子囊棍棒形至圆柱形，子囊孢子单列 ……………………………… 小宽盾壳属（*Platypeltella*）

12. 子囊孢子透明至棕色 …………………………………………………… 星盾壳属（*Asterina*）

12′. 子囊孢子浅棕色至淡红色 …………………………………………… 小座壳属（*Prillieuxina*）

13. 子囊有空腔，缺乏附着胞 …………………………………………… 小申克奂属（*Schenckiella*）

13′. 子囊无空腔 ……………………………………………………………………………………… **14**

14. 子囊孢子纺锤形，3~5 隔 ……………………………………………… 球盾壳属（*Halbania*）

14′. 子囊孢子略弯曲，伸长或纺锤形，1 隔 ………………………………… 微盾壳属（*Uleothyrium*）

15. 菌丝形成附着胞 …………………………………………………………………………………… **16**

15′. 菌丝不形成附着胞 ……………………………………………… 小针盾壳属（*Echidnodella*）

16. 附着胞位于菌丝间 ………………………………………………………… 卷裂盾壳属（*Cirsosia*）

16′. 附着胞通常锥形，位于菌丝侧面 ………………………………………… 船盾壳属（*Lembosia*）

（1）星盾壳属（*Asterina* Lév.）

　　子囊座盾状壳型，圆形，单生在基物的表面，盾状盖辐射状，是由厚壁细胞组成，中央有裂口。菌丝体外生，丝状，组成疏松的菌丝网。子囊宽棍棒形到圆筒形，子囊之间有假侧丝。子囊孢子双胞，褐色（图 6-38、图 6-39）。无性阶段为小星壳孢属（*Asterostomella* Speg.）。分生孢子器盾状，分生孢子缺乏或生在半球形的分生孢子器内。常见的有寄生于野牡丹科的野牡丹星盾壳菌（*Asterina melastomatis* Lév.）。我国已记载 50 种左右，主要发生在台湾、广东、四川、云南一带。

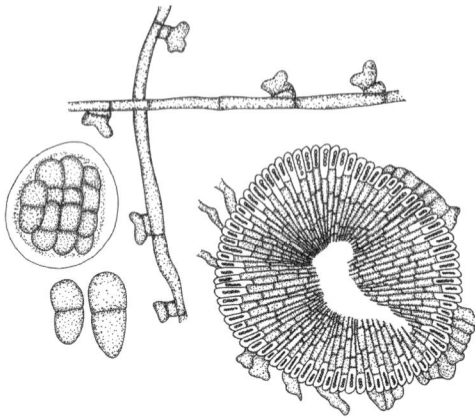

图 6-38 使君子星盾壳(*Asterina combreti* Syd. & P. Syd.)具附着胞的菌丝、盾状壳、子囊和子囊孢子

(Hosagoudar，2012)

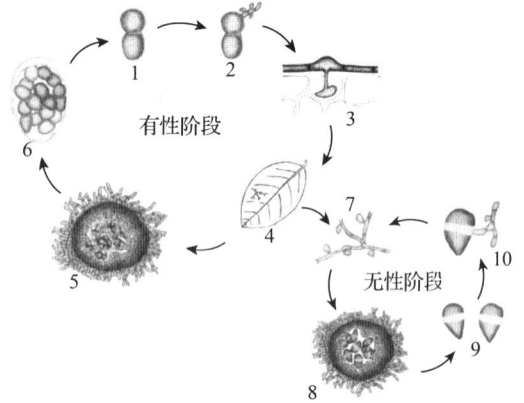

1. 子囊孢子；2. 萌芽的成熟子囊孢子；3. 吸器进入寄主细胞；4. 寄主表面形成菌丝构成的黑斑；5. 盾状壳；6. 成熟子囊；7. 附着胞；8. 分生孢子器；9. 分生孢子；10. 萌芽的分生孢子。

图 6-39 使君子星盾壳(*Asterina combreti* Syd. & P. Syd.)生活史

6.4.4.5 多腔菌目

多腔菌目(Myriangiales Starbäck)菌物大多寄生在热带和亚热带高等植物的叶片、树皮或昆虫体上，温带以介壳虫上的多腔菌属(*Myriangium* Mont. & Berk.)和引起多种植物茎、叶与果实斑点炭疽病的痂囊腔菌属(*Elsinoe* Racib.)常见。子囊果形态多种多样，多为垫状、块状或盘状的子囊座，暴露于基物表面、半埋生或生于基物内，大部分由拟薄壁组织组成。一个子囊座内分布许多子囊腔，子囊腔无孔口，不规则分布，每个子囊腔内单生 1 个子囊。子囊球形或近球形、壁厚、双层，内含 4 个或 8 个孢子，子囊孢子无色，多胞。无性阶段多为腔孢菌。

1)多腔菌科(Myriangiaceae Nyl.)

寄生植物的叶、果实、树皮或昆虫上，子囊座表生或内生，子囊腔多层，不规则排列，每腔内一个子囊，子囊孢子通常具横纵隔。无性阶段不常见。

多腔菌科分属检索表

1. 子囊位于子囊座的不同层 ·· **2**
1′. 子囊聚集在外缘 ·· 安赫利菌属(*Anhellia*)
2. 子囊座由厚壁的多层角胞组织构成 ·· 多腔菌属(*Myriangium*)
2′. 子囊座由厚壁的多层圆胞组织构成 ·· 双壳孢属(*Diplotheca*)

(1)多腔菌属(*Myriangium* Mont. & Berk.)

子囊座表生、垫状、黑色，由薄壁细胞组成，内部构造较复杂，分化为可育部分和不育部分，子囊腔不规则地散布在子囊座上部的可育部分，成层排列；子囊座的基部为不孕部分，没有子囊。子囊球形，内含 8 个子囊孢子。子囊孢子椭圆形，无色或淡色，具纵横隔膜，砖格形。多生于介壳虫上，也有寄生植物茎上的，极少寄生在叶上。常见种：竹多腔菌(*Myriangium bambusae* Rick)、竹鞘多腔菌(*M. haraeanum* F. L. Tai & C. T. Wei)寄生在刚竹、淡竹、观音竹叶鞘基部，黑色半圆形子囊座，常聚生(图6-40)。无性阶段不常见。

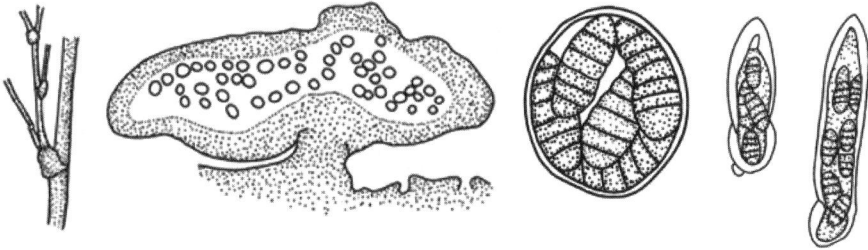

图 6-40　竹鞘多腔菌(*Myriangium haraeanum* F. L. Tai & C. T. Wei)的症状、子囊座、子囊和子囊孢子

2) 痂囊腔菌科(Elsinoaceae Höhn. ex Sacc. & Trotter)

寄生植物的叶、茎、果实上，形成典型的疮痂症状。子座埋于寄主表皮下或内，垫状、壳状，成熟时突破表皮而外露。子囊腔不规则排列，每腔内1个子囊。子囊孢子长圆筒形，具3隔膜，无色，分隔处有缢缩。无性阶段发达，在子囊座上形成分生孢子盘或分生孢子座，分生孢子单胞，卵形至椭圆形，无色至浅棕色。

痂囊腔菌科分属检索表

1. 子囊果表生 ·· **2**
1′. 子囊果埋生，后突破表皮外露，子囊孢子隔膜2个以上，引起疮痂病 ············ 痂囊腔菌属(*Elsinoe*)
2. 子囊果单生或聚生，肾形 ·· 穆勒腔菌属(*Molleriella*)
2′. 子囊果近球形到不规则形 ·· **3**
3. 子囊向顶性直生，子囊孢子4胞 ······································ 半多腔菌属(*Hemimyriangium*)
3′. 子囊非向顶性直生，子囊孢子2胞 ·· **4**
4. 子囊孢子宽棍棒形，无色 ·· 米库拉属(*Micularia*)
4′. 子囊孢子团块状，褐色 ·· 巴特勒菌属(*Butleria*)

(1) 痂囊腔菌属(*Elsinoe* Racib.)

子囊座初期埋于寄主表皮下或内，垫状、壳状，成熟时突破表皮而外露，无不育部分。子囊腔在子囊座中不规则散生，每个子囊腔只有1个球形子囊。子囊孢子长圆筒形，具3隔膜，无色，分隔处有缢缩，极少数产生纵横隔膜孢子。无性型发达，形成垫状、由拟薄壁组织形成的分生孢子盘或分生孢子座，分生孢梗密集不分枝。分生孢子卵形、长圆形，单胞无色(图6-41)。本属无性阶段曾归于痂圆孢属(*Sphaceloma* de Bary)，现已作为同物异名处理。

痂囊腔菌属是一类重要的植物病原菌，主要是以无性世代侵染植物，在寄主的叶片、幼茎和果实上引起与炭疽病类似的小病斑，常表现为炭疽、疮痂、溃疡、黑痘等症状。常见种：柑橘痂囊腔菌(*Elsinoe fawcettii* Bitanc. & Jenkins＝*Cladosporium citri* Briosi & Farneti＝*Sphaceloma fawcettii* Jenkins)，引起柑橘叶部和果实疮痂病，病斑圆形，褐色或棕红色，后变为

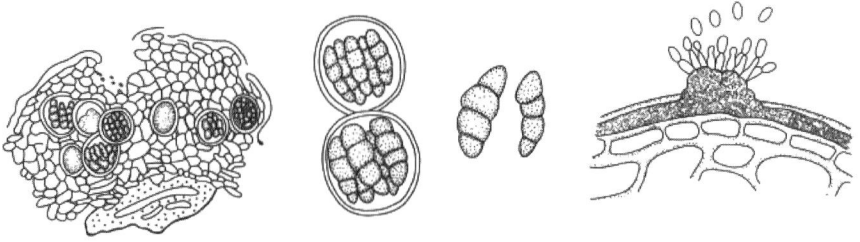

图 6-41 覆盆子痂囊腔菌[*Elsinoe veneta*（Burkh.）Jenkins]有性阶段的子囊座、
子囊、子囊孢子和无性阶段的产孢细胞、分生孢子

灰褐色；葡萄痂囊腔菌（*E. ampelina* Shear＝*Sphaceloma ampelinum* de Bary），引起葡萄黑痘病，病菌寄生在葡萄叶、果、茎上，产生大量小的圆形、椭圆形斑点，中部灰白，边缘紫色或红褐色，染病后病果停止生长，僵缩于果梗上；蔷薇痂囊腔菌[*E. rosarum* Jenkins ＆ Bitanc. ＝ *Phyllosticta rosarum* Pass. ＝ *Sphaceloma rosarum*（Pass.）Jenkins]，引起叶斑、茎溃疡。

6.4.4.6 小煤炱目

小煤炱目（Meliolales Gäum. ex D. Hawksw. & O. E. Erikss.）为高等植物外寄生菌，多生于温暖地区的树木上，常称为黑霉或烟霉，对寄主有专化性。菌丝体外生，暗色，借助菌丝上的附着枝固着在寄主表面。附着枝一般由 2 个细胞组成，紧贴在寄主上，其顶端细胞膨大成球形或瓶形，并从这个膨大细胞上伸出吸器。子囊果为闭囊壳，有些属闭囊壳外壁的细胞生刚毛。子囊囊生，内含 2~4 个孢子，罕有 8 个。孢子暗色，厚壁，光滑，为 2~5 个细胞，常为 5 个。无性阶段多为丝孢菌类。

主要有明孢炱科（Armatellaceae Hosag.）和小煤炱科（Meliolaceae G. W. Martin ex Hansf.），前者的子囊孢子无色透明，单胞或双胞。

小煤炱目常见属检索表

1. 菌丝有头状附着枝，无瓶形附着枝 …………………………… 明孢炱属（*Armatella*＝Armatellaceae）

1′.菌丝有头状附着枝及瓶形附着枝 …………………………………………………… 2（Meliolaceae）

2. 菌丝生于细胞间 ……………………………………………………………… 内小煤炱属（*Endomeliola*）

2′.菌丝表生 ………………………………………………………………………………………………… 3

3. 子囊果较平 …………………………………………………………………………… 双孢炱属（*Amazonia*）

3′.子囊果球形或近球形 …………………………………………………………………………………… 4

4. 菌丝有深棕色至黑色的刚毛 ………………………………………………………………………… 5

4′.菌丝无刚毛（子囊果有时有刚毛）………………………………………………………………………… 6

5. 菌丝的刚毛有球根状的尖端，顶端弯曲，覆盖于子囊座上……………… 隐小煤炱属（*Cryptomeliola*）

5′.菌丝的刚毛无分叉，直或轻微弯曲 ………………………………………………… 小煤炱属（*Meliola*）

6. 子囊果有附属物或刚毛 ……………………………………………………………………………… 7

6′.子囊果无附属物或刚毛，壁上有突起的锥形细胞 …………………………… 小星壳炱属（*Asteridiella*）

7. 子囊果有幼虫形至圆柱形的附属物 …………………………………… 小附丝炱属（*Appendiculella*）

7′.子囊果有长刚毛，通常在顶端弯曲 ……………………………………………… 针壳炱属（*Irenopsis*）

1) 小煤炱科(Meliolaceae G. W. Martin ex Hansf.)

菌丝体附生或寄生在叶子上,有时在茎或枝条上,通常形成网状的群落。菌丝分枝,有隔膜,棕色至深棕色,具刚毛或缺乏,有附着枝。刚毛有隔膜,顶端分枝或不分枝,或顶端呈球根状或头状花序状,棕色至深棕色。子囊果多为闭囊壳,表生,球形至近球形或扁平。

(1) 小煤炱属(*Meliola* Fr.)

菌丝体表生,黑色,有头状、瓶形附着枝,并产生吸器伸入寄主表皮细胞内,菌丝体上有刚毛。子囊果球形,有时有刚毛。子囊果为闭囊壳,每个含子囊不多。子囊含 2~8 个子囊孢子,无侧丝。子囊孢子长椭圆形,褐色,具 2~4 个隔膜(图 6-42、图 6-43)。该属有寄生专化性,寄主范围不广。无性阶段多为丝孢菌类。常见种:山茶小煤炱[*Meliola camelliae*(Catt.) Sacc.],发生在油茶和茶上,有性阶段发现之前很多类群曾命名为 *Fumago camelliae* Catt.;双毛小煤炱(*M. amphitricha* Fr.),寄生柑橘属植物;巴特勒小煤炱(*M. butleri* Syd. & P. Syd. = *M. citricola* Syd. & P. Syd.) 已作为 *Amazonia butleri*(Syd. & P. Syd.) F. Stevens 的同物异名处理;刚竹小煤炱(*M. phyllostachydis* W. Yamam.),寄生毛竹、笙竹和山竹等;轴桐小煤炱(*M. acristae* Hansf.),寄生刚竹和中华轴桐。

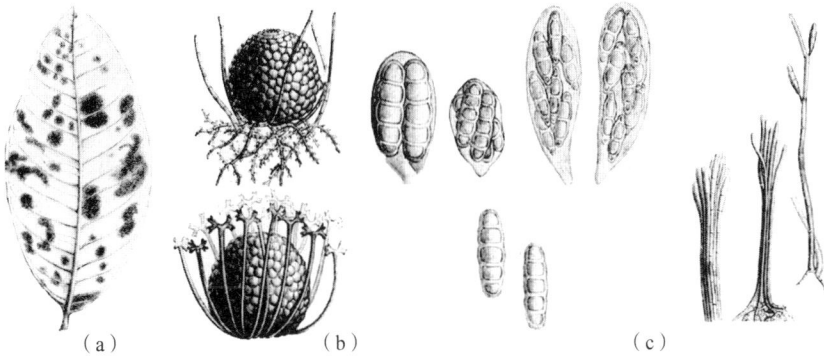

(a)煤污病症状;(b)有性阶段的闭囊壳、子囊和子囊孢子;(c)无性阶段的产孢细胞和分生孢子。

图 6-42 小煤炱属(*Meliola* Fr.)菌物的形态

(2) 小附丝炱属(*Appendiculella* Höhn.)

菌丝体表生,黑色,蛛丝网状至薄壳片。菌丝有分枝,褐色,有头状附着枝和瓶形附着枝,无刚毛。闭囊壳外生于菌丝层上,球形,黑色,表面粗糙,有蠕虫状附属物。子囊孢子棕色,纺锤形、椭圆形至矩圆形,有 3~4 隔膜,隔膜处缢缩。模式种:美座小附丝炱[*Appendiculella calostroma*(Desm.) Höhn.],寄生枇杷属、悬钩子属、蔷薇属、石斑木属等植物。常见种:杉木小附丝炱(*A. cunninghamiae* Y. X. Hu & B. Song),引起杉木叶枯。

(3) 针壳炱属(*Irenopsis* F. Stevens)

菌丝体暗色,生于叶片和枝干表面。菌丝分枝,有隔,隔膜处变暗,棕色,有附着枝,无菌丝刚毛。附着枝头状,有角或叶状,在菌丝上互生或对生,靠近菌丝间隔,双胞,棕色。闭囊壳在寄主表面菌丝上单生或聚生,球形至近球形,壁厚,在表面有突起的长刚毛。刚毛生于在顶端弯曲或呈钩状。闭囊壳由深棕色的角胞组织构成,有 2 层,外层

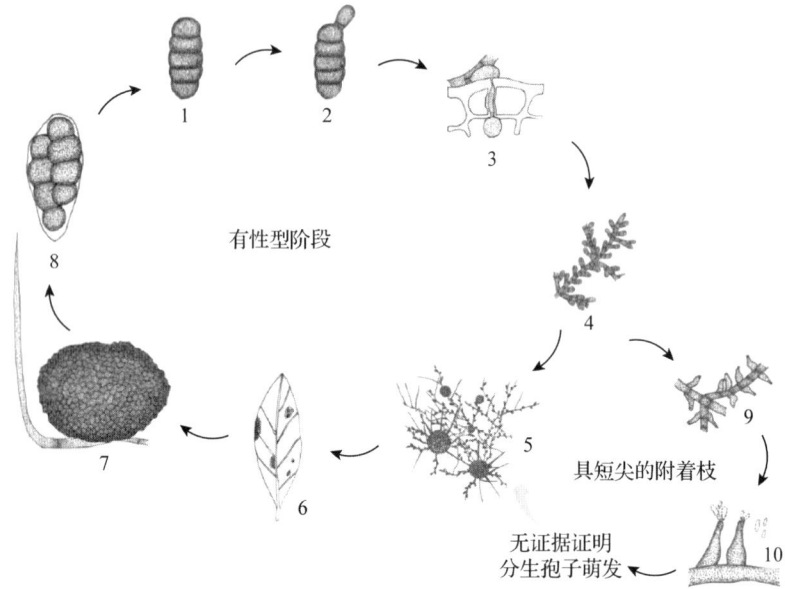

1. 子囊孢子；2. 成熟子囊孢子萌发；3. 吸器侵入寄主组织；4. 表生菌丝；5. 菌落形成；
6. 寄主表面由菌丝形成的黑色叶斑；7. 具刚毛的子囊座；8. 成熟的子囊；9. 具瓶梗的
附着枝；10. 瓶梗分生孢子。

图 6-43　小煤炱属(*Meliola* Fr.)生活史及其具短尖的附着枝

角胞组织壁厚，深棕色，不规则；内层细胞平整，透明。囊间丝短暂地有侧丝。子囊单囊
壁，倒卵形至卵形，易消散，每个子囊有 2~4 个子囊孢子。子囊孢子二列，透明至棕色，
椭圆形至卵形，4 隔，在分隔处缢缩变暗，末端圆形，壁光滑(图 6-44)。

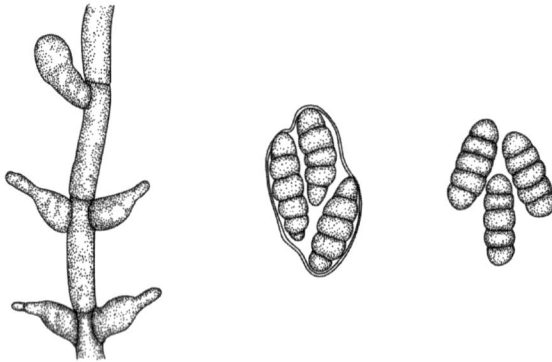

图 6-44　针壳炱属(*Irenopsis* F. Stevens)的菌丝和子囊孢子

(4) 小星盾炱属(*Asteridiella* McAlpine)

菌丝体褐色，外生寄主表面，有头状附着枝和瓶形附着枝，无菌丝刚毛。闭囊壳黑
色，球形，着生在菌丝体上，表面粗糙，有瘤状突起，无刚毛和蠕虫状附属物。子囊孢子
棕色，有 3~4 个隔膜，隔膜处缢缩。常见种：臀形小星盾炱(*A. pygei* Hansf.)，寄生腺叶
稠李、刺叶稠李等植物。

6.4.4.7　格孢腔菌目

格孢腔菌目（Pleosporales Luttr. ex M. E. Barr）是座囊菌纲中最大的目，Wijayawardene et al.（2020）和 Hongsanan et al.（2020）认为应该包含 91 科，超过 200 属。该目大多数种类是淡水、海水或陆地环境中腐烂植物的腐生菌，部分种类在高等植物上寄生，或在枝叶、树皮和木材上腐生，也有的是植物内生菌或附生菌。

子囊座多为假囊壳，一般单生，也可聚生、埋生，表生或埋生后突破寄主表皮，单生、群生或聚生一个共同的子座上，子囊成排生于子囊腔基部，子囊间有假侧丝，子囊孢子多格或砖格形。无性阶段为丝孢菌或腔孢菌，种类多且常见。

1）核孢壳科（Caryosporaceae Huang Zhang, K. D. Hyde & Ariyaw.）

子囊座为假囊壳型，表生或近表生。子囊孢子无色或褐色，多胞，有胶质鞘。无性阶段不常见。

（1）核孢壳属（*Caryospora* de Not.）

子囊座为假囊壳型，表生或近表生、黑色、炭质。子囊孢子大，超过 30 μm，初无色，成熟时变为褐色，宽纺锤形，双胞，孢子周围有胶质鞘，两端各有一个由 2~3 个小细胞组成的突起（图 6-45）。常发生在核、杏等核果类果实的核上，有时也能在腐木和竹秆上看到。无性阶段不常见。模式种：核孢壳［*Caryospora putaminum*（Schwein.）Fuckel］；常见种：小核孢壳（*C. minima* Jeffers）、丽核孢壳［*C. callicarpa*（Curr.）Nitschke ex Fuckel］和棒形核孢壳（*C. obclavata* Raja & Shearer）。

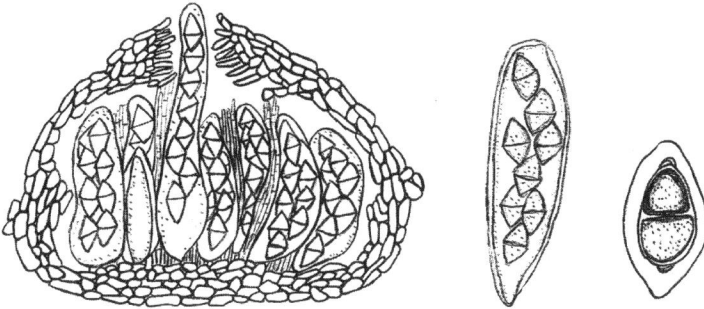

图 6-45　核孢壳属（*Caryospora* de Not.）**菌物的假囊壳型子囊座、子囊和子囊孢子**

2）盾壳霉科（Coniothyriaceae W. B. Cooke）

子囊座为假囊壳型，球形至近球形，埋于寄主表皮下，后突破外露。子囊棍棒形或圆筒形，子囊间有拟侧丝，内含 8 个子囊孢子。子囊孢子梭形，具分隔。无性阶段分生孢子器球形或近球形，单腔室，具 1 中央生孔口。产孢细胞桶形至圆柱形，离生，无色或浅褐色，具环痕。分生孢子褐色，单胞或少数具 1 隔膜，形态多样。

（1）盾壳霉属（*Coniothyrium* Corda）

子囊座为假囊壳型，球形至近球形，埋于寄主表皮下，后突破外露。子囊棍棒形或圆筒形，子囊间有拟侧丝，内含 8 个子囊孢子。子囊孢子梭形，具分隔。无性阶段分生孢子器埋生或半埋生，散生，球形或近球形，单腔室，壁薄。孔口中央生，圆形，有时呈乳突状。产孢细胞桶形至圆柱形，离生，无色或浅褐色，光滑，具 1~4 个环痕。分生孢子褐色，壁厚，单胞或少数具 1 隔膜，圆柱形、球形、椭圆形或宽棍棒形，具小疣，顶端钝，基部平截(图 6-46)。

腐生于土壤、寄生于植物叶或重寄生于其他菌物。该属曾被归为暗球壳科(Phaeosphaeriaceae M. E. Barr)，约 50 种，有性型为小球腔菌属(*Leptosphaeria* Ces. & de Not.)，但对应关系有待确定。常见种：棕榈盾壳霉(*Coniothyrium palmarum* Corda)，侵染刺葵属植物叶片，引起褐斑病；桉生盾壳霉(*C. eucalypticola* B. Sutton)，侵染桉属植物叶片，引起褐斑病；杨生盾壳霉(*C. populicola* Miura)，在杨树叶片上形成灰褐色大斑；油桐盾壳霉(*C. aleuritis* Teng)，引起油桐枝枯病。还有引起葡萄白腐病的白腐盾壳霉 [*C. diplodiella* (Speg.)Sacc. ，现名白腐垫壳孢 *Coniella diplodiella* (Speg.) Petr. & Syd.]；小盾壳霉(*Coniothyrium minitans* W. A. Campb.)，腐生于各种土壤中或寄生于多种菌核上，可用于菌核病的生物防治。

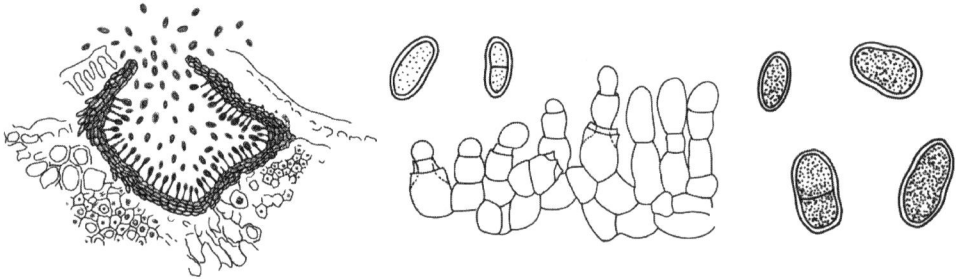

图 6-46　棕榈盾壳霉(*Coniothyrium palmarum* Corda)的分生孢子器、产孢细胞和分生孢子
(Sutton，1980)

3) 棒孢科(Corynesporascaceae Sivan.)

子囊果为闭囊壳，无孔口，球形，单生或聚生，在琼脂上埋生或表生。闭囊壳壁薄，由棕色的角胞组织或球胞组织组成。有侧丝。子囊倒卵形，壁厚，双囊壁，易分解，产生于子囊层。每个子囊内含 8 个子囊孢子。子囊孢子浅棕色至深棕色，光滑，有 1 隔膜，中部缢缩，一般不对称。无性阶段多为丝孢菌，分生孢子梗线形，独生或簇生，半透明至浅棕色，光滑。分生孢子倒棍棒形，半透明至浅棕色，直至弯曲，单生，具隔膜。

(1) 棒孢属(*Corynespora* Güssow)

菌落舒展，灰色、褐色、暗黑褐色至黑色，常呈毛发状或绒毛状。菌丝体表生或埋生。子座常无。分生孢子梗粗大，单生或少数簇生，直立，一般不分枝，直或弯曲，褐色或橄榄色，平滑，具隔。产孢圆柱形或桶形。分生孢子单生，偶链生，干性，顶生，倒棍棒形、圆柱形、梨形或椭圆形，偶具喙，近无色、淡褐色至暗褐色，具隔膜，光滑或具疣突。有性阶段不常见。

该属目前已报道 160 多种，包括 *Corynespora buchananiae* N. Sharma & Sanj. Srivast. 、*C. luffae-cylindricae* N. Sharma & Sanj. Srivast. 等 120 多种植物病原菌，其中肉桂棒孢 [*C. cassiicola* (Berk. & M. A. Curtis) C. T. Wei] 的寄主范围最为广泛；也包括

C. myrioneuronis Jian Ma & X. G. Zhang、*C. sacchari* X. G. Zhang & Ch. K. Shi 等从腐烂植株上分离得到的腐生菌。

4) 亚隔孢壳科 (Didymellaceae Gruyter, Aveskamp & Verkley)

子囊座为假囊壳型，单生、散生或聚生在基物内，褐色至黑色，常埋生在寄主组织内，后期突出，少数表生。子囊棍棒形至圆柱形，具小梗或不具梗，无拟侧丝，内含 8 个子囊孢子。子囊孢子具 1 隔，中间有缢缩，无色。无性阶段多为腔孢菌类或丝孢菌类。分生孢子器埋生、半埋生，后期突破表皮，单腔室，浅褐色至褐色，球形，具 1 中央孔口。产孢细胞瓮形、烧瓶形至圆柱形，无色。分生孢子无色或浅褐色，形状多变，椭圆形、圆柱形、梭形、梨形或球形。该科种类较多，是菌物界类群最多的科之一，截至 2020 年，约 36 属 5 400 余种，多数是植物病原菌，也可以寄生人类、昆虫、菌物，或以腐生形式栖息于其他基质中。

亚隔孢壳科有性型分属检索表

1. 子囊孢子砖格形 ·· 亚光壳属 (*Leptosphaerulina*)
1′.子囊孢子双胞，偶见三胞或四胞 ·· **2**
2. 子囊孢子在中央隔膜处缢缩 ·· **3**
2′.子囊孢子在近下端有隔膜 ······································· 群孢壳属 (*Platychora*)
3. 子囊孢子不规则 ··· 单座孢壳属 (*Monascostroma*)
3′.子囊孢子卵圆形至椭圆形 ·· **4**
4. 子囊座有丝状毛或刚毛 ································· 大孢黑星属 (*Macroventuria*)
4′.子囊座无丝状毛及刚毛 ································· 亚隔孢壳属 (*Didymella*)

亚隔孢壳科无性型分属检索表

1. 腔孢菌类无性态 ··· **2**
1′.丝孢菌类无性态 ··· **8**
2. 分生孢子器具深棕色刚毛，具疣突，分生孢子椭圆形 ······························· **3**
2′.分生孢子器无刚毛 ··· **4**
3. 分生孢子梗透明至半透明，安瓿瓶形至烧瓶形 ·········· 毛核壳属 (*Dactuliochaeta* = *Coniothyrium*)
3′.分生孢子梗透明，瓮形至安瓿瓶形 ················· 毛食壳属 (*Chaetasbolisia*)
4. 有分生孢子梗 ··· 皮戈特属 (*Piggotia*)
4′.无分生孢子梗 ·· **5**
5. 分生孢子棕色，球形、梨形、圆柱形或椭圆形 ············ 小球壳孢属 (*Microsphaeropsis*)
5′.分生孢子透明 ··· **6**
6. 产孢细胞瓮形至烧瓶形，透明；分生孢子透明，圆柱形至不规则形 ·········· 壳二孢属 (*Ascochyta*)
6′.产孢细胞安瓿瓶形至瓮形 ··· **7**
7. 分生孢子椭圆形，纺锤形、梨形或球形，常有油滴 ············ 茎点霉属 (*Phoma*)
7′.分生孢子形状不规则，较大，1~2 隔 ····················· 伯氏菌属 (*Boeremia*)
8. 分生孢子座暗色，分生孢子梗分枝，透明或半透明 ············ 附球孢属 (*Epicoccum*)
8′.分生孢子梗棕色，有小齿 ·································· 皮司霉属 (*Pithomyces*)

（1）亚隔孢壳属（*Didymella* Speg.）

子囊座为假囊壳型，埋生或突破寄主而外露，少数表生。子囊圆柱形至棍棒形，具小梗或不具梗，无拟侧丝，内含8个子囊孢子。子囊孢子卵形至椭圆形，具1隔，中间有缢缩，无色。无性阶段为腔孢菌。分生孢子器球形，褐色，埋生，单腔室，具1中央孔口。产孢细胞桶形至烧瓶形，无色。分生孢子无色，具1分隔，椭圆形或不规则（图6-47）。常见种：平展亚隔孢壳［*Xenodidymella applanata*（Niessl）Qian Chen & L. Cai = *Didymella applanata*（Niessl）Sacc.］，寄生悬钩子，引起枝条枯萎；多点亚隔孢壳（*D. maculosa* Penz. & Sacc.），发生在竹秆上；球状亚隔孢壳［*D. glomerata*（Corda）Q. Chen & L. Cai］，引起桃树、猕猴桃的叶斑病以及葡萄茎枯病（检疫对象）；茶树叶斑病菌［*D. segeticola*（Qian Chen）Qian Chen, Crous & L. Cai］、白纹枯病菌［*D. bryoniae*（Fuckel）Rehm.］，其无性型为 *Phoma*

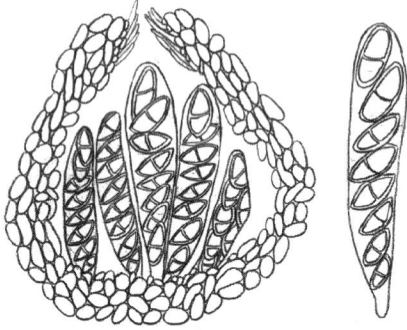

图6-47 亚隔孢壳属（*Didymella* Speg.）菌物的假囊壳型子囊座、子囊和子囊孢子

cucurbitacearum（Fr.）Sacc.，引起多种葫芦科（瓜类植物）蔓枯病；花生亚隔孢壳［*D. arachidicola*（Khokhr.）Tomilin = *Didymosphaeria arachidicola*（Khokhr.）Alcorn, Punith. & G. J. P. MacCarthy］，引起花生网斑病。

（2）茎点霉属（*Phoma* Fr.）

分生孢子器埋生或半埋生，散生或聚生，有时突出外露，球形，褐色，单腔室。孔口单生或具多个孔口，中央生，不呈乳突状。分生孢子梗缺，若有则呈线形，具隔膜和分枝，多呈短小和不规则分枝。产孢方式为内壁芽生瓶梗式产孢，产孢细胞聚生或离生，安瓿瓶形至桶形，无色，光滑，围领和孔口细小，周壁明显加厚。分生孢子无色，单胞，偶生1个隔膜，椭圆形、圆柱形、纺锤形、梨形或球形，壁薄（图6-48）。有性阶段不常见。

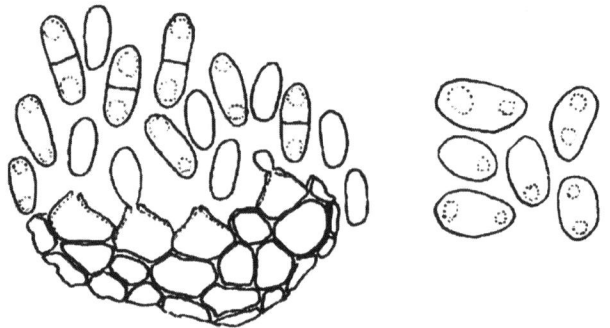

图6-48 茎点霉属（*Phoma* Fr.）菌物的产孢细胞和分生孢子

该属由于基于寄主种类和菌物形态特征命名了很多种，其中许多种类的有性型属于亚隔孢壳属（*Didymella* Speg.）、小球腔菌属（*Leptosphaeria* Ces. & de Not.）、格孢腔菌属（*Pleospora* Rabenh. ex Ces. & de Not.），虽然已记载的种类超过3 000种，而真正属于茎点霉属的仅230余种，但其在系统发育上的高度异质性，使该类群分类困难，因而把形态类似的种类统称茎点霉类（*Phoma*-like）菌物。该属菌物引起多种植物病害，常见种：甜菜茎点霉（*Phoma betae* A. B. Frank），生于甜菜叶上，引起蛇眼病；短小茎点霉［*P. exigua*（Desm.）Aveskamp, Gruyter & Verkley］，引起马铃薯坏疽病菌；球状茎点霉［*Didymella glomerata*（Corda）Qian Chen & L. Cai = *P. glomerata*（Corda）Wollenw. & Hochapfel］，引起葡萄茎枯

病；针状茎点霉[*P. pinodella* (L. K. Jones) Qian Chen & L. Cai]，引起豌豆脚腐病；噬管茎点霉[*P. tracheiphila* (Petri) Gruyter，Aveskamp & Verkley]，引起柠檬干枯病。

(3) 附球孢属(*Epicoccum* Link)

分生孢子座半埋生，散生或聚生。分生孢子由多隔膜划分为多个细胞，但隔膜被黑色的疣突壁所掩盖，近球形至梨形。通常有基细胞，在外形上多样，菌丝顶部分枝，生于近球形的拟薄壁组织子座上。厚垣孢子易变，不规则，单胞或多胞，单生或链状，光滑，有疣突或小瘤，半透明至黑棕色，在球形多胞或形状不规处为砖格形或葡萄串状(图6-49)。有性阶段不常见。

(4) 壳二孢属(*Ascochyta* Lib.)

子囊座为假囊壳型，埋生或突出，近球形至平整形，单生或聚生，具孔口，有时具伸长的颈。子囊近圆柱形至近棍棒形，或为囊状，有时略微弯曲，双囊壁，有时具短柄。子囊内通常内含8个子囊孢子，单列或二列。子囊孢子卵形至椭圆形，有时为双锥形，在子囊内时透明至淡黄色，释放后有时变为棕色，光滑，1隔，有时3隔，对称或不对称，在隔膜处缢缩。分生孢子体分生孢子器型，近球形或安瓿瓶形至乳房形，有时形状不规则，在琼脂上表生或埋生，单生或聚生，成熟时形成孔口。分生孢子器壁为拟薄壁组织，1~8层，外层壁有色。产孢细胞环形或圆形，透明，光滑，形状多样，如近球形、圆柱形、烧瓶形、倒梨形、安瓿瓶形至瓮形。分生孢子形状多样，如卵形、椭圆形、近圆柱形、船形、腊肠形等，透明或有时为黄色至浅棕色，光滑，壁薄，无隔或有隔，多为单隔膜，有时2~3隔，油滴有或无(图6-50)。生长较久的培养物偶见厚垣孢子。常见种：枇杷壳二孢(*Ascochyta eriobotryae* Voglino)，导致枇杷灰星病；桑壳二孢(*A. mori* Maire)，导致棉花茎枯病。

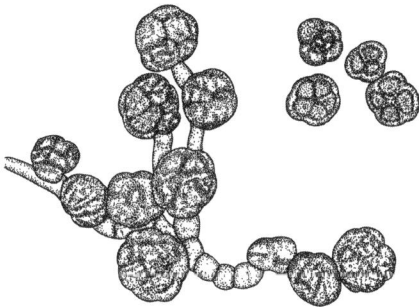

图6-49 附球孢属(*Epicoccum* Link)
菌物的分生孢子

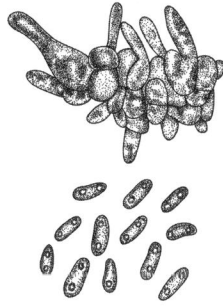

图6-50 壳二孢属(*Ascochyta* Lib.)
菌物的分生孢子梗和分生孢子

5) 隔孢球壳科(Didymosphaeriaceae Munk)

子囊座为假囊壳型，单生、散生在基物内，球形或卵形，常埋生、后突出表皮或表生。子囊椭圆形，内含2~4或8个子囊孢子。子囊孢子椭圆形至长椭圆形，具有1个隔膜，褐色，无附属物。无性阶段类似黑星孢属(*Fusicladium* Bonord.)或茎点霉类菌物。

(1) 隔孢球壳属(*Didymosphaeria* Fuckel)

子囊座为假囊壳型，球形，散生在基物内。子囊孢子具有1隔膜，褐色，无附属物(图6-51)。寄生在竹秆上的有埋隔孢球壳(*Didymosphaeria infossa* Sacc.)、棱隔孢球壳

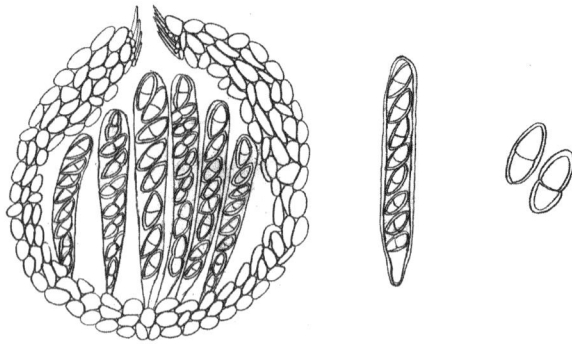

图 6-51　隔孢球壳属菌物 *Didymosphaeria decolorans* Rehm
的假囊壳型子囊座、子囊和子囊孢子

[*D. hysterioides* (Ces.) Höhn.]、箣竹生隔孢球壳(*D. bambusicola* Höhn.)、青篱竹隔孢球壳(*Lophiotrema neoarundinariae* Y. Yang ter, Kaz. Tanak & K. D. Hyde = *D. arundinariae* Ellis & Everh.)、梭隔孢球壳(*Astrosphaeriella minima* Aptroot = *D. fusispora* Penz. & Sacc.)等。无性阶段为茎点霉类菌物。

6) 集颈假壳科(Fenestellaceae M. E. Barr)

子囊果为子囊座，具多个子囊腔。子囊腔具明显的喙状孔口，后期子囊腔的孔口突破寄主表皮聚生在一起外露。无性阶段多为丝孢菌类。

该科菌物主要寄生、腐生于木本植物上，已报道 106 种(Index Fungorum, 2021)。该科现已并入葫芦霉科(Cucurbitariaceae Luerss.)，但由于原名称比较常见故暂时保留。

集颈假壳科分属检索表

1. 具有性型 ·· 2
1′.分生孢子椭圆形，无色，单胞 ···································· 小侧座假壳属(*Pleurostromella*)
2. 子囊果黑腐皮壳型，子囊孢子砖格形 ································ 集颈假壳属(*Fenestella*)
2′.子囊果散生，子囊孢子双胞具胶质壳 ······························ 洛氏假壳属(*Lojkania*)

(1) 集颈假壳属(*Fenestella* Tul. & C. Tul.)

子囊腔成群地聚生在一个半埋生的子囊座内。子囊腔具明显的喙状孔口，同一个子囊座的子囊腔的喙聚生在一起外露。子囊孢子长方形到椭圆形，具纵横隔膜，无色至黄褐色。常见种：籁竹生集颈假壳(*Fenestella bambusicola* Teng)，发生在竹秆上；毛集颈假壳[*F. vestita* (Fr.) Sacc.]，发生在杨树的树皮上。无性阶段多为丝孢菌类。

7) 小球腔菌科(Leptosphaeriaceae M. E. Barr)

子囊果为假囊壳，常为锥形、乳突形，埋生或后期突破寄主表皮外露，有时聚生成一个子座，孔口具一发育良好(发达)的缘丝；包被黑色，发达，有时在基部加厚，由厚壁的拟薄壁组织细胞组成，子囊间组织由细胞状的拟侧丝组成。子囊柱形，壁薄，具裂缝，具一有明显眼点的腔室，子囊孢子无色至褐色，有时具膜质鞘。无性阶段为丝孢菌或腔孢菌类。常腐生、半活氧寄生或寄生于草本及木本植物茎或叶。

小球腔菌科有性型分属检索表

1. 囊间丝密集，长，粗，有隔，由拟侧丝细胞组成 ·· **2**
1′.囊间丝为拟侧丝 ··· 拟小球腔菌属（*Paraleptosphaeria*）
2. 从表面突出，近球形，宽或窄的圆锥形子囊座，具锥形先端和通常有光泽的乳突 ·············
　　 ··· 小球腔菌属（*Leptosphaeria*）
2′.埋生，凹陷的球形子囊座，有贯穿的小孔和小乳突 ········· 新暗球壳属（*Neophaeosphaeria*）

小球腔菌科无性型分属检索表

1. 分生孢子器壁初期为拟薄壁组织，后期为硬壁密丝组织，分生孢子单胞 ····· 丰屋菌属（*Plenodomus*）
1′.分生孢子器壁为拟薄壁组织，分生孢子有隔或无隔 ··· **2**
2. 分生孢子器壁多数是拟薄壁组织，分生孢子单胞 ··························· 亚丰屋菌属（*Subplenodomus*）
2′.分生孢子器壁为拟薄壁组织，分生孢子两型，小孢子单胞，大孢子具隔膜 　异孢霉属（*Heterospora*）

(1) 小球腔菌属（*Leptosphaeria* Ces. & de Not.）

　　子囊座为假囊壳型，球形至近球形，埋生于寄主表皮下，后突破外露，具短喙或无喙。子囊棍棒形或圆筒形，子囊间有拟侧丝，含 8 个子囊孢子。子囊孢子除极少数为丝状外，通常为梭形，具 3 至多个隔膜。无色或黄褐色（图 6-52）。重要的植物病原菌有：引起甘蓝黑茎病的 *Leptosphaeria maculans* Ces. & de Not.；引起竹秆病害的疣孢小球壳菌［*Neokalmusia scabrispora*（Teng）Kaz. Tanaka, H. A. Ariy. & K. D. Hyde = *L. scabrispora* Teng］和箣竹小球壳菌［*Mycosphaerella phyllostachydicola* Tomilin = *L. bambusae*（I. Miyake & Hara）Sacc.］。

8) 扁孔腔菌科（Lophiostomataceae Luerss.）

　　子囊座为假囊壳型，球形，具有扁平的偏生喙，喙的顶端有一个裂缝状的孔口。子囊座外生或初期生于寄主表皮下内，后期突破表皮而外露。子囊圆柱形至棍棒形，内含 8 个子囊孢子。子囊孢子细梭形，两端尖锐，具 3~5 隔膜，中间有缢缩，无色至褐色。部分类群子囊孢子砖格形。无性阶段分生孢子器型，近球形，红褐色，半埋生在寄主表皮下。产孢细胞圆柱形，无色。分生孢子圆柱形，单胞无色。常生于陆地和水生环境中的草本、木本植物的枝条、树皮上。

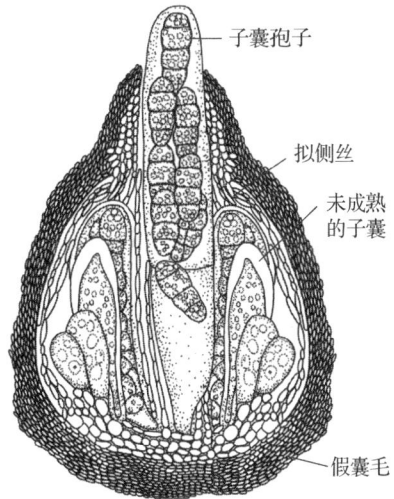

图 6-52　小球腔菌属（*Leptosphaeria* Ces. & de Not.）菌物的假囊壳型子囊座，内含拟侧丝和子囊
（邵立平等，1984）

扁孔腔菌科分属检索表

1. 无性型难以区分腔孢型和丝孢型，棕色，分生孢子 1 隔，圆钝扁平的基底疤痕 ··········
　　 ··· 拟二形腔菌属（*Dimorphiopsis*）

（1）扁孔腔菌属（*Lophiostoma* Ces. & de Not.）

子囊座为假囊壳型，散生或聚生，球形至近球形，炭质，深棕色至黑色，初期半埋生在寄主表皮下，后期突破表皮外露。子囊椭圆形至棍棒形，具无色有分隔的侧丝。子囊孢子椭圆形到梭形，具 3~5 隔膜，中间有缢缩，无色至浅褐色，在孢子的两端有附属物。无性阶段分生孢子器散生，半埋生，单腔室或少数多腔，近球形，棕褐色，具一喙状孔口，产孢细胞圆柱形，无色。分生孢子圆柱形，单胞，无色（图 6-53）。常见种：囊盘状扁孔腔菌［*Lophiostoma excipuliforme*（Fr.）Ces. & de Not.］，发生在栎树和枫香树的树皮上。

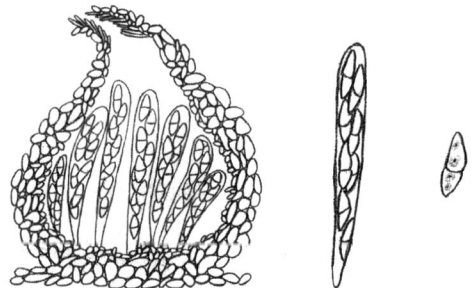

图 6-53 扁孔腔菌属菌物 *Lophiostoma glabrotunicatum* Ying Zhang, J. Fourn. & K. D. Hyde 的假囊壳型子囊座、子囊和子囊孢子

9）透孢黑团壳科（Massarinaceae Munk）

子囊座多为假囊壳型，球形或近球形，埋生，偶尔突出或表生。子囊腔具有短乳突状的喙状孔口或无，常被盾状壳菌丝体覆盖。子囊双层囊壁，棍棒形，宽梭形至椭圆形。子囊孢子纺锤形或长椭圆形，透明，多胞，且常具有明显的透明膜质鞘。无性阶段多为丝孢菌。

常见属：长蠕孢属（*Helminthosporium* Link）、透孢黑团壳属（*Massarina* Sacc.）、壳多胞属（*Stagonospora* Sacc.），常见于禾本科植物的内生菌或共生菌。

（1）长蠕孢属（*Helminthosporium* Link）

子囊座为假囊壳型，球形或近球形，埋生。子囊腔中央具一喙状孔口，有盾状壳菌丝体覆盖。子囊棍棒形，宽梭形至椭圆形。子囊孢子椭圆形，两端钝圆，透明，双胞，常具有明显的透明膜质鞘。菌丝体发达，分枝，具隔膜，暗色。无性阶段分生孢子梗丛生，少单生，直立，近圆柱形，褐色至暗褐色，不分枝，具隔膜。分生孢子梗上孢痕不明显。分生孢子单生或偶生短链，倒棍棒形，直或弯，淡色至褐色，具假隔膜，外壁光滑，基部常具明显的暗色脐或孢痕（图6-54）。该属多数种类腐生于树木枯枝上，少数寄生，引起植物病害。例如，茄长蠕孢（*Helminthosporium solani* Durieu & Mont.）侵染马铃薯，引起银腐病。

（2）透孢黑团壳属（*Massarina* Sacc.）

子囊座为假囊壳型，球形或近球形，聚生，埋生。子囊腔具有短乳突状的喙状孔口，常具拟侧丝，被盾状壳菌丝体覆盖。子囊棍棒形，宽梭形至椭圆形。子囊孢子宽梭形，两端钝圆，透明，多胞，且常具有明显的透明膜质鞘（图6-55）。透孢黑团壳属的无性型种类很多，无性阶段传统验证是通过培养基法，但很多不能够在培养基上产生无性型。

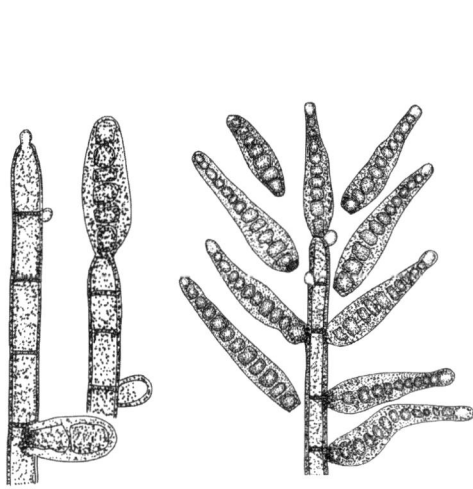

图 6-54 长蠕孢属（*Helminthosporium* Link）
菌物的分生孢子梗和分生孢子

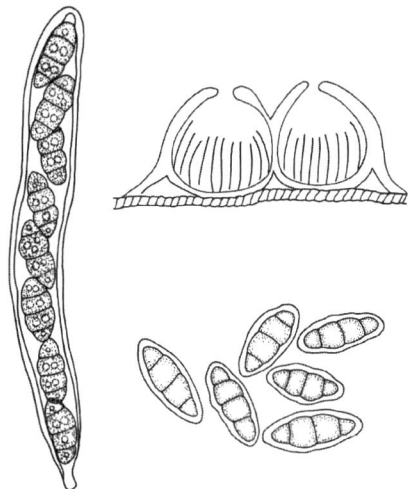

图 6-55 透孢黑团壳属菌物 *Discostroma fruticosum*
Z. Q. Yuan & M. E. Barr 的假囊壳型子囊座、
子囊和子囊孢子

（Yuan et al.，1994）

10) 黑球腔菌科 (Melanommataceae G. Winter)

子囊座为假囊壳型，球形或近球形，炭质或革质，埋生或近表生。子囊棍棒形至近椭圆形，内含 8 个子囊孢子。子囊孢子梭形至椭圆形，无色或褐色，具 1 至多个隔膜。无性阶段对应关系较乱。

黑球腔菌科常见属检索表

1. 有性型	2
1′. 无性型	14
2. 生于淡水或海洋，腐生	3
2′. 生于陆地，腐生、寄生或寄生于真菌	4
3. 子囊座圆锥形	锥突腔菌属 (*Mamillisphaeria*)
3′. 子囊座球形至近球形	双曲腔菌属 (*Bicrouania*)
4. 子囊座近表生，菌丝层覆盖于寄主表面	5
4′. 子囊座埋生或突起	7
5. 孔口处略带红橙色或淡绿色	毡球腔菌属 (*Byssosphaeria*)
5′. 孔口处未着色	6
6. 子囊孢子 1~3 隔	小瘤壳属 (*Bertiella*)
6′. 子囊孢子 5~8 隔	舟孢壳属 (*Navicella*)
7. 子囊具分叉的梗	8
7′. 子囊无分叉的梗	9
8. 子囊孢子单胞	囊鞘孢属 (*Herpotrichia*)
8′. 子囊孢子砖格形	冠毛丛壳属 (*Calyptronectria*)
9. 子囊孢子无黏质鞘	10
9′. 子囊孢子具黏质鞘	12
10. 子囊孢子砖格形	假斯特里克属 (*Pseudostrickeria*)
10′. 子囊孢子无纵向隔膜	11
11. 子囊孢子椭圆形至纺锤形，2 至多隔，在主隔膜处缢缩	黑球腔菌属 (*Melanomma*)
11′. 子囊孢子为宽或窄的纺锤形，3 隔，易于初级隔膜处分为两部分	欧雷腔菌属 (*Ohleria*)
12. 子囊孢子砖格形	砖孢斯特里克属 (*Muriformistrickeria*)
12′. 子囊孢子无纵向隔膜	13
13. 子囊孢子纺锤形，具圆钝的末端，透明	隐黑团属 (*Sarimanas*)
13′. 子囊孢子舟形至倒卵形，透明至棕色	多形孢腔菌属 (*Asymmetricospora*)
14. 致病菌，在叶上产生多胞、可溅散的繁殖体	冠丝菌属 (*Mycopappus*)
14′. 腐生于寄主，无繁殖体	15
15. 分生孢子梗分枝	16
15′. 分生孢子梗不分枝	18
16. 分生孢子梗分枝，具疣突，棕色	杂斑壳属 (*Xenostigmina*)
16′. 分生孢子梗分枝，透明	17
17. 分生孢子透明，无隔	离壳孢属 (*Aposphaeria*)
17′. 分生孢子棕色，有隔	小外孢壳属 (*Exosporiella*)
18. 分生孢子椭圆形至圆柱形，棍棒形至倒棍棒形	黑镜孢属 (*Nigrolentilocus*)

18′. 分生孢子倒卵形，椭圆形至近球形 ·················· **19**

19. 分生孢子梨形至倒卵形，1~3 隔 ······················ **小单梗孢属(*Monotosporella*)**

19′. 分生孢子椭圆形至近球形，4~6 隔 ···················· **多头孢壳属(*Phragmocephala*)**

(1) 黑球腔菌属(*Melanomma* Nitschke ex Fuckel)

　　子囊座为假囊壳型，球形或近球形，革质，表生或近埋生，单生或聚生，深褐色至黑色。子囊圆柱形至梭形，具一短且分支的小梗，内含 8 个子囊孢子。子囊孢子宽梭形至梭形，两端钝圆，浅棕色至橄榄色，2 至多个隔膜，中间有缢缩。无性阶段分生孢子器表生，球形，具一中央孔口。产孢细胞无色，具围领状环痕。分生孢子单胞无色，圆柱形至椭圆形(图 6-56)。大多发生在木质茎或木材上。常见种：梭孢黑球腔菌[*Melanomma fuscidulum* (Sacc.) Jaklitsch & Voglmayr]，发生在接骨木上。

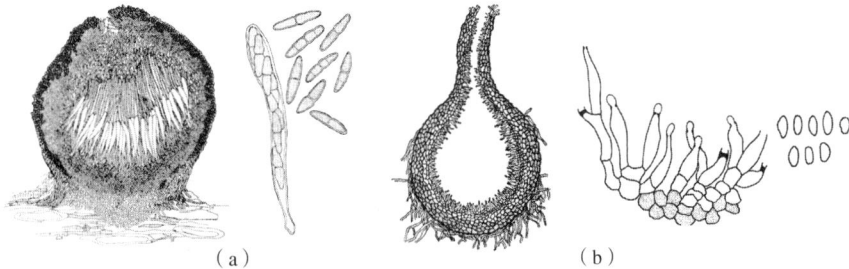

(a)有性阶段的假囊壳型子囊座、子囊和子囊孢子；(b)无性阶段分生孢子器、产孢细胞和分生孢子。

图 6-56　黑球腔菌属菌物 *Melanomma radicans* (Samuels & E. Müll.) Jaklitsch & Voglmayr 的形态

11) 假亚隔孢壳科(Pseudodidymellaceae A. Hashim. & Kaz. Tanaka)

　　该科与黑球腔菌科(Melanommataceae G. Winter)系统关系近，是 Hashimoto et al. (2017)建立的新科。主要包括亚隔孢菌属(*Mycodidymella* C. Z. Wei, Y. Harada & Katum.)、彼得变形孢属(*Petrakia* Syd. & P. Syd.)、假亚隔孢壳属(*Pseudodidymella* C. Z. Wei, Y. Harada & Katum.)和传统的杂斑壳属(*Xenostigmina* Crous)。其中彼得变形孢属较为常见，引起多种植物病害。

(1) 彼得变形孢属(*Petrakia* Syd. & P. Syd.)

　　分生孢子座小，球形，表皮下埋生，成熟时突出表皮外露；分生孢子梗短，无色；分生孢子单生，球形至椭圆形，棕色，有隔膜且形状多变，多呈砖格形，有分枝状附属丝(图 6-57)。有性型未知，可能腐生于死亡的植物组织。常见的有寄生于槭树引起褐斑病的槭彼得变形孢[*Petrakia aceris* (Dearn. & Barthol.) A. Hashim. & Kaz. Tanaka = *Cercosporella aceris* Dearn. & Barthol.]、刺彼得变形孢[*P. echinata* (Peglion) Syd. & P. Syd. = *Epicoccum echinatum* Peglion]，以及寄生七叶树的七叶树彼得变形孢[*P. aesculi* (C. Z. Wei, Y. Harada & Katum.) Jaklitsch & Voglmayr = *Mycodidymella aesculi* C. Z. Wei, Y. Harada & Katum.]和寄生水青冈属的水青冈彼得变形孢[*P. fagi* (C. Z. Wei, Y. Harada & Katum.) Beenken, Andr. Gross & Queloz]。

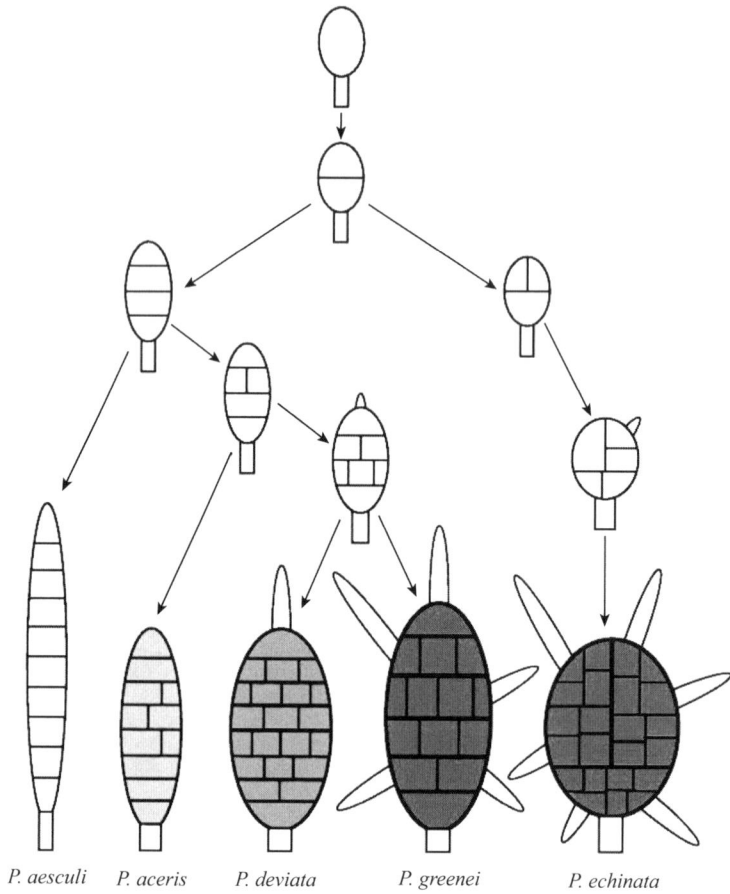

图 6-57　彼得壳孢属(*Petrakia* Syd. & P. Syd.)菌物的大孢子分隔模式

12) 暗球壳科(Phaeosphaeriaceae M. E. Barr)

子囊果为子囊壳，散生或聚生，埋生或半埋生，球形到近球形，无毛或具刚毛，棕色至深棕色或黑色，孔口具短到长乳突。子囊圆柱形至棒形，孔口发达，内含 8 个子囊孢子；子囊孢子梭形、椭圆形至丝状，棕色，有时无色，单胞或多胞，具附属物或胶质壳。无性型为腔孢菌，分生孢子无色至深色，单胞至多胞，壁光滑或粗糙，有时有附属物或胶质壳。寄生在单子叶或双子叶植物上，引起严重的植物病害，有时候腐生，也有内生菌。

暗球壳科分属检索表

1. 有性型 ·· 2
1′. 无性型 ··· 14
2. 子囊孢子为多隔孢子或线形孢子 ··· 3
2′. 子囊孢子砖格形，寄生于红芒柄花 ······························ 达米蒂奥壳属(*Dematiopleospora*)
3. 子囊孢子多隔 ··· 4
3′. 子囊孢子线形 ··· 12
4. 子囊孢子 2~3 隔 ··· 5

4′. 子囊孢子大多超过 3 隔 ……………………………………………………………………… **10**

5. 子囊孢子多 2 隔，有时重寄生于锈菌上 ……………………………… **锈生壳菌属（*Eudarluca*）**

5′. 子囊孢子 3 隔，腐生或作为致病菌寄生于单子叶植物或双子叶植物上 …………………… **6**

6. 子囊座成群或成列，具裂缝状的孔口，子囊孢子透明 ……………… **壮毛杯菌属（*Bricookea*）**

6′. 子囊座单生，散生，具开放的孔口或乳突，子囊孢子浅棕色、黄棕色至棕色 ……………… **7**

7. 子囊卵形至安瓿瓶形，无侧丝，寄生于灯芯草 ……………………… **舌孢壳属（*Loratospora*）**

7′. 子囊多为圆柱形，具拟侧丝 ……………………………………………………………………… **8**

8. 子囊座通常无毛 …………………………………………………………………………………… **9**

8′. 子囊座通常有刚毛 …………………………………………… **毛黑球腔菌属（*Setomelanomma*）**

9. 子囊座通常埋生，孔口具极小的乳突 ………………………………… **暗球壳属（*Phaeosphaeria*）**

9′. 子囊座半埋生至突出，近乎表生，球形，圆锥形孔口；无性未知 …… **小座囊壳属（*Dothideopsella*）**

10. 子囊孢子圆柱形，通常具一增大的细胞 ……………………………………………………… **11**

10′. 子囊孢子通常为纺锤形，中间细胞最宽，腐生于禾本科植物 ………… **管腔菌属（*Amarenomyces*）**

11. 具乳突，孔口内含多数长刚毛，子囊孢子在临近顶端的位置有一膨大的细胞 ……………………

…………………………………………………………………… **节球腔菌属（*Nodulosphaeria*）**

11′. 无乳突，孔口开放，子囊孢子靠近基部的细胞通常膨大 ………… **拟暗球腔菌属（*Phaeosphaeriopsis*）**

12. 子囊孢子具膨大的细胞 …………………………………………………… **蛇孢腔菌属（*Ophiobolus*）**

12′. 子囊孢子无膨大的细胞 ………………………………………………………………………… **13**

13. 子囊孢子在隔膜处缢缩，分为 2 个孢子，腐生或寄生于豆科植物 ……………… **腔菌属（*Entodesmium*）**

13′. 子囊孢子在隔膜处不缢缩，不分为 2 个孢子，腐生于多种单子叶植物 ………………………

…………………………………………………………………… **蛇孢小球腔菌属（*Ophiosphaerella*）**

14. 分生孢子单胞、双胞 ……………………………………………………………………………… **15**

14′. 分生孢子砖格形 ……………………………………………………… **管黏束孢属（*Amarenographium*）**

15. 分生孢子无隔 ……………………………………………………………………………………… **16**

15′. 分生孢子有隔 ……………………………………………………………………………………… **18**

16. 腐生或致病寄生，分生孢子座有刚毛 …………………………………………………………… **17**

16′. 重寄生于白粉菌上 ………………………………………………………… **白粉寄生孢属（*Ampelomyces*）**

17. 分生孢子座深棕色，有性型未见 ………………………………………… **异茎点霉属（*Paraphoma*）**

17′. 分生孢子座浅棕色至黑橄榄色，子囊孢子圆柱形，透明，3 隔，次顶端细胞膨大 …………………

…………………………………………………………………………… **毛茎点霉属（*Setophoma*）**

18. 分生孢子座有刚毛或在基质表面生长 ………………………………………………………… **19**

18′. 分生孢子座无刚毛 ……………………………………………………………………………… **21**

19. 分生孢子 1~3 隔 ………………………………………………………………………………… **20**

19′. 分生孢子多于 3 隔 …………………………………………………… **沃伊诺维壳属（*Wojnowicia*）**

20. 分生孢子梗存在，透明，分生孢子 1 隔 ……………………… **毛丝球霉属（*Chaetosphaeronema*）**

20′. 分生孢子梗缺，浅黄色，分生孢子无隔或 1 隔，罕 3 隔 …………… **新毛茎点霉属（*Neosetophoma*）**

21. 分生孢子 1 隔 ……………………………………………………………………………………… **22**

21′. 分生孢子不止 1 隔 ……………………………………………………………………………… **23**

22. 分生孢子具附属物 ………………………………………………………… **巾孢菌属（*Tiarospora*）**

22′. 分生孢子无附属物 …………………………………………………… **新壳多胞属（*Neostagonospora*）**

23. 分生孢子透明 ……………………………………………………………………………………… **24**

23′. 分生孢子有色 ……………………………………………………………………………………… **26**

24. 分生孢子一型，圆柱形至倒棍棒形 ·· 25
24′. 分生孢子两型，大孢子近圆柱形至窄倒棍棒形，小孢子无隔，梨形至球形或椭球形 ········
·· 奥兰治菌属（*Vrystaatia*）
25. 分生孢子座渗出乳白色孢子团，无分生孢子梗 ··············· 类壳多胞属（*Parastagonospora*）
25′. 分生孢子座伸出粉色至橙色的孢子团，分生孢子梗分枝 ········· 异壳针孢属（*Xenoseptoria*）
26. 分生孢子通常 3 隔 ·· 27
26′. 分生孢子常多于 3 隔 ·· 29
27. 分生孢子一型 ·· 28
27′. 分生孢子二型，小孢子近球形至椭圆形，透明 ············ 暗色壳多胞属（*Phaeostagonospora*）
28. 分生孢子近圆柱形，浅棕色，具极小的疣突 ··················· 硬壳多胞属（*Sclerostagonospora*）
28′. 分生孢子近圆柱形，中间部分略宽，浅黄棕色，壁光滑 ··············· 小壳针孢属（*Septoriella*）
29. 分生孢子纺锤形 5~6 隔，顶端细胞变细变短，如喙状，具附属物 ····· 小线孢菌属（*Scolecosporiella*）
29′. 分生孢子弯曲至"S"形，6~7 隔，有透明的末端细胞 ·················· 丝孢霉属（*Scolicosporium*）

（1）暗球壳属（*Phaeosphaeria* I. Miyake）

子囊果为子囊壳，散生或聚生，埋生或半埋生，球形到近球形，单腔，无毛，棕色，具小乳突。子囊圆柱形，孔口发达，含 8 个子囊孢子，二列；子囊孢子梭形，棕色，有隔，具刺或疣（图 6-58）。无性型分生孢子器散生或聚生，埋生，单腔或多腔室，球形至近球形，棕色。产孢方式为全壁芽生型，产孢细胞瓶梗状、安瓿瓶形至瓮形，无色至浅棕色。分生孢子椭圆形至圆柱形，浅棕色至棕色，具隔膜，直或基部稍弯曲，壁光滑，有油滴。

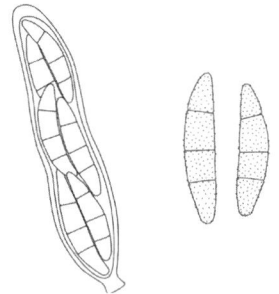

图 6-58 稻暗球壳菌（*Phaeosphaeria oryzae* I. Miyake）的子囊和子囊孢子

（Quaedvlieg et al.，2013）

13）格孢腔菌科（Pleosporaceae Nitschke）

子囊座为假囊壳型，近球形，壁厚，埋生或后期突破表皮外露，黑色，有一发育良好的溶解而成的孔口，有时多毛或具刚毛；包被常厚，多层，由较大的厚壁拟薄壁组织细胞构成。子囊近柱形，具裂缝，子囊棍棒状，内含 8 个子囊孢子，有假侧丝。子囊孢子多胞，砖格形，没有膜质鞘。无性阶段多为丝孢菌和腔孢菌。该科菌物发生在草本植物的茎和木本植物的枝干上。多为腐生菌，少数寄生菌，还有几个属寄生在地衣上。

格孢腔菌科分属检索表

1. 子囊壳壁具刚毛 ·· 2
1′. 子囊壳壁无刚毛 ·· 3
2. 囊间丝无拟侧丝 ·· 核腔菌属（*Pyrenophora*）
2′. 囊间丝为拟侧丝 ·· 凸脐蠕孢属（*Exserohilum* = *Setosphaeria*）
3. 子囊座在寄主表面生 ··· 外胶孢假壳属（*Extrawettsteinina* = *Kriegeriella*）
3′. 子囊座初期埋生，后期突出至近乎表生，球形至近球形 ··· 4
4. 囊间丝为细胞组成的拟侧丝 ··· 5
4′. 囊间丝为丝状拟侧丝 ··· 假育空壳属（*Pseudoyuconia*）

（1）链格孢属（*Alternaria* Nees）

　　菌丝体发达，分枝，具隔膜，淡色至褐色。有性阶段为隔孢腔菌科菌物形态。常见无性阶段，分生孢子梗生于菌丝顶端或侧面，或生于子座上，分化明显，暗色，简单或有时分枝，直或弯曲，单生或丛生。产孢方式为内壁芽生孔生式产孢，因多次产孢而做合轴式延伸，孢痕明显。分生孢子单生或链生，孢子链分枝或不分枝，倒棍棒形、倒梨形、卵形、椭圆形或近圆柱形，孢子基部钝圆形，脐部明显。分生孢子呈淡褐色至深褐色，具横、纵或斜的真隔膜，光滑或具疣、刺，分隔处缢缩或不缢缩，顶端无喙或延伸成喙（图 6-59）。

　　该属菌物分布广泛，多数种类是土壤、空气和各种物品表面常见的腐生菌。目前，全世界已描述 360 种，其中 90% 以上是兼性寄生菌，可生于各种植物上，引起叶斑病。另外，该属菌物可产生数十种菌物毒素，对哺乳动物有毒性。少数种类可侵染人和动物，引起疾病。部分寄生种类可用于杂草生物防治。常见种：链格孢［*Alterna-*

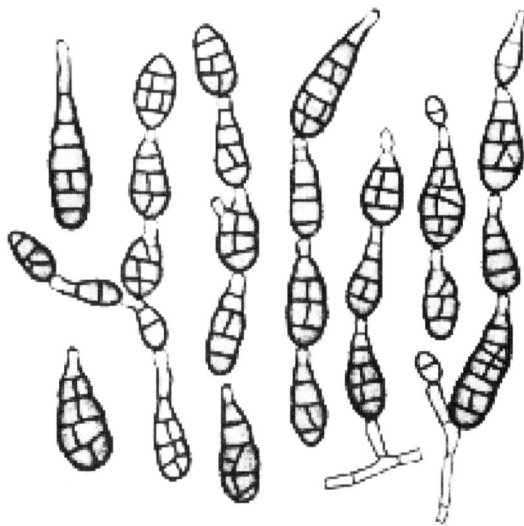

图 6-59　链格孢属（*Alternaria* Nees）菌物的
产孢细胞和分生孢子

ria alternata（Fr.）Keissl.］，侵染小麦、苘麻、大豆、花生、棉花、番茄、桃、李、杏等多种植物，引起黑斑病；芸薹链格孢［*A. brassicae*（Berk.）Sacc.］，侵染黄瓜、甜瓜、南瓜、角瓜等葫芦科植物，引起黑斑病；葱链格孢［*A. porri*（Ellis）Cif.］，侵染葱和洋葱等，引起黑斑病；茄链格孢（*A. solani* Sorauer），侵染马铃薯、番茄、茄等茄科植物，引起早疫病。

（2）平脐蠕孢属（*Bipolaris* Shoemaker）

　　子囊座为假囊壳型，球形，黑色，有短颈，无刚毛。子囊棍棒形，含 8 个子囊孢子。

子囊孢子丝状，多胞，无色或淡黄色，呈螺旋状紧密交织在一起。常见无性阶段，分生孢子梗直或呈膝状弯曲，具多个隔膜，多不分枝，光滑，有时具结，圆柱形，褐色。产孢细胞圆柱形，端生或间生，产孢方式为全壁芽生合轴式产孢，产孢痕明显。分生孢子顶生或侧生，梭形、倒梨形、舟形、长椭圆形、圆柱形、倒棍棒形、棍棒形、卵形，单生，弯曲至正直，多数光滑，偶具小刺或壁粗糙，2 至多个隔膜，隔膜有时加厚变暗，淡褐色、橄榄色或暗褐色；分生孢子萌发时从一端或两端细胞萌发；基部芽管从近脐点处产生半轴式生长，脐点稍突出，平截状(图 6-60)。

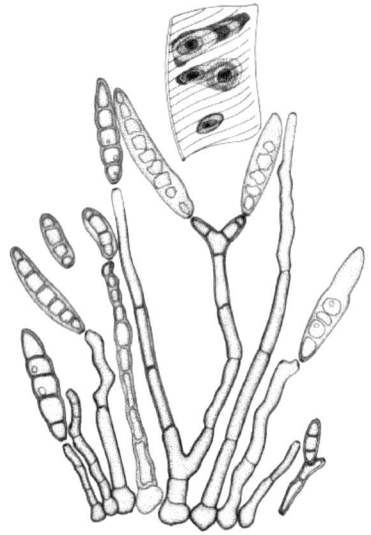

图 6-60　具喙平脐蠕孢(*Bipolaris rostratae* Raghv. Singh & Sh. Kumar)的症状、产孢细胞和分生孢子
(Singh et al.，2016)

该属 70 余种。自然状态下有性世代很少产生，主要以厚壁的分生孢子引起害禾本科植物病害，包括叶斑、苗枯和根腐。如危害麦类作物和禾本科草类的禾草平脐蠕孢(*Bipolaris sorokiniana* Shoemaker)；玉蜀黍平脐蠕孢[*B.maydis*（Y. Nisik. & C. Miyake）Shoemaker]，寄生于玉米，引起小斑病。有性型为旋孢腔菌属(*Cochliobolus* Drechsler)，现已作为异名处理。

(3) 弯孢属(*Curvularia* Boedijn)

菌丝棕色，灰色或黑色，质地柔软似棉絮。子囊座表生，球形至椭圆形，深棕色至黑色，有明显喙状孔口。假囊壳具拟侧丝，有隔。子囊双层囊壁，圆柱形至棍棒形，具短梗，多为 8 个子囊孢子。子囊孢子束状，二列，具多隔，透明或成熟时有色。分生孢子梗分枝或不分枝，直或弯曲，有隔，光滑至有小疣。产孢细胞合生，圆柱形。分生孢子长方形、椭圆形、棍棒形、椭球形、棒形、梭形、近圆柱形或弯月形，末端圆钝或有时靠近基部略微变细，浅棕色，中间红棕色至深棕色，具多隔膜(图 6-61)。

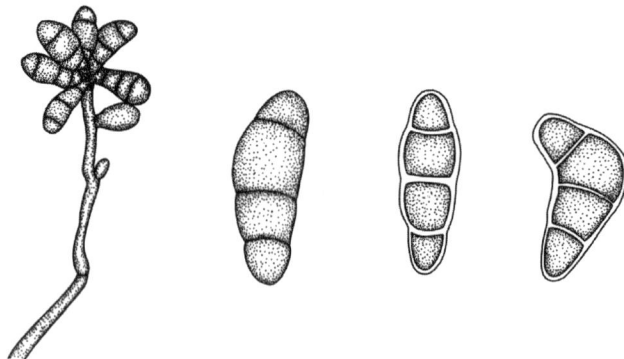

图 6-61　弯孢属(*Curvularia* Boedijn)菌物的分生孢子梗和分生孢子

（4）凸脐蠕孢属（*Exserohilum* K. J. Leonard & Suggs）

菌丝发达，分枝，具隔膜，暗色。子囊座表生、突出或埋生在寄主组织内。内含 1 个假囊壳，球形至椭圆形，深褐色至黑色，单腔，有孔口，有或无颈，子囊座上部及孔口周围有短的褐色刚毛，子囊座壁由多角形至球形的拟薄壁细胞组成。子囊圆筒形至棍棒形，直或弯曲，有柄，拟侧丝有隔膜和分枝，可相互联结，多为 8 个子囊孢子。子囊孢子镰刀形至矩圆形，2~6 个横隔膜，偶有纵隔膜，隔膜片缢缩，无色至淡褐色，表面光滑，周围有胶质鞘。常见无性阶段，分生孢子梗柱形，不分枝，橄榄色至褐色，顶端呈屈膝状。产孢方式为内壁芽生式产孢，由分生孢子梗顶端的产孢孔生出分生孢子，孢痕明显。分生孢子近圆柱形，纺锤至宽倒棒形或喙状，具假隔膜，橄榄色至褐色，脐点从基细胞明显突出，萌发时由两端产生芽管（图 6-62）。该属多寄生于禾本科植物上，引起叶斑病，分布广泛。常见种：玉米凸脐蠕孢［*Exserohilum turcicum*（Pass.）K. J. Leonard & Suggs ＝ *Setosphaeri-aturcica*（Luttr.）K. J. Leonard & Suggs］，可侵染玉米、高粱、苏丹草等，引起大斑病，世界广布。

（5）格孢腔菌属（*Pleospora* Rabenh. ex Ces. & de Not.）

子囊座为假囊壳型，近球形，黑色，埋生寄主组织内，后突破外露，拟侧丝明显。子囊孢子具 7 个以上的横隔膜，砖格形，多暗褐色，罕无色。常见种：胡枝子格孢腔菌（*Pleospora lespedezae* I. Miyake），寄生胡枝子枝条。无性阶段为匍柄霉属（*Stemphylium* Wallr.）。分生孢子顶生，长椭圆形，两端钝圆，或倒棍棒形至近球形，棕色至黑色，砖格形，表面具疣突或小刺（图 6-63）。

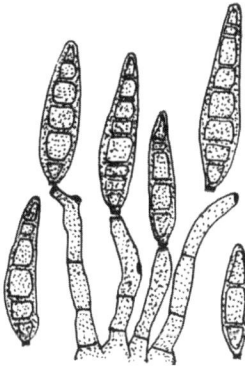

图 6-62　凸脐蠕孢属（*Exserohilum* K. J. Leonard & Suggs）菌物的产孢细胞和分生孢子

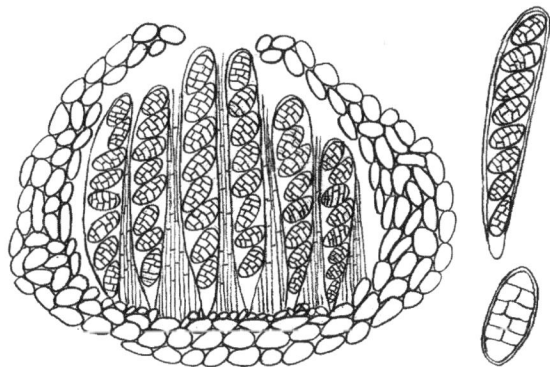

图 6-63　格孢腔菌属（*Pleospora* Rabenh. ex Ces. & de Not.）菌物的假囊壳型子囊座、子囊和子囊孢子

（6）核腔菌属（*Pyrenophora* Fr.）

子囊座为假囊壳型，球形或扁球形，黑色，顶部有刚毛，子囊圆筒形或棍棒形，子囊间有永存性的拟侧丝。子囊孢子卵圆或长圆形，有纵横隔膜，褐色（图 6-64）。无性阶段多为德氏霉属（*Drechslera* S. Ito），分布广泛。该属有许多植物病原菌，如引起大麦条纹病和网斑病的麦类核腔菌（*Pyrenophora graminea* S. Ito & Kurib.）和圆核腔菌（*P. teres* Drechsler）。

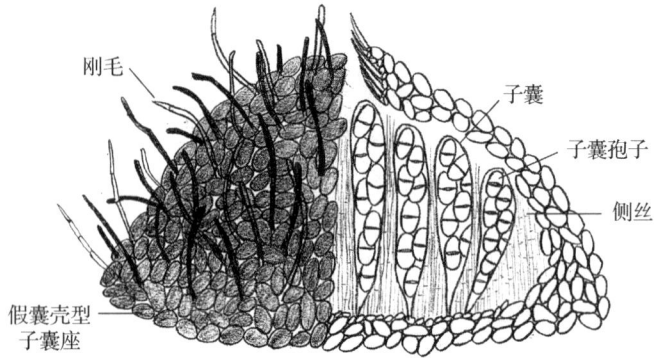

图 6-64　核腔菌属（*Pyrenophora* Fr.）菌物的子囊座和刚毛，内含子囊（双层壁）和侧丝

14）竹黄科（Shiraiaceae Y. X. Liu，Zou Y. Liu & K. D. Hyde）

有性型子座常在寄主枝条近末端形成，表生，淡粉色，瘤状不规则。子囊圆柱形，基部具一长梗，内含 6 个子囊孢子，这是该科不同于格孢腔菌目所属类群具有 8 个子囊孢子的特征。子囊孢子梭形，无色至浅棕色，砖格形。无性阶段常在初期有性子座内形成，腔室埋生，圆柱形、安瓿瓶形、球形、近球形或不规则。产孢细胞圆柱形，具分隔，无色。分生孢子梭形，砖格形，无色至浅棕色，分隔不规则。仅 3 属 3 种。

（1）竹黄属（*Shiraia* Henn.）

有性型子座大型，块茎状，粉红色。子囊壳球形，埋生在子座内，孔口不外突。子囊圆柱形，具有长梗，每个子囊内含 6 个孢子。子囊孢子长梭形，具纵横隔膜，砖格形，初无色，成熟时略呈暗色。无性型常埋生在初期有性型子座内，形状多样。分生孢子梭形，砖格形，不对称，无色至浅棕色。常见种：竹黄（*Shiraia bambusicola* Henn.）寄生在刚竹属等竹类的茎上，有药用价值（图 6-65）。

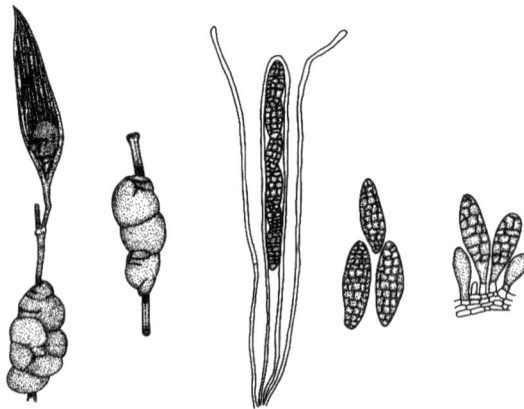

图 6-65　竹黄（*Shiraia bambusicola* Henn.）的大型子座、子囊和子囊孢子

15）格孢陷壳科（Teichosporaceae M. E. Barr）

腐生在树木枝条、树皮或叶片上。子囊果多为假囊壳，半埋生，单生或聚集，近球形，深色，孔口具乳突。子囊双层囊壁，圆柱形至棒形；子囊孢子梭形至棒形，透明至灰

色，具多隔或砖格形，偶见胶质壳。无性型为分生孢子器，分生孢子单胞，深色。花生菌科（Floricolaceae Thambug.，Kaz. Tanaka & K. D. Hyde）为格孢陷壳科的异名。

格孢陷壳科分属检索表

1. 无性型具黑棕色，1~3 隔，顶端圆钝基部截形的子囊孢子，有性型未知 ··· 格孢陷壳属（*Teichospora*）
1′. 无性型与上述不同，有性型已知 ·· **2**
2. 假囊壳埋生 ·· 枝生壳属（*Ramusculicola*）
2′. 假囊壳半埋生至突出或表生 ·· **3**
3. 假囊壳具长颈 ·· 新柯里壳属（*Neocurreya*）
3′. 假囊壳无长颈 ·· **4**
4. 子囊孢子透明 ·· **5**
4′. 子囊孢子有色，棕色至棕黑色 ·· **6**
5. 孔口区域橙色 ·· 橙口壳属（*Aurantiascoma*）
5′. 孔口区域更亮，不为橙色 ·· 假橙口壳属（*Pseudoaurantiascoma*）
6. 假囊壳单生或大集群地聚生在寄主表面 ·· **7**
6′. 假囊壳单生或小集群地聚生在寄主表面 ·· **8**
7. 假囊壳表生，菌丝层有或无 ·· 混孢壳属（*Misturatosphaeria*）
7′. 假囊壳突出，无菌丝层 ·· 聚座壳属（*Magnibotryascoma*）
8. 子囊孢子不对称，纺锤形至宽棍棒形，下端略变细 ························ 不等囊孢壳属（*Asymmetrispora*）
8′. 子囊孢子多对称，长方形至椭圆形，下端圆钝 ························ 假混孢壳属（*Pseudomisturatosphaeria*）

（1）格孢陷壳属（*Teichospora* Fuckel）

腐生于枯叶，或生于花序或枝条上。有性阶段不常见。分生孢子器散生，单腔，近球形至椭圆形，具短乳突，浅色或深棕色。产孢方式为内生芽殖瓶梗型，产孢细胞圆柱形或圆锥形。分生孢子深棕色，圆柱形至长椭圆形，顶部圆形，基部平截，具脱落痕，具多隔膜或纵隔膜，有些隔膜处有缢缩（图 6-66）。

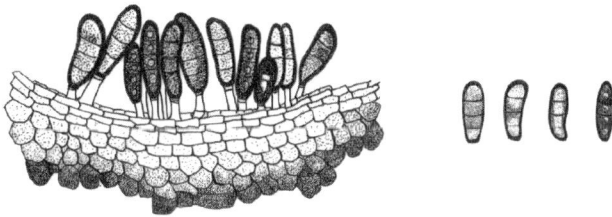

图 6-66　格孢陷壳属（*Teichospora* Fuckel）菌物的产孢细胞和分生孢子
（Kohlmeyer et al.，2000）

6.4.4.8　葡萄座腔菌目

葡萄座腔菌目（Botryosphaeriales C. L. Schoch，Crous & Shoemaker）菌物子囊座单腔到多腔，具有多层暗褐色壁，单生或聚生，通常包埋在子座组织中。子囊双层囊壁，具有一层加厚的内壁，具柄或无柄，具一个发育良好的顶室，与无色、具隔膜拟侧丝交织在一起，拟侧丝分枝或不分枝。子囊孢子无色到有色，具隔膜或无隔膜，椭圆形至卵圆形，具有或没有黏性附属丝或鞘。

葡萄座腔菌目分科检索表

1. 子囊果多腔室 ·· 2
1′. 子囊果单腔室 ·· 4
2. 子囊孢子具胶质壳 ··································· 黑孢壳科(Melanopsaceae)
2′. 子囊孢子无胶质壳 ·· 3
3. 子囊孢子多胞 ································· 平座壳科(Planistromellaceae)
3′. 子囊孢子单胞 ··························· 小单孢腔菌科(Aplosporellaceae)
4. 子囊孢子具胶质壳 ······················· 叶点霉科(Phyllostictaceae)
4′. 子囊孢子无胶质壳 ·· 5
5. 假侧丝有隔膜，隔膜处有缢缩 ············· 葡萄座腔菌科(Botryosphaeriaceae)
5′. 假侧丝线状，很少具隔膜 ···················· 糖座壳科(Saccharataceae)

1)小单孢腔菌科(Aplosporellaceae Slippers，Boissin & Crous)

无性阶段分生孢子器扁球形至垫状，单生，埋生或突出。分生孢子暗色，单胞或多胞。有性阶段不常见。

(1)小单孢腔菌属(*Aplosporella* Speg.)

无性阶段分生孢子器扁球形至垫状，单生，埋生或突出，分隔为多个腔室，成熟后具多孔口。分生孢子椭圆至长椭圆形，光滑，暗色，单胞或多胞(图 6-67)。有性阶段不常见。常见种：贾氏小单孢腔菌 (*Aplosporella javeedii* Jami, Gryzenh., Slippers & M. J. Wingf.)，初次被报道为南非非洲朴的一种内生菌，后在我国发现能够引起合欢、构树、刺柏、皂荚、槐等多种寄主枝枯病，危害严重。

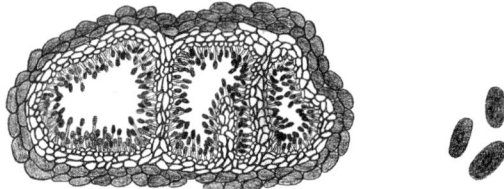

图 6-67　小单孢腔菌属(*Aplosporella* Speg.)菌物的分生孢子器、产孢细胞和分生孢子

2)葡萄座腔菌科(Botryosphaeriaceae Theiss. & Syd.)

子囊座假囊壳型，内含单个子囊腔，单生或聚生在一个子座上，埋生或突出。子囊孢子多为单胞。卵形至椭圆形，无色，偶有褐色。无性阶段多为腔孢菌，分生孢子无色至深色，形态多样。较重要的属是葡萄座腔菌属。

葡萄座腔菌科有性型检索表

1. 子囊座单腔 ·· 2
1′. 子囊座多腔 ··· 4
2. 子囊座表生 ·· 3

2′. 子囊座埋生至突起 ·· 筐形腔菌属（*Cophinforma*）

3. 子囊圆柱形至棍棒形，具一个小的眼室 ···················· 小黑痣菌属（*Phyllachorella*）

3′. 子囊棍棒形至卵形，具长梗，顶端圆形具眼室 ············ 韦斯特腔菌属（*Vestergrenia*）

4. 子囊座表生，埋生于一足状下子座 ·· 5

4′. 子囊座埋生，被角质层或表皮层覆盖 ··· 7

5. 子囊圆锥形，具一短柄，顶部具一小眼室 ·· 6

5′. 子囊宽棍棒形，具一细短分叉的柄，具一大眼室 ·········· 核梗腔菌属（*Pyrenostigme*）

6. 子囊座表生，高于叶面，4 至多腔 ·························· 奥尔斯瓦尔德菌属（*Auerswaldia*）

6′. 子囊座表生，低于叶面，近球形至球形 ············ 小奥尔斯瓦尔德菌属（*Auerswaldiella*）

7. 子囊座球形至卵形 ··· 8

7′. 子囊座烧瓶形，子囊孢子具透明的尖端 ·········· 暗葡萄座腔菌属（*Phaeobotryosphaeria*）

8. 子囊孢子有隔 ·· 9

8′. 子囊孢子无隔 ··· 11

9. 子囊孢子 1 隔 ··· 10

9′. 子囊孢子 2 隔 ·· 暗葡萄孢属（*Phaeobotryon*）

10. 子囊孢子单列，椭圆形至纺锤形，在隔膜处缢缩，下端具似头盖骨样的组织 ··············

··································· 大聚颈座腔菌属（*Macrovalsaria*）

10′. 子囊孢子单隔膜，末端有小细尖，透明至棕色 ········· 斯宾塞马丁氏属（*Spencermartinsia*）

11. 子囊孢子成熟时棕色 ·· 12

11′. 子囊孢子成熟时透明 ··· 13

12. 子囊座埋生，盘状至扁平状或半球形 ····················· 拟巴瑞菌属（*Barriopsis*）

12′. 子囊座埋生至突起，近球形至卵形，子囊孢子丝状，具一简单附属物 ······ 斯氏霉属（*Sivanesania*）

13. 子囊座突出，近球形 ······································· 竹葡萄腔菌属（*Botryobambusa*）

13′. 子囊座埋生，球形 ·· 14

14. 子囊孢子纺锤形 ·· 葡萄座腔菌属（*Botryosphaeria*）

14′. 子囊孢子椭球形至纺锤形 ·· 15

15. 子囊孢子具一明显的鞘 ·································· 新格孢腔菌属（*Neodeightonia*）

15′. 子囊孢子无黏质鞘 ······································· 新壳梭孢属（*Neofusicoccum*）

葡萄座腔菌科无性型分属检索表

1. 分生孢子体表生 ··· 2

1′. 分生孢子体埋生 ·· 5

2. 分生孢子梗退化为产孢细胞，全壁芽生式产孢，圆柱形 ·· 3

2′. 分生孢子在气生菌丝上链状产生 ··························· 新柱节孢属（*Neoscytalidium*）

3. 侧丝透明，壁薄，通常无隔 ······························· 拟巴瑞菌属（*Barriopsis*）

3′. 无侧丝 ··· 4

4. 子囊孢子透明，纺锤形至椭圆形 ························· 竹葡萄腔菌属（*Botryobambusa*）

4′. 分生孢子棕色，椭圆形至近圆柱形 ····················· 拟内黑盘孢属（*Endomelanconiopsis*）

5. 分生孢子器单腔 ··· 8

5′. 分生孢子器多腔 ·· 6

6. 侧丝有隔，产孢方式为全壁芽生式产孢，壁光滑 ············· 小单孢腔菌属（*Aplosporella*）

6′. 侧丝无隔 ··· 7

7. 分生孢子无隔 ·· 新格孢腔菌属（*Neodeightonia*）

7′. 分生孢子有隔 ··· 暗葡萄孢属（*Phaeobotryon*）

8. 分生孢子有隔 ··· 9

8′. 分生孢子无隔 ·· 11

9. 附着在分生孢子梗上时分生孢子为棕色 ··· 10

9′. 附着在分生孢子梗上时分生孢子透明，释放后变棕色 ··············· 色二孢属（*Diplodia*）

10. 菌丝体埋生或表生，分枝，有隔，暗色 ······························ 小穴壳属（*Dothiorella*）

10′. 产孢细胞生于分生孢子座内壁 ····················· 斯宾塞马丁霉属（*Spencermartinsia*）

11. 分生孢子成熟时透明 ···································· 葡萄座腔菌属（*Botryosphaeria*）

11′. 分生孢子成熟时棕色 ·· 12

12. 分生孢子表面有波纹 ·· 13

12′. 分生孢子表面无波纹 ··· 14

13. 分生孢子具颗粒状内容物 ································· 毛色二孢属（*Lasiodiplodia*）

13′. 分生孢子无颗粒状内容物 ························· 奥尔斯瓦尔德菌属（*Auerswaldia*）

14. 分生孢子器有侧丝 ··· 球壳孢属（*Sphaeropsis*）

14′. 分生孢子器无侧丝 ·· 15

15. 分生孢子在一黏质鞘内 ································· 壳球孢属（*Macrophomina*）

15′. 分生孢子无黏质鞘 ··· 16

16. 分生孢子顶端圆钝，基部平坦 ······························ 新壳梭孢属（*Neofusicoccum*）

16′. 分生孢子两端圆，非平截 ······················· 暗葡萄座腔菌属（*Phaeobotryosphaeria*）

（1）葡萄座腔菌属（*Botryosphaeria* Ces. & de Not.）

子囊座假囊壳型，初埋生或丛生于暗色垫状的子座内，后期渐渐地突出于子座而呈葡萄状，丛生在子座上。子囊棒状，有短柄，子囊双层囊壁，子囊间有假侧丝。子囊孢子卵圆形至椭圆形，单胞，无色。无性阶段分生孢子器埋生、表生或散生，暗褐色至黑色，多腔室，孔口不明显，后期顶破寄主组织而外露。产孢细胞圆柱形，离生或聚生，无色，光滑，顶生一个分生孢子。分生孢子梭形，单胞，无色，内含油滴，纺锤形，顶端钝圆，基部平截，壁薄（图6-68）。无性阶段为壳梭孢属（*Fusicoccum* Corda），该属为葡萄座腔菌属

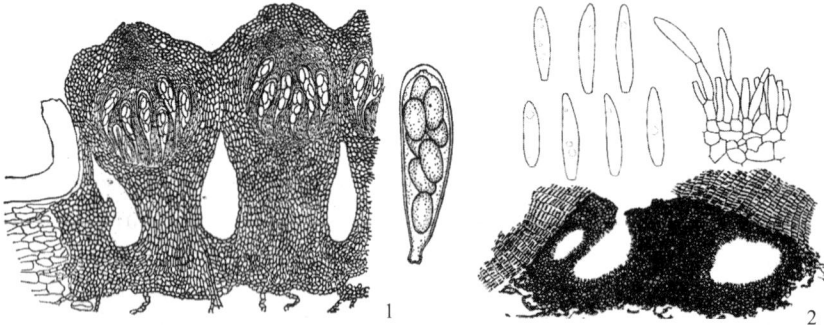

1. 山毛榉葡萄座腔菌［*Botryosphaeria quercuum*（Schwein.）Sacc.］有性阶段的子囊座、子囊和子囊孢子；2. 葡萄座腔菌［*B. dothidea*（Moug.）Ces. & de Not.］无性阶段的分生孢子器、产孢细胞和分生孢子。

图6-68 葡萄座腔菌属（*Botryosphaeria* Ces. & de Not.）菌物的形态

的异名。该属分布广泛，大多数危害植物茎和枝干，部分可引起植物溃疡。常见种：葡萄座腔菌[*Botryosphaeria dothidea*（Moug.）Ces. & de Not.]，引起杨、苹果、梨、桃、柑橘、核桃、七叶树等十几种木本植物主枝和侧枝溃疡病、干腐病、轮纹病。

（2）色二孢属（*Diplodia* Fr.）

子囊座假囊壳型，初埋生或丛生于垫状子座上，具乳突状孔口；拟侧丝无色，分枝，具隔膜；子囊棍棒形，内含 8 个子囊孢子；子囊孢子梭形，单胞，无色，偶尔后期变为浅褐色，具 1~2 分隔。分生孢子器埋生，散生或聚生，暗褐色至黑色，球形或近球形，壁厚。孔口中央生，圆形，具乳突。产孢细胞圆柱形。分生孢子初期单胞，无色，光滑，后期变暗褐色，中央生 1 隔膜，长椭圆形，顶端钝圆，基部平截（图 6-69）。该属已记载种类超过 1 000 种，寄生多种植物的茎、叶、枝条和果实，如合欢、白蜡树、苹果、梨、番茄、杨、榆等多种植物。如桑生色二孢（*Diplodia moricola* Cooke & Ellis）侵染桑树等。

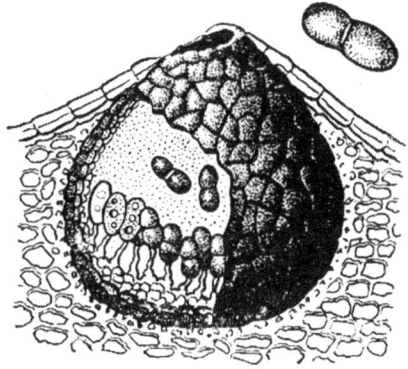

图 6-69　色二孢属（*Diplodia* Fr.）菌物的分生孢子器、产孢细胞和分生孢子

（3）球壳孢属（*Sphaeropsis* Sacc.）

子囊座为假囊壳型，棕色至黑色，单腔，壁厚。拟侧丝透明，有隔。子囊双囊壁，内含 8 个子囊孢子，内壁厚，顶端有腔室。子囊孢子棕色，无隔，在两端具小尖。分生孢子体为分生孢子器型，埋生至突出。单孔口，生于中央，具乳突。侧丝透明，无隔，壁薄。产孢细胞透明，散生，在内部增生，形成周鞘增厚。分生孢子卵形，长圆形或棍棒形，无隔，壁增厚（图 6-70）。

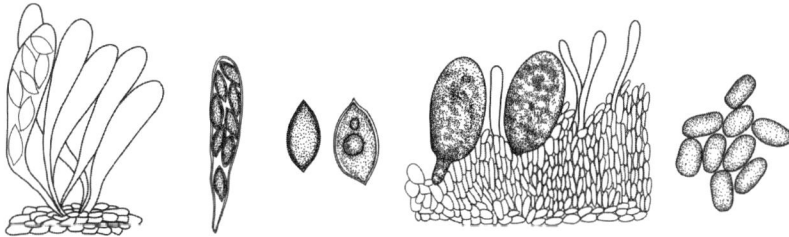

图 6-70　球壳孢属（*Sphaeropsis* Sacc.）菌物的有性型子囊、子囊孢子和无性型分生孢子

（4）小穴壳属（*Dothiorella* Sacc.）

子囊座假囊壳型，初埋生或丛生于垫状子座上，之后突破寄主表皮。子囊棍棒形至长圆形，具拟侧丝；子囊孢子褐色或暗褐色，椭圆形至梭形；无性阶段分生孢子器黑色球形，成群生于一个发达子座内，子座成熟后突破寄主表皮，孢梗短而不分枝，孢子单胞，无色。常见种：聚生小穴壳[*Neofusicoccum ribis*（Slippers，Crous & M. J. Wingf.）Crous，Slippers & A. J. L. Phillips＝*Dothiorella gregaria* Sacc.]，引起杨、栗、苹果等树木溃疡病。

（5）新壳梭孢属（*Neofusicoccum* Crous，Slippers & A. J. L. Phillips）

子囊座假囊壳型，埋生或半埋生，具一中央乳突状孔口。子囊棍棒形，内含 8 个子囊孢子；拟侧丝丝状，具分隔；子囊孢子无色，梭形至卵圆形；无性阶段分生孢子器球形，分生孢子具分隔，无色。常见种：落叶松新壳梭孢［*Neofusicoccum laricinum*（Sawada）Y. Hattori & C. Nakash. =*Bortryosphaeria laricinum*（Sawada）Y. Z. Shang］，引起落叶松枯梢病；茶藨生新壳梭孢［*N.ribis*（Slippers，Crous & M. J. Wingf.）Crous，Slippers & A. J. L. Phillips］，寄生桉树、可可等；罗汉松新壳授孢（*N. podocarpi* W. Zhang & Crous），寄生罗汉松等。

（6）暗葡萄孢属（*Phaeobotryon* Theiss. & Syd.）

子囊座假囊壳型，初埋生或丛生于垫状子座上似葡萄状。子囊棒形，有短柄，双囊壁，子囊间有假侧丝。子囊孢子初期无色，后变棕色，卵圆形至椭圆形，具2个分隔，两端有不明显的点状附属物。无性阶段分生孢子器半埋生或埋生，多为黑色，单腔室，具一明显孔口，后期突破寄主组织而外露。产孢细胞圆柱形至瓮形，无色，光滑。分生孢子成熟后棕色，椭圆形至长椭圆形，两端钝圆，具1~2隔（图6-71）。

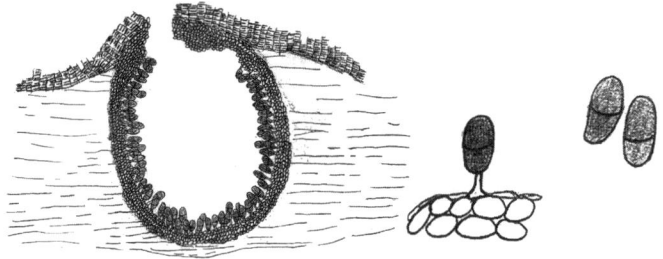

图6-71 暗葡萄孢属（*Phaeobotryon* Theiss. & Syd.）菌物的分生孢子器、产孢细胞和分生孢子

（7）毛色二孢属（*Lasiodiplodia* Ellis & Everh.）

子囊座假囊壳型，深棕色至黑色，单腔，具孔口，埋生，成熟时部分突出。拟侧丝透明，有隔。子囊双层囊壁，棍棒形，有柄，内含8个子囊孢子。子囊孢子无规则二列，初始透明，后期变为深棕色，无隔。分生孢子体埋生或表生，有隔或融合，球形，深棕色，单腔或多腔；壁为深棕色，由厚壁的角胞组织构成；产孢区域较白较薄，有时在表面具深棕色表生菌丝。单孔口，位于中央，具乳突。分生孢子梗常退化为产孢细胞，有时有隔，偶见分枝，圆柱形，产生于腔室内壁的细胞。产孢细胞透明，壁薄，圆柱形至近倒梨形，全壁芽生式产孢。分生孢子初期透明，后期中央有一隔膜，深棕色，具纵纹，壁厚，长方形至椭圆形，顶端圆钝，基部截形（图6-72）。

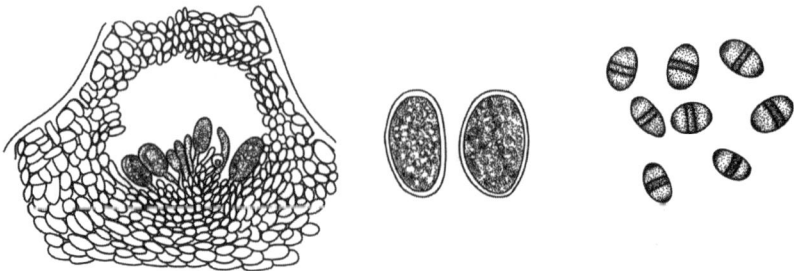

图6-72 毛色二孢属（*Lasiodiplodia* Ellis & Everh.）菌物的假囊壳、产孢细胞和分生孢子

（8）壳球孢属（*Macrophomina* Petr.）

子囊座假囊壳型，单生，球形，深棕色，埋生，单腔，壁厚。孔口位于中央，圆形，具乳突。分生孢子梗未见。产孢方式为内壁芽生瓶梗式产孢，瓶形至瓮形，透明，光滑。分生孢子透明，无隔，圆柱至纺锤形，壁薄，光滑，具油滴（图 6-73）。菌核黑色，光滑，坚硬。

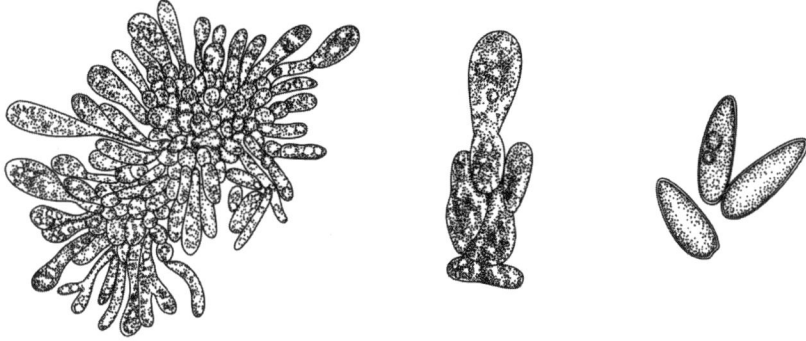

图 6-73　壳球孢属（*Macrophomina* Petr.）菌物的产孢细胞和分生孢子

3）黑座壳科（Melanopsaceae A. J. L. Phillips，Slippers，Boissin & Crous）

子囊果为子囊座，内含多个子囊腔，埋生或突出。子囊孢子多为单胞，无色，具有膜质鞘。无性阶段分生孢子器常聚生在一明显子座上，分生孢子单胞，无色，具膜质鞘。

（1）黑座壳属（*Melanops* Nitschke ex Fuckel）

子囊座内含多个子囊腔，埋生于寄主表皮下，后期常突破表皮外露。子囊棍棒形，束生，子囊间有拟侧丝，内含 8 个子囊孢子。拟侧丝无色，具分隔。子囊孢子椭圆形至长棱形，单胞，无色，具明显的膜质鞘。无性阶段常与有性阶段在同一子座内产生。分生孢子器聚生，球形或近球形。产孢细胞圆柱形，具丝状侧丝。分生孢子梭形，单胞，无色，具有明显膜质鞘（图 6-74）。常见种：栗生黑座壳（*Melanops castaneicola* C. M. Tian，A. J. L. Phillips & N. Jiang）。

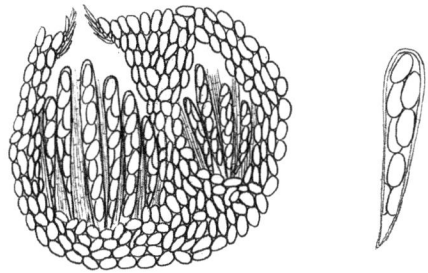

图 6-74　黑座壳属（*Melanops* Nitschke ex Fuckel）菌物的假囊壳型子囊座、子囊和子囊孢子

4）叶点霉科（Phyllostictaceae Fr.）

子囊果为子囊座，内含单个子囊腔，埋生或突出。子囊孢子多为单胞，无色，有时在两端具有明显黏性附属物。无性阶段分生孢子器常聚生在一明显子座上，分生孢子单胞，无色，具膜质鞘，顶端具黏性附属物。

（1）叶点霉属（*Phyllosticta* Pers.）

子囊座多为假囊壳，球形或近球形，暗色，埋生于寄主表皮下，后期常突破表皮外露。子囊座顶端有孔口，无喙。子囊圆筒形或棍棒形，束生，子囊间无拟侧丝，内含 8 个子囊孢子。子囊孢子单胞，无色，椭圆形或梭形，有时在两端具有明显黏性附属物。无性阶段分生孢子器近表生或埋生，单腔室或多腔室，暗褐色至黑色，具孔口，圆形，乳突状或微具乳突。产孢细胞瓶梗形至葫芦形，或圆锥形，光滑，无色。分生孢子近球形、卵形、倒卵形、椭圆形或梨形，单胞，无色，光滑，顶端钝圆，向基部渐尖，基部平截，具油球，常被1层胶质鞘，顶端具黏性附属物。还可产生小型分生孢子，圆柱形或哑铃形，两端钝圆，单胞，无色(图6-75)。该属菌物多为植物病原菌，部分为内生菌。该属有性型原为球座菌属(*Guignardia* Viala & Ravaz)，现已作为异名处理。常见种：葡萄叶点霉[*Phyllosticta ampelicida* (Engelm.) Aa]，为害葡萄的叶片、茎和果实，引起黑腐病；蔷薇叶点霉(*P. rosae* Desm.)，寄生月季；拟球壳叶点霉(*P. sphaeropsoidea* Ellis & Everh.)，生于七叶树叶片，引起叶斑病；冬青卫矛叶点霉(*P. euonymi-japonici* L. L. Liu & G. Z. Lu)，生于冬青卫矛叶。

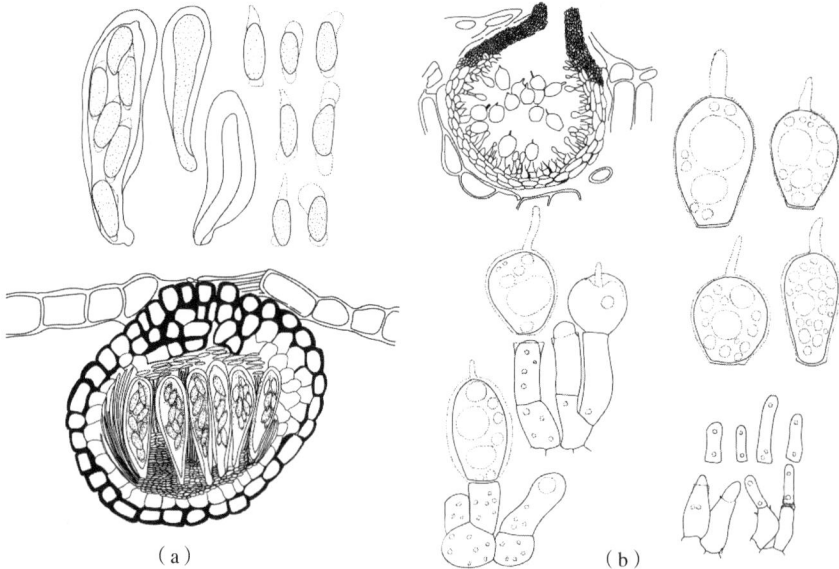

(a)有性阶段的假囊壳型子囊座、子囊和子囊孢子；(b)无性阶段的分生孢子器、产孢细胞和分生孢子。

图6-75 叶点霉属(*Phyllosticta* Pers.)菌物的形态

(Raj, 1992；Wulandari et al., 2011)

5)平座壳科(Planistromellaceae M. E. Barr)

子囊座假囊壳型，多腔室，埋生至乳头状突起，具孔口。拟侧丝不明显，成熟时消失。子囊内含8个子囊孢子，厚的双囊壁，长方形、棍棒形至近圆柱形，具柄。子囊孢子1~3列，透明或浅棕色，具油滴，椭圆形至宽倒卵形，无隔或具1~2横隔膜，壁薄。分生孢子体多为分生孢子器型或分生孢子盘型，表皮下生，深棕色，埋生至半突出，单生至聚生，壁由多层深棕色的角胞细胞组成，在内层变透明。分生孢子梗退化为产孢细胞。产孢细胞安瓿瓶形至近圆杜形，透明，光滑，瓶梗式产孢。分生孢子倒棍棒形至椭圆形，无隔或多横隔，透明至棕色，光滑至具疣突，具或不具顶端附属物。配子细胞与分生孢子形态类似。产生配子的细胞壶形至近圆柱形，透明光滑，瓶形。配子在分生孢子体或产囊体中发育，透明，光滑，颗粒状，近圆柱形或哑铃形，末端圆钝。

平座壳科分属检索表

(1)凯勒曼菌属(*Kellermania* Ellis & Everh.)

子囊座表皮下埋生，后期突出，单生至聚生，多腔，近球形至卵形，深棕色至黑色，厚壁。子囊腔卵形至球形，孔口具缘丝。子囊内含8个子囊孢子，二列，棍棒形至近圆柱形，具球形短梗及一眼室。子囊孢子单列或二列重叠，椭球形，略弯曲，末端钝圆，透明，1~2隔，具油滴。分生孢子体暗色，埋生，中间突出，单生至聚生，单腔，具孔口。分生孢子体壁由几层角胞细胞组成，最外层由6~12层厚壁的细胞组成，向内层细胞颜色变浅，内层为2~3层透明的细胞。分生孢子梗未见。全壁芽生式产孢。大分生孢子的产孢细胞短圆柱形，透明，光滑，产生顶生的分生孢子。大分生孢子狭椭球形至圆筒形，基部钝圆形，先端更尖，通常被一附属物包围，多数2隔。小分生孢子的产孢细胞生在分生孢子体的上壁和孔口内，小孢子或多或少圆柱形，无隔，壁光滑，透明。配子形成于分生孢子体的中心腔室或一些分生孢子体侧壁的纵柱腔室内。产配子细胞在分生孢子体上散生或聚生，瓶形、圆筒形至长圆锥形。配子杆形，透明，光滑(图6-76)。

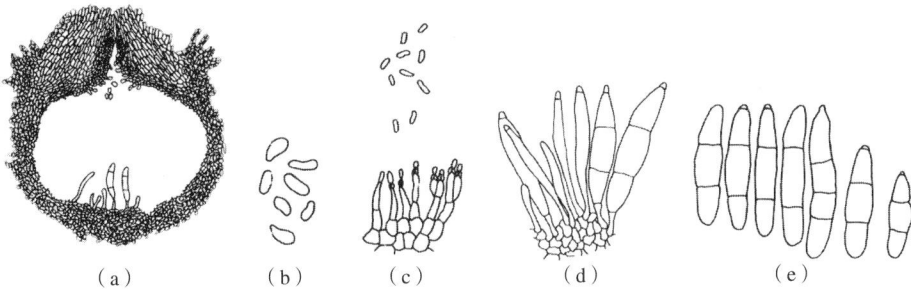

(a)分生孢子器；(b)小分生孢子；(c)产孢子细胞和孢子；(d)大分生孢子的产孢细胞；(e)大分生孢子。

图6-76 凯勒曼菌属(*Kellermania* Ellis & Everh.)**菌物的无性型形态**

(Ramaley, 1993)

(2)平座菌属(*Planistroma* A. W. Ramaley)

子囊座埋生，中间部分突出，单生至聚生，多腔，半球形，深棕色至黑色，壁厚。子囊腔卵形至球形，囊间丝成熟时无拟侧丝。子囊内含8个子囊孢子，子囊双层囊壁，圆柱形。子囊孢子单列或二列重叠，椭圆形，透明，无隔，油滴多数，粗糙，有时被黏液层包裹。分生孢子座埋生，黑色，中间部分突出，单生至聚生，半球形，多腔，壁由深棕色厚壁的角胞组织构成，内侧颜色较浅。分生孢子梗未见。产小孢子细胞在腔室壁上产生，短圆柱形，透明，光滑，全壁芽生式产孢。大分生孢子纺锤形，弯曲，在顶端或基部变细，基部截形，多为无隔，光滑，透明。小分生孢子圆柱形，不规则弯曲，无隔，壁薄，光滑。

6)糖腔菌科(Saccharataceae Slippers, Boissin & Crous)

子囊壳假囊壳型，单腔，单生或聚生。子囊内含8个子囊孢子，囊壁双层，具拟侧丝。子囊孢子多列，椭圆形，透明至有色，具油滴，有隔或无隔，无附属物和鞘。无性阶段多为腔孢菌类。

(1)糖腔菌属(*Saccharata* Denman & Crous)

子囊壳假囊壳型，单腔，单生或聚生，由多层深棕色的细胞组成。子囊内含8个子囊孢子，囊壁双层，具一厚的内膜，有柄或无柄，圆柱形，具一眼室。囊间丝为拟侧丝，丝状，有隔，似菌丝，分枝或不分枝，生于子囊间。子囊孢子2~3列，椭圆形，透明至有色，浅黄棕色，具油滴，有隔或无隔，无附属物和鞘。无性型多为腔孢菌类，分生孢子器单腔。分生孢子梗微分枝，透明，近圆柱形，或退化为产孢细胞。产孢细胞透明，光滑，瓶梗式产孢。分生孢子纺锤形，透明，无隔。该属为植物腐生、内生或病原菌。

6.4.4.9 缝裂菌目

缝裂菌目(Hysteriales Lindau)菌物子囊座为假囊壳型，长椭圆形、船形到线状，少数圆形或盘状；表生，或初内生，成熟时突破基物而外露。除少数菌的子囊座为膜质或革质以外，均为黑色，炭质，顶端有一狭长的裂缝，潮湿时裂开，干燥时闭合。子囊双层囊壁，大多圆筒形，平行地排列在子囊腔的底部成一子实层，子囊之间有假侧丝。无性阶段不常见。在有些菌产生的盘状子囊座内，子囊间夹杂的假侧丝在顶端分枝形成囊层被。子囊孢子为各种形状，有色或无色。这类菌物的子囊座在外表上很像皮下盘菌科(Hypodermataceae Rehm)的子囊果，两者的主要区别是前者的子囊双层囊壁，后者为单层囊壁。该目菌物常腐生于植物残体，在树皮和木材上很普遍，大多是腐生性，只有少数在叶片上，或者作为地衣共生菌物或寄生菌。

1)缝裂菌科(Hysteriaceae Chevall.)

子囊座为假囊壳型，表生，或成熟时变为表生；长椭圆形、船形至线形，偶尔有直立的、蚌壳形和斧形；黑色，炭质，沿子囊座的顶端开裂成一长缝。子囊圆筒形至棍棒形，具短柄。子囊间有假侧丝，内含8个子囊孢子。子囊孢子椭圆形至纺锤形，无色或有色。大多生于树皮和木材。无性阶段不常见。

(1)缝裂菌属(*Hysterium* Tode)

子囊座为假囊壳型，长椭圆形，船形到线形，上面有一纵裂缝。子囊孢子具2至多个隔膜，褐色(图6-77)。无性阶段不常见。常见种：侧柏缝裂壳(*Hysterium thujarum* Cooke & Peck)，发生在侧柏的树皮上；小孢缝裂壳(*H. pulicare* Pers.)，发生在桦木树皮上；中国缝裂壳(*H. sinense* Teng)，发生在阔叶树的树皮。

图6-77 缝裂菌属(*Hysterium* Tode)菌物的表观症状

6.4.4.10 黑星菌目

黑星菌目(Venturiales Y. Zhang ter, C. L. Schoch & K. D. Hyde)菌物子囊座为假囊壳型，常具刚毛。子囊近

柱形，具裂缝。子囊孢子形态多样。无性阶段多为丝孢菌。该类菌物包括重要的植物病原菌，引起蔷薇科等植物的黑星病。

1) 黑星菌科 (Venturiaceae E. Müll. & Arx ex M. E. Barr)

子囊座为假囊壳型，近球形，常较小，常具刚毛，初埋生叶片组织内，后突破外露，具一个融孔口，包被由小的拟薄壁组织细胞构成。子囊间组织由窄的拟侧丝构成，有时易溶解。子囊近柱形，具裂缝。子囊孢子颜色变化多，常不对称，具 1 隔，有时具鞘。无性阶段常占优势，为丝孢菌，为叶或茎上的活体营养或死体营养寄生物，分布广泛。

黑星菌科有性型分属检索表

1. 子囊座表生 ·· 2
1′. 子囊座突出 ··· 7
2. 子囊座表生，具刚毛 ·· 3
2′. 子囊座表生，无刚毛 ·· 5
3. 菌丝内生 ·· 4
3′. 菌丝既表生又内生 ·· 叶刺壳属 (Coleroa)
4. 内生菌丝穿透组织 ··· 始黑星菌属 (Protoventuria)
4′. 内生菌丝纤细，仅在表皮下 ·· 亚叶刺壳属 (Metacoleroa)
5. 子囊孢子 1 隔，隔膜接近中部 ··· 6
5′. 子囊孢子 1 隔，隔膜接近基部 ·· 亚梨孢壳属 (Apiosporina)
6. 子囊座干燥时杯状，子囊孢子成熟时深棕色 ································· 刺垫菌属 (Acantharia)
6′. 子囊座干燥时不为杯状，子囊孢子成熟时浅棕色 ··················· 假外腔菌属 (Pseudoparodiella)
7. 子囊座突出，具刚毛 ··· 8
7′. 子囊座突出，无刚毛 ·· 黑星菌属 (Venturia)
8. 子囊孢子无裂缝 ··· 卷须黑星菌属 (Caproventuria)
8′. 子囊孢子具裂缝 ·· 堆孢突壳属 (Tyrannosorus)

黑星菌科无性型分属检索表

1. 无分生孢子器，丝孢型 ··· 2
1′. 具分生孢子器，腔孢型 ··· 5
2. 产孢细胞分枝 ··· 3
2′. 产孢细胞不分枝 ·· 4
3. 产孢方式为单孔芽生式产孢，分生孢子螺旋状，三维卷绕 ········· 卷枝菌属 (Helicodendron)
3′. 产孢方式为合轴式产孢，分生孢子无隔至多隔，棕色 ················ 枝孢类 (Cladosporium-like)
4. 产孢细胞壁薄，不变暗，分生孢子无隔或 1 隔 ··
 ·· 卷须黑星菌属 (Caproventuria，含 Pseudocladosporiu)
4′. 产孢细胞增厚，棕色，分生孢子无隔至多隔 ····················· 黑星菌属 (Venturia，含 Spilocae)
5. 分生孢子座具不分枝的刚毛，分生孢子 1 隔 ······················· 亚顶孢属 (Acroconidiellina)
5′. 分生孢子座无刚毛 ·· 6
6. 产孢方式为体生式产孢，分生孢子 1 隔 ····························· 链孢坛座属 (Pithosira)
6′. 产孢方式为单孔芽生式或合轴式产孢，分生孢子无隔或 1 隔 ·········· 斑座壳属 (Spilodochium)

(1) 黑星菌属(*Venturia* de Not.)

菌丝发达，具隔膜，暗色。菌丝体生于寄主表皮层下，呈放射状生长。子囊座为假囊壳型，近球形，初内生，后期突破寄主表皮而外露，孔口露出，上部有少数刚毛，尤其在孔口附近较多。子囊长圆形，无柄或有短柄，拟侧丝易溶解。子囊孢子 8 个，圆筒形至椭圆形，双胞，无色或橄榄色。子囊座通常发生在枯落的病叶和病枝上。分生孢子梗直立或微弯，簇生，不分枝，淡褐色至橄榄绿色。产孢方式为全壁芽生合轴式产孢，产孢细胞多次产孢后留下齿突状孢痕。分生孢子单生，偶生短链，宽梭形，基部平截，由中部向顶端渐细，淡橄榄色，单胞或具 1~3 隔，表面具小疣突（图 6-78）。无性阶段曾为黑星孢属（*Fusicladium* Bonord.），现已处理为异名。该属菌物可侵染多种植物的叶片、果实和枝条，引起黑星病。重要的植物病原菌有梨黑星菌（*Venturia pyrina* Aderh.）和苹果黑星菌[*V. inaequalis*（Cooke）G. Winter]等，为害果树叶片、叶柄、叶痕、花、果实、果痕、芽鳞、新梢等，引起黑星病，是现阶段重要检疫性病原物。其他常见种类包括山杨黑星菌（*V. tremulae* Aderh.）和杨黑星菌[*V. populina*（Vuill.）Fabric.]，也都能引起黑星病。

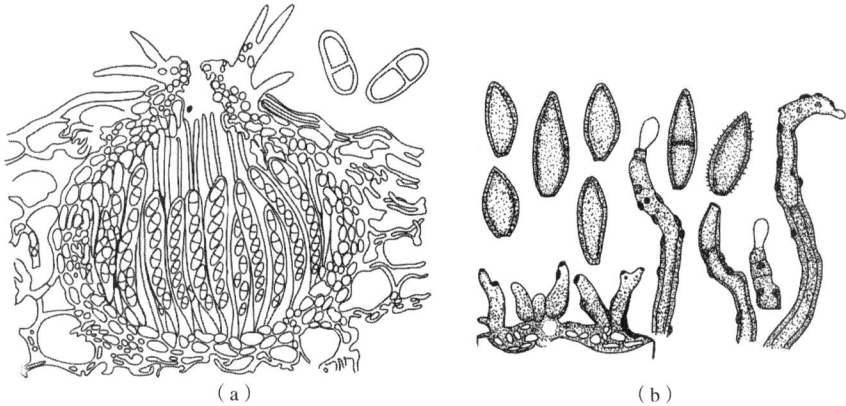

（a）有性阶段具刚毛子囊座和子囊孢子；（b）无性阶段分生孢子梗和分生孢子。

图 6-78　黑星菌属（*Venturia* de Not.）**菌物的形态**

（陆家云，2001；Ellis，1971）

6.4.5　散囊菌纲

散囊菌纲（Eurotiomycetes O. E. Erikss. & Winka）菌物子囊果为闭囊壳或子囊座，常具鲜色，结构变化较大，囊间组织缺乏。子囊壁薄、易溶解，有时串生成链状；子囊孢子形态多样，较小，无隔膜，常具纹饰，赤道处加厚，无胶质鞘。无性阶段发达，多为丝孢菌。

6.4.5.1　刺盾炱菌目

刺盾炱菌目（Chaetothyriales M. E. Barr）菌物菌丝体变化大，若外生具有细的柱形的褐色菌丝，有时具刚毛状附属物。子囊果为子囊座，突出或表生，有时在菌丝层下面形成，球形或扁球形，有时具刚毛，干燥时常崩溃，顶端乳突状，孔口具发达的缘丝，包被薄壁，由紧压在一起的拟薄壁组织细胞组成，颜色变化大。子实层遇碘变蓝，囊间组织有短的顶生缘丝。子囊囊形至棒形，具裂缝，内层在顶部常显著加厚，有时多胞。子囊孢子无色或淡灰色，具横隔或线形。无性阶段多为丝孢菌，有时为酵母状(黑色酵母)，分类较混乱，为活体叶片上的附生菌或在植物及其他菌物上腐生，世界广布。

1)刺盾炱菌科(Chaetothyriaceae Hansf. ex M. E. Barr)

习居在叶片和绿色的幼茎表面，形成无色至褐色、薄的、外生菌丝膜。子囊座扁球形，散生在叶表面的菌丝膜下面。子囊座顶端与菌丝膜融合，呈盾状。多数菌种的菌丝体和子囊座上具刚毛，少数无刚毛。无性阶段不常见。

(1)刺盾炱菌属(*Chaetothyrium* Speg.)

菌丝丛在寄主表面形成很薄的一层，有刚毛。子囊座发生在盾状盖下，也有刚毛。子囊孢子具3至多个横隔，椭圆形至圆筒形，无色(图 6-79)。常见种：刺盾炱(*Chaetothyrium sinense* Teng)，发生在苦槠叶片。无性阶段不常见。

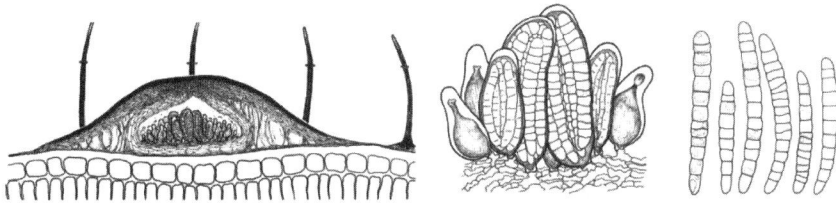

图 6-79　刺盾炱菌属(*Chaetothyrium* Speg.)菌物的假囊壳型子囊座、子囊和子囊孢子

6.4.5.2　棒囊菌目

棒囊菌目(Coryneliales Seaver & Chardón)菌物有性型子座腊肠形，顶端以一定方式开裂或具小孔道。子囊果为子囊座。子囊棍棒形，大多有柄，不规则地分布在子囊果的中心腔内。子囊壁单层，易溶解。子囊孢子单胞，无色到褐色，光滑到有刺，形状各样。无性阶段多为分生孢子器，内壁芽生式产孢，分生孢子单胞，无色，多为长椭圆形。寄生在罗汉松科植物或其他针叶树。

1)棒囊菌科(Coryneliaceae Sacc. ex Berl. & Voglino)

特征同棒囊菌目。寄生在罗汉松科植物或其他针叶树上。

(1)棒囊菌属(*Corynelia* Ach. ex Fr.)

有性型子座腊肠形，顶端具有一条或几条裂缝。子囊果为子囊座。子囊孢子大，球形，表面具有细微的齿状突起(图 6-80)。分生孢子体为分生孢子器型，内壁芽生式产孢，产孢细胞多样，未成熟孢子梗偶带胶质鞘。分生孢子单胞，无色，多为长椭圆形。

6.4.5.3　散囊菌目

散囊菌目(Eurotiales G. W. Martin ex Benny & Kimbr.)菌物子囊果为闭囊壳，通常较小，常单生，大多无柄；子囊果壁薄，膜质，鲜色；囊间组织缺乏；子囊棍棒形或囊形，壁薄，易溶解，有时串生成链状；子囊孢子形态多样，较小，单胞，无色透明或呈淡色至暗色，常具纹饰，赤道处加厚，无胶质鞘；无性阶段发达，世界广布，大多腐生于土壤中和腐败的植物组织上，也有些为重要的工业用菌，有些为人、畜、禽等相关疾病的致病菌，还有些是仪器、材料等的霉腐菌。

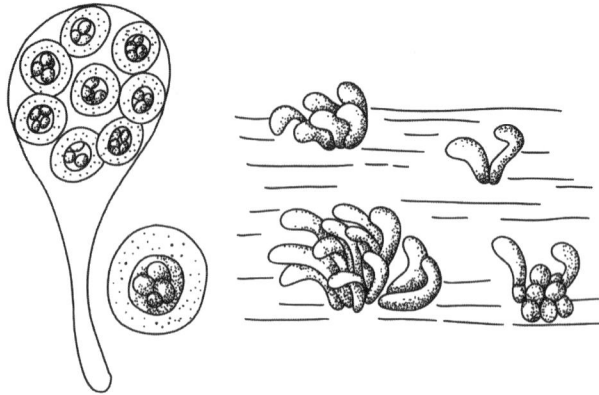

图 6-80　棒囊菌属菌物 *Corynelia clavata* (L. f.) Sacc. 的腊肠形子座、子囊和子囊孢子

(Clements et al. , 1931)

1) 曲霉科(Aspergillaceae Link)

有性生殖不常发生，而无性阶段十分发达，种间差异大，易于识别，其中有许多经济价值极高的工业菌物和严人畜致病菌，因此，人们普遍喜欢用无性阶段的形态进行分类和命名。无性繁殖形成大量串生的分生孢子，分生孢子梗的形态十分独特，主要有 2 种形式：一种为青霉属型，顶部呈帚状分枝；另一种为曲霉属型，孢子梗不分枝，顶端膨大。在这些菌物中，包含了许多非常有名的菌物，如第一种投入青霉素生产的特异青霉(*Penicillium notatum* Westling)、用于生产柠檬酸的黑曲霉(*Aspergillus niger* Tiegh.)和产生致癌物质——黄曲霉素的黄曲霉(*A. flavus* Link)等。

(1) 曲霉属(*Aspergillus* P. Micheli)

分生孢子梗自菌丝上的厚壁足细胞生出，直立，不分枝，多无隔膜，粗大，无色，顶端形成膨大的顶囊，顶囊上生瓶状小梗，多呈放射状分布于顶囊表面。瓶状小梗可单层、双层或多层生长，基部细胞称为梗基，顶端瓶状细胞为产孢细胞。产孢方式为瓶梗连续产孢，常形成串生的分生孢子，呈球形、放射状或柱状排列。分生孢子球形、卵形、椭圆形、单胞，无色或颜色多样，大小和颜色变化较大，表面光滑或具纹饰(图 6-81)。该属菌物与人类活动关系密切，重要类群如烟曲霉(*Aspergillus fumigatus* Fresen.)，能引起人、畜和禽类的肺曲霉病；或产生毒素引起中毒症或致癌，如黄曲霉(*A. flavas* Link.)产生的黄曲霉毒素是世界公认的致癌物质；部分种类是重要的工业用菌，如黑曲霉(*A. niger* Tiegh.)被广泛用于生产柠檬酸及其他有机酸和酶制剂等。自古以来，我国就将曲霉用于制酱、酿酒等，如米曲霉[*A. oryzae* (Ahlb.) Cohn]。

(2) 青霉属(*Penicillium* Link)

菌丝发达，生长繁茂，分枝，具隔膜。分生孢子梗由菌丝垂直生出，无色，具隔膜，简单或分枝，顶部多次分枝形成典型的帚状结构，表面光滑或粗糙。在孢梗分枝顶端产生大量产孢细胞，安瓿瓶形或披针形，通常称为瓶梗。产生瓶梗的细胞称为梗基，产孢方式为内壁芽生瓶梗式连续产生分生孢子，于瓶梗顶端形成孢子链。分生孢子单胞，无色，球形、卵形、椭圆形或圆柱形，表面光滑或粗糙。分生孢子聚集时呈青绿色或其他颜色。该

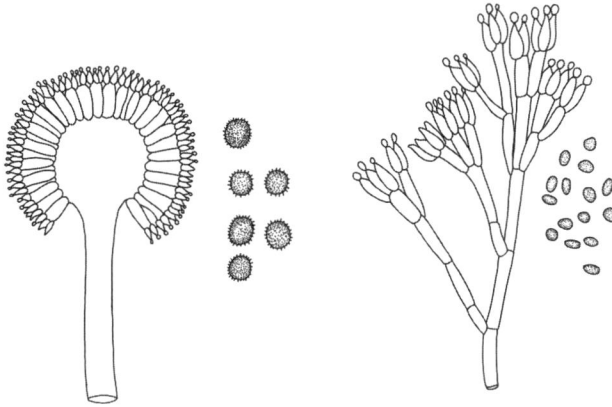

图 6-81　黑曲霉（*Aspergillus niger* Tiegh.）和产黄青霉（*Penicillium chrysogenum* Thom）的分生孢子梗、产孢细胞和分生孢子

属多数为腐生菌，少数种类可侵染果实引起褐腐病或青霉病。有的种是具有重要经济价值的工业和医药用菌物，如产黄青霉（*Penicillium chrysogenum* Thom）是青霉素的生产菌。部分种类可侵染植物，引起果腐和种子霉烂，如扩展青霉（*P. expansum* Link）侵染苹果等多汁果实，引起褐腐病；意大利青霉（*P. italicum* Wehmer）引起柑橘青霉病。

2）大团囊菌科（Elaphomycetaceae Tul. ex Paol.）

子囊果地下生，近球形，大型的直径可达 2~3 cm，包被厚。子囊球形，不规则地散生在子囊果的核心组织内。每个子囊内含 4~8 个子囊孢子，子囊壁成熟时溶解，因此子囊孢子被释放时，在子囊果内呈粉末状。子囊孢子球形、椭圆形或梭形，无色或淡褐色，褐色至黑色。无性阶段不常见。

（1）大团囊菌属（*Elaphomyces* T. Nees）

子囊果球形，地下生，包被外层坚硬，内层厚，肉质。子囊孢子球形，暗褐色至黑色。常见种：粒状大团囊菌（*Elaphomyces granulatus* Fr.），生于森林土壤，我国南方各地均有发现。无性阶段不常见。

3）散囊菌科（Eurotiaceae Clem. & Shear）

子囊果为闭囊壳，球形或近球形。子囊球形或近球形，含 8 个子囊孢子。子囊孢子双凸透镜形。无性阶段发达，对应关系复杂。

（1）散囊菌属（*Eurotium* Link）

闭囊壳球形或近球形，黄色，壳壁由一层拟薄壁组织细胞构成，光滑；子囊球形或近球形，含 8 个子囊孢子，囊壁早期溶解；子囊孢子双凸透镜形，光滑或具不同纹饰。无性阶段多为霉菌。

6.4.6　地舌菌纲

地舌菌纲（Geoglossomycetes Zheng Wang, C. L. Schoch & Spatafora）菌物子囊果为子囊盘，棍棒形、匙状或具明显的柄，子实层着生在子囊果上部的膨大部分，下部为不育的菌柄，通常为暗色。囊间组织由侧丝组成，常具明显的颜色和复杂的分枝且顶端膨大；子实层有时具刚毛。子囊具一个折光环。子囊孢子常为长形，褐色，具横隔。无性阶段不发达。在土壤或腐烂的蔬菜上腐生，尤其在草地上常见，分布广泛。

6.4.6.1 地舌菌目

地舌菌目(Geoglossales Zheng Wang, C. L. Schoch & Spatafora)菌物的特征同地舌菌纲。

1)地舌菌科(Geoglossaceae Corda)

特征同地舌菌纲。

(1)地舌菌属(*Geoglossum* Pers.)

子囊果为子囊盘，单生或聚生，黑色至深褐色，子囊无囊盖，近圆柱形、棒形或舌形，孔口在碘液中变蓝，具4~8个子囊孢子。子囊孢子在子囊中成束排列，近圆柱形、柱棒形或梭形，直立或略弯曲，具0~15隔，褐色。侧丝基部线形，顶端常略膨大，直立或弯曲甚至旋卷，具间隔不等的分隔，近无色至褐色。无性阶段不发达。该属分布广泛，主要在温带。常见种：黏地舌菌(*Geoglossum glutinosum* Pers.)。

(2)毛地舌菌属(*Trichoglossum* Boud.)

子囊果为子囊盘，棒形，头形或匙形，具柄，黑色至黑褐色，子实层覆盖于子实体上部的膨大部分，外囊盘被缺，柄一般圆柱形，子实层和柄部遍布从内部伸出的暗色刚毛；刚毛褐色至深褐色，壁厚，顶部尖锐，具或不具分隔；盘下层为交错丝组织，菌丝近无色至略带褐色，壁薄；子囊棒形，无囊盖，一般具4或8个子囊孢子，孔口在碘液中呈明显蓝色或很浅的蓝色。子囊孢子圆柱形、棒形或长梭形，一般具分隔，多数种为褐色，个别种长时间保持无色，最终呈淡褐色。侧丝基部线形，顶部一般稍膨大，直立、弯曲或旋卷(图6-82)。该属分布广泛，主要在温带。常见种：毛舌菌[*Trichoglossum hirsutum* (Pers.) Boud.]。

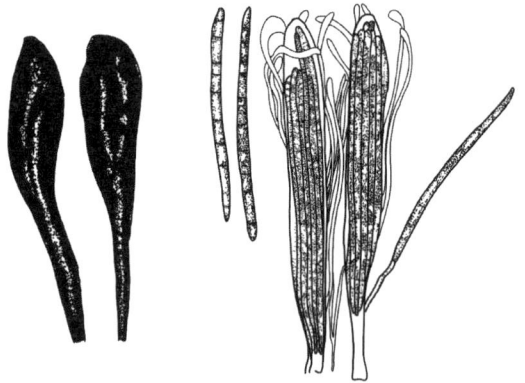

图6-82 毛舌菌[*Trichoglossum hirsutum* (Pers.) Boud.]的舌状子座、子囊和子囊孢子
(邵立平等，1984)

(3)小舌菌属(*Microglossum* Gillet)

子囊果为子囊盘，棍棒形；子囊孢子长形，子囊间有侧丝，无色，顶端不组成囊层被。子囊孢子成熟时无色由3至多个细胞组成。

6.4.7 虫囊菌纲

虫囊菌纲(Laboulbeniomycetes Engl.)是昆虫体外的专性寄生菌，主要寄生鞘翅目昆虫，少数寄生蜘蛛和马陆。它们具有较强的寄生专化性，通常一种菌物只寄生一种昆虫或几种亲缘关系十分密切的昆虫，对于昆虫的部位、性别和发育阶段也都有一定的选择性，大多只为害成虫阶段。但也有一些种的寄主范围十分广泛。虫囊菌是法国昆虫学家 Laboulbene 于1840年发现的，后人为了纪念他，用其姓作为纲、目、科、属学名词源。

虫囊菌纲菌物不形成菌丝体，菌体生长有限，因而被认为是独立于其他子囊菌的一类。菌体主体为子层托，以固着器附着于寄主体表，并在寄主体内形成吸器。子层托有 1 至多个分枝或不分枝的附属物，产生 1 至多个无柄或有柄的子囊壳。附属物不育，或在外部形成精子，或在内部形成具出管的简单瓶形雄器，或由几个雄器组成一个复合结构，将精子释放到一个通向外界的开口腔内。简单雄器或复合雄器常在子层托的细胞上直接产生。雌器由子层托或它的一个分枝的单个细胞产生，然后发育成子囊壳。产囊器最初由 3 个重叠的细胞组成，上部形成游离的受精丝，下部产生 1~8 个或更多的产子囊细胞。产子囊细胞以芽殖方式形成子囊。子囊内通常含 4 个子囊孢子，子囊壁往往在子囊孢子从子囊壳中释放以前溶解。子囊孢子双胞，上面的细胞比下面的短，似纺锤形，外有透明薄层包围，除起保护作用外，还可帮助子囊孢子固着在寄主的表面。子囊孢子释放后，即发育成以子层托为主体的菌体。个体发育需 1~3 周。大多数种是两性同体，只有少数种是两性异体。没有发现无性阶段。

6.4.7.1　虫囊菌目

虫囊菌目(Laboulbeniales Lindau) 子座通常存在，由基部黑色的吸器和一暗色的细胞状菌体组成。子囊果为子囊壳，常有复杂的附属物围绕，半透明，卵形，壁薄。囊间组织无。子囊少，棍棒形，内含 4~8 个子囊孢子。子囊壁薄，在孢子成熟时溶解，子囊孢子成对地从子囊壳内释放。子囊孢子长形，无色，稍呈纺锤形，有 1 隔，除少数菌外，子囊孢子的 2 个细胞不等长。子囊孢子周围有一层薄的无色鞘，并在靠近孢子的下端鞘加厚。无性阶段为丝孢菌，不常见。外寄生菌(少数寄生于蛛形纲和倍足纲)，世界广布。

1) 虫囊菌科(Laboulbeniaceae G. Winter)

子座由基部黑色的吸器和一暗色的细胞状菌体组成。子囊果为子囊壳，从初生菌丝的侧生附属丝上直接形成，侧生的附属丝着生在子囊果的基部。子囊的外层细胞壁细胞较大且不等。每个子囊含 4 个子囊孢子。子囊孢子具一近中央的隔膜。无性阶段不常见。

(1) 虫囊菌属(*Laboulbenia* Mont. & C. P. Robin)

子座由基部黑色的吸器和一暗色的细胞状菌体组成。子囊壳外壁细胞每列 4 个，明显不等长。子层托上部分为 3 个细胞；初生附属枝的第一个细胞为附属枝着生细胞，平扁，黑色，着生内、外侧附属枝。雄器简单，主要在内侧附属枝分枝上，单生或簇生(图 6-83)。无性阶段不常见。主要寄生在鞘翅目步甲科。虫囊菌属是昆虫体表的专性寄生菌，具有较强的寄生专化性，大多数种不仅寄主范围狭窄，而且只寄生在寄主的特定部位，在雌、雄寄主的寄生部位不同，且不能同时为害同一种昆虫的雌、雄体。以寄生鞘翅目昆虫最为常见，少数可寄生于蜘蛛或蜈蚣上，对寄主危害不大。

6.4.8　茶渍菌纲

茶渍菌纲(Lecanoromycetes O. E. Erikss. & Winka) 包括绝大多数地衣型菌物，是菌物中表型最多样的类群之一。系统学分析表明，该纲的 2 个亚纲——微孢衣亚纲(Acarosporomycetidae V. Reeb, Lutzoni & Cl. Roux) 和厚顶盘亚纲(Ostropomycetidae V. Reeb, Lutzoni & Cl. Roux) 是单系起源的，而最大的茶渍菌亚纲(Lecanoromycetidae O. E. Erikss. & Winka)

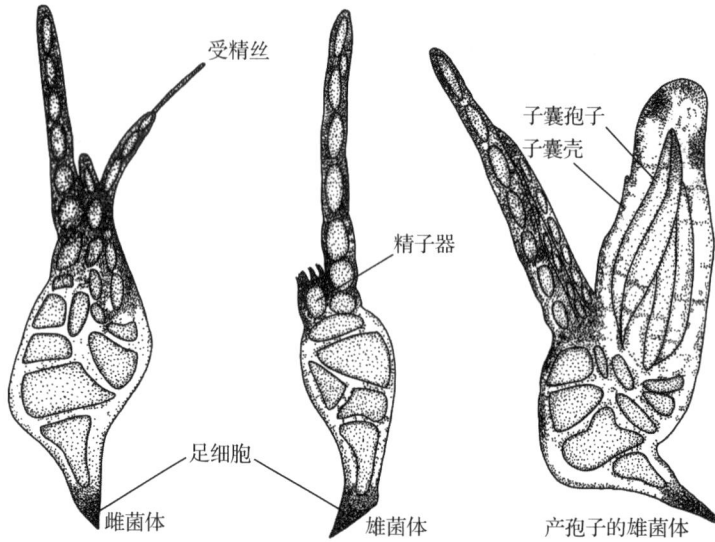

图 6-83 蚂蚁虫囊菌(*Laboulbenia formicarum* Thaxt.)的有性型形态

的系统演化关系仍然不十分清楚，子囊的形态并不与地衣型菌物的分类完全一致。

6.4.8.1 茶渍菌目

茶渍菌目(Lecanorales Nannf.)是茶渍纲一个异源发生的类群，具有较高的形态多样性，包括绝大多数地衣型盘菌种类，其余的一些种为与地衣形成各种共生联合的地衣生菌物，也包括地衣的寄生菌。该类群多数成员的子囊果发育方式为裸果型，子囊单层囊壁，可分为若干层，顶部加厚，具喙状释放结构。无性阶段对应关系较乱。该目成员形态多样，如叶状地衣地卷属(*Peltigera* Willd.)是研究氮固定、光合速率以及重金属积累的重要实验生物，有些种类的分布与环境的污染程度密切相关，例如，其代表种多指地卷[*Peltigera polydactylon*(Neck.)Hoffm.]。一些具有发育良好的子囊盘的地衣，如岛衣属(*Cetraria* Ach.)种类可作为咖喱添加剂及香料制备固定剂。

6.4.9 锤舌菌纲

锤舌菌纲(Leotiomycetes O. E. Erikss. & Winka)是埃里克森(Eriksson)和温加(Winka)于 1997 年在锤舌菌目基础上建立的一个纲级分类单元，除白粉菌外，还包括传统的无囊盖类盘菌。子实体以中型为主，多数腐生于富含有机质的土壤和植物残体，但有很大比例的寄生菌，少数寄生种子植物或与藻类共生形成地衣。主要分布于北美洲、欧洲、南美洲西部以及澳大利亚和新西兰。

锤舌菌纲的许多物种都是植物病原菌，常见的类群有白粉菌目、引起松落针病和漆斑病的斑痣盘菌目、葡萄灰霉病的病原灰葡萄孢(*Botrytis cinerea* Pers.)、月季黑斑病的病原月季双壳孢[*Diplocarpon rosae*(Lib.)F. A. Wolf]、杨树黑斑病的病原褐偏盘菌[*Drepanopeziza brunnea*(Ellis & Everh.)Rossman & W. C. Allen]等。

锤舌菌纲的无性阶段较为发达。多数物种大多在子囊盘中产生子囊。子囊圆柱形且无囊盖。子囊孢子透过圆形的顶孔散播，无色，形状各异。

锤舌菌纲的许多物种过去因未发现有性世代而被归为半知菌类。锤舌菌纲过去依据形态学特征将其归属于盘菌（Discomycetes Sacc.），但分子系统学分析结果显示，盘菌类并非单系群，包含锤舌菌纲在内的数个独立的纲，属粪壳菌纲的旁系群，但锤舌菌纲本身是否为单系群，仍需更多实验证据证明。

6.4.9.1　柔膜菌目

柔膜菌目（Helotiales Nannf.）是最大的非间质盘菌目，包括许多无盖的盘菌，多为腐生或寄生于植物组织，偶见寄生于其他真菌。目前该目约有 25 科 500 余属，超过 3 800 种，系统分类研究较少。该目通常具明亮颜色的杯状或盘状子囊盘，柄很少见。它们通常在粗糙或大的木屑以及其他有机物上产生子实体，常见种：绿杯菌［*Chlorociboria aeruginascens*（Nyl.）Kanouse］。该目还包括一些危害十分严重的植物病原体，例如，果生链核盘菌［*Monilinia fructicola*（G. Winter）Honey］导致核果褐腐病；核盘菌［*Sclerotinia sclerotiorum*（Lib.）de Bary］导致莴苣萎蔫病；葱核盘菌（*Sclerotium cepivorum* Berk.）导致洋葱软腐病；月季盘二孢［*Marssonina rosae*（Lib.）Died.，现名月季双壳菌 *Diplocarpon rosae*（Lib.）F. A. Wolf］引起月季黑斑病；褐盘二孢［*Marssonina brunnea*（Ellis & Everh.）Magnus，现名 *Drepanopeziza brunnea*（Ellis & Everh.）Rossman & W. C. Allen］引起杨树黑斑病等。

1) 柔膜菌科（Helotiaceae Rehm）

该科包括腐生、植物寄生菌寄生真菌，常见于阔叶树及针叶树的腐木、树皮、枝条、叶片、竹茎、竹节以及草本植物的组织上，少数种类为菌根真菌。

柔膜菌科的子实体多为盘状至杯状，肉质、胶质、少见革质，淡色至暗色，除少数属外，子层托表面通常比较平滑，无显著的毛状附属物。常见属：柔膜菌属（*Helotium* Tode）和黄层杯菌属（*Hymenoscyphus* Gray）等，系统分类研究较少。

2) 核盘菌科（Sclerotiniaceae Whetzel）

核盘菌科有很多植物病原菌和腐生菌。子囊盘产生于菌核、子座以及子座化基物。子囊盘黑色，有柄、杯状或盘状，无盖，含有具一排排子囊和侧丝的子实层。子囊椭圆形，顶端稍厚，遇碘呈蓝色，一般含 4~8 个孢子，子囊孢子椭圆形，通常无隔，透明或浅棕色，一般纵向对称。无性阶段多为丝孢菌类。该科具有很多重要的植物病原属，如链核盘菌属（*Monilinia* Honey）、核盘菌属（*Sclerotinia* Fuckel）等。

(1) 葡萄孢属（*Botrytis* P. Micheli）

多为培养物形态，菌落平展，初白色至灰色，后为深褐色。分生孢子梗直立，单生或簇生，基细胞膨大，向顶部分枝，侧生、互生在主轴上，顶端球形。产孢方式为全壁芽生葡萄孢式产孢，膨大的产孢细胞上生小柄和着生分生孢子。分生孢子球形、倒卵形或椭圆形，单胞，半透明至褐色，壁光滑。菌核黑色，平凸，扁平或呈枕状、脑状、圆形、长形或裂片，表面具小瘤或小刺突。有性阶段不常见。

该属主要引起植物的灰霉病，造成巨大经济损失。全球分布，主要分布于温带。常见种：灰葡萄孢（*Botrytis cinerea* Pers.），引起的灰霉病，寄主非常广泛；水仙葡萄孢（*B. narcissicola* Kleb.），引起水仙烟霉病；郁金香葡萄孢［*B. tulipae*（Lib.）Lind］，引起郁金香火疫病。

（2）链核盘菌属（*Monilinia* Honey）

子囊盘单生至多生，起初闭合，开口成漏斗形，后为杯状，有时为平展状或下弯状，边缘狭窄，具长形或弯曲的柄，外表光滑蜡质，浅棕色或深褐色，有时有毛，指向基部，假根有或无，丛生；子囊内含 8 个子囊孢子，孔口在碘液中呈蓝色；孢子长形或椭圆形，末端尖或圆形，直或略微弯曲，单胞，通常具一或几个油滴。无性阶段多为丝孢菌类。

（3）核盘菌属（*Sclerotinia* Fuckel）

子囊盘从长在寄主茎、叶内的菌核上产生，具柄，漏斗形、盘状或中央稍突起。子囊棍棒形至圆筒形，内含 8 个子囊孢子，孔口在碘液中呈蓝色。子囊孢子椭圆形，无色，单胞，具油滴。无性阶段多为丝孢菌类，在子实层表面和培养基质中形成。菌核在寄主组织上和培养基质中形成。核盘菌属是一类世界性死体营养型植物病原菌，形成菌核在地表越冬后，翌春每一菌核又可长出 1 至多个有柄的子囊盘。该病原菌寄主范围广泛，能侵染 75 科 450 种植物，引起多种作物的菌核病，导致作物产量下降和品质降低，给农业生产带来严重损失。

3）皮盘菌科（Dermateaceae Fr.）

皮盘菌科的子囊盘常内生或半埋生在基物内，少数完全表生，多数褐色至黑色，有时鲜色。子囊圆柱形至棍棒形，壁厚，内含 4 或 8 个子囊孢子。子囊孢子具隔膜，无色至褐色。无性型类型多样，较为复杂。该科包括很多木生腐生菌、内生菌和植物病原菌。

（1）皮盘菌属（*Dermea* Fr.）

子囊果为子囊盘，深色至黑色。侧丝褐色，有分隔。子囊圆柱形至棍棒形，壁厚，内含 8 个子囊孢子。子囊孢子椭圆形至梭形，无隔至具 3 隔，无色至褐色。无性阶段常与子囊盘伴生，分生孢子体形态多样。大多种形成简单或复杂子座，埋生，后期突出。内有圆锥形分生孢子器，也有报道该属会形成分生孢子盘。大分生孢子长圆形至梭形，或近丝状，略弯曲。小分生孢子常见，无色，杆状至丝状，略弯曲。常见种：樱皮盘菌［*Dermea cerasi*（Pers.）Fr.］，引起樱桃枯梢病；李皮盘菌［*D. prunastri*（Pers.）Velen.］，引起李枯梢病。

4）偏盘菌科（Drepanopezizaceae Bat. & H. Maia）

子囊果为子囊盘，埋生，后期突出，杯状，无柄。侧丝明显，顶端稍膨大。子囊顶端钝圆至圆锥状，非淀粉质，内含 4~8 个子囊孢子。子囊孢子椭圆形至梭形，单胞至多胞。无性阶段多为丝孢菌类或具有分生孢子盘。产孢方式为全壁芽生式产孢。分生孢子常二型，大分生孢子椭圆形至梭形，略弯曲。小分生孢子椭圆形至杆状。该科菌物多数是腐生菌或重要的植物病原菌。

（1）双壳菌属（*Diplocarpon* F. A. Wolf）

子囊果为子囊盘，在枯死的叶片内埋生，后期突出，有时子囊盘上面具有深色盾状子座组织。子囊长圆形到长棒形，内含 8 个孢子，侧丝无分枝，具隔膜，成熟时透明。无性型分生孢子体为分生孢子盘，暗褐色至黑色，叶两面生，多散生。分生孢子梗无色，不规则分枝，具隔膜。产孢细胞桶形至圆柱形，无色，光滑，产孢方式为全壁芽生环痕式产孢。分生孢子倒葫芦形，无色，具 1 个隔膜形成 2 个大小不等的细胞，顶端钝圆或微尖，基部平截，内含油滴。常见种：月季双壳菌[*Diplocarpon rosae*（Lib.）F. A. Wolf，异名月季盘二孢 *Marssonina rosae*（Lib.）Died.]，引起月季黑斑病。

（2）偏盘菌属[*Drepanopeziza*（Kleb.）Jaap]

子囊果为子囊盘，在枯死的叶片内埋生，后期突出，单生或环形聚生在叶片两面。侧丝明显，丝状，有分隔，顶端稍膨大。子囊椭圆形至棍棒形，逐渐变细，顶端增厚，内含8个子囊孢子，不规则单列或二列。子囊孢子无色，椭圆形，单胞。无性阶段多为丝孢菌类或具有分生孢子盘。产孢方式为全壁芽生式产孢。分生孢子常二型，大分生孢子椭圆形至梭形，单胞或双胞，略弯曲。小分生孢子椭圆形至杆状。常见种：褐偏盘菌[*Drepanopeziza brunnea*（Ellis & Everh.）Rossman & W. C. Allen，异名褐盘二孢，*Marssonina brunnea*（Ellis & Everh.）Magnus]，引起杨树黑斑病。

（3）假盘菌属（*Pseudopeziza* Fuckel）

杯状子囊盘突出，无柄、无毛，肉质，较软，扁平或略微凹陷，具假边和细圆齿。子囊具柄，长圆形，内含8个子囊孢子。子囊孢子卵形、长圆形、圆柱形或棒形，偶见隔膜，透明。无性阶段不常见。常见种：苜蓿假盘菌[*Pseudopeziza medicaginis*（Lib.）Sacc.]，引起苜蓿褐斑病。

5）晶杯菌科（Hyaloscyphaceae Nannf.）

子实果为子囊盘，淡色至褐色。子实层白色至褐色，表面覆盖毛状物。子囊无盖，多为棒形至圆柱形，顶端小孔在 Melzer's 试剂中大多呈蓝色，具丝状至披针形侧丝。子囊孢子椭圆形、纺锤形至圆柱形，单胞或多胞。无性阶段不常见。该科多为潮湿森林植物的腐生菌，少数为植物病原菌。

（1）晶杯菌属（*Hyaloscypha* Boud.）

子囊盘杯盘状至杯状，平展或表面略上突，无柄或具很短的柄。子实层表面新鲜时白色，略带灰色、罕见黄色，子层托表面被毛状物。毛状物窄锥形，基部宽，上部渐细，顶部钝，直立，无分隔，表面平滑或具疣状物，无色。子囊棍棒形，内含8个子囊孢子，顶孔在 Melzer's 试剂中一般呈蓝色，偶尔不变色。侧丝线形至近圆柱形，无色，顶端不高于子囊。子囊孢子椭圆形至长椭圆形，无隔或具分隔，有些类群具油滴。无性阶段不常见。一般木生。

（2）长生盘菌属（*Lachnellula* P. Karst.）

子囊盘盘状，有时层出，近无柄至具柄。子实层表面鲜黄色或橙色，子层托白色，褐色至橄榄色，表面被长的毛状物。毛状物近圆柱形，顶端钝圆，无色至深褐色，表面具颗粒状纹饰，具分隔。子囊近圆柱形或棍棒形，顶部近圆锥形，基部渐窄，内含8个子囊孢子，多数种顶孔在 Melzer's 试剂中呈蓝色，少数种不变色。侧丝线形或近圆柱形，顶部钝，常高于子囊顶端。子囊孢子球形、椭圆形、线形、纺锤形或其他形状，无色，单胞，油滴有或无。该属通常寄生或腐生于针叶树的树皮和木质部，许多种与针叶树溃疡病的发生有关，如威尔科米长生盘菌[*Lachnellula willkommii*（R. Hartig）Dennis]，导致落叶松溃疡病等。

6.4.9.2 斑痣盘菌目

斑痣盘菌目（Rhytismatales M. E. Barr ex Minter）菌物子囊果为子囊盘，在子座或植物组织内发育，具一长形裂缝或多条呈辐射状排列的裂缝开口。囊间组织为侧丝，近基部有时由菌丝相连，顶部多半膨大，一般具胶质外套。子囊多为圆柱形，壁薄、单层，顶端通常不分化，在碘液中一般不变蓝色，通过一不规则裂缝或顶孔释放孢子。子囊孢子通常无色，无隔膜，多为长形，大多外被胶质鞘。无性阶段为腔孢菌类。该目真菌有时与柔膜菌目不易区分。寄生或腐生于维管植物的叶、茎、枝、果实或枝干上，有时内生。

该类群广泛分布于世界大部分热带和温带地区，多数成员是维管植物病害的病原菌，其中大部分物种能造成严重的经济损失。在全球已描述的斑痣盘菌中，70%以上寄生或兼性寄生于维管植物的叶、茎、枝、梢头或果实，引起各类植物病害（统称黑痣病或漆斑病或落针病），其余则腐生在植物死体或残体上。该类菌物可在寄主组织内形成子座，发育成熟后在子座的纵裂缝或星状裂缝开口处形成子囊果，子囊棍棒形至圆筒形；子囊孢子卵圆形、椭圆形或线形，无色或有色，大多具有胶质鞘。

1）斑痣盘菌科（Rhytismataceae Chevall.）

子囊果多为子囊盘，埋生于发育良好的暗色盾状子座内或植物组织内，外表一般长形，在子座上形成一条中部纵缝或几条呈辐射状排列的裂缝开口。子座覆盖层通常黑色，稍碳化。囊盘被有时存在。侧丝线形，近基部由"菌丝桥"相连，顶端多膨大，胶质外套存在或缺乏。子囊圆柱形、棍棒形或囊形，壁薄或罕于顶部稍加厚，通过一不规则的裂缝或微小、具折射力的顶孔释放孢子，在碘液中很少变蓝色，2~8 个子囊孢子。子囊孢子无色或偶呈褐色，无隔、双胞或多隔，线形、梭形至圆柱形，通常外被胶质鞘。无性型阶段为腔孢菌类，一般产生性孢子，受精丝有时存在。斑痣盘菌科菌物主要分布在热带和温带地区，寄主范围广泛。该科的一些物种腐生或内生植物，另一些是引起植物重要病害的植物病原菌。

（1）散斑壳属（Lophodermium Chevall.）

子囊果多为子囊盘，外表黑色或灰色，椭圆形、矩圆形至线条形或略不规则，具一中部纵缝开口。侧丝线形，简单或于顶部膨大、弯曲、分枝，有时相互交织或黏结形成囊层被。子囊圆柱形至棍棒形，柄部短或较长，壁薄而均一或罕于顶端稍加厚，通常具顶孔，8 个孢子在子囊内成束或螺旋状排列。子囊孢子无色，线形，无隔，外被胶质鞘。无性型为分生孢子器，与基物表面同色至黑色，圆形、椭圆形或矩圆形，通过表面 1 至多个孔口，或几条不规则裂缝开口。受精丝有时可见。产孢方式多为合轴或及顶式产孢。分生孢子无色，椭圆形至近线形，罕为卵圆形或多角形，单胞。该属菌物广泛分布于大部分温带和热带地区，是众多裸子、被子植物及少数蕨类植物的寄生物或腐生物。松针散斑壳[Lophodermium pinastri（Schrad.）Chevall.]、针叶树散斑壳[L. conigenum（Brunaud）Hilitzer]、扰乱散斑壳（L. seditiosum Minter, Staley & Millar）、光亮散斑壳（L. nitens Darker）、库曼散斑壳（L. kumaunicum Minter & M. P. Sharma）、南方散斑壳（L. australe Dearn.）、乔松散斑壳（L. pini-excelsae S. Ahmad）、偃松散斑壳（L. pini-pumilae Sawada）和连合散斑壳（L. confluens Y. R. Lin, C. L. Hou & W. F. Zheng）等不少种类是引起松科植物落针病的重要病原菌。

（2）斑痣盘菌属（Rhytisma Fr.）

子座通常较大，呈黑色油漆斑点，圆形、椭圆形或不规则，内部白色。子囊果多为子囊盘，埋生于子座中，单生或合生，通常撕裂形成直或弯曲的长形裂缝开口。侧丝线形，有时顶部弯曲、膨大或分枝。子囊圆柱形至棍棒形，短柄至长柄，内含 8 个子囊孢子，通过顶端一孔口释放孢子。子囊孢子无色，线形、棍棒形或近纺锤形，外部胶质鞘薄而不明显或缺乏。无性阶段分生孢子器埋生，后期突出寄主表皮，单生或合生，通常扁平，在顶部 1 至多个孔口或裂缝开口。产孢方式多为合轴及顶式产孢。分生孢子无色，圆柱形至倒卵形，无隔。该属较广泛分布于温带及热带地区。大多数种为木本植物活叶上的寄生物，引起漆斑病或黑痣病，如槭斑痣盘菌 [*Rhytisma acerinum*（Pers.）Fr.] 和点斑痣盘菌 [*R. punctatum*（Pers.）Fr.] 等在北美和欧洲有时导致多种槭属植物发生漆斑病。

6.4.9.3 瘿果盘菌目

瘿果盘菌目（Cyttariales Luttr. ex Gamundí）共 3 科 23 属，约 10 种，全部寄生在南半球的假山毛榉属植物的枝条上，引起瘿瘤。病菌先在瘿瘤上形成大型的、球形至梨形的、中空或实心的、肉质至角质的子座，在子座内部的胶质组织内具有许多放射状的菌索，子囊盘就在这些菌索的末端发育，先在子座的皮层下内生，然后通过宽阔的开口向外暴露子实层。在一个子座表面可以有多达 200 个的子囊盘。子囊顶端有一个很宽的孔道。在孢子发射之前，子囊顶端遇碘液变为蓝色或不变为蓝色。还有些种的子囊，则在孔口四周的孔壁变蓝，在显微镜下看上去具囊盖。每个子囊含 8 个子囊孢子。子囊孢子表面光滑，球形至椭圆形，初无色，后期变为灰色。无性阶段可产生分生孢子器，这可能是一种性孢子器。

1）瘿果盘菌科（Cyttariaceae Lév.）

子囊盘埋生在肉质凝胶状子座中，多盘腔；子囊孢子近球形至卵球形，光滑到皱，初透明至淡黄色，后暗色。

2）耳盘菌科（Cordieritidaceae Sacc.）

子囊果盘状、杯状、漏斗形或耳状，无柄或具柄，有时从公共基部或具深色间质的分枝柄上产生，有时被毛覆盖；子囊孢子椭球形至梭形或棒形，直或有时弯曲，透明或橄榄色至棕色，具 0~3 隔。

3）三角盘菌科（Deltopyxidaceae Ekanayaka & K. D. Hyde）

子囊果杯状至盘状，无柄或具短柄；子囊含 64 个孢子，缝裂开口；子囊孢子细长，三角形。含 2 属：*Phaeopyxis* Rambold & Triebel 和 *Deltopyxis* Baral & G. Marson 的 6 种。

6.4.9.4 白粉菌目

白粉菌（Erysiphales Warm., powdery mildew）是植物专性寄生菌，寄生近万种被子植物，其中约 90% 是双子叶植物。白粉菌通常在被害植物的叶、茎、芽、果实和花的表面产生一层由大量的无色菌丝、分生孢子梗和分生孢子组成的"白粉"，在生长季节的晚期，会形成小黑粒，即白粉菌的有性世代——闭囊壳。该类真菌广泛分布于世界各地，对各种作物、蔬菜、果树、花卉和牧草危害较大。

绝大多数白粉菌的菌丝体外生，通过附着胞将菌丝体固着在寄主植物表面，从附着胞产生侵入丝，伸入表皮细胞，形成吸器。白粉菌的吸器通常为球形，不分枝，但寄生禾本科的禾布氏白粉菌 [*Blumeria graminis*（DC.）Speer] 的吸器向两侧伸出而呈指状分枝。少数白粉菌的部分菌丝体内生，从寄主的气孔侵入叶肉细胞，并形成吸器，或大部分菌丝体在叶肉细胞间扩展，繁殖时菌丝从气孔伸出，在寄主表面进行无性繁殖和有性生殖。

白粉菌无性阶段产生大量分生孢子梗和分生孢子。分生孢子着生在直立的分生孢子梗上，呈典型的椭圆形，具薄细胞壁和大量液泡，孢子含水量可高达70%，使其能在空气湿度很低的条件下萌发。大多数白粉菌在发育时先由菌丝产生一个与菌丝细胞垂直的瓶状细胞，称为孢子母细胞。母细胞向上生长，并形成一横隔，之后形成1~3个细胞，从最上面的细胞产生第一个顶生的分生孢子，然后母细胞继续向上生长形成隔膜，产生第二个顶生分生孢子，此后以同样方式形成一串成熟的分生孢子链，通常称为分生节孢子（meristem arthrospore），曾归属于粉孢属（*Oidium* Link）。少数白粉菌产生单个顶生分生孢子，常被拟小卵孢属（*Ovulariopsis* Pat. & Har.）。分生孢子着生方式与菌丝体的生长习性有密切联系。凡菌丝体内生或部分内生的，其分生孢子多为单生，菌丝体完全外生的，其分生孢子多为串生，只有少数单生。白粉菌的分生孢子寿命短，越冬主要靠闭囊壳或侵入多年生植物芽内的菌丝体。

白粉菌有性生殖产生球形、暗色的闭囊壳，在闭囊壳的外壁产生一种厚壁菌丝，称为附属丝（appendage），它由壳壁表面的一些细胞发育而成。一般产生于闭囊壳的赤道线上，也有生在顶部或基部的。附属丝不分枝或分枝，主要有4种类型：菌丝型、二叉分枝型、钩丝型和球针型。有些闭囊壳除了一般附属丝外，在顶部着生一丛毛刷状或帚状细胞，遇水肿胀胶化。有些闭囊壳无附属丝，只具毛刷状细胞。闭囊壳含1至多个子囊。子囊卵圆形至棍棒形，通常内含2~8个子囊孢子。子囊孢子成熟时，被强烈地发射出去。子囊孢子多呈椭圆形，单胞，无色。

传统上，白粉菌目属的划分主要依据有性世代闭囊壳内子囊的数目和闭囊壳外附属丝的特点，如《中国真菌志》第一卷白粉菌目记述了22个属，其中有性型18个属，无性阶段4个属。Braun（1987）接受了郑儒永等提出的大部分属，记述了白粉菌21属，其中有性型18个属，无性型3个属，这一系统也被Hawksworth et al.（1995）所接受而收录于《菌物词典》第8版。Braun et al.（2012）重新定义了白粉菌的无性阶段，把有性型属与无性阶段属对应起来，并且结合形态学、分子生物学、超微结构特点等提出了白粉菌分类的新系统，包括无形囊菌科（Amorphothecaceae Parbery）、白粉菌科（Erysiphaceae Tul. & C. Tul.）2科28属，其中白粉菌科有16个有性型属和2个无性阶段属，870多种。

1）白粉菌科（Erysiphaceae Tul. & C. Tul.）

维管植物寄生菌。闭囊壳球形，单生或聚集，果壁薄，由角状细胞和附属物组成。子囊球形至宽棒形，2~8个子囊孢子。子囊孢子单胞，近球形至椭球形，透明至淡黄色。分生孢子由浅表菌丝产生，单生或成链，单胞，椭圆形至梭形。科下按照族（Tribe）分为布氏白粉菌族、白粉菌族、高氏白粉菌族、球针壳族、离壁壳族5个族和1个无性型属。

I. 布氏白粉菌族（Tribe Blumerieae）

（1）布氏白粉菌属（*Blumeria* Golovin）

菌丝体外生，吸器指状深裂，分生孢子梗具球形基部，分生孢子串生；闭囊壳扁球形，附属丝菌丝状，异常退化，少而短。子囊多个，成束；子囊孢子单胞，无色至淡黄色（图6-84）。该属只有1种。禾布氏白粉菌[*Blumeria graminis*（DC.）Speer]寄生大麦、小

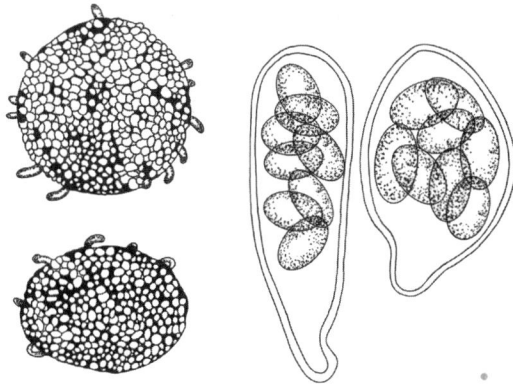

图 6-84　禾布氏白粉菌[*Blumeria graminis*（DC.）Speer]的闭囊壳、子囊和子囊孢子

麦、黑麦、燕麦，以及冰草、鹅观草、早熟禾等禾本科植物。

Ⅱ. 白粉菌族（Tribe Erysipheae）

（2）白粉菌属（*Erysiphe* R. Hedw. ex DC.）

菌丝体表生或内生，在寄主表皮细胞中形成指状吸器，营活体吸收营养。子囊果为闭囊壳，内含多个子囊，每个子囊内含 2~8 个子囊孢子。闭囊壳外壁的附属丝分枝或不分枝，呈丝状、钩状等。分生孢子梗直立，简单，不分枝，无色，产孢方式为全壁体生式向基序列产生分生节孢子。分生孢子单生，圆柱形、椭圆形，单胞，无色，两端向基序列产生分生孢子（图 6-85）。

图 6-85　白粉菌属白粉菌组（*Erysiphe* sect. *Erysiphe*）菌物的闭囊壳、产孢细胞和分生孢子

白粉菌属自 1805 年建属以来变化较多，Braun et al.（1987，1995，1999，2000，2002，2011，2012）和 Cook et al.（2009）先后对白粉菌属进行多次调整，将分生孢子单生的留在白粉菌属，而分生孢子串生的种类提升为高氏白粉菌属[*Golovinomyces*（U. Braun）V. P. Heluta]和新白粉菌属（*Neoerysiphe* U. Braun）。同时叉丝壳属（*Microsphaera* Lév.）、钩丝壳属（*Uncinula* Lév.）、球钩丝壳属（*Bulbouncinula* R. Y. Zheng & G. Q. Chen）作为白粉菌属的异名处理，并在白粉菌属下分 5 个组，即白粉菌组、叉丝壳组、钩丝壳组、棒丝壳组（*Erysiphe* sect. *Typhulochaeta*）和加利福尼亚组（*Erysiphe* sect. *Californiomyces*），约 380 种。

①白粉菌组（*Erysiphe* sect. *Erysiphe*）。菌丝体表生。闭囊壳内含数个子囊；子囊含 2~8 个子囊孢子；附属丝菌丝状。分生孢子梗直立，分生孢子单生，无纤维体[图 6-86（a）]。

寄生于豆科、十字花科、伞形科、毛茛科和紫草科等多种植物。常见种：蓼白粉菌(*Erysiphe polygoni* DC.)、大豆白粉菌(*Erysiphe glycines* F. L. Tai)等。

②叉丝壳组(*Erysiphe* sect. *Microphaera*)。菌丝体表生。闭囊壳内含多个子囊。附属丝刚直，顶端叉状分枝，小分枝顶端常卷曲[图6-86(b)]。寄生鼠李科、豆科、壳斗科等多种植物。常见种：华北紫丁香白粉菌[*Erysiphe syringae-japonicae* (U. Braun) U. Braun & S. Takam.]、粉状白粉菌[*E. alphitoides* (Griffon & Maubl.) U. Braun & S. Takam.]、刺槐白粉菌(*E. robiniae* Grev.)等。

③钩丝壳组(*Erysiphe* sect. *Uncinula*)。菌丝体表生。闭囊壳含子囊多个，附属丝一般不分枝，少数种顶部分枝1~3次，顶端螺旋状或钩状卷曲[图6-86(c)]。寄生榆科、槭树科、桑科等多种寄主植物。常见种：寄生在榆属植物上的反卷白粉菌[*Erysiphe kenjiana* (Homma) U. Braun & S. Takam.]。

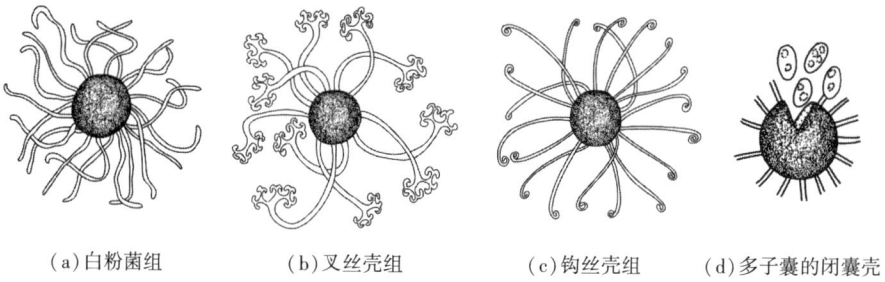

(a)白粉菌组 　　(b)叉丝壳组 　　(c)钩丝壳组 　　(d)多子囊的闭囊壳

图6-86　白粉菌属(*Erysiphe* R. Hedw. ex DC.)不同组闭囊壳的形态

(仿自 C. B. Kenaga，E. B. Williams，R. J. Green)

Ⅲ. 高氏白粉菌族(Tribe Golovinomyceteae)

菌丝体外生，分生孢子串生，脚胞直而不弯曲，附着器乳头状或裂瓣状，附属丝菌丝状，不分枝或二叉状分枝，子囊多个，内含2~8个子囊孢子。包括节丝壳属(*Arthrocladiella* Vassilkov)、高氏白粉菌属[*Golovinomyces* (U. Braun) V. P. Heluta]和新白粉菌属(*Neoerysiphe* U. Braun)，约60种。节丝壳属是单种属，原归属于叉丝壳属(*Microsphaera* Lév.)。

Ⅳ. 球针壳族(Tribe Phyllactiniaeae)

菌丝体内生或外生，分生孢子单生，初期披针形，后期棍棒形或椭圆形。

(1)内丝白粉菌属(*Leveillula* G. Arnaud)

菌丝体有2种：一种内生，寄生在寄主的绿色部位组织内，有吸器；另一种外生在寄主表面。分生孢子梗从气孔伸出，不分枝或分枝，顶端单生一个分生孢子。分生孢子有2种形态，初生分生孢子梨形、柠檬形，顶端尖，基部缢缩；次生分生孢子多为圆柱形或长椭圆形。闭囊壳埋于菌丝体中，扁球形、凹盘形；附属丝菌丝状；子囊多个，内含2个子囊孢子，单胞。寄生凤仙花科、锦葵科、蓼科等植物。无性世代为拟粉孢属(*Oidiopsis* Scalia)。常见种：鞑靼内丝白粉菌[*Leveillula taurica* (Lév.) G. Arnaud]，寄生辣椒、番茄等多种草本植物。

(2)球针壳属(*Phyllactinia* Lév.)

菌丝体分为内生和外生。内生菌丝从寄主的气孔进入叶内，并产生球形吸器伸入叶肉细胞；外生菌丝生于寄主的表面。分生孢子梗不分枝，分生孢子单生，成熟的分生孢子棍棒形、纺锤形或卵形。闭囊壳扁球形或双凸透镜形。具 2 种附属丝：一种为丛生在子囊果顶部可以胶化的毛刷状细胞；另一种为生于赤道部位，顶端尖、基部膨大呈球形的针状附属丝。子囊多个，形状多样；子囊孢子 1~4 个，多为 2 个，无色或淡色，单胞，椭圆形或卵形(图 6-87)。无性阶段属于拟小卵孢属(*Ovulariopsis* Pat. & Har.)。寄生胡桃科、桑科、玄参科等寄主植物。常见种：杨球针壳(*Phyllactinia populi*)，寄生加拿大杨、辽杨、小叶杨等杨属植物。

Ⅴ. 离壁壳族(Tribe Cystotheceae)

菌丝体外生，附着胞乳头状或裂瓣状，分生孢子串生；闭囊果球形，附属丝菌丝状、叉钩状或不规则分枝，子囊孢子 6~8 个。

(1)离壁壳属(*Cystotheca* Berk. & M. A. Curtis)

附属丝上具弯形刚毛，闭囊壳内外壁之间可以脱离。已报道 109 种。

(2)叉丝单囊壳属(*Podosphaera* Kunze)

该属的主要特征是闭囊壳内仅 1 个子囊；分子孢子串生，内含纤维体。叉丝单囊壳属(*Podosphaera* Kunze)与单丝壳属(*Sphaerotheca* Desv.)仅附属丝形态不同外，在子囊数量、分生孢子特征方面基本相同(图 6-88)，且分子系统学研究把两者划在一个分支中，因此 Braun et al.(2000)将单丝壳属和叉丝单囊壳属合并，并将前者作为后者的异名。

①单囊壳组(*Podosphaera* sect. *Podosphaera*)。菌丝体表生；分生孢子串生，椭圆形或

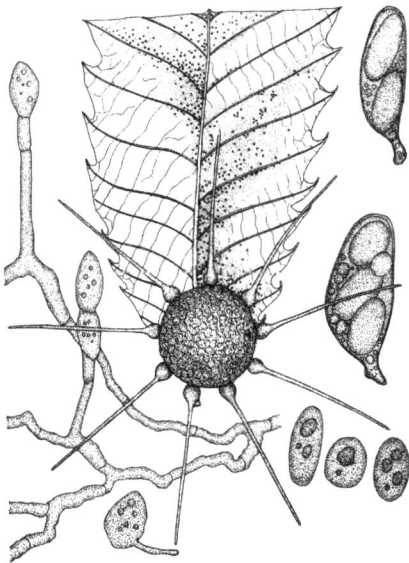

图 6-87　球针壳属(*Phyllactinia* Lév.)
菌物闭囊壳的形态
(仿自 C. B. Kenaga，E. B. Williams，R. J. Green)

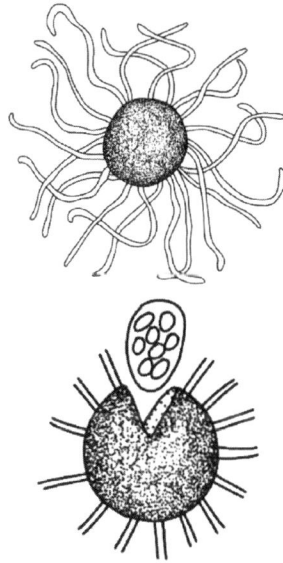

图 6-88　叉丝单囊壳属(*Podosphaera* Kunze)
菌物闭囊壳的形态
(仿自 C. B. Kenaga，E. B. Williams，R. J. Green)

近球形，内含纤维体。闭囊壳球形、扁球形。附属丝刚直，顶端 2 至多次双叉状分枝，内含 1 个子囊。子囊孢子单胞，无色（图 6-88）。无性世代为以前的纤维粉孢属［*Fibroidium*（R. T. A. Cook, A. J. Inman & C. Billings）R. T. A. Cook & U. Braun］，主要寄生蔷薇科植物。常见种：白单囊壳［*Podosphaera leucotricha*（Ellis & Everh.）E. S. Salmon］，寄生苹果、花红、山荆子、木秋子、海棠，有时危害梨；三指单囊壳［*P. tridactyla*（Wallr.）de Bary］，寄生山桃、桃、李和一些梅属植物。

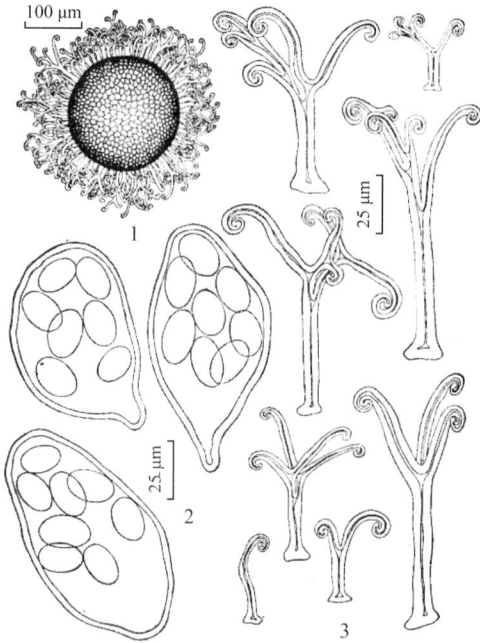

1. 闭囊壳；2. 附属丝；3. 子囊和子囊孢子。

图 6-89　叉钩丝壳属（*Sawadaea* Miyabe）菌物的形态

②单丝壳组（*Podosphaera* sect. *Sphaerotheca*）。菌丝体表生；分生孢子串生，无色，单胞。闭囊壳球形，附属丝菌丝状，少数顶端不规则状分枝。子囊单个，子囊孢子单胞（图 6-88）。主要寄生葫芦科、蔷薇科、大戟科等多种植物。常见种：苍耳单囊壳［*Podosphaera xanthii*（Castagne）U. Braun & Shishkoff］，寄生黄瓜、南瓜、甜瓜等瓜类和多种草本观赏植物；蔷薇单囊壳［*P. pannosa*（Wallr.）de Bary］，寄生桃和蔷薇属多种植物。

（3）叉钩丝壳属（*Sawadaea* Miyabe）

菌丝体表生，具吸器。分生孢子梗二型，基部细胞直。分生孢子串生，无色，单胞，含有明显的纤维体；闭囊壳扁球形，内含多个子囊，成束排列。附属丝双叉状分枝 1 至多次，少数三叉分枝，顶端简单钩状或卷曲。子囊孢子单胞，无色（图 6-89）。

6.4.10　圆盘菌纲

圆盘菌纲（Orbiliomycetes O. E. Erikss. & Baral）有性型子囊果为子囊盘，杯状至盘状，着生在基物的表面。子实层紧密，蜡质。囊盘被由薄壁的球形到多角形的细胞构成。子囊和子囊孢子均很小，子囊的长度罕有超过 40 μm 的，通常在木材上腐生。该纲仅 1 目——圆盘菌目（Orbiliales Baral, O. E. Erikss., G. Marson & E. Weber）和 1 科——圆盘菌科（Orbil-iaceae Nannf.）。

（1）圆盘菌属（*Orbilia* Fr.）

子囊果为子囊盘，囊盘被和侧丝无色或鲜色，子囊盘内无刚毛，子囊盘的边缘完整（图 6-90）。

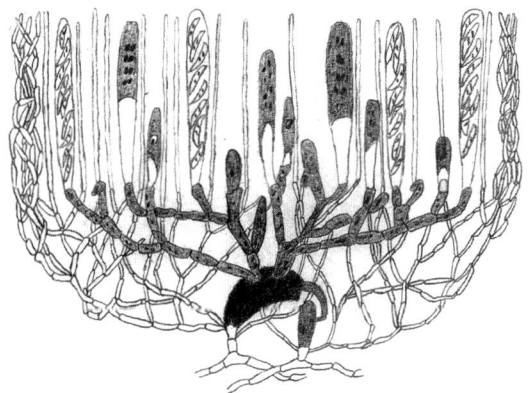

图 6-90　圆盘菌属（*Orbilia* Fr.）菌物的子囊盘

6.4.11 盘菌纲

通常将子囊果为盘状或杯状的子囊菌称为盘菌(Pezizomycetes O. E. Erikss. & Winka)，并将子囊的结构和开裂方式作为盘菌分类的重要依据。除地衣化的盘菌外，盘菌的子囊均为单层壁，顶部具不同的结构和染色反应，并按照子囊孢子释放时子囊的开裂方式，将盘菌分为有囊盖盘菌和无囊盖盘菌两类。然而分子系统学研究表明，传统的盘菌并不是单系群。

6.4.11.1 盘菌目

盘菌目(Pezizales J. Schröt.)包括所有有囊盖类盘菌以及与它们共同演化发生的地下生盘菌。子囊果为裸果型、半被果型和被果型。子囊盘肉眼可见，典型为盘状、杯状或变态为棍棒形、蜂窝状、马鞍形、脑状，有柄或无柄，肉质，罕革质或胶质，大小不一，几毫米至数厘米，多为裸果型。通常具有亮丽的色彩，但一些种类的子囊盘极小而不易发现，有的甚至不产生子囊盘。子囊有侧丝，形成子实层，子囊顶端有囊盖或裂缝。子囊孢子较大，单胞、球形至椭圆形，罕梭形，非线形。该目真菌常地生、粪生或腐木生。

盘菌目依子囊果的形态、性质、发育、子囊及子囊孢子的特点划分为粪盘菌科、平盘菌科、马鞍菌科、羊肚菌科、盘菌科、火丝菌科、肉盘菌科、肉杯菌科、地菇科、块菌科。

1) 粪盘菌科(Ascobolaceae Boud. ex Sacc.)

子座常为垫状，肉质，鲜色，不具刚毛。子囊果为子囊盘，很少为闭囊壳。子囊具囊盖，成熟时突出子实层之上，常具淀粉质的囊壁，发生变蓝反应时整个子囊逐渐扩散变蓝而不是迅速强烈变蓝。子囊孢子二列，壁厚，常具纹饰和紫色或褐色的孢子外壁，有时具外鞘，多为粪生，尤其在温带。该科成员包括常见的粪生类群，其中粪盘菌属(Ascobolus Pers. ex J. F. Gmel.)和集孢粪盘菌属(Saccobolu Boud.)是最普通的两个代表。由于容易通过实验室培养获得子囊盘，所以该科成员是特别好的细胞学研究材料，有些种还被用于遗传学、生理学及分子生物学研究。

(1) 粪盘菌属(Ascobolus Pers. ex J. F. Gmel.)

子囊果为子囊盘。子囊孢子紫色，但在孢子发射之前由于子囊内造孢剩质沉淀在孢子表面而呈褐色。子囊壁遇碘液变为蓝色或不变蓝。大部分发生在粪便上，少数生在土壤、木材或叶片上，或发生在火烧过的土壤或木材上。常见种：牛粪盘菌(Ascobolus furfuraceus Pers.)，发生在牛粪上，经常与埋生粪盘菌(A. immersus Pers.)生长在一起；大马粪盘菌(A. magnificus B. O. Dodge)，发生在马粪上。

2) 平盘菌科(Discinaceae Benedix)

子囊果子囊盘，扁平或脑状，常无柄，肉质，偶尔埋生在植物组织里；囊盘被由近褐色、薄或厚壁等径的细胞组成。无性阶段变化大。腐生或寄生在草本或木本植物材料，世界各地均有分布。

(1) 平盘菌属(Discina Fr.)

子囊盘扁平，较小，扁平或凹陷，常无柄，通常为灰褐色或黑色，肉质，偶尔埋生在植物组织里；囊盘被由近褐色、薄或厚壁等径的细胞组成。囊间组织由简单的侧丝组成。

子囊常具一明显的折光环。子囊孢子小，无色，有隔或无隔，常为长形。

（2）鹿花菌属（*Gyromitra* Fr.）

子囊果为子囊盘，菌盖表面微皱至高度扭曲呈脑状。子囊孢子通常光滑，椭圆形或卵圆形内含 2 个油滴（图 6-91）。如果孢子为球形，则里面只含有 1 个油滴。常见种：鹿花菌（*Gyromitra esculenta* Pers. ex Fr.），能产生鹿花菌素，毒性强，可导致人畜死亡，煮后去毒美味可食。

3）马鞍菌科（Helvellaceae Fr.）

子囊果为子囊盘，菌盖大，具柄，形态各异，盘状至马鞍形或脑状等其他扭曲形状。子囊顶部在碘液中不变蓝。子囊孢子 4 核，无色或褐色，内含数个显著的油滴。马鞍菌科成员则营土生生活。

（1）马鞍菌属（*Helvella* L.）

子囊果为子囊盘，菌柄短或长，菌盖为马鞍形头部。子囊孢子表面光滑或具瘤状突起，无色，宽卵圆形，内含 1 颗大型的、常为黄色的油滴（图 6-92）。常见种：弹性马鞍菌（*Helvella elastica* Bull.），在林地上，较常见；棱柄白马鞍菌（*H. crispa* Bull.），乳白色或淡黄色，可食用。

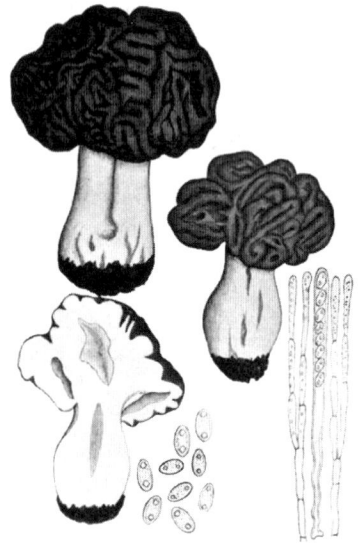
图 6-91 鹿花菌（*Gyromitra esculenta* Pers. ex Fr.）的子囊盘、子囊和子囊孢子

4）羊肚菌科（Morchellaceae Rchb.）

子囊果为子囊盘，菌盖较大，通常具柄或无柄，多数具有海绵状或钟形的菌盖。与大多数盘菌不同的是，该科成员的子囊孢子多核（每个孢子具 15～60 个细胞核），幼年的椭圆形孢子两端往往有大量的小油滴。伏鲁宁体长形而非球形。羊肚菌属（*Morchella* Dill. ex Pers.）和钟菌属（*Verpa* Sw.）是该科的重要代表。

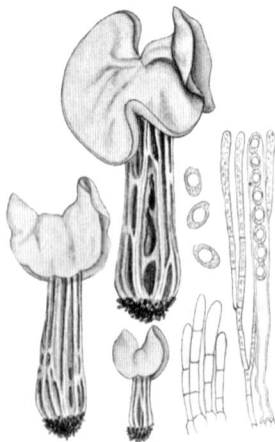
图 6-92 弹性马鞍菌（*Helvella elastic* Bull.）的子囊盘、子囊和子囊孢子

图 6-93 羊肚菌［*Morchella esculenta*（L.）Pers.］的头部蜂窝状子囊盘

（1）羊肚菌属（*Morchella* Dill. ex Pers.）

子囊果为子囊盘，蜂窝状头部（图6-93）。该属包括一些美味可口的珍贵食用菌，广泛栽培的有羊肚菌［*Morchella esculenta*（L.）Pers.］、尖顶羊肚菌（*M. conica* Pers.）、小羊肚菌（*M. deliciosa* Fr.）、粗柄羊肚菌［*M. crassipes*（Vent.）Pers.］等。

（2）钟菌属（*Verpa* Sw.）

子囊果为子囊盘，钟形头部，子实层覆盖在菌盖的上表面。常见种：钟菌（*Verpa digitaliformis* Pers.）和双孢钟菌［*V. bohemica*（Krombh.）J. Schröt.］，均可食用。

5）盘菌科（Pezizaceae Dumort.）

子囊果为子囊盘，较大，常无柄，多为杯状或盘状，囊盘被发达，外表光滑，短绒，无刚毛，个体大小差异较大。子实层淡色、紫色至褐色，但通常不呈鲜艳的橘黄色或红色。囊间组织为无隔或线形的侧丝，常膨大且在顶端有颜色。子囊柱形，持久。具囊盖，囊壁在碘液中呈蓝色，至少顶端变蓝（子囊果为闭囊壳的种类子囊为球形，子囊孔口简单）。子囊孢子无色或淡褐色，光滑或有纹饰，常具油滴，单核。无性阶段为丝孢菌。该科的很多种类生长在土壤或粪便上，木栖类群也很常见。常见种：泡质盘菌（*Peziza vesiculosa* Bolton），具有较大的子囊盘，聚集丛生于堆肥、花园及温室的肥沃土壤上，可食用，分布遍及世界各地。

（1）盘菌属（*Peziza* L.）

子囊果为子囊盘，盘状至杯状，盘底的中心部着生在基物上，子囊顶端在碘液中变蓝。子囊孢子椭圆形，无色，少数在后期变为褐色，表面光滑或粗糙。多数种类的子囊孢子为球形或卵圆形，内含1个油滴，极少数种类的子囊孢子为梭形，内含3个油滴。有时油滴只在幼小的孢子内存在。无性阶段为疣枝孢属（*Chromelosporium* Corda）、珠头霉属（*Oedocephalum* Preuss），分布广泛。林地盘菌（*Peziza sylvatica* R. Ludw.）和泡质盘菌均为美味的食用菌。

6）火丝菌科（Pyronemataceae Corda）

子囊果为子囊盘，盘状、杯状或陀螺形，体积小。通常无柄，子囊盘被缺或发育不良，子囊圆筒形，壁薄，囊顶在碘液内不变蓝，子囊孢子无色或褐色。火丝菌属（*Pyronema* Carus）是该科的重要代表，传统上常以该属为材料来展示子囊的发育过程。由于这类菌仅见于被火烧过的基物，故名火丝菌。

（1）火丝菌属（*Pyronema* Carus）

子囊果为子囊盘，产生在表生的菌丝层上，白色、粉红色或橘红色，直径小于1 cm，陀螺形，无明显囊盘被，子实层裸生。本属菌物发生在火烧迹地的土壤或砖头上，菌丝表生。子囊孢子无色，具细微突起。该属菌物是研究子囊菌个体发育的经典材料。常见种：烧土火丝菌［*Pyronema omphalodes*（Bull.）Fuckel］和砖火丝菌［*P. domesticum*（Sowerby）Sacc.］。

（2）盾盘菌属［*Scutellinia*（Cooke）Lambotte］

子囊果为子囊盘，盘状或杯状，因含类胡萝卜素，故呈鲜色。子囊盘被具有根状毛。子囊有1至多个颗油滴。常见种：盾盘菌［*Scutellinia scutellata*（L.）Lambotte］，发生在腐木和腐烂植物上。

（3）侧盘菌属［*Otidea*（Pers.）Bonord.］

子囊果为子囊盘，杯状或耳状，常常在一侧开裂。不含类胡萝卜素，囊盘被无毛，子囊也无菌丝层。侧丝未成熟时顶端刚直，成熟时弯曲或呈钩状。子囊孢子具 1 至多个油滴。常见种：兔耳状侧盘菌［*Otidea leporina*（Batsch）Fuckel］，发生在林地上。

7）肉盘菌科（Sarcosomataceae Kobayasi）

子囊果为子囊盘，通常较大，近无柄，皮革质或有些胶质，子囊盘淡色或暗色，包被由埋生在胶状基质中的交织菌丝组成，暗褐色，有时具暗褐色刚毛，围绕子实层或分散在子实层中。囊间组织由侧丝组成，常在基部网结。子囊柱形，持久，常具一亚顶生的囊盖。子囊孢子无色，很少具纹饰，多核，有时具外鞘。已知的无性阶段为丝孢菌，尤其在温带腐烂木上腐生。

（1）红盘菌属（*Plectania* Fuckel）

子囊果为子囊盘，有短柄，无刚毛。囊盘被通常无毛，偶尔有毛但不是由念珠状细胞组成的。子囊盘组织内不含有胶质物。子囊孢子卵圆形至梭形。

（2）肉盘菌属（*Sarcosoma* Casp.）

子囊盘无柄，胶质，无刚毛，但在囊盘被上有由念珠状细胞组成的毛。子囊盘的组织内含有大量的胶质。子囊孢子椭圆形至杆形，无色。发生在枯枝和腐木上。无性阶段为*Verticicladium* Preuss。该属在北温带分布广泛。

8）肉杯菌科（Sarcoscyphaceae Le Gal ex Eckblad）

子囊果为子囊盘，近无柄或有柄，并有艳丽的色彩，皮质或有些胶质，由于含胡萝卜常为鲜色；囊盘被由埋生在胶状基质中的菌丝细胞组成，有时子实层被无色或暗色的毛状物所围绕。囊间组织由侧丝组成，常在基部形成网结组织，在膨胀的顶端常具颜色。子囊柱形，持久，常具一亚顶生的囊盖，在碘液中不变蓝。子囊孢子单胞，无色，通常两侧对称，外表具各种纹饰。子囊孢子和侧丝多核。无性阶段为丝孢菌。在土壤和腐烂的木头上腐生，世界广布。肉杯菌科成员中大多数为热带种，毛杯菌属（*Cookeina* Kuntze）和歪盘菌属（*Phillipsia* Kalchbr. & Cooke）的种类具红色或黄色的子囊盘，常见于热带森林。美洲丛耳（*Wynnea americana* Thaxt.）是该科个体最大的种，其匙状子囊盘高达 13 cm，成熟后呈暗褐色至黑色，丛生于巨大的菌核上。

（1）肉杯菌属（*Sarcoscypha* Roum.）

子囊盘单生、散生或聚生，盘状、杯状、不规则盘状至耳状，直径 4~61 mm 或更大，无柄或有柄，肉质或软木质（图 6-94）。子实层污白色、黄色、橘红色、红色至腥红色，子层托表面较子实层淡，平滑或被绒毛；外囊盘被为薄壁丝组织；盘下层为交错丝组织，子实下层发育良好。子囊具亚囊盖，近圆柱形，基部稍细或狭窄，内含 8 个子囊孢子，在 Melzer's

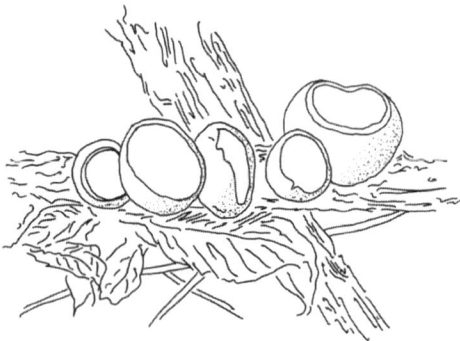

图 6-94 奥地利肉杯菌［*Sarcoscypha austriaca*（Beck ex Sacc.）Boud.］的子囊盘

试剂中呈阴性反应；子囊孢子椭圆形至矩形，两端钝圆，平截或具凹痕，表面平滑，近平滑或有不规则褶皱，具单油滴、双油滴或多油滴，无色至近无色；侧丝线形，下部具分枝、分隔。无性阶段曾为莫利阿迪霉属（*Molliardiomyces* Paden）。该属主要在北温带分布广泛。

9）地菇科（Terfeziaceae E. Fisch.）

子囊果为闭囊壳，较大，近球形，壁厚，固态，子囊由不育菌丝组织相间，以不规则大理石脉络状分布。囊间组织无。子囊柱形至球形，不开裂，在碘液中不变蓝。子囊孢子无色至淡褐色，球形，具纹饰，单核。无性阶段不常见。地下生，有时突出地表，分布广泛，尤其在干燥的条件下。

（1）地菇属（*Terfezia* Tul. & C. Tul.）

子囊果为闭囊壳，近球形，具一薄的包被。子囊成丛地不规则散布在子囊果核心组织的腔室内，没有外脉和孔道。子囊近球形，内含 8 个子囊孢子。子囊孢子单胞，表面有刻纹。该属共 12 种。地下生，多生在半日花属、岩蔷薇属植物下，在干旱地区分布广泛。我国林地中有 2 种：刺孢地菇（*Terfezia spinosa* Harkn.）（图 6-95）和瘤孢地菇［*T. leonis* (Tul. & C. Tul.) Tul. & C. Tul.］。

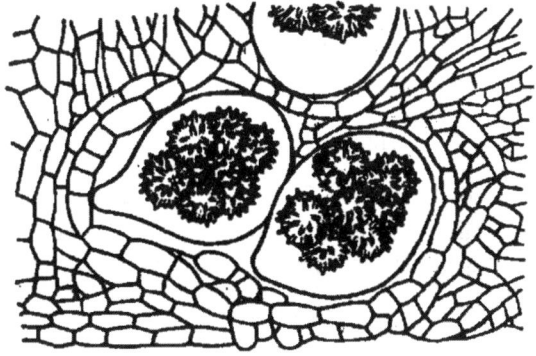

图 6-95　刺孢地菇（*Terfezia spinosa* Harkn.）
闭囊壳内部的子囊和子囊孢子
（陆家云，2001）

10）块菌科（Tuberaceae F. Berchtold & J. Presl）

早前曾将子囊果地下生的块菌放在单一的块菌目（Tuberales Dumort.），但是一些地下生盘菌和非地下生盘菌的演化表现为趋同进化。大多数块菌的子囊果球形，生于地下，并一直保持封闭状态，只有当子囊果腐败或更多的情况被动物取食咬碎后，其子囊孢子才得以释放。子囊孢子着生在子囊果包被的内壁或由内壁折叠而成的坑道状壁上，多为球形，具刺状突起，孢子壁结构复杂，由若干层构成。该科重要代表属块菌属（*Tuber* P. Micheli）的许多种能与栎树等根系形成共生菌根，一些为著名的食用菌。

（1）块菌属（*Tuber* P. Micheli）

子囊果为闭囊壳，较大，近球形，厚壁，固态，常具纹饰，子囊由不育菌丝束相间，以不规则脉络状分布。囊间组织无，至少在成熟时缺失。子囊在可育区随机形成，近球形至棍棒形，厚壁，不开裂，在坑道的内壁上排列不整齐，少于 8 个子囊孢子。子囊孢子单胞，球形，褐色，常具明显纹饰。无性阶段不常见，与阔叶树形成菌根，分布广泛。

该属包含多种美味的块菌，如红块菌（*Tuber rufum* Pollini）（图 6-96）、黑孢块菌

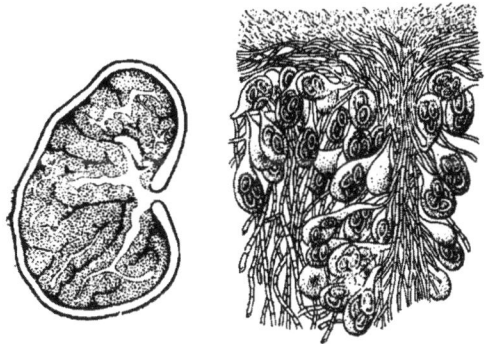

图 6-96　红块菌（*Tuber rufum* Pollini）的
闭囊壳内部的子囊和子囊孢子
（邵立平，1984）

（*T. melanosporum* Vittad.）、大块菌（*T. magnatum* Picco）、冬块菌（*T. brumale* Vittad.）和夏块菌[*T. aestivum*（Wulfen）Spreng.]。

6.4.12　粪壳菌纲

粪壳菌纲（Sordariomycetes O. E. Erikss. & Winka）包含了过去归为核菌纲（Pyrenomycetes Schwein.）。粪壳菌纲在形态、生长形式、习性上的变化很大。该纲是子囊菌门中最大的纲，分布广泛，基物复杂，习性多样。广泛地在木材、树皮、枯枝、落叶和粪便等基物上腐生，也可寄生植物，引起许多重要病害，如甘薯黑斑病、小麦全蚀病、麦类赤霉病、杨树腐烂病、栎树枝枯病、板栗疫病等。有的寄生昆虫，如冬虫夏草。营养体是发达的菌丝体，大多数内生，少数外生，还有的形成子座和菌核。无性繁殖非常发达，产生各种类型的分生孢子。

6.4.12.1　巨孢壳菌目

巨孢壳菌目（Magnaporthales Thongk., Vijaykr. & K. D. Hyde）子囊果为子囊壳，散生或聚生，埋生或表生在寄主表皮上，球形或近球形，黑色，常具喙状长颈。侧丝无色，具分隔。子囊近圆柱形，内含 8 个子囊孢子。子囊孢子无色至橄榄色，丝状至梭形。无性阶段多为丝孢菌，常形成菌核。分生孢子形状多样，无色，浅棕色至暗褐色，有隔或无隔。

1）巨孢壳科（Magnaporthaceae P. F. Cannon）

存在于单子叶植物的叶、茎、根和木材，大多数成员是侵染禾本科和莎草科根系的坏死性和半营养性病原菌，也包括竹子、枯枝和沉水木上的腐生菌。子囊果单生或散生，黑色，表生或埋生，球形或近球形，具长喙。子囊近圆柱形，具短柄和顶环。子囊孢子无色至橄榄色，丝状或梭形；分生孢子无色至暗色，形态多变，有隔或无隔膜。

巨孢壳科有性型检索表

9. 子囊梭形，子囊孢子 3 个隔膜 ·· 空壁壳属（*Muraeriata*）

9′. 子囊棍棒形，子囊孢子 2~3 个隔膜 ·· **10**

10. 子囊孢子无色 ·· **11**

10′. 子囊孢子有色，至少中间细胞黄褐色 ·· **13**

11. 子囊孢子棍棒形至纺锤形，2 个隔膜 ·· 伯格菌属（*Buergenerula*）

11′. 子囊圆柱形，子囊孢子 2~3 个隔膜 ·· **12**

12. 子囊顶部具较明显顶环 ·· 新顶囊壳属（*Neogaeumannomyces*）

12′. 子囊顶环小或不明显（2 个小折射孔） ·· 高又曼菌属（*Gaeumannomyces*）

13. 子囊孢子 3 个隔膜 ·· 中田壳属（*Nakataea*）

13′. 子囊孢子 5 个隔膜 ·· 草生瓶壳属（*Herbampulla*）

14. 子囊孢子基部具垫状黏性附属物 ·· 小棒孢属（*Clavatisporella*）

14′. 子囊孢子无附属物 ·· 拟巨孢壳属（*Magnaporthiopsis*）

15. 子囊倒卵形至囊形；子囊孢子多列 ·· 黑菌壳属（*Budhanggurabania*）

15′. 子囊圆柱形至棍棒形；子囊孢子二列 ·· 殊壳菌属（*Omnidemptus*）

巨孢壳科无性型检索表

1. 产孢细胞瓶梗型 ·· **2**

1′. 产孢细胞圆柱形，芽生式 ·· **3**

2. 分生孢子无隔膜 ·· **4**

2′. 分生孢子有隔膜 ·· **5**

3. 分生孢子有 1 个隔膜 ·· 科尔迈尔属（*Kohlmeyeriopsis*）

3′. 分生孢子具多个隔膜 ·· **6**

4. 产孢细胞直 ·· **7**

4′. 产孢细胞弯曲 ·· **8**

5. 分生孢子单生，棕色至深棕色，无附属丝 ·· 刀孢属（*Clasterosporium*）

5′. 分生孢子透明，在顶端或基部有一个简单的附属丝 ···································· 薄盘孢属（*Mycoleptodiscus*）

6. 分生孢子没有黏质鞘 ·· **9**

6′. 分生孢子有黏质鞘 ·· 拟梨孢属（*Pyriculariopsis*）

7. 分生孢子圆柱形，弯曲 ·· **10**

7′. 分生孢子近球形至卵形 ·· 拟巨孢壳属（*Magnaporthiopsis*）

8. 产孢细胞无色 ·· 黑菌壳属（*Budhanggurabania*）

8′. 产孢细胞有色 ·· 假瓶梗霉属（*Pseudophialophora*）

9. 分生孢子倒棍棒形，4（~5）个隔膜 ·· 布萨班菌属（*Bussabanomyces*）

9′. 分生孢子镰刀状至弯曲 ·· 中田壳属（*Nakataea*）

10. 分生孢子顶部较圆，基部渐尖 ·· 斯洛珀菌属（*Slopeiomyces*）

10′. 分生孢子黏聚在孢子梗顶部，圆柱形 ·· 高又曼菌属（*Gaeumannomyces*）

（1）刀孢属（*Clasterosporium* Schwein.）

菌丝体匍匐，稀少。分生孢子梗即菌丝的侧枝，短而直立，暗色，顶端单生分生孢子。分生孢子褐色至黑色，梭形至圆柱形，有 2 个以上的横隔（图 6-97）。为害植物后，在寄主表面生明显的黑色霉层，如引起桑污叶病的桑刀孢（*Clasterosporium mori* Syd. &

P. Syd.)和引起桃、杏白霉病的嗜果刀孢[*C. carpophilum* （Lév.）Aderh.]。有性阶段不常见。

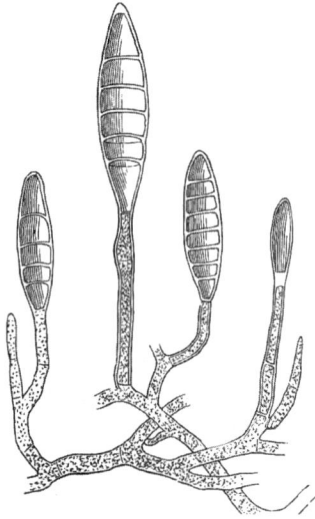

图 6-97 刀孢属（*Clasterosporium* Schwein.）**菌物的菌丝、产孢细胞和分生孢子**

（2）高又曼菌属（*Gaeumannomyces* Schwein.）

子囊壳球形或近球形，壳壁厚，直接埋生在寄主组织内，或初内生，后期突破寄主表皮外露。子囊壳顶端有一个圆筒形的短缘。子囊孢子丝状，无色。无性阶段产孢细胞瓶梗状，无色，分枝或不分枝。分生孢子腊肠形，无色（图 6-98）。常见种：禾高又曼菌[禾顶囊壳，*Gaeumanno-myces graminis* （Sacc.）Arx & D. L. Olivier]，寄生在禾本科植物的根上引起小麦全蚀病。

2）梨孢壳科（Pyriculariaceae Klaubauf, E. G. LeBrun & Crous）

子囊果为子囊壳，埋生或表生在寄主表皮上，黑色，常具椭圆状长颈。侧丝无色，薄壁，具分隔。子囊近圆柱形，具短柄，顶端具有淀粉质环，在 Melzer's 试剂中发生显色反应，内含 8 个子囊孢子。子囊孢子具分隔，梭形，中间细胞常有色，无胶质壳。无性阶段多为丝孢菌，有简单分枝的分生孢子梗。产孢细胞多为齿状，有色。分生孢子形状多样，无色褐色，有横隔。常见梨孢属（*Pyricularia* Sacc.），多侵染禾本科植物，引起严重植物病害稻瘟病。

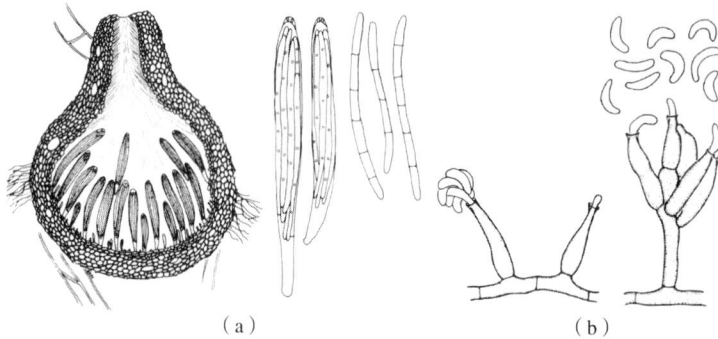

（a）

（b）

（a）有性阶段的子囊壳、子囊和子囊孢子；（b）无性阶段的产孢细胞和分生孢子。

图 6-98 禾高又曼菌[*Gaeumannomyces graminis* （Sacc.）Arx & D. L. Olivier]**的形态**

（1）梨孢属（*Pyricularia* Sacc.）

菌丝体发达，分枝，具隔膜，暗色。分生孢子梗单根或多根自寄主气孔生出，细长，多不分枝，直或微弯，无色或淡褐色。分生孢子单生，倒梨形或倒棍棒形，无色，聚集时呈灰绿色或淡褐色，多数 2 个隔膜，少数 1 个或 3 个隔膜。其有性型为巨孢壳属（*Magnaporthe* R. A. Krause & R. K. Webster），现已合并为异名，多侵染禾本科植物，引起稻瘟病。常见种：稻梨孢（*Pyricularia oryzae* Cavara），侵染水稻和陆稻，引起稻瘟病；粟梨孢（*P. setariae* Y. Nisik.），侵染谷子，引起谷瘟病。

6.4.12.2 粪壳菌目

粪壳菌目(Sordariales Chadef. ex D. Hawksw. & O. E. Erikss.)无子座或极少数以菌丝层组织出现。子囊果为子囊壳或闭囊壳，壁薄或厚，常多毛，膜质或炭质，橄榄色至黑色。子囊间具宽的薄壁菌丝，易溶解，或无侧丝。子囊柱形或棒形，持久或易溶解，不具裂缝，常具持久性顶环。子囊孢子单胞，暗色，具发芽孔，具胶质鞘或附属物。无性阶段常缺乏或为精子器。在腐木和土壤中腐生，一些为菌物重寄生物，多数具纤维水解活性。

1) 粪壳菌科(Sordariaceae G. Winter)

子囊果为多为子囊壳，单生、散生或聚生，表生、埋生或半埋生，卵形或近球形，炭质、革质或膜质，具一明显中央孔口。子囊间具宽的薄壁菌丝，易溶解，或无侧丝。子囊棍棒形至圆柱形，具小梗。棕色至子囊孢子无色、浅黄色或棕黑色，0~1隔，成熟时大多暗色，有发芽孔(或发芽缝)，常具黏性的鞘或附属丝，有时孢子表面具纹饰。无性阶段不常见。

(1) 粪壳菌属(*Sordaria* Ces. & de Not.)

子囊果为子囊壳，子囊间具宽的薄壁菌丝，易溶解，或无侧丝。子囊柱形或棒形，持久或易溶解，不具裂缝，常具一小的顶环。子囊孢子单胞，暗色，具发芽孔，无附属物，且大多数被一层胶质鞘包围。无性阶段不常见。该属菌物多粪生，分布广泛。常见种：粪生粪壳[*Sordaria fimicola* (Roberge ex Desm.) Ces. & de Not.](图6-100)，粪生，分布广泛。

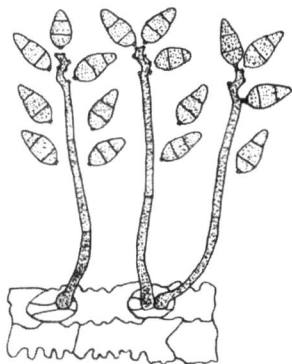

图 6-99 稻梨孢(*Pyricularia oryzae* Cavara)的产孢细胞和分生孢子

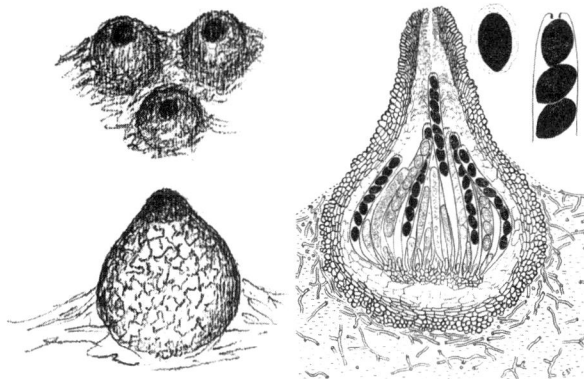

图 6-100 粪生粪壳[*Sordaria fimicola* (Roberge ex Desm.) Ces. & de Not.]的子囊壳、子囊和子囊孢子

6.4.12.3 环囊菌目

环囊菌目(Annulatascales M. J. D'Souza, Maharachch. & K. D. Hyde)子囊果为子囊壳，球形至近球形，单生，埋生、半埋生至表生。子囊壳颈透明或暗色。子囊壳包被皮质或膜质。子囊间侧丝尖端渐细。子囊单层囊壁，具明显的顶环，内含 8 个子囊孢子。子囊孢子单列，透明、偶褐色，分隔或不分隔。无性阶段多为丝孢菌，分生孢子多样。该目菌物多腐生，常见于枯木、落叶等植物残体和腐殖质等腐生环境。

1) 环囊菌科(Annulatascaceae S. W. Wong, K. D. Hyde & E. B. G. Jones)

子囊果为子囊壳，球形至近球形，单生，埋生、半埋生至表生，暗色，外表光滑或生短刚毛状菌丝。子囊壳颈圆柱形，暗色，光滑、稀生刚毛。子囊壳包被皮质或碳质。子囊间侧丝多，分隔，分枝或不分枝，尖端渐细。子囊单层囊壁，圆柱形，具明显的顶环，内含8个子囊孢子。子囊孢子单列、有时重叠，透明或褐色，椭圆形、纺锤形或新月形，多横向分隔。无性阶段多为丝孢菌，分生孢子长圆柱形，横向分隔，暗色、端部稍淡。

(1)环囊菌属(*Annulatascus* K. D. Hyde)

子囊果为子囊壳，球形至近球形，单生、埋生、半埋生至表生，暗色。子囊壳颈圆柱形，暗色，光滑。子囊壳包被炭质。子囊间侧丝多，宽，分隔，尖端渐细。子囊单层囊壁，圆柱形，具明显顶环，内含8个子囊孢子。子囊孢子单列、有时重叠，透明或褐色，椭圆形、纺锤形或新月形，多横向分隔。无性阶段多为丝孢菌，分生孢子长圆柱形，横向分隔，暗色、端部稍淡。常见种：鞘孢环囊菌(*Annulatascus velatisporus* K. D. Hyde)，腐生于水中沉木。

6.4.12.4　冠囊菌目

冠囊菌目(Coronophorales Nannf.)菌物的子囊果为子囊壳，单生或群生，卵形至近球形，半埋生或表生，黑色，炭质，表生小瘤。子囊壳包被膜质或炭质。子囊间侧丝多，丝状，分隔，不分枝。子囊单层囊壁，壁薄，棍棒形至椭圆形，尖端钝。子囊孢子拥挤，透明，圆柱形至尿囊形，略弯，无隔，壁光滑，多数含小液滴。该目菌物多腐生，或为重寄生菌。

1)冠囊菌科(Coronophoraceae Höhn.)

子囊果为子囊壳，单生或群生，卵形至近球形，半埋生或表生，黑色，炭质，表生小瘤。子囊壳包被膜质或炭质，由3层细胞构成，外层细胞暗色、炭质，中层细胞暗色、膜质，内层细胞透明，膜质。子囊间侧丝多，丝状，分隔，不分枝。子囊单层壁，壁薄，棍棒形至椭圆形，尖端钝。子囊孢子拥挤，透明，圆柱形至尿囊形，略弯，无隔，壁光滑，多数含小液滴。该科菌物仅包含1属——冠囊菌属(*Coronophora* Fuckel)。

(1)冠囊菌属(*Coronophora* Fuckel)

形态描述同冠囊菌科(图6-101)。冠囊菌属菌物多腐生于死木，其外表生小瘤的子囊壳、多孢子的子囊极具特点。常见种：集群冠囊菌(*Coronophora gregaria* Fuckel)，腐生于酸樱桃和欧亚花楸。

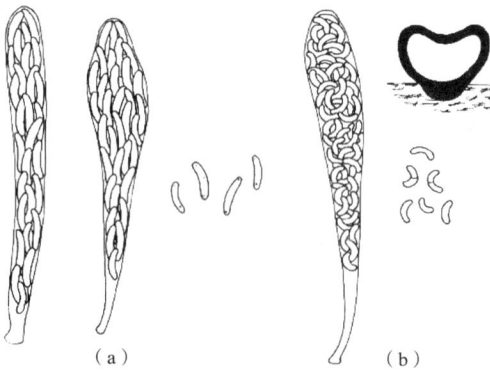

（a）冷杉冠囊菌(*Coronophora abietina* Fuckel) 的子囊和子囊孢子；
（b）集群冠囊菌(*C.* Fuckel) 的子囊壳、子囊和子囊孢子。

图6-101　冠囊菌属(*Coronophora* Fuckel)**菌物的形态**
(Larios et al. , 1988)

6.4.12.5　间座壳目

间座壳目(Diaporthales Nannf.)的很多种类是重要的病原菌、内生菌及腐生菌。其寄主不仅包括植物，也包括人类和其他活体动物。目前，绝大多数已知的间座壳目类群都以病原菌或内生菌的形式寄生在活的植物体内，或以腐生的方式着生于植物源基质和土壤中。

　　子囊果形态多种多样，多为球形、半球形或瓶状的子囊壳，散生或聚生，着生在基质表面、半埋生或整个埋生在子座内。子囊壳着生于子座组织内或直接生于基质上，具短至长颈，常具有中柱结构；子囊棍棒形、纺锤形或圆柱形，顶部具折光环，单层囊壁，内含 8 个或 4 个子囊孢子，子囊孢子形态多变，短至长，无隔至多隔，透明至有色。无性阶段产生分生孢子盘或分生孢子器，内壁芽生式产孢，产孢细胞多为环痕式或瓶颈式，分生孢子多为无隔或具有 1 隔，极少多隔。目前已知该目包括 28 科。

间座壳目分科检索表

1. 仅无性型 ·· **2**

1′. 仅有性型或有性型和无性型 ·· **11**

2. 子实体为分生孢子器和束丝状子实体 ·················· 束梗座孢科（**Synnemasporellaceae**）

2′. 子实体仅为分生孢子盘或仅为分生孢子器 ·· **3**

3. 分生孢子深蓝色或透明 ··· **4**

3′. 分生孢子暗褐色 ·· **7**

4. 分生孢子壁厚，多寄生于椴树科植物 ························ 亮孢盘科（**Lamproconiaceae**）

4′. 分生孢子壁薄，多寄生于桃金娘科、豆科植物 ······························· **5**

5. 分生孢子无隔 ··· **6**

5′. 分生孢子 1 隔 ······························ 小金粉壳科（**Auratiopycnidiellaceae**）

6. 分生孢子梗不分枝，退化为产孢细胞，分生孢子有明显顶点 ········· 赤黏壳科（**Erythrogloeaceae**）

6′. 分生孢子梗近圆柱形，分枝，0 至 3 隔 ······················· 枝梗壳科（**Prosopidicolaceae**）

7. 分生孢子卵圆形，棍棒形至圆锥形 ··· **8**

7′. 分生孢子具横置离壁隔膜，有 4 角 ··························· 星盘孢科（**Asterosporiaceae**）

8. 分生孢子外表面壁光滑，内表面具不显著至显著不规则疣 ·········· 胡桃盘孢科（**Juglanconidaceae**）

8′. 分生孢子壁无装饰 ··· **9**

9. 分生孢子卵形，1 隔 ·· 长脐壳科（**Macrohilaceae**）

9′. 分生孢子棍棒形至锥形，无隔或 1 隔 ··· **10**

10. 分生孢子棍棒形至锥形，无隔 ························ 离哈克斯菌科（**Apoharknessiaceae**）

10′. 分生孢子棍棒形，无隔或 1 隔 ···················· 假黑盘孢科（**Pseudomelanconidaceae**）

11. 子座发达 ··· **12**

11′. 子座缺或欠发达 ·· **21**

12. 子座组织橘黄色，在氢氧化钾溶液中变紫 ······················· 隐丛赤壳科（**Cryphonectriaceae**）

12′. 子座组织棕色至黑色，不在氢氧化钾溶液中变紫 ······································· **13**

13. 子囊壳具长且窄，波浪状的颈 ··· **14**

13′. 子囊壳具短且宽，直的颈 ··· **18**

14. 外子座明显 ··· 黑盘孢科（**Melanconidaceae**）

14′. 外子座不明显 ··· **15**

15. 子囊孢子具离壁隔膜 ··· 束状孢科（**Stilbosporaceae**）

15′. 子囊孢子不具离壁隔膜 ·· **16**

16. 子囊孢子不具 2 个明显球形油滴 ··············· 拟间座壳科（**Diaporthostomataceae**）

16′. 子囊孢子具 2 个明显球形油滴 ··· **17**

1)棒盘孢科(Coryneaceae Corda)

该科仅包含棒盘孢属(*Coryneum* Nees)，其无性型通常被报道作为枝干病害的致病菌，我国分布有多个类群，寄主主要为桦木科和壳斗科植物。棒盘孢科具被鞘包裹的子囊，透明或棕色，不规则束状，椭球形、梭形或拉长。子囊孢子多隔，常具离壁隔膜。无性形态由透明至深棕色，弯曲，宽纺锤形至圆柱形或棒形分生孢子组成，分生孢子具4~6离壁隔膜(图6-102)。同物异名为假黑腐皮壳科(Pseudovalsaceae M. E. Barr)。

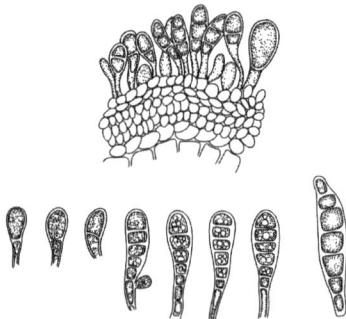

图 6-102 棒盘孢属(*Coryneum* Nees) 菌物的产孢细胞和分生孢子

2)裂圆盾壳科(Schizoparmaceae Rossman, D. F. Farr & Castl.)

土生病原菌、腐生菌。子囊座棕色至黑色，突出，后期表生，球形，乳头状突起，具中央围生小孔。子囊棍棒形至近圆柱形，具明显的顶环，成熟时自由浮动。无侧丝。子囊孢子椭圆形，无隔，透明，成熟时变为浅棕色，光滑，黏质鞘有或无。分生孢子体分生孢子器型，埋生至半埋生，单腔，无毛，具孔口，棕色至深棕色或黑色，壁不规则增厚，具盘状纹饰。分生孢子梗透明，光滑，偶尔有隔在基部分枝，埋生于黏液中，由基质发育而来。产孢细胞不连续，近圆柱形，倒棍棒形或烧瓶形，透明，光滑。分生孢子椭圆形、球形、萝卜形、纺锤形或具截形基部和钝至尖的顶端，单胞，壁薄或厚，光滑，透明或橄榄色至棕色，有时具纵裂，黏液状附属物有或无。

(1)垫壳孢属(*Coniella* Höhn.)

子囊座棕色至黑色，突出，后期表生，球形，具乳突，具中央孔口。子囊棍棒形至近圆柱形，具明显顶环，成熟时自由浮动。无附属丝。子囊孢子椭圆形，无隔，透明，成熟时有时变为浅棕色，光滑，黏质鞘有或无。分生孢子体多为分生孢子器型，埋生至半埋生，单腔，无毛，具孔口。孔口生于中央，圆形至卵圆形，通常位于锥形或喙状颈部。分生孢子梗多退化为产孢细胞，偶尔有隔基部分枝，埋生于基质。产孢细胞不连续，圆柱形、近圆柱形、倒棍棒形或烧瓶形，透明，壁光滑。分生孢子椭圆形、球形、萝卜形、纺锤形或具截形基部和钝至尖的顶端，单胞，壁薄或厚，光滑，透明或橄榄色至棕色，有时具纵裂，具或无从一侧基部至顶端的黏液状附属物，具或无短管状基部附属物。配子囊产生于同一分生孢子器，透明，光滑，具 1 隔膜，具几个顶端产孢细胞或直接退化为产孢细胞。产配子细胞透明，光滑，烧瓶形至近圆柱形，具可见的顶周增厚。配子透明，光滑，红色，末端圆形。

3) 隐丛赤壳科(Cryphonectriaceae Gryzenh. & M. J. Wingf.)

为害桃金娘目和壳斗科植物的枝条和枝干，引起溃疡病。子座组织橘黄色，在 3% 氢氧化钾溶液和乳酸溶液中可分别转变为紫色和黄色。子囊壳球形至近球形，具长颈。子囊纺锤形至圆柱形，单层囊壁。子囊孢子无色透明，具隔膜。无性阶段较为常见，外子座半埋生或突出寄主表皮，梨形至垫状，呈黄色至黑色。内壁芽生瓶梗式产孢。分生孢子无色透明，无隔，纺锤形、椭圆形或圆柱形。

隐丛赤壳科常见属及其近缘属检索表

（1）隐丛赤壳属［*Cryphonectria*（Sacc.）Sacc. & D. Sacc.］

子座组织橘黄色，在3%氢氧化钾溶液中变为紫色。子囊壳埋生于子座内，其长颈可穿过子座外露。子囊单层囊壁，纺锤形至圆柱形，内含8个子囊孢子。子囊孢子无色，双胞，椭圆形至纺锤形。无性阶段分生孢子器型，外子座半埋生或突出寄主表皮，梨形至垫状，黄色至黑色。内壁芽生瓶梗式产孢。分生孢子无色透明，无隔，尿囊形至圆柱形（图6-103）。常见种：寄生隐丛赤壳［*Cryphonectria parasitica*（Murrill）M. E. Barr］，引起板

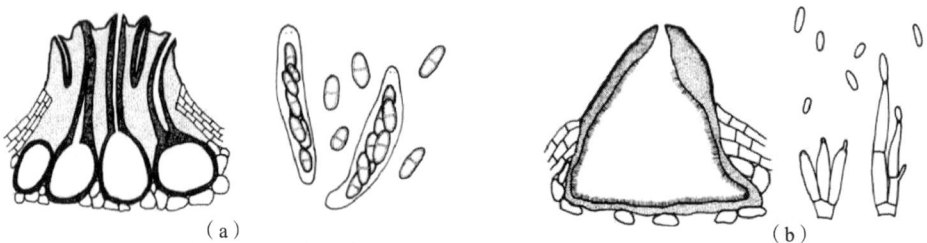

（a）有性阶段的子囊壳、子囊和子囊孢子；（b）无性阶段的分生孢子器、产孢细胞和分生孢子。

图6-103 隐丛赤壳属［*Cryphonectria*（Sacc.）Sacc. & D. Sacc.］菌物的形态

（Nakabonge，2008）

栗疫病，1904 年首先在美国纽约动物园的美洲板栗上发现，在北美流行 30 年几乎摧毁整个美洲栗林，1938 年在欧洲流行，使欧洲栗全部毁灭。中国板栗和日本栗相对抗病。

（2）内座壳属（*Endothia* Fr.）

子囊壳深埋在一个鲜色、肉质的手子座内，通过子囊壳的长颈向外开口。子座在寄主皮层下发育，后期突破皮层而外露，通常为橘红色、黄色或酱红色等，子囊壳壁暗色。子囊圆筒形，内含 8 个子囊孢子。子囊孢子椭圆形或梭形，双胞，分隔处常具细缝，无色。无性阶段分生孢子器型。

4）壳囊孢科（Cytosporaceae Fr.）

多侵染阔叶树和针叶树寄主植物，同物异名为黑腐皮壳科（Valsaceae Tul. & C. Tul.）。子座初期埋生在树皮下，成熟时突出寄主表皮。子囊壳散生或聚生，呈环形排列。子囊棍棒形，壁薄。子囊孢子无色透明，腊肠形，单胞。无性阶段分生孢子器型，内壁芽生瓶梗式产孢。顶盘具单孔口或多孔口，腔室单腔或多腔。分生孢子无色透明，单胞，腊肠形。

（1）壳囊孢属（*Cytospora* Ehrenb.）

子囊壳散生或聚生，多呈环形排列，球形、卵形或梨形，成熟时外子座形成顶盘突出。子囊壳顶部呈瓶颈状在顶盘聚集、突出形成多个孔口。子囊棍棒形，壁薄，内含 8 个或 4 个二列排布的子囊孢子。子囊孢子无色透明，腊肠形，单胞。无性阶段分生孢子器型，具单一或复杂的多腔室。分生孢子梗透明、线状，有时在基部或中部分枝。分生孢子较小、薄壁、透明、单胞、腊肠形，表面光滑无附属物（图 6-104）。常见种：金黄壳囊孢〔*Cytospora chrysosperma*（Pers.）Fr.〕，引起杨树腐烂病；苹果壳囊孢（*C. mali* Grove ＝ *Valsamali* Miyabe & G. Yamada），引起苹果腐烂病。

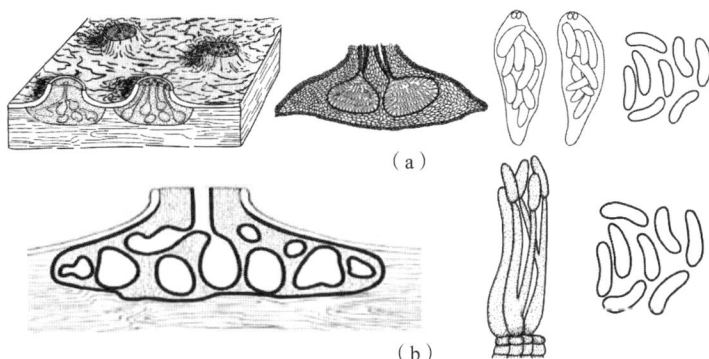

（a）有性阶段的子囊壳、子囊和子囊孢子；（b）无性阶段的分生孢子器、产孢细胞和分生孢子。

图 6-104　壳囊孢属（*Cytospora* Ehrenb.）**菌物的形态**

（Adams et al.，2005）

5）间座壳科（Diaporthaceae Höhn. ex Wehm.）

可腐生、内生或寄生在植物的根、茎、叶、果实和枝干上，寄主分布广泛。子座发达，子囊壳散生或聚生，埋生于子座组织内或突出子座外露。子囊单层壁，棍棒形或近圆柱形。子囊孢子通常无色，偶有褐色，卵形至椭圆形，无隔或有隔。无性阶段分生孢子器型，内壁芽生瓶梗式产孢。分生孢子一型或二型，无色透明，单胞，形态多样。

（1）间座壳属（*Diaporthe* Nitschke）

子座发达，子囊壳单生或成堆地埋生在子座内，往往有长或短的喙，具孔口。子囊单层壁，壁薄，棍棒形或近圆柱形，内含8个单列或二列分布的子囊孢子，侧丝不明显，在成熟时溶解。子囊孢子无色透明，单胞或有隔膜，纺锤形、椭圆形或圆柱形，有时候带有附属物。无性阶段分生孢子器型，内壁芽生瓶梗式产孢。分生孢子单胞，无色，一型或二型。α型分生孢子椭圆形、纺锤形或梭形，无或具有多个油滴。β型分生孢子线形，直或弯曲（图6-105）。常见种：柑橘间座壳[*Diaporthe citri*（H. S. Fawc.）F. A. Wolf]，引起柑橘枝干流胶、叶片沙皮和黑点病、果实蒂腐病。间座壳（*D. eres* Nitschke）分布及寄主植物极为广泛。

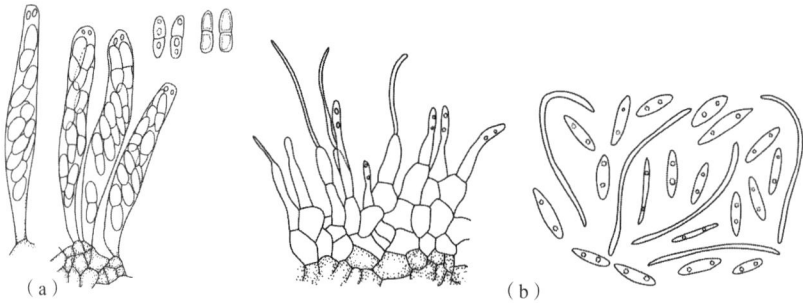

（a）有性阶段的子囊和子囊孢子；（b）无性阶段的产孢细胞和二型分生孢子。

图6-105　间座壳属（*Diaporthe* Nitschke）**菌物的形态**

（Udayanga et al.，2011）

（2）蛇孢间座壳属（*Ophiodiaporthe* Y. M. Ju，H. M. Hsieh，C. H. Fu，Chi Y. Chen & T. T. Chang）

子座发达，子囊壳半埋生，散生或聚生，具长喙。侧丝近圆柱形，有隔，不分枝。子囊单层壁，长椭圆形至纺锤形，具无淀粉质的顶环。子囊孢子无色透明，单胞，椭圆形。无性阶段分生孢子器型，内壁芽生瓶梗式产孢。分生孢子无色透明，球形至近球形。常见种：桫椤蛇孢间座壳（*Ophiodiaporthe cyatheae* Y. M. Ju，H. M. Hsieh，C. H. Fu & T. T. Chang），引起笔筒树枯萎病（图6-106）。

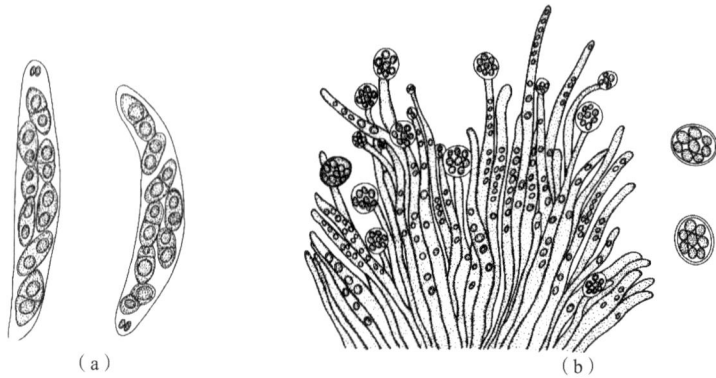

（a）子囊和子囊孢子；（b）产孢细胞和分生孢子。

图6-106　桫椤蛇孢间座壳（*Ophiodiaporthe cyathea* Y. M. Ju，H. M. Hsieh，C. H. Fu，Chi Y. Chen & T. T. Chang）**的形态**

（Fu et al.，2013）

6) 日规壳科(Gnomoniaceae G. Winter)

寄生在落叶或附着在越冬叶片上。子座组织缺或不发达。子囊壳单生,黑色,质软,壁薄,形成一个或多个中心长颈。子囊顶端具有明显的顶环。子囊孢子无隔或单隔,极少多隔。

(1) 日规壳属(*Gnomonia* Ces. & de Not.)

子座不发达,子囊壳单生,寄生在落叶或附着在越冬叶片上,常在叶片正面或叶柄上着生。子囊壳黑色、埋生,球形至近球形,有明显的折光环。子囊壳有长颈自基质伸出,直立生长、稍弯或弯曲生长。子囊卵形至纺锤形,具明显的顶端环,内含 8 个子囊孢子,不平行排列或不规则多列,偶尔单列排布。子囊孢子双胞,尾端钝圆,大多数种具有附属物。无性阶段为分生孢子盘,分生孢子单胞,无色,长椭圆形(图 6-107)。常见种:栎生日规壳[*Gnomonia quercicola* (Teng) M. Monod],引起麻栎叶斑病。

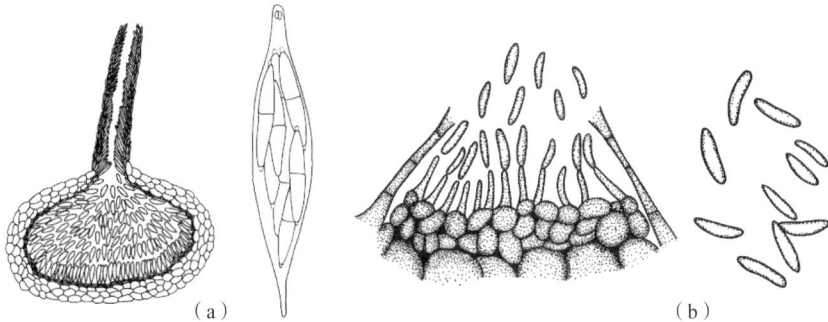

(a)有性阶段的子囊壳、子囊和子囊孢子;(b)无性阶段的分生孢子器、产孢细胞和分生孢子。

图 6-107　日规壳属(*Gnomonia* Ces. & de Not.)菌物的形态

(2) 蛇孢日规壳属[*Ophiognomonia* (Sacc.) Speg.]

不形成子座。子囊壳呈松散的簇状,寄生在叶子背面或正面,常在越冬叶片、叶柄、茎或草本植物的果实上越冬。子囊壳深褐色至黑色,有光泽,球形至近球形。子囊壳喙居中、侧生或边缘生长,直或弯曲,长或短。子囊纺锤形至椭圆形或丝状,具有明显的顶囊,内含 8 个子囊孢子,不规则多列或平行排列。子囊孢子双胞,椭圆形、纺锤形或丝状。两端钝圆形,带或不带附属物(图 6-108)。无性阶段不常见。主要为叶栖类内生菌或病原菌,寄主主要分布在桦木科、壳斗科、胡桃科、樟科、蔷薇科和杨柳科等。常见种:板栗蛇孢日规壳(*Ophiognomonia castanea* S. Gong, X. T. Zhang, Y. Nie, Chao Li, Q. H. Wang & S. X. Jiang),引起的板栗叶枯病。

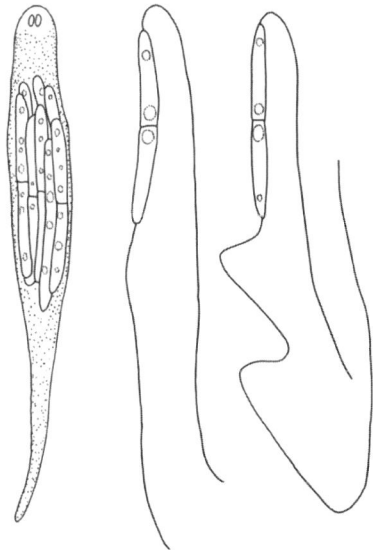

图 6-108　蔷薇蛇孢日规壳[*Ophiognomonia rosae* (Fuckel) Kirschst.]的子囊和子囊孢子

(Mathiassen et al., 2011)

7）黑盘壳科（Melanconidaceae G. Winter）

子座发达，常具中柱结构。子囊壳烧瓶形，具长颈，呈环状或近似环状排列。子囊棍棒形或圆柱形，顶部具折光环，基部易溶解。子囊孢子椭圆形至纺锤形，无色透明，双胞。无性阶段产生分生孢子盘。分生孢子一型或二型，无色透明至褐色，单胞。

（1）黑盘壳属（*Melanconis* Tul.）

子座发达，子囊壳埋在一个黑色内生的炭质的假子座内，后期突出树皮表面形成喙状结构。子囊壳烧瓶形，具长颈，呈环状或近似环状排列，深棕色至黑色。子囊棍棒形或圆柱形，顶部具折光环，基部易消融，内含8个不规则二列排布的子囊孢子。子囊孢子椭圆形至纺锤形，无色透明，双胞。无性阶段分生孢子盘埋生于寄主树枝表皮，后期突出寄主表皮。产孢细胞瓶梗状，分生孢子卵形、棍棒形，无色透明至褐色，单胞。常见种：闪光壳黑盘孢[*Melanconis stilbostoma* (Fr.) Tul. C. Tul.]，引起白桦枝枯病。

8）赤黏壳科（Erythrogloeaceae Senan., Maharachch. & K. D. Hyde）

子座发达，埋生，后期突出寄主表皮。子囊壳近球形埋在假子座内。子囊椭圆形至纺锤形，具有明显的折光环，内含4~8个子囊孢子。子囊孢子无色，椭圆形、纺锤形，光滑，经常具有油滴。分生孢子体埋生、半埋生或突出，分生孢子盘或分生孢子器。分生孢子梗不分枝，退化为产孢细胞，透明至橄榄色，光滑，近圆柱形至安瓿瓶形。分生孢子透明或深色，无隔，壁薄，卵形至倒棍棒形，两端圆。有性型未知。分生孢子经常二型。

（1）枝腐壳属（*Dendrostoma* X. L. Fan & C. M. Tian）

子座发达，埋生，后期突出寄主表皮，内含多个子囊壳。子囊壳近球形埋在假子座内，子囊椭圆形、纺锤形至细棍棒形，具有明显的反光环，内含4~8个子囊孢子。子囊孢子无色，椭圆形、纺锤形，光滑，经常具有2~4或多个油滴，经常有胶状附属物。分生孢子体为分生孢子盘型，圆锥形至垫状，埋生，后期突出寄主表皮，一般在有性阶段后期产生或单独产生。分生孢子梗无色，退化为产孢细胞。产孢细胞无色至棕色，近圆柱形至安瓿瓶形，瓶梗式产孢。分生孢子无色，单胞，光滑，长椭圆形至梭形。该属多个类群可分别导致海棠、麻栎和蒙古栎的枝枯病。

（2）赤黏壳属（*Erythrogloeum* Petr.）

分生孢子体埋生、半埋生或突出，分生孢子盘状。产孢细胞烧瓶形至近圆柱形。分生孢子透明，无隔，壁薄，卵形，两端圆。有性型未知。

9）核桃黑盘孢科（Juglanconidaceae Voglmayr & Jaklitsch）

子座发达，埋生，后期突出寄主表皮，具明显中柱结构。子囊壳环形排列在假子座内，子囊具有明显的折光环，内含8个子囊孢子。子囊孢子无色，双胞，两端常具附属物。分生孢子体为分生孢子盘型，具有明显中柱结构。分生孢子梗不分枝，透明至橄榄色，光滑，近圆柱形至安瓿瓶形。产孢方式为环痕式产孢。分生孢子棕色，有膜质鞘。该科主要引起胡桃科植物的枝枯病。仅1属——核桃黑盘孢属（*Juglanconis* Voglmayr & Jaklitsch）。

（1）核桃黑盘孢属（*Juglanconis* Voglmayr & Jaklitsch）

特征同核桃黑盘孢科。该属在我国核桃上常见，主要有核桃黑盘孢[*Juglanconis*

juglandina（Kunze）Voglmayr & Jaklitsch＝*Melanconium juglandinum* Kunze］和距圆核桃黑盘孢［*Juglanconis oblonga*（Berk.）Voglmayr & Jaklitsch＝*Melanconium oblongum* Berk.］，引起核桃枝枯病。

6.4.12.6　围小丛壳目

围小丛壳目（Glomerellales Chadef. ex Réblová，W. Gams & Seifert）子囊果为子囊壳，子囊壳深褐色，有时菌核化。子囊壳包被细胞 2～3 层。子囊间侧丝尖端渐细。子囊单层囊壁，壁薄，尖端加厚或具顶环。子囊孢子透明或暗色，无隔至多隔。无性阶段为腔孢菌或丝孢菌。该目菌物包括 2 类非常重要的植物病原菌，即引起炭疽病菌的炭疽菌属（*Colletotrichum* Corda）和引起多种枯萎病的轮枝菌属（*Verticillium* Nees）。

1）围小丛壳科（Glomerellaceae Locq.）

子囊果为子囊壳，单生或群生，球形至近球形。子囊壳包被细胞 2～3 层。子囊间侧丝透明，分隔，基部分枝，尖端圆。子囊单层囊壁，圆柱形，尖端具顶环。子囊孢子单列或二列，透明，无分隔，壁光滑，圆柱形、卵形至纺锤形。无性阶段为腔孢菌。该科仅包含炭疽菌属（*Colletotrichum* Corda）。

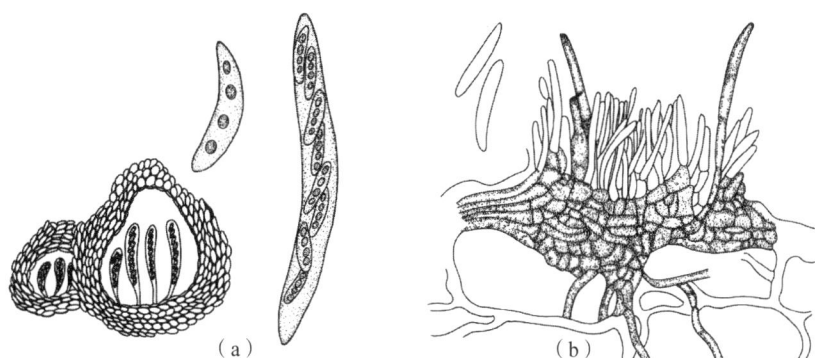

（a）有性阶段的子囊壳、子囊和子囊孢子；（b）无性阶段的分生孢子器、产孢细胞和分生孢子。

图 6-109　炭疽菌属（*Colletotrichum* Corda）菌物的形态

（1）炭疽菌属（*Colletotrichum* Corda）

描述有性型同围小丛壳科，无性型为分生孢子盘，分生孢子长椭圆形（图 6-109）。炭疽菌属别名刺盘孢菌，有性型为围小丛壳属（*Glomerella* Spauld. & H. Schrenk）。因该属菌物无性阶段较普遍，且应用广泛，故保留炭疽菌属作为该类菌物的唯一名称。常见种：胶孢炭疽菌［*Colletotrichum gloeosporioides*（Penz.）Penz. & Sacc.］，引起多种重要林木病害，如杨树炭疽病、油茶炭疽病、鹅掌楸炭疽病、正木炭疽病、杉木炭疽病等；红门兰炭疽菌（*C. orchidis* Jayaward.，Camporesi & K. D. Hyde），腐生于寄主红门兰茎上，铜仁炭疽（*C. tongrenense* S. X. Zhou，J. C. Kang & K. D. Hyde），是茶茱萸科植物马比木的内生菌。

2）不整小球壳科（Plectosphaerellaceae W. Gams，Summerb. & Zare）

子囊果为子囊壳或闭囊壳，单生或群生，表生，暗褐色，球形、近球形或梨形，颈长，颈基部有或无刚毛。子囊壳包被细胞多层。子囊间侧丝明显或无。子囊单层囊壁，圆柱形，无顶环。子囊孢子不规则排列，透明或淡褐色，纺锤形、椭圆形或卵形，无隔或1隔，壁光滑或略粗糙。无性阶段为腔孢菌或丝孢菌。分生孢子体为孢梗束、分生孢子座或分生孢子盘。该科包含动植物病原菌、重寄生菌或水栖、土栖腐生菌。

（1）轮枝菌属（*Verticillium* Nees）

该属培养物特征最为常见。分生孢子梗生于菌丝上，直立，轮枝状分枝，分隔，透明，基部有时变褐色（图6-110）。产孢细胞内生芽殖型，瓶梗产孢，瓶形或刺形，透明，具不显眼的领。休眠结构包括暗色菌丝、链状的厚垣孢子或微菌核。该属菌物多为植物病原菌。常见种：大丽轮枝菌（*Verticillium dahliae* Kleb.），引起黄栌、棉花、向日葵、茄、番茄、烟草等植物的枯（黄）萎病。

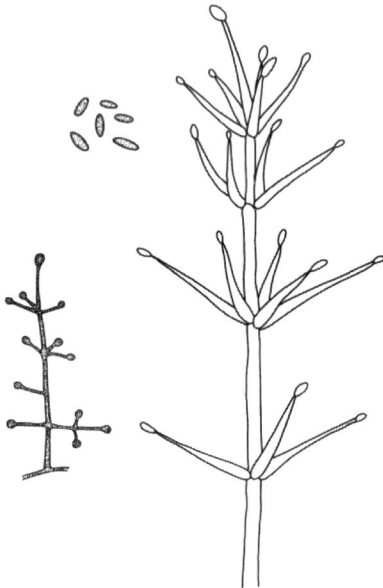

图6-110 轮枝菌属（*Verticillium* Nees）菌物的分生孢子梗和分生孢子

6.4.12.7 肉座菌目

肉座菌目（Hypocreales Lindau）基于系统学定义包含约14科303属，包括生赤壳科（Bionectriaceae Samuels & Rossman）、麦角菌科（Clavicipitaceae Rogerson）、虫草科（Cordycipitaceae Kreisel）、肉座菌科（Hypocreaceae de Not.）、丛赤壳科（Nectriaceae Tul. & C. Tul.）、线孢虫草菌科（Ophiocordycipitaceae G. H. Sung, J. M. Sung, Hywel-Jones & Spatafora）等。

1）生赤壳科（Bionectriaceae Samuels & Rossman）

子囊果多为子囊壳，稀闭囊壳。子囊壳表生，球形、近球形或梨形。闭囊壳球形，无色至深色，在氢氧化钾或乳酸溶液中无变色反应。子囊壳包被1~3层。子囊间侧丝有或无。子囊单层囊壁，棍棒形、囊形或圆柱形，具明显顶环或无，内含2~8个子囊孢子。子囊孢子单至多列或不规则排列，透明，无隔至多隔，砖格形、球形、纺锤形至椭圆形。无性阶段多为丝孢菌，少数为腔孢菌。产孢方式类似枝顶孢属（*Acremonium* Link）、黏帚霉属｛*Gliocladium* Corda，已作为小灿球壳属[*Sphaerostilbella*（Henn.）Sacc. & D. Sacc.]的异名处理｝、*Gyrostroma* Naumov、青霉属（*Penicillium* Link）或由菌丝直接产孢。分生孢子体多为分生孢子座或孢梗束，分生孢子梗透明至暗色，壁光滑或具小刺。产孢细胞圆柱形至烧瓶形，瓶梗式产孢。分生孢子无隔至多隔，椭圆形至纺锤形，透明至橄榄色，壁光滑或具条纹。厚垣孢子有或无。该科包含一些生防菌或植物病原菌。该科模式属为生赤壳属（*Bionectria* Speg.），已作为枝穗霉属（*Clonostachys* Corda）的异名处理，科级名称后期或更改。

（1）枝穗霉属（*Clonostachys* Corda）

形态特征同生赤壳科描述（图6-111）。因该属菌物无性阶段应用广泛，且枝穗霉属发表较早，故保留枝穗霉属作为唯一名称。常见种：粉红枝穗霉[*Clonostachys rosea*（Preuss）Mussat ＝ *Gliocladium aureum* Rader ＝ *Gliocladium catenulatum* J. C. Gilman & E. V. Abbott ＝ *Peni-*

cillium roseum Link），可作为生物菌种抑制许多病原菌物，如链格孢属（*Alternaria* Nees）、炭疽菌属（*Colletotrichum* Corda）、小双胞腔菌属（*Didymella* Speg.）、镰刀菌属（*Fusarium* Link）等。有性型为生赤壳属（*Bionectria* Speg.），已作为枝穗霉属的异名处理。

2）麦角菌科（Clavicipitaceae Rogerson）

子座或菌丝层暗色或亮色，肉质或坚硬。子囊圆柱形，顶端加厚。子囊孢子通常圆柱形，多隔，断裂成多段或不断裂。无性阶段为座壳孢菌属（*Aschersonia* Endl.）、柱香菌属（*Ephelis* Fr.）、拟绿僵菌属（*Metarhiziopsis* D. W. Li，R. S. Cowles & C. R. Vossbrinc）、新犁头尖属（*Neotyphodium* Glenn，C. W. Bacon & Hanlin）、野村菌属（*Nomuraea* Maubl.）、普可尼亚菌属（*Pochonia* Bat. & O. M. Fonseca）、类拟青霉属（*Paecilomyces*-like）、*Rotiferophthora* G. L. Barron、*Sphacelia* Lév.、类轮枝孢属（*Verticillium*-like）。该科菌物腐生，或与昆虫、菌物、草本、线虫形成共生体。

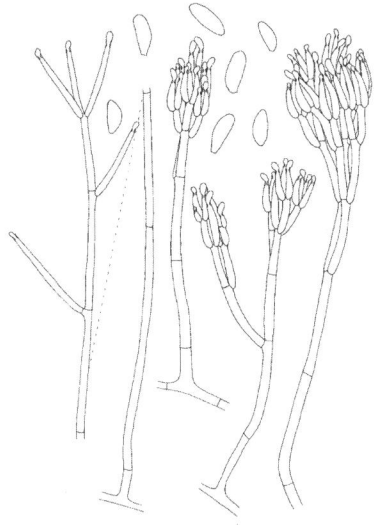

图 6-111　枝穗霉属（*Clonostachys* Corda）菌物的分生孢子梗和分生孢子

（Schroers，2001）

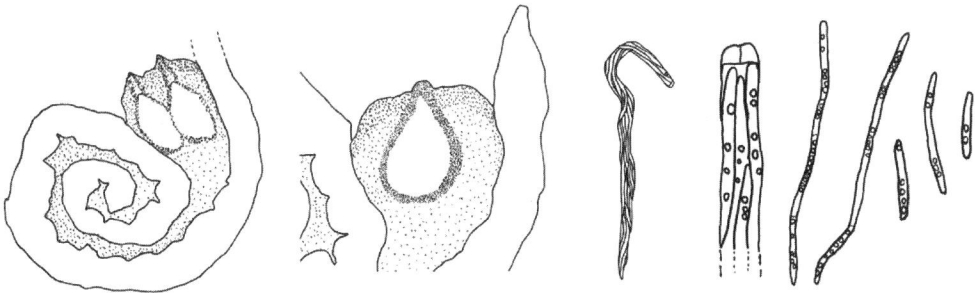

图 6-112　瘤座菌属（*Balansia* Speg.）菌物的子囊壳、子囊和子囊孢子

（Cruz-Laufer et al.，2019）

（1）瘤座菌属（*Balansia* Speg.）

内生菌物，通常在寄生的嫩梢顶端或穗部先形成假菌核，然后在菌核上产生垫状无柄的子座（图 6-112）。子囊长棍棒形，顶端有裂瓣。子囊孢子长椭圆形至线形。常见种：竹瘤座菌［*Balansia bambusae*（Berk. & Broome）Pech］和稻瘤座菌（*B. oryzae-sativae* Hashioka）。

（2）麦角菌属（*Claviceps* Tul.）

内生菌物，寄生在禾本科植物的子房内，后期在子房内形成圆形至香蕉形的黑色或白色的菌核，菌核越冬后产生子座；子座直立，有柄，可育头部近球形，子囊壳埋生在整个可育头部的表层内。子囊孢子无色，丝状，无隔膜。常见种：麦角菌［*Claviceps purpurea*（Fr.）Tul.］，寄生的患病植物在种子上形成紫色、弯曲的菌核，即麦角；麦角内含有生物碱，人畜误食后会引起中毒，但它又具有医疗价值，在临床上可用于妇产科止血和子宫收缩。

(3) 香柱菌属[*Epichloe*（Fr.）Brockm.**]**

子座淡色、平铺状，包围在禾本科植物茎和叶上；子囊壳埋生在子座内，子囊细长，囊壁单层；顶端加厚，具有折光性的顶帽；子囊孢子丝状，无色，有隔膜。常见种：香柱菌[*Epichloe typhina*（Pers.）Brockm.]，寄生冰草、纤毛鹅观草和雀麦属。

3）虫草科（Cordycipitaceae Kreisel）

子座或菌丝层暗色或亮色，肉质。子囊壳表生至埋生，与基质表面成直角。子囊多含8个子囊孢子，圆柱形，具加厚的顶尖。子囊孢子通常圆柱形，多隔，成熟时保持完整或断裂。无性阶段为类白僵菌属（*Beauveria*-like）、类侧齿霉属（*Engyodontium*-like）、*Lecanicillium*-like、类玛利亚霉属（*Mariannaea*-like）、类简单青霉属（*Simplicillium*-like）。该科菌物多为昆虫、苔藓内生菌或病原菌，也可腐生于土壤和枯枝落叶层。

(1) 白僵菌属（*Beauveria* Vuill.**）**

分生孢子梗分枝或不分枝，长瓶状，长度变化大，无色；无隔膜，顶生或侧生多数产孢细胞。产孢细胞球形、圆柱形、瓶形，直或微弯，上部变细，全壁芽生合轴式产孢，随着产孢做合轴式延伸，呈麦穗轴状弯曲（图6-113）。分生孢子球形、卵形，无色，单胞，孢子聚集时为球形、卵形的孢子簇或头状体。该属菌物多寄生于昆虫体上，引起白僵病，生产上用其作为生防菌来防治害虫。代表种：白僵菌[*Beauveria bassiana*（Bals.-Criv.）Vuill.]，寄生于鳞翅目、同翅目、鞘翅目、膜翅目和直翅目等多种昆虫和螨类上，引起白僵病。

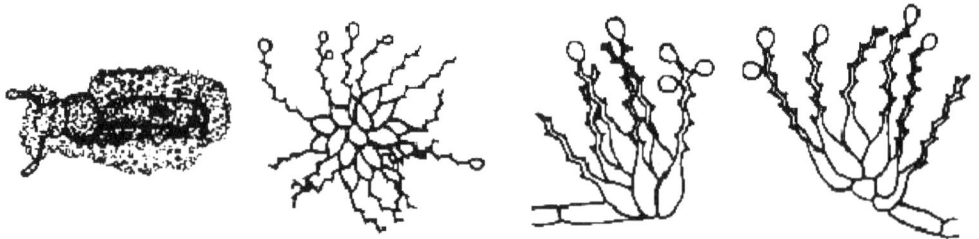

图6-113 白僵菌[*Beauveria bassiana*（Bals.-Criv.）Vuill.]的症状、产孢细胞和分生孢子
（FitzGerald，2014）

(2) 虫草属（*Cordyceps* Fr.**）**

菌核形成于寄主体内，肉质，白色、淡黄色、褐色或绿色。组成内菌核的菌丝分隔，有油滴，间生、顶生或侧生，后期形成球形、梭形、柱形或棒形的囊胞。子座呈丝状、柱形、棒形、头状、树枝形和盘状，简单或分枝，其长度和大小常因寄主大小和在土壤或枯枝落叶层下的深度而有差别。子座的柄部和可育部分可具有2种颜色，可为白色至深色。子座柄由纵向平行或稍呈网状的菌丝组成，向上在形成子囊壳的部分形成中心髓部或分化为疏松的网状组织。子囊壳近球形、拟卵形、瓶形或锥形，具明显的壁，表生、局部或完全埋生于疏松的网状菌丝中。这种菌丝组织可分化为皮层或栅栏状组织。子囊柱形、近梭形或狭棒形，壁薄，但顶部大多变厚呈扁球形、半球形或不同高度的柱形帽状结构。子囊孢子丝状或长梭形，透明，多隔，多数种在成熟时断裂成单细胞的菌丝段（次生子囊孢子），形状为拟球形、方块形、柱形或梭形（图6-114）。代表种：蛹虫草[*Cordyceps militaris*

(L.) Fr.]，子座单生或数个，可从寄主昆虫幼虫和蛹的各处长出，苍黄色、橙黄色至橙红色，通常不分枝。常见的冬虫夏草[*Cordyceps sinensis*（Berk.）Sacc.]已经作为中国线虫草[*Ophiocordyceps sinensis*（Berk.）G. H. Sung，J. M. Sung，Hywel-Jones & Spatafora]的异名处理。

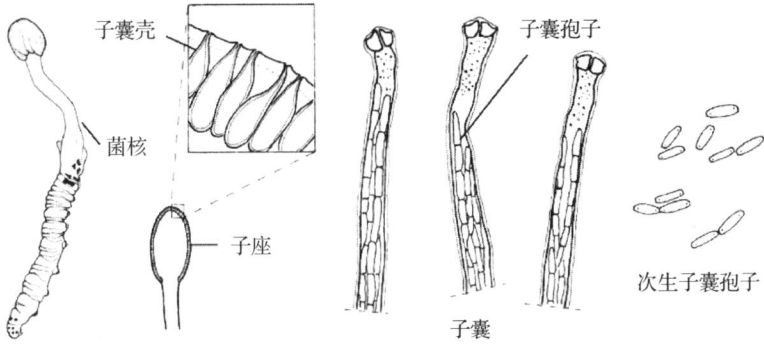

图 6-114　昆库娜虫草（*Cordyceps cuncunae* Palfner）**的子囊壳、子囊和子囊孢子**
（Palfner et al.，2012）

（3）棒束孢属（*Isaria* Pers.）

在自然基质上形成直立菌丝束，甚至具有明显孢梗束的种，孢梗束直立，棒形或分枝，由淡色的孢梗组成，下部致密呈柄状。分生孢子透明，无隔，无胶状物质（图 6-115）。常见种：虫花棒束孢[*Isaria farinosa*（Holmsk.）Fr.]和大孢虫花（*I. japonica* Yasuda）。

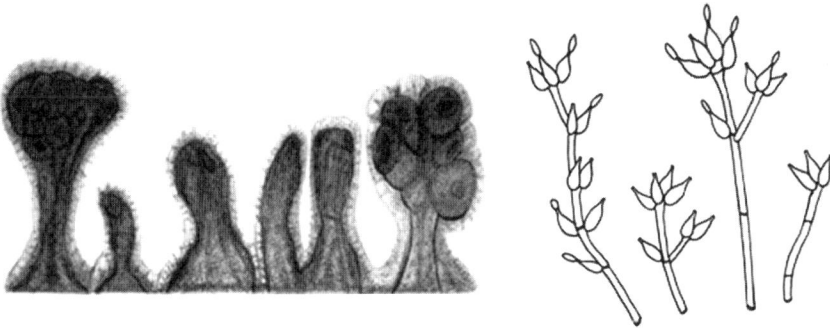

图 6-115　波普拉夫斯基棒束孢（*Isaria poprawskii* Caban.，J. H. de Leon，Humber，K. D. Murray & W. A. Jones）**的孢梗束、产孢细胞和分生孢子**
（Cabanillas et al.，2013）

4）肉座菌科（Hypocreaceae de Not.）

子座组织发达或不发达，或仅存菌丝组织。子囊果多为子囊壳，稀闭囊壳，单生或群生、埋生、半埋生至表生、球形、卵形或倒梨形，顶端具乳突，具孔口，表面光滑、具疣或菌丝附属物或刚毛。子囊壳包被外层为拟薄壁组织，有时具厚壁，内层为成行的扁细胞。子囊间侧丝尖端渐细，成熟时易溶解。子囊常含 8 个子囊孢子，偶含多孢或少量孢子，圆柱形或椭圆形，顶环常缺。子囊孢子单列、二列或成簇，透明至褐色，无隔至多隔、偶具横隔，偶尔在子囊内断裂或出芽形成分生孢子，椭圆形、纺锤形、尿囊形或近球形，壁光滑或具疣，或具纵向条纹。无性阶段为丝孢菌或腔孢菌，分生孢子体为分生孢子座、孢梗束或简单菌丝产孢，产孢方式为内生芽殖型瓶梗式，常见壁加厚，分生孢子透明至亮色。该科菌物常以植物、菌物、地衣为基质，进行活体、半活体寄生或腐生。常见属：黏帚霉属(*Gliocladium* Corda)，已作为小灿球壳属[*Sphaerostilbella* (Henn.) Sacc. & D. Sacc.]的异名处理。

(1) 木霉属(*Trichoderma* Pers.)

菌丝多数为营养菌丝，有些菌株最终可以形成毡状、柔毛状、羊绒状或蛛网状的气生菌丝；菌落背面颜色从无色至黄绿色。分生孢子在平展产孢区或平展的产孢簇中产生，产孢簇也可以是紧密结构，开始为白色，但较多的情况是转变为绿色、灰色或棕色；常常形成厚垣孢子，在营养菌丝上产量大，间生或在营养菌丝侧枝的尖端端生，圆形或椭球形，无色至浅黄色或绿色，表面光滑或有加厚现象。分生孢子梗在多数种类中有粗直或锯齿状的主轴，初级分枝间距规则，有二级分枝，二级分枝也可以再次分枝。产孢细胞瓶形，瓶梗式产孢，通常在分生孢子梗的顶端呈二歧式轮状排列，较少单生。分生孢子单胞，无色至浅灰色，绿色或棕色，壁光滑或有明显粗糙，某些种在外壁上有波状、疱状或翅形突起饰物，或聚集为球形的头状体，或聚集在囊状的包被中(图6-116)。常见种：绿色木霉(*Trichoderma viride* Pers.)。

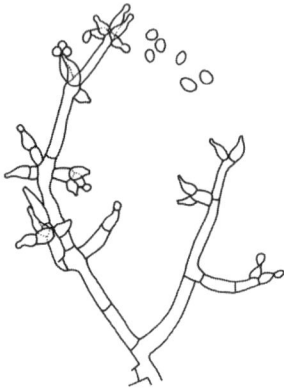

图 6-116　肉桂木霉(*Trichoderma cinnamomeum* P. Chaverri & Samuels)**的产孢细胞和分生孢子** (Chaverri et al. , 2003)

(2) 肉座壳属(*Hypocrea* Fr.)

子座肉质或木栓质，平展伏生，垫状、半球形垫状、盘状或半球形，无柄或有不显著拟短柄基，颜色多鲜亮，亦有呈暗褐色、黑色或暗褐绿色。子囊壳完全埋于子座内，罕为半裸露，多数种子囊壳孔口不突出于子座，极少突出于子座表面；侧丝幼时存在，成熟时消失。子囊含8个子囊孢子，子囊孢子成熟时通常分裂为2个细胞，其子细胞称为分孢子，一个子囊中往往有16个分孢子，极少数种分孢子少于16个；每对分孢子中远基的称为远基分孢子，近基的称为近基分孢子。远基分孢子通常球形至卵椭圆形、短圆柱形；近基分孢子近球形至倒卵圆形、圆柱形至圆柱形。往往一对分孢子相近处孢壁平截；分孢子透明无色或淡绿色至深绿色，多粗糙或具瘤状突起，罕为表面光滑。

(3) 菌寄生属[*Hypomyces* (Fr.) Tul. & C. Tul.]

具有重寄生性，通常生长于伞菌、牛肝菌、多孔菌和盘菌等菌物的子实体上；子囊壳单生至聚生，基部具有疏松或致密的菌丝层，球形至卵圆形或梨形，顶部具有乳突，颜色为黄色、橙黄色、黄褐色、紫红色或绿色等；子囊圆柱形，顶部稍加厚，内含8个子囊孢子；子囊孢子椭圆形、纺锤形或披针形，两端渐窄变尖，通常具0~1个隔膜，极少数为3个隔膜，表面平滑、具小刺或疣状物(图6-117)。常见种：黄菌寄生[*Hypomyces aurantius* (Pers.) Fuckel]和金孢菌寄生(*H. chrysospermus* Tul. & C. Tul.)。

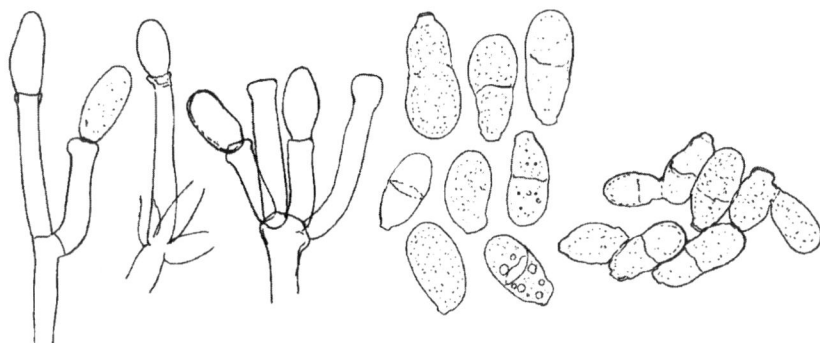

图 6-117　黄菌寄生［*Hypomyces aurantius*（Pers.）Fuckel］的产孢细胞和分生孢子

（Arnold et al.，2007）

5）丛赤壳科（Nectriaceae Tul. & C. Tul.）

子座颜色变化大，鲜色至暗色，单生至群生。子囊壳球形至近球形、卵形至长卵形或梨形，表面光滑或具乳突，具条纹、瘤、疣或鳞，附生刚毛或无。子囊间侧丝有或无。子囊生 4 或 8 个子囊孢子，单层囊壁，棍棒形、圆柱形至椭圆形，顶环有或无，具突出的或小梗生的基部。子囊孢子单列或二列重叠，无色至黄褐色，纺锤形至尿囊形，无隔、多隔或砖格形，隔处缢缩或否，壁光滑，或具刺、疣或条纹。无性阶段多为丝孢菌，少腔孢菌。分生孢子体为分生孢子座、分生孢子器或孢梗束。分生孢子梗轮生，具细毛。产孢细胞安瓿瓶形、圆柱形或烧瓶形，透明，壁光滑，瓶梗式产孢。分生孢子多样，卵形、椭圆形、纺锤形、丝状或尿囊形，无隔至多隔，隔处缢缩或否，可见或不可见脱落痕，壁光滑。厚垣孢子有或无。该科菌物主要是木本植物的内生、叶生或腐生菌，偶为昆虫或人类病原菌。

（1）丽赤壳属（*Calonectria* de Not.）

子囊壳独生或簇生，黄色至暗红色，近球形至卵形；子囊壳在 3% 氢氧化钾溶液中呈红色，基部红褐色。子囊棍棒形，内含 4 或 8 个子囊孢子。子囊孢子透明，长椭圆形至纺锤形，端部钝圆，笔直或轻微弯曲，有隔。大型分生孢子梗形成帚状产孢束丝体（孢梗束），束丝体终端分枝产生多个产孢细胞。产孢细胞瓮形或尿囊形，透明，产孢方式为瓶梗状产孢。一般产生大分生孢子，少见超大分生孢子或小分生孢子，大分生孢子圆柱形，两端钝圆，孢子直线形，具隔（图 6-118）。

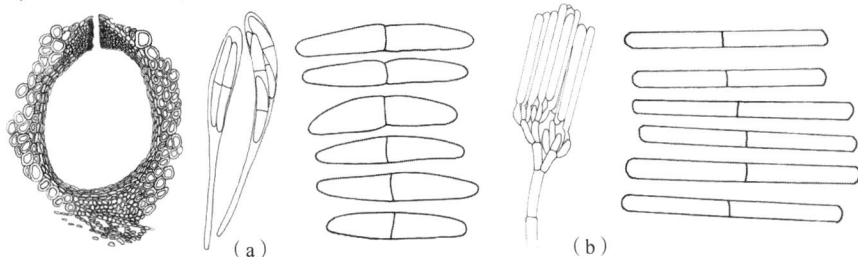

（a）有性阶段的子囊壳、子囊和子囊孢子；（b）无性阶段的产孢细胞和分生孢子。

图 6-118　摩根丽赤壳（*Calonectria morganii* Crous，Alfenas & M. J. Wingf.）的形态

（Crous et al.，1993）

（2）镰刀菌属（*Fusarium* Link）

子囊壳多聚生，近球形至梨形，深色。子囊棍棒形，内含 8 个子囊孢子，二列或多列。子囊孢子近无色，椭圆形至梭形，具 1~3 个隔膜，光滑。无性阶段分生孢子座或孢子梗，分生孢子梗分枝或不分枝。分生孢子有 3 种形态：小型分生孢子卵圆形、椭圆形、梭形、柱形、棍棒形或梨形等，具 0~5 个隔膜；中分生孢子不常见，多见于个别种和复合种，钩形至镰刀形，细长，基部平钝，具 1~5 个隔膜；大型分生孢子多形成在分生孢子座中，镰刀形或长柱形，有 1 至多个横隔（图 6-119）。镰刀菌属菌物广泛分布于土壤并与植物发生交互作用。该属绝大部分种类是无害的腐生菌，在土壤中数量丰富。该类群能产生植物刺激素（赤霉素），使农作物增产。有些种可产生纤维素酶、脂肪酶、果胶酶等，还有些种可产生毒素。有些寄生谷类作物的种类会产生链霉菌毒素，若进入食物链中会影响人类和动物的健康。常见种：尖孢镰刀菌（*Fusarium oxysporum* Schltdl.）和茄镰刀菌［*F. solani*（Mart.）Sacc.］。

图 6-119 镰刀菌属（*Fusarium* Link）菌物的分生孢子梗、大分生孢子和小分生孢子

（3）丛赤壳属（*Nectria* Fr.）

子座发达。子囊壳聚生，表生，近球形、球形或椭圆形，具乳突，干后通常顶部向下凹陷呈盘状，表面具疣，壳壁较厚，一般大于 25 μm，红色至暗红色，在 3%氢氧化钾水溶液中变为深红色至紫色，在乳酸中变为橘黄色。子囊棒形，单囊壁，成熟后壁溶解，具 8 个子囊孢子。子囊孢子宽椭圆形至长纺锤形，无隔至多隔或砖格形，无色至略带黄褐色，表面平滑、具小刺、小疣或具条纹（图 6-120）。模式种：朱红丛赤壳［*Nectria cinnabarina*（Tode）Fr.］，是世界温带地区的常见植物病原菌，能侵害多种果树和灌木，引起寄主的枝枯病。

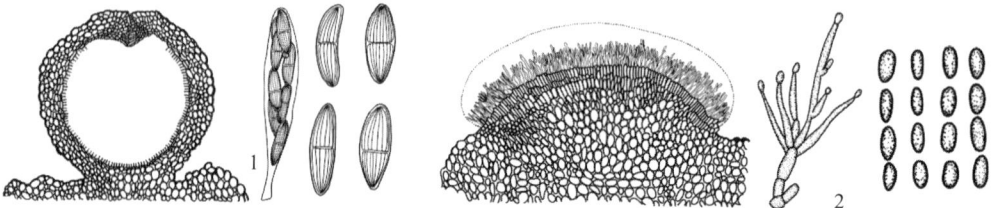

1. 有性阶段的子囊壳、子囊和子囊孢子；2. 无性阶段的分生孢子座、分生孢子梗和分生孢子。

图 6-120 阿根廷丛赤壳（*Nectria argentinensis* Hirooka，Rossman & P. Chaverri）的形态

（Hirooka et al.，2012）

（4）线孢丛赤壳属（*Ophionectria* Sacc.）

子囊壳单生至少数聚生，表生，卵圆形至长卵圆形，顶端平截，表面被疣状物，干后侧丝凹陷或不凹陷，新鲜时橘红色至猩红色，在3%氢氧化钾溶液中变为枣红色，在乳酸中不变色；疣状物由球形、有色的厚壁细胞松散地结合而成。子囊棒形，无顶环。子囊孢子长梭形，无色，多隔，表面有细微条纹或平滑。

6）线孢虫草菌科（Ophiocordycipitaceae G. H. Sung, J. M. Sung, Hywel-Jones & Spatafora）

子座或菌丝层暗色或亮色，坚韧，多为纤维状、鲜为肉质。子囊壳表生至埋生。子囊单层囊壁，圆柱形，常具加厚的顶尖。子囊孢子集群状，透明，常丝状，多隔，成熟时保持完整或断裂。无性阶段对应关系仍未有定论。该科菌物分布广泛，可寄生动物、原生动物、线虫、人类和菌物。

（1）线孢虫草菌属（*Ophiocordyceps* Petch）

子座单个，单生，偶有2~3个从寄主前端发出。子囊壳近表生，基部稍陷于子座内，椭圆形至卵形。子囊长棍棒形，顶部有较厚的帽状结构，子囊孢子长梭形至线形，具分隔，之后可断裂形成次生子囊孢子。无性阶段少见，可在培养基上产生分生孢子梗，分生孢子单胞，无色，梭形（图6-121）。常见的是著名中药材——中国线虫草［冬虫夏草，*Ophiocordyceps sinensis*（Berk.）G. H. Sung, J. M. Sung, Hywel-Jones & Spatafora］。

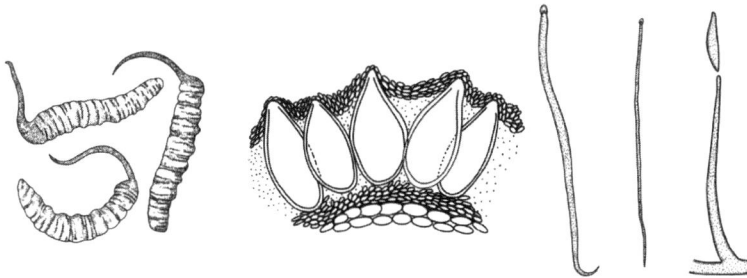

图6-121 线孢虫草菌属（*Ophiocordyceps* Petch）菌物的宏观形态、子囊壳、顶端有帽状结构的子囊和无性阶段的分生孢子

6.4.12.8 微囊菌目

微囊菌目（Microascales Luttr. ex Benny & R. K. Benj.）基于系统学定义包含约6科99属，以长喙壳科（Ceratocystidaceae Locq.）和微囊菌科（Microascaceae Luttr. ex Malloch）常见。

1）长喙壳科（Ceratocystidaceae Locq.）

子囊果为子囊壳，初埋生至半埋生，后表生，单生或群生。子囊壳球形、近球形、倒梨形或卵形，淡棕色、棕色、褐色至黑色，被刺或星状突起，饰有菌丝或无。子囊壳颈常线形，尖端渐细渐透明。无侧丝。子囊单层囊壁，易溶解。子囊孢子无隔，透明，椭球形至帽形，稍弯曲。分生孢子体为单生分生孢子梗，或分生孢子梗聚集成分生孢子座或孢梗束，有分隔，尖端渐细，透明、淡棕色至深棕色，分枝或不分枝。产孢方式为瓶梗式，产孢细胞烧瓶形、矩形至长椭圆形。分生孢子无隔，形状多样，球形、近球形、椭圆形至矩形，单生或呈链状，端部圆或截断状，透明至淡棕色。该科菌物寄生或腐生植物，伴生昆虫或螨，或土栖。

（1）长喙壳属（*Ceratocystis* Ellis & Halst.）

子囊壳具有一个球形的基部和细长的颈，在长颈的顶端常有一丛绒毛。子囊球形或卵圆形，不规则地散生在子囊壳的中心腔内。子囊单层囊壁，在子囊孢子发育期间即行溶化，很难观察到完整的子囊。子囊间无侧丝。子囊孢子单胞，小，无色，形状各异，有椭圆形、帽形、四角形、蚕豆形至针形等（图6-122），游离在子囊壳内的黏液中，成熟时子囊壳吸收水分，而沿着长颈中间的小孔道被挤出来，并在孔口聚合成黏液团，保持在孔口的绒毛之间，以便由昆虫进行传播。无性阶段产生各种分生孢子。

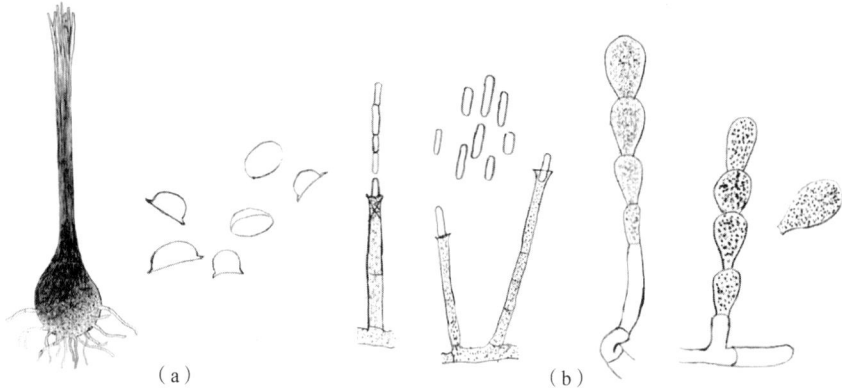

（a）有性阶段的子囊壳和子囊孢子；（b）无性阶段的产孢细胞和2种分生孢子。

图6-122　悬铃木长喙壳[*Ceratocystis platani*（J. M. Walter）Engelbr. & T. C. Harr.]**的形态**
（Pilotti et al. ，2014）

2）微囊菌科（Microascaceae Luttr. ex Malloch）

子囊果黑色，为球形闭囊壳，或安瓿瓶形的子囊壳表生至埋生，具孔口，分散或聚集，光滑或被附属物。子囊壳包被为角胞或交错丝组织。子囊球形、桶形或倒卵形，单层囊壁，迅速溶解，内含8个子囊孢子，无柄或具柄。子囊孢子无隔，浅褐色至深褐色，肾形，具萌发孔或萌发线，壁光滑。分生孢子体为单生分生孢子梗，或分生孢子梗聚集成分生孢子座或孢梗束，分生孢子梗壁光滑，延长状。产孢细胞简单或略分枝，圆柱形。分生孢子无隔，淡黄色至深褐色，球形、近球形、棍棒形至倒卵形，单生或呈链状。该科菌物寄生或腐生植物。

（1）黏束孢属（*Graphium* Corda）

孢梗束单个或成簇地生长，基部微红色，向顶部逐渐变透明。产孢细胞丝状，环痕式产孢。分生孢子无隔膜，透明，圆柱形，基部明显平截（图6-123）。常见种：引起荷兰榆病的榆黏束孢（*Graphium ulmi* M. B. Schwarz），其有性阶段不常见。

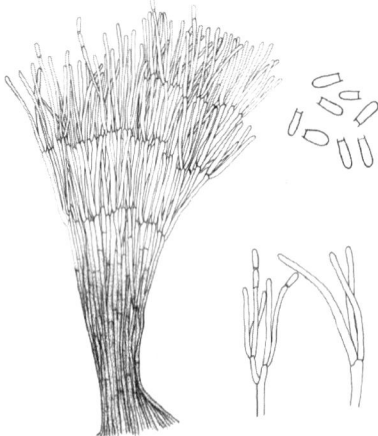

图6-123　黏束孢属（*Graphium* Corda）
菌物的产孢细胞和分生孢子
（Jacobs et al. ，2003）

6.4.12.9 蛇口壳目

蛇口壳目(Ophiostomatales Benny & Kimbr.)基于系统学定义包含约 2 科 13 属。此处介绍蛇口壳科(Ophiostomataceae Nannf.)蛇口壳属(Ophiostoma Syd. & P. Syd.)。

1)蛇口壳科(Ophiostomataceae Nannf.)

子囊果为子囊壳或闭囊壳,外部饰毛,淡褐色至黑色,具长或短的颈,具孔口或无。子囊壳颈细,直或弯曲,基部棕褐色,尖端淡褐色至透明,部分属具钩。子囊壳包被拟薄壁组织,外层为厚壁、着色的角状细胞,内层为薄壁、透明的角胞组织。子囊球形、近球形至纺锤形,单层囊壁,迅速溶解,含 8 个子囊孢子。子囊孢子二列至多列,形状多样,多不对称、卵形、肾形、纺锤形、圆柱形、椭圆形或镰刀形,无隔或 1 隔,透明,孢子堆呈黄色,具鞘或无。无性阶段为丝孢菌,分生孢子体为单生分生孢子梗,或分生孢子梗聚集成孢梗束,分生孢子梗简单或分枝,部分属形成毛刷状产孢结构,直立,透明、褐色至黑色。产孢细胞小齿形,瓶梗式产孢。分生孢子无隔,透明,纺锤形、倒卵形至椭圆形,有时在黏性的头部可产分生孢子。该科菌物主要寄生或腐生木本植物,偶尔发现于草本植物,共生于甲虫或螨类。

(1)蛇口壳属(Ophiostoma Syd. & P. Syd.)

子囊壳基部球形,有长喙,黑色。子囊整齐地排列在子囊壳中,近球形或圆形。子囊孢子单胞,无色,形状多样,椭圆形、帽形等,经常有胶质鞘,成熟后从长颈的孔口挤出,并在孔口聚集成团(图 6-124)。该属经常在活树或接近死的树特别是被蠹虫侵染的树上出现。

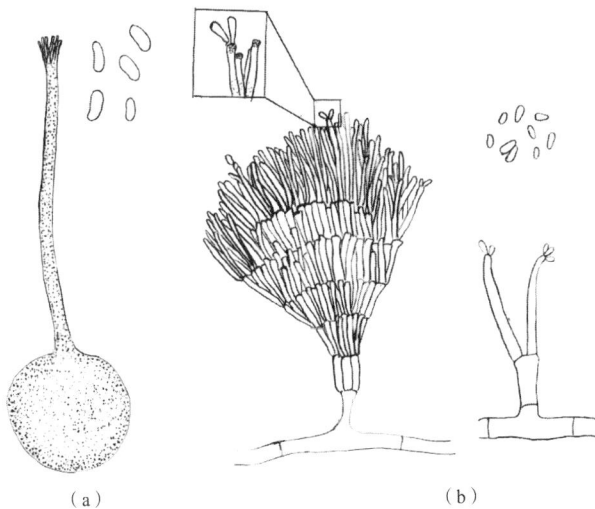

(a)有性阶段的子囊壳和子囊孢子;(b)无性阶段的产孢细胞和两种分生孢子。

图 6-124 特罗皮乌斯蛇口壳菌(Ophiostoma tetropii Math.-Käärik)的形态

(Jacobs et al., 2003b)

6.4.12.10 刺球壳目

刺球壳目(Chaetosphaeriales Huhndorf, A. N. Mill. & F. A. Fernández)子囊壳表生至半埋生、球形、近球形至倒梨形,具孔口,具刚毛或无,具菌丝层或无。子囊间侧丝稀疏或多，具分隔。子囊棍棒形至圆柱形，单囊壁，具顶环或无。子囊孢子椭圆形至纺锤形，有分隔，透明或着色，光滑。该目基于系统学定义包含约 4 科 59 属。本节仅介绍刺球壳科（Chaetosphaeriaceae Locq.）。

1）刺球壳科（Chaetosphaeriaceae Locq.）

子囊壳单生或群生，表生或底部埋生，卵形、球形至近球形，炭质、皮质或膜质，深褐色至黑色，表面光滑，或具短刺或疣。子囊壳包被分 2 层，外层为褐色炭质的表皮组织或角胞组织，内层为透明膜质的矩胞组织。子囊间侧丝多，分隔，不分枝，向尖端渐细，线状或椭圆形。子囊单层囊壁，棍棒形至椭圆形，具顶环，内含 8 个子囊孢子。子囊孢子二列或三列，纺锤形至椭圆形，直或弯，0~3 隔，具液滴，具鞘及附属丝。无性阶段为丝孢菌类或腔孢菌类。丝孢菌类无性阶段分生孢子梗线形，散生或聚生，透明或深褐色，直或弯，分隔，分枝或不分枝。产孢方式为瓶梗式，壁光滑，透明。分生孢子无隔至多隔，纺锤形、肾形至椭圆形，直或弯，透明至深褐色。腔孢菌类形成分生孢子体，分散或聚集，表生，杯形至球形，单腔室，具刚毛，壁为黑色或暗褐色的角胞组织或交错丝组织。刚毛多，褐色至黑色，分隔，卵形至椭圆形，光滑，壁厚，多隔。分生孢子梗褐色，4~6 隔，不分枝，圆柱形，壁薄，光滑。产孢方式为瓶梗式，尖端加厚，褐色，光滑，近椭圆形至烧瓶形。分生孢子无隔，近球形、纺锤形至肾形，直或弯，尖端略圆，基部平截，具液滴或无，两端具附属丝。该科菌物腐生于植物组织，有时也可从新鲜植物组织或土壤中获得，极少为植物病原菌。

（1）刺球壳属（Chaetosphaeria Tul. & C. Tul.）

有性型子囊壳表生，子座无或有，子座表生或埋生在薄的基质中，锥形、圆形、近球形，具乳突。子囊内含 8 个子囊孢子，薄壁的圆柱形或棍棒形，具短柄。顶端具有折光环，子囊孢子一般透明，具有 1~6 个横隔膜，子囊孢子纺锤形或椭圆形。无性阶段分生孢子椭圆形、梭形或镰刀形，对称或非对称（图 6-125），直或弯曲，透明的或褐色的，有隔或无隔。产孢细胞顶端经常附着黏液滴。

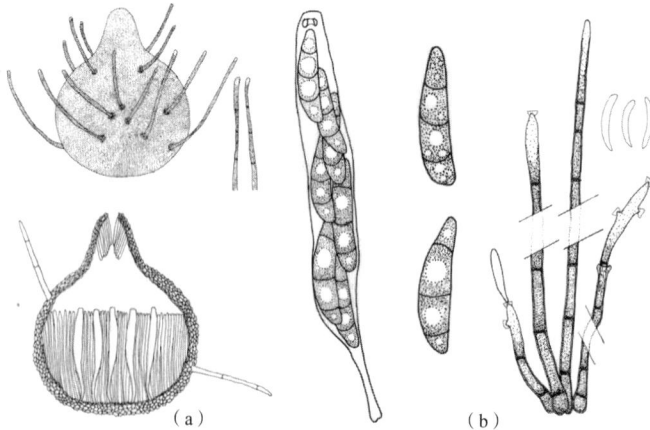

（a）有性阶段的子囊壳、子囊和子囊孢子；（b）无性阶段的产孢细胞和分生孢子。

图 6-125　多刺球壳（Chaetosphaeria innumera Berk. & Broome ex Tul. & C. Tul.）的形态

（Maharachchikumbura et al.，2016）

（2）刺杯毛孢属（*Dinemasporium* Lév.）

刺杯毛孢属菌物为腔菌类无性阶段，主要生于植物基质。其最大特征为表生，具刚毛，杯形的分生孢子体，纺锤形至肾形的分生孢子，分生孢子两端各具 1 附属丝（图 6-126）。

6.4.12.11　圆孔壳目

圆孔壳目（Amphisphaeriales D. Hawksw. & O. E. Erikss.）基于系统学定义包含约 17 科。

1）圆孔壳科（Amphisphaeriaceae G. Winter）

假子座由寄主细胞及菌物褐色至黑色菌丝构成，单生，单室至多室，半球形。子囊果为子囊壳，单生至聚生，具中央孔口。子囊壳包被不规则加厚，底部薄，中上部厚，由多层拟薄壁组织构成，外层为褐色厚壁的矩胞组织，内层为透明扁平的矩胞组织。侧丝多，具分隔，丝状。子囊单层囊壁，圆柱形，短柄，具顶环，内含 8 个子囊孢子。子囊孢子

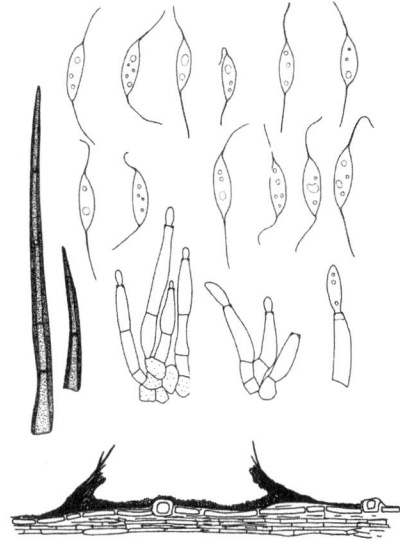

图 6-126　梭孢刺杯毛孢（*Dinemasporium fusiforme* W. P. Wu & J. X. Duan）的分生孢子盘、刚毛、产孢细胞和分生孢子（Duan et al.，2007）

重叠状，单列，淡褐色至深褐色，圆柱形至纺锤形，1 隔。无性阶段为腔孢菌，分生孢子体单生或聚生，球形，深褐色。其包被由褐色厚壁的分隔菌丝组成。分生孢子梗二叉状分枝，分隔，壁厚，光滑，透明。产孢细胞底部宽，尖端细，壁薄，透明。分生孢子透明，1 隔，壁光滑，纺锤形，两段细。该科菌物多腐生于植物各部位。

（1）圆孔壳属（*Amphisphaeria* Ces. & de Not.）

子囊壳球形，先内生，后期可突破基物而外露。子囊孢子椭圆形至梭形，有色，双胞，隔膜在孢子的中间（图 6-127）。常见种：杨圆孔壳［*Amphisphaeria populi*（Tracy & Earle）You Z. Wang，Aptroot & K. D. Hyde］，发生在杨树脱皮的枝条上；星形圆孔壳［*A. stellata*（Pat.）Sacc.］，寄生在竹秆上，分布广，子囊孢子长梭形，黄色，在分隔处缢缩。

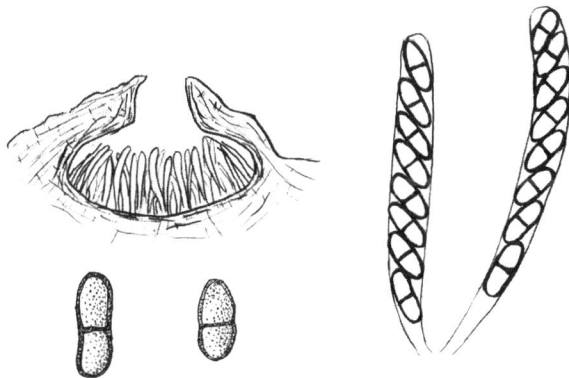

图 6-127　槭生圆孔壳（*Amphisphaeria acericola* Senan.，Camporesi & K. D. Hyde）的子囊壳、子囊和子囊孢子（Senanayake et al.，2019）

2）梨孢假壳菌科（Apiosporaceae K. D. Hyde, J. Fröhl., Joanne E. Taylor & M. E. Barr）

假子座在寄主表面为突出的黑色线状区，具突出裂缝区的颈，多聚生，纺锤形、圆柱形至不规则状。子囊果间细胞层常加厚，由褐色角胞组织构成。子囊果为假囊壳，单生或聚生成线形，埋于假子座内，球形至近球形，具乳突，具缘丝，子囊间侧丝密集。子囊单层囊壁，内含 8 个子囊孢子。子囊孢子单列或多列，透明。无性阶段为腔孢菌类或丝孢菌类。分生孢子体为分生孢子座或分生孢子盘，单生至聚生，初埋生，成熟后突出寄主表面，黑色，不规则状，炭质或皮质。分生孢子体壁由多层透明至褐色的角胞组织构成，边缘厚，上下薄。分生孢子梗菌丝状，圆柱形，1~2 隔，具疣，线形。产孢细胞圆柱形。分生孢子球形至近球形，暗褐色，壁光滑或略带装饰，具 1 平截脱落痕。该科菌物多寄生或腐生于草本植物的叶片、茎干或根部，有时是植物或地衣的内生菌，偶尔从人体、土壤中分离获得。

（1）梨孢假壳属（Apiospora Sacc.）

子囊果为假囊壳，单生或聚生成线形，埋于假子座内。球形至近球形，乳突状，具缘丝。子囊果包被有多层，由褐色、红褐色至透明的角胞组织构成。子囊间侧丝密集，菌丝状，长且宽。子囊单层囊壁，宽椭圆形、棍棒状至近球形，无顶环，内含 8 个子囊孢子。子囊孢子 1~3 列，或无规则排列，透明，梨孢状，具一大的上细胞及一小的下细胞，常被胶质鞘（图 6-128）。无性阶段为腔孢菌类或丝孢菌类。常危害禾本科植物，引起叶斑病。

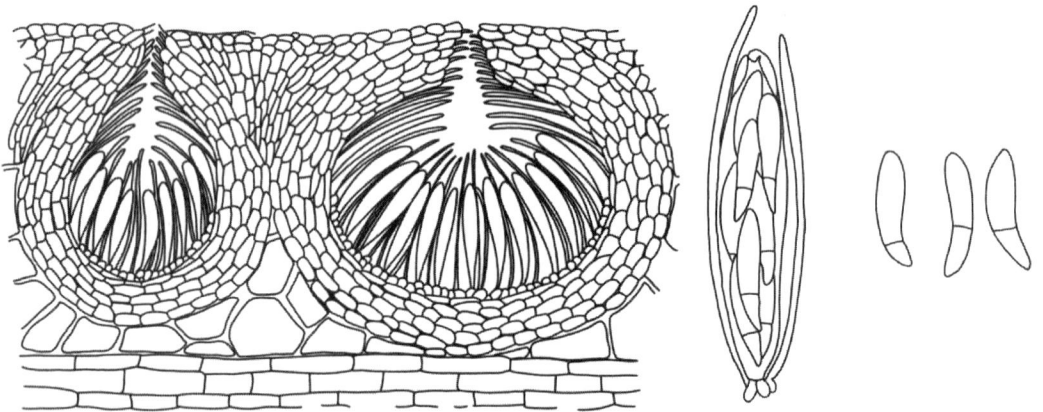

图 6-128　梨孢假壳属（Apiospora Sacc.）菌物的假囊壳、子囊和子囊孢子

（2）节菱孢属（Arthrinium Kunze）

分生孢子体为分生孢子座或分生孢子盘，单生至聚生，初埋生，成熟后突出寄主表面，黑色，不规则状，炭质或皮质。分生孢子体壁由多层透明至褐色的角胞组织构成，边缘厚，上下薄。分生孢子梗菌丝状，圆柱形，1~2 隔，具疣。产孢细胞安瓿瓶形至圆柱形。分生孢子球形至近球形，暗褐色，壁光滑或略带装饰，具 1 平截脱落痕（图 6-129）。常危害竹子，引起枯死。

3）孢座科（Sporocadaceae Corda）

子囊果为子囊壳，散生或聚生，埋生至突出，黑色至深褐色。孔口圆形，乳突状。子囊间侧丝多，菌丝状，弯曲，线形。子囊单层囊壁，倒卵形至圆柱形，具圆形淀粉质顶环或无，内含 8 个子囊孢子。子囊孢子重叠单列或二列，倒卵形至椭圆形，具横隔，中间细胞具纵隔，透明至褐色。无性阶段为腔孢菌，分生孢子体聚生至分散状，埋生至突出，为分生孢子器、分生孢子盘或孢梗束。产孢细胞安瓿瓶形、椭圆形、近椭圆形至烧瓶形，多数透明。分生孢子圆柱形、棍棒形或纺锤形，直或弯，2~4 隔，光滑或具疣，中间细胞透明，淡橄榄色至深褐色，端部细胞多透明，多具附属丝，管形、线形，直或弯，分枝或不分枝。该科菌物多为植物腐生菌或病原菌，偶为人或动物的内生菌或寄生菌。

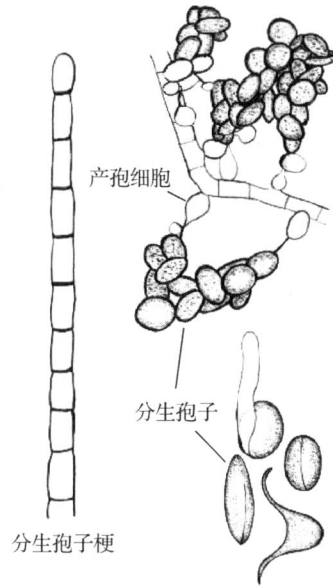

图 6-129　节菱孢属（*Arthrinium* Kunze）菌物的分生孢子梗、产孢细胞和分生孢子

（1）盘单毛孢属[*Monochaetia*（Sacc.）Allesch.]

分生孢子盘，分散或聚集，不规则开裂。分生孢子梗无色，圆柱形，在基部具隔和分枝，全壁芽生式产孢。产孢细胞圆柱形，无色。分生孢子 4 隔，顶端和基部细胞无色，中间细胞褐色，壁厚，有的在分隔处缢缩。基部具有一条单生而短的无色细胞状附属丝，中生。在顶部具有单一或分枝的细胞状线形附属丝。

（2）双毛壳孢属（*Discosia* Lib.）

分生孢子盘散生或聚生，表生，扁平，黑色，单腔或多腔室，基部厚，由浅褐色、薄壁的角胞组织构成。上部细胞壁薄，但由暗褐色、厚壁的角胞组织构成。1 至多个孔口，圆形，乳头状。分生孢子梗缺。产孢方式为全壁芽生单生式产孢，产孢细胞离生，圆锥形，无色至浅褐色，米黄。分生孢子直或微弯，具背腹面，无色至浅褐色，光滑，具 3~4 个隔膜，顶部钝圆，近基部略尖，基部平截，细胞长度不定，孢子的近顶端和近基部的凹面上各具 1 根线形小毛，不分枝（图 6-130）。代表种：双毛孢壳[*Discosia artocreas*（Tode）Fr.]，生于苹果叶，引起褐星病。有性阶段不常见。

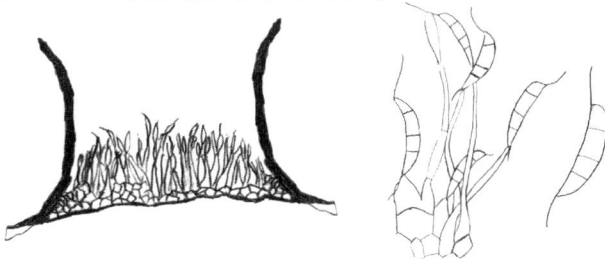

图 6-130　双毛壳孢属（*Discosia* Lib.）菌物的分生孢子盘、产孢细胞和分生孢子

（3）拟盘多毛孢属（*Pestalotiopsis* Steyaert）

子实体为分生孢子盘状、分生孢子器状或具角状突起，褐色至黑色，由褐色、薄壁的角胞组织组成，表生或埋生，散生或连生，不规则开裂，成熟后突破表皮。分生孢子梗圆柱形或葫芦形，有隔并分枝，无色，光滑，覆盖黏液。产孢细胞离生或合生，圆柱形，全壁芽生环痕式产孢。分生孢子5胞，纺锤形，直或略弯曲，具真隔膜；中间3个细胞褐色或黑褐色，同色或异色，细胞壁厚，在隔膜处有或无缢缩；两端细胞无色，顶部细胞圆锥形，具2根以上附属丝，附属丝顶端匙状膨大或不膨大，不分枝或分枝，基部细胞

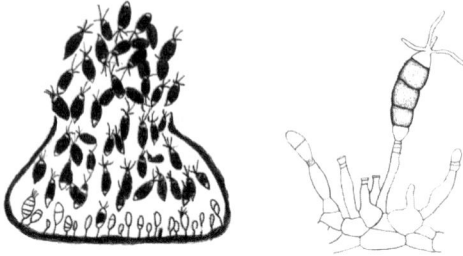

图6-131 拟盘多毛孢属（*Pestalotiopsis* Steyaert）菌物的
分生孢子器、产孢细胞和分生孢子

倒圆锥形，基部柄有或无（图6-131）。该属寄主范围可能非常广泛，许多种可以侵染植物叶、茎、根及果实，引起病害，寄生性较弱。代表种：顶枯拟盘多毛孢［*Pestalotiopsis apiculata*（T. Z. Huang）T. Z. Huang］，可寄生于杉木球果鳞片，造成杉木球果果枯病，对杉木良种的生产构成严重威胁。有性阶段不常见。

（4）假拟盘多毛孢属（*Pseudopestalotiopsis* Maharachch.，K. D. Hyde & Crous）

分生孢子器近球形、球形、棍棒形，单生或聚集，棕色至黑色，埋生，半埋生至突出表皮，单腔室。渗出黏糊糊的球块是棕色至黑色的分生孢子。分生孢子梗通常退化为产孢细胞。产孢细胞离散，圆柱形至烧瓶形，透明，光滑，壁薄。产孢方式为全壁芽生式产孢。分生孢子纺锤形、椭球形、近圆柱形，直或稍弯曲，具4隔，在隔膜处缢缩，基部细胞圆锥形至圆柱形，具截形基部，中间细胞瓮形，同色，棕色至深棕色或橄榄色，壁光滑或具疣，隔膜比细胞的其余部分暗；顶端细胞圆锥形至近圆柱形，薄壁光滑。顶端具附属物，1至多个，丝状或细，弯曲，分枝或不分枝，有或无匙状的端部。基部附属物单生，管状，不分枝，在基部中央附着。有性阶段不常见。

6.4.12.12 黑痣菌目

黑痣菌目（Phyllachorales M. E. Barr）基于系统学定义包含3科。

1）黑痣菌科（Phyllachoraceae Theiss. & P. Syd.）

假子座暗褐色至黑色，寄主活叶表皮下生，也有腐生类群。子囊果为子囊壳，球形、近球形或梨形，壁着色，具孔口。孔口处缘丝发达，细长，线形。子囊间侧丝线形。子囊单层囊壁，壁薄，圆柱形、近棍棒形或椭圆形，内含8个子囊孢子。子囊孢子圆柱形至椭圆形，无隔或1隔，暗褐色。无性阶段未见报道。该科菌物多寄生植物叶片，偶有腐生。

（1）黑痣菌属（*Phyllachora* Nitschke ex Fuckel）

子座生于叶肉组织中，顶部与寄主表皮愈合而成表面光亮的盾状座；子囊壳埋生于子座内，有侧丝；子囊圆筒形，内含8个子囊孢子。子囊孢子椭圆形或卵形，单胞，无色（图6-132）。该属是黑痣菌科最大也是最常见的属，多数产生于热带。代表种：禾黑痣菌［*Phyllachora graminis*（Pers.）Fuckel］，寄生于多种禾本科植物。

6.4.12.13　炭角菌目

炭角菌目(Xylariales Nannf.)基于系统学定义包含约 15 科 160 属。本节仅介绍蕉孢壳科(Diatrypaceae Nitschke)、疔座霉科(Polystigmataceae Höhn. ex Nannf.)和炭角菌科(Xylariaceae Tul. & C. Tul.)。

1)蕉孢壳科(Diatrypaceae Nitschke)

子座发达,埋生至突出,稀表生,多黑色至黑褐色,外层炭质,内层为松散的薄壁组织。子囊果为子囊壳,埋生于子座组织,多褐色至黑色,球形至近球形,具带孔口的颈。孔口处具沟,具缘丝。子囊壳包被有 2 层,内层透明,

图 6-132　黑痣菌属(*Phyllachora* Nitschke ex Fuckel)**菌物的子囊和子囊孢子**

外层为褐色至黑色的角胞组织。子囊间侧丝长且宽,分枝,分隔。子囊单层囊壁,圆柱形、棍棒形、梨形或纺锤形,具长柄,具平截状的尖端,具淀粉质或非淀粉质的顶环,内含 8 个或多个子囊孢子。子囊孢子多透明至淡褐色,稀黑色,尿囊形、椭圆形、球形或线形。无性阶段为腔孢菌,分生孢子体为分生孢子盘或分生孢子器,埋生,后期突出,黄色至红色,包被为角胞组织。产孢细胞圆柱形,直或弯,顶端扭歪或具环。分生孢子线形,弯、偶尔直,透明。目前该科多个属为并系群,分类较为混乱。

(1)蕉孢壳属(*Diatrype* Fr.)

子实体圆形至椭圆形,具褐色至黑色的外基质圆盘,基质内被黑线圈包围,子囊壳独立突起,在孔口颈部的顶部具短和星状孔口。子囊圆柱形或棍棒形,具有 8 个或多个子囊孢子,二列或多列。子囊孢子顶环不易区分,单胞,腊肠形,略黄(图 6-133)。无性阶段不常见。

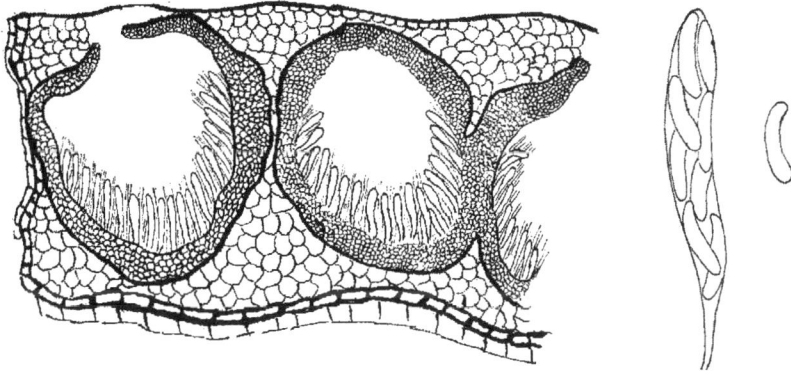

图 6-133　卡氏蕉孢壳(*Diatrype kamatii* Tilak)**的子囊壳、子囊和子囊孢子**
(Tilak,1964)

(2)弯孢壳属(*Eutypa* Tul. & C. Tul.)

子座是由菌丝和寄主组织形成的假子座,与寄主之间没有明显界限。假子座疱疹状,

先内生，后突破基物而外露，子囊壳在假子座内平行排列，子囊壳的长颈各自向外开口。子囊棍棒形，内含 8 个或多个子囊孢子(图 6-134)。该属菌物分布广泛，主要在温带。常见种：杏黄弯孢壳[*Eutypa lata* (Pers.) Tul. & C. Tul. = *E. armeniacae* Hansf. & M. V. Carter]。无性阶段不常见。

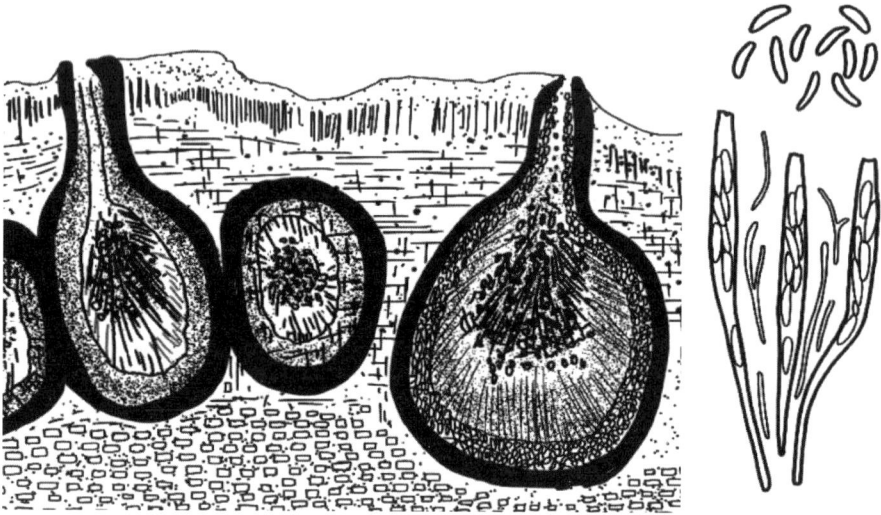

图 6-134　杏黄弯孢壳[*Eutypa lata* (Pers.) Tul. & C. Tul.]的子囊壳、子囊和子囊孢子

(Safodien, 2007)

2)疗座霉科(Polystigmataceae Höhn. ex Nannf.)

子座一般在晚春至夏在活叶上形成，夏秋形成分生孢子，翌年落叶上形成子囊孢子。子囊果球形，埋生，壁薄。子囊间侧丝分散状，向尖端渐尖，壁极薄，隔处加厚。子囊单层囊壁，棍棒形，具长柄，壁薄，尖端钝，具顶环，内含 8 个子囊孢子。子囊孢子二列，圆柱形、椭圆形至倒卵形，透明，无隔，具胶质鞘或无。分生孢子体不规则状，初黄褐色，后橘红色，最终黑色。无性阶段多为腔胞类，分生孢子器，叶面生或两面生，孔口不明显。产孢细胞圆柱形。分生孢子丝状，单胞，无色。该科菌物寄生蔷薇科活叶或幼苗。

(1)疗座霉属(Polystigma DC.)

子囊壳埋生在假子座中，壁薄，膜质。假子座生于叶片病变增厚的组织内，肉质，平铺型，黄色、红色或红褐色，没有黑色的盾状盖。子囊棍棒形，内含 8 个子囊孢子。子囊孢子椭圆形，单胞，无色。无性阶段为腔胞类，分生孢子器，三叶面生或两面生，孔口不明显。产孢细胞圆柱形，上部细。分生孢子透明，无隔，壁光滑，基部宽，上部细，弯曲(图 6-135)。代表种：李疗座霉[*Polystigma rubrum* (Pers.) DC.]，危害李属植物，引起红点病，病叶背面发生橘红色圆斑，略肥厚，然后在病斑上产生黑点，提前落叶；杏疗菌(*P. deformans* Syd.)，寄生在杏叶上，引起杏疗病，新梢受害时叶片肥厚黄化，叶柄肥肿，节间缩短，上生许多黑色小点，病叶到秋季也不脱落，变为褐色。

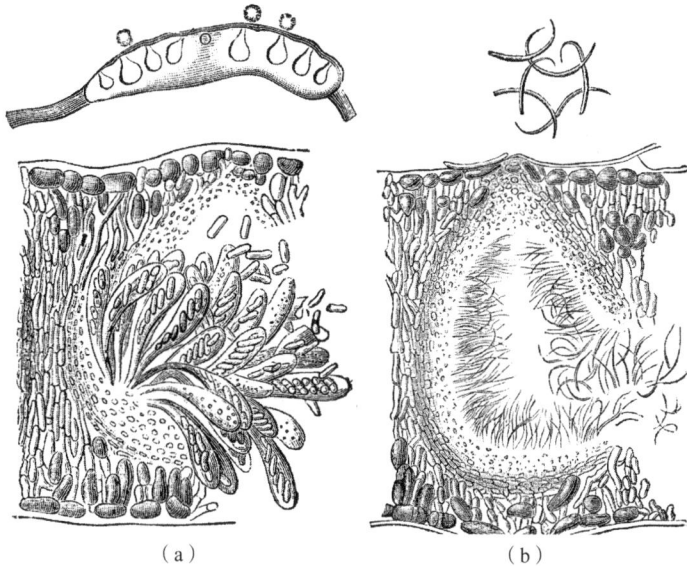

（a）有性阶段的子囊壳、子囊和子囊孢子；（b）无性阶段的分生孢子器、产孢细胞和分生孢子。

图 6-135　李疗座霉［*Polystigma rubrum*（Pers.）DC.］**的形态**

（Cilenšek，1892）

3）炭角菌科（Xylariaceae Tul. & C. Tul.）

子座尺寸、形态、颜色差异极大，直立、扁平或垫状，有时发育不完全，单生或聚生，具 1 至多个子囊果，具孔口。子囊果尺寸差异大，球形至梨形，单层至多层。孔口具乳突或脐状内凹。子囊间侧丝透明，线形，分隔，埋于胶状基质中。子囊单层囊壁，圆柱形至棍棒形，具柄或无，顶端尖，具淀粉质顶环或无，内含 4~8 个子囊孢子。子囊孢子单列或二列，褐色至黑色，稀透明，无隔或 1 隔形状多样，多数椭圆形、近球形或肾形，多数具萌发线，直、螺旋状或弯。无性阶段为丝孢菌类，分生孢子梗透明至淡褐色，光滑，分枝。分生孢子透明，粗糙或光滑，椭圆形。分生孢子透明，粗糙或光滑，椭圆形。

（1）光盘菌属（*Nummularia* Tul. & C. Tul.）

子囊壳埋生于子座的基部，具长颈。子座暗色，表生或后期变为表生，壳状、半球形至球形，子座剖面无同心轮带。子囊壳在子座内排列成一层（图 6-136）。子囊棍棒形，双层囊壁，具折光环，有侧丝，内含 8 个子囊孢子。子囊孢子卵形至椭圆形，初期无色，后期深色。常见种：陷光盘菌［*Nummularia discreta*（Schwein.）Tul. & C. Tul.］。

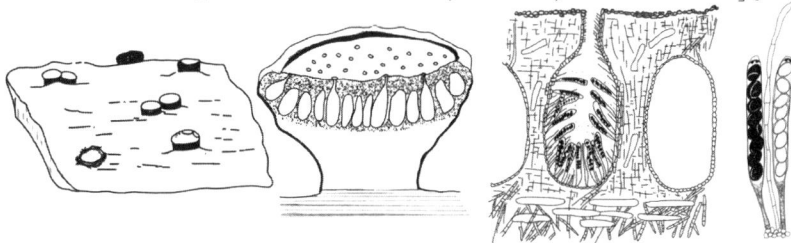

图 6-136　陷光盘菌［*Nummularia discincola*（Schwein.）Tul. & C. Tul.］**的有性型子座、子囊壳、子囊和子囊孢子**

（Jong et al.，1971）

（2）座坚壳属（*Rosellinia* de Not.）

子囊壳被一薄层子座覆盖，有时着生于菌丝层，一个子座通常包含 1 个子囊壳，偶尔含少数子囊壳(5 个以内)，子座着生在基质表面或半埋生；子囊长圆柱形，顶端圆，单层囊壁，内含 8 个子囊孢子，子囊顶环长筒形，通常在碘试剂中发生染色反应；子囊孢子椭圆形或不对称椭圆形，单胞，褐色至深褐色，通常具直线形芽裂，有的被一薄层黏液包裹（图 6-137）。多数座坚壳属着生在朽木上或者双子叶植物上，少数引起植物病害。常见种：褐色座坚壳（*Rosellinia necatrix* Berl. ex Prill.）。

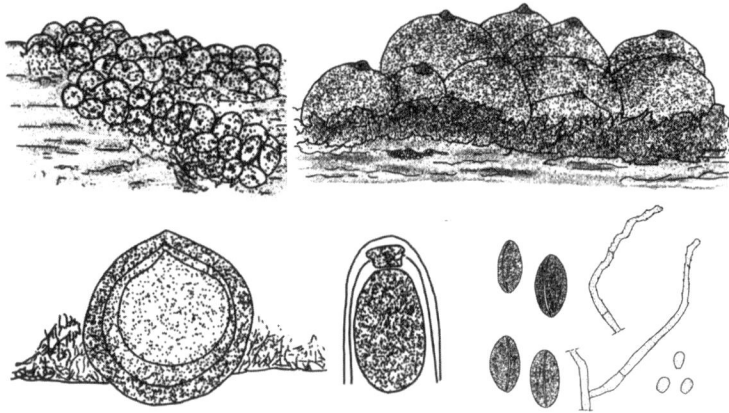

图 6-137　座坚壳属菌物 *Rosellinia franciscae* Petrini 的有性阶段的子囊壳、子囊顶端和子囊孢子，无性阶段的产孢细胞和分生孢子

（Catania et al.，2010）

（3）炭角菌属（*Xylaria* Hill ex Schrank）

子囊壳埋生于子囊果内。子囊果通常呈直立的圆柱形、棒形或线形，外层通常为炭质黑色外壳，由淡色的疏丝组织构成，上面偶有暗色盾盖状，直立或具柄，柄有时埋生在基物内。子座棍棒形，或分化为可育头部和不育柄部，子囊壳在子座内排列成一层（图 6-138）。该属菌物大多是腐生性的，只有少部分是寄生性，还有一些热带植物很普遍的内生菌。子囊棍棒形，具侧丝，内含 8 个子囊孢子。子囊孢子卵形至椭圆形，单胞，深色。大部分生于腐木，也有很多种对寄主有专化性，尤其是在种子或果实上，还有一些种与白蚁巢穴有很密切的关系。常见种：果生炭角菌[*Xylaria carpophila*（Pers.）Fr.]，习性特殊，一般发生于坚果上，可能有分解纤维素的作用。

图 6-138　炭角菌属菌物 *Xylaria hypoxylon*（L.）Grev. 的有性型子座、子囊壳、子囊和子囊孢子

6.4.13　木菌纲

木菌纲(Xylonomycetes Gazis & P. Chaverri)是内生菌物类,分离自健康的植物组织,是基于分子系统发育的位置区别于盘菌亚门其他已知纲,由加齐斯建立的(Gazis et al.,2012)的。该纲目前仅包括 1 目——木菌目(Xylonales Gazis & P. Chaverri)、1 科——木菌科(Xylonaceae Gazis & P. Chaverri)、1 属——木菌属(*Xylona* Gazis & P. Chaverri)、1 种(*Xylona heveae*)。木菌目和木菌科在形态学上还未有明确的定义。

(1)木菌属(*Xylona* Gazis & P. Chaverri)

无性阶段为分生孢子器。分生孢子器壁由薄壁细胞构成,形成角质层,没有孔口。无分生孢子梗。分生孢子内壁芽生瓶梗式产孢,不连续,无色透明,1 个环痕,光滑。分生孢子向上渐圆,顶端两侧有 2 个心形的钝角,基部渐窄,早期透明,成熟时变成砖红色,无隔膜(图 6-139)。有性型未知。该属的模式种分离自健康橡胶树的树皮和叶片。

图 6-139　木菌属(*Xylona* Gazis & P. Chaverri)菌物的产孢细胞和分生孢子

(Gazis et al.，2012)

复习思考题

1. 子囊菌的有性孢子和无性孢子有哪些类型?
2. 绘图说明子囊果和分生孢子体的不同类型。
3. 简述子囊和子囊孢子的发育过程。
4. 试列举身边常见的植物病害和病原子囊菌的类群。
5. 简述子囊菌门所属各纲的主要特征及分类依据。
6. 盘菌纲的子囊顶部结构大致分为哪几大类?
7. 图示典型的子囊菌的生活史模式并指出核相。
8. 简述子囊菌与人类的关系。

第 7 章

真菌界担子菌门

7.1　担子菌门概述

　　担子菌门（Basidiomycota）菌物一般称为担子菌，是菌物中最高等的类群之一。担子菌有性生殖会产生担子（basidium）和担孢子（basidiospore）。

　　担子菌是陆生菌物中分布最广泛、种类最丰富的一类。担子菌绝大多数种类生活在潮湿、遮阴的地方，大体可以分为：①寄生在绿色植物组织和器官上的黑粉菌、锈菌和外担子菌；②生活在树木的木质部，以及木料、木制品、枯死枝干上的木耳、银耳、多孔菌和部分伞菌，包括许多纤维素和木质素分解菌，它们是森林生态系统的重要组成部分；③与林木根部共生形成菌根的伞菌、牛肝菌，它们是森林健康不可缺少的重要生物类群；④大部分伞菌、鬼笔、马勃、鸟巢菌等，它们生活在森林、草原、农田、果园、公园等腐殖质较丰富的土壤上。

　　在自然条件下，较低等的担子菌常通过产生多种类型的厚壁孢子越冬，较高等的担子菌多数只产生一种孢子，常以菌索、菌丝在土壤或木质部越冬。除一些多年生的多孔菌产生的大型坚硬子实体可经受严寒外，多数担子菌的地上部分子实体在当年腐烂，即使不腐烂也无生命力。

　　有些担子菌可以每年都产生明显的子实体；许多担子菌的繁殖期可以超过 2 年，完成生活史一般需 2~4 年甚至多年，子实体和产孢体形成后每年都产生数量惊人的孢子。一般来说，较低等的担子菌生活史较复杂，不产生明显的子实体，而高等担子菌的生活史很简单，但有较发达的子实体。

　　担子菌的异养生活方式有多种类型，有专性寄生菌（如锈菌、外担子菌）、专性腐生菌（如多孔菌、灰孢菌、鸟巢菌、鬼笔等），也有兼性生活方式（如黑粉菌），还有共生生活方式。专性寄生菌对营养条件选择严格，它们生活在高等绿色植物上，对"种"有选择性，有时在生理上对寄主的品种或个体也有严格的选择性，这种情况称为寄生专化性。专性寄生物的专化性较窄，而专性腐生物的专化性较广或无，但二者对寄主的组织、器官或腐殖质的种类都有选择性。这种专化性和对组织、器官的选择，在担子菌中常与分类体系有联系，且在每个目中较为一致。

黑粉菌侵染粮食作物和竹类后，在花器和幼嫩组织中形成黑粉堆，引起黑粉病。锈菌中有不少种类是转主寄生菌，侵害绿色植物，引起锈病，受病部分常产生各式孢子堆。在多年生植物上，锈菌还可以引起木瘤、丛枝等病状。外担子菌都是专性寄生菌，多年生活在山茶和杜鹃等植物上，引起肿叶等病状和白粉状的病症。银耳目、木耳目生活在木质组织上，形成各式胶质菌体，其中少数种类可以成为病原物，引起根朽病状。多孔菌目都生活在树木和木材上，除少数引起根腐外，多数能引起木材腐朽。伞菌、鬼笔、马勃、鸟巢菌等生活在森林、草原、农田、果园、公园等腐殖质较丰富的土壤上，它们在各自的环境中分解枯枝落叶，成为有机物的分解者，其中不少种类的菌丝体能与树根形成菌根。从生态学观点出发，它们又是各地区森林生物群落的重要组成部分。

7.1.1　担子菌的基本特征

7.1.1.1　营养体

担子菌的营养体由发达的有隔菌丝组成，分枝丰富，细胞壁为几丁质，菌丝细胞有单核、双核和多核，与发育阶段有关；菌丝的隔膜多数为桶孔隔膜（dolipore septum）（图 7-1），在隔膜中央有小孔贯通，周围被较大的桶状物包围，隔膜孔上方覆盖由内质网延伸而成的帽状物，但锈菌和黑粉菌无桶孔隔膜。菌丝体穿入基物吸收养料，可以在基物里大量增长，构成白色、暗色、锈色和橙色的菌丝体，易于观察。

担子菌有时在树皮下形成扇状的菌丝体，有些种类还形成菌核或平行排列成根状菌索（rhizomorph）。绝大多数担子菌在完成生活史过程中可出现 3 类菌丝：初生菌丝、次生菌

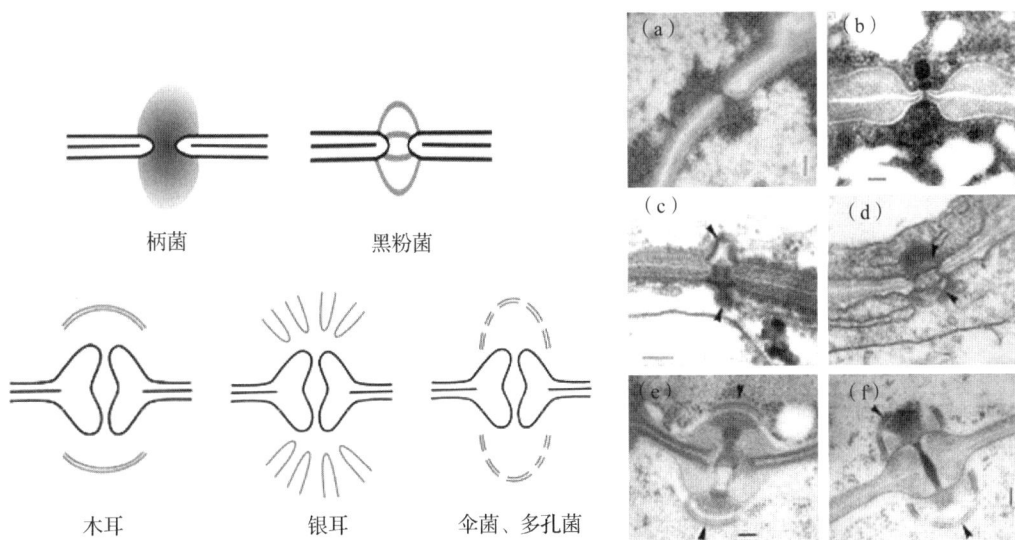

（a）（b）单孔隔膜缺乏帽状结；（c）（d）单孔隔膜具帽状结构的；（e）（f）桶状隔膜具有无孔隔膜帽。

图 7-1　担子菌隔膜

（左仿 https://www.vedantu.com；右引自 Robert et al.，2006）

丝和三生菌丝。

①初生菌丝(primary mycelium)。即由担孢子萌发产生的菌丝。菌丝初期无隔多核，以后很快形成隔膜，每个细胞内有一个单倍体的细胞核。大多数担子菌初生菌丝的生活力不强，初生菌丝阶段较短，通常很快通过体细胞配合的方式质配，形成双核菌丝体，不能产生担子。

②次生菌丝(secondary mycelium)。即初生菌丝通过菌丝联合或受精后进行质配，使每个细胞内具2个核，双核不进行核配且常常直接分裂延续形成双核的菌丝。担子菌的双核菌丝十分发达，一般看到的担子菌的营养菌丝多属于双核菌丝。因此，担子菌有很长的双核单倍体阶段。次生菌丝主要起营养作用。

③三生菌丝(tertiary mycelium)。由双核的次生菌丝组织特化形成的菌丝，一般包括生殖菌丝(generative hyphae)、骨架菌丝(skeletal hyphae)和联络菌丝(binding hyphae)(图7-2)。生殖菌丝一般双核，有分枝，具隔膜，有锁状联合，具有生殖功能，形成担子果等结构；骨架菌丝的细胞壁较厚，不分枝，无隔膜和锁状联合；联络菌丝具有大量的分枝，无锁状联合，主要将生殖菌丝和骨架菌丝联络起来，构成菌体结构。三生菌丝常集聚成特殊形状的子实体，即担子菌的担子果。多数担子菌没有无性繁殖阶段，有些担子菌的担子可以芽殖或以菌丝断裂方式产生无性孢子。

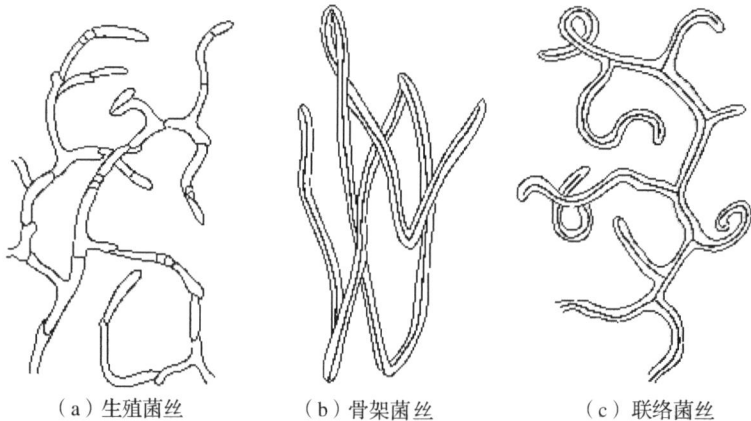

（a）生殖菌丝　　　　　（b）骨架菌丝　　　　　（c）联络菌丝

图7-2　担子菌的菌丝类型

(Alexopoulos et al.，1996)

许多担子菌的双核菌丝细胞在分裂时，在靠近隔膜处形成一种锁状联合(clamp connection)的结构，以这种方式增加细胞的个体数量。锁状联合的基本过程(图7-3)：菌丝双核细胞分裂前，在2个核之间生出一个钩状分枝；细胞中一个核进入钩状分枝中，随后2个核同时分裂形成4个细胞核；新形成的2个子核移向细胞的一侧，有一个核保留在钩状分枝中；钩状分枝向下弯曲，与原来的细胞壁接触，顶部细胞壁溶解使2个细胞沟通，在钩的基部产生一个隔膜；钩中的核向下移动进入到最初的菌丝中，随后在钩的基部与菌丝相垂直的方向（即2对细胞核之间）各形成一个隔膜，分隔成2个子细胞，每个细胞内具有与原来细胞相同的2个细胞核。

锁状联合可能有助于双核细胞中来源不同的2个核均匀地分配到子细胞中，但并非所有的担子菌的双核次生菌丝都有锁状联合。有些担子菌菌丝的细胞核是通过双核并裂形成隔膜，然后分配到子细胞中。此外，有锁状联合的菌丝也不是每一段都有锁状联合。双核的次生菌丝可以形成菌组织，由此构成菌核和菌索。有些担子菌的双核菌丝可以进行无性繁殖，形成双核的孢子。

此外，在高等担子菌的鉴定中常见到三体系菌丝的说法。担子果内只有生殖菌丝的称为一体系或单系菌丝（monomitic system）；如果有生殖菌丝和骨架菌丝，或生殖菌丝和联络菌丝，则称为二体系菌丝（dimitic system）；生殖菌丝、骨架菌丝和联络菌丝均存在时称为三体系菌丝（trimitic system）。

图 7-3 锁状联合形成过程

7.1.1.2 无性繁殖

除少数种类外，大多数的担子菌无性繁殖不发达或在自然条件下不进行无性繁殖。少数担子菌的无性繁殖是通过菌丝断裂产生粉孢子、节孢子、厚垣孢子、分生孢子；黑粉菌可以通过芽殖产生分生孢子或芽孢子，锈菌以夏孢子进行无性繁殖。担子菌一般没有典型的性器官，有人认为，锈菌存在由性孢子器产生的受精丝与性孢子结合的有性生殖方式，因而将性孢子器看作锈菌的性器官。

在产生分生孢子的种内，初生菌丝产生起雄细胞功能的分生孢子，很多种类是两极性或四极性的，因每个细胞都带有同一亲和性的因子，所以同一个分生孢子产生的菌丝不能相互结合，如锈菌的同一个性孢子器的性孢子与受精丝不能结合。

7.1.1.3 有性生殖

担子菌门菌物的共同特征是有性生殖产生担孢子。担孢子着生在担子上，每个担子上一般形成 4 个担孢子。

担子菌中除锈菌产生特殊的生殖结构——性孢子器外，一般都没有明显的性器官。多数担子菌依靠单核菌丝联合（极少数是精孢配合）产生双核次生菌丝，通过一段营养阶段后，由营养菌丝顶端直接形成双核担子，立即经过核配和减数分裂形成 4 个单倍体核，然后在担子上外生 4 个单核的担孢子（图 7-4）。黑粉菌是由 2 个单核的孢子结合，萌发产生双核菌丝；锈菌产生性孢子器并通过精孢配合产生双核菌丝。它们的双核丝产生厚垣孢子或冬孢子，然后由厚垣孢子或冬孢子产生担子及担孢子。

担子菌的性亲和很复杂，分为同宗配合、次级同宗配合和异宗配合。其中，约 10% 的物种是同宗配合或次级同宗配合，其质配作用发生在来源于同一个担孢子的菌丝间，如双孢蘑菇 [Agaricus bisporus (J. E. Lange) Imbach]；其余 90% 的物种质配作用只能发生在来源不同的菌丝之间。这些异宗配合的物种中约 37% 为两极性（bipolarity），即同一个担子上的担孢子，两个属于一种性系，另两个属于另一种性系，即它们种内性的亲和性由一个因子 Aa 所控制。在这种情况下，孢子 A 产生的菌丝体可以与孢子 a 产生的菌丝体结合，形成

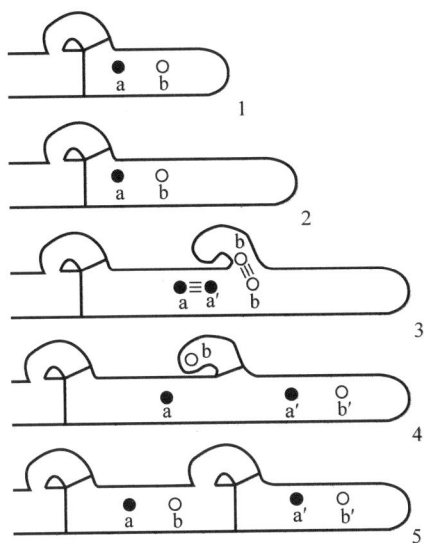

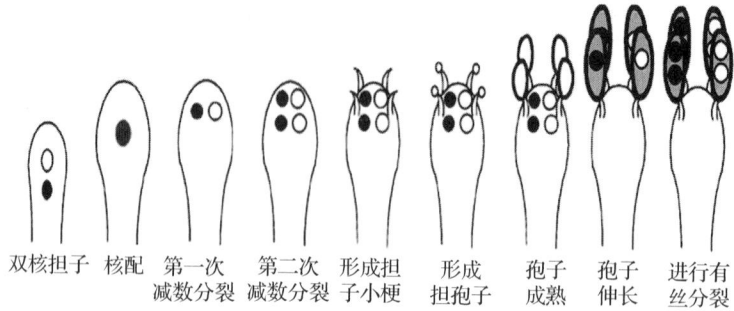

图7-4 担子和担孢子形成过程

双核，在它的每个细胞内将聚有一对因子 *Aa*，可能产生担子和担孢子(图7-5)。剩余63%是由自交不育个体组成的种是四极性(tetrapolar)，即这些真菌的担子上的 4 个担孢子，每

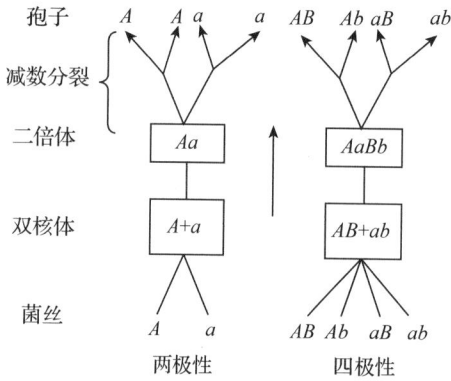

图7-5 担子菌亲和性因子的分离和极性图解

个都属于不同的性系。其性的亲和性是由 2 对因子 *AaBb* 所控制。从孢子 *AB* 和 *Ab* 产生的菌丝分别与孢子 *aB* 和 *ab* 产生的菌丝体结合形成双核，在它的每个细胞内将聚有 2 对因子 *AaBb*，并且可能产生担子和担孢子。

很多高等担子菌类几乎不再产生质配作用，它们的担孢子是双核的，萌发时双核移入芽管内，然后同时分裂产生一个双核菌丝体。这样，初生菌丝体已经从其生活史中消失，而性器官及质配作用的过程也随之消失。然而，核配作用和减数分裂都在担子内产生，并导致 4 个单倍胞核的形成。除了每个核移入单独的担孢子内之外，每个担子也可以只形成 2 个担孢子，每个担孢子从担子接受一对核。

(1)担子果

在高等担子菌中，担子着生在具有高度组织化的结构上，形成子实层，这种结构称为担子果(basidioma)或子实体。高等担子菌的担子果都有显著的特征，形状多种多样，如马蹄形、贝壳形、吊钟形、喇叭形、匙形、伞形、"丁"字形、片状、漏斗形、珊瑚形等。质地分为薄膜质、胶质、炭质、革质、肉质、海绵质、木栓质、木质等。常见种如木耳、银耳、蘑菇、灵芝等，都是担子菌的担子果。担子果的大小差异很大，小的需借助显微镜才能观察到，大的直径超过 1 m。低等担子菌的担子裸生，无担子果。

担子果类型多样(图7-6)，按照发育类型可分为：裸果型(gynocarpic)，子实层从一开始就暴露的为裸果型，如多孔菌；半被果型(hemi-angiocarpis)，子实层初期被菌幕所覆盖，成熟后全部裸露于外为半被果型，如伞菌；被果型(angiocarpic)，子实层包裹在子实体内，担子成熟时也不开裂，只有在担子果分解或遭受外力损伤时担孢子才释放，如马勃。有些担子菌不产生担子果，如锈菌、黑粉菌。

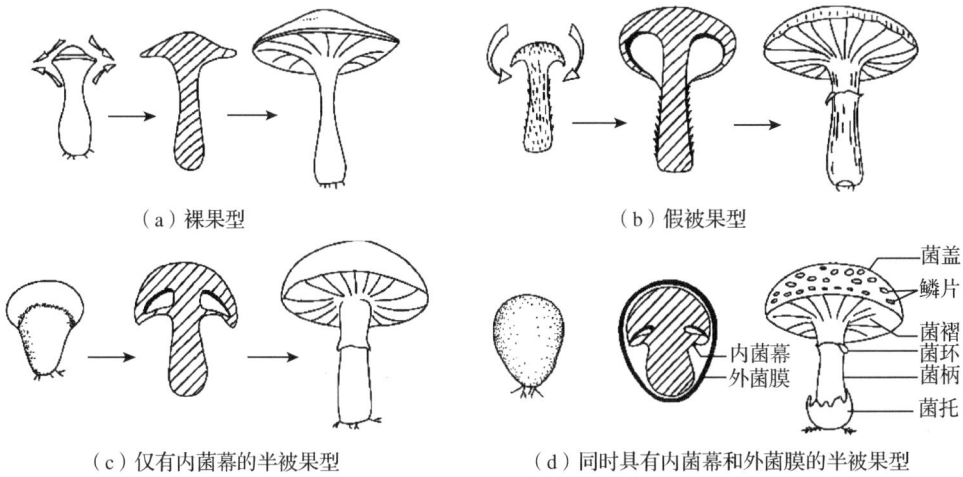

（a）裸果型　　　　　　　　　　　　　（b）假被果型

（c）仅有内菌幕的半被果型　　　　　　（d）同时具有内菌幕和外菌膜的半被果型

图 7-6　担子果类型和发育方式

（2）子实层

　　子实层是担子典型地排列成明确的层。子实层在担子果上生长的部位及形状在各类担子菌中都比较稳定，因而成为分类上的重要依据。在很多种类的子实层中除了担子和担孢子，常间生不育结构，依其形态可分为囊状体（cystidium）、刚毛（seta）和侧丝（paraphysis）等（图 7-7）。

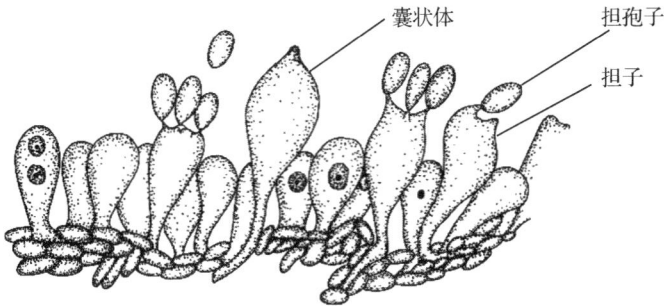

图 7-7　担子菌的子实层

（Alexopoulos，1996）

　　囊状体是生长在子实层或子实下层间明显的不育细胞，也是鉴定种的重要特征。根据囊状体生长部位的不同，可分为 2 类：一类是自亚子实层伸出，形状与担子相似，通常比担子大，壁薄或厚，表面光滑或覆盖结晶，有些种类囊状体数量很多，在显微镜下容易观察；另一类是源自菌髓中的骨架菌丝，有时埋生于菌髓中，有时伸出子实层，通常厚壁至近实心，表面光滑或覆盖结晶，这类囊状体通常称为骨架囊状体。

（3）担子

　　担子是担子菌进行核配和减数分裂的细胞，并从这个细胞生出担孢子，这是担子菌的最大特点。担子的类型多种多样且术语也不同（图 7-8 至图 7-10）。一般认为，典型的担子是由双核菌丝体的顶端细胞形成的单胞、棍棒形的无隔担子。有些无隔担子为二叉状担子，即下担子为单胞，上担子为二叉状，如花耳。有些担子有纵隔或横隔膜，将担子分成2个或4个细胞。较低等的担子菌担子的形态差异较大，如黑粉菌的大部分、锈菌、木耳等都属于有横隔担子，由3个隔将担子分为4个细胞；银耳等具纵隔担子，其担子分为2部分，下部纵隔为2~4胞，称为下担子，上部分生为4个或顶端分叉的2个上担子。还有一些未发育的担子，形状与担子相似，但通常比担子略小，称为拟担子。

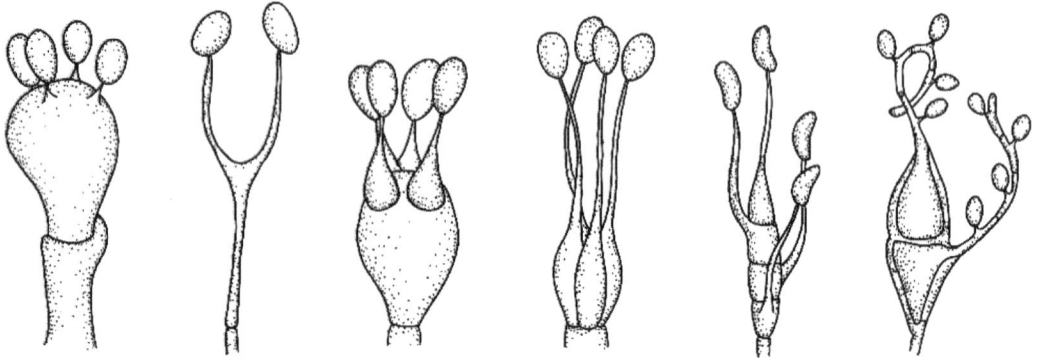

（a）无隔担子 （b）音叉状担子 （c）胶膜菌属的担子 （d）银耳属的担子 （e）木耳属的担子 （f）柄锈菌属的担子

图 7-8　不同类型的担子

（Alexopoulos et al.，1996）

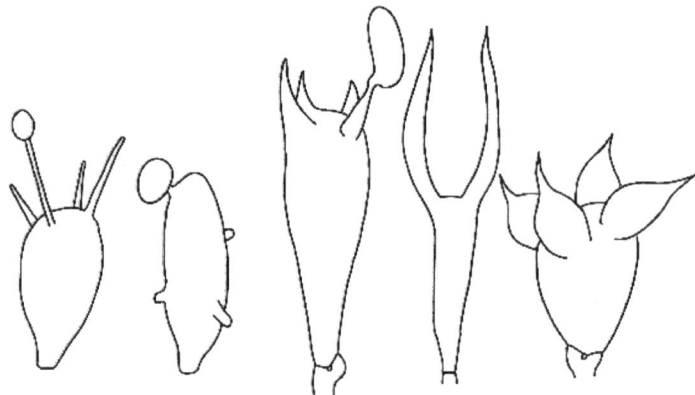

（a）马勃　　　（b）块菌　　　（c）伞菌　　　（d）花耳　　　（e）胶膜菌

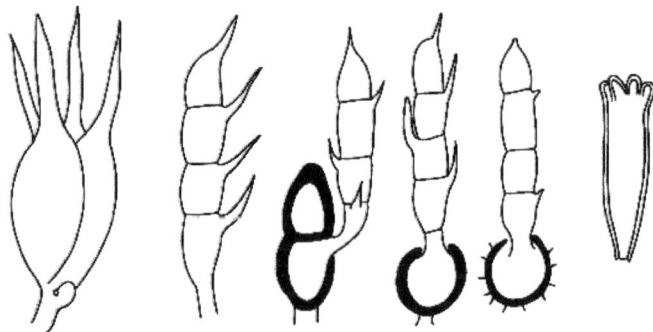

（f）银耳　　　（g）木耳　　（h）锈菌　　　（i）隔担耳　　　（j）黑粉菌

（a）~（e）无隔担子；（f）~（j）有隔担子。

图 7-9　担子类型

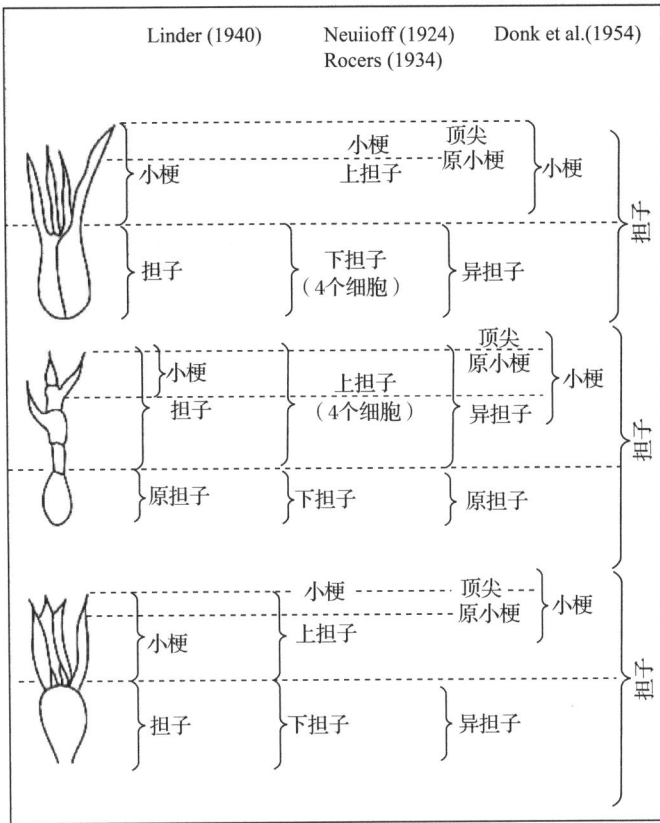

图 7-10　担子菌的形态学术语

核配和减数分裂不在担子发育的同一部位进行，一般将担子进行核配的部位称为原担子，又称下担子；进行减数分裂的部位称为异担子，又称上担子或先菌丝（promycelium）。例如，锈菌的双核菌丝体可以形成称为冬孢子（teliospore）的双核厚壁休眠孢子，其中的 2 个细胞核在萌发时进行核配，减数分裂是在萌发后形成的先菌丝中进行的。先菌丝横隔成 4 个细胞，在每个细胞的小梗上形成 1 个担孢子。因此，锈菌的冬孢子实质上是厚壁的原担子，先菌丝是异担子。黑粉菌也类似，有的担子上无小梗，担孢子直接生于担子。

（4）担孢子

担孢子是担子菌的有性孢子。一般 4 个，外生于担子上；典型的担子棍棒形，其顶端生 4 个小柄，每个小柄上生 1 个担孢子，多数为两极性或四极性；在绝大多数属种中，担子以一定方式排列于担子果中；菌丝有复式隔，双核，往往有锁状联合。

当菌丝顶端细胞开始膨大时，其中的双核进行核配形成 1 个二倍体的细胞核，接着进行减数分裂，形成 4 个单倍体的细胞核，此时担子内全部的核均匀分入担孢子内，每个细胞核形成 1 个单核的担孢子，担孢子着生在担子梗的尖端，常呈倾斜状，典型的是 4 个，也有 2~8 个或不定数等。多数担子菌的担子一般只产生一次担孢子，但银耳等一些类群的担子可以重复发生，产生次生担孢子。

典型的担孢子是单胞、单核的单倍体的结构。担孢子形状有椭圆形、球形、腊肠形等

（图 7-11）。担孢子无色或有色，浅色的孢子需要成团堆积时方能辨别，一般依靠孢子印来辨识。有些担孢子可用 Melzer's 试剂染色：蓝黑色为淀粉质（amyloid）；黄色至红褐色为拟淀粉质（pseudoamyloid）；淡黄色为非淀粉质（nonamyloid）。还有些担子菌是喜蓝的（cyanophilous），这种孢子很容易吸收蓝色染料（如棉蓝、龙胆紫、紫罗兰等）。

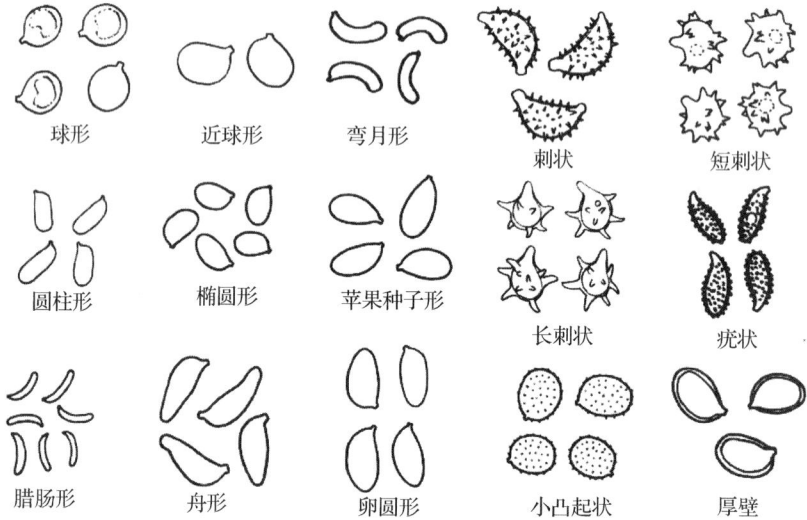

球形　近球形　弯月形　刺状　短刺状

圆柱形　椭圆形　苹果种子形　长刺状　疣状

腊肠形　舟形　卵圆形　小凸起状　厚壁

图 7-11　常见的担孢子类型

在外露的类型中，担孢子都有强力弹射作用。当担孢子成熟时，基部形成一个水滴，且逐渐扩大，当水滴到达一定体积时，连同孢子一起弹射出去（图 7-12）。孢子射出后，担子收缩或不收缩。

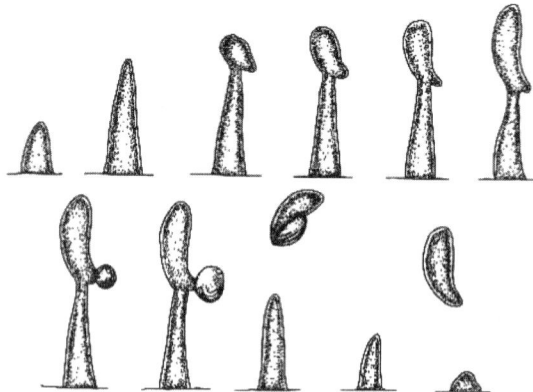

图 7-12　胶角耳[*Calocera cornea* （Batsch）Fr.**]担孢子的形成及弹射**

担孢子萌发产生芽管，一般为单核菌丝。有的担子菌的担孢子双核，萌发产生双核菌丝。银耳等一些担子菌种类的担孢子萌发不产生菌丝体，而以芽殖产生芽孢子，再由芽孢子萌发形成菌丝。

7.1.1.4　生活史

担子菌的有性生殖过程比较简单。除锈菌外，一般没有特殊分化的性器官，主要是由

2 个担孢子或 2 个初生菌丝细胞进行质配，或通过孢子与菌丝或受精丝结合进行质配。担子菌质配后形成双核的次生菌丝体，一直到形成担子和担孢子时才进行核配和减数分裂，所以有较长的双核阶段(图 7-13)。

担子和担孢子形成的过程与子囊和子囊孢子的形成过程相似，故很多人认为担子菌起源于子囊菌，理由：一是担子菌的双核菌丝(次生菌丝)与子囊菌的产囊菌丝来源相同，都是经过有性结合后产生的双核体；二是担子菌的锁状联合与子囊菌产囊丝钩的形成相似，说明子囊与担子的早期发育过程相似。与子囊菌产囊丝钩的顶端细胞最终形成子囊和子囊孢子(内生孢子)相似，担子菌经锁状联合之后，双核细胞最终形成担子与担孢子(外生孢子)。因此，子囊菌与担子菌在系统发育上有着密切的关系。

担子菌除少数种类进行无性繁殖外，大多数担子菌在自然条件下不进行无性繁殖，这与子囊菌截然不同。例如，黑粉菌的担孢子和菌丝可以通过芽殖方式产生芽孢子；锈菌的夏孢子类似分生孢子。高等担子菌产生分生孢子的种类极少，迄今已知白绒鬼伞[*Coprinopsis radiata* (Bolton) Redhead, Vilgalys & Moncalvo]产生分生孢子，分生孢子萌发产生单核菌丝，或与营养菌丝联合起性孢子作用。又如星孢寄生菇[*Asterophora lycoperdoides* (Bull.) Ditmar]产生厚垣孢子；异担孔菌[*Heterobasidion annosum* (Fr.) Bref.]产生真正的分生孢子；珠头霉(*Oedocephalum* Preuss)在一个单生的分生孢子梗顶端膨大处生满无色单胞的球形或卵圆形分生孢子。

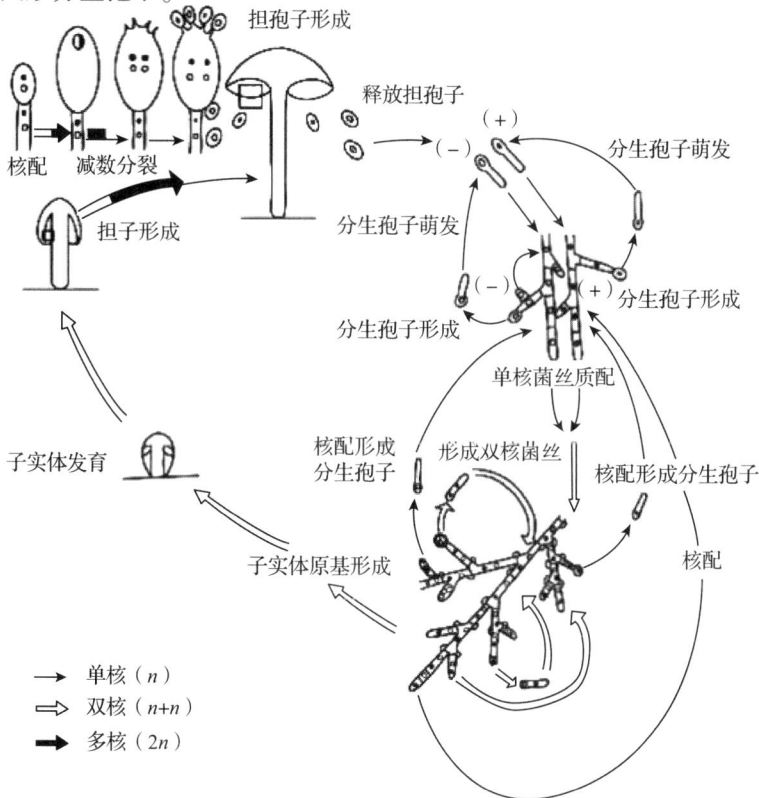

图 7-13 担子菌生活史

(柿嶌眞等，2014)

7.1.2 担子菌门分类

7.1.2.1 传统分类系统

担子菌传统的分类系统是 Patouillard(1887,1900)依据担子的形态特点(即担孢子的萌发方式)将担子菌类划分为异担子菌纲(Heterobasidiomycetes R. T. Moore)和无隔担子菌纲(Homobasidiomycetes R. T. Moore)。前者担子有隔或无隔,担孢子可直接或间接萌发;后者担子无隔,担孢子可直接萌发。

Bessey(1950)认为,有隔担子菌起源于子囊菌,是较低等的类群,无隔担子菌是高等的进化类群,主张将担子菌分为 3 亚纲:冬孢菌亚纲(Teliosporeae Bessey),包括锈菌目和黑粉菌目;异担子菌亚纲(Heterobasidiomycetidae Alexop.),包含有隔的担子菌;真担子菌亚纲(Eubasidiomycetidae Engl. =Eubasidiae),包括所有的无隔担子菌。也有人认为,无隔担子菌来源于子囊菌,而有隔担子菌是由无隔担子菌演化而来的,因而 Martin(1950)、Alexopoulos(1952,1962)、戴芳澜(1962—1973)、Gäumann(1964)等许多学者主张将担子菌分为异担子菌亚纲和无隔担子菌亚纲(Homobasidiomycetidae Alexop.),并分为 5~11 目。邓叔群(1963)在《中国的真菌》中设担子菌纲(Basidiomycetes G. Winter),未分亚纲,直接分成 11 目。

Talbot(1968,1971)主张将腹菌从无隔担子菌亚纲中独立出来,并将担子菌分成 4 纲:冬孢菌纲(Teliomycetes P. H. B. Talbot)、有隔担子菌纲(Phragmobasidiomycetes Gäum.)、无隔担子菌纲(Holobasidiomycetes P. H. B. Talbot)和腹菌纲(Gasteromycetes Fr.)。

7.1.2.2 现代分类系统

随着细胞学的发展以及电子显微技术的进步,细胞发育类型以及担子果的产生方式逐渐被分类学家所重视。Ainsworth et al.(1973)根据担子果的有无和担子果的发育类型,将担子菌亚门(Basidiomycotina)分为 3 纲:冬孢菌纲(Teliomycetes P. H. B. Talbot)、层菌纲(Hymenomycetes Fr.)和腹菌纲(Gasteromycetes Fr.)。其中冬孢菌纲无担子果,在寄主上形成分散或成堆的冬孢子,是高等植物上的寄生菌;层菌纲的担子果开裂为裸果型或半被果型,担子有隔或无隔,大多是腐生菌,极少数是寄生菌;腹菌纲的担子果为裸果型,担子形成子实层,无隔担子。

Hawksworth et al.(1983)在 Ainsworth(1973)分类系统的基础上,将担子菌亚门中的锈菌和黑粉菌独立为纲,下设 4 纲:层菌纲、腹菌纲、锈菌纲(Urediniomycetes D. Hawksw., B. Sutton & Ainsw.)和黑粉菌纲(Ustilaginomycetes Warm.)。

菌物分类从形态发育类型逐步进入以个体形态与细胞结构性状多样化、指标体系多样化的分类时代。在引入了分子系统发育学研究手段之后,Swann et al.(1993)将担子菌分为三大谱系:黑粉菌(Ustilaginales Bek.)、简单有隔担子菌类群(the simple septate basidiomycetes)和 Ainsworth(1973)系统中的层菌纲(Hymenomycetes Fr.)。由于这个谱系研究所包含的类群较少,因而没能提出更全面的分类体系,但其结果证明了担子菌中存在这 3 个主要谱系。随后,Swann et al.(1995)对 54 种担子菌进行了系统发育分析,提出将担子菌分为 3 纲:锈菌纲(Urediniomycetes D. Hawksw., B. Sutton & Ainsw.)、层菌纲(Hymenomycetes

Fr.)和黑粉菌纲(Ustilaginomycetes Warm.)。

《菌物词典》第 8 版(1995)将担子菌提升为担子菌门(Basidiomycota),取消腹菌纲(Gasteromycetes Fr.),下设 3 纲:担子菌纲,包含有隔担子菌亚纲(Phragmobasidiomycetidae Gäum.)和无隔担子菌亚纲(Homobasidiomycetidae Alexop.),共 32 目;冬孢菌纲(Teliomycetes P. H. B. Talbot),包含隔担菌目(Septobasidiales Couch)和锈菌目(Uredinales G. Winter);黑粉菌纲,包含隐担子菌目(Cryptobasidiales Jülich)、黑粉菌目(Ustilaginales Bek.)等 7 目。

Alexopoulos et al.(1996)根据形态学和分子数据将担子菌门划分成 3 个分支:黑粉菌纲,包括黑粉菌目(Ustilaginales Bek.)和外担子菌目(Exobasidiales Henn.);锈菌纲,即锈菌目(Uredinales G. Winter)及其具有简单隔膜的目;层菌纲,包括 2 个亚群,即银耳目(Tremellales Fr.)和所有其他层菌类。

《菌物词典》第 9 版(2001)将担子菌门分为担子菌纲、锈菌纲、黑粉菌纲,共 33 目 130 科。《菌物词典》第 10 版(2008)结合 Bauer et al.(2006)的超微结构及系统发育学研究结果,将担子菌门分为伞菌亚门(Agaricomycotina Doweld)、黑粉菌亚门(Ustilaginomycotina Doweld)、柄锈菌亚门(Pucciniomycotina R. Bauer, Begerow, J. P. Samp., M. Weiss & Oberw.),包含 16 纲 52 目 177 科 1 589 属 31 515 种,但该系统没有将根肿黑粉菌纲(Entorrhizomycetes Begerow, M. Stoll & R. Bauer)和节担子菌纲(Wallemiomycetes Zalar, de Hoog & Schroers)归入担子菌门。

基于多基因片段结合生物信息学的分析,推进了菌物分类、系统发育与演化研究的飞速发展。Zhao et al.(2017)利用 6 个基因片段对担子菌门 18 纲 3 亚纲 62 目 183 科 392 属 539 种以及基于 396 个直系同源基因构建了系统发育图谱,发现担子菌门演化形成于 5.3 亿年前,4 个亚门的演化时间为 4.9 亿~4 亿年前,具有大型子实体的伞菌纲的演化时间为 3.9 亿~3.4 亿年前,具有较小子实体的锈菌亚门和黑粉菌亚门中纲的演化时间范围分别为 3.4 亿~2.4 亿年前,而各目的演化时间为 2.9 亿~1.2 亿年前,借助演化时间将节担子菌纲提升为节担子菌亚门(Wallemiomycotina Doweld);同时不仅建议将演化时间作为划分真菌分类等级的一个新标准,而且给出了担子菌门划分亚门、纲、亚纲和目的演化时间范围标准(Zhao et al., 2017)。

至此,担子菌分为 4 亚门 18 纲 68 目 241 科 1 928 属 4 万余种(He et al., 2019)(图 7-14)。

①伞菌亚门。包含伞菌纲(Agaricomycetes Doweld)、花耳纲(Dacrymycetes Doweld)和银耳纲(Tremellomycetes Doweld)的 29 目 150 科 1 514 属 3 万余种。

②柄锈菌亚门。包含 10 纲 22 目 49 科 270 属 8 000 余种。

③黑粉菌亚门。包含外担子菌纲(Exobasidiomycetes Begerow, M. Stoll & R. Bauer)、马拉色菌纲(Malasseziomycetes Denchev & T. Denchev)、莫尼利氏菌纲(Moniliellomycete Q. M. Wang, F. Y. Bai & Boekhout)、黑粉菌纲(Ustilaginomycetes Warm.)4 个纲的 15 目 42 科 128 属 1 800 余种,其中仅黑粉菌纲就有 1 100 余种。

④节担子菌亚门。包含节担子菌纲(Wallemiomycetes Zalar, de Hoog & Schroers)的 2 目 2 科 4 属 12 种。

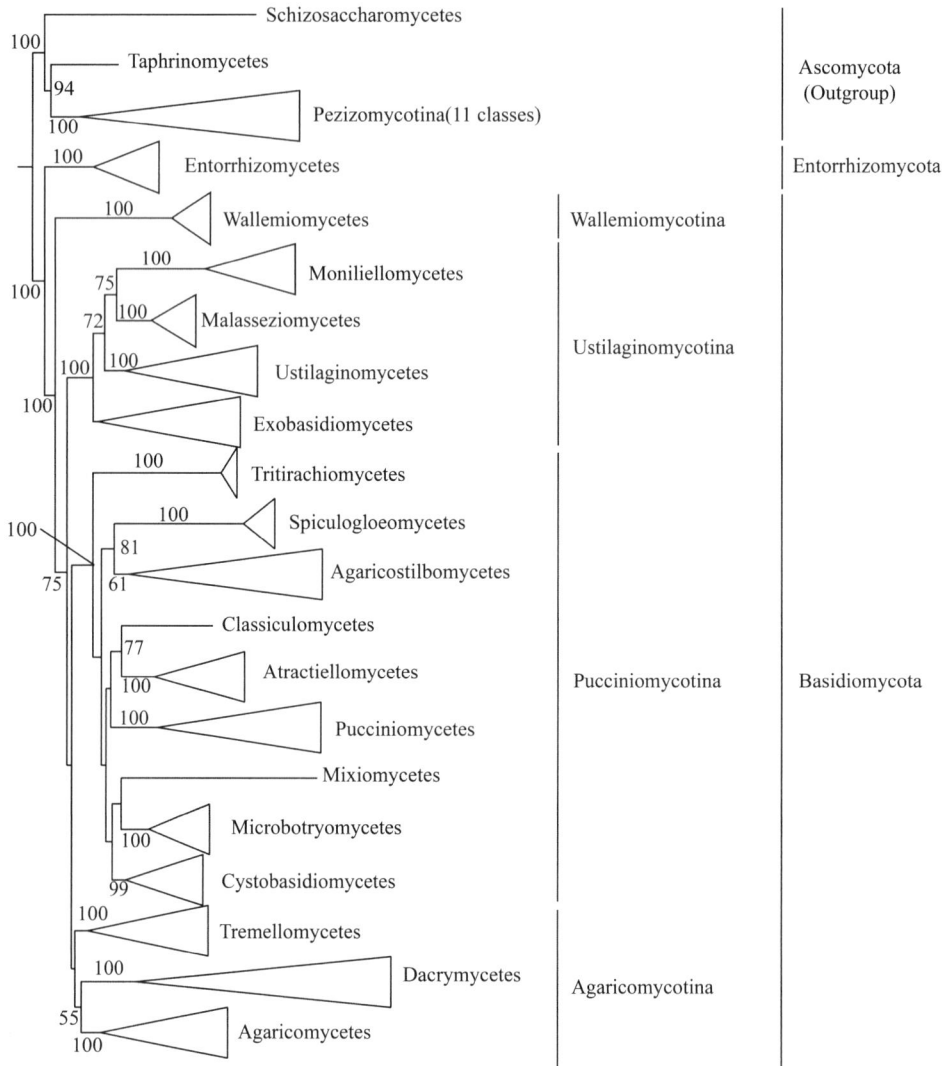

图7-14 担子菌门系统发育树

7.2 柄锈菌亚门

7.2.1 柄锈菌亚门的基本特征及习性

(1) 基本特征

柄锈菌亚门(Pucciniomycotina R. Bauer，Begerow，J. P. Samp.，M. Weiss & Oberw.)成员都具有简单的隔膜孔，但缺乏桶孔隔膜和隔膜孔帽，细胞壁主要糖类是甘露糖(mannose)和盘状纺锤形极体(discoid spindle body)，不同于大多数担子菌。

(2) 习性

柄锈菌亚门的种类在世界各地广泛分布，过去认为该亚门的菌物全部陆生，但最新研究显示，应该还包括一部分水生丝状菌物或淡水和海洋酵母，因而其物种已经覆盖土壤、淡水、海洋，以及北极和热带等环境，生活方式除专性寄生绿色植物的组织和器官引起植物典型锈病外，还有一些类群是腐生菌或重寄生菌，以及人类病原菌和部分兰科菌根菌。

（3）生活史

柄锈菌亚门包含从简单的冬孢酵母（图 7-15），到拥有复杂的 5 个阶段生命周期的活体营养型锈菌（图 7-16），具有多样化的生活史类型，通常被认为是真菌界中最复杂的生物。

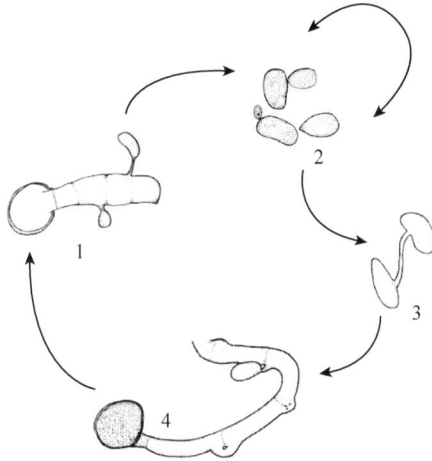

1. 冬孢子产生横隔担子及担孢子；2. 担孢子芽生酵母状细胞；3. 酵母状细胞通过菌丝融合形成双核体；
4. 双核体形成菌丝并产生冬孢子。

图 7-15 红冬孢酵母［*Rhodosporidium toruloides* (I. Banno) Q. M. Wang，F. Y. Bai，
M. Groenew. & Boekhout］**生活史**
（Aime et al.，2006）

锈菌的生活史较为复杂，有多种类型。例如，松柳栅锈菌（*Melampsora epitea* Thüm.）需要在柳树和落叶松上分别发育才能完成生活史。其生活史周期开始于单倍体的担孢子在转主寄主或锈孢寄主（如落叶松）的新叶上萌发，形成单倍体的性孢子器，然后产生受精丝和性孢子。受精是由 2 种不同配子型的性孢子或菌丝融合，发育成双核菌丝形成锈孢子器。锈孢子萌发后的菌丝发育产生双核的夏孢子，而夏孢子阶段可在适宜条件下持续重复感染寄主植物。一般来说，只有当寄主开始准备休眠时，锈菌才由以前产生夏孢子的菌丝形成冬孢子堆，进而产生具有较厚细胞壁和内源休眠期的冬孢子，以完成越冬。冬孢子萌发时进行核配、减数分裂，萌发成担子，产生 4 个单倍体担孢子，传播到一个新的寄主上完成生活史。

7.2.2 柄锈菌亚门分类

依据《菌物词典》第 10 版、Aime（2014）和 Wang（2015）分子系统发育分析，柄锈菌亚门是担子菌门的第一大分支（图 7-17）。

锈菌的记载最早可追溯到 1729 年意大利植物学家 P. A. Micheli 在《植物新属》（*Nova Plantarum Genera*）中记录的植物寄生性真菌——*Puccinia* P. Micheli。Person（1801）将柄锈菌属（*Puccinia* P. Micheli）、锈孢锈菌属（*Aecidium* Pers. ex J. F. Gmel.）和夏孢锈菌属（*Uredo*

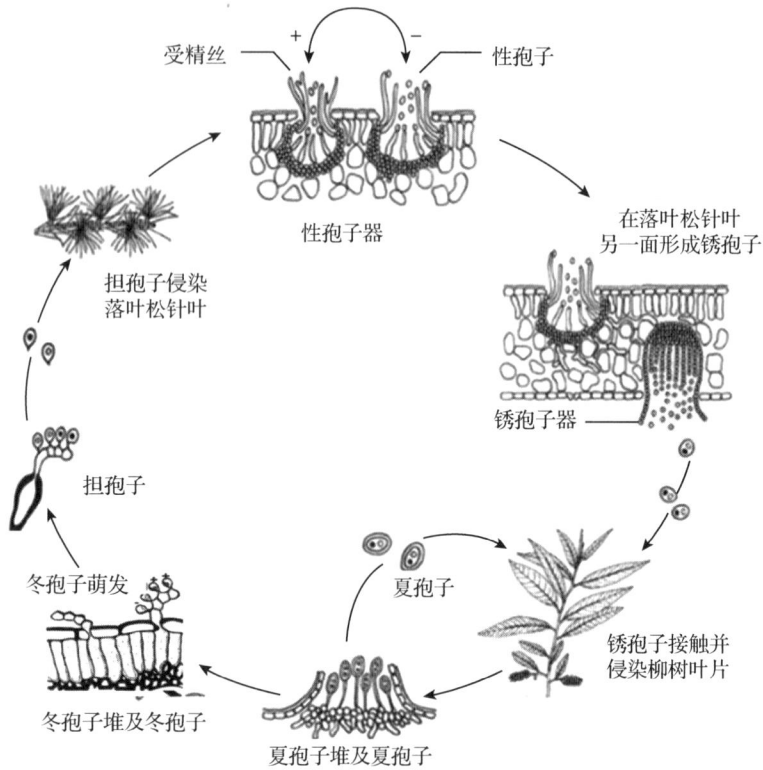

图 7-16 松柳栅锈菌(*Melampsora epitea* Thüm.)**生活史**

Pers.)记录在《真菌纲要》(*Synopsis Methodica Fungorum*)中，标志着锈菌命名的起源。此后，锈菌目(Order)的概念被提出(Brongniart，1824)，并将其作为担子菌纲的一个目(Engler et al.，1897)，从此以后锈菌目的分类地位始终没变。

在 Ainsworth (1973)提出的冬孢菌纲、层菌纲、腹菌纲的担子菌门三纲系统中，冬孢菌纲就包括锈菌目(Uredinales G. Winter)以及黑粉菌目(Ustilaginales Bek.)。《菌物词典》第7版(1983)将冬孢菌纲改为锈菌纲(Urediniomycetes D. Hawksw.，B. Sutton & Ainsw.)，此后又提升为亚门(Bauer et al.，2006)，并根据柄锈菌目(Pucciniales Caruel)名称的合法性，弃用了以 Uredo 建立的锈菌目(Uredinales G. Winter)等名称，采用了柄锈菌目(Pucciniales Caruel)、柄锈菌亚门(Pucciniomycotina)的名称。

Schell et al. (2011)依据系统发育分析结合形态学观察，提出将隔膜具有孔隙结构、无性阶段产生透明分生孢子的类群作为一个新的谱系，即麦轴梗菌纲(Tritirachiomycetes Aime & Schell)。Wang et al. (2015)将无性繁殖阶段产生出芽细胞及分生孢子、担子穗状至颗粒状和具有胶质状吸器细胞的类群，即穗胶耳目(Spiculogloeales R. Bauer, Begerow, J. P. Samp.，M. Weiss & Oberw.)提升为穗胶耳菌纲(Spiculogloeomycetes Q. M. Wang, F. Y. Bai, M. Groenew. & Boekhout)。

至此，柄锈菌亚门除柄锈菌纲(Pucciniomycetes R. Bauer, Begerow, J. P. Samp.，M. Weiss & Oberw.)是专性植物病原菌、虫寄生菌或重寄生菌，米氏菌纲(Mixiomycetes R. Bauer, Begerow, J. P. Samp.，M. Weiss & Oberw.)是蕨类植物寄生菌外，伞形束梗孢菌纲

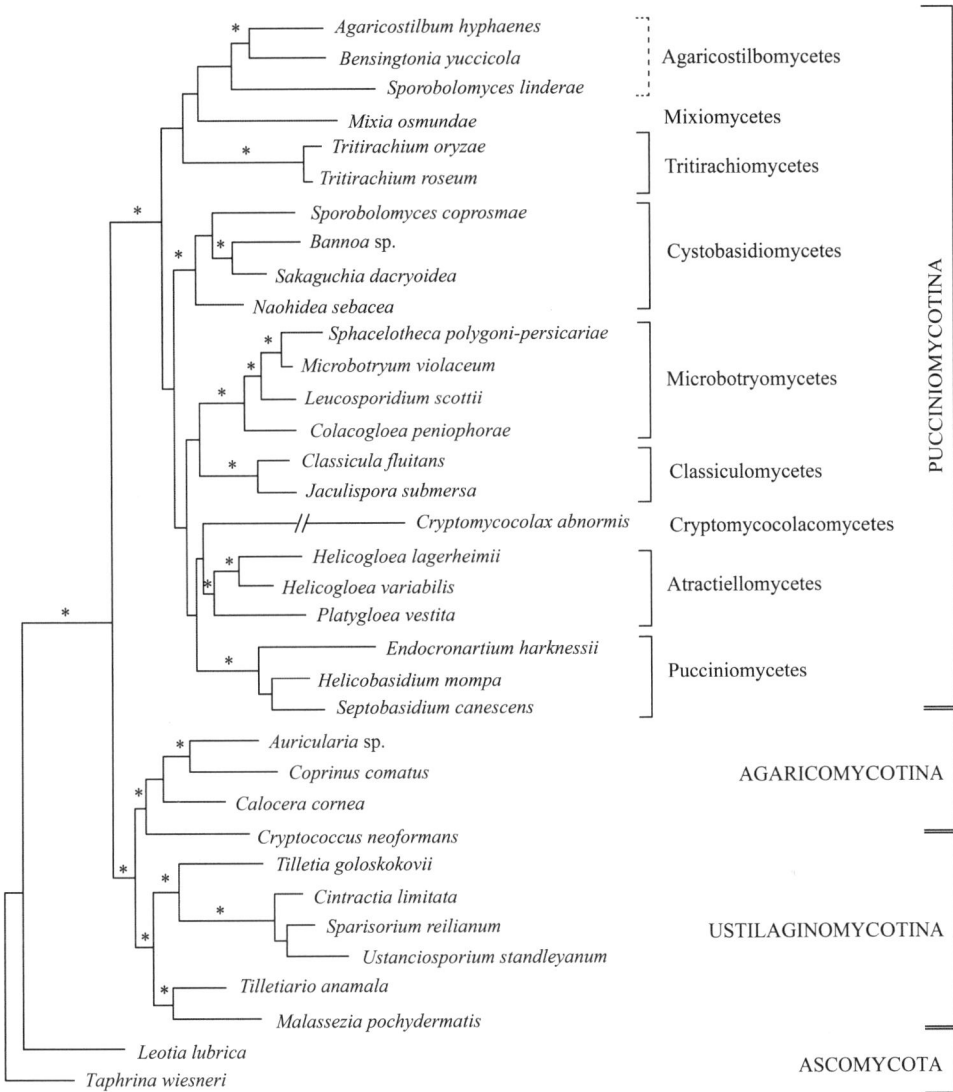

图 7-17　柄锈菌亚门分子系统发育树

（Aime，2015）

（Agaricostilbomycetes R. Bauer，Begerow，J. P. Samp.，M. Weiss & Oberw.）、小纺锤菌纲
（Atractiellomycetes R. Bauer，Begerow，J. P. Samp.，M. Weiss & Oberw.）、浮担子菌纲（Clas-
siculomycetes R. Bauer，Begerow，J. P. Samp.，M. Weiss & Oberw.）、隐寄菌纲（Cryptomycoco-
lacomycetes R. Bauer，Begerow，J. P. Samp.，M. Weiss & Oberw.）、囊担子菌纲（Cystobasidio-
mycetes R. Bauer，Begerow，J. P. Samp.，M. Weiss & Oberw.）、微葡萄菌纲（Microbotryomyce-
tes R. Bauer，Begerow，J. P. Samp.，M. Weiss & Oberw.）、麦轴梗霉菌纲（Tritirachiomycetes
Aime & Schell）等主要是腐生、水生或重寄生菌，以及淡水、海洋酵母和人类病原菌，也
包含一小部分兰科植物菌根菌。

7.2.3 柄锈菌纲

柄锈菌纲（Pucciniomycetes R. Bauer, Begerow, J. P. Samp., M. Weiss & Oberw.）是柄锈菌亚门中包含种类最多的纲，主要通过细胞的化学特征和亚细胞水平的超微结构与其他纲区分。该纲的隔膜中央具孔，周围常伴有微体，纺锤极体（SPB）的复制主要发生在减数分裂中期，位于核膜中，菌丝无锁状联合。目前已知 8 000 余种，大多数是寄生性的，包括植物寄生菌、重寄生菌[如锈生座孢属（Tuberculina Tode ex Sacc.）]和昆虫寄生菌[如隔担菌目（Septobasidiales Couch）]，少数是腐生性的[如霜杯耳目（Pachnocybales R. Bauer, Begerow, J. P. Samp., M. Weiss & Oberw.）]。

柄锈菌纲分目检索表

1. 腐生 ·· 厚顶孢霉目（Pachnocybales）
1′. 寄生 ··· 2
2. 寄生昆虫 ··· 担耳菌目（Septobasidiales）
2′. 寄生植物根部或其他菌物 ··················· 担子菌目（Helicobasidiales）
2″. 寄生植物的茎、叶··· 3
3. 有纺锤极体—内质网帽（SPB-ER caps） ·············· 泛胶耳目（Platygloeales）
3′. 无纺锤极体—内质网帽·· 柄锈菌目（Pucciniales）

7.2.3.1 柄锈菌目

柄锈菌目（Pucciniales Caruel）是担子菌类中种类最多的目，目前已知 8 000 余种，分布广泛，常见于蕨类植物、裸子植物、被子植物上，粮食作物、牧草、树木上都有锈菌寄生。所有的锈菌都是活氧寄生菌（obligate parasite），绝大多数寄生于维管植物，因其在发病部位产生各种类型的孢子（性孢子、锈孢子、夏孢子、冬孢子）并呈现典型的黄色或锈色症状而称为锈病。锈病引起的各种类型植物病害，给农林生产造成巨大损失。

锈菌是被人们最早认识的一类真菌，在 2.4 亿年以前就已出现，但由于缺少化石证据，再加上已知的 5 000 种锈菌的产孢形态复杂多样，致使对锈菌的系统演化和分类系统研究存在分歧。锈菌的担子由冬孢子产生，它与子囊菌的子囊形成过程相似，所以有人认为锈菌是由子囊菌演化而来的；锈菌与黑粉菌也有很多相似之处，因而也有人认为黑粉菌是由锈菌退化而来的。Möller 根据木耳与锈菌的有隔担子结构与担孢子形成方式之间有显著的相似性，提出锈菌起源于担子菌木耳目，该观点得到广泛认可。

最古老的锈菌产于北半球的极北部，属低温菌类，寄主源于蕨类，后来由于地球表面温度降低，锈菌也随着寄主植物的向南转移而向南扩展，并分化出新的类群，从寄生裸子植物冷杉等植物，逐渐扩大到被子植物，这种寄主范围的扩大过程与高等植物的演化顺序相符。根据现有锈菌的产孢位置，可以推测古老的锈菌孢子体产生在寄主的体内，即埋生于组织之中，随着锈菌的演化逐渐出现了一些在近表皮或表皮细胞中产生孢子体的类群，最终形成孢子体裸出寄主体外的类群，并进一步产生包被或孢子柄等结构。因此，锈菌目的栅锈菌科较柄锈菌科低等，而生在蕨类上的拟夏孢锈菌属（Uredinopsis Magnus）、迈尔锈菌属（*Milesina* F. B. White）、明痂锈菌属（*Hyalopsora* Magnus）则是低等的原始类型，生在蔷薇科上的多胞锈菌属（*Phragmidium* Link）、戟孢锈菌属（*Hamaspora* Körn.）、裸双孢锈菌属（*Gymnoconia* Vestergr）和胶锈菌属（*Gymnosporangium* R. Hedw. ex DC.）等属于高等类型。

（1）基本特征

①锈菌的菌丝体较发达。多数在寄主体内的细胞间活动，由菌丝产生各式吸器伸入细胞吸取养料。锈菌有单核的初生菌丝和双核的次生菌丝。前者是担孢子萌发后产生的，后者是由初生菌丝联合产生或由初生菌丝上产生的性孢子与单核的受精丝配合产生的，但菌丝体上很少形成锁状联合。极少数锈菌可以由夏孢子萌发产生双核菌丝体，与性孢子器的单核菌丝配合，夏孢子产生的双核菌丝中的一个核移入单核菌丝（图7-18）。

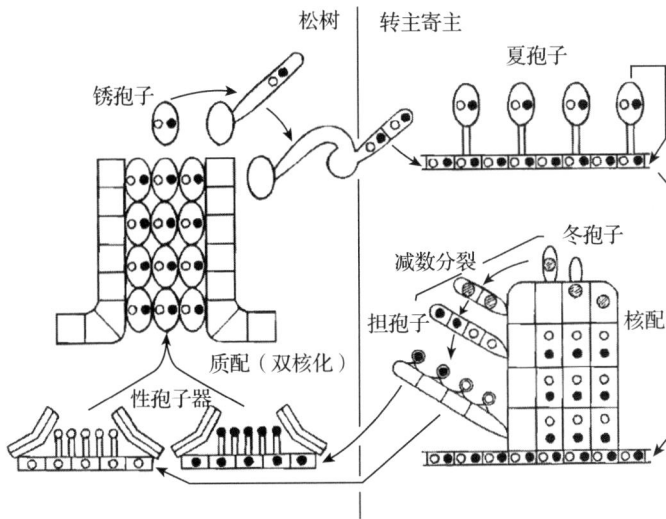

图7-18　柱锈菌的核相变化

（Hiratsuka et al.，2003）

②孢子类型多样。锈菌的最大的特征是具有多型现象（polymorphism），即多数种类的锈菌为了完成生活史，需要在分类上完全无关的两种植物上产生不同的孢子，使它们具有数种孢子类型。一般而言，锈菌除产生担孢子外，还依次产生单核的性孢子，双核的锈孢子、夏孢子和冬孢子，以构成锈菌复杂的生活史。产生这4种类型孢子的结构分别称为性孢子器、锈孢子器、夏孢子堆和冬孢子堆，常用罗马数字0、Ⅰ、Ⅱ、Ⅲ、Ⅳ分别表示性孢子、锈孢子、夏孢子、冬孢子、担孢子的不同阶段。冬孢子阶段产生担子并发生核配及减数分裂，再产生担孢子，因而一般认为冬孢子是锈菌的有性阶段。

锈菌的形态特征和它们的生活史都十分复杂，但锈菌在演化过程中锈孢子阶段的形态及寄主特性是稳定的，而夏孢子和冬孢子阶段的产孢特征和寄主特性是不稳定的。

a. 性孢子器和性孢子。担孢子萌发侵入寄主后，由单核单倍体的初生菌丝聚集形成性孢子器，这是锈菌的性器官。性孢子器一般可分为烧瓶形、扁球形或扁平，生在寄主表层组织下。性孢子器中有大量向心的或平列的菌丝，其顶部生单胞、单核、无色、圆形或卵形的小孢子，即性孢子，是单倍体配子。性孢子器顶部有孔口，口边有孔丝和受精丝，后者弯曲向性孢子器外，埋于分泌的蜜滴中。同一性孢子器中的性孢子不能与受精丝配合，而必须与其他性孢子器上的受精丝配合。这一阶段常用代号"0"表示。

Hiratsuka et al.（2003）依据性孢子器子实层的形状、周围有无结构、生长有无限制等特征将性孢子器划分为 6 组 12 个类型（图 7-19）。

b. 锈孢子器和锈孢子。菌丝双核化后，紧随性孢子阶段而产生。性孢子与受精丝结合或单核菌丝结合产生双核次生菌丝，由此再产生锈孢子器。典型的锈孢子器具有由锈孢子转化的细胞联结 1 至多层膜状包被细胞，多数是黄白、黄、橙等色。锈孢子器成熟后按

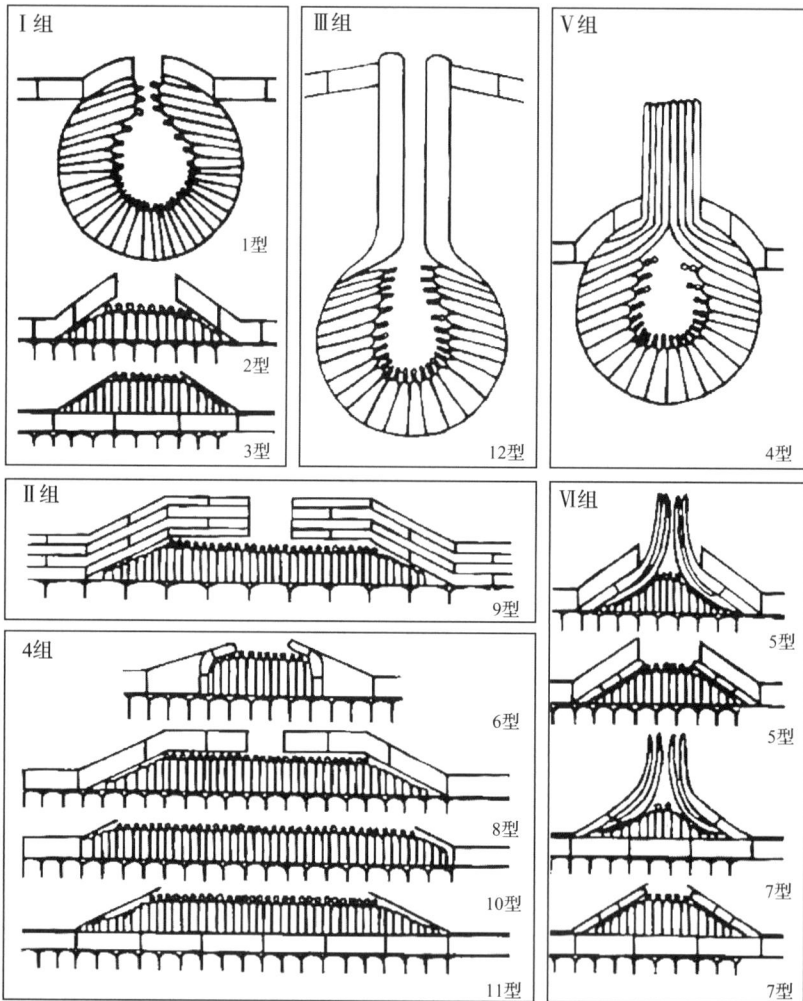

1 型. 球形，表皮下生，无边界结构；2 型. 扁平状，表皮下生，无边界结构；3 型. 角质层下生，扁平状，无边界结构；4 型. 表皮下生，有凹面子实层，具发达的缘丝；5 型. 表皮下生，扁平状，具缘丝或包被；6 型. 表皮内生，扁平状，有边界结构；7 型. 角质层下生，扁平状，具缘丝或包被；8 型. 表皮下生，扁平状，在表皮和叶肉间生长，将组织分开；9 型. 皮质内生，扁平状。10 型. 表皮内生，在表皮细胞内有扁平状子实层；11 型. 角质层下生，扁平状，后突出表皮；12 型. 无限制生长，子实层深埋，具有发达的喙。

图 7-19 性孢子器类型

（Hiratsuka et al.，2003）

一定方式开裂，使锈孢子器分为杯状、毛状、囊状、角状、裸锈子器（caeomoid）等类型（图7-20）。锈孢子器中产生的锈孢子许多是串生、单胞、双核、黄色、球形或卵形，表面有刺或疣，疣有平截的、尖削头的，锈孢子的疣在扫描电镜下可观察至少有疣状、针状、钉头状、刺状、冠状、管状、具环状、网纹状8种类型。锈孢子也叫春孢子，多数锈菌的锈孢子只在春季产生一次，但个别种可连续产生，也有个别种不产生。这一阶段常用代号"Ⅰ"表示。

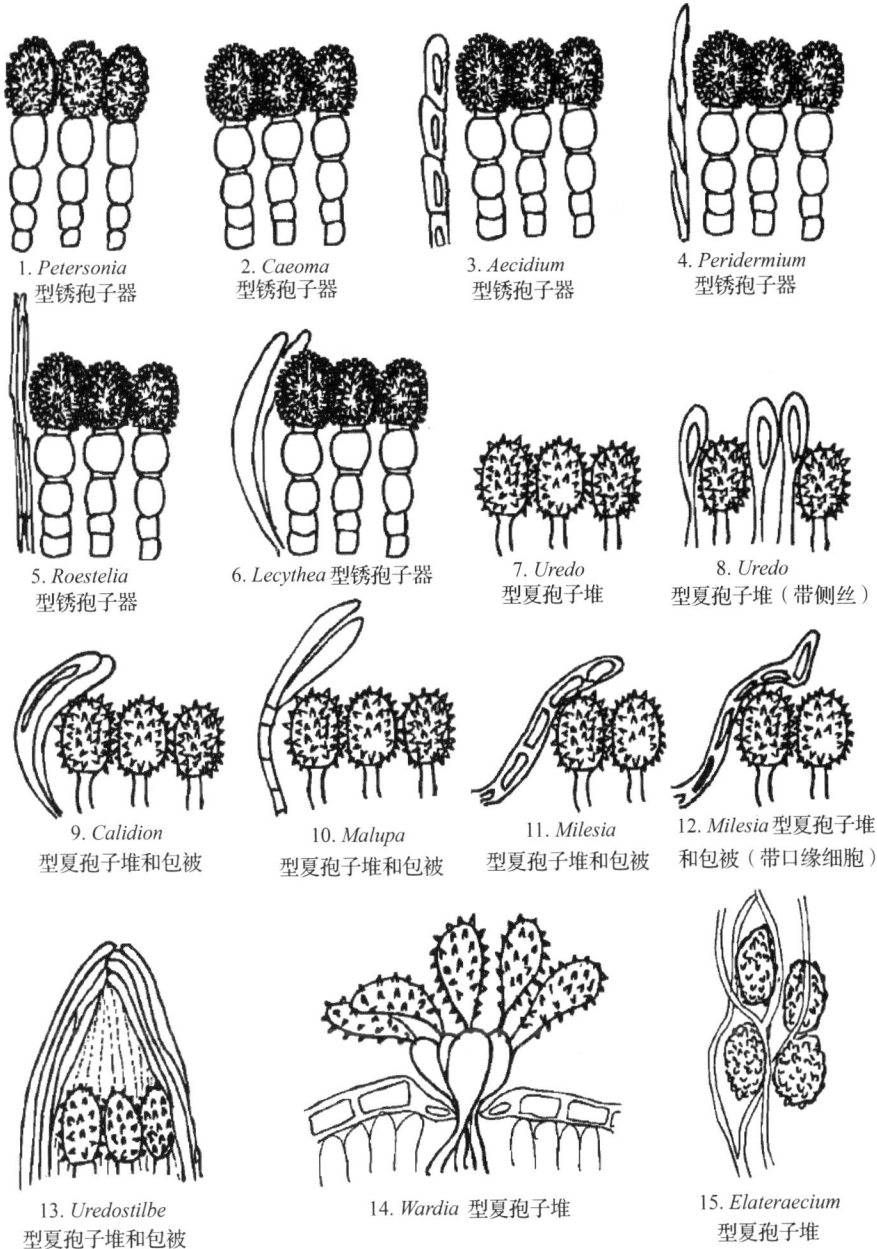

图7-20　锈菌的无性型（锈孢子或夏孢子）类型

（Hiratsuka et al.，2003）

c. 夏孢子堆和夏孢子。夏孢子产生在双核菌丝上，通常在锈孢子之后发生，是锈菌的无性阶段(图 7-20)。夏孢子堆黄色、橙黄色，寄主表皮下生，有的具有侧丝，大多数没有包被，少数种类具有包被或由特化细胞所组成的孔口。夏孢子单胞，双核，形状多样，多数有柄单生，少数串生，表面有刺或疣状刺突。夏孢子形状、夏孢子表面芽孔数量和排列方式是可靠的分类特征。夏孢子通常不断重复产生，在功能上类似于子囊菌的分生孢子。夏孢子发芽孔明显，萌发产生芽管，通过气孔侵入寄主。这一阶段常用代号"Ⅱ"表示。

d. 冬孢子堆和冬孢子。由从锈孢子、夏孢子或担孢子萌发所产生的双核菌丝体上形成的冬孢子聚集而成，是锈菌的有性阶段。冬孢子堆可产生在寄主叶肉中、表皮细胞内、表皮细胞下或后期突破表皮，呈粉状、垫状、毛毡状、柱状等(图 7-21)。冬孢子为单核双倍体细胞，单胞、双胞或多胞，具柄或无柄，串珠式、单层或多层聚集在一起，暗红色，壁厚，少数无色或淡色(图 7-22)。冬孢子初为双核，经过核配形成单核二倍体细胞；冬孢子经休眠萌发产生担孢子，有时称休眠孢子，有些锈菌冬孢子不经休眠直接萌发，冬孢子具有抵抗长期不良环境的能力。这一阶段常用代号"Ⅲ"表示。

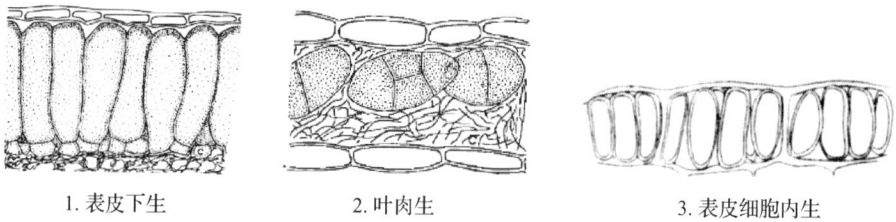

1. 表皮下生　　　　2. 叶肉生　　　　3. 表皮细胞内生

图 7-21　冬孢子堆的着生位置

e. 担子和担孢子。冬孢子萌发产生。冬孢子萌发先产生分隔的担子，通常横裂成 4 个细胞，每个细胞有 1 个单倍的细胞核，并产生 1 个小梗，担孢子生在小梗顶端。担孢子单胞，无色。担子按照其产生方式一般可分为外生担子、内生担子和半内生担子(图 7-23)。外生担子：担子在冬孢子外面形成或成熟。内生担子：由冬孢子本身的原生质体分隔成 4 个细胞，每个细胞萌发，并在冬孢子外产生担孢子，称为内生担子。半内生担子：冬孢子成为担子的一部分，担子的另一部分由孢子顶端延伸而成，或担子一部分留在孢子内，一部分伸出孢外，这两种称为半内生担子。这一阶段常用代号为"Ⅳ"表示。

锈菌全部为活养寄生菌，专性寄生在被子植物、裸子植物和蕨类植物上。在自然条件下，锈菌只能从活的寄主植物上获取养料，不能营腐生生活，但个别锈菌也有人工培养成功的例子。锈菌对寄主植物的选择非常严格，属于高度的寄生专化性菌物，因而其种内可以分化出许多生理小种或变种。

锈菌的性孢子依靠昆虫传播，其他孢子则靠气流传播。担孢子在成熟后有强烈的弹射能力，其他各种孢子则没有主动发射的能力。

(2) 生活史

锈菌的生活史复杂，不同种类的锈菌完成生活史所经历的孢子阶段有差异，存在多种类型，即一生中可出现多种孢子形态。典型的锈菌生活史顺序经历 5 种孢子阶段，即性孢子阶段、锈孢子阶段、夏孢子阶段、冬孢子阶段和担孢子阶段，最简单的锈菌生活史只有

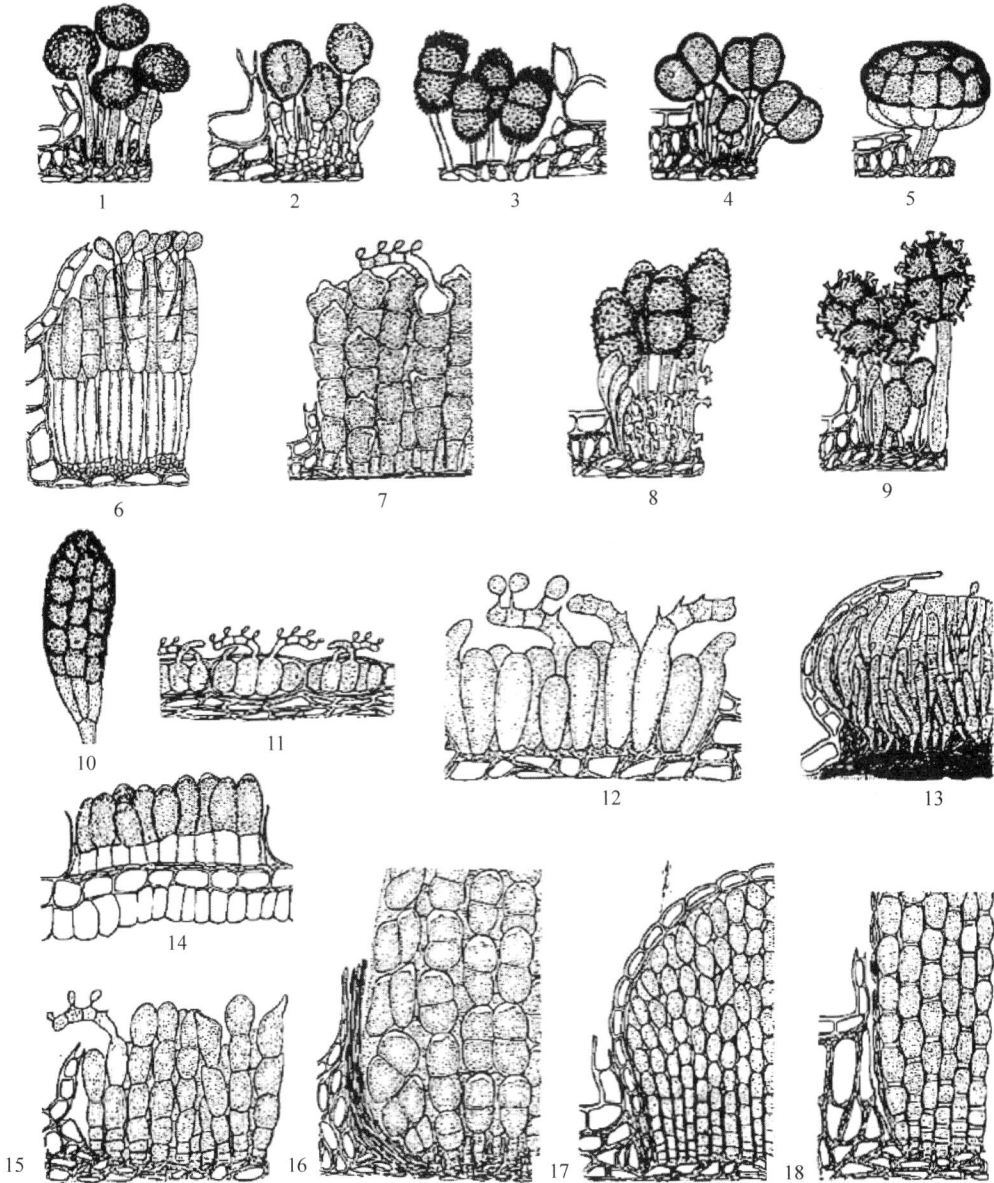

1. *Pileolaria brevipes* Berk. & Rabenh；2. *Trachyspora intrusa*（Grev.）Arthur；3. *Dasyspora gregaria*（Kunze）Henn.；4. *Diorchidiella australis*（Speg.）J. C. Lindq.；5. *Ravenelin mera* Cummins；6. *Chrysella mikaniae* Syd.；7. *Kuehneola uredinis*（Link）Arthur；8. *Prospodium appendiculatum*（G. Winter）Arthur；9. *Sphaerophragmium acaciae*（Cooke）Magnus；10. *Cumminsina clavispora* Petr.；11. *Melampsorella symphyti*（DC.）Mckenzie & Padamsee；12. *Chrysocelis lupini* Lagerh. & Dietel；13. *Goplana dioscoreae* Cummins；14. *Lipocystis caesalpiniae*（Arthur）Cummins；15. *Phragmidiella markhamiae* Henn.；16. *Didymopsora africana* Cummins；17. *Dietelia verruciformis*（Henn.）Henn.；18. *Dietelia portoricensis*（Whetzel & Olive）Buriticá & J. F. Hennen。

图 7-22　冬孢子的形态

（Hiratsuka et al. ，2003）

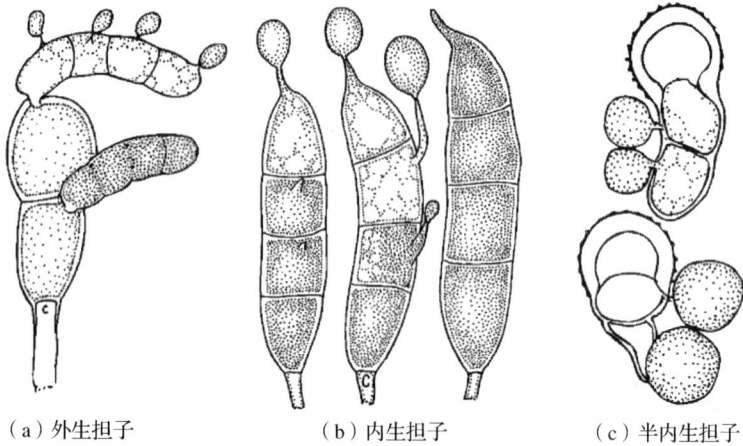

（a）外生担子　　　　　（b）内生担子　　　　　（c）半内生担子

图 7-23　担子类型

冬孢子阶段。有些锈菌的锈孢子萌发后所侵染的寄主植物与原来寄主相同，称为单主寄生（autoecism）锈菌，它们的性孢子器、锈孢子器、夏孢子堆和冬孢子堆都在同一寄主上产生；另外一些锈菌的锈孢子萌发后所侵染的寄主植物与原来寄主不同，需要 2 种亲缘关系完全不同的寄主植物来完成生活史，称为转主寄生（heteroecism）锈菌。根据寄主范围及锈菌生活史中产生的孢子类型，可将生活史划分为以下几类：

①同主寄生长循环型生活史（automacrocyclic）。0+Ⅰ+Ⅱ+Ⅲ+Ⅳ。如亚麻栅锈菌［*Melampsora lini*（Ehrenb.）Thüm.］、短尖多胞锈菌［*Phragmidium mucronatum*（Pers.）Link.］、玫瑰多胞锈菌（*Phragmidium rosae-rugosae* Kasai）、向日葵柄锈菌［*Puccinia helianthi-mollis* Schwein.）H. S. Jacks.］。

②同主寄生缺夏型生活史（autodemicyclic）。0+Ⅰ+Ⅲ+Ⅳ。如玄参单胞锈菌［*Uromyces scrophulariae*（DC.）Fuckel］、报春花单胞锈菌［*Uromyces primulae-integrifoliae*（DC.）Niessl］。

③转主寄生长循环型生活史（heteromacrocyclic）。0+Ⅰ+Ⅱ+Ⅲ+Ⅳ。有规律地产生 5 种孢子类型。如茶藨生柱锈菌（*Cronartium ribicola* J. C. Fich.）、落叶松—杨栅锈菌（*Melampsora larici-populina* Kleb.）、紫菀鞘锈菌［*Coleosporium asterum*（Dietel）Syd. & P. Syd.］、禾柄锈菌（*Puccinia graminis* Pers.）。

④转主寄生缺夏型生活史（heterodemicyclic）。0+Ⅰ+Ⅲ+Ⅳ。胶锈菌属（*Gymnosporangium* R. Hedw. ex DC.）的大部分种类都属于这个类型，常见种有：山田胶锈菌（*G. yamadae* Miyabe ex G. Yamada）、亚洲胶锈菌（*G. asiaticum* Miyabe ex G. Yamada）、熊果金锈菌（*Chrysomyxa arctostaphyli* Dietel）等，但诺卡胶锈菌［*G. nootkatense*（Trel.）Arthur］、高又曼胶锈菌（*G. gaeumannii* H. Zogg）和越南的附丝胶锈菌（*G. paraphysatum* Vienn. -Bourg.）能够在花柏、矮桧或翠柏上产生夏孢子和冬孢子阶段，属于长循环型生活史。

⑤短循环型生活史（microcyclic）。（0）+Ⅲ+Ⅳ。缺少锈孢子和夏孢子阶段，有的只有冬孢子阶段。如异孢柄锈菌（*Puccinia heterospora* Berk. & M. A. Curtis）、锦葵柄锈菌

（*P. malvacearum* Bertero ex Mont.）。担孢子产生的单核菌丝在寄主组织中进行配合形成双核菌丝，即形成冬孢子原基，并由此产生冬孢子。这类菌物在一个生长季节中能循环多次，但其单核期与双核期都很长。如冷杉金锈菌[*Chrysomyxa abietis*（Wallr.）Unger]。

⑥锈孢型生活史（内端型）。（0）+Ⅰ+Ⅳ。缺少夏孢子和冬孢子阶段。担孢子萌发产生单核菌丝体，以普通方式形成性孢子器及锈孢子器原基。核配在锈孢子器原基中进行。原基以正常方式发育成内含锈孢子的锈孢子器。当锈孢子萌发时不再产生双核菌丝，而产生担子和担孢子。当然，这种类型的锈菌不再进行世代交替，而是同主寄生菌。如内锈菌属（*Endophyllum* Lév.）中的锈菌。

（3）分类

柄锈菌目的科级单元的分类体系争论较多。柄锈菌目建立初期，Dietel（1900）依据冬孢子有无柄、是否链生以及是否形成胶质鞘等特征将锈菌划分为 4 科：栅锈菌科（Melampsoraceae Dietel）、柄锈菌科（Pucciniaceae Chevall.）、柱锈菌科（Cronartiaceae Dietel）和鞘锈菌科（Coleosporiaceae Dietel）。之后，Sydow et al.（1904）认为，除了考虑冬孢子是否有柄外，还应该考虑担子的类型，从而将柄锈菌目调整为 3 科：栅锈菌科、鞘锈菌科和柄锈菌科。Dietel（1928）认为，冬孢子有无柄是重要特征，又将柄锈菌目调整为 2 科：栅锈菌科（冬孢子无柄）和柄锈菌科（冬孢子有柄）。尽管该系统是基于科级单源演化的理论基础上，但因其简单易行而被大多分类学家广泛接受（Cunningham，1931；Arthur，1934；Teng，1939；Bessey，1950；Hiratsuka，1955；戴芳澜，1987）。Gäumann（1949）依据锈孢子器包被特征和冬孢子的着生方式将柄锈菌目划分为 6 科：金锈菌科（Chrysomyxaceae Gäum. ex Leppik）、膨痂锈菌科（Pucciniastraceae Gäum. ex Leppik）、柱锈菌科、鞘锈菌科、栅锈菌科和柄锈菌科。Hiratsuka et al.（1963）提出性孢子器的特征可作为柄锈菌目分类的重要性状，依据性孢子器的特征将柄锈菌目划分为 3 个组 11 个型，后又重新划分为 6 个组 12 个类型（Hiratsuka et al.，1980）。Savile（1978）则依据性孢子器类型将柄锈菌目分为 5 科：多胞锈菌科（Phragmidiaceae Corda）、伞锈菌科（Raveneliaceae Leppik）、膨痂锈菌科、栅锈菌科和柄锈菌科。

之后，Cummins et al.（1983）依据性孢子器类型和冬孢子形态建立的经典锈菌分类系统被广泛应用，2003 年，Cummins 又对此系统进行了调整，将柄锈菌目分为 13 科：鞘锈菌科、栅锈菌科、层锈菌科（Phakopsoraceae Cummins & Hirats. f.）、多胞锈菌科、帽孢锈菌科（Pileolariaceae Cummins & Y. Hirats.）、柄锈菌科、膨痂锈菌科、伞锈菌科、柱锈菌科、密锈菌科（Mikronegeriaceae Cummins & Y. Hirats.）、共基锈菌科（Chaconiaceae Cummins & Y. Hirats.）、肥柄锈菌科（Uropyxidaceae Cummins & Y. Hirats.）和链柄锈菌科（Pucciniosiraceae Cummins & Y. Hirats.）。至此，柄锈菌目的分类才有了真正意义上的统一，但也有一些属的亲缘关系尚不清楚。依据形态特征划分的经典 13 科体系被大多数分类学家认可，直到分子系统学开始在分类学上的应用，才打破了这一体系，并对传统形态学分类遗留的问题有所关注。

利用核糖体大亚基（LSU）对 Cummins et al.（2003）建立体系中 9 科 52 种的系统发育分析发现，一些锈菌属和科是多起源的（Wingfield，2004；Aime，2003，2006），并根据柄锈菌目 108 属（占已报道属的数量 80%）的系统发育分析结果，将 13 科体系调整为 18 科

（Aime et al.，2020）。此后，Zhao et al.（2021）提出了 3 个新科，即内锈菌科（Endoraeci-aceae P. Zhao & L. Cai）、新壳锈菌科（Neophysopellaceae P. Zhao & L. Cai）和枝柄锈菌科（Uromycladiaceae P. Zhao & L. Cai）。至此，柄锈菌目形成了 21 科的新分类体系（图 7-24），该体系发现并解决了柄锈菌目中大部分属的分类地位以及一些属的多起源问题，使锈菌分类更接近于自然。本书仅介绍柄锈菌目常见的重要科属。

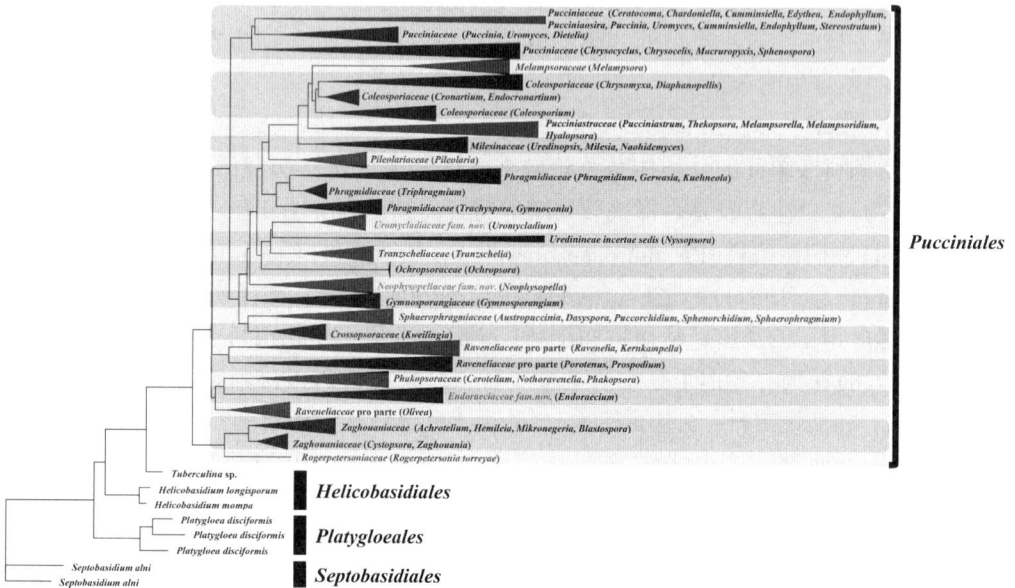

图 7-24　柄锈菌目分子系统发育树

（Zhao et al.，2021）

柄锈菌目分科检索表

1. 同主寄生，该科所有属都寄生在同一科植物上 ……………………………………………… 2

1′.转主寄生，性孢子和锈孢子阶段、夏孢子和冬孢子阶段寄生在不同科植物上 ……………… 5

2. 寄主为裸子植物 ………………………………………………………………………………… 3

2′.寄主为被子植物 ………………………………………………………………………………… 4

3. 性孢子和锈孢子阶段仅寄生在榧属（红豆杉科）植物上，性孢子器为Ⅲ组 12 型 …………………

………………………………………………………… **罗杰彼得森锈菌科（Rogerpetersoniaceae）**

3′.性孢子和锈孢子阶段仅寄生在贝壳杉属（南洋杉科）植物上，性孢子器为Ⅰ组 1 型 …………………

………………………………………………………… **南洋杉锈菌科（Araucariomycetaceae）**

4. 冬孢子单胞或多胞，一些物种具有复杂的多胞冬孢子，主要寄生在豆科植物上 ………………

……………………………………………………………………… **伞锈菌科（Raveneliaceae）**

4′.冬孢子单胞，单生柄上，胞壁厚，有色，具有各种纹饰，寄主为漆树科植物 …………………

………………………………………………………………………… **帽孢锈菌科（Pileolariaceae）**

5. 冬孢子阶段寄生在裸子植物上，而锈孢子阶段寄生在被子植物上，冬孢子堆会在叶上、叶腋处或嫩枝上形成菌瘿、突起或肿大 ………………………………… **胶锈菌科（Gymnosporangiaceae）**

5′.冬孢子阶段寄生在裸子植物或被子植物上，锈孢子阶段着生在裸子植物上 …………………… 6

6. 性孢子器为Ⅲ组 12 型, 锈孢子器无包被 ························· 基孔单胞锈菌科(Zaghouaniaceae)

6′. 性孢子器为其他各组各类, 锈孢子器包被有或无 ·· 7

7. 冬孢子堆初生表皮下, 后伸长成毛柱状, 性孢子器为Ⅵ组 5 型, 锈孢子器 Urodo 型, 冬孢子单胞、无柄, 芽孔未见 ··· 角胞柱锈菌科(Skierkaceae)

7′. 冬孢子堆初生表皮下、表皮细胞中或裸露, 不伸长成毛柱状; 或虽伸长成毛柱状, 但冬孢子单胞串生, 芽孔 1~3 个 ·· 8

8. 冬孢子无柄 ·· 9

8′. 冬孢子有柄 ·· 10

9. 冬孢子堆有一个孢子长度厚, 冬孢子堆被寄主所覆盖, 不外露 ····································· 10

9′. 冬孢子堆有一个孢子长度厚, 冬孢子堆突破寄主表皮外露 ··· 12

10. 冬孢子无色, 夏孢子白色, 无色。除杜鹃花科上的寄主越橘直锈菌除外, 其他性孢子和锈孢子阶段都寄生在松科植物上, 夏冬阶段都寄生在蕨类植物上 ·············· 迈尔锈菌科(Milesinaceae)

10′. 冬孢子黄褐色至褐色; 夏孢子具黄色至橙黄色的原生质, 细胞无色 ························· 11

11. 锈孢子器 Caeoma 型; 夏孢子堆具不发达的包被或者无包被 ············· 栅锈菌科(Melampsoraceae)

11′. 锈孢子器 Peridermium 型或 Milesia 型; 夏孢子堆具有包被, 有分化的包被孔口细胞, 孔口细胞发育情况因种类而异 ·· 膨痂锈菌科(Pucciniastraceae)

12. 夏孢子串生, 大多数具疣; 冬孢子堆外露, 蜡质或胶质状, 干燥时硬, 垫状或柱状 ······· ··· 鞘锈菌科(Coleosporiaceae)

12′. 夏孢子单生, 具刺; 冬孢子堆外露非胶质状 ··· 13

13. 夏孢子堆 Malupa 型; 冬孢子单生, 无柄 ·· 14

13′. 夏孢子堆 Lecythea 或 Uredo 型; 冬孢子单胞, 无柄, 常呈链状, 无横隔膜, 由几个或多个细胞组成的链 ·· 桶孢锈菌科(Crossopsoraceae)

14. 冬孢子壁薄无色, 冬孢子在没有休眠的情况下萌发 ············· 赭痂锈菌科(Ochropsoraceae)

14′. 冬孢子单胞, 无柄, 串生或不规则排列, 芽孔 1 个或无, 外生担子 ····· 层锈菌科(Phakopsoraceae)

15. 性孢子为Ⅰ组 2 型或Ⅳ组各类, 冬孢子单胞、双胞或多胞, 主要寄生在蔷薇亚科寄主植物上, 少数寄生在漆树科和马鞭草科植物上 ··········· 多胞锈菌科(Phragmidiaceae)

15′. 性孢子器为Ⅵ组 7 型或Ⅴ组 4 型; 冬孢子单胞、双胞或多胞 ····································· 16

16. 性孢子器为Ⅵ组 7 型; 冬孢子由横隔膜分成双胞, 单生柄上, 具刺或疣 ···················· ··· 疣双胞锈菌科(Tranzscheliaceae)

16′. 性孢子器为Ⅴ组 4 型; 冬孢子单胞、双胞或多胞 ··· 17

17. 冬孢子由横隔膜分成双胞或多胞, 单生柄上, 有色, 具简单的或顶部分叉的刺、疣或附着物 ········· ··· 球锈菌科(Sphaerophragmiaceae)

17′. 冬孢子单生, 大多具柄, 单胞、双胞或三胞, 多具横隔膜, 稀具斜隔膜和纵隔膜 ··············· ··· 柄锈菌科(Pucciniaceae)

1) 罗杰彼得森锈菌科(Rogerpetersoniaceae Aime & McTaggart)

依据性孢子和锈孢子阶段寄生红豆杉科植物, 不同于柄锈菌目其他类群的寄主而新建立的一个科, 单属单种。寄生于大戟科、橄榄科和无患子科。

(1) 罗杰彼得森锈菌属(Rogerpetersonia Aime & McTaggart)

性孢子器叶表皮下生, 近球形, 与Ⅲ组 12 型相似; 锈孢子器表皮下生, 无包被或间胞(图 7-25)。寄主为榧属(红豆杉科)植物。夏孢子和冬孢子阶段不详。模式种为香榧罗杰彼得森锈菌[*Rogerpetersonia torreyae*（Bonar）Aime & McTaggart = *Caeoma torreyae* Bonar]。

2）密锈菌科（Mikronegeriaceae Cummins & Y. Hirats.）

性孢子器为Ⅲ组12型；锈孢子器无包被或间胞；夏孢子堆常为 *Uredo* 型，早期的夏孢子堆偶见不发达包被；冬孢子单胞，不休眠，担子外生或半内生。转主寄生，冬孢子阶段寄生在山毛榉科植物上，锈孢子阶段寄生在针叶树上。

（1）密锈菌属（*Mikronegeria* Dietel）

性孢子器深埋于寄主组织中，Ⅲ组12型；锈孢子器 *Caeoma* 型，锈孢子串生，具疣；夏孢子单生柄上，具刺；冬孢子单胞，无柄，不休眠，孢子顶部产生担子，担子外生（图7-26）。

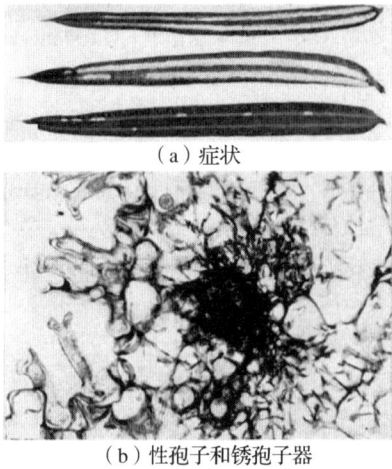

（a）症状

（b）性孢子和锈孢子器

图 7-25 罗杰彼得森锈菌属（*Rogerpetersonia* Aime & McTaggart）菌物的形态

（Bonar, 1951）

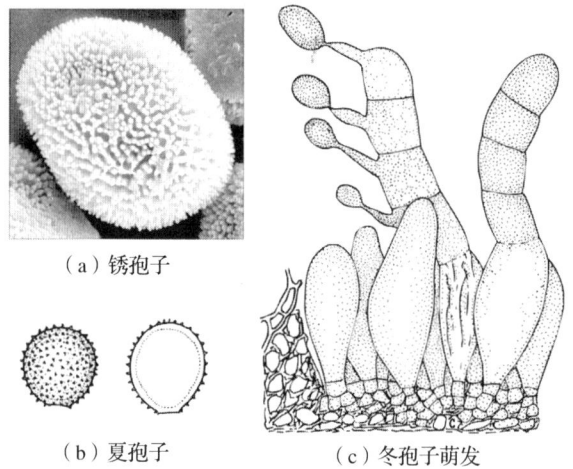

（a）锈孢子

（b）夏孢子

（c）冬孢子萌发

图 7-26 密锈菌属（*Mikronegeria* Dietel）菌物的形态

（Hiratsuka et al., 2003）

（2）驼孢锈菌属（*Hemileia* Berk. & Broome）

性孢子器和锈孢子堆未见。夏孢子堆无包被和无侧丝，从寄主气孔伸出；夏孢子单生于柄上，上半部突并有疣，下半部平或凹并光滑，柄丛生（图7-27）。冬孢子堆与夏孢子堆相似；冬孢子单胞，无色或近无色，光滑，多角球形，稍扁，往往与夏孢子混生。常见种：咖啡驼孢锈（*Hemileia vastatrix* Berk. & Broome），寄生在咖啡叶上。

3）南洋杉锈菌科（Araucariomycetaceae Aime & McTaggart）

性孢子和锈孢子阶段寄生在贝壳杉属植物上，单科单属。

（1）南洋杉锈菌属（*Araucariomyces* Aime & McTaggart）

性孢子器叶两面生，早期表皮内生，后期突破寄主细胞壁，表皮下生，子实层突起，与Ⅰ组1型相似；锈孢子器 *Aecidium* 型，深埋于寄主组织中（图7-28）。寄生于南洋杉科植物上。目前已知 2 种，*Araucariomyces balansae*（Cornu）McTaggart, R. G. Shivas & Aime = *Aecidium balansae* Cornu 和 *A. fragiformis*（Ces.）McTaggart, R. G. Shivas & Aime = *Aecidium fragiforme* Cornu。

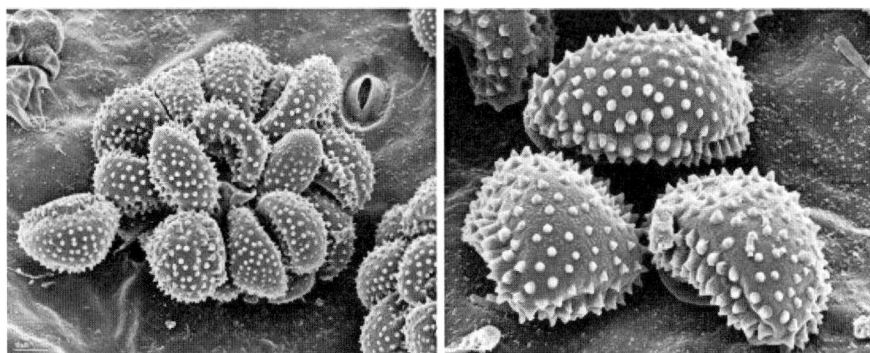

（a）夏孢子堆　　　　　　　　　　　（b）夏孢子

图 7-27　驼孢锈菌属（*Hemileia* Berk. & Broome）菌物的形态

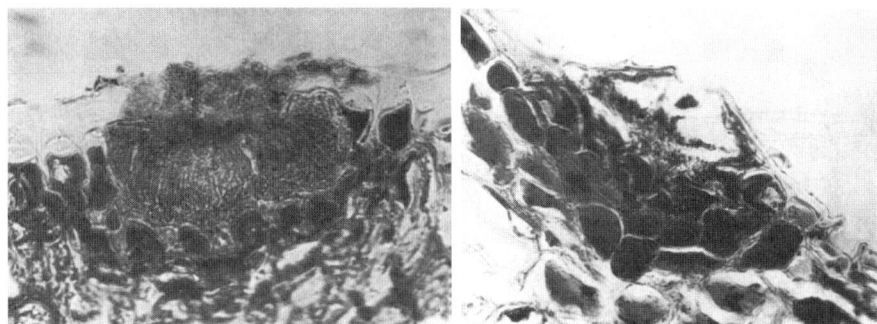

（a）*Araucariomyces balansae* (Cornu) McTaggart,　　（b）*Araucariomyces fragiformis* (Ces.)
R. G. Shivas & Aime 的性孢子器　　　　　　McTaggart, R. G. Shivas & Aime 的性孢子器

图 7-28　南洋杉锈菌属（*Araucariomyces* Aime & McTaggart）菌物寄生于贝壳杉属的性孢子器形态
（Peterson，1966）

4）斯基尔卡科（Skierkaceae Aime & McTaggart）

性孢子器具突起的子实层，深埋表皮下，周生；锈孢子器和夏孢子堆为 *Uredo* 型；冬孢子单胞，相互粘连在一起（图 7-29），呈毛状柱突出，担子外生，不休眠。生活史为单主寄生长循环型。

（1）斯基尔卡属（*Skierka* Racib.）

特征如斯基尔卡科，分布在热带地区，寄主包括橄榄科、大戟科、无患子科。

5）栅锈菌科（Melampsoraceae Dietel）

性孢子器 I 组 2 型或 3 型，锈孢子器 *Caeoma* 型；夏孢子堆 *Uredo* 型；冬孢子表皮下生，单胞，无柄，通常基部有不育细胞，担子外生或半内生。大多数是转主寄生长循环型，在松科植物上形成性孢子器和锈孢子器，在夹竹桃科、菊科、大戟科、大风子科、金丝桃科、亚麻科、番杏科、石花科、玄参科、瑞香科植物上产生夏孢子和冬孢子。

（1）栅锈菌属（*Melampsora* Castagne）

锈孢子堆无包被，裸生，也无侧丝，破皮露出；锈孢子串生，球形，表面有细刺。夏孢子堆粉状，有头状侧丝；夏孢子单生，有柄，球形至椭圆形，表面具刺。冬孢子堆埋生

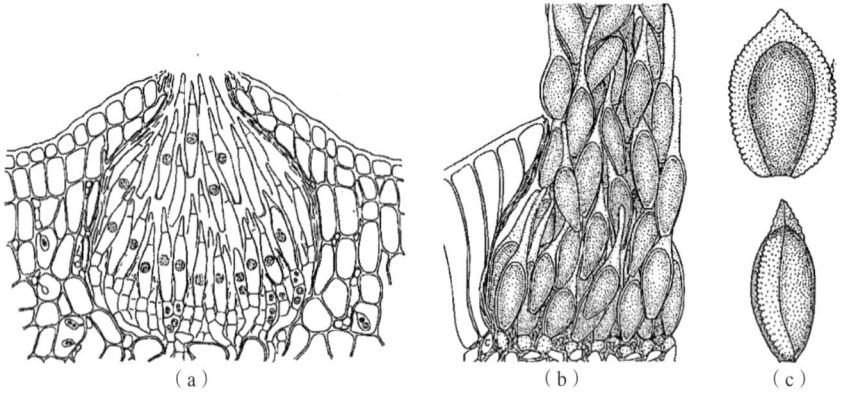

（a）（b）冬孢子堆；（c）夏孢子。

图 7-29　斯基尔卡属（*Skierka* Racib.）**菌物的形态**

（Hiratsuka et al.，2003）

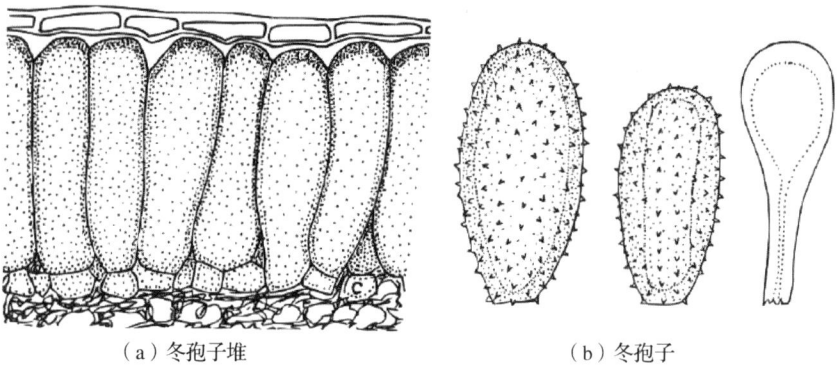

（a）冬孢子堆　　　　　　　　　（b）冬孢子

图 7-30　栅锈菌属（*Melampsora* Castagne）**菌物的形态特征**

（Hiratsuka et al.，2003）

于表皮下；冬孢子单胞，棱柱形或椭圆形，单层，偶多层紧密排列，光滑（图 7-30）。该属有少数是同主寄生菌，生在被子植物上；大部分是转主寄生菌，0、Ⅰ 阶段常生在落叶松上，Ⅱ、Ⅲ 阶段生在被子植物上，其中又以杨柳科为主。常见种：落叶松—杨栅锈菌（*Melampsora larici-populina* Kleb.），其 Ⅱ、Ⅲ 阶段寄生在黑杨派、青杨派及其派间、派内杂交种上，0、Ⅰ 阶段在落叶松叶上；杨栅锈菌［*M. populnea*（Pers.）P. Karst. = *M. laricis* R. Hartig、*M. pinitorqua* Rostr.］，Ⅱ、Ⅲ 阶段在山杨和白杨上；马格栅锈菌（*M. magnusiana* G. H. Wagner = *M. rostrupii* G. H. Wagner），0、Ⅰ 阶段在山靛属和白屈菜属植物上，Ⅱ、Ⅲ 阶段在山杨和白杨上；柳栅锈（*M. amygdalinae* Kleb.），同主寄生种，寄生在三蕊柳上；冷杉—杨栅锈菌（*M. abietis-populi* S. Imai），0、Ⅰ 阶段在冷杉上，Ⅱ、Ⅲ 阶段在多种黑杨派树种上；粉被栅锈菌（*M. pruinosae* Tranzschel），Ⅱ、Ⅲ 阶段在胡杨和灰胡杨上，0、Ⅰ 阶段不详。

6）膨痂锈菌科（Pucciniastraceae Gäum. ex Leppik）

性孢子器 Ⅰ 组 2 型或 3 型，锈孢子器 *Peridermium* 型；夏孢子堆 *Milesia* 型，具有口缘细胞；冬孢子堆表皮下生或表皮细胞内生，不外露，冬孢子横向连合，单胞或具纵隔膜，无柄。0、Ⅰ阶段在针叶树上，Ⅱ、Ⅲ阶段在槭树科、桦木科、石竹科、杜鹃花科、壳斗科、柳叶菜科、蔷薇科、茜草科和部分蕨类植物上。

（1）茎痂锈菌属（*Calyptospora* J. G. Kühn）

锈孢子器疱状，橙黄色，生云杉叶上；冬孢子多胞，4 个细胞以纵隔分开，生越橘茎表皮细胞中，引起茎肿大，呈红褐色。仅 1 种，即疱状小栅锈菌［*Calyptospora columnaris*（Alb. & Schwein.）J. G. Kühn］。

（2）明痂锈菌属（*Hyalopsora* Magnus）

性孢子器表皮下，子实层平展，界限明显，无缘丝。锈孢子器 *Peridermium* 型，包被圆柱形；锈孢子排列为链状，壁薄，表面具疣。夏孢子堆生于寄主植物表皮下，包被脆弱，有时退化，干燥时不易观察，孔口细胞分化不明显，有时具侧丝；夏孢子单生于柄上，无色，新鲜时内含物橙黄色，表面具疣或刺，芽孔不明显；不形成明显的冬孢子堆；冬孢子生于表皮细胞中，由垂直隔膜分隔成 2 至多个细胞，无柄，壁薄，无色，表面光滑，每个细胞可能具 1 孔，不明显，不休眠，成熟后立即萌发；担子外生。

（3）长栅锈菌属（*Melampsoridium* Kleb.）

性孢子器表皮下生，平展；锈孢子器疱状；夏孢子堆具包被，开口周围有厚壁刺突状细胞；冬孢子圆柱形，单胞，表皮下生。全部属于转主寄生菌，0、Ⅰ阶段在落叶松上，Ⅱ、Ⅲ阶段在桦木科植物上。常见种：桦长栅锈菌［*Melampsoridium betulinum*（Pers.）Kleb.］、鹅耳枥长栅锈菌［*M. carpini*（Nees）Dietel］、山胡椒长栅锈菌（*M. linderae* J. Y. Zhuang）等。

（4）小栅锈菌属（*Melampsorella* J. Schröt.）

性孢子器叶正面生，锈孢子器短柱形，寄生于冷杉上，引起丛枝病；夏孢子叶背生，冬孢子无柄，生于表皮细胞中。常见种：沟繁缕小栅锈菌［*Melampsorella elatina*（Alb. & Schwein.）Arthur = *M. caryophyllacearum*（DC.）J. J. Schröt.］、伊藤小栅锈菌［*M. itoana*（Hirats. f.）S. Ito & Homma］。

（5）膨痂锈菌属（*Pucciniastrum* G. H. Otth）

性孢子器表皮下生；锈孢子器表皮下生，后外露，*Peridermium* 型，锈孢子串生，表面具疣突；夏孢子堆表皮下生，*Milesia* 型，具包被，孔口有明显分化的口缘细胞；冬孢子堆 1 层孢子厚，垫状，冬孢子无柄，2 至多个细胞，有时具纵隔膜，担子外生（图 7-31），休眠后萌发。常见种：椴膨痂锈菌（*Pucciniastrum tiliae* Miyabe），Ⅱ、Ⅲ阶段在椴属植物上；榛膨痂锈菌［*P. coryli*（Kom.）P. Zhao & L. Cai］，寄生于榛上；还包括云杉膨痂锈菌［*Thekopsora areolata*（Fr.）Magnus = *P. areolatum*（Fr.）G. H. Otth，异名云杉盖痂锈］、酸樱桃膨痂锈菌［*P. pseudocerasi*（Hirats. f.）Jørst. = *Thekopsora pseudocerasi* Hirats. f.］。

7）鞘锈菌科（Coleosporiaceae Dietel）

性孢子器Ⅰ组 2 型或 3 型，或Ⅱ组 9 型；锈孢子器 *Peridermium* 型；夏孢子堆 *Milesia* 型（具有口缘细胞）或 *Caeoma* 型；冬孢子堆外露，蜡质或胶质，垫状或柱状，冬孢子不休眠，担子外生。0、Ⅰ阶段主要寄生松属植物，Ⅱ、Ⅲ阶段寄生多种植物，如夹竹桃科、

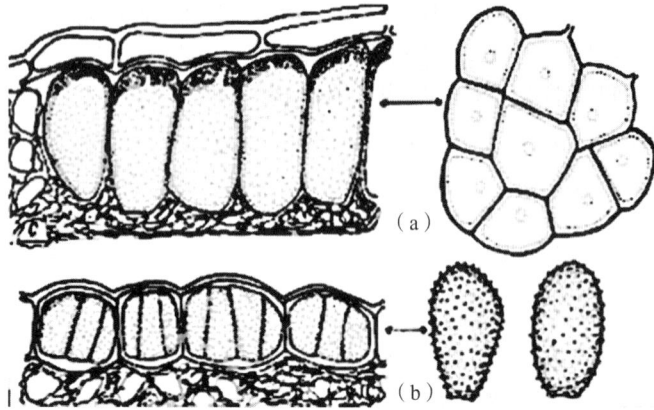

（a）*Pucciniastrum epilobii* G. H. Otth 的冬孢子堆和冬孢子；（b）*Pucciniastrum vaccinii* Jørst. 的冬孢子堆和夏孢子。

图 7-31　膨痂锈菌属（*Pucciniastrum* G. H. Otth）菌物的形态

菊科、桔梗科、旋花科、杜鹃花科、唇形科、毛茛科、蔷薇科、芸香科、堇菜科等。

（1）鞘锈菌属（*Coleosporium* Lév.）

性孢子器表皮下生，Ⅰ组 2 型；锈孢子器表皮下生，后外露，*Peridermium* 型；锈孢子串生，表面具疣突；夏孢子堆表皮下生，夏孢子串生，具疣或刺，常与锈孢子相似（图 7-32）；冬孢子堆初生表皮下，后外露，垫状，干燥时硬，湿时胶质，冬孢子圆柱形，无柄，顶生鞘，单胞，担子外生，休眠后萌发。该属全部是转主寄生菌，0、Ⅰ阶段在松针上，Ⅱ、Ⅲ阶段在双子叶植物上。常见种：紫菀鞘锈菌 [*Coleosporium asterum* （Dietel） Syd. & P. Syd. = *C. solidaginis* （Schwein.） Thüm.，异名一枝黄花鞘锈菌]，0、Ⅰ阶段在松针上，Ⅱ、Ⅲ阶段在一枝黄花、紫菀等植物叶上，引起松针锈病；黄檗鞘锈菌（*C. phellodendri* Kom.），Ⅱ、Ⅲ阶段在黄檗叶上，0、Ⅰ阶段在油松针叶上，引起锈病；千里光鞘锈菌

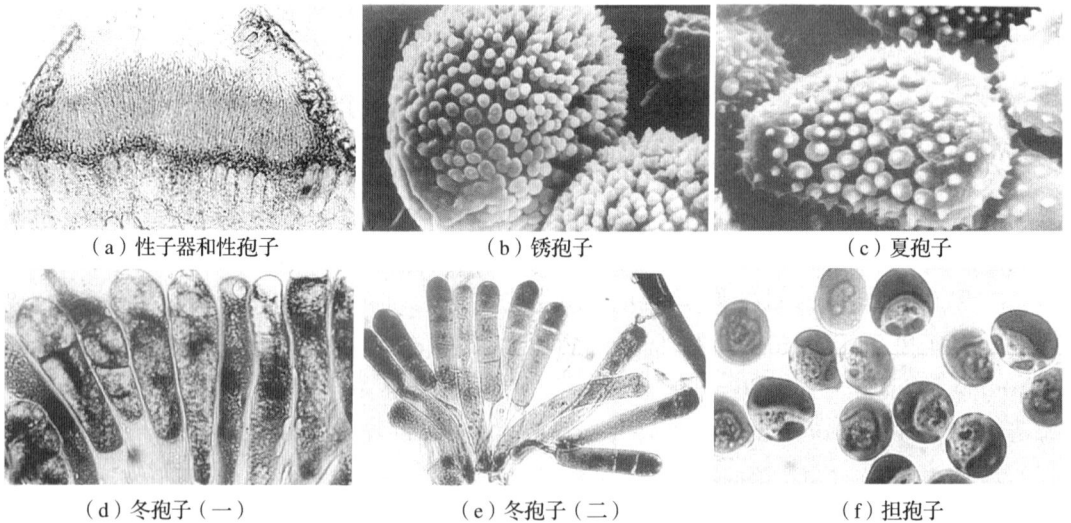

（a）性子器和性孢子　　　　　（b）锈孢子　　　　　（c）夏孢子

（d）冬孢子（一）　　　　　（e）冬孢子（二）　　　　　（f）担孢子

图 7-32　鞘锈菌属（*Coleosporium* Lév.）菌物的形态

（Ji et al.，2016）

［*C. senecionis*（Schumach.）Rabenh.］、白头翁鞘锈菌［*C. pulsatillae*（F. Strauss）Fr.］、铁线莲鞘锈菌（*C. clematidis* Barclay）、鸡蛋花鞘锈菌（*C. plumeriae* Pat.）也都比较常见。

（2）金锈菌属（*Chrysomyxa* Unger）

性孢子器 I 组 2 型，表皮下生，锈孢子器长条状、舌状或管状，*Peridermium* 型；锈孢子串生，表面具疣；夏孢子堆初生表皮下，后外露，无包被或有不明显包被，夏孢子串生，同一个种的夏孢子与锈孢子形态相似；冬孢子堆蜡质，具柄，外露呈蘑菇状，冬孢子单胞，串生，壁薄，无色，担子外生（图 7-33）。该属类群多数是转主寄生菌，0、I 阶段在云杉球果和叶上，II、III 阶段在双子叶植物上，主要危害松科和杜鹃花科植物。常见种：蹄草金锈菌［*Chrysomyxa pyrolae*（Rostr.）Aime & McTaggart］，0、I 阶段在云杉球果上，II、III 阶段在鹿蹄草叶上；杜鹃金锈菌［*C. rhododendri*（DC.）de Bary］，0、I 阶段在云杉上，II、III 阶段在杜鹃叶上；畸形金锈菌［*C. deformans*（Dietel）Jacz.］，寄生云杉球果；祁连金锈菌（*C. qilianensis* Y. C. Wang，X. B. Wu & B. Li），引起祁连云杉、青海云杉锈病；伏鲁宁金锈菌（*C. woroninii* Tranzschel），引起云杉顶芽锈病。

（3）柱锈菌属（*Cronartium* Fr.）

性孢子器 II 组 9 型；锈孢子器 *Peridermium* 型，锈孢子串生，表面具疣；夏孢子堆初生表皮下，后外露，具包被，夏孢子单生；冬孢子堆外露呈毛柱状，冬孢子紧密结合并埋生于共同的基质中，冬孢子单胞，串生，不休眠，担子外生（图 7-34）。该属菌物均为转主寄生，0、I 阶段寄生在松树上，常引起球果或枝干肿大，II、III 阶段寄生在双子叶植物上。代表种：茶藨生柱锈菌（*Cronartium ribicola* J. C. Fisch）、松柱锈菌［*C. pini*（Willd.）Jørst. = *C. flaccidum*（Alb. & Schwein.）G. Winter］等为害红松、华山松、马尾松、樟子松、云南松等多种松属植物，引起疱锈病；栎柱锈菌［*C. quercuum*（Berk.）Miyabe ex Shirai］，可以引起多种松属植物瘤锈病或梭形锈病。柱锈菌属菌物的很多种类已被列为植物检疫性病害。

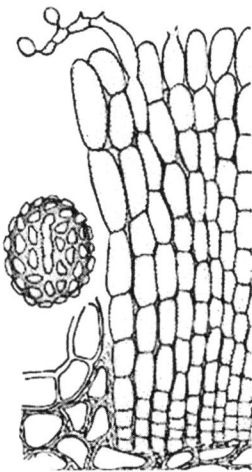

图 7-33 金锈菌属（*Chrysomyxa* Unger）菌物的冬孢子堆和夏孢子

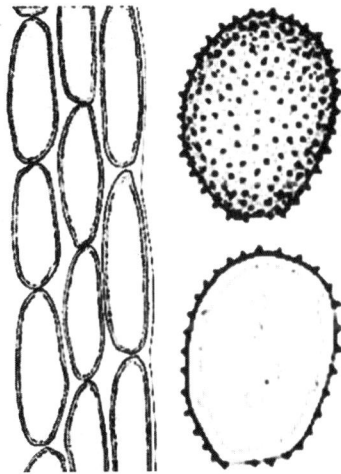

图 7-34 柱锈菌属（*Cronartium* Fr.）菌物的冬孢子堆和夏孢子

（4）鞘金锈菌属（*Diaphanopellis* P. E. Crane）

性孢子器和锈孢子器未见。夏孢子堆裸露，夏孢子串生成链状，表面具疣。冬孢子堆裸露，胶质，垫状，橙黄色，有透明罩膜覆盖；冬孢子单胞，串生成链状，壁薄，表面具细疣，有透明薄鞘包裹，孢子间侧面不粘连，芽孔不明显，不休眠；担子外生。

（5）盖痂锈菌属（*Thekopsora* Magnus）

性孢子器类型与膨痂锈菌属相同，过去将其归入膨痂锈菌科。区别是盖痂锈菌属的冬孢子堆寄生在表皮细胞内，膨痂锈菌属寄生在表皮细胞下，由于冬孢子堆的着生位置并不是属间界限，故认为它们分别属于不同科。

性孢子器生在寄主角质层下；锈孢子堆生表皮下，后外露且有包被；锈孢子串生，多疣；夏孢子堆生表皮下，后外露，有包被；夏孢子单生，有小刺；冬孢子寄主表皮细胞内生，多为 2~4 胞，有纵隔，有色，担子外生。常见种：紫菀盖痂锈菌（*Thekopsora asteridis* Tranzschel）、铁木盖痂锈菌（*Th. ostryae* Y. M. Liang & T. Yang）、委陵菜盖痂锈菌[*Th. potentillae* (Kom.) M. Scholler & U. Braun]、三角盖痂锈菌（*Th. triangula* Y. M. Liang & T. Yang）等。

8）迈尔锈菌科（Milesinaceae Aime & McTaggart）

通常寄生在杜鹃花科植物或蕨类植物上，产生无色夏孢子和冬孢子，性孢子和锈孢子阶段产生在松科的冷杉属、铁杉属植物上。

孢子堆一般无色；性孢子器Ⅰ组 1 型、2 型或 3 型；锈孢子器 *Peridermium* 型或 *Milesia* 型；夏孢子堆 *Milesia* 型；冬孢子休眠后萌发，单胞至多胞，通常寄生在寄主表皮细胞内。

（1）拟夏孢锈菌属（*Uredinopsis* Magnus）

性孢子器Ⅰ组 3 型，生于寄主植物角质层下，稀Ⅰ组 1 型和 2 型，生于表皮下，子实层平展或深陷于叶肉组织中；锈孢子器 *Peridermium* 型，圆柱形，脆弱；锈孢子串生成链状，表面具疣；夏孢子堆具膜质脆弱包被，开口不规则，孔口细胞分化不明显；夏孢子单胞，单生于不明显的柄上，挤压成团时常呈白色卷须状，略呈披针形，顶端常具短尖，无色，表面光滑或具 1~2 纵列齿状瘤突或嵴，芽孔不明显，位于孢子两端。某些种有休眠夏孢子；休眠夏孢子具柄，多面体，表面常有疣。不形成明显的冬孢子堆；冬孢子单个散生或不规则聚生于寄主叶肉组织中，无柄，单胞或由垂直隔膜分隔成 2 至若干个细胞，壁薄，每个细胞具 1 孔，但不明显在越冬藤叶上萌发；担子外生。

（2）迈尔锈菌属（*Milesina* Magnus）

特征如迈尔锈菌科（图 7-35）。

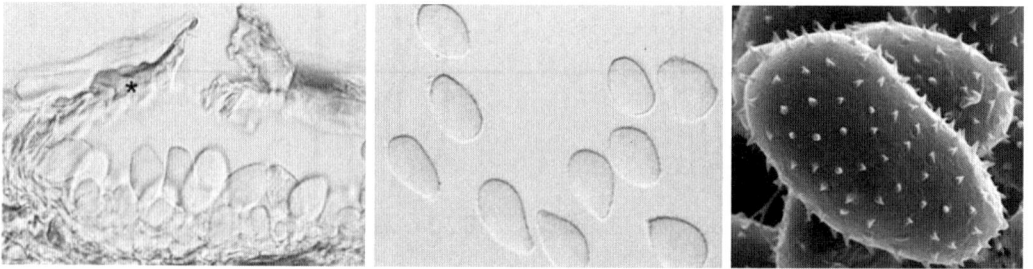

图 7-35 迈尔锈菌属（*Milesina* Magnus）菌物的夏孢子堆和夏孢子

（Ono et al., 2020）

（3）直秀锈菌属（*Naohidemyces* S. Sato，Katsuya & Y. Hirats.）

性孢子器Ⅰ组 3 型，生于寄主植物角质层下，子实层平展，无缘丝；锈孢子器具圆盖形包被，孔口细胞分化明显；锈孢子单生于不明显的柄上，表面具刺；夏孢子堆具圆盖形包被，孔口细胞分化明显（图 7-36）；夏孢子单生于不明显的柄上，表面具刺。不形成明显的冬孢子堆；冬孢子生于寄主植物表皮细胞中，由数个侧面相连的细胞组成，壁有色，每个细胞中央具 1 芽孔，越冬休眠后在枯叶上萌发；担子外生。

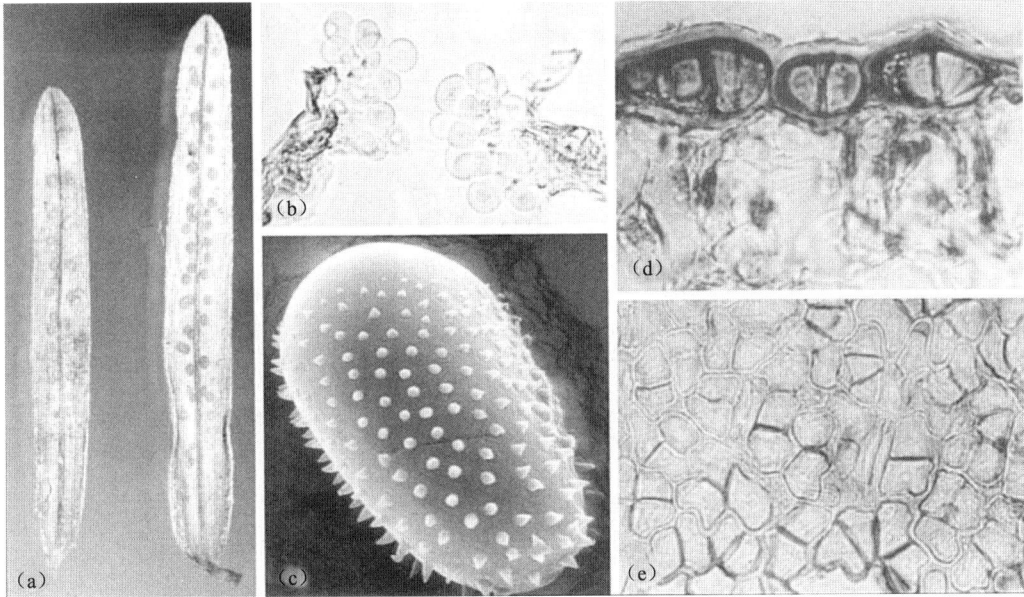

（a）*Naohidemyces vaccinii*（Jørst.）S. Sato，Katsuya & Y. Hirats. 的锈孢子器症状；（b）*N. vaccinii*（Jørst.）S. Sato，Katsuya & Y. Hirats. 的夏孢子堆口缘细胞；（c）*N. fujisanensis* S. Sato，Katsuya & Y. Hirats. 的锈孢子；（d）*N. vaccinii*（Jørst.）S. Sato，Katsuya & Y. Hirats. 的冬孢子；（e）*N. fujisanensis* S. Sato，Katsuya & Y. Hirats. 冬孢子的表面纹饰。

图 7-36　直秀锈菌属（*Naohidemyces* S. Sato，Katsuya & Y. Hirats.）**菌物的形态**

（Cummins et al.，2003）

9）赭痂锈菌科（Ochropsoraceae Aime & McTaggart）

性孢子器Ⅵ组 7 型；锈孢子器 *Aecidium* 型；夏孢子 *Malupa* 型；冬孢子堆有坚硬外壳，1 层细胞厚，初期表皮下生，后突破表皮露出，冬孢子不休眠，担子内生或外生。

（1）赭痂锈菌属（*Ochropsora* Dietel）

冬孢子堆有坚硬外壳，1 层细胞厚，初期在寄主表皮下生，后期突出；冬孢子多胞，具横隔膜（图 7-37）。担子单胞，后分裂成 4 个细胞，每个细胞产生一个担孢子。该属目前仅报道 4 种，均分布在温带地区，其中由该属菌物引起的假生麻属锈病在日本分布较为广泛。

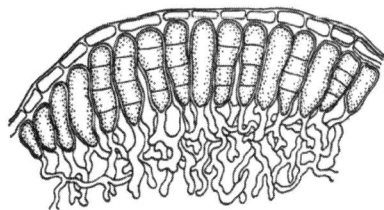

图 7-37　赭痂锈菌属（*Ochropsora* Dietel）**菌物的冬孢子堆**

10）疣双胞锈菌科（Tranzscheliaceae Aime & McTaggart）

性孢子器Ⅵ组7型；锈孢子器 *Aecidium* 型；夏孢子 *Uredo* 型；冬孢子双胞，具柄。转主寄生长循环型生活史或短循环型生活史，寄生于蔷薇科和毛茛科植物。

（1）疣双胞锈菌属（*Tranzschelia* Arthur）

锈孢子堆杯状，有外曲的包被；锈孢子串生，球形，有色，具疣；夏孢子堆粉末状，夏孢子单生，椭圆形或倒卵形，与侧丝混生，有色，具刺，芽孔在腰部；冬孢子堆粉末状；冬孢子具2个易分离的细胞，有色，具疣，以短而易断的小柄集生于短而不显的短柄上(图7-38)。转主寄生。常见种：刺梨疣双胞锈[*Tranzschelia pruni-spinosae*（Pers.）Dietel]，0、Ⅰ阶段在白头翁上，Ⅱ、Ⅲ阶段在桃或欧李上；银莲花疣双胞锈[*T. anemones*（Pers.）Nannf.]，0、Ⅲ阶段在白头翁上。

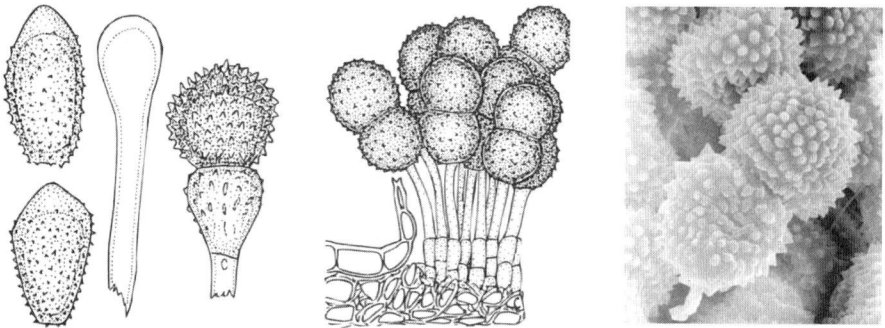

图 7-38　疣双胞锈菌属（*Tranzschelia* Arthur）菌物的冬孢子堆和冬孢子

（Cummins et al.，2003）

11）层锈菌科（Phakopsoraceae Cummins & Hirats. f.）

性孢子器Ⅵ组7型；锈孢子器 *Caeoma* 型（图7-39）；夏孢子有柄；冬孢子单胞。

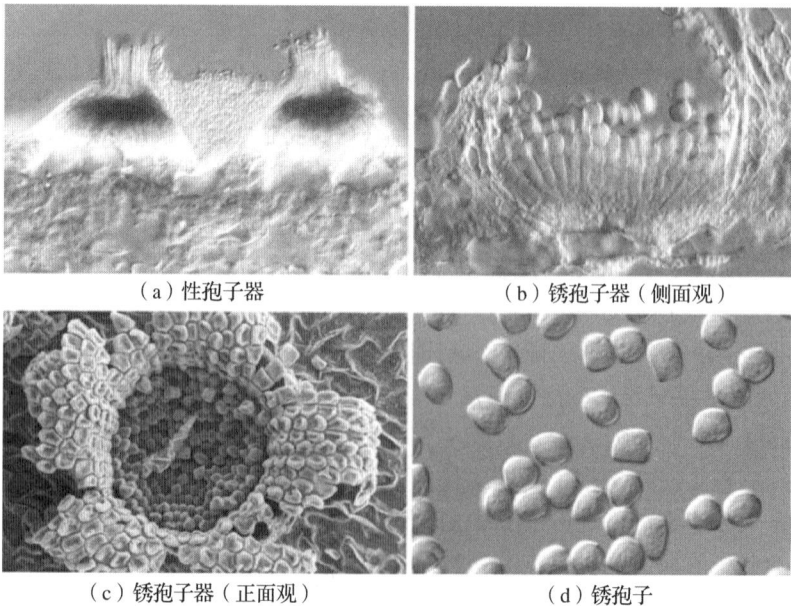

（a）性孢子器　　　　　　（b）锈孢子器（侧面观）

（c）锈孢子器（正面观）　　　　（d）锈孢子

图 7-39　层锈菌属（*Phakopsora* Dietel）菌物的形态

（Ono et al.，2012）

（1）层锈菌属（*Phakopsora* Dietel）

夏孢子堆圆形，粉状，有侧丝；夏孢子单生于柄上，倒卵形、近球形或椭圆形，有刺，稀有小疣。冬孢子堆扁球形，由2层以上的冬孢子组成；冬孢子单胞，棱柱形或矩形，光滑，淡色。目前该属已报道100余种，危害经济植物。常见种：枣层锈菌［*Phakopsora zizyphi-vulgaris*（Henn.）Dietel］、大豆层锈菌（*P. pachyrhizi* Syd. & P. Syd.）、棉层锈菌［*P. desmium*（Berk. & Broome）Cummins＝*P. gossypii*（Lagerh.）Hirats. f.］。

12）伞锈菌科（Raveneliaceae Leppik）

性孢子器Ⅵ组5型或7型；锈孢子器常为 *Uredo* 型，少见 *Aecidium* 型、*Caeoma* 和 *Lecythea* 型；夏孢子 *Uredo* 型；冬孢子单胞至多胞。多数是单主寄生长循环型生活史，寄主多为豆科植物。

（1）伞锈菌属（*Ravenelia* Berk.）

锈孢子堆有或无包被，有时似夏孢子堆。夏孢子堆有或无侧丝；夏孢子单生，有柄，椭圆形至矩形，具刺或疣，有色。冬孢子堆皮而出，冬孢子单胞，横向牢固结合成柄生的圆盘状孢子头（图7-40），深色，边缘连接无色、具吸湿性的囊状细胞，柄束状，担子外生。该属是锈菌的第三大属，同主寄生，广泛分布在温带地区。常见种：无柄伞锈菌（*Ravenelia sessilis* Berk.），冬孢子无柄，但在下部有多数无色囊状物；日本伞锈菌（*R. japonica* Dietel & P. Syd.），生于山槐叶上；巨头伞锈菌（*R. macrocapitula* F. L. Tai）。

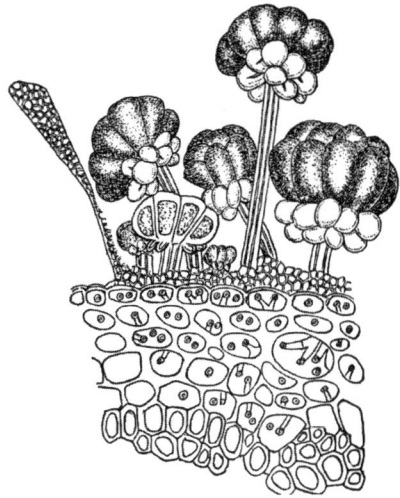

图7-40 伞锈菌属（*Ravenelia* Berk.）菌物的冬孢子

13）胶锈菌科（Gymnosporangiaceae Chevall.）

性孢子器Ⅴ组4型；锈孢子器 *Roestelia* 型，少数 *Aecidium* 型；冬孢子多为双胞，不经休眠萌发，担子外生。大多数物种为转主寄生缺夏型生活史，0、Ⅰ阶段寄生在蔷薇科植物上，Ⅲ阶段寄生在柏科植物。

（1）胶锈菌属（*Gymnosporangium* R. Hcdw. ex DC.）

锈孢子器通常为毛状，少数为杯状；锈孢子串生，具疣。夏孢子单生柄上，表面有疣，大多数种缺少Ⅱ阶段，仅高又曼胶锈菌（*Gymnosporangium gaeumannii* H. Zogg）、诺卡胶锈菌［*G. nootkatense*（Trel.）Syd.］、附丝胶锈菌（*G. paraphysatum* Vienn. -Bourg.）、天山胶锈菌（*G. tianschanicum* Z. Y. Zhao & J. Y. Zhuang）4个种产生夏孢子。冬孢子堆角状、鸡冠状或垫状，潮湿时呈胶质状，常引起寄主病部肿大或丛枝；冬孢子单胞或多胞，生于柄上，担子外生。该属单主寄生的仅有1种，即 *G. bermudianum* Earle，多数为转主寄生缺夏型生活史（图7-41），仅发现细胶锈菌［*G. gracilens*（Peck）F. Kern & Bethel］的锈孢子阶段出现在绣球花科植物上、爱丽丝胶锈菌［*G. myricatum*（Schwein.）Arthur］的锈孢子在杨梅科植物上、百慕大胶锈菌（*G. bermudianum* Earle）的锈孢子在柏科植物上。常见种：引起梨树锈病的亚洲胶锈菌（*G. asiaticum* Miyabe ex G. Yamada）和引起苹果锈病的山田胶锈菌

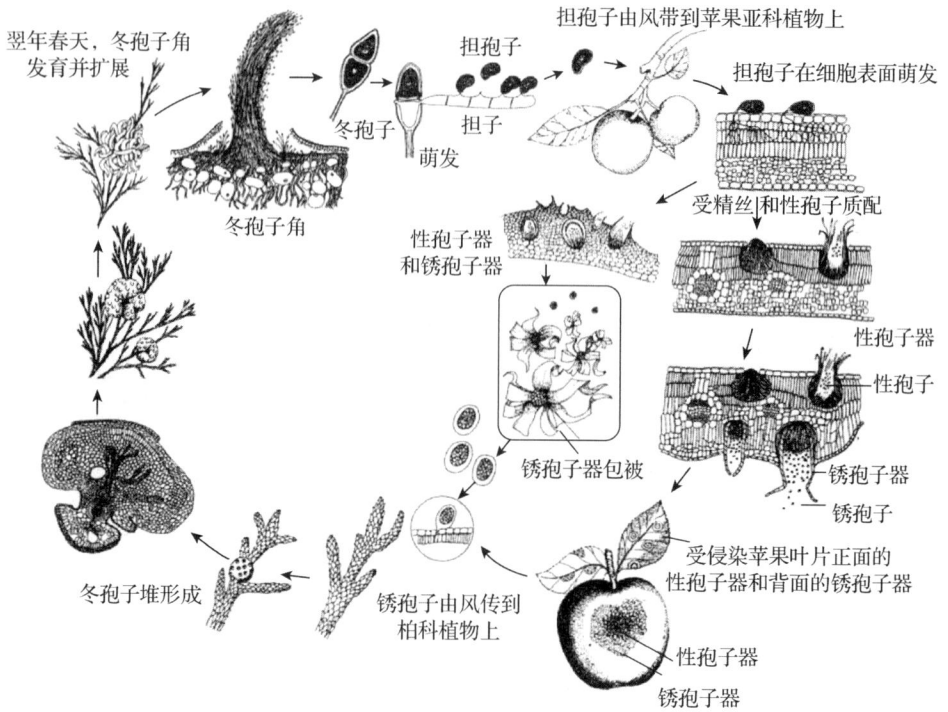

图 7-41 胶锈菌属(*Gymnosporangium* R. Hedw. ex DC.)**菌物生活史**

(*G. yamadae* Miyabe ex G. Yamada)。

14)多胞锈菌科(Phragmidiaceae Corda)

性孢子器Ⅳ组,少数Ⅰ组2型;锈孢子器多样,*Caeoma* 型、*Petersonia* 型或 *Uredo* 型;夏孢子堆 *Lecytheaor* 型或 *Uredo* 型;冬孢子多为多胞,少见双胞,基部常具坚固的柄,都有横向隔膜,担子外生。主要寄生蔷薇亚科植物。

(1)多胞锈菌属(*Phragmidium* Link)

性孢子器2型、6型、8型、10型或11型,锈孢子器多为 *Caeoma* 型,少见 *Uredo* 型;夏孢子堆 *Uredo* 型,通常有侧丝;夏孢子球形或椭圆形,具刺或疣,芽孔散生,不显著;冬孢子堆粉状,冬孢子常多胞,少见双胞,基部常具坚固的柄,都有横向隔膜,具疣或光滑,每个细胞具2~3个芽孔(图7-42);担子外生。该属很多种是蔷薇锈病的病原菌。常见种:多花蔷薇多胞锈菌(*P. rosae-multiflorae* Dietel)、玫瑰多胞锈菌[*P. mucronatum*(Pers.)

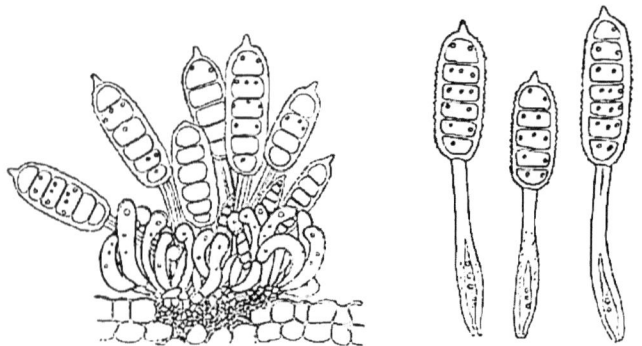

图 7-42 多胞锈菌属(*Phragmidium* Link)**菌物的冬孢子堆和冬孢子**

Link.]、委陵菜多胞锈菌[*P. potentillae*(Pers.)P. Karst.]。

(2)戟孢锈菌属(*Hamaspora* Körn.)

仅见Ⅱ、Ⅲ阶段。夏孢子堆有侧丝;夏孢子单生,有柄,球形至椭圆形,具疣,有数个芽孔。冬孢子堆线形,丛生,色淡;冬孢子长形、圆柱形,有长柄,无色,光滑,有 2至数个横隔,各胞有 1 个芽孔。均为同主寄生,主要寄生在各种悬钩子叶上。常见种:麻栎戟孢锈(*Hamaspora acutissima* P. Syd. & Syd.)、桥冈戟孢锈(*H. hashiokae* Hirats. f.)。

(3)三胞锈菌属(*Triphragmium* Link)

性孢子器生上表皮下,扁平。夏孢子单生,不见芽孔,初生夏孢子堆为垫状,次生者为点状。冬孢子堆破皮而出,粉状,褐色;冬孢子三胞,呈倒“品”字形,褐色,各胞有 1个芽孔,表面有稀疣。常见种:合叶子三胞锈菌[*Triphragmium ulmariae*(DC.)Link]。

(4)拟三胞锈菌属(*Triphragmiopsis* Naumov)

性孢子器不详。夏孢子堆棱形,红色,无包被,生于叶背,冬孢子与三胞锈菌属相同,但各胞有 2 个芽孔。已知种:落叶松拟三胞锈菌[*Triphragmiopsis laricinum*(W. F. Chiu)F. L. Tai],在落叶松叶背形成血红色的夏孢子堆和黑褐色的冬孢子堆,粉状;杰弗逊拟三胞锈菌(*T. jeffersoniae* Naumov)。

15)柄锈菌科(Pucciniaceae Chevall.)

性孢子器 V 组 4 型,锈孢子器 *Aecidium* 型;夏孢子堆 *Uredo* 型;冬孢子堆粉状,冬孢子单胞或双胞,具柄,担子外生。生活史多样。目前,科内的系统发育学关系尚不清楚,本书以形态学分类为主,主要介绍该科内的常见属。

(1)柄锈菌属(*Puccinia* P. Micheli)

0、Ⅰ、Ⅱ阶段形态如柄锈菌科;冬孢子堆粉状,冬孢子双胞,各胞有 1 个芽孔,具柄,担子外生。该属是锈菌中最大的属,4 000 余种,全球广泛分布。许多严重病害由该属菌物引起,如小麦条锈菌(*Puccinia striiformis* Westend.)引起小麦锈病,禾柄锈菌(*P. graminis* Pers.)引起水稻锈病,恩屈柄锈菌[*P. kuehnii*(W. Krüger)E. J. Butler]和黑顶柄锈菌(*P. melanocephala* Syd. & P. Syd.)引起甘蔗锈病,此外,还有向日葵柄锈菌[*P. helianthi*(Schwein.)H. S. Jacks.]、红花柄锈菌(*P. carthami* Corda)、棉花柄锈菌(*P. cacabata* Arthur & Holw.)、刺竹柄锈菌[*P. ignava*(Arthur)Arthur]、长角刚竹柄锈菌(*P. longicornis* Pat. & Har.)、刚竹柄锈菌(*P. phyllostachydis* Kusano)等。隐匿柄锈菌(*P. recondita* Roberge ex Desm.)的 0、Ⅰ阶段在毛茛科植物上,Ⅱ、Ⅲ阶段在禾本科植物上等。

(2)单胞锈菌属[*Uromyces*(Link)Unger]

锈孢子堆破皮而出,有杯形或圆柱形的包被;锈孢子串生,球形至椭圆形,无色,具小疣。夏孢子堆褐粉状;夏孢子单生于柄上,近球形、椭圆形或卵形,有刺。冬孢子堆寄主表皮下生,冬孢子单胞,顶有 1 个芽孔,通常有色,光滑或有疣。有同主寄生与转主寄生两类,寄生在多科植物上,但以豆科植物为主。常见种:茎生单胞锈菌(*Uromyces truncicola* Henn. & Shirai)、平铺胡枝子单胞锈菌[*U. lespedezae-procumbentis*(Schwein.)Lagerh.]、胡枝子皱纹单胞锈菌(*U. rugulosus* Pat.)、豌豆单胞锈菌[*U. pisi-sativi*(Pers.)Liro = *U. laburni*(DC.)G. H. Otth=*U. genistae-tinctoriae*(Pers.)Fuckel ex G. Winter]、阿穆尔单胞锈菌(*U. amurensis* Kom.)、疣顶单胞锈菌[*U. appendiculatus*(Pers.)Steud.]。

在传统的形态学分类上，该属与柄锈菌属的划分依据冬孢子单胞或双胞。目前的分子系统学研究表明，这两个属都是多起源的，属间界限模糊。为了便于识别该类病原菌，本书延续以前的形态学分类。该属是锈菌中第二大属，全球广泛分布，寄主广泛，生活史多样。有些物种会严重危害经济植物，如疣顶单胞锈菌[*U. appendiculatus* (Pers.) Steud.]。

(3) 鞘柄锈菌属(*Coleopuccinia* Pat.)

生活史不详。冬孢子堆破皮而出，近球形，蜡质至胶质；冬孢子双胞，无柄，串生，光滑、无色。常见种：中国鞘柄锈菌(*Coleopuccinia sinensis* Pat.)，寄生在梅子叶上；枇杷鞘柄锈菌(*C. simplex* Dietel)，寄生在枇杷叶上；昆明鞘柄锈菌(*C. kunmingensis* F. L. Tai)，寄生在枸子叶上。

16) 帽孢锈菌科(Pileolariaceae Cummins & Y. Hirats.)

性孢子器Ⅵ组7型，锈孢子器和夏孢子堆 *Uredo* 型，冬孢子单胞，突破表皮外露，休眠后萌发。单主寄生于漆树科植物。

(1) 帽孢锈菌属(*Pileolaria* Castagne)

锈孢子器初埋生于表皮下后外露，锈孢子单生柄上，具疣或刺，常排列成纵向或螺旋状条纹；夏孢子堆无侧丝，夏孢子单胞，近棱形，与锈孢子相似；冬孢子单生柄上，单胞，扁球形，壁厚，有色，具各种纹饰，担子外生。常见种：漆树帽孢锈菌[*Pileolaria klugkistiana* (Dietel) Dietel]、白井帽孢锈菌[*P. shiraiana* (Dietel & P. Syd.) S. Ito]、黄连木帽孢锈菌(*P. pistaciae* F. L. Tai & C. T. Wei)等。

17) 肥柄锈菌科(Uropyxidaceae Cummins & Y. Hirats.)

(1) 白双胞锈菌属(*Leucotelium* Tranzschel)

锈孢子堆在毛茛科上，冬孢子堆在核果类树上。形态与柄锈属相似，但冬孢子无色并无明显芽孔，转主寄生。代表种：桃白双胞锈菌[*Leucotelium pruni-persicae* (Hori) Tranzschel]。

18) 球锈菌科(Sphaerophragmiaceae Cummins & Y. Hirats.)

(1) 球锈菌属(*Sphaerophragmium* Magnus)

生活史不详。夏孢子堆具侧丝，夏孢子单生有柄，黄褐色，有2个芽孔，圆形至倒卵形，有刺。冬孢子4~9个细胞，球形或椭圆形，如桑葚状，表面具长刺，有色，芽孔不明显；柄无色或稍有色。寄生在豆科植物上。我国已知合欢球锈菌[*Sphaerophragmium acaciae* (Cooke) Magnus]。

19) 分类地位未定科

(1) 花孢锈属(*Nyssopsora* Arthur)

锈孢子堆似夏孢子堆，无侧丝。锈孢子球形，具稀疏小疣，壁有色。夏孢子堆未发现或无。冬孢子堆粉状，冬孢子三胞，呈倒"品"字形，每个细胞有2个以上的芽孔，暗色，具长刺状附属物。该属菌物全部为同主寄生菌。如栾花孢锈菌[*Nyssopsora koelreuteriae* (Syd. & P. Syd.) Tranzschel]、香椿花孢锈菌[*N. cedrelae* (Hori) Tranzschel]、楤木花孢锈菌(*N. asiatica* Lütjeh.)。

7.2.3.2　泛胶耳目

泛胶耳目（Platygloeales R. T. Moore）寄生在植物的茎、叶，性孢子器产生菌丝团，细胞内部有纺锤极体—内质网帽。

1）始柱锈耳科（Eocronartiaceae Jülich）

寄生苔藓和蕨类植物。

（1）始柱锈耳属（*Eocronartium* G. F. Atk.）

产生柱状、胶质的担子果，担子具有横向隔膜（图 7-43）。

（a）担子果　　　　　　　（b）担孢子

图 7-43　始柱锈耳属（*Eocronartium* G. F. Atk.）菌物的形态

（Sandoval et al. , 2012）

（2）蔓担子菌属（*Herpobasidium* Lind）

菌丝在寄主的叶肉细胞内扩散，并通过细胞间隙在表皮和叶肉细胞内形成盘绕的吸器。菌丝通过气孔或破坏表皮细胞连接而出现（图 7-44）。菌丝在叶背面展开产生单隔和薄壁的担子。

2）泛胶耳科（Platygloeaceae Racib.）

特征如泛胶耳目，寄生被子植物。

（1）泛胶耳属（*Platygloea* J. Schröt.）

产生耳状的担子果，白色（图 7-45）；原担子发达，产生具有横隔膜的异担子；担孢子反复发生。

7.2.3.3　隔担子菌目

隔担子菌目（Septobasidiales Couch）担子果与介壳虫共生，裸果型，非胶质，干燥时呈壳状或扁平海绵体状，颜色多样，从淡灰色至暗褐色、紫色。该类菌物常在菌丝层基部有直立的菌丝组织，上部与子实层相连，菌丝有隔，无锁状联合；子实层单侧生，具担子和营养菌

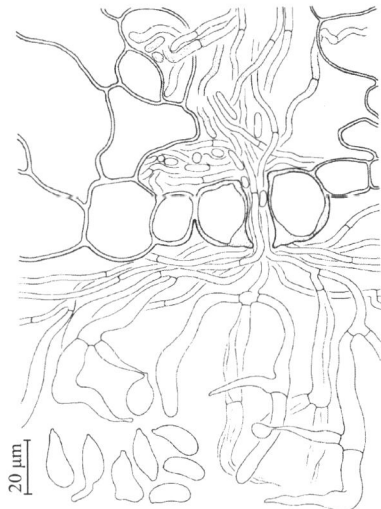

图 7-44　蔓担子菌属（*Herpobasidium* Lind）菌物的形态

（Oberwinkler, 1984）

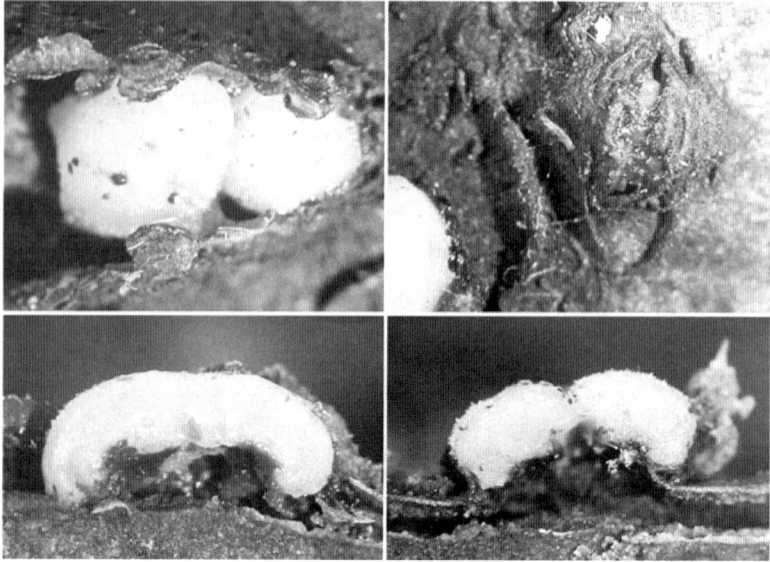

图 7-45 泛胶耳属(*Platygloea* J. Schröt.)菌物的担子果

丝,原担子卵形、球形、梨形等,异担子圆筒形,有横隔;担孢子无色,壁薄,光滑,有隔,罕见重复发生,萌发生分生孢子和芽孢子。

1)隔担子菌科(Septobasidiaceae Racib.)

多数隔担子菌科菌物感染介壳虫,然后从它们身上长出来,在树枝和树叶上呈毛毡状,在潮湿的热带、亚热带和地中海气候地区往往极为常见。

菌丝均为双核菌丝,有性阶段形成横隔担子,产生1~4个担孢子。在一个种内所形成的孢子数量通常是一致的。担孢子通过产生芽孢子来萌发,再通过角质层的开口(孔口或沿刚毛)感染介壳虫。在昆虫内部,菌丝分化形成吸器,吸器通常呈盘绕状或其他形状,通过昆虫肛门或阴道生长出来,并可能与附近其他受感染昆虫的菌丝融合。

(1)隔担子菌属(*Septobasidium* Pat.)

担子果非胶质,干燥时呈壳状或扁平海绵体状,近子实层的菌丝产生原担子;担子圆筒形,由横隔分为4个细胞,每个细胞生1个小梗;担孢子无色光滑。寄生介壳虫,间接危害植物,担子果伏在树皮上,很像膏药(图7-46),可引起灰色膏药病,如茂物隔担耳(*Septobasidium bogoriense* Pat.)。

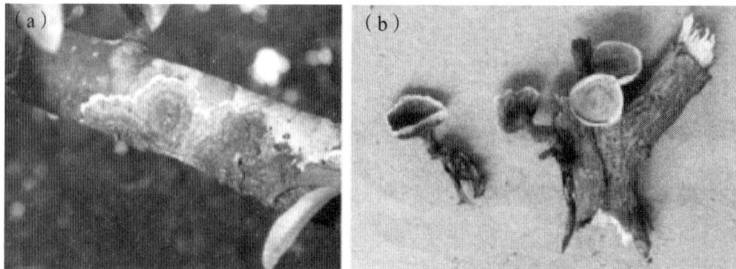

(a)表观症状　　　　(b)担子果

图 7-46 隔担子菌属(*Septobasidium* Pat.)菌物的表现症状和担子果

(Henk et al.,2007)

7.2.3.4　卷担子菌目

卷担子菌目(Helicobasidiales R. Bauer, Begerow, J. P. Samp., M. Weiss & Oberw.)寄生在植物根系或重寄生在锈菌上。目前只包括 1 科, 即卷担子菌科(Helicobasidiaceae P. M. Kirk)。

(1)卷担子菌属(*Helicobasidium* Pat.)

寄生在植物根系, 在根系表面覆盖浓密的菌丝, 其有性阶段在地面生长, 在覆盖被感染植物基部的多年生菌丝体外壳上形成一个细小的子实(图 7-47), 被感染的植物很快死亡。已有 50 科约 120 种植物受其危害。

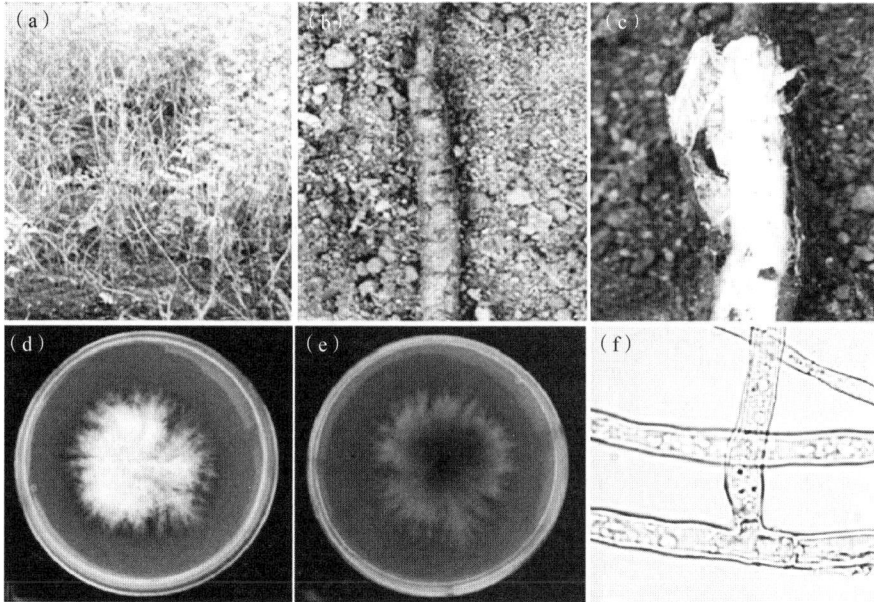

(a)(b) 受害植物; (c) 根部软腐; (d)(e)菌落形态; (f) 菌丝。

图 7-47　卷担子菌属(*Helicobasidium* Pat.)菌物的症状和形态

(Hong et al., 2011)

(2)锈生座孢属(*Tuberculina* Tode ex Sacc.)

该属遍布世界各地, 与至少 15 属的 150 多种锈菌共存。它们仅侵染锈菌宿主的单倍体阶段, 生长在锈菌菌丝与植物的茎之间。当芽孢形成时, 该类菌物变成可见的半球形, 淡紫色至紫色的菌丝突破植物表面, 通常接近锈孢子, 释放一团孢子粉。此类菌物对锈菌有一定的抑制作用。

7.2.3.5　霜杯耳目

霜杯耳目(Pachnocybales R. Bauer, Begerow, J. P. Samp., M. Weiss & Oberw.)菌物腐生, 大多数物种具明显的担子果, 担子无隔膜, 顶端产生 4~6 个担孢子。

1)霜杯耳科(Pachnocybaceae Oberw. & R. Bauer)

特征如霜杯耳目。

（1）霜杯耳属（*Pachnocybe* Berk.）

担子果头状具柄，菌柄深红色，紧密附着，平行，垂直方向棕色，菌丝无锁状联合；头状担子果苍白至几乎透明，由紧密排列的担子组成；担子无隔膜，无色，顶端产生 4~6 个孢子；担孢子生在小梗上，薄壁，椭圆形，无色至浅黄色，光滑（图 7-48）。

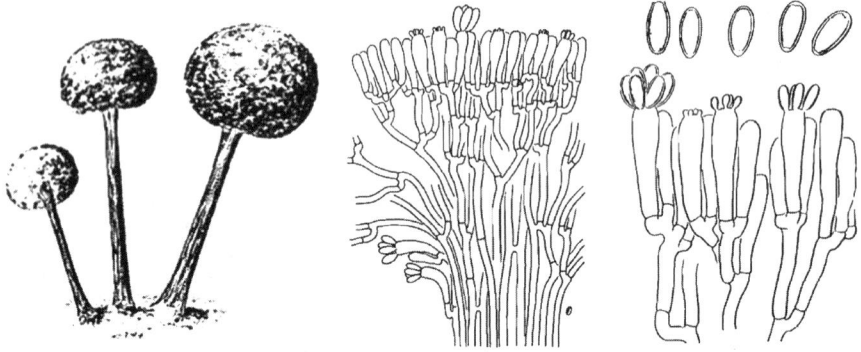

图 7-48　霜杯耳属（*Pachnocybe* Berk.）菌物的担子果、担子和担孢子
（Oberwinkl et al.，1981）

7.3　黑粉菌亚门

黑粉菌名字的由来，归因于它形成大量的煤黑色的粉状孢子。目前已知黑粉菌亚门（Ustilaginomycotina Doweld）有 119 多属 1 460 余种。黑粉菌不是专性寄生菌，大多为兼性寄生菌，寄生性较强。在自然界，黑粉菌只有在一定的寄主上生活才能完成生活史。大多数黑粉菌可以在人工培养基上培养，但只有少数可以在人工培养基上完成生活史。少数黑粉菌腐生。

黑粉菌是一群重要的植物病原菌，虽然有极个别的黑粉菌生活在极少数的裸子植物及蕨类植物上，但大多数种类都寄生在被子植物上，寄主植物主要集中在禾本科、十字花科、毛茛科、百合科和莎草科。黑粉菌为害寄主植物并在发病部位形成黑色粉状物的病征，所引起的病害一般称为黑粉病或黑穗病。以禾本科上的寄生种类为最多，造成危害性较大的麦、稻、玉米等粮食作物黑粉病，如高粱散孢堆黑粉菌［*Sporisorium cruentum*（J. G. Kühn）Vánky］、玉米黑粉菌［*Mycosarcoma madis*（DC.）Bref. = *Ustilago maydis*（DC.）Corda］、燕麦散黑粉菌［*Ustilago avenae*（Pers.）Rostr.］、高粱花黑粉菌（*Ustilago kenjiana* S. Ito）、小麦网腥黑粉菌［*Tilletia caries*（DC.）Tul. & C. Tul.］、小麦光腥黑粉菌［*Tilletia foetida*（Wallr.）Liro］、小麦矮腥黑粉菌（*Tilletia controversa* J. G. Kühn）。麦粒被腥黑粉菌感染后，产生三甲胺气味，像腐烂的鱼腥味一样，使小麦变色和气味难闻，降低营养价值。积聚在脱粒机里的黑粉孢子有时会发生剧烈爆炸。洋葱条黑粉菌（*Urocystis magica* Pass. = *U. cepulae* Frost）还可侵染大葱和洋葱引起黑粉病。此外，一些黑粉菌可以食用，例如，玉米黑粉菌产生的菌瘿是可食的，墨西哥的部分地区已把这种菌瘿制成罐头食品，称其为"Cuitlacoche"或"玉米蘑菇"。在木本植物上可见枝生黑粉菌属（*Pericladium* Pass.）菌物寄生在椴树科和胡椒科植物上，它们分布于南亚和非洲的一些国家，在我国尚无记载。

黑粉菌多引起全株性侵染，也有局部性侵染的。在寄主的花期和生长期均可侵入，主要是以双核的菌丝体在寄主的细胞间寄生，一般以吸器伸入寄主细胞内，有的菌丝体上具有锁状联合。寄生后期，双核的菌丝体在寄主组织内形成冬孢子，无性繁殖不发达，往往以担孢子进行芽殖产生分生孢子。被黑粉菌寄生的植物所表现的症状最常见的是寄生在花器上，使花受害后不能授粉或不结实；有些黑粉菌侵害植物的幼嫩组织，使其形成菌瘿；还有不少菌种只侵害叶、茎等组织，形成条斑和黑粉堆；只有少数菌种侵害寄主的根，使其形成膨大的块瘿或瘤。除上述症状外，多数黑粉菌为系统侵染，引起寄主的形态和生理的改变，使寄主的生理程序极度混乱，以致影响经济价值。

7.3.1　黑粉菌亚门的基本特征

(1) 菌丝体

黑粉菌的菌丝体虽然在寄主体内也有相当程度的发展，但不如其他菌物那样发达。多数菌种的菌丝体在细胞间生长，也有些在细胞内生长。有的在菌丝上生吸器吸收养分，也有些不生吸器只由菌丝吸收养分。由担孢子和分生孢子萌发产生的初生菌丝历时很短，它们联合后生出双核次生菌丝，占生活史的大部分时期。有许多菌种在次生菌丝上形成锁状联合。

(2) 无性繁殖

通常由菌丝体上生出小孢子梗，其上再生分生孢子，或由担子和分生孢子以芽殖方式产生大量的子细胞，相当于无性孢子。有些黑粉菌的担孢子和分生孢子的芽殖能力很强，可维持很长的腐生阶段，在人工培养基上发展很大的酵母菌落。

(3) 有性生殖

黑粉菌的有性生殖不通过性器官来完成。有性结合的范围很广，任何两个具有亲和性的细胞或菌丝都可以结合，一般是通过担孢子结合、分生孢子结合、芽殖细胞结合、菌丝联合、孢子与菌丝结合等方式完成的，并且结合方式与菌种之间无任何联系，因为多数菌种都以上述方式结合。结合后产生双核次生菌丝，次生菌丝生长到后期，菌丝细胞原生质收缩，体积加大，每团原生质分泌一个厚壁，形成厚垣孢子，也称冬孢子。

黑粉菌的典型特征是形成成堆的黑色粉状冬孢子(习称厚垣孢子)，孢子堆常见于寄主植物的子房、小花、小穗、花序、叶、茎，也可以侵染花药和根等部位。冬孢子近圆形，黄色至棕色，孢子常具刺、具纹路或光滑，单生或成孢子球。孢子球有的易分开成为单独的孢子，有些形成固定的孢子球，分为可孕部分与不孕部分。冬孢子萌发形成先菌丝和担孢子。担子无隔或有隔，无小梗，担孢子直接产生在担子上，担孢子不能弹射。黑粉菌与锈菌的主要区别是，它的冬孢子是从双核菌丝体的中间细胞形成的，担孢子直接着生在先菌丝(无小梗)的侧面或顶部，成熟后不能弹出。黑粉菌的有性生殖过程很简单，无特殊分化的性器官。一般是以2个大担孢子或2个先菌丝细胞进行质配而进入双核阶段，形成发达的双核菌丝体，直至冬孢子萌发才进行核配。冬孢子最初为双核，以后核配成一个二倍体的细胞核。减数分裂在先菌丝中进行，形成的担孢子为单核。担孢子萌发形成的单倍体初生菌丝体有时也能侵染植物，但不能进一步扩展而引起典型的症状。

黑粉菌是研究植物寄生菌物的最佳生物之一，和锈菌一样，也是被广泛使用的一类植物病理模型生物体。

7.3.2　黑粉菌亚门分类

　　Tulasne et al. (1847)把黑粉菌目(Ustilaginales Bek.)分为有隔担子菌的黑粉菌科(Ustilaginaceae Tul. & C. Tul.)和无隔担子菌的腥黑粉菌科(Tilletiaceae J. Schröt.)。Ainsworth et al. (1971)根据黑粉菌可以产生冬孢子这一特性将黑粉菌放在冬孢菌纲(Teliomycetes P. H. B. Talbot),下设黑粉菌目,包含黑粉菌科、腥黑粉菌科和菰黑粉菌科(Yeniaceae Liou)。Bauer et al. (1997)根据黑粉菌的超微结构特征,提出了黑粉菌亚门(Ustilaginomycotina Doweld)包括典型的黑粉菌以及一些不具有冬孢子的植物寄生菌,如粉座菌属(Graphiola Poit.)、外担子菌属(Exobasidium Woronin)、微座孢属(Microstroma Niessl)和一些较小的属。此后一组人类病原菌——马拉色菌目(Malasseziales R. T. Moore)也被放在黑粉菌亚门(Begerow et al.,2000),而微球黑粉菌目(Microbotryales R. Bauer & Oberw.)的黑粉菌被归入锈菌亚门(Pucciniomycotina R. Bauer, Begerow, J. P. Samp., M. Weiss & Oberw.)(Bauer et al.,2006)。在《菌物词典》第10版中,黑粉菌纲下设3亚纲,共9目。黑粉菌亚纲包括黑粉菌目(Ustilaginales Bek.)和条黑粉菌目,外担子菌亚纲包括腥黑粉菌目(Tilletiales Haeckel)、实球黑粉菌目(Doassansiales R. Bauer & Oberw.)、叶黑粉菌目(Entylomatales R. Bauer & Oberw.)等6目;根肿黑粉菌亚纲(Entorrhizomycetidae R. Bauer, Oberw. & Vánky)包含根肿黑粉菌目(Entorrhizales R. Bauer & Oberw.)(图7-49)。

　　黑粉菌的分类主要根据冬孢子的性状,如孢子的大小、形状、纹饰、是否有不育细胞、萌发的方式以及孢子堆的形态等。但是,许多黑粉菌很难从冬孢子的性状区别,所以,寄主范围也作为种的鉴别性状。这一点与锈菌的分类是相类似的。

　　根据黑粉菌的菌丝体超微结构特征、寄主与寄生物的互作特征、系统发育学分析结果等将黑粉菌亚门分为4纲15目42科128属1 805种。其中,外担子菌纲(Begerow, M. Stoll & R. Bauer)分为9目21科56属588种;马拉色菌纲(Malasseziomycetes Denchev & T. Denchev)单目单科单属21种;小念珠菌纲(Moniliellomycete Q. M. Wang, F. Y. Bai & Boekhouts)单目单科单属11种;黑粉菌纲(Ustilaginomycetes Warm.)分为17科70属1 185种。

7.3.2.1　条黑粉菌目

　　条黑粉菌目(Urocystidales R. Bauer & Oberw.)包括3科:虚球黑粉菌科(Doassansiopsidaceae Begerow, R. Bauer & Oberw.)、蛤孢黑粉菌科(Mycosyringaceae R. Bauer & Oberw.)和条黑粉菌科(Urocystidaceae Begerow, R. Bauer & Oberw.)。其中,虚球黑粉菌科仅包含1属——虚球黑粉菌属[Doassansiopsis (Setch.) Dietel]。该属的特点为孢子团被拟薄壁组织细胞包围,冬孢子浅色。虚球黑粉菌科和条黑粉菌科有着共同的超微结构,一个简单的间隔有2个孔膜盖和2个非膜内层板关闭孔隙,因为以吸器寄生在寄主植物上。分子差异以及冬孢子无色或有色将这2科分开。蛤孢黑粉菌科也仅包含1属——蛤孢黑粉菌属(Mycosyrinx Beck)。该属会形成成对的冬孢子,其寄主范围仅限于葡萄科植物(Va'nky,1996),在成熟隔上缺乏微孔。但是,现有分子分析结果表明,蛤孢黑粉菌属在系统发育关系上隶属于条黑粉菌目。条黑粉菌科由形态多样冬孢子带有颜色的物种组成。大多数物种发育成冬孢子球，这无疑是条黑粉菌目一个共同的特点。该目真菌的宿主范围涵盖单子叶和双子叶植物。重要的属如下：

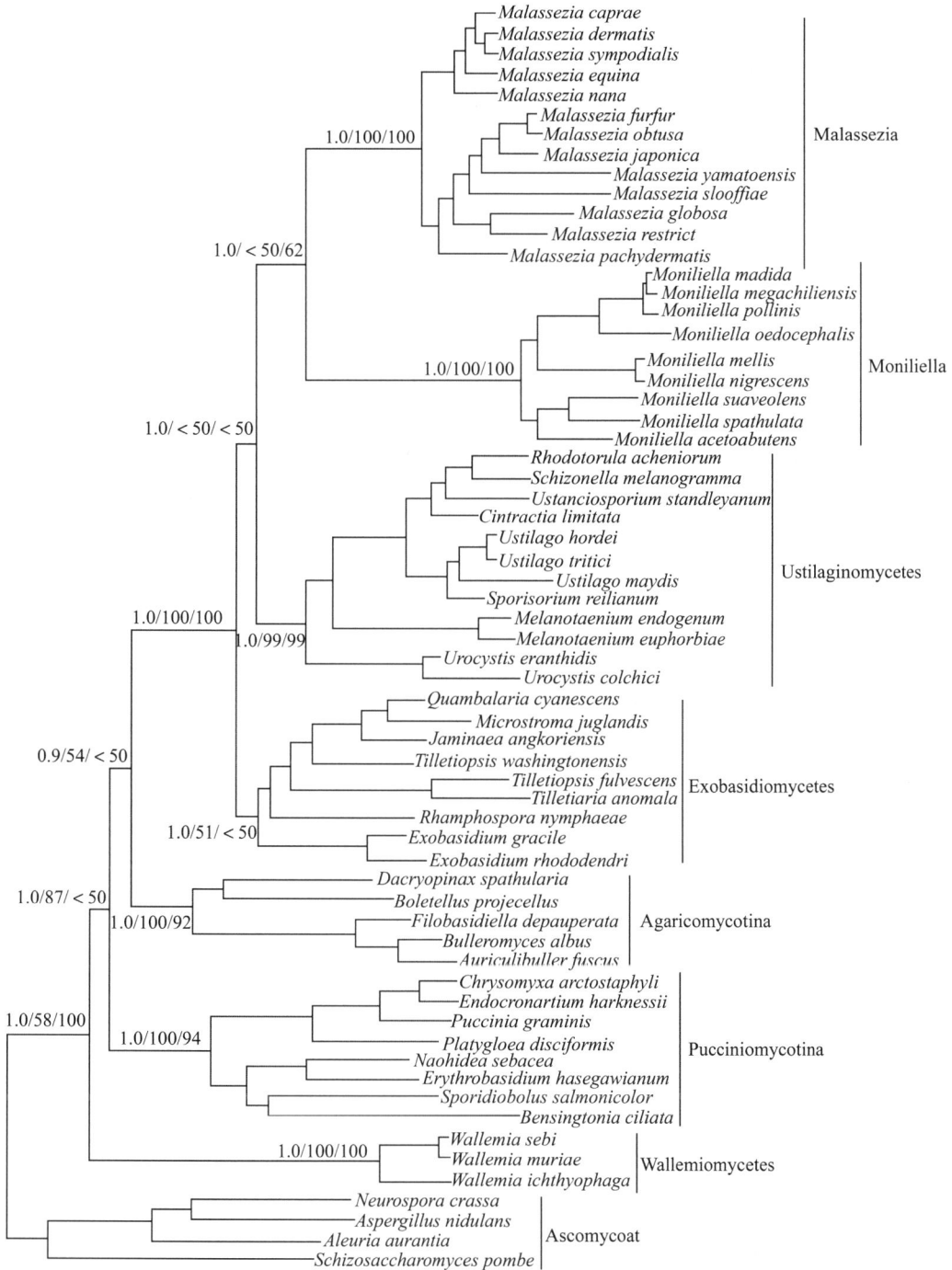

图 7-49　黑粉菌亚门（Ustilaginomycotina Doweld）**的系统发育树**

（Wang et al. ，2014）

（1）条黑粉菌属（*Urocystis* Rabenh.）

冬孢子结合成外有不育细胞的孢子球，冬孢子褐色，不育细胞无色。引起小麦秆黑粉病。如小麦条黑粉菌（*Urocystis tritici* Körn.），危害小麦叶鞘、叶片及茎秆。

（2）虚球黑粉菌属［*Doassansiopsis*（Setch.）Dietel］

孢子堆生于叶和叶柄上。孢子团排成一层，近球形至卵形，外层和中心部为不育细胞，中间为孢子层。孢子长而多角。寄生慈姑。常见种：慈姑虚球黑粉菌［*Doassansiopsis horiana*（P. Henn.）Y. Z. Shen］，危害慈姑叶片和叶柄。

7.3.2.2 黑粉菌目

黑粉菌目（Ustilaginales Bek.）冬孢子黑色，孢子萌发通常产生 4 个细胞的有隔担子。黑粉菌科包括黑粉菌属［*Ustilago*（Pers.）Roussel］和孢堆黑粉菌属（*Sporisorium* Ehrenb. ex Link）。Vanky（2001）修订了现代黑粉菌科的分类，基于经典形态学和生态学特征及寄主植物的分类系统，几个属被排除在这个科之外，建立一些新的科：Clintamraceae Vánky、Dermatosoraceae Vánky、Farysiaceae Vánky、Geminaginaceae Vánky、Melanopsichiaceae Vánky、Uleiellaceae Vánky 和 Websdaneaceae Vánky。Begerow et al.（2006）通过分子分析，只接受了 Websdaneaceae Vánky，而拒绝了上述其他科的存在。Websdaneaceae Vánky 寄生在灯芯草科植物上。在黑粉菌目中还承认 Anthracoideaceae Denchev（Denchev, 1997）。*Anthracoidea* Bref. 的种类具有独特的 2 个细胞的担子，几乎完全寄生苔藓类植物上。目前，对黑粉菌目科的划分还存在较大的争议。黑粉菌目中的许多种类都是重要的资源真菌。

1）黑粉菌科（Ustilaginaceae Tul. & C. Tul.）

孢子堆主要生在小花、子房、花序、叶和茎部。孢子团暗色，粉状或黏结。黑粉孢子浅色或暗色，光滑或各种纹饰，单生、成对或形成孢子球。黑粉孢子萌发产生有隔担子（先菌丝），在其侧面或顶端产生担孢子。

（1）黑粉菌属［*Ustilago*（Pers.）Roussel］

冬孢子堆黑褐色，成熟时呈粉状；冬孢子散生，单胞，球形或近球形，黑褐色，直径大多 4~8 μm，壁光滑或有多种饰纹，萌发产生的担子（先菌丝）有隔膜；担孢子侧生或顶生，有些种的冬孢子直接产生芽管而不形成先菌丝，因而不产生担孢子。黑粉菌属多寄生在禾本科植物上，其中不少是重要的植物病原菌，如引起小麦散黑粉病的小麦散黑粉菌（*Ustilago tritici* C. Bauhin）、大麦散黑粉病的裸黑粉菌［*U. nuda*（C. N. Jensen）Kellerm. & Swingle］、引起玉米瘤黑粉病的玉米黑粉菌［*U. maydis*（DC.）Corda］（图 7-50）和大麦坚黑粉病的大麦坚黑粉菌［*U. hordei*（Pers.）Lagerh.］。

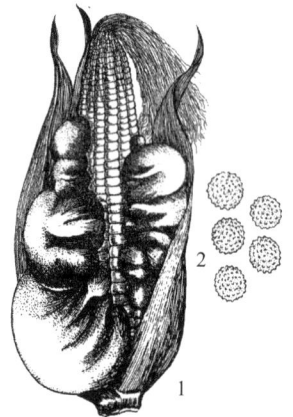

图 7-50 玉米黑粉菌［*Ustilago maydis*（DC.）Corda］**的子实体和孢子**
（卵晓岚，1998）

7.4 伞菌亚门

7.4.1 伞菌亚门的基本特征

伞菌亚门（Agaricomycotina）是真菌界担子菌门的 3 个重要亚门之一，包括 4 纲 32 目

1 680 属。该类群担子果类型高度多样，微观结构复杂。担子果具平伏、反卷、孔状、花环状、立体状、珊瑚状、舌状、锁状、似腹菌状、伞形、菌盖、菌柄等（Pilz et al.，2003；Moncalvo et al.，2006；Oberwinkler et al.，2006；Schoutteten et al.，2018；Spirin et al.，2018，Malysheva et al.，2020；Hyde et al.，2023）。子实层体呈光滑、疣状突起、齿状或孔状，褶皱，膜质、革质、皮革质等。菌丝系统为一体系、二体系或三体系，生殖菌丝简单分隔或锁状联合，薄壁、厚壁、略厚壁、薄到略厚壁等。担子有隔或无隔，如木耳目（Auriculariales Bromhead）和黑圈团菌目（Bartheletiales Thines）担子有间隔结构，部分目具纵隔、斜隔或横隔等（Scheuer et al.，2008；Malysheva et al.，2018；Mishra et al.，2018；Yuan et al.，2018，Alvarenga et al.，2019；Wu et al.，2021），担子通常具小梗，有些类群担子有 2~8 个担子小梗（Kirschner et al.；2002，Bandoni，1998；Binder et al.，2010；Diederich et al.，2022）。囊状体和拟囊状体有或无，囊状体、刚毛和其他结构可能存在于子实层、菌盖和/或柄表面，在菌肉层有或缺失（Angelini et al.，2014；He et al.，2024）。担孢子特征多样，有或无隔，形状各异（长椭球形、卵球形、近球形、圆柱形、尿囊状等），壁薄或厚，颜色多样（白色、粉色、棕色、紫褐色、黑色）（He et al.，2024），其表面光滑或有纹饰，以疣、芽或毛装饰（Sunhede，1989；Zamora et al.，2014），在 Melzer's 试剂中有或无拟糊精反应和强淀粉质反应，在棉蓝试剂中有或无嗜蓝反应（Hosaka，2005，Hodkinson et al.，2014，Sulzbacher et al.，2016，Liu et al.，2017，2019；Kalichman et al.，2020，He et al.，2024），在氢氧化钾溶液中有些孢子颜色从透明、浅绿色至棕色（Hosaka，2005；Hosaka et al.，2006）。

7.4.2　伞菌亚门分类

伞菌亚门主要包括 4 个纲：伞菌纲（Agaricomycetes Doweld）、黑圈团菌纲（Bartheletiomycetes Thines）、花耳纲（Dacrymycetes Doweld）和银耳纲（Tremellomycetes Doweld）。其中，伞菌纲包括伞菌目（Agaricales Underw.）、鸡油菌目（Cantharellales Gäum.）、伏革菌目（Corticiales K. H. Larss.）等 21 个目，约 592 属；黑圈团菌纲仅含黑圈团菌目（Bartheletiales Thines）；花耳纲包括花耳目（Dacrymycetales Henn.），花耳目包含 4 科：Cerinomycetaceae Jülich、Dacryonaemataceae J. C. Zamora & S. Ekman、Dacrymycetaceae J. Schröt. 和 Unilacrymaceae Shirouzu, Tokum. & Oberw.；银耳纲（Tremellomycetes Doweld）包括 Chionasterales N. A. T. Irwin, C. S. Twynstra, V. Mathur & P. J. Keeling、Cystofilobasidiales Fell, Roeijmans & Boekhot 和线黑粉菌目（Filobasidiales Jülich）等 6 目，共 22 科 73 属（He et al.，2024）。

伞菌亚门梯形分类

伞菌亚门 Agaricomycotina Doweld 2001

　伞菌纲 Agaricomycetes Doweld 2001

　　伞菌目 Agaricales Underw. 1899

　　淀粉伏革菌目 Amylocorticiales K. H. Larss., Manfr. Binder & Hibbett 2010

　　阿太菌目 Atheliales Jülich 1982

　　木耳目 Auriculariales Bromhead 1840

牛肝菌目 Boletales E.-J. Gilbert 1931

鸡油菌目 Cantharellales Gäum. 1926

伏革菌目 Corticiales K. H. Larss. 2007

地星目 Geastrales K. Hosaka & Castellano 2007

褐褶菌目 Gloeophyllales Thorn 2007

状钉菇目 Gomphales Jülich 1982

锈革孔菌目 Hymenochaetales Oberw. 1977

辐片包目 Hysterangiales K. Hosaka & Castellano 2007

夏氏伏革菌目 Jaapiales Manfr. Binder, K. H. Larss. & Hibbett 2010

莲叶衣目 Lepidostromatales B. P. Hodk. & Lücking 2013

鬼笔目 Phallales E. Fisch. 1898

多孔菌目 Polyporales Gäum. 1926

红菇目 Russulales Kreisel ex P. M. Kirk, P. F. Cannon & J. C. David 2001

Sebacinales M. Weiss, Selosse, Rexer, A. Urb. & Oberw. 2004

Sistotremastrales L. W. Zhou & S. L. Liu 2022

拟韧革菌目 Stereopsidales Sjökvist, E. Larss., B. E. Pfeil & K. H. Larss. 2013

革菌目 Thelephorales Corner ex Oberw. 1976

糙孢孔目 Trechisporales K. H. Larss. 2007

胶瑚菌目 Tremellodendropsidales Vizzini 2014

Xenasmatellales L. W. Zhou & S. L. Liu 2023

黑圈团菌纲 Bartheletiomycetes Thines 2017

Bartheletiales Thines 2017

花耳纲 Dacrymycetes Doweld 2001

花耳目 Dacrymycetales Henn. 1897

银耳纲 Tremellomycetes Doweld 2001

Cystofilobasidiales Fell, Roeijmans & Boekhot 1999

Chionasterales N. A. T. Irwin, C. S. Twynstra, V. Mathur & P. J. Keeling 2021

线黑粉菌目 Filobasidiales Jülich 1982

Holtermanniales Libkind, Wuczk., Turchetti & Boekhout 2011

银耳目 Tremellales Fr. 1821

Trichosporonales Boekhout & Fell 2000

7.4.3 伞菌纲

伞菌纲分目检索表

1. 担子果胶质 ··· 2

1. 担子果非胶质，担子无隔膜 ·· 3

2. 担子有隔膜或呈叉状 ······································· 木耳目（**Auriculariales**）

2. 担子非呈叉状，具锁状联合 ································ 胶瑚菌目（Tremellodendropsidales）

3. 担子果肉质或偏软质 ·· 4

3. 担子果木质、革质、木栓质 ··· 10

4. 菌肉、菌髓异质性，具髓球孢 ··· 红菇目（Russulales）

4. 菌肉、菌髓无髓球孢 ·· 5

5. 具根状菌索，无菌褶 ··· 辐片包目（Hysterangiales）

5. 无根状菌索，子实层体菌褶状或光滑 ··· 6

6. 担子果漏斗形、喇叭形 ·· 鸡油菌目（Cantharellales）

6. 担子果非漏斗形、喇叭形 ·· 7

7. 担子果分枝状、珊瑚状或鬼笔状为主 ·· 8

7. 担子果伞形、块菌状或盘状 ··· 9

8. 子实体幼小呈少分枝，成熟呈珊瑚 ·· 状钉菇目（Gomphales）

8. 子实体幼小菌蛋型，成熟鬼笔状 ·· 鬼笔目（Phallales）

9. 担子果子实层体褶状 ·· 蘑菇目（Agaricales）

9. 担子果子实层体菌管状 ··· 牛肝菌目（Boletales）

10. 担子果完全平伏 ·· 11

10. 担子果平伏反卷、盖状、地星状或菌柄状 ·· 15

11. 子实体地衣型 ·· 莲叶衣目（Lepidostromatales）

11. 子实体非地衣型 ·· 12

12. 担子果极薄，孔状 ··· 夏氏伏革菌目（Jaapiales）

12. 担子果较厚，非孔状为主 ··· 13

13. 子实体极易碎 ·· 阿太菌目（Atheliales）

13. 子实体不易碎 ·· 14

14. 担子果完全平伏，担孢子表面光滑 ·· 伏革菌目（Corticiales）

14. 担子果平伏至平伏反卷，担孢子表面具疣状物 ··· 糙孢孔目（Trechisporales）

15. 子实体成熟开裂呈星状 ·· 地星目（Geastrales）

15. 子实体成熟后非星状 ··· 16

16. 担子果呈珊瑚状 ·· 17

16. 担子果非珊瑚状 ·· 18

17. 子实体呈鲜色为主，担孢子表面光滑 ·· 拟韧革菌目（Stereopsidales）

17. 子实体呈暗色，担孢子表面具疣状物 ·· 革菌目（Thelephorales）

18. 菌髓在5%氢氧化钾溶液中变暗色 ·· 19

18. 菌髓在5%氢氧化钾溶液中不变色 ·· 20

19. 孢子印近白色 ·· 褐褶菌目（Gloeophyllales）

19. 孢子印透明至褐色 ·· 锈革菌目（Hymenochaetales）

20. 担子果孔状为主，担孢子少淀粉质 ·· 多孔菌目（Polyporales）

20. 担子果光滑或具疣，担孢子淀粉质 ·· 淀粉伏革菌目（Amylocorticiales）

7.4.3.1　蘑菇目

　　蘑菇目（Agaricales Underw.）大多腐生于土壤、朽叶、木材等，少数寄生于其他大型菌物，部分物种与植物共生形成菌根。

蘑菇目包括许多色彩美丽、肉嫩味美、营养价值很高的食用菌和药用菌。目前可人工培养多种食用菌，如双孢蘑菇、草菇、香菇、平菇等。另外，很多伞菌富含抗癌物质，部分菌根菌可用于造林。该目也包括一些对人畜有致病性或致死作用的毒蘑菇。我国有野生食用菌 1 000 余种、毒菌 480 余种和药用菌 690 余种。

①营养体。伞菌菌丝体的初生菌丝阶段十分短暂，很快形成双核的次生菌丝，生长在地下腐殖质中或木材，在一定条件下可形成担子果裸露于地面。菌丝体通常由一个中心向四周呈放射状延伸，外围菌丝体生活力最强，而中心区菌丝体相继老化死去，于是形成了天然的菌丝环。当产生担子果时，在地面上呈现了环形排列的蘑菇圈，也称仙人环(fairy ring)。我国内蒙古和河北北部草原上经常见到由白蘑(*Tricholoma mongolicum* S. Imai)和口蘑[*Calocybe gambosa* (Fr.) Donk]形成的蘑菇圈，呈弧形或完整的环状。硬柄小皮伞[*Marasmius oreades* (Bolton) Fr.]是形成蘑菇圈的典型伞菌，其菌丝体在地下多年生，每年向四周生长而产生蘑菇圈，寿命可达 400 年之久。伞菌的次生菌丝大多具有锁状联合结构。一些伞菌形成坚硬的菌索或菌核。大多数外生菌根的担子菌是伞菌，如乳牛肝菌属(*Suillus* P. Micheli)、疣柄牛肝菌属(*Leccinum* Gray)、红菇属(*Russula* Pers.)、乳菇属(*Lactarius* Pers.)、鹅膏属(*Amanita* Pers.)等。一些伞菌的菌丝可发光，如假蜜环菌[*Armillaria mellea* (Vahl) P. Kumm.]、奥尔类脐菇[*Omphalotus olearius* (DC.) Singer]等的菌丝体侵入树木，使其在黑暗中发光。

②无性繁殖。仅在少数伞菌中发现，有些种类产生粉孢子。

③有性生殖。伞菌的有性生殖比较简单，没有性器官，通过菌丝结合方式产生担子和 4 个担孢子。担孢子有色或无色。伞菌的担孢子落下后呈堆状且具有特定颜色，称为孢子印。

④担子果。

a. 担子果的结构。主要包括菌盖、菌褶(菌管)和菌柄等结构(图 7-51、图 7-52)。

菌盖：是担子果最明显的部分，形状多种多样，常见有钟形、斗笠形、半球形、平展形、漏斗形等。菌盖有各种颜色，如白、黄、灰、红、紫等，各种颜色又有深浅之分，幼小与成熟伞菌的颜色也可能不同，中央与边缘的颜色有时也不同。表面干燥或湿润、黏滑或粗糙。有些种类的菌盖上有附属物，如纤毛、小疣、环纹、鳞片等。菌盖边缘的形状多样，如上翘、反卷、内卷、延伸、撕裂、波状等。菌盖的形状、颜色、附属物边缘等特征

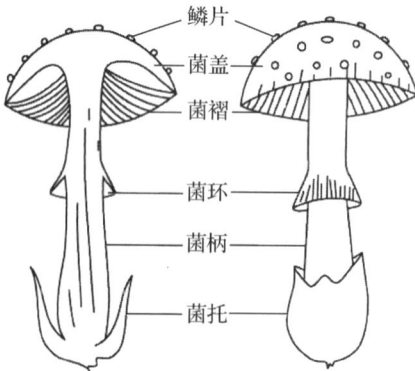

图 7-51　伞菌的子实体结构(一)　　图 7-52　伞菌的子实体结构(二)

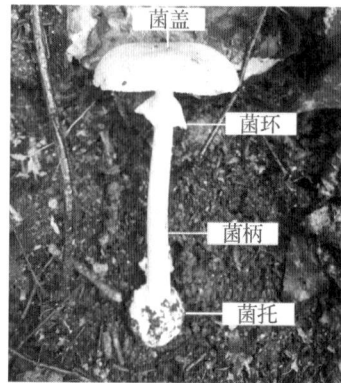

均为伞菌分类的重要依据。

菌褶(菌管)：是伞菌的子实层体，指生长在菌盖下面的子实层部分，少数是管状的菌管，多数为褶片状的菌褶。菌褶的形状有网状、叉状、等长或不等长以及褶间具有横脉等。菌褶边缘通常完整光滑，但有的呈波浪状、锯齿状、颗粒状等。菌褶与菌柄连接的方式有离生、直生、延生、弯生等，这些性状也是伞菌分类的形态特征依据。菌褶的内部组织称为菌髓，通常由长形的菌丝细胞组成，但有些种类(如红菇属和乳菇属)的菌髓是在长形的菌丝细胞中分布着球状细胞。菌髓中菌丝的排列方式因物种不同而不同，可分为4种类型：不规则型、规则型、两侧型和逆两侧型。菌褶的两侧或菌管内布满子实层，子实层内有担子、担孢子、囊状体和侧丝等微观结构。担子通常棒形，常生4个担子小梗，偶有2个或8个，上面各生1担孢子，成熟时担孢子强力弹射。担孢子单胞，壁厚，有圆形、卵形、椭圆形、圆筒形、星形等形状，表面光滑或具麻点、小疣、小刺、网纹等。

菌柄：着生在菌盖下面，有中生、偏生或侧生之分。质地有肉质、蜡质、纤维质等。菌柄与菌盖不易分离或极易分离。颜色多种，形状也各不相同，如圆柱形、棒形、纺锤形、杆形等。菌柄表面有纵纹、网纹、陷窝或有多种附属物(如鳞片、碎片、茸毛、颗粒、纤毛等)。菌柄实心或空心，基部齐头、圆头、尖头或膨大成球形等。部分种类菌柄上具有菌环和菌托。菌环常在菌柄的上部，有各种形状，单层或双层；菌托在菌柄下部，呈袋状、杯状、环带状等。

b. 担子果的类型。伞菌的担子果均由双核菌丝发展而来，开始时菌丝结成小瘤状，后发展为圆形或椭圆形，通常称为扭结阶段。此时内部已形成菌褶，并逐渐发育成完整的子实体。伞菌担子果的发育过程呈现裸果型、被果型和半被果型3种类型。例如，灵芝，桑黄为裸果型；隐孔菌属于被果型；口蘑科、鹅膏科(毒伞科)的类群属于半被果型。一般而言，菌盖的边缘与菌柄之间由菌膜相连，称为内菌幕。子实体继续发育，菌盖扩展而内菌幕被撕裂，内菌幕与菌盖的边缘分开，留下菌环附着在菌柄上；有些类群的子实体发育与上述方式略有不同，在内菌幕撕裂时，其上部从菌盖垂下一层薄的蛛网状的幕状物，称为丝膜；还有一些类群(如鹅膏属)幼小的纽结物被整个外菌幕包被，当子实体扩大时菌盖也随之扩展，外菌幕破裂后留下一个杯状物，称为菌托。菌托环绕在膨大的柄的基部，而包住菌盖的外菌幕的残余部分便在菌盖上面形成鳞片。

蘑菇目各科代表种系统发育树如图7-53所示。

蘑菇目常见科检索表

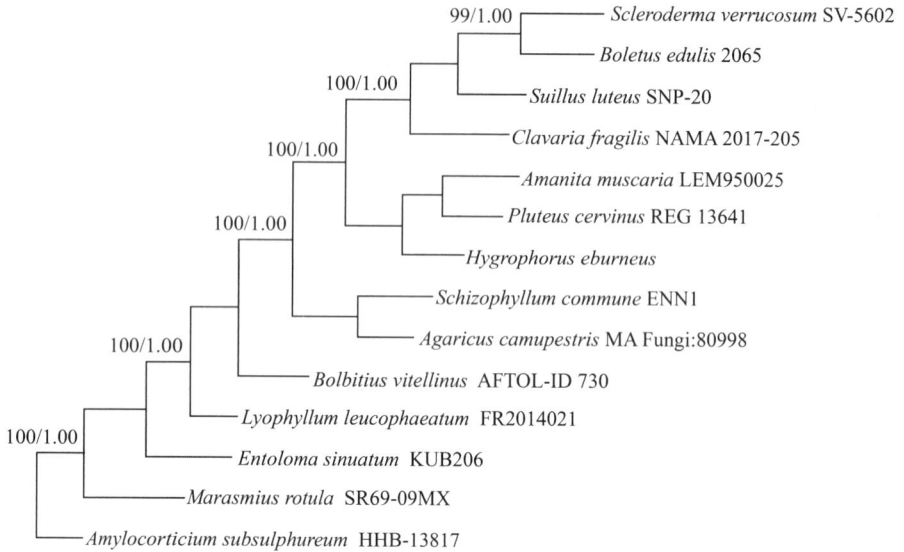

图 7-53 蘑菇目各科代表种类的 ITS 基因序列分析系统发育树

6. 菌肉假淀粉质，孢子印奶油色至白色 ·· 口蘑科（Tricholomataceae）

6′. 菌肉淀粉质，孢子印粉红色 ··· 粉褶蕈科（Entolomataceae）

7. 孢子印锈褐色至黏土色 ·· **8**

7′. 孢子印非锈褐色或黏土色 ·· **9**

8. 孢子具 1 顶孔 ··· 粪锈伞科（Bolbitiaceae）

8′. 孢子无顶孔 ··· 丝膜菌科（Cortinariaceae）

9. 孢子印黑色或污褐色 ··· 蘑菇科（Agaricaceae）

9′. 孢子印白色至粉红色 ·· **10**

10. 菌髓两侧型，孢子印白色 ·· 鹅膏科（Amanitaceae）

10′. 菌髓逆两侧型，孢子印粉红色 ·· 光柄菇科（Pluteaceae）

1）蘑菇科（Agaricaceae Chevall.）

子实体肉质；菌盖与菌柄组织容易分离；菌柄中生；菌褶离生、隔生，罕窄生、直生或延生；菌肉大多由非淀粉质的菌丝构成，锁状联合有或无；孢子印纯白色、乳黄色、赭色、绿色、青褐色至带黑色；担孢子形状多样，非淀粉质或很少淀粉质。

该科伞菌属、环柄菇属等分布广泛，多数生在森林的地上或枯枝落叶上，也生在活立木或枯木的树干和枝条等处。

蘑菇科代表属检索表

1. 子实层体自溶成黑色汁液 ··· 鬼伞属（Coprinus）

1′. 子实层体不自溶 ··· **2**

2. 孢子印黑棕色 ··· 蘑菇属（Agaricus）

2′. 孢子印白色至奶油色 ··· 环柄菇属（Lepiota）

(1) 蘑菇属(*Agaricus* L.)

菌盖近半球形至凸镜形；近白色至淡褐色；有平伏纤毛，空气干燥环境下常有粗裂纹。菌肉白色，伤后变淡红色。菌褶初粉红色，渐变褐色至黑褐色，离生。菌柄长，近圆柱形，白色，内部松软或实心。菌环单层，上位至中位，白色，膜质，易脱落。担孢子椭圆形，无芽孔，光滑，褐色。常见种：蘑菇(*Agaricus campestris* L.)、双孢蘑菇[*A. bisporus*（J. E. Lange）Imbach]（图 7-54），散生至近群生于高山草地、林地、田野、公园、道旁等处。

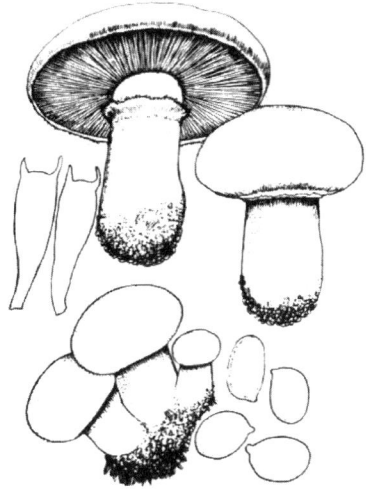

2) 鹅膏科(Amanitaceae E. J. Gilbert)

担子果肉质。菌盖扁半球形至扁平，胶黏至不黏，边缘平滑或有沟纹，表面常被各式菌幕残余；菌肉薄至厚。菌褶离生至近离生，短菌褶，近菌柄端平截或渐窄。菌柄中生，近圆柱形至棒形，胶黏至不黏；基部庞大或不膨大。菌环缩存或缺如。孢子印多为白色至米色。

图 7-54　双孢蘑菇[*Agaricus bisporus*（J. E. Lange）Imbach]的形态（卯晓岚，1998）

多数种生于林地上，与树木形成专性菌根关系；少数种可见于空旷的田野或生于腐殖质甚至腐木上，可能不形成菌根或只形成兼性菌根关系。鹅膏科包括约 3 属，已知 500 余种，全球几乎广布。现知我国分布 2 属 90 余种。

鹅膏科常见属检索表

1. 菌盖表面的菌幕残余不胶化或仅基部胶化；菌柄基部有菌幕残余；褶缘有不育细胞；菌盖表皮由近辐射状的菌丝组成；担子长度大于 30 μm；担孢子长度大于 6 μm ······························· **鹅膏属**(*Amanita*)
1′. 菌盖表面无菌幕残余，若有菌幕残余则全部胶化；菌柄基部无菌幕残余；褶缘无不育细胞；菌盖表皮由近垂直排列的菌丝或膨大细胞组成；担子长度小于 30 μm；担孢子小于 6 μm ·····················
··· **黏盖伞属**(*Limacella*)

(1) 鹅膏属(*Amanita* Pers.)

菌盖白色，中央有时米色，边缘平滑。菌柄白色；基部近球形。菌环顶生至近顶生，膜质。菌托浅杯状。各部位遇 5% 氢氧化钾溶液变为黄色。担子具 2 个小梗。担孢子球形至近球形，光滑，无色淀粉质。常见种：毒蝇鹅膏[*Amanita muscaria*（L.）Lam.]、致命鹅膏(*A. exitialis* Zhu L. Yang & T. H. Li)（图 7-55）、红黄鹅膏[*A. hemibapha*（Berk. & Broome）Sacc.]等，春季及初夏生于林地，剧毒，易与野生白色菇类混淆。

3) 粪锈伞科(Bolbitiaceae Singer)

菌柄和菌盖稍分离至连接，菌盖表面为栅状角质层或细胞层；菌褶离生至近离生；孢子堆锈褐色至黏土色，担孢子具顶部芽孔。子实体单生、散生或群生于粪便或施肥的草地。

粪锈伞科常见属检索表

1. 菌盖黏；褶缘囊状体非平截头状 ···································· 粪锈伞属（*Bolbitius*）

1′.菌盖不黏；褶缘囊状体多为头状 ···································· 锥盖伞属（*Conocybe*）

（1）粪锈伞属（*Bolbitius* Fr.）

菌盖初期卵形或近圆形，渐变为宽钟形或宽凸镜形，后期渐平展。菌肉浅黄色，脆。菌褶离生，密脆而软，近白色或浅黄色，渐变为肉桂锈色。菌柄圆柱形，空心，脆。担孢子椭圆形，末端平截，光滑，锈褐色。代表种：黄粪锈伞（粪伞、狗尿苔）［*Bolbitius titubans*（Bull.）Fr.］（图7-56），夏秋季单生、散生或群生于粪便上或施肥的草地，分布于我国大部分地区。

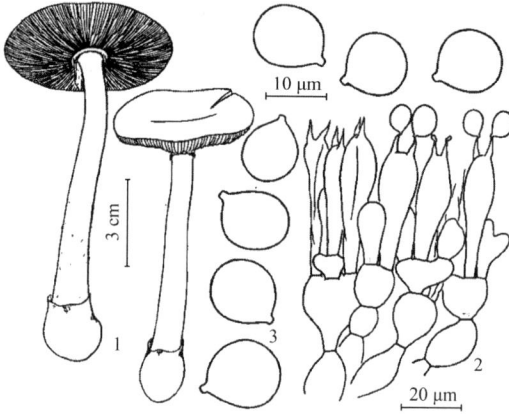

1. 担子果；2. 子实层；3. 担孢子。

图 7-55　致命鹅膏（*Amanita exitialis* Zhu L. Yang & T. H. Li）的形态

（Yang et al., 2001）

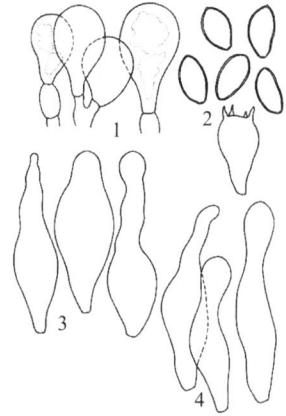

1. 拟担子；2. 担子及担孢子；3、4. 囊状体。

图 7-56　黄粪锈伞［*Bolbitius titubans*（Bull.）Fr.］的显微结构

（Malysheva, 2015）

4）珊瑚菌科（Clavariaceae Chevall.）

担子果珊瑚状，直立，不分枝或分枝；子实层体生于担子果周围，光滑或具皱纹；担子果一体系或二体系；担子纺锤体状；孢子无色，孢子成堆时白色或淡黄色，光滑，非淀粉质。生于土壤或木材。

珊瑚菌科常见属检索表

1. 担子果多伞状分枝 ···································· 冠瑚菌属（*Clavicorona*）

1′.担子果非伞状分枝 ··· 2

2. 孢子有色，椭圆形；担子果多分枝 ···································· 枝瑚菌属（*Ramaria*）

2′.孢子无色，球形或椭圆形；担子果分枝或不分枝 ························ 3

3. 菌髓菌丝有多数具有次生横隔膜；锁状联合很少发生 ············ 珊瑚菌属（*Clavaria*）

3′.菌髓菌丝少有次生横隔膜；具锁状联合 ················ 拟锁瑚菌属（*Clavulinopsis*）

（1）珊瑚菌属（*Clavaria* Vaill. ex L.）

子实体细长圆柱形或长梭形，顶端稍细、变尖或圆钝，直立，不分枝，白色至乳白色。柄不明显。担孢子光滑，无色，长椭圆形或种子形状。代表种：脆珊瑚菌（*Clavaria fragilis* Holmsk.）（图 7-57）、董紫珊瑚菌（*C. zollingeri* Lév.），夏秋季丛生于林中地上，可食用、药用。

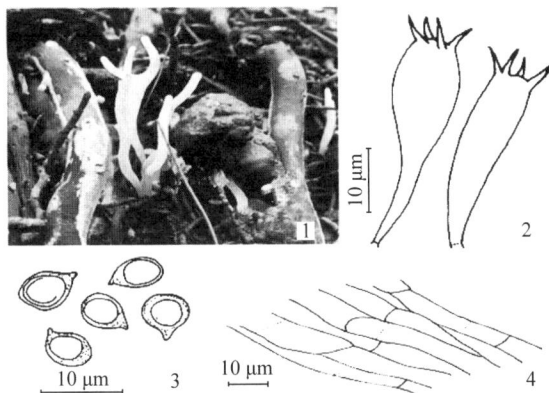

1. 子实体；2. 担子；3. 担孢子；4. 生殖菌丝。

图 7-57　脆珊瑚菌（*Clavaria fragilis* Holmsk.）**的形态**

（Acharya et al.，2017）

5）丝膜菌科（Cortinariaceae Singer）

子实体小型、中型至大型；菌盖黏或不黏，白色、灰白色、紫色、灰褐色至黑褐色；菌褶多弯生；菌柄圆柱形至棍棒形，部分类群具黏液，有的基部膨大呈棍棒形或球茎形；菌肉薄或厚，颜色多变；菌幕稀疏或丰富；担子为棍棒形，具 4 个担子小梗；担孢子黄褐色至锈褐色。担子果能与松科、杨柳科、壳斗科等多种植物形成共生关系。

（1）丝膜菌属［*Cortinarius*（Pers.）Gray］

担子果肉质，菌盖表面多数光滑或具丝绸光泽，部分覆有绒毛或小鳞片，菌盖和菌柄间具丝膜（菌幕）；孢子印锈棕色。代表种：黄棕丝膜菌［*Cortinarius cinnamomeus*（L.）Gray］（图 7-58）、黏柄丝膜菌［*C. collinitus*（Sowerby）Gray］、环带柄丝膜菌（*C. trivialis* J. E. Lange）等，能与多种林木形成外生菌根。食药兼用。世界广布。

6）粉褶菌科（Entolomataceae Kotl. & Pouzar）

菌柄和菌盖组织相连，菌盖角质层是紧贴的菌丝或具囊状向上的端细胞，罕见松软的毛皮，子实层体褶状，边缘薄锐，少数种有时有脉纹；孢子非淀粉质，有棱角或纵条纹，无孔，成堆时粉红色、葡萄酒红色或肉桂色。夏季散生于阔叶林地。

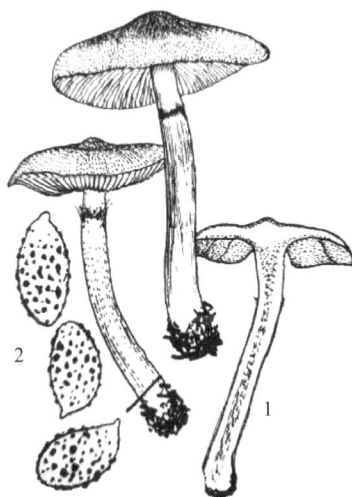

1. 子实体；2. 担孢子。

图 7-58　黄棕丝膜菌［*Cortinarius cinnamomeus*（L.）Gray］**的形态**

（卯晓岚，1998）

(1) 粉褶菌属[*Entoloma* (Fr.) P. Kumm.]

担孢子角形。全球分布，主要集中在热带和亚热带。生活习性多样，多生活在潮湿的草地或腐殖质或阴暗的林地上，个别粉褶菌营寄生在其他蘑菇上。粉褶菌（斜盖粉褶菌）[*Entoloma abortivum* (Berk. & M. A. Curtis) Donk]、尤金粉褶菌（*E. eugenei* Noordel. & O. V. Morozova）（图7-59）等。

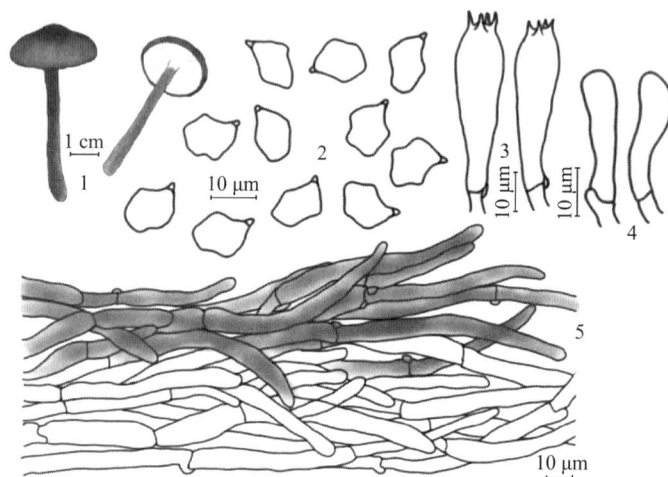

1. 子实体；2. 担孢子；3. 担子；4. 拟担子；5. 生殖菌丝。

图7-59 尤金粉褶菌（*Entoloma eugenei* Noordel. & O. V. Morozova）**的形态**

（叶芊岐等，2022）

7) 牛舌菌科（Fistulinaceae Lotsy）

子实体肉质，松软，甚韧，多汁，初粉红色或血红色，成熟后暗褐色；初圆球形，后伸长呈扁平舌状，匙形或肝脏形；色泽均似肝脏。菌肉淡红色，菌管彼此分离；孢子近球形或卵形，粉红色；为寒温带至亚热带地区的一种珍稀食用菌。

牛舌菌科常见属检索表

1. 生殖菌丝具锁状联合，担子果具粗的侧生柄 ·························· 牛舌菌属（*Fistulina*）

1′.生殖菌丝无锁状联合，担子果无侧生柄，有一个从根部发生的柄 ········ 假舌排菌属（*Pseudofistulina*）

(1) 牛舌菌属（*Fistulina* Bull.）

子实体一年生，无柄或具侧生柄，新鲜时肉质，伤后有血红色汁液流出；菌盖近圆形至牛舌形；孔口表面新鲜时白色，触摸后变为灰褐色至黑色，干后变暗褐色；菌肉红色，具条纹斑痕；菌管新鲜时白色至黄白色；担孢子圆形至近球形，无色，壁稍厚，光滑。春季至秋季生于壳斗科的死树，造成木材褐色腐朽。代表种：亚牛舌菌（*Fistulina subhepatica* B. K. Cui & J. Song）（图7-60）。

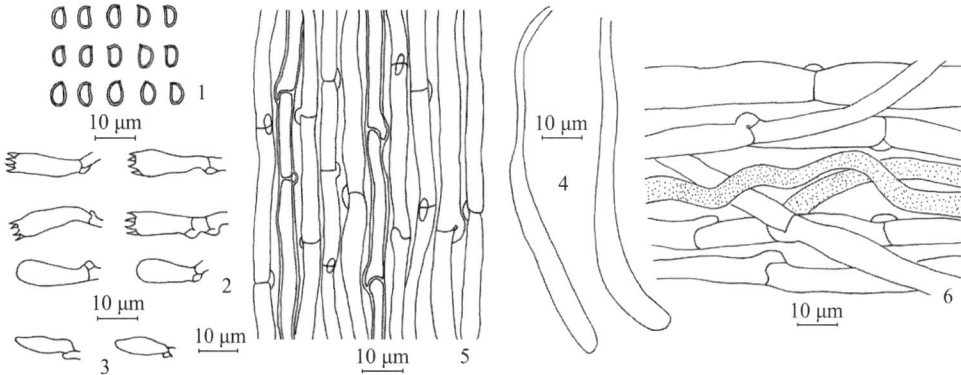

1. 担孢子；2. 担子和拟担子；3. 拟囊状体；4. 囊状体；5. 菌管菌丝；6. 菌肉菌丝。

图 7-60 亚牛舌菌(*Fistulina subhepatica* B. K. Cui & J. Song) **子实层的显微结构**

(Song et al. ,2015)

8) 蜡伞科(Hygrophoraceae Lotsy)

担子果肉质，易腐烂；菌褶延生，厚，蜡质，稀疏，边缘锐；担子较长；生于地上。

(1) 蜡伞属(*Hygrophorus* Fr.)

菌盖半蜡质或肉质，表面黏滑；菌褶蜡质，近延生至延生；孢子印白色，担孢子卵圆形至椭圆形，透明无色。代表种：金蜡伞[*Hygrophorus acutoconicus* (Clem.) Singer]（图 7-61）、柠檬蜡伞（*H. lucorum* Kalchbr. ），夏季散生于蒙古栎林地上。

9) 侧耳科(Pleurotaceae Kühner)

子实层体延生，菌褶状；菌肉肉质至革质；菌柄中生、偏生至侧生或缺如一体系菌丝系统，生殖菌丝的分隔处形成明显的锁状联合；具担子、囊状体等各种特殊的结构；胶质层由特殊的营养菌丝构成，即胶质菌丝(gelatinous hyphae)。常见于林内的腐木，也可以生于秸秆、废棉壳、木屑以及枯枝落叶层等富含纤维素或木质素的基质。

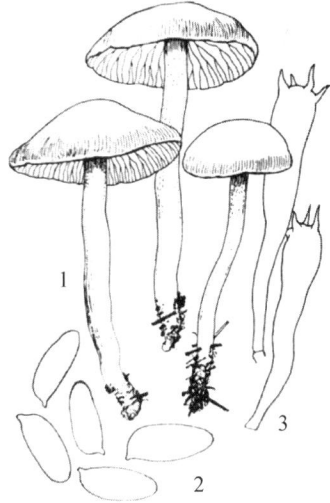

1. 子实体；2. 担孢子；3. 担子。

图 7-61 金蜡伞[*Hygrophorus acutoconicus* (Clem.) Singer]**的形态**

(卯晓岚，1998)

(1) 侧耳属[*Pleurotus* (Fr.) P. Kumm.]

菌盖初扁半球形、圆形、贝壳形，微下凹，光滑，浅黄色至污白色，密被浅褐色鳞片。菌肉肉质，干燥时坚硬，白色至奶油色。菌褶延生至柄，不交织，紫色，褶幅窄，稍密，具有小菌褶。菌柄偏生，粗大，圆筒形，坚硬，基部被污白色绒毛。担孢子圆柱形、长椭圆形，光滑，无色，非淀粉质。代表种：刺芹侧耳（杏鲍菇、刺芹菇）[*Pleurotus eryngii* (DC.) Quél.]、糙皮侧耳（平菇、蚝菌）[*P. ostreatus* (Jacq.) P. Kumm.]和阿魏侧耳（*P. ferulaginis* Zervakis, Venturella & Cattar. ）（图 7-62）。

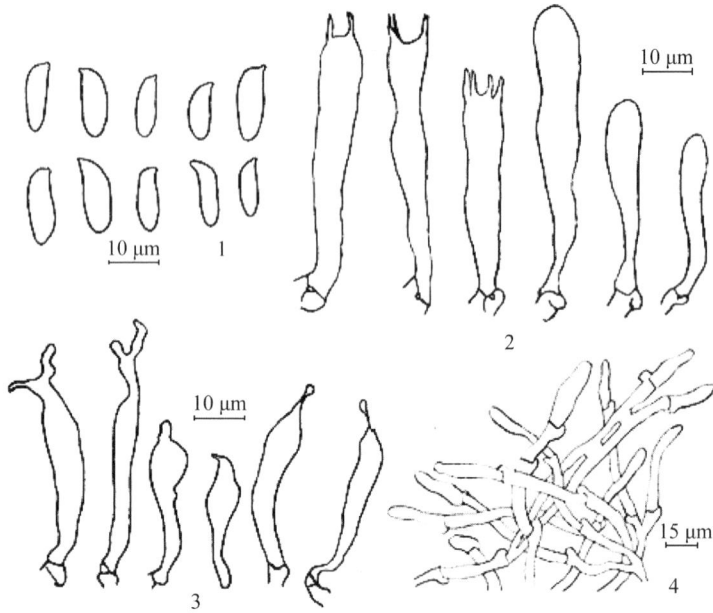

1. 担孢子；2. 担子和拟担子；3. 囊状体；4. 生殖菌丝。

图 7-62　阿魏侧耳（*Pleurotus ferulaginis* Zervakis，Venturella & Cattar.）的显微结构

（Zervakis et al.，2014）

10）光柄菇科（Pluteaceae Kotl. & Pouzar）

菌柄和菌盖容易分离，菌褶离生或部分离生；子实层体的菌髓逆向型，孢子堆粉红色至葡萄酒红色或红肉桂色，孢子光滑。单生或群生于阔叶树腐木或草地。

（1）草菇属（*Volvariella* Speg.）

菌盖表面新鲜时灰白色至深灰色，通常中部颜色深，边缘颜色渐浅，具放射状条纹，干后灰褐色；边缘锐，干后内卷。菌肉干后浅黄色，软木栓质。菌褶密，不等长，离生。担孢子椭圆形至宽椭圆形，光滑，淡粉红色，非淀粉质。常见种：银丝草菇［*Volvariella bombycina*（Schaeff.）Singer］、草菇［*V. volvacea*（Bull.）Singer］（图 7-63）等，夏秋季生于草堆、富含有机质的草地，食用、药用菌。

11）裂褶菌科（Schizophyllaceae Quél.）

担子果初为杯状，后变为盘状，子实层体为假菌褶；菌丝一体系；担孢子光滑，无色，非淀粉质。常叠生于腐木或腐竹。该科包含 4 属 50 余种。

（1）裂褶菌属（*Schizophyllum* Fr.）

菌盖扇形，灰白色至黄棕色，被绒毛或粗毛；边缘内卷，常呈瓣状，有条纹。菌肉白色，韧，无味。菌褶白色至棕黄色，不等长，褶缘中部纵裂成深沟纹。菌柄常无。担孢子椭圆形或腊肠形，光滑，无色，非淀粉质。代表种：裂褶菌（*Schizophyllum commune* Fr.）（图 7-64），常叠生于腐木或腐竹，引起木材白色腐朽，药用。

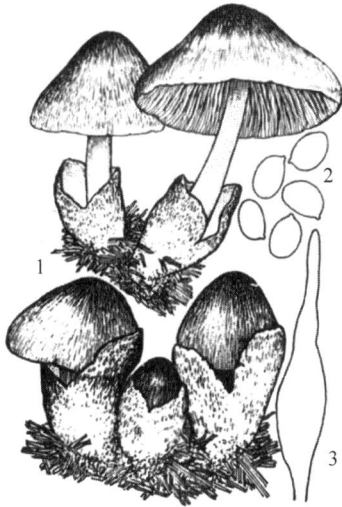

1. 子实体；2. 担孢子；3. 囊状体。

图 7-63　草菇 [*Volvariella volvacea*（Bull.）Singer]的形态

（卯晓岚，1998）

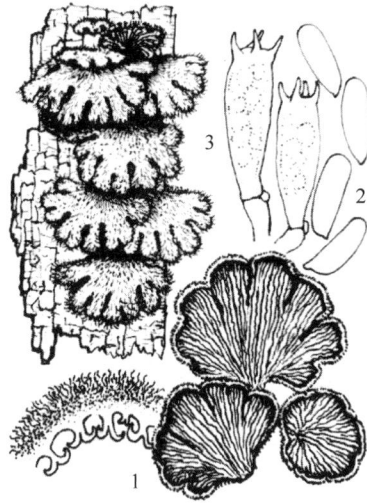

1. 子实体；2. 担孢子；3. 担子。

图 7-64　裂褶菌（*Schizophyllum commune* Fr.）的形态

（卯晓岚，1998）

12）球盖菇科（Strophariaceae Singer & A. H. Sm.）

菌柄和菌盖组织相连；菌盖表皮由平伏的菌丝组成，常胶质，内皮层为拟细胞组织；担孢子截形有一顶部孔，孢子堆新鲜时污黄褐色；担孢子在水中呈紫罗兰污褐色或紫罗兰褐色，在氢氧化钾溶液中呈暗黄褐色。

（1）田头菇属（*Agrocybe* Fayod）

子实体小型至中型；菌盖肉质，表面具非折扇状条纹或在菌盖边缘具明显的短条纹；菌褶直生至弯生；菌肉薄或较厚，有淀粉味；菌柄中生，白色、淡黄褐色、淡褐色至黄褐色，表面光滑或粗糙，具白色粉霜或小纤维状鳞片；菌柄基部常有白色较细的根状菌索；孢子印深茶褐色、巧克力色、土黄色、锈褐色至黄褐色；担孢子卵圆形、椭圆形、长椭圆形或纺锤形，蜜黄色、浅黄褐色或浅褐色，光滑。代表种：杨树田头菇（茶树菇）[*Agrocybe aegerita*（V. Brig.）Vizzini]（图 7-65）、柱状田头菇[*A. cylindracea*（DC.）Vizzini & Angelini]。生于腐木或林地，常生于园中或草地、沙丘、田地、牧场或粪上。

13）口蘑科（Tricholomataceae R. Heim）

菌盖肉质，易腐烂，有时近膜质，韧；柄与菌盖组织连生；子实层体菌髓为各种菌丝排列；

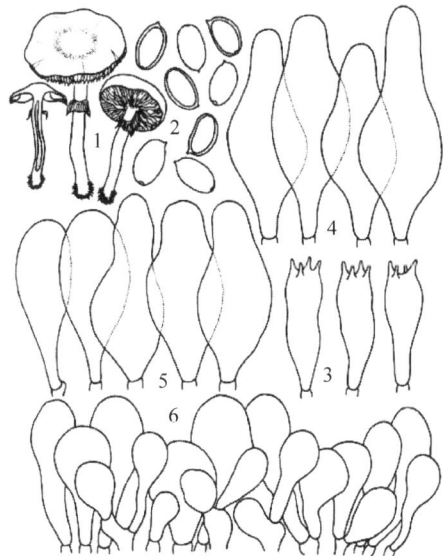

1. 子实体；2. 担孢子；3. 担子；
4~5. 囊状体；6. 子实层。

图 7-65　杨树田头菇 [*Agrocybe aegerita*（V. Brig.）Vizzini]的形态

（金鑫，2012）

孢子堆白色、浅黄色或葡萄酒红褐色，担孢子壁薄，具各种纹饰或光滑。

口蘑科常见属检索表

1. 孢子淀粉质 ·· 2
1'. 孢子非淀粉质 ··· 4
2. 孢子具淀粉质纹饰 ··· 3
2'. 孢子光滑 ··· 囊皮伞属（*Cystoderma*）
3. 菌盖潮湿，菌褶的囊状体呈鱼叉状 ································ 铦囊蘑属（*Melanoleuca*）
3'. 菌盖干，囊状体非鱼叉状 ·· 白桩菇属（*Leucopaxillus*）
4. 生于土壤或腐殖质 ·· 5
4'. 生于木材或富有木质碎片的土壤 ······························· 拟口蘑属（*Tricholomopsis*）
5. 菌柄肉质，菌褶显著直生或延生 ···································· 杯伞属（*Clitocybe*）
5'. 菌柄肉质或脆骨质，菌褶直生或凹生 ··························· 口蘑属（*Tricholoma*）

（1）口蘑属［*Tricholoma*（Fr.）Staude］

菌盖初期球形，后期扁平球形至平展；中央稍突起，表面黄褐色至栗褐色，边缘内卷。菌肉厚而致密，初白色，后变淡褐色，有浓香味。菌褶弯生，稠密，宽，不等长，白色、米色至褐色。菌柄上下近等粗，圆柱形，被深褐色至淡褐色鳞片。菌环上位，纤维状。担孢子宽椭圆形，光滑，无色，非淀粉质。代表种：松口蘑（松茸、松蘑、松菌、松树蘑）［*Tricholoma matsutake*（S. Ito & S. Imai）Singer］（图7-66）、蒙古口蘑（草原白蘑、珍珠蘑）［*Collybia mongolica*（S. Imai）Z. M. He & Zhu L. Yang = *T. mongolicum* S. Imai］。秋季单生至群生于松林地上，常形成蘑菇圈，与松属植物形成外生菌根。

图 7-66 松口蘑［*Tricholoma matsutake*（S. Ito & S. Imai）Singer］的形态
（卯晓岚，1998）

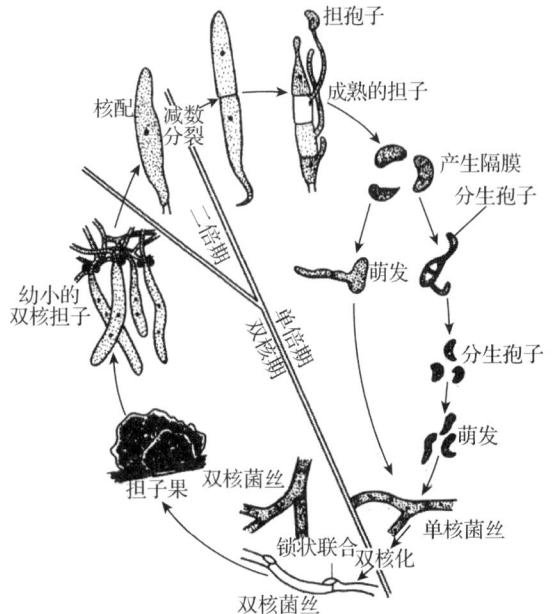

图 7-67 木耳［*Auricularia auricula-judae*（Bull.）Quél.］生活史

7.4.3.2 木耳目

木耳目(Auriculariales Bromhead)子实体胶质,干后呈坚硬的壳状或垫状;有的担子果呈毯状,有柄,顶端膨大成头状;子实层分布于担子果的表面;担子圆柱形,具横隔,1~4 个细胞,每个细胞上具有小梗,其上着生担孢子(图 7-67)。

1)木耳科(Auriculariaceae Fr.)

子实体胶质、蜡质、肉质,干燥时革质。担子横隔分为 4 个细胞。生于枯木、倒木或腐木代表属:木耳属(*Auricularia* Bull.)和靴革耳属[*Eichleriella*(Fr.)Staude](图 7-68)。

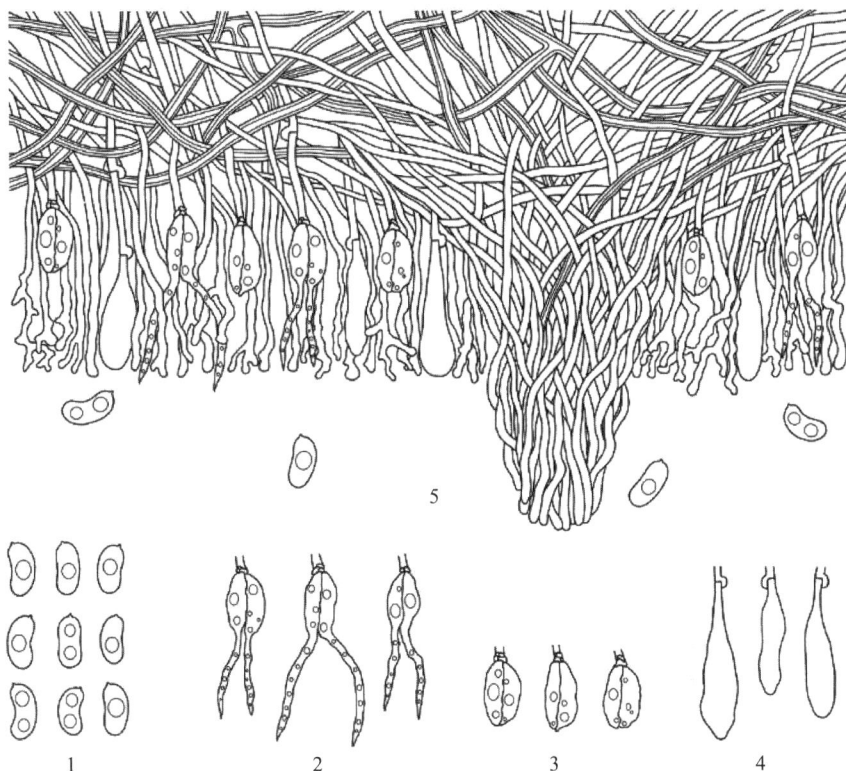

1. 担孢子;2. 担子;3. 拟担子;4. 囊状体;5. 子实层。

图 7-68 锐担靴革耳(*Eichleriella aculeobasidiata* Hui Wang,D. Q. Wang,C. L. Zhao)的显微结构

(1)木耳属(*Auricularia* Bull.)

子实体新鲜时杯形、耳形、叶形或花瓣形,棕褐色至黑褐色,柔软半透明,胶质,有弹性,干后强烈收缩,变硬,脆质,浸水后迅速恢复成新鲜时的形态和质地。子实层表面平滑或有褶状隆起,深褐色至黑色。不育面与基质相连,密被短绒毛。担孢子近圆柱形或弯曲成腊肠形,无色,壁薄,平滑。代表种:皱木耳[*Auricularia delicata*(Mont. ex Fr.)Henn.]、黑木耳(*A. heimuer* F. Wu,B. K. Cui & Y. C. Dai)(图 7-69)、毡盖木耳[*A. mesenterica*(Dicks.)Pers.]。夏季单生或簇生于多种阔叶树倒木和腐木,为常见栽培食用菌。

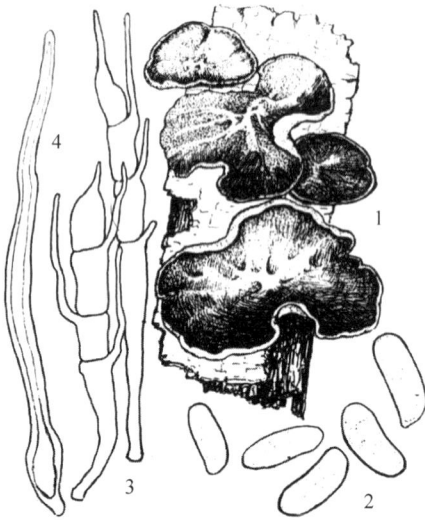

1. 子实体；2. 担孢子；3. 担子；4. 背毛。

图 7-69　黑木耳(*Auricularia heimuer* F. Wu,
B. K. Cui & Y. C. Dai) 的形态

(卯晓岚，1998；Kumari et al.，2013)

7.4.3.3　鸡油菌目

鸡油菌目(Cantharellales Gäum.)常见有外生菌根菌、腐生菌、兰科菌根菌，其中齿菌属部分种类可食用。

1) 鸡油菌科(Cantharellaceae J. Schröt.)

担子果肉质或膜质，有柄，漏斗形至喇叭形，子实层体生于担子果外侧，平滑具皱纹或皱褶；生殖菌丝壁薄，膨大；担孢子光滑无色或浅色，非淀粉质。代表属：寄生菇属(*Nyctalis* Fr.)、喇叭菌属(*Craterellus* Pers.)、鸡油菌属(*Cantharellus* Adans. ex Fr.)，常见于森林(图 7-70)。

(1) 鸡油菌属(*Cantharellus* Adans. ex Fr.)

菌盖初期近半球形至扁平，中部下凹呈浅花瓣状或喇叭形，杏黄色至鲜黄色、蛋黄色或橙黄色，光滑。菌肉脆，薄，淡黄色或淡橘黄色，有较淡的芳香味。菌褶延生至近延生，稀疏，窄。担孢子椭圆形至卵圆形，光滑，淡黄色至淡赭色，

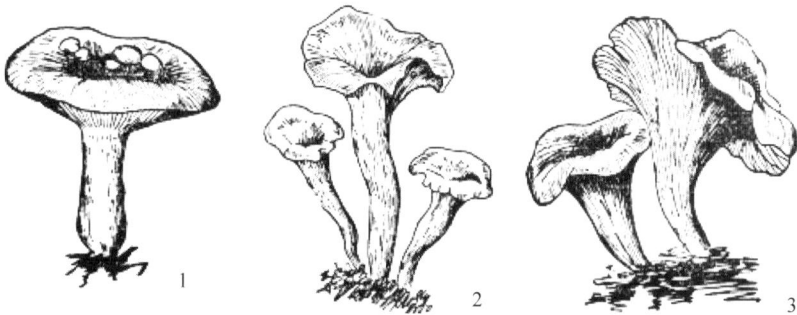

1. 孢寄生菇(*Nyctalis asterophora* Fr.)；2. 喇叭菌[*Craterellus cornucopioides* (L.) Pers.]；
3. 鸡油菌(*Cantharellus cibarius* Fr.)

图 7-70　鸡油菌科常见菌物

(邓叔群，1963)

具小尖。代表种：鸡油菌(*Cantharellus cibarius* Fr.)、小鸡油菌(*C. minor* Peck) (图 7-71)。夏秋季群生于针阔混交林地上，可食，分布于我国大部分地区。

2) 齿菌科(Hydnaceae Chevall.)

担子果具菌盖，柄中生或偏生；子实层体齿状；菌丝系统单一体系，生殖菌丝壁薄，具锁状联合；担孢子无色，孢子印白色，光滑，非淀粉质。单生或聚生于阔叶林或针阔混交林地上，有时也生于林地边缘和路边空旷地。

(1) 齿菌属(*Hydnum* L.)

子实体一年生，具中生或偏侧生柄。菌盖圆形，表面新鲜时奶油色至淡黄色，干后土

黄色，光滑；边缘锐，干后上卷。子实层体淡黄色至黄褐色，刺状，菌刺间部分粗糙。菌肉分层，上层奶油色至淡黄色。菌刺黄褐色，分布较密，锥形。菌柄与菌盖表面同色。担孢子近球形，无色，壁薄，光滑，非淀粉质，不嗜蓝。代表种：卷缘齿菌（*Hydnum repandum* L.）（图 7-72），夏秋季单生或聚生于阔叶林或针阔混交林地上，引起木材白色腐朽，有时也生于林地边缘和路边空旷地，可药用。

7.4.3.4　锈革孔菌目

　　锈革孔菌目（Hymenochaetales Oberw.）子实层体管状，少数种类的子实层体光滑，刺状、齿状或环褶状，部分种类的子实层中具刚毛。多数种类为木生。

锈革孔菌目常见科检索表

1. 子实体黄褐色，菌丝组织在氢氧化钾溶液中变黑…………
…………………………… 锈革孔菌科（**Hymenochaetaceae**）
1′. 子实体白色、奶油色、灰色或粉色，菌丝组织在氢氧化钾溶液中无变化 …………………………………
………………………………………………… 新小薄孔菌科（**Neoantrodiellaceae**）

1. 子实体；2. 担孢子；3. 担子。

图 7-71　小鸡油菌（*Cantharellus minor* Peck）的形态
（卯晓岚，1998）

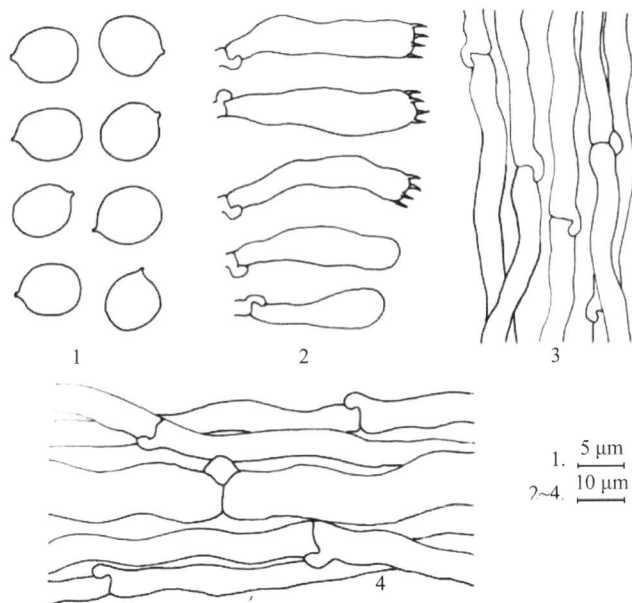

1. $\dfrac{5\ \mu m}{}$

2~4. $\dfrac{10\ \mu m}{}$

1. 担孢子；2. 担子和拟担子；3. 菌髓菌丝；4. 菌肉菌丝。

图 7-72　卷缘齿菌（*Hydnum repandum* L.）的显微结构
（戴玉成等，2007）

1）锈革孔菌科（Hymenochaetaceae Donk）

担子果一年生或多年生，有菌盖、平伏或平展至反卷，木栓质、木质或革质，褐色、锈褐色、土褐色、黄褐色或红褐色；菌盖单生或覆瓦状叠生，菌肉均质或双层，子实层体光滑、疣状突起、齿状、褶状或管状；菌丝系统一体系或二体系，生殖菌丝锁状联合有或无，菌丝组织在氢氧化钾溶液中变黑；担孢子无色或有色，壁薄或厚，平滑或有纹饰。生于针叶树、阔叶树倒木、腐木或枯枝，有些在林中地上生长，部分种类引起木材白色腐朽。

锈革孔菌科常见属检索表

1. 子实体平伏或平伏反卷，子实层体平滑 ·· 锈革菌属（*Hymenochaete*）
1′. 子实层平伏，耙齿状或钝齿状 ·· 毛齿菌属（*Hydnochaete*）

（1）锈革菌属（*Hymenochaete* Lév.）

子实层体一年生，平伏，革质。子实层体新鲜时血红色，光滑，干后颜色变深，不开裂。不育边缘不明显，窄。担孢子圆柱形，无色，壁薄，光滑。代表种：红锈革菌［*Hymenochaete cruenta*（Pers.）Donk］（图 7-73），夏秋季生于冷杉死树、倒木或枯枝，引起木材白色腐朽。

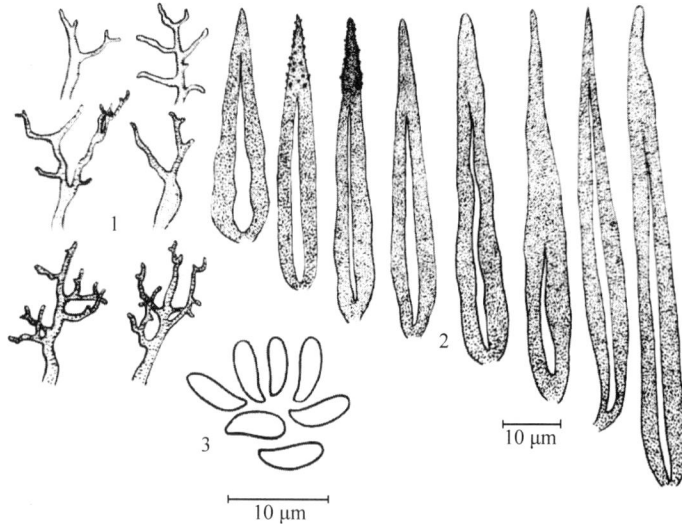

1. 鹿角状侧丝；2. 刚毛；3. 担孢子。

图 7-73　红锈革菌［*Hymenochaete cruenta*（Pers.）Donk］的显微结构
（张小青等，2005）

7.4.3.5　辐片包菌目

1）鬼笔腹菌科（Phallogastraceae Locq.）

子实体近球形，地下生或地上生。包被通常薄，为原始组织，覆盖有一层厚而呈胶质的髓包被（菌托）。孢体胶质或软骨质，橄榄色或淡；小腔早期空虚，后几乎被担孢子所充满，内表面布以子实层。担孢子小型，椭圆形，橄榄色或淡褐色。生于针叶林腐殖质。

(1) 鬼笔腹菌属（*Phallogaster* Morgan）

子实体卵形、梨形至近球形，幼时实心，成熟后空心。包被单层，淡橄榄色，有时有粉红色调，具多个不规则分布的穿孔结构。产孢组织胶黏，成熟时全部自溶，仅剩大量担孢子黏附于包被的内壁。担孢子长椭圆形至杆形。代表种：鬼笔腹菌（*Phallogaster saccatus* Morgan）（图7-74），生于亚高山针叶林中腐殖质上。

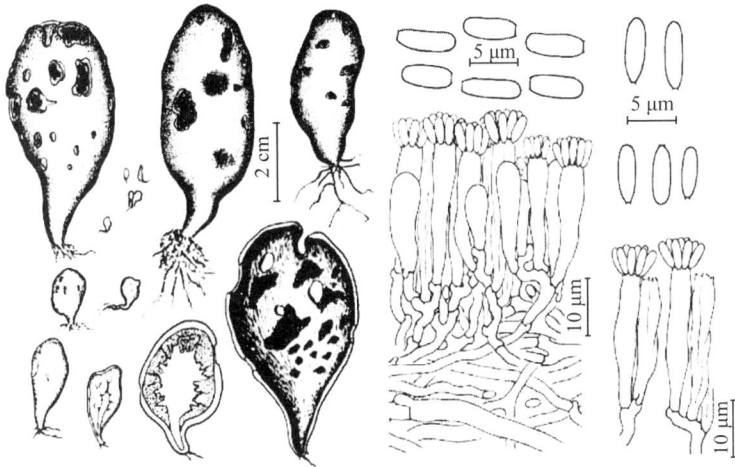

图 7-74　鬼笔腹菌（*Phallogaster saccatus* Morgan）**的形态**
（杨祝良等，2008）

7.4.3.6　多孔菌目

多孔菌目（Polyporales Gäum.）菌物分布十分广泛，为腐生或寄生性大型菌物。大多生活在树木及木材上，引起木材腐朽，也有腐生于土壤的种类。菌丝类型包括生殖菌丝、骨架菌丝和缠绕菌丝。担子果只由生殖菌丝构成，称为单体菌丝型（monomitic）；担子果由生殖菌丝和骨架菌丝构成，称为二体菌丝型（dimitic）；由生殖菌丝、骨架菌丝和缠绕菌丝 3 种菌丝构成的担子果称为三体菌丝型（trimitic）。系统发育研究结果揭示多孔菌目共包括 7 个 clade（图 7-75）。

多孔菌目主要类群检索表

1. 担子果具柄 ······················	**Key A**
1′.担子果平伏或菌盖 ······················	**2**
2. 子实层齿状、褶状、迷宫状、弯曲状 ······················	**Key B**
2′.子实层孔状至多角形 ······················	**3**
3. 担孢子有刺 ······················	**Key C**
3′.担孢子光滑 ······················	**4**
4. 担孢子、囊状体或菌丝具淀粉质反应或拟糊精反应 ······················	**Key D**
4′.担孢子、囊状体或菌丝无淀粉质反应或拟糊精反应 ······················	**5**
5. 生殖菌丝简单分隔 ······················	**Key E**

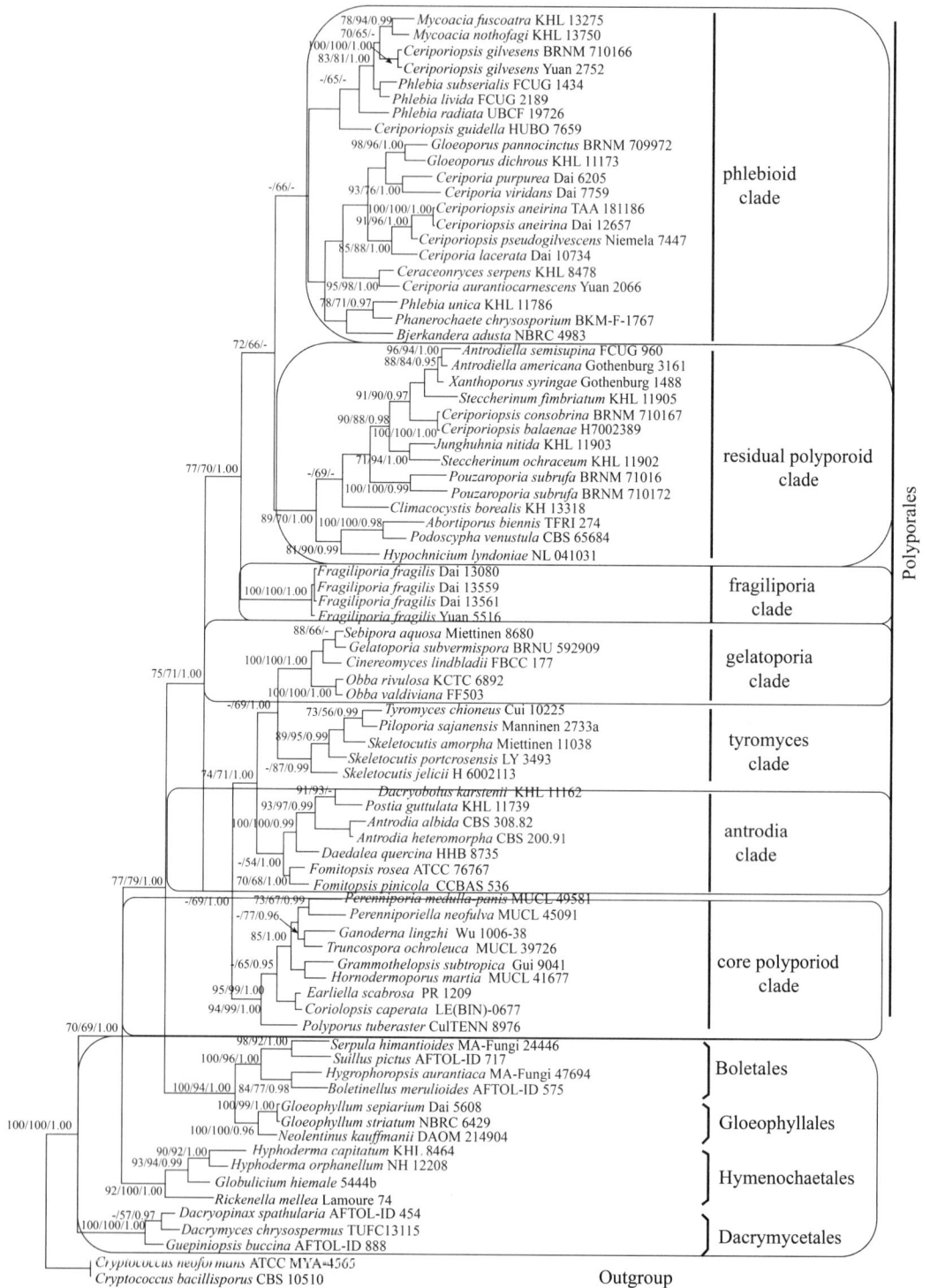

图7-75 多孔菌目各科代表种类 ITS+nLSU 基因序列分析系统发育树

（Zhao et al.，2015）

5′. 生殖菌丝具锁状联合 ·· **6**

6. 菌管和菌肉呈褐色、粉色、橘色、砖红色至红色或绿色 ··························· **Key F**

6′. 菌管和菌肉白色至赭色、黄色至灰色 ·· **7**

7. 具囊状体 ··· **Key G**

7′. 无囊状体 ··· **8**

8. 菌丝系统一体系 ··· **Key H**

8′. 菌丝系统二体系或三体系 ··· **Key I**

Key A 类群分属(种)检索表

1. 担孢子有刺 ·· **2**

1′. 担孢子平滑 ··· **3**

2. 担孢子具淀粉质反应，生殖菌丝简单分隔 ··························· 瘤孢孔菌属(*Bondarzewia*)

2′. 担孢子无淀粉质反应，生殖菌丝具锁状联合 ····················· 拟牛肝菌属(*Boletopsis*)

3. 生殖菌丝简单分隔 ··· **4**

3′. 生殖菌丝具锁状联合 ··· **6**

4. 菌肉锈褐色，具胶质化囊状体 ····································· 暗孔菌属(*Phaeolus*)

4′. 菌肉白色至黄色或浅褐色，无胶质化囊状体 ··························· **5**

5. 生殖菌丝膨胀，生长在地上 ··· 地花菌属(*Albatrellus*)

5′. 生殖菌丝不膨胀，生长在木材或植物根部 ························· 巨盖孔菌属(*Meripilus*)

6. 担子果从一个基部多个菌盖 ·· **7**

6′. 担子果从一个基部单个菌盖 ·· **8**

7. 菌盖圆形，具联络菌丝 ···································· 猪苓多孔菌(*Polyporus umbellatus*)

7′. 菌盖扇形，具骨架菌丝 ··· 花孔菌属(*Grifola*)

8. 菌丝系统二体系或三体系 ·· **9**

8′. 菌丝系统一体系 ··· **11**

9. 菌丝系统二体系 ·· **10**

9′. 菌丝系统三体系 ··· 足层孔菌属(*Podofomes*)

10. 具树状联络菌丝 ··· 多孔菌属(*Polyporus*)

10′. 无树状联络菌丝 ······································· 新凸孔菌属(*Neolentiporus*)

11. 担孢子梭形 ··· 杨氏孔菌属(*Jahnoporus*)

11′. 担孢子球形至椭圆形 ··· 残孔菌属(*Abortiporus*)

Key B 类群分属(种)检索表

1. 菌肉褐色至黑色 ··· 褐褶菌属(*Gloeophyllum*)

1′. 菌肉其他颜色 ·· **2**

2. 子实层齿状、迷宫状或弯曲状 ·· **3**

2′. 子实层褶状 ··· **10**

3. 子实层齿状 ··· **4**

3′. 子实层不规则，迷宫状或弯曲状 ·· **7**

4. 生殖菌丝简单分隔，具骨架囊状体 ····························· 白囊耙齿菌属(*Irpex*)

4′. 生殖菌丝具锁状联合，无骨架囊状体 ·· **5**

5. 菌丝系统一体系 ··· 绵皮孔菌属(*Spongipellis*)

5′. 菌丝系统二体系或三体系 ·· **6**

6. 生长在针叶树，孔口表面浅褐色至紫色 ·················· 褐紫附毛孔菌（*Trichaptum fuscoviolaceum*）

6′. 生长在阔叶树，孔口表面白色至赭色 ··· **7**

7. 担子果平伏 ··· 裂孔菌属（*Schizopora*）

7′. 担子果盖形 ·· **8**

8. 菌盖有毛 ·· 单色下皮黑孔菌（*Cerrena unicolor*）

8′. 菌盖光滑 ·· **9**

9. 菌肉褐色，具白色腐朽 ··· 拟迷孔菌属（*Daedaleopsis*）

9′. 菌肉木色，具褐色腐朽 ··· 迷孔菌属（*Daedalea*）

10. 菌盖光滑 ··· 拟迷孔菌属（*Daedaleopsis*）

10′. 菌盖具毛 ··· **11**

11. 生于针叶树 ·· 落叶松附毛孔菌（*Trichaptum laricinus*）

11′. 生于阔叶树 ·· 桦木栓孔菌（*Trametes betulina*）

Key C 类群分属（种）检索表

1. 担孢子具拟糊精反应，生于柳属植物 ······················ 香味全缘孔菌（*Haploporus odorus*）

1′. 担孢子无拟糊精反应，生于其他树木 ·· **2**

2. 菌丝系统一体系 ·· **3**

2′. 菌丝系统二体系或三体系 ··· **5**

3. 担子果盖形，担孢子黄色至浅褐色 ···························· 雪松革裥菌（*Lenzitella malenconii*）

3′. 担子果平伏，担孢子无色 ··· **4**

4. 担孢子略粗糙，长度小于 5 μm ····································· 糙孢孔菌属（*Trechispora*）

4′. 担孢子鸡冠状，长度大于 5 μm ····································· 林氏孔菌属（*Lindtneria*）

5. 担孢子长椭圆形，长度大于 10 μm ···················· 瘤厚孢孔菌（*Pachykytospora tuberculosa*）

5′. 担孢子球形至近球形，长度小于 10 μm ····························· 异担子菌属（*Heterobasidion*）

Key D 类群分属（种）检索表

1. 担孢子具淀粉质反应 ·· **2**

1′. 担孢子无淀粉质反应 ··· **3**

2. 担子果具锁状联合，白色腐朽 ····································· 拟变孔菌属（*Anomoloma*）

2′. 担子果无锁状联合，褐色腐朽 ····································· 变孔菌属（*Anomoporia*）

3. 具囊状体，且有淀粉质反应 ····································· 淀粉囊孔菌属（*Amylocystis*）

3′. 无囊状体 ·· **4**

4. 菌丝系统一体系 ··· 萨尔克孔菌属（*Sarcoporia*）

4′. 菌丝系统二体系或三体系 ·· **5**

5. 担孢子平截，壁厚 ··· 多年卧孔菌属（*Perenniporia*）

5′. 担孢子无平截，壁薄 ··· **6**

6. 骨架菌丝具拟糊精反应 ····································· 异担子菌属（*Heterobasidion*）

6′. 骨架菌丝具淀粉质反应 ·· **7**

7. 具褐色腐朽，孔口表面白色至赭色 ····································· 薄孔菌属（*Antrodia*）

7′. 具白色腐朽，孔口表面灰色 ····································· 灰孔菌属（*Cinereomyces*）

Key E 类群分属(种)检索表

1. 担子果黄色至浅褐色 ··· 炮孔菌属(*Laetiporus*)
1′. 担子果其他颜色 ·· 2
2. 具囊状体 ·· 3
2′. 无囊状体 ·· 8
3. 囊状体具结晶 ·· 4
3′. 囊状体光滑 ·· 5
4. 担子果白色至赭色 ·· 锐孔菌属(*Oxyporus*)
4′. 担子果赭色、红色至黑色 ·· 硬孔菌属(*Rigidoporus*)
5. 担子果橙色、褐色至浅褐色 ·· 6
5′. 担子果白色至浅色 ··· 7
6. 担子果红色至橙色,担孢子圆柱形 ···························· 小红孔菌属(*Pycnoporellus*)
6′. 担子果浅褐色,担孢子球形 ··· 暗孔菌属(*Phaeolus*)
7. 孔口表面鲜橙色至粉色,菌管具厚壁头状囊状体 ············ 硬孔菌属(*Rigidoporus*)
7′. 孔口表面白色至赭色,菌管无厚壁头状囊状体 ·················· 锐孔菌属(*Oxyporus*)
8. 担孢子腊肠形、圆柱形至长椭圆形 ··· 9
8′. 担孢子球形至近球形 ·· 10
9. 担子果平伏,白色至奶油色 ··· 蜡孔菌属(*Ceriporia*)
9′. 担子果平伏至菌盖状,红色至粉红色 ··· 11
10. 担子果菌盖状至平伏,干后硬,基部菌丝壁厚 ··············· 硬孔菌属(*Rigidoporus*)
10′. 担子果平伏,干后脆,基部菌丝壁薄 ························· 变色卧孔菌(*Physisporinus*)
11. 担子果平伏,孔口表面深红褐色,引起白色腐朽 ········· 紫衫胶黏孔菌(*Gloeoporus taxicola*)
11′. 担子果菌盖状,孔口表面粉色,引起褐色腐朽 ··············· 柔软细孔菌(*Leptoporus mollis*)

Key F 类群分属(种)检索表

1. 菌管和菌肉橙绿色至砖红色 ·· 2
1′. 菌管和菌肉褐色至黑色 ·· 7
2. 担孢子壁厚,平截 ·· 火焰层孔菌属(*Pyrofomes*)
2′. 担孢子壁薄,无平截 ·· 3
3. 担子果绿色至绿褐色 ··· 拟邦氏孔菌属(*Bondarcevomyces*)
3′. 担子果橙色至红色 ··· 4
4. 担子果硬,菌丝系统三体系 ··· 密孔菌属(*Pycnoporus*)
4′. 担子果软,菌丝系统一体系 ·· 5
5. 生于针叶树 ·· 彩孔菌属(*Hapalopilus*)
5′. 生于阔叶树 ·· 6
6. 担子果肉桂色 ·· 全缘孔菌属(*Haploporus*)
6′. 担子果红色 ·· 牛舌菌属(*Fistulina*)
7. 担子果多年生,具皮壳 ··· 层孔菌属(*Fomes*)
7′. 担子果一年生至多年生,无皮壳 ··· 8
8. 担子果软,菌丝系统一体系 ·· 9
8′. 担子果硬,菌丝系统二体系或三体系 ·· 10

9. 担子果肉桂色，在氢氧化钾溶液中变红色 ·················· 彩孔菌属 (*Hapalopilus*)

9′. 担子果褐色至黑色，在氢氧化钾溶液中无反应 ·················· 皱皮孔菌属 (*Ischnoderma*)

10. 担子果平伏 ··· 11

10′. 担子果菌盖状 ··· 12

11. 担子果硬，担孢子椭圆形，具白色腐朽 ·········· 扩展董氏孔菌 (*Donkioporia expansa*)

11′. 担子果软，担孢子圆柱形，褐色腐朽 ·················· 褐褶菌属 (*Gloeophyllum*)

12. 菌肉褐色，具黑色皮壳，联络菌丝无或少 ····································· 13

12′. 菌肉白色至浅黑色，无黑色皮壳，联络菌丝多 ·············· 栓孔菌属 (*Trametes*)

13. 担孢子长度大于 8 μm，骨架菌丝无结晶，生于阔叶树 ·········· 异薄孔菌属 (*Datronia*)

13′. 担孢子长度小于 8 μm，骨架菌丝具结晶，生于针叶树 ·········· 毛孔菌属 (*Piloporia*)

Key G 检索表类群分属

1. 菌丝系统二体系 ··· 2

1′. 菌丝系统一体系 ··· 3

2. 担子果盖形，孔口表面紫色 ························· 附毛孔菌属 (*Trichaptum*)

2′. 担子果平伏，孔口表面白色至咖啡色 ················· 皱容氏孔菌属 (*Junghuhnia*)

3. 担子果大，软，菌肉双层，囊状体大于 25 μm ········ 顶囊孔菌属 (*Climacocystis*)

3′. 担子果小，脆，菌肉单层，囊状体小于 25 μm ······························ 4

4. 孔口表面黄色 ································ 橘黄孔菌 (*Auriporia aurulenta*)

4′. 孔口表面白色至奶油色 ·· 5

5. 囊状体管状 ······························· 小毛孔菌属 (*Chaetoporellus*)

5′. 囊状体非管状 ··· 6

6. 担孢子椭圆形至近球形 ································ 裂孔菌属 (*Schizopora*)

6′. 担孢子圆柱形至腊肠形 ································ 寡孔菌属 (*Oligoporus*)

Key H 类群分属检索表

1. 担子果平伏 ··· 2

1′. 担子果菌盖状 ··· 5

2. 担子具 4~8 个担子小梗 ······························· 白齿菌属 (*Sistotrema*)

2′. 担子具 4 个担子小梗 ··· 3

3. 孔口表面赭色、浅粉色至深红色，子实层生于孔口外 ······· 胶黏孔菌 (*Gloeoporus*)

3′. 孔口表面其他颜色，子实层正常 ·· 4

4. 担子果平伏至菌盖，具褐色腐朽 ························ 寡孔菌属 (*Oligoporus*)

4′. 担子果平伏，具白色腐朽 ·· 5

5. 菌丝壁薄，具褐色腐朽 ································ 裂孔菌属 (*Schizopora*)

5′. 菌丝壁厚，具白色腐朽 ································ 拟蜡孔菌属 (*Ceriporiopsis*)

6. 担孢子球形至水滴状，壁厚 ························ 绵皮孔菌属 (*Spongipellis*)

6′. 担孢子圆柱形至椭圆形，壁薄 ·· 7

7. 菌盖浅褐色至黑色 ····································· 皱皮孔菌属 (*Ischnoderma*)

7′. 菌盖白色至灰色 ··· 8

8. 菌管浅黄色、灰色至黑色，菌肉白色 ··················· 烟管孔菌属 (*Bjerkandera*)

8′. 菌管与菌肉同色 ··· 9

9. 担子果平伏反卷至菌盖，具褐色腐朽 ·················· 寡孔菌属（*Oligoporus*）

9′.担子果明显菌盖状，具白色腐朽 ·················· 干酪菌属（*Tyromyces*）

Key I 类群分属检索表

1. 担孢子平截，壁厚 ·················· 多年卧孔菌属（*Perenniporia*）

1′.担孢子无平截，壁薄 ·················· 2

2. 具树状联络菌丝，具骨架菌丝 ·················· 3

2′.无树状联络菌丝，无骨架菌丝 ·················· 5

3. 担子果平伏至平伏反卷 ·················· 污叉丝孔菌属（*Dichomitus*）

3′.担子果菌盖 ·················· 4

4. 担子果大，具褐色腐朽 ·················· 剥管孔菌属（*Piptoporus*）

4′.担子果小，具白色腐朽 ·················· 多孔菌属（*Polyporus*）

5. 担子果平伏 ·················· 6

5′.担子果盖形 ·················· 13

6. 孔口撕裂，具菌索 ·················· 点孔菌属（*Stromatoscypha*）

6′.孔口正常生长，无菌索 ·················· 7

7. 骨架菌丝具结晶，孔口表面浅粉色 ·················· 骨架菌属（*Skeletocutis*）

7′.骨架菌丝无结晶 ·················· 8

8. 担孢子半月形，菌丝具结晶帽 ·················· 灰孔菌属（*Cinereomyces*）

8′.担孢子其他形状，菌丝无结晶帽 ·················· 9

9. 具球形菌丝末端 ·················· 裂孔菌属（*Schizopora*）

9′.无球形菌丝末端 ·················· 10

10. 骨架菌丝具宽内腔 ·················· 伏孔菌属（*Aporpium*）

10′.骨架菌丝实心 ·················· 11

11. 褐色腐朽 ·················· 薄孔菌属（*Antrodia*）

11′.白色腐朽 ·················· 12

12. 担孢子椭圆形至圆柱形，担子果盖形 ·················· 小薄孔菌属（*Antrodiella*）

12′.担孢子椭圆形至腊肠形，担子果平伏 ·················· 二丝孔菌属（*Diplomitoporus*）

13. 担子果多年生 ·················· 拟层孔菌属（*Fomitopsis*）

13′.担子果一年生 ·················· 14

14. 担子果软，脆，生长周期短 ·················· 干酪菌属（*Tyromyces*）

14′.担子果硬，正常生长 ·················· 15

15. 担子果盖形 ·················· 栓孔菌属（*Trametes*）

15′.担子果平伏反卷 ·················· 16

16. 骨架菌丝具结晶 ·················· 骨架菌属（*Skeletocutis*）

16′.骨架菌丝光滑 ·················· 小薄孔菌属（*Antrodiella*）

1）拟层孔菌科（Fomitopsidaceae Jülich）

担子体一年生或多年生，单生或叠生，革质或木栓质，远子实层面光滑、褶皱或被绒毛。菌丝系统一体系、二体系或三体系。担子棒形，具 4 个担子小梗。担孢子椭圆形至圆柱形，光滑。生于腐木、树桩、倒木、储木、栅栏木和薪炭木上。

(1)拟层孔菌属(*Fomitopsis* P. Karst.)

子实体多年生,新鲜时硬木栓质,无臭无味。菌盖半圆形或马蹄形;菌肉乳白色或浅黄色,上表面具一明显且厚的皮壳;担孢子椭圆形,无色,壁略厚,光滑。代表种:红缘拟层孔菌(松生拟层孔菌)[*Fomitopsis pinicola*(Sw.)P. Karst.](图7-76),春季至秋季生于多种针叶树和阔叶树的活立木、倒木和腐木上,造成木材褐色腐朽。

2)灵芝科[Ganodermataceae(Donk)Donk]

灵芝是一类大型高等担子菌,俗称灵芝草,古称瑞草,《神农本草经》中就有赤、青、黄、白、黑、紫六芝的记载。子实体一年生至多年生,单生或覆瓦状叠生,木栓质;担孢子广卵圆形,顶端平截,淡褐色至褐色,双层壁,外壁无色、光滑,内壁具小刺。

灵芝科常见属检索表

1. 担子果有柄,柄中生,偏生或侧生 ··· **2**

1'. 担子果无柄,扁平至蹄形 ··· 扁芝属(*Elfvingia*)

2. 担孢子卵形,顶端平截 ··· 灵芝属(*Ganoderma*)

2'. 担孢子球形或近球形,顶端不平截 ···················· 假芝属(*Amauroderma*)

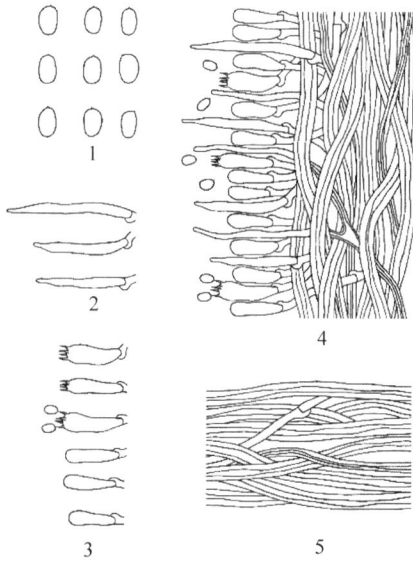

1. 担孢子;2. 拟囊状体;3. 担子和拟担子;
4. 菌髓菌丝;5. 菌肉菌丝。

图 7-76　红缘拟层孔菌[*Fomitopsis pinicola*
(Sw.)P. Karst.]**的显微结构**

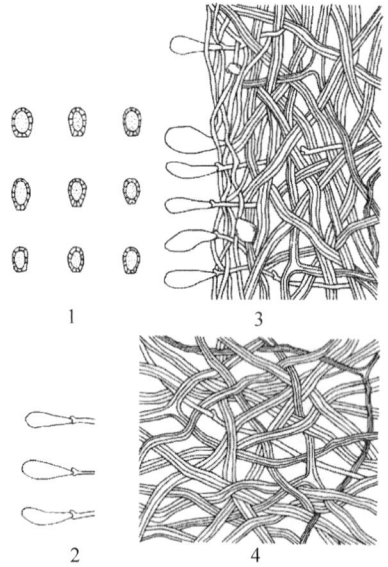

1. 担孢子;2. 拟担子;3. 菌管菌丝;
4. 菌肉菌丝。

图 7-77　四川灵芝(*Ganoderma sichuanense* J. D.
Zhao & X. Q. Zhang)**的显微结构**

(1)灵芝属(*Ganoderma* P. Karst.)

子实体一年生至多年生,单生或覆瓦状叠生,木栓质。菌盖圆形至半圆形;表面锈褐色至灰褐色;孔口表面白色至淡褐色,圆形。菌肉新鲜时浅褐色;菌管褐色。担孢子广卵圆形,顶端平截,淡褐色至褐色,双层壁,外壁无色、光滑,内壁具小刺。代表种:树舌灵芝[*Ganoderma applanatum*(Pers.)Pat.]、四川灵芝(灵芝、赤芝)(*G. sichuanense* J. D.

Zhao & X. Q. Zhang)（图 7-77）、热带灵芝［G. tropicum（Jungh.）Bres.］、松杉灵芝（G. tsugae Murrill）。春季至秋季生于多种阔叶树的活立木、倒木及腐木，引起木材白色腐朽。

（2）假芝属［Amauroderma（Pat.）Torrend］

　　子实体一年生，具中生柄，干后木栓质。菌盖近圆形；表面灰褐色至褐色。孔口触摸后变为血红色，干后变为黑色；近圆形至多角形；菌肉褐色至深褐色。菌管褐色至深褐色。菌柄与菌盖同色，外被一层皮壳。担孢子宽椭圆形至近球形，双层壁，外壁光滑、无色，内壁深褐色、具小刺，非淀粉质，嗜蓝。代表种：皱盖假芝［Amauroderma rude（Berk.）Torrend］、假芝［A. rugosum（Blume & T. Nees）Y. F. Sun, D. H. Costa & B. K. Cui］（图 7-78）。春季至秋季单生或群生于阔叶林地上或腐木，引起木材白色腐朽。

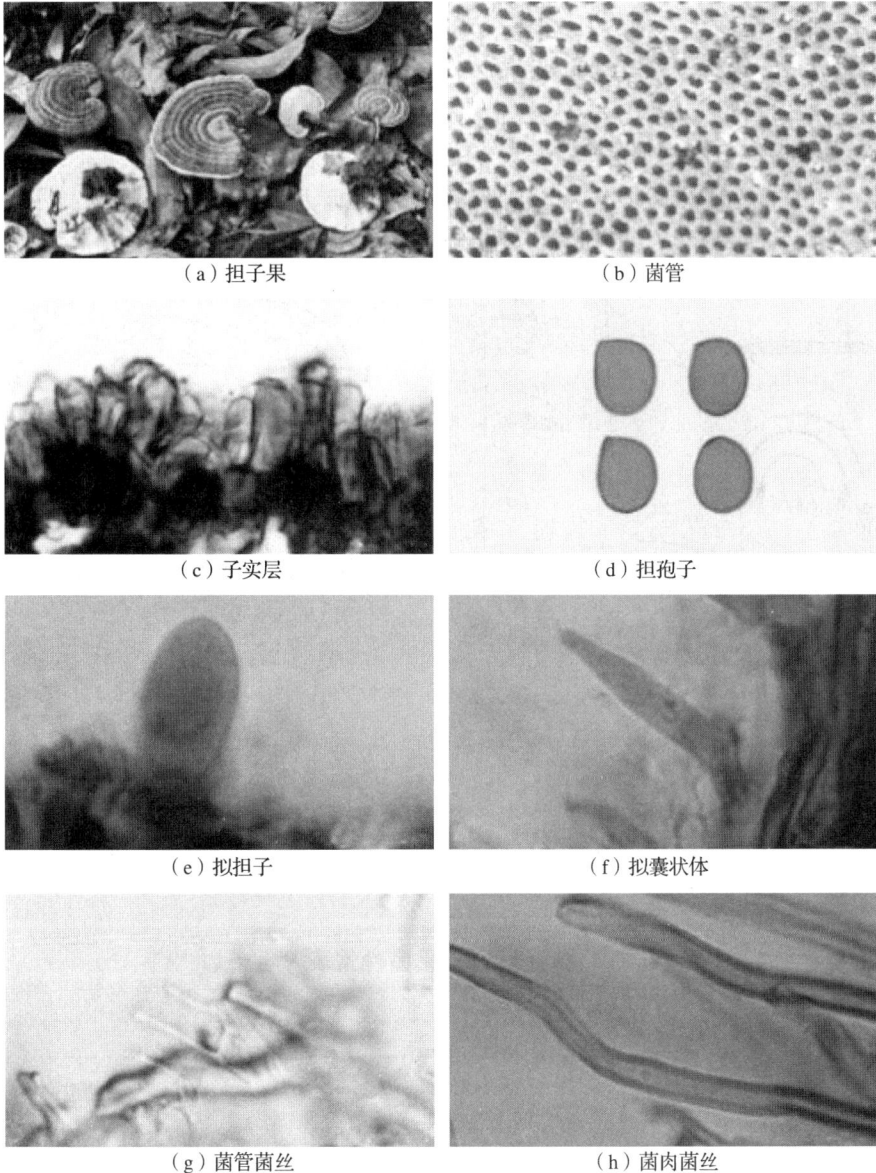

（a）担子果

（b）菌管

（c）子实层

（d）担孢子

（e）拟担子

（f）拟囊状体

（g）菌管菌丝

（h）菌肉菌丝

图 7-78　假芝［Amauroderma rugosum（Blume & T. Nees）Y. F. Sun, D. H. Costa & B. K. Cui］
的宏观与微观形态

（Sun et al., 2020）

3) 多孔菌科 (Polyporaceae Fr. ex Corda)

多孔菌的分类自林奈 (Linnaeus, 1753) 开始迄今已有 200 多年的历史。狭义的多孔菌科应具备下列几个条件：①担子无隔膜；②担孢子单壁；③有或无锁状联合和囊状体，但绝无刚毛；④菌管彼此连接不能分离；⑤管口边缘无子实层；⑥菌管和菌肉通常不能分离，但有例外。凡不符合以上条件者，虽具孔状子实层体也不应归为狭义的多孔菌科。多孔菌依据担子果的宏观和微观特性、菌丝类型、对不同化学试剂的反应、生理性状，以及生态学习性进行分类，但仍然存在着同一属内孢子类型不一致、对某种化学试剂反应不一致、亲缘关系拓扑结构稳定性等难以统一的问题。

担子果一年生至多年生，有柄或无柄，平伏或平展至反卷，肉质、革质、木栓质至木质。菌盖略圆形、半圆形、扇形、匙形、马蹄形或其他形状 (图 7-79)，表面白色、淡黄色、褐色、红色、淡紫色、黑色或其他颜色。菌肉均质或 2 层 (图 7-80)。子实层体管状、迷宫状、齿状、褶状。菌管浅至深，1 至多层。管口略圆形、多角形至不规则形。菌丝系统 1~3 系；生殖菌丝透明，壁薄，具锁状联合或简单分隔；骨架菌丝和缠绕菌丝无色，壁厚或前者有色。担孢子腊肠形、圆柱形、椭圆形、近球形或其他形状，单壁，壁薄或厚，平滑至有纹饰。通常生于针叶树和阔叶树木材，稀生于活树或地上。

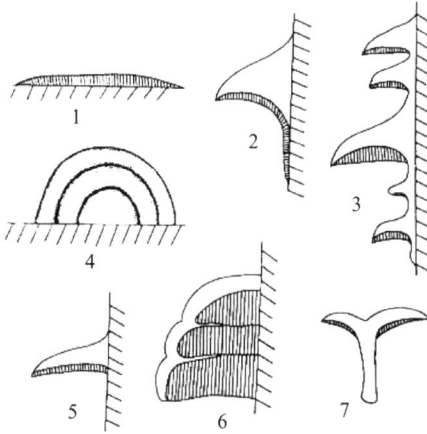

1. 担子果平伏；2. 菌盖剖面三角形；3. 菌盖覆瓦状；
4. 菌盖与基物宽接触半圆形；5. 菌盖扁平；6. 菌盖马蹄形；
7. 菌盖平凹。

图 7-79 担子果和菌盖类型

(Ryvarden et al., 2010)

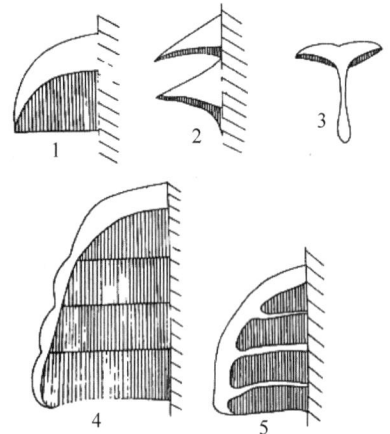

1. 一年生菌盖；2. 覆瓦状菌盖；
3. 菌柄中生菌盖；4. 多年生菌盖；
5. 多年生菌盖菌管层。

图 7-80 菌盖剖面

(Ryvarden et al., 2010)

多孔菌科常见属检索表

1. 担孢子表面具纹饰 ·· 2
1′. 担孢子表面光滑 ·· 3
2. 菌管连生；担孢子无色 ································· **全缘孔菌属 (*Haploporus*)**
2′. 菌管单生，相互分离；担孢子黄色 ··················· **稀管菌属 (*Sparsitubus*)**
3. 担孢子壁薄 ·· 4
3′. 担孢子壁厚 ··· 34

（1）层孔菌属［*Fomes*（Fr.）Fr.］

　　子实体多年生，马蹄形，木质。菌盖半圆形，表面灰色至灰黑色，具同心环带和浅的环沟。孔口表面褐色；圆形。菌肉浅黄褐色或锈褐色，上表面具一明显且厚的皮壳。菌管浅褐色。担孢子圆柱形，无色，壁薄，光滑，非淀粉质，不嗜蓝。代表种：木蹄层孔菌［*Fomes fomentarius*（L.）Fr.］（图 7-81）。春季至秋季生于多种阔叶树的活立木和倒木上，引起木材白色腐朽。

（2）栓孔菌属（*Trametes* Fr.）

　　子实体一年生至多年生，单生至覆瓦状叠生，革质至木栓质；菌盖半圆形居多。孔口表面白色至褐色；菌肉乳白色为主。菌管白色、烟灰色至灰褐色。担孢子圆柱形，无色，壁薄，光滑，非淀粉质，不嗜蓝。代表种：迷宫栓孔菌［*Trametes gibbosa*（Pers.）Fr.］、毛栓孔菌［*T. hirsuta*（Wulfen）Lloyd］、云芝栓孔菌［*T. versicolor*（L.）Lloyd］（图 7-82）。春季至秋季生于多种阔叶树倒木、树桩和储木，引起木材白色腐朽。

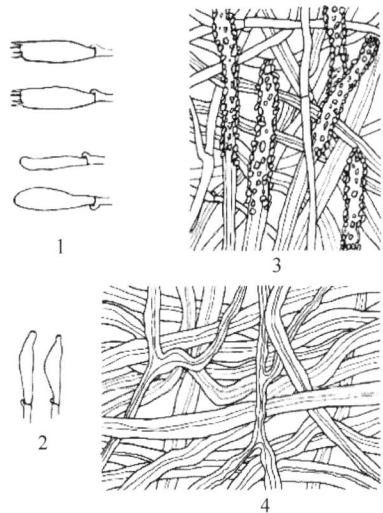

1. 担子和拟担子；2. 拟囊状体；3. 菌管菌丝；
4. 菌肉菌丝。

图 7-81　木蹄层孔菌［*Fomes fomentarius*（L.）Fr.］**的显微结构**

（3）多年卧孔菌属（*Perenniporia* Murrill）

担子果一年生至多年生，通常平伏；担孢子椭圆形，平截有或无，无色，壁厚，光滑，在 Melzer's 试剂中具强烈的拟糊精反应，在棉蓝试剂中呈嗜蓝反应。代表种：版纳多年卧孔菌（*Perenniporia bannaensis* B. K. Cui & C. L. Zhao）、狭髓多年卧孔菌[*P. medulla-panis*（Jacq.）Donk]（图 7-83）。生于落枝、倒木和树桩，引起木材变色腐朽。

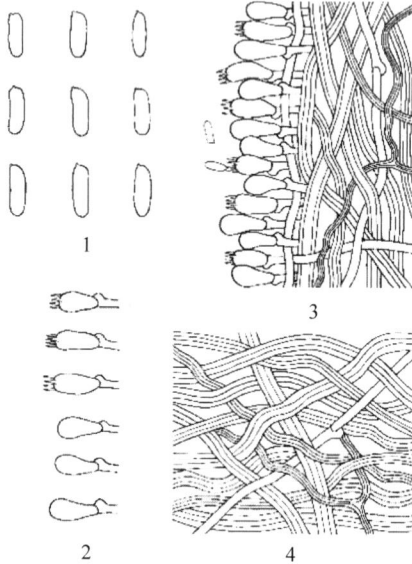

1. 担孢子；2. 担子和拟担子；
3. 菌髓结构；4. 菌肉菌丝。

图 7-82 云芝栓孔菌[*Trametes versicolor*（L.）Lloyd]的显微结构

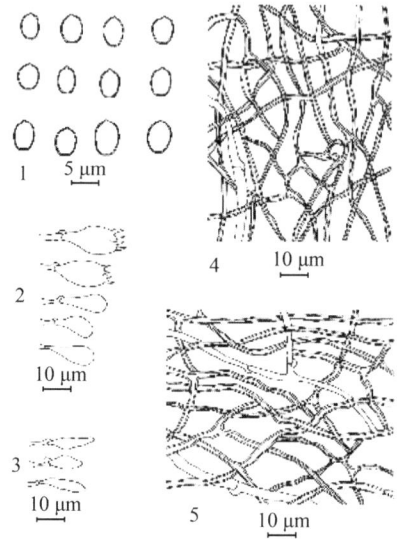

1. 担孢子；2. 担子和拟担子；3. 拟囊状体；
4. 菌管菌丝；5. 菌肉菌丝。

图 7-83 狭髓多年卧孔菌[*Perenniporia medulla-panis*（Jacq.）Donk]的显微结构

（4）多孔菌属（*Polyporus* P. Micheli）

担子果一年生，有柄，肉质至半肉质，干后脆或硬；菌肉白色或近白色；柄中生或侧生；担孢子无色，光滑，短圆形或卵形。代表种：金黄多孔菌（*Polyporus auratus* B. K. Cui，Xing Ji & J. L. Zhou）、菌核多孔菌[*P. tuberaster*（Jacq. ex Pers.）Fr.]、散放多孔菌[*P. dispansus*（Lloyd）Audet]（图 7-84）和冬生多孔菌[*P. brumalis*（Pers.）Zmitr.]（图 7-85）。生于倒木、枯枝、树桩，引起木材白色腐朽。

（5）密孔菌属（*Pycnoporus* P. Karst.）

担子果木生，一年生，无柄，菌盖薄，革质，表面光滑、红色，菌肉红色；菌丝系统三体系，生殖菌丝具锁状联合；担孢子圆柱形，无色，光滑。代表种：鲜红密孔菌[*Pycnoporus cinnabarinus*（Jacq.）Fr.]、血红密孔菌[*P. sanguineus*（L.）Zmitr.]（图 7-86）。生于倒木和树桩。

1. 子实体；2. 担孢子。

图 7-84 散放多孔菌[*Polyporus dispansus*（Lloyd）Audet]的形态（卯晓岚，1998）

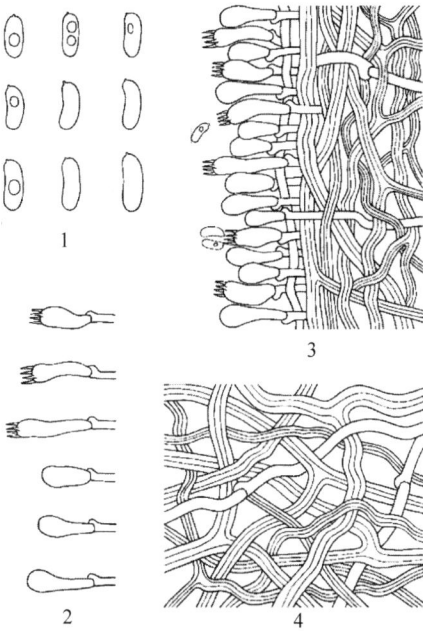

1. 担孢子；2. 担子和拟担子；
3. 菌管菌丝；4. 菌肉菌丝。

图 7-85　冬生多孔菌［*Polyporus brumalis* (Pers.) Zmitr.］**的显微结构**

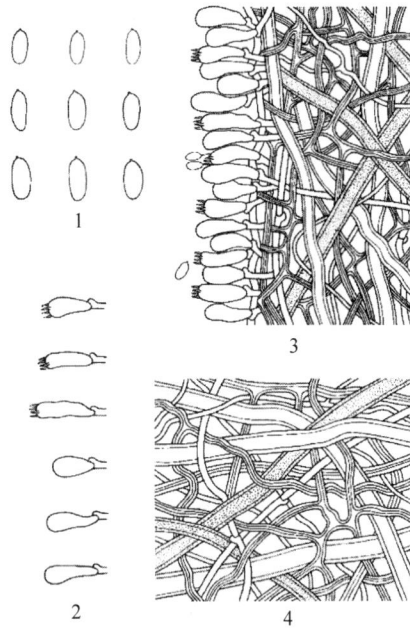

1. 担孢子；2. 担子和拟担子；
3. 菌管菌丝；4. 菌肉菌丝。

图 7-86　血红密孔菌［*Pycnoporus sanguineus* (L.) Zmitr.］**的显微结构**

（6）隐孔菌属［*Cryptoporus* (Peck) Shear］

担子果木生，无柄，近球形，表面光滑，有漆状皮壳，菌肉白色；菌管被菌幕所覆盖，仅在担子果基部留 1 圆孔；菌丝系统二体系或三体系；担孢子光滑，无色。代表种：中国隐孔菌（*Cryptoporus sinensis* Sheng H. Wu & M. Zang）、隐孔菌［*C. volvatus* (Peck) Shear］（图 7-87），多生于松树，引起木材白色腐朽。

（7）粗毛盖菌属（*Funalia* Pat.）

担子果木生，一年生，无柄，平伏反卷，木栓质，硬；菌盖密生硬毛；菌肉白色或浅色；菌丝系统三体系；管孔以不同深度埋陷于菌肉内，与菌肉组织相连，管口多圆形，后期呈近耙齿状；担孢子光滑、无色。代表种：粗毛盖菌［*Funalia gallica* (Fr.) Ryvarden］、多粗毛盖菌［*F. hispida* (Bagl.) M. M. Che］和亚粗毛盖菌（*F. subgallica* Hai J. Li & S. H. He）（图 7-88）。

（8）拟迷孔菌属（*Daedaleopsis* J. Schröt.）

担子果木生，一年生，较大，常呈覆瓦状，无柄，菌盖表面具环纹；菌肉白色至木色；子实层体栓菌属状或瘤状；菌丝无锁状联合；担孢子圆柱形，光滑，无色。代表

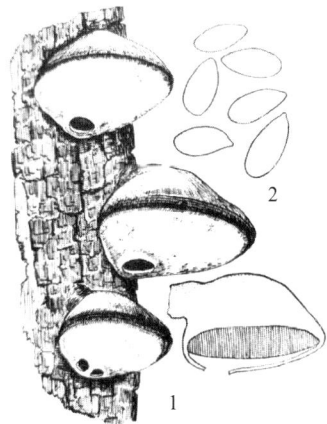

1. 担子果；2. 担孢子。

图 7-87　隐孔菌［*Cryptoporus volvatus* (Peck) Shear］**的子实体和担孢子**
（卯晓岚，1998）

种：粗糙拟迷孔菌[*Daedaleopsis confragosa*（Bolton）J. Schröt.]（图 7-89）、三色拟迷孔菌[*D. tricolor*（Bull.）Bondartsev & Singer]，多生于阔叶树腐木上，引起木材白色腐朽。

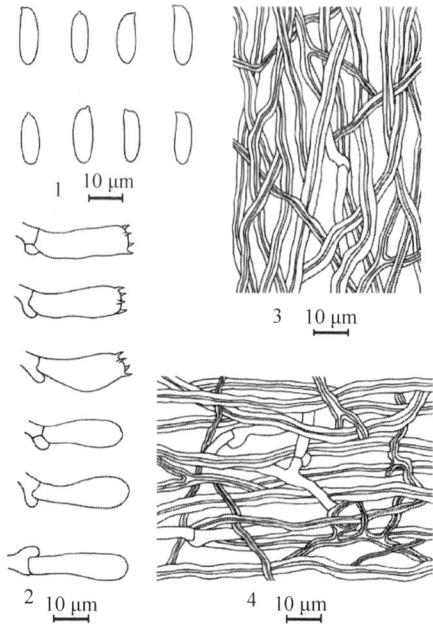

1. 担孢子；2. 担子和拟担子；
3. 菌管菌丝；4. 菌肉菌丝。

图 7-88　亚粗毛盖菌（*Funalia subgallica* Hai J. Li & S. H. He）的显微结构
（卯晓岚，1998）

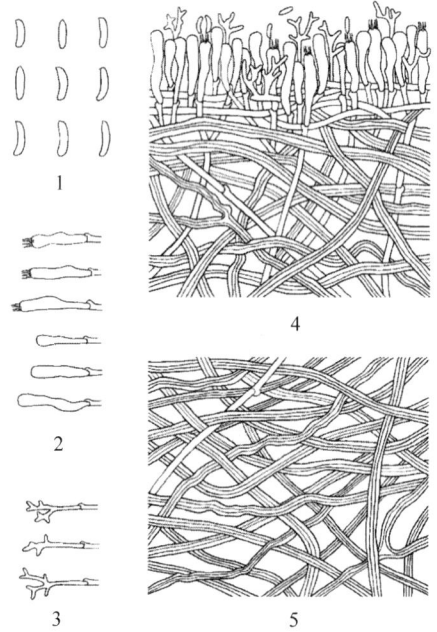

1. 担孢子；2. 担子和拟担子；3. 树状菌丝；
4. 菌管菌丝；5. 菌肉菌丝。

图 7-89　粗糙拟迷孔菌[*Daedaleopsis confragosa*（Bolton）J. Schröt.]的显微结构

7.4.3.7　红菇目

红菇目（Russulales Kreisel ex P. M. Kirk, P. F. Cannon & J. C. David）担子果伞形、半背着生、平伏，棒状或块菌状，有柄或无柄，一年生或多年生。子实层体为菌褶、光滑、菌孔或针刺状。菌髓浅色、白色、黄色、橙色或粉色至褐色；质地为肉质、革质、软肉质或木质。孢子印白色、黄色或粉色。担孢子近球形、宽椭圆形、圆柱形或香肠形，透明，壁薄至厚，常具有疣状、脊状或网状纹饰，无芽孔，具有疣状脐，纹饰呈淀粉质。

红菇目常见科检索表

1. 担子果密生珊瑚状多分枝 ·· 猴头菌科（Hericiaceae）

1′. 担子果不具珊瑚状多分枝 ··· 2

2. 担子果革质 ·· 韧革菌科（Stereaceae）

2′. 担子果肉质 ··· 3

3. 担孢子具淀粉质疣、棘状或纹饰 ······························ 红菇科（Russulaceae）

3′. 担孢子光滑、非淀粉质 ··· 地花孔菌科（Albatrellaceae）

1）猴头菌科（Hericiaceae Donk）

担子果珊瑚状多分枝；子实层体光滑或齿状；一体系菌丝，生殖菌丝壁薄或厚，具锁状联合；具胶囊体；担孢子无色，孢子印白色，光滑或微粗，淀粉质。

（1）猴头菌属（Hericium Schrank）

子实体一年生，新鲜时肉质。菌盖近球形，表面雪白色至乳白色，后期浅乳黄色，干后木色。担孢子椭圆形，无色，厚壁，表面具细小疣突，淀粉质，嗜蓝。代表种：珊瑚猴头菌 [*Hericium coralloides*（Scop.）Pers.]、猴头菌 [*H. erinaceus*（Bull.）Pers.]（图 7-90）。夏秋季通常单生，有时数个连生于阔叶树，引起木材白色腐朽。

2）红菇科（Russulaceae Lotsy）

担子果肉质、脆、易腐烂，柄中生；菌盖和菌柄异质；菌肉和菌髓内有泡状细胞；担孢子宽椭圆形至球形，有淀粉质纹饰。

红菇科常见属检索表

1. 子实体受伤后流出乳汁或有色汁 ·· 乳菇属（*Lactarius*）
1′. 子实体伤破无汁 ·· 红菇属（*Russula*）

（1）红菇属（Russula Pers.）

菌盖初期呈扁半球形，后期变平展，老时下凹，黏，光滑，浅粉色至珊瑚红色，边缘色较淡，有棱纹，表皮易剥离。菌肉薄，白色，近表皮处红色，味苦。菌褶弯生，褶间有横脉，白色或粉红色居多，内部松软。担孢子近球形，有小刺，无色，淀粉质。代表种：壳状红菇（*Russula crustosa* Peck）、毒红菇 [*R. emetica*（Schaeff.）Pers.]（图 7-91）、臭红菇

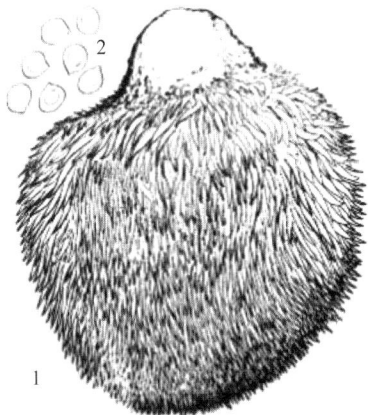

1. 担子果；2. 担孢子。

图 7-90　猴头菌 [*Hericium erinaceus*
（Bull.）Pers.] 的子实体和担孢子
（卯晓岚，1998）

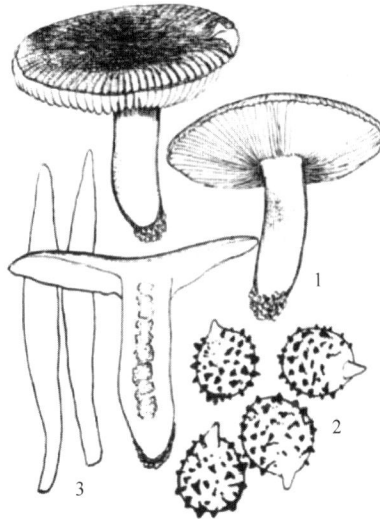

1. 子实体；2. 担孢子；3. 囊状体

图 7-91　毒红菇 [*Russula emetica*
（Schaeff.）Pers.] 的形态
（卯晓岚，1998）

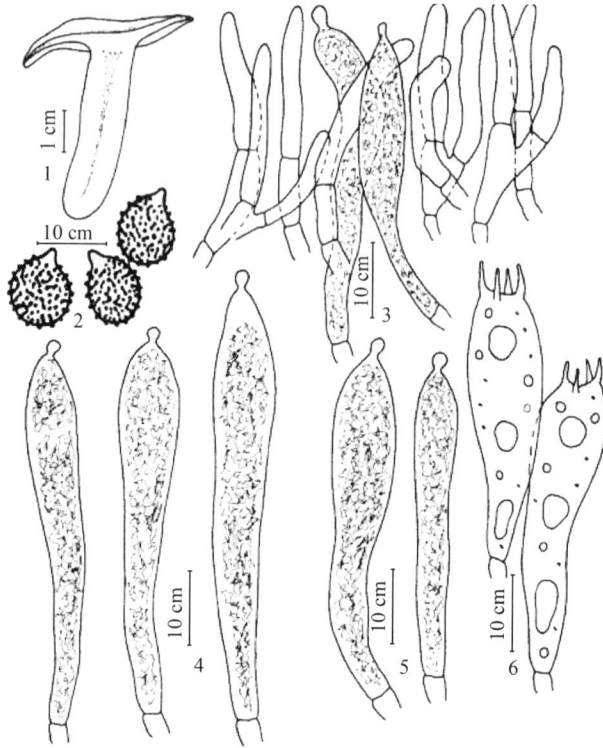

1. 子实体；2. 担孢子；3~5. 囊状体；6. 担子。

图 7-92 拉氏红菇(*Russula lakhanpalii* A. Ghosh, K. Das &
R. P. Bhatt) 的显微结构

(Ghosh et al. , 2020)

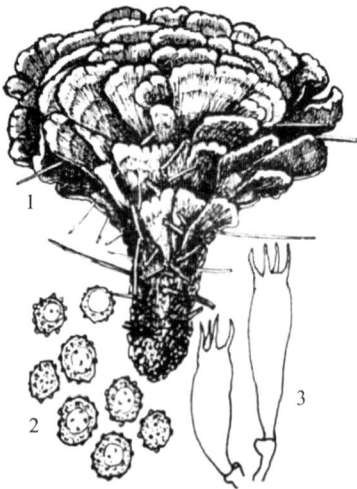

1. 子实体；2. 担孢子；3. 担子。

图 7-93 干巴菌(*Thelephora ganbajun*
M. Zang) 的形态

(卯晓岚，1998)

(*R. foetens* Pers.)和拉氏红菇(*R. lakhanpalii* A. Ghosh,
K. Das & R. P. Bhatt)(图 7-92)。夏秋季散生于林地，部
分物种有毒，分布广。

7.4.3.8 革菌目

革菌目(Thelephorales Corner ex Oberw.)多数种类能
够降解木质素、纤维素和半纤维素，有的能侵染活立
木，导致根部、干基、心材、边材或整个树干腐朽。

1)革菌科(Thelebolaceae Engl.)

担子果平伏且较薄，子实层体通常光滑、齿状、颗
粒状或瘤状，表面呈奶油色、灰色、土黄色、灰黄色，
质地通常为膜质、软革质至韧革质。多数种类属木生真
菌，生长在立木、倒木或腐朽木上，引起木材白色腐朽
或褐色腐朽；少数种类地生，个别种类是菌根菌。

(1)革菌属(*Thelephora* Ehrh. ex Willd.)

子实体一年生，丛生，珊瑚状，多分枝，分枝叶片

扇形，边缘波状，灰白色、灰色至灰黑色，具环纹。子实层体光滑至有疣突，灰色，边缘颜色渐浅。担孢子椭圆形，浅褐色，壁厚，具疣突。代表种：干巴菌(*Thelephora ganbajun* M. Zang)(图 7-93)、莲座革菌(*T. vialis* Schwein.)、日本糙孢革菌(*T. japonica* Yasuda)。

7.4.4　鬼笔亚纲

鬼笔亚纲分目检索表

7.4.4.1　地星目

地星目(Geastrales K. Hosaka & Castellano)的成熟子实体(担子果)多生于地表，外包被呈星状开裂形成数个裂瓣，使内包被露出。担孢子成熟前产孢结构(孢体)都被包被着，成熟的担孢子多数只能从仍然包被着的内包被的顶部孔口处释放。担子果发育类型为被果型。

1)地星科(Geastraceae Corda)

地星担子果包括产孢结构(孢体)和包被 2 部分。永久留存或至少孢子成熟前留存的包被，通常由 2 层或 3 层构成。包围着孢体的最内一层包被称为内包被。包被的外层称为外包被，又由菌肉层、纤维层、菌丝体层 3 层组成。肉质层是外包被的内层，纤维层居中，菌丝体层在最外侧(图 7-94)。有些种在内、外包被之间有一层由具锁状联合的薄壁菌丝相互交织而成的网状物，常掺有晶状体，称为中包被。成熟担子果的中包被多已溶解，仅在内包被和肉质层表面残留白粉层。

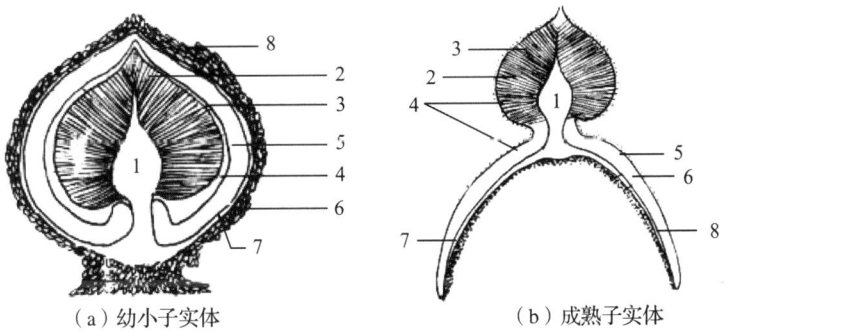

(a)幼小子实体　　　　　　　(b)成熟子实体

1. 囊轴；2. 孢丝；3. 内包被；4. 中包被；5. 肉质层；6. 纤维层；7. 菌丝体层；8. 菌丝簇。

图 7-94　地星的子实体剖面

(Sunhede, 1989；周彤燊, 2014)

(1)地星属(*Geastrum* Pers.)

子实体近球形，成熟外包被上部开裂形成裂片。裂片狭窄，常向外反卷于外包被盘下或水平展开，肉质层较厚，暗栗色、污褐色至黑色，完整留存或部分脱落。内包被近球形至梨形，暗烟色至暗褐色；顶部嘴明显，狭圆锥形或近柱形，正下方具细褶皱和长柄。担孢子球形或近球形，具长柱形突起的小疣。代表种：毛咀地星（*Geastrum fimbriatum* Fr.）、篦齿地星（*G. pectinatum* Pers.）（图7-95）、尖顶地星（*G. triplex* Jungh.）、绒皮地星（*G. velutinum* Morgan）。夏秋季单生或群生于林地上。

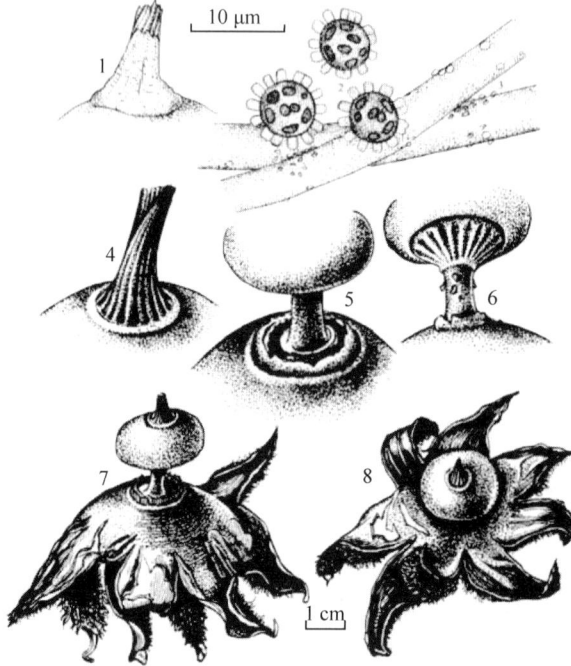

1. 子实口缘盖；2. 纹饰为长柱状突起的担孢子；3. 孢丝；4. 内包被顶部褶皱状的子实口缘和明显的口缘环；
5. 柄基部之肉质层菌领；6. 具放射状皱纹的囊托；7~8. 成熟子实体。

图7-95　篦齿地星（*Geastrum pectinatum* Pers.）的形态
（周彤燊，2007）

7.4.4.2　鬼笔目

鬼笔目（Phallales E. Fisch.）子实体最初在地下发育，到成熟时包被破裂，产孢组织由柄状组织的伸长而带出地面，成为有臭气的胶状物（自溶的担子和孢子的混合物）。幼小子实体白色，呈球形或卵形，包被1~2层，包被产孢组织和子实层托，成熟时包被破裂，子实层托被柄托出地面，包被下部残留成菌托。产孢组织肉质，常黏液状，具臭味，橄榄色或褐色。担孢子光滑，卵形，透明或半透明，由昆虫或风传播。腐生于土壤和腐木。

鬼笔目常见科检索表

1. 包被开裂，有包托，生地上；胞体胶质 ·· 2
1′. 包被不开裂，无包托，通常生地下；胞体软，非胶质 ······································· 4
2. 孢托无柄或有柄，由球形网状或几个顶部联合的柱或伸开的臂组成，头部呈笼状；孢体通常产生在孢托的内侧，有包被，子实体发展成为多盖型 ·················· 拟笼头菌科（**Clathraceae**）

2′.孢托非如上述，无包被 ……………………………………………………………………… **3**

3.孢托球形，内侧有非黏性、具甜味的孢体 …………………… 笼头菌科（**Claustulaceae**）

3′.孢托中空，具黏性，顶部外侧为恶臭的孢体所覆盖；单盖型 ……………… 鬼笔科（**Phallaceae**）

4.胶质层被包被接缝所间断，孢体分成多瓣；多盖型 …………… 原鬼笔科（**Protophallaceae**）

4′.胶质层连续不间断，孢体成有中心轴的球形团；单盖型 ……………… 胶被科（**Gelopellidaceae**）

1）鬼笔科（Phallaceae Corda）

包被开裂，生于地上；包体胶质，有包托，包托柱形，中空，具黏性，顶部外侧为恶臭的包体所覆盖。

鬼笔科常见属检索表

1.孢托顶端无明显的菌盖分化，孢子团生于孢托上部的外表面 ………………………………… **2**

1′.孢托顶端具明显的菌盖分化，孢子团生于菌盖的外表面 ……………………………………… **3**

2.孢托顶部 1/4～1/5 处稍膨大成环状体，孢子生于平滑的外表；产南美洲和马来群岛 …………………
………………………………………………………………… 斯氏鬼笔属（**Staheliomyces**）

2′.孢托顶部 1/3 处，延长成矛状或蛇头状，孢子生于疱疹状突起的外表；为热带、亚热带和温带的习见
属 ……………………………………………………………………… 蛇头菌属（**Mutinus**）

3.菌盖由多层褶片所覆盖，孢子生于褶片的上表；南美特有属 ………………… 稜片鬼笔属（**Itajahya**）

3′.菌盖如倒悬的钟状或倒杯状，孢子着生的子实层具多种纹饰或凹凸，分布较广 …………………… **4**

4.菌盖外表的脉络呈规则放射状；产南美 …………………………… 软鬼笔属（**Aporophallus**）

4′.菌盖外表的脉络不呈放射状 …………………………………………………………………… **5**

5.具裙状菌幕 ……………………………………………………………………………………… **6**

5′.不具裙状菌幕，或菌盖内缘仅具发育不全的残片 ………………………… 鬼笔属（**Phallus**）

6.菌幕呈网状扩张，菌托（包被）外被光滑 ………………………………… 竹荪属（**Dictyophora**）

6′.菌幕呈残片状略长于菌盖，菌托外被具长而软的棘突 ………………… 棘鬼笔属（**Echinophallus**）

(1) 鬼笔属（*Phallus* Junius ex L.）

菌蕾幼时卵形，外包被白色，基部有白色至灰白色根状菌索。成熟后菌盖和菌柄逐渐伸出外包被。菌盖圆锥形，被橄榄色孢体，老后消失。菌柄上部粉红色，向下颜色渐淡，具蜂窝状脉纹。担孢子椭圆形至长椭圆形，光滑，内部有油滴。代表种：白鬼笔（*Phallus impudicus* L.）（图 7-96）、红鬼笔[*P. rubicundus*（Bosc）Fr.]。夏季散生于竹林、阔叶林或针阔混交林地上或草地。

(2) 竹荪属（*Dictyophora* Desv.）

菌蕾卵形至近球形，具不规则裂纹，成熟后具菌盖、菌裙、菌柄和菌托。菌盖钟形至近锥形，顶部平截。网格边缘白色至奶油色，具恶臭的孢体。产孢组织暗褐色，呈黏液状，具臭味。菌裙网状，白色，长可达菌柄基部。菌柄圆柱形，白色，海绵质，空心。菌托污白色至淡褐色。担孢子长椭圆形至短圆柱形或近椭圆形，无色，光滑，壁薄，非淀粉质。代表种：短裙竹荪[*Phallus indusiatus* Vent. = *Dictyophora duplicate*（Bosa）E. Fisch.]、长裙竹荪[*D. indusiata*（Vent.）Desv.]（图 7-97）。春季至秋季单生或群生于竹林等多种阔叶林地上。

1. 子实体；2. 担孢子。

图 7-96 白鬼笔 (*Phallus impudicus* L.)
子实体和担孢子
(卯晓岚，1998)

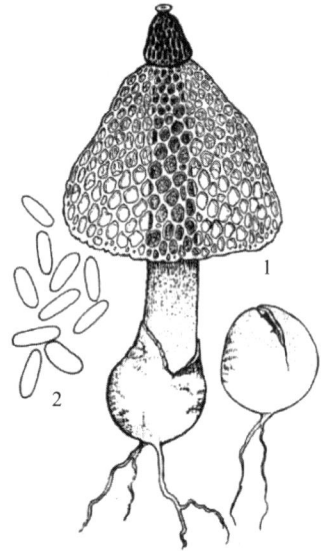

1. 子实体；2. 担孢子。

图 7-97 长裙竹荪 [*Dictyophora*
indusiata (Vent.) Desv.] 的形态
(卯晓岚，1998)

7.4.5 花耳纲

花耳纲为胶质类真菌重要类群之一，主要生长在腐朽木上，呈黄色胶质状。系统发育研究揭示花耳纲与伞菌纲为姐妹类群。在形态特征上，花耳纲以叉状担子而得名。该类群最早形态分类学研究主要聚焦于 3 个属：花耳属 (*Dacrymyces* Nees)、韧钉耳属 (*Ditiola* Fr.) 和胶角耳属 [*Calocera* (Fr.) Fr.]。

7.4.5.1 花耳目

花耳目 (Dacrymycetales Henn.) 担子果常黄色或橙黄色，胶质或蜡质，形态变化多样。担子叉状，产生于双核菌丝的顶端。初期幼嫩的担子双核、棍棒形，称为下担子或原担子，后进行核配，减数分裂，同时下担子的顶端分枝形成 2 个上担子，上担子从胶质基质中长出而达到担子果表面成为叉状，其上着生 2 个担孢子。担孢子无色至淡黄色，圆柱形、弯圆柱形、椭圆形、弯椭圆形、卵形、腊肠形等；担孢子呈倾斜状着生于担孢子梗的顶端，暴露于空气中，当担孢子成熟时，其基部形成一个水滴，水滴逐渐扩大，当达到一定体积时，孢子连同水滴一起自孢子梗上有力地弹射出去。

1) 花耳科 (Dacrymycetaceae J. Schröt.)

担子果扁平，胶质，多泡状突起，垫状、盘状、圆柱形向上渐狭的、尤柄或分化为柄和菌盖，棍棒形、珊瑚状、匙状、花瓣形、脑状。子实层单侧生或周生。担子无隔，圆柱形至棒形，偶呈倒棍棒形，顶端分叉呈音叉状。担孢子壁薄或厚，光滑，非淀粉质。生长在腐木或枯枝。

花耳科常见属检索表

（1）花耳属（*Dacrymyces* Nees）

子实体瘤状，有褶皱和沟纹，鲜橙黄色至橘黄色。胶质，初为多泡状突起，后为扇形或具短柄、盘状。菌肉胶质，较厚，有弹性。子实层周生。担孢子圆柱形至腊肠形，光滑，近无色，壁稍厚，初期无隔，后变至 3~7 横隔。代表种：掌状花耳（*Dacrymyces palmatus* Bres. & M. A. Curtis）（图 7-98）。春季至秋季雨后生长在针叶树腐木或枯枝。

7.4.6　银耳纲

银耳纲（Tremellomycetes Doweld）担子果裸果型，呈疱状突起，平伏，无柄有盖，有柄有盖，脑状、叶形、棍棒形或珊瑚形。子实体胶质、蜡质、肉质、干燥或革质。子实层生一侧或遍生外露表层，有双核化侧丝和拟侧丝。原担子球形、卵形、梨形或棍棒形。下担子由原担子直接发育而来，不完全、完全或斜的"十"字形分隔为 2~4 个细胞。担孢子壁薄或厚，光滑，稀具刺或被疣，非淀粉质，无隔。银耳纲大多腐生于朽木，少数生土壤或寄生于其他菌物。

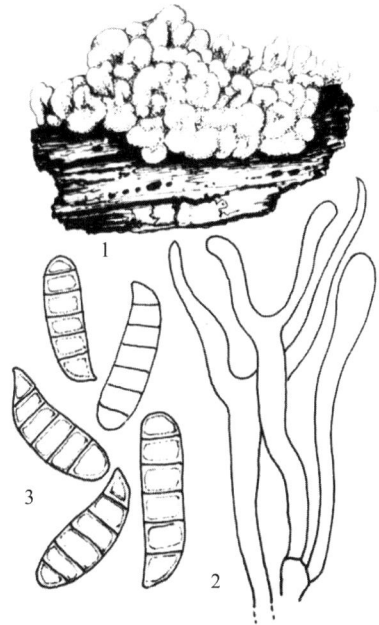

1. 子实体；2. 担子；3. 担孢子。

图 7-98　掌状花耳（*Dacrymyces palmatus* Bres. & M. A. Curtis）**的形态**
（卯晓岚，1998）

7.4.6.1　银耳目

银耳目（Tremellales Fr.）担子果胶质、蜡质、肉质、干燥或革质。子实体叶状、脑状、平展贴生、皮壳状、珊瑚状或具柄有盖。上担子膨大，下担子具"十"字形纵分隔，担孢子萌发产生再生孢子。通常腐生于朽木，部分种类可食用，如银耳（*Tremella fuciformis* Berk.）、金耳[*T. aurantialba*（Bandoni & M. Zang）Millanes & Wedin]。

1）银耳科（Tremellaceae Fr.）

担子果胶质至蜡质，平展贴生至脑状或具叶状瓣片或近于有柄至有柄有盖；原担子无隔膜，球形、卵形、椭圆形或纺锤形；下担子呈"十"字形纵分隔为 2~4 个细胞；担孢子萌发产生再生孢子或萌发管。

(1)银耳属(*Tremella* Pers.)

子实体由弯曲裂瓣组成，新鲜时黄色至橘黄色，干后暗黄色，内部微白，基部较窄，胶质。菌肉厚，有弹性，胶质。担子纵裂4瓣，宽椭圆形至卵圆形。担孢子球形至宽椭圆形，光滑。代表种：茶色银耳(茶耳、血耳)〔*Tremella foliacea* (Pers.) Wedin, J. C. Zamora & Millanes〕、橙黄银耳(黄银耳)(*T. mesenterica* Retz.)(图7-99)、血红银耳(*T. sanguinea* Y. B. Peng)。

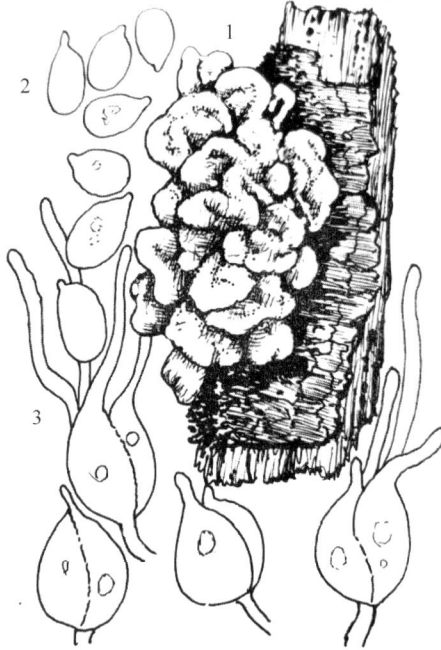

1. 子实体；2. 担孢子；3. 担子。

图7-99 橙黄银耳(*Tremella mesenterica* Retz.)**的形态**

(卯晓岚，1998)

复习思考题

1. 简述担子菌的一般形态与特征，简述有性生殖的特点，简述担子菌门各个纲主要形态特征及分类依据。

2. 锈菌有哪些特性？锈菌的生活史有哪些变异？简述锈菌和黑粉菌的孢子多型性与寄主的关系。

3. 绘图展示几种不同生活史类型的锈菌。

4. 简述担子菌门中林木腐朽真菌主要包括的重要科属，木腐菌分为哪些腐朽类型？简述其在生态系统中的主要功能。

5. 阐述木耳目、银耳目和花耳目的主要形态特征。

6. 试列伞菌亚门5种主要食药用真菌名称及其主要特征。

参考文献

程明渊，白金铠，刘维，1991. 东北地区 *Cercospora* 属及相近属分类研究[J]. 沈阳农业大学学报，22（1）：6-12.

戴芳澜，1979. 中国真菌总汇[M]. 北京：科学出版社.

戴玉成，图力古尔，2007. 中国东北野生食药用真菌图志[M]. 北京：科学出版社.

戴玉成，熊红霞，2012. 中国真菌志：第四十二卷 革菌科（一）[M]. 北京：科学出版社.

邓叔群，1963. 中国的真菌[M]. 北京：科学出版社.

贺新生，2015. 现代菌物分类系统[M]. 北京：科学出版社.

贺运春，2008. 真菌学[M]. 北京：中国林业出版社.

金鑫，2012. 中国广义球盖菇科几个属的分类学研究[D]. 长春：吉林农业大学.

李玉，2008. 中国真菌志：黏菌 卷二[M]. 北京：科学出版社.

李玉，2008. 中国真菌志：黏菌 卷一[M]. 北京：科学出版社.

李玉，刘淑艳，2015. 菌物学[M]. 北京：科学出版社.

李玉，图力古尔，2014. 中国真菌志. 侧耳–香菇型真菌[M]. 北京：科学出版社.

李增智，2000. 中国真菌志：第十三卷 虫霉目[M]. 北京：科学出版社.

林露，范鑫磊，2024. 壳囊孢属所致林木腐烂病的识别与鉴定[J]. 树木医学，1（1）：19-27.

刘波，1980. 低等真菌分类与图解[M]. 北京：科学出版社.

陆家云，2001. 植物病原菌物学[M] 北京：中国农业出版社.

卯晓岚，1998. 中国经济真菌[M]. 北京：科学出版社.

邵力平，沈瑞祥，张素轩，等，1984. 真菌分类学[M]. 北京：中国林业出版社.

柿嶌眞，德增征二，2014. 菌類の生物学[M]. 東京：共立出版株式会社.

图力古尔，2018. 蕈菌分类学[M]. 北京：科学出版社.

王幼珊，刘润进，2017. 球囊菌门丛枝菌根真菌最新分类系统菌种名录[J]. 菌物学报，36（7）：820-850.

王幼珊，张淑彬，殷晓芳，等，2016. 中国大陆地区丛枝菌根真菌菌种资源的分离鉴定与形态学特征[J]. 微生物学通报，43（10）：2154-2165.

魏江春，2010. 菌物生物多样性与人类可持续发展[J]. 生物多样性保护，25：645-650.

邢来君，2010. 普通真菌学[M]. 2 版. 北京：高等教育出版社.

杨祝良，葛再伟，2008. 鬼笔腹菌在东亚首次发现[J]. 云南植物研究（2）：21-24.

叶芊岐，图力古尔，2022. 粉褶菌属 4 个中国新记录种[J]. 菌物研究，20（2）：87-95.

余永年，1998. 中国真菌志：第六卷 霜霉目[M]. 北京：科学出版社.

张小青，戴玉成，2005. 中国真菌志：第二十九卷 锈革孔菌科[M]. 北京：科学出版社.

郑儒永，余永年，1987. 中国菌物志：第一卷 白粉菌目[M]. 北京：科学出版社.

植物保护系植物病理教研组，1975. 农业植物病理学：第三册[M]. 咸阳：西北农学院.

周彤燊，2007. 中国真菌志：第三十六卷 地星科 鸟巢菌科[M]. 北京：科学出版社.

ACHARYA K, PALOI S, PRADHAN P, et al. , 2017. Contribution to the Macromycetes of West Bengal, India：1-7[J]. Research Journal of Pharmaceutical Biological & Chemical Sciences, 8（1）：1229-1238.

ADAMS G C, WINGFIELD M J, COMMON R, et al. , 2005. Phylogenetic relationships and morphology of *Cytospora* species and related teleomorphs（Ascomycota, Diaporthales, Valsaceae）from *Eucalyptus*[J]. Studies in

Mycology，52：1-142.

AIME M C，MCTAGGART A，2020. A higher-rank classification for rust fungi，with notes on genera［J］. Fungal Systematics & Evolution，7：21-47.

AINSWORTH G C，SPARROW F K，SUSSMAN A S，1973. The fungi：An advanced treatise［M］. New York：Academic Press.

ALEXOPOULOS C J，MIMS C W，BLACKWELL M，1996. Introductory mycology［M］. New York：John Wiley & Sons Inc.

ALVARENGA R L M，SPIRIN V，MALYSHEVA V，et al.，2019. Two new genera and six other novelties in *Heterochaete sensu lato*（Auriculariales，Basidiomycota）［J］. Botany，97：439-451.

ANGELINI C，CONTU M，VIZZINI A，2014. *Tricholosporum caraibicum*（Basidiomycota，Tricholomataceae），a new species from the Dominican Republic［J］. Mycosphere 5（3）：430-439.

ARCHIBALD J M，SIMPSON A G B，SLAMOVITS C H，2017. Handbook of the protists［M］. 2nd ed. Berlin：Springer.

ARNOLD G R W，YURCHENKO E O，2007. The first contribution on mycophilous fungi from Belarus［J］. Mycena，7：4-19.

BALDRIAN P，VĚTROVSKÝ T，LEPINAY C，et al.，2021. High-throughput sequencing view on the magnitude of global fungal diversity［J］. Fungal Diversity，114（1）：539-547.

BANDONI R J，1998. On some species of *Mycogloea*［J］. Mycoscience，39：31-36.

BARR D J S，1980. An outline for the reclassification of the Chytridiales，and for a new order，the Spizellomycetales［J］. Canadian Journal of Botany，58（22）：2380-2394.

BARR D J S，1984. The classification of *Spizellomyces*，*Gaertneriomyces*，*Triparticalcar*，and *Kochiomyces*（Spizellomycetales，Chytridiomycetes）［J］. Canadian Journal of Botany，62（6）：1171-1201.

BARR D J S，1992. Evolution and kingdoms of organisms from the perspective of a mycologist［J］. Mycologia，84（1）：1-11.

BARR D J S，KUDO H，JAKOBER K D，et al.，1989. Morphology and development of rumen fungi：*Neocallimastix* sp.，*Piromyces communis*，and *Orpinomyces bovis* gen. nov.，sp. nov.［J］. Canadian Journal of Botany，67（9）：2815-2824.

BEAKES G W，HONDA D，THINES M，2014. Systematics of the Straminipila：Labyrinthulomycota，Hyphochytriomycota，and Oomycota［M］. Berlin：Springer.

BENNY G L，2001. Zygomycota：Trichomycetes［M］. Berlin：Springer.

BENNY G L，BENJAMIN R K，1993. Observations on Thamnidiaceae（Mucorales）. Ⅵ. Two new species of *Dichotomocladium* and the zygospores of *D. hesseltinei*（Chaetocladiaceae）［J］. Mycologia，85（4）：660-671.

BENNY G L，HUMBER R A，MORTON J B，2001. Zygomycota：Zygomycetes［M］. Berlin：Springer.

BENNY G L，HUMBER R A，VOIGT K，2014. 8 Zygomycetous fungi：Phylum Entomophthoromycota and subphyla Lickxellomycotina，Mortierellomycotina，Mucoromycotina，and Zoopagomycotina［M］. Berlin：Springer.

BENSCH K，BRAUN U，GROENEWALD J Z，et al.，2012. The genus *Cladosporium*［J］. Studies in Mycology，72：1-401.

BIGELOW D M，OLSEN M W，GILBERTSON R L，2005. *Labyrinthula terrestris* sp. nov.，a new pathogen of turf grass［J］. Mycologia，97（1）：185-190.

BINDER M，LARSSON K H，MATHENY P B，et al.，2010. Amylocorticiales ord. nov. and Jaapiales ord. nov.：Early diverging clades of Agaricomycetidae dominated by corticioid forms［J］. Mycologia，102：865-880.

BOEHM E W A，MUGAMBI G K，MILLER A N，et al.，2009. A molecular phylogenetic reappraisal of the Hysteriaceae, Mytilinidiaceae and Gloniaceae (Pleosporomycetidae, Dothideomycetes) with keys to world species [J]. Studies in Mycology, 64(1): 49-83.

BOEHM E W A, SCHOCH C L, SPATAFORA J W, 2009. On the evolution of the Hysteriaceae and Mytilinidiaceae (Pleosporomycetidae, Dothideomycetes, Ascomycota) using four nuclear genes[J]. Mycological Research, 113(4): 461-479.

BONAR L, 1951. Two new fungi on *Torreya*[J]. Mycologia, 43(1): 62-66.

BOND T E T, 1956. Notes on *Taphrina*[J]. Transactions of the British Mycological Society, 39(1): 60-66.

BRAUN U, 1987. A monograph of the Erysiphales (powdery mildews)[J]. Beihefte Zur Nova Hedwigia, 89: 1-700.

BRAUN U, 1999. Some critical notes on the classification and the generic concept of the Erysiphaeeae[J]. Schlechtendalia, 3: 48-54.

BRAUN U, 2011. The current systematics and taxonomy of the powdery mildews (Erysiphales): An overview[J]. Mycoscience, 52(3): 210-212.

BRAUN U, TAKAMATSU S, 2000. Phylogeny of *Erysiphe*, *Microsphaera*, *Uncinula* (Erysipheae) and *Cystotheca*, *Podosphaera*, *Sphaerotheca* (Cystotheceae) inferred from rDNA ITS sequences: Some taxonomic consequences [J]. Schlechtendalia, 4: 1-33.

BROWN M W, KOLISKO M, SILBERMAN J D, et al., 2012. Aggregative multicellularity evolved independently in the eukaryotic supergroup Rhizaria[J]. Current Biology, 22(12): 1123-1127.

CABANILLAS H E, DE LEON J H, HUMBER R A, et al., 2013. *Isaria poprawskii* sp. nov. (Hypocreales: Cordycipitaceae), a new entomopathogenic fungus from Texas affecting sweet potato whitefly[J]. Mycoscience, 54(2): 158-169.

CAI L, GIRAUD T, ZHANG N, et al., 2011. The evolution of species concepts and species recognition criteria in plant pathogenic fungi[J]. Fungal Diversity, 50: 121-133.

CANNON P F, DAMM U, JOHNSTON P R, et al., 2012. *Colletotrichum*: Current status and future directions [J]. Studies in Mycology, 73: 1812-213.

CAVALIER-SMITH T, 1989. Systems of kingdoms[M]. New York: McGrawHill Yearbook of Science & Technology.

CAVALIER-SMITH T, 1993. Kingdom Protozoa and its 18 phyla[J]. Microbiological Review, 57: 953-994.

CAVALIER-SMITH T, 1998. A revised six-kingdom system of life[J]. Biological Reviews, 73: 203-266.

CAVALIER-SMITH T, 2004. Only six kingdoms of life[J]. Proceedings of the Royal Society of London. Series B: Biological Sciences, 271(1545): 1251-1262.

CAVALIER-SMITH T, 2018. Kingdom Chromista and its eight phyla: A new synthesis emphasising periplastid protein targeting, cytoskeletal and periplastid evolution, and ancient divergences[J]. Protoplasma, 255: 297-357.

CAVALIER-SMITH T, CHAO E E, 2003. Phylogeny and classification of phylum Cercozoa (Protozoa)[J]. Protist, 154: 341-358.

CAVALIER-SMITH T, CHAO E E, LEWIS R, 2015. Multiple origins of Heliozoa from flagellate ancestors: New cryptist subphylum Corbihelia, superclass Corbistoma, and monophyly ofHaptista, Cryptista, Hacrobia and Chromista[J]. Molecular Phylogenetics & Evolution, 93: 331-362.

CAVENDER J C, STEPHENSON S L, LANDOLT J C, et al., 2002. Dictyostelid cellular slime moulds in the forests of New Zealand[J]. New Zealand Journal of Botany, 40: 235-264.

CAVENDER J C, VADELL E M, 2000. The genus *Acytostelium*[J]. Mycologia, 92(5): 992-1008.

CHATTON É, 1925. Pansporella perplexa réflexions sur la biologie et la phylogénie des protozoaires[J]. Annales des Sciences Naturelles-Zoologie et Biologie Animale, 10: 1-84.

CHAVERRI P, SAMUELS G J, 2003. *Hypocrea/Trichoderma* (Ascomycota, Hypocreales, Hypocreaceae): Species with green ascospores[M]. Utrecht: CBS Centraalbureau voor Schimmelcultures.

COPELAND H, 1938. The kingdoms of organisms[J]. Quarterly Review of Biology, 13: 383-420.

CROUS P W, ALFENAS A C, WINGFIELD M J, 1993. *Calonectria scoparia* and *Calonectria morganii* sp. nov., and variation among isolates of their *Cylindrocladium* anamorphs[J]. Mycological Research, 97(6): 701-708.

CROUS P W, BRAUN U, SCHUBERT K, et al., 2007. Delimiting*Cladosporium* from morphologically similar genera[J]. Studies in Mycology, 58(1): 33-56.

CROUS P W, LOMBARD L, SANDOVAL-DENIS M, et al., 2021. *Fusarium*: more than a node or a foot-shaped basal cell[J]. Studies in Mycology, 98: 100-116.

CROUS P W, SLIPPERS B, WINGFIELD M J, et al., 2006. Phylogenetic lineages in the Botryosphaeriaceae[J]. Studies in Mycology, 55(1): 235-253.

CROUS P W, WINGFIELD M J, CHEEWANGKOON R, et al., 2019. Foliar pathogens of eucalypts[J]. Studies in Mycology, 94: 125-298.

CRUZ-LAUFER A J, MARDONES M, PIEPENBRING M, 2019. Systematics, taxonomy, and distribution of species of *Myriogenospora* GF Atk. (Clavicipitaceae, Hypocreales, Ascomycota)[J]. Check List, 15(5): 735-746.

CUMMINS G B, HIRATSUKA Y, 2003. Illustrated genera of rust fungi[M]. 3rd ed. Reston: APS Press.

DAI Y C, YANG Z L, 2008. A revised checklist of medicinal fungi in China[J]. Mycosystema, 27(6): 801-824.

DAI Y C, ZHOU L W, YANG Z L, et al., 2010. A revised checklist of edible fungi in China[J]. Mycosystema, 29(1): 1-21.

DIEDERICH P, MILLANES A M, ETAYO J, et al., 2022a. Finding the needle in the haystack: a revision of *Critendenia*, a surprisingly diverse lichenocolous genus of Agaricostilbomycetes, Pucciniomycotina[J]. The Bryologist, 125(2): 248-293.

DIEDERICH P, MILLANES A M, WEDIN M, et al., 2022b. Flora of Lichenicolous Fungi: Vol 1 Basidiomycota[M]. Luxembourg: National Museum of Natural History.

DONG J H, LI Q, YUAN Q, et al., 2024. Species diversity, taxonomy, molecular systematics and divergence time of wood-inhabiting fungi in Yunnan-Guizhou Plateau, Asia[J]. Mycosphere, 15: 1110-1293.

DUAN J, WU W, LIU X Z, 2007. *Dinemasporium* (Coelomycetes)[J]. Fungal Diversity, 26: 205-218.

FAN X L, BARRETO R W, GROENEWALD J Z, et al., 2017. Phylogeny and taxonomy of the scab and spot anthracnose fungus *Elsinoë* (Myriangiales, Dothideomycetes)[J]. Studies in Mycology, 87(1): 1-41.

FAN X L, BEZERRA J D P, TIAN C M, et al., 2018. Families and genera of diaporthalean fungi associated with canker and dieback of tree hosts[J]. Persoonia, 40(1): 119-134.

FAN X L, BEZERRA J D P, TIAN C M, et al., 2020. *Cytospora* (Diaporthales) in China[J]. Persoonia, 45(1): 1-45.

FITZGERALD V C, 2014. Screening of entomopathogenic fungi against citrus mealybug [*Planococcus citri* (Risso)] and citrus thrips (*Scirtothrips aurantia* (Faure)][D]. Makhanda: Rhodes University.

FRIES E M, 1829. Systema mycologicum[M]. Berlin: Office Berlingiana.

FU C H, HSIEH H M, CHEN C Y, et al., 2013. *Ophiodiaporthe cyatheae* gen. et sp. nov., a Diaporthalean pathogen causing a devastating wilt disease of *Cyathea lepifera* in Taiwan[J]. Mycologia, 105(4): 861-872.

GAZIS R, MIADLIKOWSKA J, LUTZONI F, et al., 2012. Culture-based study of endophytes associated with rubber trees in Peru reveals a new class of Pezizomycotina: Xylonomycetes[J]. Molecular Phylogenetics & Evolution, 65(1): 294-304.

GHOSH A, DAS K, BHATT R P, Et al. , 2020. Two new species of the genus *Russula* from western Himalaya with morphological details and phylogenetic estimations [J]. Nova Hedwigia, 111(1): 115-130.

GOSLING P, HODGE A, GOODLASS G, et al. , 2006. Arbuscular mycorrhizal fungi and organic farming[J]. Agriculture, Ecosystems & Environment, 113(1-4): 17-35.

GROENEWALD J Z, NAKASHIMA C, NISHIKAWA J, et al. , 2013. Species concepts in*Cercospora*: spotting the weeds among the roses[J]. Studies in Mycology, 75(1): 115-170.

GRUNINGER R J, PUNIYA A K, CALLAGHAN T M, et al. , 2014. Anaerobic fungi (phylum Neocallimastigomycota): Advances in understanding their taxonomy, life cycle, ecology, role and biotechnological potential[J]. FEMS Microbiology Ecology, 90(1): 1-17.

HAECKEL E, 1866. Generelle morphologie der organismen[M]. Berlin: Reimer.

HAWKSWORTH D L, KIRK P M, SUTTON B C, et al. , 1995. Ainsworth & Bisby's dictionary of the fungi[M]. 8th ed. Oxon: CAB.

HAWKSWORTH D L, LÜCKING R, HEITMAN J, et al. , 2017. Fungal diversity revisited: 2. 2 to 3. 8 million species[J]. Microbiology Spectrum, 5: 79-80.

HE M Q, CAO B, LIU F, et al. , 2024. Phylogenomics, divergence times and notes of orders in Basidiomycota [J]. Fungal Diversity, 126(1): 127-406.

HENK D A, VILGALYS R, 2007. Molecular phylogeny suggests a single origin of insect symbiosis in the Pucciniomycetes with support for some relationships within the genus *Septobasidium*[J]. American Journal of Botany, 94(9): 1515-1526.

HIBBETT D S, BINDER M, BISCHOFF J F, et al. , 2007. A higher-level phylogenetic classification of the Fungi [J]. Mycological Research, 111: 509-547.

HIROOKA Y, ROSSMAN A Y, SAMUELS G J, et al. , 2012. A monograph of *Allantonectria*, *Nectria*, and *Pleonectria* (Nectriaceae, Hypocreales, Ascomycota) and their pycnidial, sporodochial, and synnematous anamorphs[J]. Studies in Mycology, 71: 1-210.

HODKINSON B P, MONCADA B, LÜCKING R, 2014. Lepidostromatales, a new order of lichenized fungi (Basidiomycota, Agaricomycetes), with two new genera, *Ertzia* and *Sulzbacheromyces*, and one new species, *Lepidostroma winklerianum*[J]. Fungal Diversity, 64: 165-179.

HOFFMANN K, PAWŁOWSKA J, WALTHER G, et al. , 2013. The family structure of the Mucorales: A synoptic revision based on comprehensive multigene genealogies[J]. Persoonia, 30: 57-76.

HOFMANN T, PIEPENBRING M, 2006. New records and host plants of fly-speck fungi from Panama[J]. Fungal Diversity, 22: 55-70.

HONGSANAN S, CHOMNUNTI P, CROUS P W, et al. , 2014. Introducing *Chaetothyriothecium*, a new genus of Microthyriales[J]. Phytotaxa, 161(2): 157-164.

HONGSANAN S, TIAN Q, HYDE K D, et al. , 2015. Two new species of sooty moulds, *Capnodium coffeicola* and *Conidiocarpus plumeriae* in Capnodiaceae[J]. Mycosphere, 6(6): 814-824.

HONGSANAN S, TIAN Q, PERŠOH D, et al. , 2015. Meliolales[J]. Fungal Diversity, 74(1): 91-141.

HOSAGOUDAR V B, 2012. Asterinales of India[J]. Mycosphere, 2(5): 617-852.

HOSAKA K, BATES S T, BEEVER R E, et al. , 2006. Molecular phylogenetics of the gomphoid phalloid fungi with an establishment of the new subclass Phallomycetidae and two new orders [J]. Mycologia, 98(6): 949-959.

HYDE K D, JONES E B G, LIU J K, et al. , 2013. Families of Dothideomycetes[J]. Fungal Diversity, 63(1): 1-313.

HYDER N, WANG F P, KOSKI A, et al. , 2013. First report of rapid blight caused by *Labyrinthula terrestris* on *Poa annua* in colorado[J]. Plant Disease, 94(7): 919.

JACOBS K, KIRISITS T, WINGFIELD M J, 2003a. Taxonomic re-evaluation of three related species of *Graphium*, based on morphology, ecology and phylogeny[J]. Mycologia, 95(4): 714-727.

JACOBS K, SEIFERT K A, HARRISON K J, et al. , 2003b. Identity and phylogenetic relationships of ophiostomatoid fungi associated with invasive and native *Tetropium* species (Coleoptera: Cerambycidae) in atlantic Canada [J]. Canadian Journal of Botany, 81(4): 316-329.

JAMES T Y, PORTER T M, MARTIN W W, 2014. Blastocladiomycota[J]. Systematics & Evolution, part A: 177-207.

JAMES T Y, STAJICH J E, HITTINGER C T, et al. , 2020. Toward a fully resolved fungal tree of life[J]. Annual Review of Microbiology, 74: 291-313.

JI J, WANG Q, LI Z, et al. , 2016. Notes on rust fungi in China. Two species of *Coleosporium* on *Compositae*[J]. Mycotaxon, 131(4): 811-820.

JIANG N, FAN X L, TIAN C M, et al. , 2020. Reevaluating Cryphonectriaceae and allied families in Diaporthales [J]. Mycologia, 112(2): 267-292.

JONG S C, BENJAMIN C R, 1971. North American species of Nummularia[J]. Mycologia, 63(4): 862-876.

KALICHMAN J, KIRK P M, MATHENY P B, 2020. A compendium of generic names of Agarics and Agaricales [J]. Taxon, 69:425-447.

KIRK P M, CANNON P F, DAVID J C, et al. , 2001. Ainsworth & Bisby's dictionary of the fungi [M]. 9rd ed. Oxon: CAB Internationa .

KIRK P M, CANNON P F, MINTER D M, et al. , 2008. Dictionary of the fungi[M]. 10th ed. Oxon: CAB Internationa.

KIRSCHNER R, SAMPAIO J P, BEGEROW D, et al. , 2002. Mycogloea nipponica-the frst known teleomorph in the heterobasidiomycetous yeast genus *Kurtzmanomyces*[J]. Antonie van Leeuwenhoek, 84: 109-114.

KURTZMAN C P, FELL J W, BOEKHOUT T, 2011. The yeasts: A taxonomic study[M]. Amsterdam: Elsevier.

LANDVIK S, SCHUMACHER T K, ERIKSSON O E, et al. , 2003. Morphology and ultrastructure of *Neolecta* species[J]. Mycological Research, 107(9): 1021-1031.

LETCHER P M, LEE P A, LOPEZ S, et al. , 2016. An ultrastructural study of *Paraphysoderma sedebokerense* (Blastocladiomycota), an epibiotic parasite of microalgae[J]. Fungal Biology, 120(3): 324-337.

LETCHER P M, POWELL M J, CHURCHILL P F, et al. , 2006. Ultrastructural and molecular phylogenetic delineation of a new order, the Rhizophydiales (Chytridiomycota)[J]. Mycological Research, 110(8): 898-915.

LI Z Y, GUO L, 2009. Two new species and a new Chinese record of *Exobasidium* (Exobasidiales)[J]. Mycotaxon, 108: 479-484.

LIN L, FAN X L, GROENEWALD J Z, et al. , 2024. *Cytospora*: An important genus of canker pathogens[J]. Studies in Mycology, 109: 323-401.

LING Z L, ZHOU J L, PARRA L A, et al. , 2021. Four new species of Agaricus subgenus Spissicaules from China [J]. Mycologia, 113: 476-491.

LIU C H, CHANG J H, 2014. Myxomycetes of Taiwan XXV The family Stemonitaceae[J]. Taiwania, 59(3): 210-219.

LIU D, GOFNET B, ERTZ D, et al. , 2017. Circumscription and phylogeny of the Lepidostromatales (lichenized Basidiomycota) following discovery of new species from China and Africa[J]. Mycologia, 109: 730-748.

LIU D, WANG X Y, WANG L S, et al. , 2019. *Sulzbacheromyces sinensis*, an unexpected basidiolichen, was newly discovered from Korean Peninsula and Philippines, with a phylogenetic reconstruction of genus *Sulzbach-eromyces*[J]. Mycobiology 47(2): 191-199.

LIU D, GOFNET B, ERTZ D, et al., 2017. Circumscription and phylogeny of the Lepidostromatales (lichenized Basidiomycota) following discovery of new species from China and Africa[J]. Mycologia, 109: 730-748.

LIU F, BONTHOND G, GROENEWALD J Z, et al., 2019. Sporocadaceae, a family of coelomycetous fungi with appendage-bearing conidia[J]. Studies in Mycology, 92: 287-415.

LIU F, WANG M, DAMM U, et al., 2016. Species boundaries in plant pathogenic fungi: a*Colletotrichum* case study[J]. BMC Evolutionary Biology, 16: 1-14.

LIU J K, PHOOKAMSAK R, DOILOM M, et al., 2012. Towards a natural classification of Botryosphaeriales[J]. Fungal Diversity, 57: 149-210.

MAHARACHCHIKUMBURA S S N, CHEN Y, ARIYAWANSA H A, et al., 2021. Integrative approaches for species delimitation in Ascomycota[J]. Fungal Diversity, 109(1): 1-25.

MAHARACHCHIKUMBURA S S N, HYDE K D, JONES E B G, et al., 2016. Families of Sordariomycetes[J]. Fungal Diversity, 79(1): 1-317.

MALYSHEVA E F, MALYSHEVA V F, SVETASHEVA T Y, 2015. Molecular phylogeny and taxonomic revision of the genus *Bolbitius* (Bolbitiaceae, Agaricales) in Russia [J]. Mycological Progress, 14(8): 1-14.

MALYSHEVA V, SPIRIN V, SCHOUTTETEN N et al., 2020. New and noteworthy species of *Helicogloea* (Atractiellomycetes, Basidiomycota) from Europe[J]. Annales Botanici Fennici, 57: 1-7.

MANWELL R D, 1968. Introduction to Protozoology[M]. 2nd ed. New York: Dover Publications.

MATHIASSEN G, GRANMO A, 2011. *Ophiognomonia rosae* (Ascomycota) new to Norway[J]. Agaric, 30: 77-80.

MCCARTHY P, ELIX J, 2017. Five new *Lichen* species (Ascomycota) and a new record from southern New South Wales, Australia[J]. Telopea, 20: 335-353.

MISHRA B, CHOI Y J, THINES M, 2018. Phylogenomics of *Bartheletia paradoxa* reveals its basal position in Agaricomycotina and that the early evolutionary history of basidiomycetes was rapid and probably not strictly bifurcating[J]. Mycological Progress, 17: 333-341.

MISHRA B, CHOI Y J, THINES M, 2018. Phylogenomics of *Bartheletia paradoxa* reveals its basal position in Agaricomycotina and that the early evolutionary history of basidiomycetes was rapid and probably not strictly bifurcating[J]. Mycological Progress, 17: 333-341.

MOZLEY-STANDRIDGE S E, LETCHER P M, Longcore J E, et al., 2009. Cladochytriales-A new order in Chytridiomycota[J]. Mycological Research, 113(4): 498-507.

MUEHLSTEIN L K, PORTER D, SHORT F T, 1991. *Labyrinthula zosterae* sp. nov., the causative agent of wasting disease of eelgrass, zostera marina[J]. Mycologia, 83(2): 180-191.

NAKABONGE G, 2008. A study of *Chrysoporthe* and *Cryphonectria* species on myrtales in southern and Eastern Africa[D]. Pretoria: University of Pretoria.

NIE Y, YU D S, WANG C F, et al., 2020. A taxonomic revision of the genus *Conidiobolus* (ancylistaceae, entomophthorales): Four clades including three new genera[J]. Mycokeys, 66: 55-81.

OBERWINKLER F, KIRSCHNER R, ARENAL F, et al., 2006. Two new members of the Atractiellale: *Basidiopycnis hyalina and Proceropycnis pinicola*[J]. Mycologia, 98(4): 637-649.

OBERWINKLER F, BANDONI R J, 1984. *Herpobasidium* and allied genera[J]. Transactions of the British Mycological Society, 83(4): 639-658.

OBERWINKLER F, KIRSCHNER R, ARENAL F, et al., 2006. Two new members of the Atractiellale: *Basidiopy-*

cnis hyalina and *Proceropycnis pinicola*[J]. Mycologia, 98(4): 637-649.

OLSEN M W, 2007. *Labyrinthula terrestris*: A new pathogen of cool-season turfgrasses[J]. Molecular Plant Pathology, 8(6): 817-820.

ONO Y, CHATASIRI S, POTA S, et al., 2012. *Phakopsora montana*, another grapevine leaf rust pathogen in Japan[J]. Journal of General Plant Pathology, 78(5): 338-347.

ONO Y, OHMACHI K, UNARTNGAM J, et al., 2020. *Milesina thailandica*, a second rust fungus on an early diverged Leptosporangiate fern genus, *Lygodium*, found in Thailand[J]. Mycological Progress, 19(2): 147-154.

PALFNER G, VALENZUELA-MUÑOZ V, GALLARDO-ESCARATE C, et al., 2012. *Cordyceps cuncunae* (Ascomycota, Hypocreales), a new pleoanamorphic species from temperate rainforest in Southern Chile[J]. Mycological Progress, 11(3): 733-739.

PENG X J, WANG Q C, ZHANG S K, et al., 2023. *Colletotrichum* species associated with Camellia anthracnose in China[J]. Mycosphere, 14(2): 130-157.

PETERSON R S, 1968. Rust fungi on Araucariaceae[J]. Mycopathologia et Mycologia Applicata, 34: 17-26.

PHILLIPS A J L, ALVES A, ABDOLLAHZADEH J, et al., 2013. The Botryosphaeriaceae: genera and species known from culture[J]. Studies in Mycology, 76: 51-167.

PHILLIPS A J L, ALVES A, PENNYCOOK S R, et al., 2008. Resolving the phylogenetic and taxonomic status of dark-spored teleomorph genera in the Botryosphaeriaceae[J]. Persoonia, 21: 29-55.

PHILLIPS A J, ALVES A, ABDOLLAHZADEH J, et al., 2013. The Botryosphaeriaceae: genera and species known from culture[J]. Studies in Mycology, 76: 51-167.

PILOTTI M, BRUNETTI A, LUMIA V, 2014. Normes OEPP/EPPO standards: Diagnostics. PM 7/14 2: *Ceratocystis platani*[J]. Bulletin OEPP/EPPO Bulletin, 44(3): 338-349.

Pirnia M, Zzare R, Zamanizadeh H R, et al., 2012. New records of Cercosporoid Hyphomycetes from Iran[J]. Mycotaxon, 120(1): 157-169.

RAJ T R N, 2012. Coelomycete systematics[J]. Biology of Conidial Fungi, 1: 43.

RAPER K B, 1984. The Dictyostelids[M]. Princeton: Princeton University Press.

REDECKER D, Schüßler A, 2014. Glomeromycota[J]. Systematics & Evolution, Part A: 251-269.

REDECKER D, SCHÜßLER A, STOCKINGER H, et al., 2013. An evidence-based consensus for the classification of arbuscular mycorrhizal fungi (Glomeromycota)[J]. Mycorrhiza, 23: 515-531.

RUGGIERO M A, GORDON D P, ORRELL T M, et al., 2015. A higher level classification of all living organisms [J]. Public Library of Science ONE, 10(4): e0119248.

SAFODIEN S, 2007. The molecular identification and characterisation of *Eutypa* dieback and a PCR-based assay for the detection of *Eutypa* and Botryosphaeriaceae species from grapevine in South Africa[D]. Stellenbosch: Stellenbosch University.

SANDOVAL P, HENRÍQUEZ J L, FAÚNDEZ L, et al., 2012. Primeros registros de *Eocronartium muscicola* (Basidiomycota, Eocronartiaccac) en Chile sobre dos nuevos hospederos[J]. Gayana Botánica, 69(1): 100-104.

SAYAMA A, KOBAYASHI K, OGOSHI A, 1994. Morphological and physiological comparisons of *Helicobasidium mompa* and *H. purpureum*[J]. Mycoscience, 35: 15-20.

SCHEUER C, BAUER R, LUTZ M, et al., 2008. *Bartheletia paradoxa* is a living fossil on Ginkgo leaf litter with a unique septal structure in the Basidiomycota[J]. Mycological Research, 112(11): 1265-1279.

SCHOUTTETEN N, ROBERTS P, VAN DE PUT K, et al., 2018. New species in *Helicogloea* and *Spiculogloea*, including a type study of *H. graminicola* (Bres.) GE Baker (Basidiomycota, Pucciniomycotina)[J]. Cryptogamie Mycologie, 39(3): 311-323.

SCHROERS H J, 2001. A monograph of *Bionectria* (Ascomycota, Hypocreales, Bionectriaceae) and its *Clonostachys* anamorphs[M]. Utrecht: CBS Centraalbureau voor Schimmelcultures.

SCHÜßLER A, SCHWARZOTT D, WALKER C, 2001. A new fungal phylum, the Glomeromycota: phylogeny and evolution[J]. Mycological Research, 105(12): 1413-1421.

SCHÜSSLER A, WALKER C, 2010. The Glomeromycota: a species list with new families and new genera[M]. Edinburgh: TheLibrary of Edinburgh Royal Botanic Gardens.

SENANAYAKE I C, LIAN T T, MAI X M, et al., 2019. Taxonomy and phylogeny of *Amphisphaeria acericola* sp. nov. from Italy[J]. Phytotaxa, 403(4): 285-292.

SHEIKH S, THULIN M, CAVENDER J C, et al., 2018. A new classification of the dictyostelids[J]. Protist, 169: 1-28.

SINGH R, KUMAR S, 2016. A new species of *Bipolaris* from *Heliconia rostrata* in India[J]. Current Research in Environmental & Applied Mycology, 6(3): 231-237.

SLIPPERS B, BOISSIN E, PHILLIPS A J, et al., 2013. Phylogenetic lineages in the Botryosphaeriales: A systematic and evolutionary framework[J]. Studies in Mycology, 76: 31-49.

SLIPPERS B, CROUS P W, JAMI F, et al., 2017. Diversity in the Botryosphaeriales: looking back, looking forward[J]. Fungal Biology, 121(4): 307-321.

SLIPPERS B, WINGFIELD M J, 2007. Botryosphaeriaceae as endophytes and latent pathogens of woody plants: Diversity, ecology and impact[J]. Fungal Biology Reviews, 21: 90-106.

SMITH M L, BRUHN J N, ANDERSON J B, 1992. The fungus *Armillaria Bulbosa* is among the largest and oldest living organisms[J]. Nature, 356(6368): 428-431.

SONG B, LI T H, SHEN Y H, 2003. Two new *Meliola* species from China[J]. Fungal Diversity, 12: 173-177.

SONG J, HAN M L, CUI B K, 2015. *Fistulina subhepatica* sp. nov. from China inferred from morphological and sequence analyses[J]. Mycotaxon, 130: 47-56.

SOUZA T, 2015. Handbook of arbuscular mycorrhizal fungi[M]. Berlin: Springer.

SPATAFORA J W, SUNG G H, JJOHNSON D, et al., 2006. A five-gene phylogeny of Pezizomycotina[J]. Mycologia, 98(6): 1018-1028.

SPIRIN V, MALYSHEVA V, TRICHIES G, et al., 2018. A preliminary overview of the corticioid Atractiellomycetes (Pucciniomycotina, Basidiomycetes)[J]. Fungal Systematics & Evolution, 2(1): 311-340.

SPIRIN W A, ZMITROVICH I V, MALYSHEVA V F, 2005. Notes on Perenniporiaceae[J]. Folia Cryptogamica Petropolitana, 6: 1-67.

SULZBACHER M A, WARTCHOW F, OVREBO C L et al. (2016) Sulzbacheromyces caatingae: Notes on its systematics, morphology and distribution based on ITS barcoding sequences[J]. Lichenologist, 48: 61-70.

SUN Y F, COSTA-REZENDE D H, XING J H, et al., 2020. Multi-gene phylogeny and taxonomy of *Amauroderma* s. lat. (Ganodermataceae)[J]. Persoonia, 44(1): 206-239.

SUNHEDE S, 1989. Geastraceae (Basidiomycotina). Morphology, ecology and systematics with special emphasis on the North European species[J]. Synopsis Fungorum, 1: 1-534.

TAYLOR J W, 2011. One fungus = One name: DNA and fungal nomenclature twenty years after PCR[J]. IMA Fungus, 2(2): 113-120.

TEDERSOO L, SÁNCHEZ-RAMÍREZ S, KÕLJALG U, et al., 2018. High-level classification of the fungi and a tool for evolutionary ecological analyses[J]. Fungal Diversity, 90(1): 135-159.

THAMBUGALA K M, ARIYAWANSA H A, LI Y M, et al., 2014. Dothideales[J]. Fungal Diversity, 68(1): 105-158.

THINES M, SPRING O, 2005. A revision of *Albugo* (Chromista, Peronosporomycetes)[J]. Mycotaxon, 92: 443-458.

TILAK S T, 1964. A new species of *Diatrype* from India[J]. Mycopathologia et Mycologia Applicata, 23(4): 249-251.

TURLAND N J, WIERSEMA J H, BARRIE F R, et al. , 2018. International code of nomenclature for algae, fungi, and plants(Shenzhen code)adopted by the nineteenth International Botanical Congress Shenzhen, China, July 2017[M]. Koenigstein im Taunus: Koeltz Botanical Books.

UDAYANGA D, LIU X, MCKENZIE E H C, et al. , 2011. The genus *Phomopsis*: biology, applications, species concepts and names of common phytopathogens[J]. Fungal Diversity, 50(1): 189-225.

UZUHASHI S, TOJO M, KAKISHIMA M, 2010. Phylogeny of the genus *Pythium* and description of new genera [J]. Mycoscience, 51: 337-365.

VOEGELE R T, HAHN M, MENDGEN K, 2009. The Uredinales: cytology, biochemistry, and molecular biology [M]. Berlin: Springer.

WALKER C, SCHÜßLER A, 2004. Nomenclatural clarifications and new taxa in the Glomeromycota[J]. Mycological Research, 108: 981-982.

WANG Q M, THEELEN B, GROENEWALD M, et al. , 2014. Moniliellomycetes and Malasseziomycetes, two new classes in Ustilaginomycotina[J]. Persoonia, 33(1): 41-47.

WANG X W, LIU X Z, GROENEWALD J Z, 2017. Phylogeny of anaerobic fungi (phylum *Neocallimastigomycota*), with contributions from yak in China[J]. Antonie van Leeuwenhoek, 110(1): 87-103.

WEIR B S, JOHNSTON P R, DAMM U, 2012. The *Colletotrichum gloeosporioides* species complex[J]. Studies in Mycology, 73: 115-180.

WHITTAKER R H, 1969. New concepts of kingdoms of organisms[J]. Science, 163(3863): 150-160.

WIJAYAWARDENE N N, HYDE K D, ALANI L K T, et al. , 2020. Outline of fungi and fungus-like taxa[J]. Mycosphere, 11(1): 1060-1456.

WIKEE S, LOMBARD L, NAKASHIMA C, et al. , 2013. A phylogenetic re-evaluation of *Phyllosticta* (Botryosphaeriales)[J]. Studies in Mycology, 76: 1-29.

WU B, HUSSAIN M, ZHANG W W, ET AL. , 2019. Current insights into fungal species diversity and perspective on naming the environmental DNA sequences of fungi[J]. Mycology, 10: 127-140.

WU F, TOHTIRJAP A, FAN L F, et al. , 2021. Global diversity and updated phylogeny of *Auricularia* (Auriculariales, Basidiomycota)[J]. Journal of Fungi, 7(11): 933.

WULANDARI N F, BHAT D J, TO-ANUN C, 2013. A modern account of the genus *Phyllosticta*[J]. Plant Pathology & Quarantine, 3(2): 145-159.

WULANDARI N F, TO-ANUN C, MCKENZIE E H C, et al. , 2011. *Guignardia bispora* and *G. ellipsoidea* spp. nov. and other *Guignardia* species from palms (Arecaceae)[J]. Mycosphere, 2(2): 115-128.

XING J H, SUN Y F, HAN Y L, et al. , 2018. Morphological and molecular identification of two new Ganoderma species on *Casuarina equisetifolia* from China [J]. MycoKeys, 34: 93-108.

YANG Z L, LI T H, 2001. Notes on three white *Amanitae* of section *Phalloideae* (Amanitaceae) from China[J]. Mycotaxon, 78: 439-448.

YUAN HS, LU X, DECOCK C, 2018. Molecular and morphological evidence reveal a new genus and species in Auriculariales from tropical China[J]. MycoKeys 35: 27-39.

YUAN Z Q, BARR M E, 1994. New ascomycetous fungi on bush cinquefoil from Xinjiang, China[J]. Sydowia, 46 (2): 329-337.

ZAMORA J C, CALONGE F D, HOSAKA K, et al. , 2014. Systematics of the genus *Geastrum* (Fungi: Basidiomycota) revisited[J]. Taxon, 63(3): 477-497.

ZERVAKIS G I, NTOUGIAS S, GARGANO M L, et al. , 2014. A reappraisal of the *Pleurotus eryngii* complex-new species and taxonomic combinations based on the application of a polyphasic approach, and an identification key to *Pleurotus* taxa associated with Apiaceae plants [J]. Fungal Biology, 118(9): 814-834.

ZHANG Q, NIZAMANI M M, FENG Y, et al. , 2023. Genome-scale and multi-gene phylogenetic analyses of *Colletotrichum* spp. host preference and associated with medicinal plants[J]. Mycosphere, 14(2): 1-106.

ZHANG Y X, CHEN J W, MANAWASINGHE I S, et al. , 2023. Identification and characterization of *Colletotrichum* species associated with ornamental plants in Southern China[J]. Mycosphere, 14(2): 262-302.

ZHAO C L, QU M H, HUANG R X, et al. , 2023. Multi-gene phylogeny and taxonomy of the wood-rotting fungal genus *Phlebia sensu lato* (Polyporales, Basidiomycota)[J]. Journal of Fungi, 9(3): 1-41.

ZHAO R L, LI G J, SANCHEZ-RAMIREZ S, et al. , 2017. A six-gene phylogenetic overview of Basidiomycota and allied phyla with estimated divergence times of higher taxa and a phyloproteomics perspective[J]. Fungal Diversity, 84(1): 43-74.

ZHAO R L, ZHOU J L, CHEN J, et al. , 2016. Towards standardizing taxonomic ranks using divergence times-a case study for reconstruction of the *Agaricus* taxonomic system[J]. Fungal Diversity, 78(1): 239-292.

菌物属种学名索引

菌物属种中文名索引